U0210639

"十二五"普通高等教育本科国家级规划教材
普通高等学校电子信息类一流本科专业建设系列教材

电磁场与电磁波基础

（第三版）

路宏敏　任获荣　王　楠　谭康伯　编著

科学出版社
北　京

内 容 简 介

本书系统地介绍了电磁场分布和电磁波传播、辐射的基本规律及特性，以及电磁场与电磁波工程应用的基本分析和计算方法。全书共9章，内容包括矢量分析与场论、静电场、恒定电流的电场和磁场、静态场边值问题的解法、时变电磁场、平面电磁波、电磁波的辐射、导行电磁波和电磁场数值方法简介。书中列举了大量例题，每章配有小结、习题和综合性拓展练习题。附录给出了重要的矢量公式、常用数学公式、点电荷密度的 δ 函数表示，以及量和单位。

本书内容精炼、条理清晰、论证严谨，突出了理论与应用的结合，精心处理了本课程内容与后续课程内容的衔接与联系，注重知识的继承性、新颖性和实践性。

本书可供普通高等院校电子信息工程、电子科学与技术、通信工程、电磁场与无线技术、信息对抗技术、遥感科学与技术、测控技术与仪器、电波传播与天线、探测制导与控制技术、空间科学与技术等本科专业教学使用，也可供有关工程技术人员参考。

图书在版编目(CIP)数据

电磁场与电磁波基础/路宏敏等编著. —3版. —北京：科学出版社，2022.3

“十二五”普通高等教育本科国家级规划教材·普通高等学校电子信息类一流本科专业建设系列教材

ISBN 978-7-03-071869-3

Ⅰ. ①电… Ⅱ. ①路… Ⅲ. ①电磁场-高等学校-教材 ②电磁波-高等学校-教材 Ⅳ. ①O441.4

中国版本图书馆CIP数据核字(2022)第043357号

责任编辑：潘斯斯 / 责任校对：樊雅琼

责任印制：赵 博 / 封面设计：迷底书装

科学出版社出版

北京东黄城根北街16号

邮政编码：100717

http://www.sciencep.com

三河市骏杰印刷有限公司印刷

科学出版社发行 各地新华书店经销

*

2006年9月第一版 开本：787×1092 1/16

2012年5月第二版 印张：23 1/2

2022年3月第三版 字数：558 000

2024年12月第十七次印刷

定价：69.80元

(如有印装质量问题，我社负责调换)

作 者 简 介

路宏敏，西安电子科技大学教授、博士生导师。

天线与微波技术国防科技重点实验室教授，电磁兼容性国防科技重点实验室客座教授，陕西省首批重大经济活动知识产权评议专家。IEEE Member，陕西省电子学会电磁兼容专业委员会主任委员，中国兵工学会电磁技术专业委员会委员，中国计量测试学会电子计量专业委员会委员。

西安电子科技大学学术带头人、师德标兵、教学名师、“华山学者”特聘教授、“电磁场与电磁波”课程首席教授。长期从事电磁场与电磁波、电磁兼容、微波技术与天线、电磁环境效应与防护的教学和科研工作。先后主持国家自然科学基金项目、国防科学技术预先研究基金项目、国防科技型号研发项目和横向科研项目50余项，发表论文90余篇(其中，SCI、EI 60余篇)，出版教材与专著共12部(其中，《工程电磁兼容(第二版)》和《电磁场与电磁波基础(第二版)》入选“十二五”普通高等教育本科国家级规划教材)。获陕西省高等教育教学成果奖特等奖1项，国家发明专利7项。

前　言

本书第一版于2006年9月出版，入选普通高等教育“十一五”国家级规划教材；第二版于2012年5月出版，入选“十二五”普通高等教育本科国家级规划教材，并荣获2013年陕西普通高校优秀教材奖。

党的二十大报告指出：“教育、科技、人才是全面建设社会主义现代化国家的基础性、战略性支撑。”本书作为西安电子科技大学电子信息工程、通信工程、电磁场与无线技术等14个国家级一流本科专业的“电磁场与电磁波”课程选用教材，吸纳了国内外同类优秀教材的优点，融入了作者长期的教学经验和体会。旨在服务于国家级一流本科课程教学，服务于国家级一流本科专业建设，支撑双一流学科建设与人才培养。

本书第三版的更新主要是修改和补充工作。具体包括修改了第二版的不足之处，部分图表应用专业软件绘制并替换，增加了综合性拓展练习题。本书第三版由任获荣教授负责第1、8、9章修订工作，王楠副教授负责第2～4章修订工作，谭康伯副教授负责第6、7章和附录修订工作，路宏敏教授负责第5章和图表修订、全书统稿工作。

在完成本书第三版的过程中，很多人给予了帮助，特别是选用本书前两版的教师和学生们，在此对他们表示衷心感谢。还要感谢科学出版社的匡敏编审、毛莹副编审为第三版的出版所给予的帮助。感谢研究生陈冲冲、李敏、刘亮、乌扶临、谢红星、任永达、徐强、徐至江、陈嘉兴、秦阳榛和赵子文在应用专业软件绘制部分图表过程中提供的支持。最后，衷心感谢南京航空航天大学赵永久教授、西安电子科技大学朱满座教授，对本书第一版和第二版的编著所做出的重要贡献。

本书中标记“*”的章节，可作为选学内容。教师可依据学校类型、专业教学大纲和课程计划学时，进行合理取舍。

本书第三版的编著得到西安电子科技大学教材基金资助，也获得西安电子科技大学电子工程学院“一流教材”建设项目资助。

恳切希望读者对本书不足之处提出宝贵建议，以便再版时更正。

路宏敏
2021年12月于西安

目　录

第 1 章　矢量分析与场论

矢量分析是场论的基本知识，是研究场以及其他许多学科的一种有用的工具。许多物理量本身就是矢量，采用矢量分析的方法研究这些物理量无疑是合适的。如某一数量场的最大变化率(梯度)就是一个矢量。还有一些物理量本身虽是标量，但描述它们的某些特性的物理量却是矢量，所以要研究这些物理量也要用到矢量分析的方法。

1.1　矢性函数

1.1.1　基本概念

设 t 为一个数性变量，$\boldsymbol{A}$ 为矢量，如果对于某一区间内的每一个数值 t，$\boldsymbol{A}$ 都以一个确定的矢量 $\boldsymbol{A}(t)$ 与之对应，则称 $\boldsymbol{A}$ 为数性变量 t 的矢性函数，记为 $\boldsymbol{A}=\boldsymbol{A}(t)$。

直角坐标系中矢性函数 $\boldsymbol{A}(t)$ 的三个分量(或投影) $A_x(t)$、$A_y(t)$、$A_z(t)$ 都是变量 t 的函数。则矢性函数 $\boldsymbol{A}(t)$ 可表示为

$$\boldsymbol{A} = A_x(t)\boldsymbol{a}_x + A_y(t)\boldsymbol{a}_y + A_z(t)\boldsymbol{a}_z \tag{1.1}$$

其中，$\boldsymbol{a}_x$、$\boldsymbol{a}_y$、$\boldsymbol{a}_z$ 分别为 x、y、z 轴正向的单位矢量。

模和方向都相同的矢量，不论其起点如何，均认为是相等的，因此，为了能用图形直观地描述矢性函数 $\boldsymbol{A}(t)$ 的变化规律，我们可以把所有的 $\boldsymbol{A}(t)$ 的起点都平移至坐标原点，这样，当 t 变化时，$\boldsymbol{A}(t)$ 的终点 M 就描绘出一条曲线 l，该曲线称为矢性函数 $\boldsymbol{A}(t)$ 的矢端曲线或图形(图 1.1)。反之，$\boldsymbol{A}=\boldsymbol{A}(t)$ 或 $\boldsymbol{A}=A_x(t)\boldsymbol{a}_x+A_y(t)\boldsymbol{a}_y+A_z(t)\boldsymbol{a}_z$ 称为曲线 l 的矢量方程。

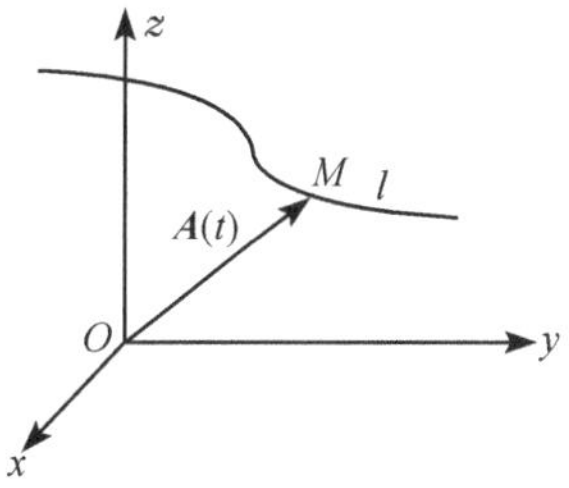

图 1.1　矢端曲线

$\boldsymbol{A}(t)$ 的端点 M 是 l 上的一个动点，其坐标 x、y、z 随 t 的变化规律分别为

$$x = A_x(t),\quad y = A_y(t),\quad z = A_z(t) \tag{1.2}$$

这就是曲线 l 的参数方程。

1.1.2　矢性函数的导数与微分

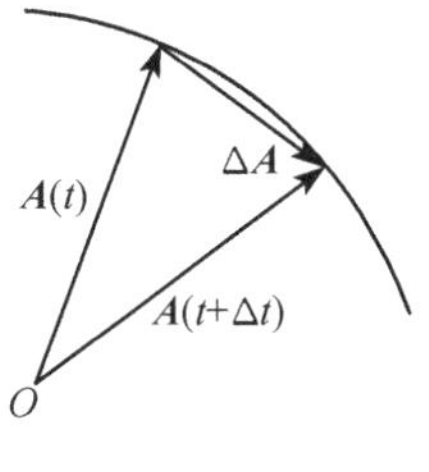

图 1.2　导数的定义

如图 1.2 所示，设 $\boldsymbol{A}(t)=A_x(t)\boldsymbol{a}_x+A_y(t)\boldsymbol{a}_y+A_z(t)\boldsymbol{a}_z$ 是 t 的矢性函数，且对于任意的 t，$\boldsymbol{A}(t)$ 的起点都在原点，当数性变量 t 在其定义域内从 t 变到 $t+\Delta t(\Delta t\neq 0)$ 时，对应的矢量从 $\boldsymbol{A}(t)$ 变化到 $\boldsymbol{A}(t+\Delta t)$，则称 $\Delta\boldsymbol{A}=\boldsymbol{A}(t+\Delta t)-\boldsymbol{A}(t)$ 为 $\boldsymbol{A}(t)$ 对应于 Δt 的增量。

设矢性函数 $\boldsymbol{A}(t)$ 在点 t 的某个邻域内有定义，并设 $t+\Delta t$ 也在此邻域内。如果

$$\frac{\Delta \boldsymbol{A}}{\Delta t}=\frac{\boldsymbol{A}(t+\Delta t)-\boldsymbol{A}(t)}{\Delta t}$$

在 $\Delta t \to 0$ 时其三个分量的增量与自变量增量之比的极限存在，则称 $\boldsymbol{A}(t)$ 在点 t 可导，并称 $\lim\limits_{\Delta t\to 0}\frac{\Delta \boldsymbol{A}}{\Delta t}=\lim\limits_{\Delta t\to 0}\frac{\Delta A_x}{\Delta t}\boldsymbol{a}_x+\lim\limits_{\Delta t\to 0}\frac{\Delta A_y}{\Delta t}\boldsymbol{a}_y+\lim\limits_{\Delta t\to 0}\frac{\Delta A_z}{\Delta t}\boldsymbol{a}_z$ 为 $\boldsymbol{A}(t)$ 在点 t 处的导数。记为 $\frac{\mathrm{d}\boldsymbol{A}}{\mathrm{d}t}$ 或 $\boldsymbol{A}'(t)$，即

$$\begin{aligned}\frac{\mathrm{d}\boldsymbol{A}}{\mathrm{d}t}&=\lim_{\Delta t\to 0}\frac{\Delta A_x}{\Delta t}\boldsymbol{a}_x+\lim_{\Delta t\to 0}\frac{\Delta A_y}{\Delta t}\boldsymbol{a}_y+\lim_{\Delta t\to 0}\frac{\Delta A_z}{\Delta t}\boldsymbol{a}_z\\&=\frac{\mathrm{d}A_x}{\mathrm{d}t}\boldsymbol{a}_x+\frac{\mathrm{d}A_y}{\mathrm{d}t}\boldsymbol{a}_y+\frac{\mathrm{d}A_z}{\mathrm{d}t}\boldsymbol{a}_z\end{aligned}\tag{1.3}$$

这样就把一个矢性函数导数的计算转化为三个标量函数的导数的计算。

$\boldsymbol{A}(t)$ 在 t 处的微分用 $\mathrm{d}\boldsymbol{A}$ 表示，其定义为：$\mathrm{d}\boldsymbol{A}=\boldsymbol{A}'(t)\mathrm{d}t$。显然

$$\begin{aligned}\mathrm{d}\boldsymbol{A}&=\boldsymbol{A}'(t)\mathrm{d}t=[A_x'(t)\boldsymbol{a}_x+A_y'(t)\boldsymbol{a}_y+A_z'(t)\boldsymbol{a}_z]\mathrm{d}t\\&=A_x'(t)\mathrm{d}t\boldsymbol{a}_x+A_y'(t)\mathrm{d}t\boldsymbol{a}_y+A_z'(t)\mathrm{d}t\boldsymbol{a}_z\\&=\mathrm{d}A_x\boldsymbol{a}_x+\mathrm{d}A_y\boldsymbol{a}_y+\mathrm{d}A_z\boldsymbol{a}_z\end{aligned}\tag{1.4}$$

矢性函数的导数有与数性函数导数类似的运算法则，设 $\boldsymbol{A}=\boldsymbol{A}(t)$，$\boldsymbol{B}=\boldsymbol{B}(t)$ 和 $u=u(t)$ 可导，运算法则如下。

(1) $\frac{\mathrm{d}}{\mathrm{d}t}\boldsymbol{c}=\boldsymbol{0}$ （$\boldsymbol{c}$ 为常矢量）。

(2) $\frac{\mathrm{d}}{\mathrm{d}t}(\boldsymbol{A}\pm\boldsymbol{B})=\frac{\mathrm{d}\boldsymbol{A}}{\mathrm{d}t}\pm\frac{\mathrm{d}\boldsymbol{B}}{\mathrm{d}t}$。

(3) $\frac{\mathrm{d}}{\mathrm{d}t}(k\boldsymbol{A})=k\frac{\mathrm{d}\boldsymbol{A}}{\mathrm{d}t}$ （k 为常数）。

(4) $\frac{\mathrm{d}}{\mathrm{d}t}(u\boldsymbol{A})=\frac{\mathrm{d}u}{\mathrm{d}t}\boldsymbol{A}+u\frac{\mathrm{d}\boldsymbol{A}}{\mathrm{d}t}$。

(5) $\frac{\mathrm{d}}{\mathrm{d}t}(\boldsymbol{A}\cdot\boldsymbol{A})=\frac{\mathrm{d}\boldsymbol{A}}{\mathrm{d}t}\cdot\boldsymbol{A}+\boldsymbol{A}\cdot\frac{\mathrm{d}\boldsymbol{A}}{\mathrm{d}t}$。

(6) $\frac{\mathrm{d}}{\mathrm{d}t}(\boldsymbol{A}\times\boldsymbol{A})=\frac{\mathrm{d}\boldsymbol{A}}{\mathrm{d}t}\times\boldsymbol{A}+\boldsymbol{A}\times\frac{\mathrm{d}\boldsymbol{A}}{\mathrm{d}t}$。

(7) 复合函数的导数：设 $\boldsymbol{A}=\boldsymbol{A}(u)$，$u=u(t)$，则

$$\frac{\mathrm{d}\boldsymbol{A}}{\mathrm{d}t}=\frac{\mathrm{d}\boldsymbol{A}}{\mathrm{d}u}\cdot\frac{\mathrm{d}u}{\mathrm{d}t}$$

例 1.1 计算下列导数：

(1) $\frac{\mathrm{d}}{\mathrm{d}t}[\boldsymbol{a}\times(\boldsymbol{b}\times\boldsymbol{c})]$；

(2) $\frac{\mathrm{d}}{\mathrm{d}t}\left[\boldsymbol{a}\cdot\left(\frac{\mathrm{d}\boldsymbol{a}}{\mathrm{d}t}\times\frac{\mathrm{d}^2\boldsymbol{a}}{\mathrm{d}t^2}\right)\right]$。

解 (1)

$$\begin{aligned}\frac{\mathrm{d}}{\mathrm{d}t}[\boldsymbol{a}\times(\boldsymbol{b}\times\boldsymbol{c})]&=\frac{\mathrm{d}\boldsymbol{a}}{\mathrm{d}t}\times(\boldsymbol{b}\times\boldsymbol{c})+\boldsymbol{a}\times\frac{\mathrm{d}}{\mathrm{d}t}(\boldsymbol{b}\times\boldsymbol{c})\\&=\frac{\mathrm{d}\boldsymbol{a}}{\mathrm{d}t}\times(\boldsymbol{b}\times\boldsymbol{c})+\boldsymbol{a}\times\left(\frac{\mathrm{d}\boldsymbol{b}}{\mathrm{d}t}\times\boldsymbol{c}+\boldsymbol{b}\times\frac{\mathrm{d}\boldsymbol{c}}{\mathrm{d}t}\right)\\&=\frac{\mathrm{d}\boldsymbol{a}}{\mathrm{d}t}\times(\boldsymbol{b}\times\boldsymbol{c})+\boldsymbol{a}\times\frac{\mathrm{d}\boldsymbol{b}}{\mathrm{d}t}\times\boldsymbol{c}+\boldsymbol{a}\times\boldsymbol{b}\times\frac{\mathrm{d}\boldsymbol{c}}{\mathrm{d}t}\end{aligned}$$

(2)
$$
\begin{aligned}
&\frac{\mathrm{d}}{\mathrm{d}t}\left[\boldsymbol{a}\cdot\left(\frac{\mathrm{d}\boldsymbol{a}}{\mathrm{d}t}\times\frac{\mathrm{d}^2\boldsymbol{a}}{\mathrm{d}t^2}\right)\right]\\
&=\frac{\mathrm{d}\boldsymbol{a}}{\mathrm{d}t}\cdot\left(\frac{\mathrm{d}\boldsymbol{a}}{\mathrm{d}t}\times\frac{\mathrm{d}^2\boldsymbol{a}}{\mathrm{d}t^2}\right)+\boldsymbol{a}\cdot\frac{\mathrm{d}}{\mathrm{d}t}\left(\frac{\mathrm{d}\boldsymbol{a}}{\mathrm{d}t}\times\frac{\mathrm{d}^2\boldsymbol{a}}{\mathrm{d}t^2}\right)\\
&=0+\boldsymbol{a}\cdot\left(\frac{\mathrm{d}^2\boldsymbol{a}}{\mathrm{d}t^2}\times\frac{\mathrm{d}^2\boldsymbol{a}}{\mathrm{d}t^2}+\frac{\mathrm{d}\boldsymbol{a}}{\mathrm{d}t}\times\frac{\mathrm{d}^3\boldsymbol{a}}{\mathrm{d}t^3}\right)=\boldsymbol{a}\cdot\left(\frac{\mathrm{d}\boldsymbol{a}}{\mathrm{d}t}\times\frac{\mathrm{d}^3\boldsymbol{a}}{\mathrm{d}t^3}\right)
\end{aligned}
$$

1.1.3　导数的几何意义

如图 1.3 所示，$\frac{\Delta\boldsymbol{A}}{\Delta t}$是$\boldsymbol{A}(t)$的矢端曲线的割线 MN 上的一个矢量。当 $\Delta t>0$ 时，其指向与 $\Delta\boldsymbol{A}$ 一致，指向 t 值增大的一方；当 $\Delta t<0$ 时，其指向与 $\Delta\boldsymbol{A}$ 相反，但因此时 $\Delta\boldsymbol{A}$ 指向 t 减小的一方，故它仍指向 t 增大的一方。

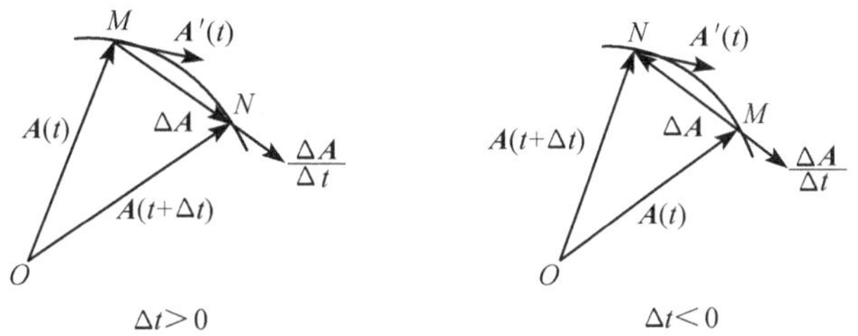

图 1.3　导数的几何意义

当 $\Delta t\to 0$ 时，由于割线 MN 绕点 M 转动，其极限位置为 M 处(t 点)的切线，因为$\frac{\Delta\boldsymbol{A}}{\Delta t}$在 MN 上，故当 $\Delta t\to 0$ 时的极限位置也在 M 处的切线上，即$\frac{\mathrm{d}\boldsymbol{A}}{\mathrm{d}t}=\lim\limits_{\Delta t\to 0}\frac{\Delta\boldsymbol{A}}{\Delta t}$是点 M 处(t 处)的切线上指向 t 增大一方的矢量，即导数是矢端曲线在 t 处的切向矢量，且其指向对应 t 增大的一方。

1.1.4　矢性函数的积分

若 $\boldsymbol{B}'(t)=\boldsymbol{A}(t)$，则称 $\boldsymbol{B}(t)$为$\boldsymbol{A}(t)$的一个原函数，而全体原函数的集合称为$\boldsymbol{A}(t)$的不定积分，记为$\int\boldsymbol{A}(t)\mathrm{d}t$。

因为常矢量 $\boldsymbol{c}$ 的导数 $\boldsymbol{c}'=\boldsymbol{0}$，故若 $\boldsymbol{B}(t)$为$\boldsymbol{A}(t)$的一个原函数，则$\boldsymbol{A}(t)$的全体原函数为 $\boldsymbol{B}(t)+\boldsymbol{c}$，其中，$\boldsymbol{c}$ 为任意常矢，所以

$$
\int\boldsymbol{A}(t)\mathrm{d}t=\boldsymbol{B}(t)+\boldsymbol{c} \tag{1.5}
$$

与数性函数的积分类似，矢性函数的积分具有如下性质。

(1) $\int[k\boldsymbol{A}(t)]\mathrm{d}t=k\int\boldsymbol{A}(t)\mathrm{d}t$　(k 为常数)。

(2) $\int[\boldsymbol{A}(t)\pm\boldsymbol{B}(t)]\mathrm{d}t=\int\boldsymbol{A}(t)\mathrm{d}t\pm\int\boldsymbol{B}(t)\mathrm{d}t$。

(3) $\int u(t)\boldsymbol{a}\mathrm{d}t=\boldsymbol{a}\int u(t)\mathrm{d}t$ （$\boldsymbol{a}$ 为常矢量）。

(4) $\int \boldsymbol{a}\cdot\boldsymbol{A}(t)\mathrm{d}t=\boldsymbol{a}\cdot\int \boldsymbol{A}(t)\mathrm{d}t$ （$\boldsymbol{a}$ 为常矢量）。

(5) $\int \boldsymbol{a}\times\boldsymbol{A}(t)\mathrm{d}t=\boldsymbol{a}\times\int \boldsymbol{A}(t)\mathrm{d}t$ （$\boldsymbol{a}$ 为常矢量）。

(6)换元积分法：设 $\boldsymbol{A}(u)$ 具有原函数 $\boldsymbol{B}(u)$，$u=\varphi(t)$ 可导，则 $\boldsymbol{B}[\varphi(t)]$ 为 $\boldsymbol{A}[u(t)]u'(t)$的原函数，即

$$\int \boldsymbol{A}[\varphi(t)]\varphi'(t)\mathrm{d}t=\boldsymbol{B}[\varphi(t)]+\boldsymbol{c}$$

(7)分部积分法：

$$\int \boldsymbol{A}(t)\times\boldsymbol{B}'(t)\mathrm{d}t=\boldsymbol{A}(t)\times\boldsymbol{B}(t)-\int \boldsymbol{A}'(t)\times\boldsymbol{B}(t)\mathrm{d}t$$

根据性质(2)、(3)，有

$$\int \boldsymbol{A}(t)\mathrm{d}t=\boldsymbol{a}_x\int A_x(t)\mathrm{d}t+\boldsymbol{a}_y\int A_y(t)\mathrm{d}t+\boldsymbol{a}_z\int A_z(t)\mathrm{d}t \tag{1.6}$$

这样，求一个矢性函数的不定积分，就转化为求三个数性函数的不定积分。

至于定积分，定义如下：若 $\boldsymbol{A}(t)$在区间 $[T_1，T_2]$ 上连续，将整个区间分为 n 段，则矢量

$$\boldsymbol{a}_x\lim_{n\to\infty}\sum_{i=1}^{n}A_x(\xi_i)\Delta t_i+\boldsymbol{a}_y\lim_{n\to\infty}\sum_{i=1}^{n}A_y(\xi_i)\Delta t_i+\boldsymbol{a}_z\lim_{n\to\infty}\sum_{i=1}^{n}A_z(\xi_i)\Delta t_i \quad (\max\Delta t_i\to 0)$$

称为$\boldsymbol{A}(t)$在区间 $[T_1，T_2]$ 上的定积分，记为$\int_{T_1}^{T_2}\boldsymbol{A}(t)\mathrm{d}t$,其中，$T_1=t_0<t_1<\cdots<t_n=T_2$，$\xi_i\in[t_{i-1}，t_i]$。

由上述定义，矢性函数的定积分也归结为三个数性函数定积分的计算，即

$$\int_{T_1}^{T_2}\boldsymbol{A}(t)\mathrm{d}t=\boldsymbol{a}_x\int_{T_1}^{T_2}A_x(t)\mathrm{d}t+\boldsymbol{a}_y\int_{T_1}^{T_2}A_y(t)\mathrm{d}t+\boldsymbol{a}_z\int_{T_1}^{T_2}A_z(t)\mathrm{d}t \tag{1.7}$$

例 1.2 计算定积分$\int_0^{\frac{\pi}{2}}(-\sin\varphi\boldsymbol{a}_x+\cos\varphi\boldsymbol{a}_y)\mathrm{d}\varphi$。

解

$$\begin{aligned}&\int_0^{\frac{\pi}{2}}(-\sin\varphi\boldsymbol{a}_x+\cos\varphi\boldsymbol{a}_y)\mathrm{d}\varphi\\&=-\boldsymbol{a}_x\int_0^{\frac{\pi}{2}}\sin\varphi\mathrm{d}\varphi+\boldsymbol{a}_y\int_0^{\frac{\pi}{2}}\cos\varphi\mathrm{d}\varphi\\&=\boldsymbol{a}_x\cos\varphi\Big|_0^{\frac{\pi}{2}}+\boldsymbol{a}_y\sin\varphi\Big|_0^{\frac{\pi}{2}}\\&=-\boldsymbol{a}_x+\boldsymbol{a}_y\end{aligned}$$

1.2 场的基本知识

在许多科学问题中，常常需要研究某种物理量(如温度、密度、电位、力等)在某一空间区域的分布和变化规律。为此，在数学上引入了场的概念。

1.2.1 场的概念

如果在某一空间里的每一点，都对应着某个物理量的一个确定的值，则称在此空间

里确定了该物理量的一个场。

如教室中每一点都对应一个确定的温度，则在教室中确立一个温度场。地球周围空间任一点对应一个重力加速度值，在此空间就存在一个重力场。

如果涉及的物理量是数量，则称此场为数量场；如果是矢量，则称为矢量场。例如，温度场、密度场等是数量场，力场、速度场等为矢量场。

按场中物理量是否随时间变化，又可分为恒定场和时变场。以后只讨论恒定场，所得结论也适合于时变场的任一特定时刻。

1.2.2 数量场的等值面

如果抛开具体的物理量，只关心场的分布规律，则数量场中各点处的数量 u 是位置的函数，在直角坐标系中，u 是点的坐标 x、y、z 的函数，即

$$u = u(x,y,z)$$

也就是说，一个数量场可以用一个数性函数来表示。场存在的空间即为其定义域。此后，我们总假定这个函数单值、连续且一阶可导。

在数量场中，使函数 u 取相同数值的所有点所组成的曲面称为该数量场的等值面(图 1.4)。如温度场的等温面，电场的等位面等。

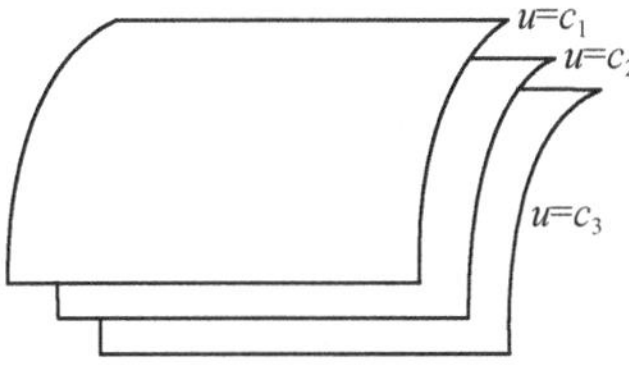

图 1.4 数量场的等值面

显然，数量场的等值面方程为

$$u(x,y,z) = c \quad (常数) \tag{1.8}$$

给定不同的常数 c，就得到不同的等值面。如图 1.4，c 取遍所有可能的值时，这族等值面就充满数量场所在的空间，而且这族等值面两两互不相交。因为数量场中的每一点 $M_0(x_0, y_0, z_0)$ 都有一个等值面 $u(x, y, z)=u(x_0, y_0, z_0)$ 通过，而且函数 u 为单值，故一个点只能在一个等值面上。

例 1.3 求数量场 $u=(x+y)^2-z$ 通过点(1，0，1)的等值面。

解 等值面方程的一般形式为

$$u = (x+y)^2 - z = c$$

因为点(1，0，1)在等值面上，其坐标必满足该方程，则

$$c = u(1,0,1) = (1+0)^2 - 1 = 0$$

故要求的等值面方程为

$$(x+y)^2 - z = 0 \quad 或 \quad z = (x+y)^2$$

与三维数量场的等值面对应，在函数 $u(x, y)$ 所表示的平面数量场中，具有相同数值的所有点所连成的曲线称为此数量场的等值线。其方程为

$$u(x,y) = c \quad (c 为常数) \tag{1.9}$$

如地形图上的等高线等。

数量场的等值面或等值线，可以帮助我们直观地了解场中物理量的分布状况和变化情况。

1.2.3 矢量场的矢量线

矢量场中的场矢量 $\boldsymbol{A}$，是场中点的位置的函数。在直角坐标系中，即为 x、y、z 的

函数

$$\boldsymbol{A}=\boldsymbol{A}(x,y,z)$$

或

$$\boldsymbol{A}=A_x(x,y,z)\boldsymbol{a}_x+A_y(x,y,z)\boldsymbol{a}_y+A_z(x,y,z)\boldsymbol{a}_z$$

其中，A_x、A_y、A_z 以后一般都假定为单值、连续且一阶连续可导。

为了直观地描述矢量场的分布情况，引入矢量线的概念：在其上每一点处，它都与该点的场矢量 $\boldsymbol{A}$ 相切的曲线，称为该矢量场的矢量线。如静电场中的电力线，磁场中的磁力线等。

下面讨论在矢量场 $\boldsymbol{A}=\boldsymbol{A}(x, y, z)$已知时，如何求其矢量线方程。

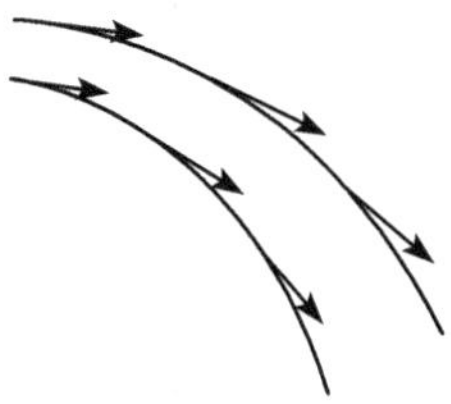

图 1.5 矢量场的矢量线

设(x, y, z)为矢量线上任一点，其矢径为 $\boldsymbol{r}=x\boldsymbol{a}_x+y\boldsymbol{a}_y+z\boldsymbol{a}_z$，它的微分为 $\mathrm{d}\boldsymbol{r}=\mathrm{d}x\boldsymbol{a}_x+\mathrm{d}y\boldsymbol{a}_y+\mathrm{d}z\boldsymbol{a}_z$。由图 1.5 可见，当 $\Delta t\to 0$ 时，$\mathrm{d}\boldsymbol{r}$ 为 $\boldsymbol{r}$ 的矢端曲线在该点处的切线方向上的矢量，根据矢量线的定义，它必与该点处的场矢量 $\boldsymbol{A}=A_x\boldsymbol{a}_x+A_y\boldsymbol{a}_y+A_z\boldsymbol{a}_z$ 共线，则必有

$$\frac{\mathrm{d}x}{A_x}=\frac{\mathrm{d}y}{A_y}=\frac{\mathrm{d}z}{A_z} \tag{1.10}$$

这就是矢量线所满足的微分方程，解之即得矢量线族。

例 1.4 求矢量场 $\boldsymbol{A}=xy^2\boldsymbol{a}_x+x^2y\boldsymbol{a}_y+zy^2\boldsymbol{a}_z$ 的矢量线方程。

解 矢量线方程应为

$$\frac{\mathrm{d}x}{xy^2}=\frac{\mathrm{d}y}{x^2y}=\frac{\mathrm{d}z}{zy^2}$$

由$\dfrac{\mathrm{d}x}{xy^2}=\dfrac{\mathrm{d}y}{x^2y}$得

$$x\mathrm{d}x=y\mathrm{d}y$$

两边积分得

$$y^2=x^2+c_1' \quad 或 \quad x^2-y^2=c_1$$

由$\dfrac{\mathrm{d}x}{xy^2}=\dfrac{\mathrm{d}z}{zy^2}$得

$$\frac{\mathrm{d}x}{x}=\frac{\mathrm{d}z}{z}$$

两边积分得

$$\ln z=\ln x+c_2'=\ln x+\ln c_2 \quad 或 \quad z=c_2x$$

所以，矢量线方程为

$$\begin{cases}x^2-y^2=c_1\\ z=c_2x\end{cases}$$

1.3 数量场的方向导数和梯度

1.3.1 方向导数

由 1.2.2 节可知，数量场 $u=u(M)$的分布情况，可以借助于等值面或等值线来了解，但这只能大致地了解数量场中物理量 u 的整体分布情况。而要详细地研究数量场，还必须对它作局部性的了解，即要考察物理量 u 在场中各点处的邻域内沿每一方向的变化情况。为此，引入方向导数的概念。

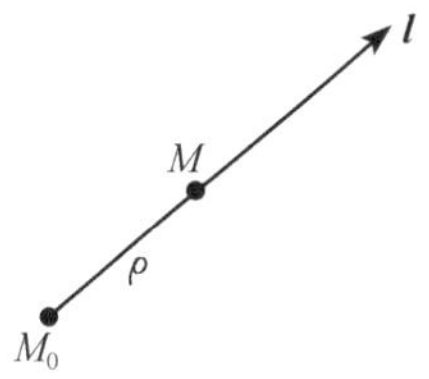

图 1.6　方向导数的定义

如图 1.6 所示，设 M_0 是数量场 $u=u(M)$ 中的一点，从 M_0 出发沿某一方向引一条射线 $\boldsymbol{l}$，在 $\boldsymbol{l}$ 上 M_0 的邻近取一动点 M，$\overline{M_0M}=\rho$，若当 $M\to M_0(\rho\to 0)$时

$$\frac{\Delta u}{\rho}=\frac{u(M)-u(M_0)}{\rho}$$

的极限存在，则称此极限为函数 $u(M)$在点 M_0 处沿 $\boldsymbol{l}$ 方向的方向导数。记为$\left.\frac{\partial u}{\partial l}\right|_{M_0}$，即

$$\left.\frac{\partial u}{\partial l}\right|_{M_0}=\lim_{\rho\to 0}\frac{u(M)-u(M_0)}{\rho} \tag{1.11}$$

可见，方向导数$\left.\frac{\partial u}{\partial l}\right|_{M_0}$是函数 $u(M)$在点 M_0 处沿 $\boldsymbol{l}$ 方向对距离的变化率。当$\frac{\partial u}{\partial l}>0$ 时，表示在 M_0 处 u 沿 $\boldsymbol{l}$ 方向是增加的，反之就是减小的。

在直角坐标系中，方向导数有以下定理所述的计算公式。

定理 1.1　若函数 $u=u(x, y, z)$在点 $M_0(x_0, y_0, z_0)$处可微，$\cos\alpha$、$\cos\beta$、$\cos\gamma$ 为 $\boldsymbol{l}$ 方向的方向余弦。则 u 在 M_0 处沿 $\boldsymbol{l}$ 方向的方向导数必存在，且

$$\frac{\partial u}{\partial l}=\frac{\partial u}{\partial x}\cos\alpha+\frac{\partial u}{\partial y}\cos\beta+\frac{\partial u}{\partial z}\cos\gamma \tag{1.12}$$

证　M 坐标为$(x_0+\Delta x, y_0+\Delta y, z_0+\Delta z)$，因为 u 在点 M_0 可微，故

$$\begin{aligned}\Delta u&=u(M)-u(M_0)\\&=\frac{\partial u}{\partial x}\Delta x+\frac{\partial u}{\partial y}\Delta y+\frac{\partial u}{\partial z}\Delta z+\omega\rho\end{aligned}$$

ω 是比 ρ 高阶的无穷小。上式两边除以 ρ 得

$$\begin{aligned}\frac{\Delta u}{\rho}&=\frac{\partial u}{\partial x}\frac{\Delta x}{\rho}+\frac{\partial u}{\partial y}\frac{\Delta y}{\rho}+\frac{\partial u}{\partial z}\frac{\Delta z}{\rho}+\omega\\&=\frac{\partial u}{\partial x}\cos\alpha+\frac{\partial u}{\partial y}\cos\beta+\frac{\partial u}{\partial z}\cos\gamma+\omega\end{aligned}$$

两边取 $\rho\to 0$ 时的极限得

$$\frac{\partial u}{\partial l}=\frac{\partial u}{\partial x}\cos\alpha+\frac{\partial u}{\partial y}\cos\beta+\frac{\partial u}{\partial z}\cos\gamma$$

例 1.5　求数量场 $u=\frac{x^2+y^2}{z}$在点 $M(1, 1, 2)$处沿 $\boldsymbol{l}=\boldsymbol{a}_x+2\boldsymbol{a}_y+2\boldsymbol{a}_z$ 方向的方向导数。

解　$\boldsymbol{l}$ 方向的方向余弦为

$$\cos\alpha=\frac{1}{3},\quad \cos\beta=\frac{2}{3},\quad \cos\gamma=\frac{2}{3}$$

$$\frac{\partial u}{\partial x}=\frac{2x}{z},\quad \frac{\partial u}{\partial y}=\frac{2y}{z},\quad \frac{\partial u}{\partial z}=-\frac{x^2+y^2}{z^2}$$

$$\left.\frac{\partial u}{\partial x}\right|_M = 1,\quad \left.\frac{\partial u}{\partial y}\right|_M = 1,\quad \left.\frac{\partial u}{\partial z}\right|_M = -\frac{1}{2}$$

所以

$$\frac{\partial u}{\partial l} = 1\times\frac{1}{3} + 1\times\frac{2}{3} - \frac{1}{2}\times\frac{2}{3} = \frac{2}{3}$$

1.3.2　数量场的梯度

方向导数为 $u(M)$ 在给定点处沿某方向的变化率。但从场中一点出发有无穷多个方向，通常不必要更不可能研究所有方向的变化率。人们往往只关心沿何方向变化率最大，此变化率为多少？以下从方向导数的计算公式出发来讨论此问题。

$$\frac{\partial u}{\partial l} = \frac{\partial u}{\partial x}\cos\alpha + \frac{\partial u}{\partial y}\cos\beta + \frac{\partial u}{\partial z}\cos\gamma$$

因为 $\cos\alpha$、$\cos\beta$、$\cos\gamma$ 为 $\boldsymbol{l}$ 方向的方向余弦，所以 $\boldsymbol{l}$ 方向的单位矢量可表示为

$$\boldsymbol{l}^\circ = \cos\alpha\,\boldsymbol{a}_x + \cos\beta\,\boldsymbol{a}_y + \cos\gamma\,\boldsymbol{a}_z$$

若把$\frac{\partial u}{\partial x}$、$\frac{\partial u}{\partial y}$、$\frac{\partial u}{\partial z}$看成是某矢量 $\boldsymbol{G}$ 的三分量，即

$$\boldsymbol{G} = \frac{\partial u}{\partial x}\boldsymbol{a}_x + \frac{\partial u}{\partial y}\boldsymbol{a}_y + \frac{\partial u}{\partial z}\boldsymbol{a}_z$$

则

$$\frac{\partial u}{\partial l} = \boldsymbol{G}\cdot\boldsymbol{l}^\circ = |\boldsymbol{G}|\cos(\boldsymbol{G},\boldsymbol{l}^\circ) \tag{1.13}$$

$\boldsymbol{G}$ 在给定点处为一常矢量。由式(1.13)可知，$\boldsymbol{G}$ 在 $\boldsymbol{l}$ 方向上的投影等于函数 u 在该方向上的方向导数。

显然，当 $\boldsymbol{l}$ 与 $\boldsymbol{G}$ 的方向一致，即 $\cos(\boldsymbol{G},\boldsymbol{l}^\circ)=1$ 时，方向导数取得最大值，或说沿 $\boldsymbol{G}$ 方向的方向导数最大，此最大值为

$$\left.\frac{\partial u}{\partial l}\right|_{\max} = |\boldsymbol{G}|$$

这样即找到了一个矢量 $\boldsymbol{G}$，在其方向上 $u(M)$ 变化率最大，且其模即为最大变化率，该矢量称函数 $u(M)$ 在给定点处的梯度。

在数量场 $u(M)$ 中的一点 M 处，其方向为函数 $u(M)$ 在 M 点处变化率最大的方向，其模恰好等于此最大变化率的矢量 $\boldsymbol{G}$，称为 $u(M)$ 在 M 点处的梯度，记为

$$\mathrm{grad}u = \boldsymbol{G}$$

须指出，梯度的定义与坐标系无关，它由数量场 $u(M)$ 的分布所决定，在不同的坐标系中只是表达形式不同。前面已得出其在直角坐标系中的表达式

$$\mathrm{grad}u = \frac{\partial u}{\partial x}\boldsymbol{a}_x + \frac{\partial u}{\partial y}\boldsymbol{a}_y + \frac{\partial u}{\partial z}\boldsymbol{a}_z \tag{1.14}$$

从式(1.14)可以看出，梯度在形式上可以视为矢量微分算子 $\nabla = \boldsymbol{a}_x\frac{\partial}{\partial x} + \boldsymbol{a}_y\frac{\partial}{\partial y} + \boldsymbol{a}_z\frac{\partial}{\partial z}$ 与函数 u 的乘积，算子 ∇ 称为哈密顿算子，所以梯度又常表示为 ∇u。

数量场的梯度具有如下性质。

(1)梯度与方向导数的关系：在某点 M 处沿任一方向的方向导数等于该点处的梯度

在此方向上的投影，即

$$\frac{\partial u}{\partial l} = \nabla u \cdot \boldsymbol{l}^{\circ}$$

(2)梯度与等值面的关系：场 $u(M)$ 中每一点 M 处的梯度，垂直于过该点的等值面，且指向 $u(M)$ 增大一方。

这是因为点 M 处 ∇u 的三个分量 $\frac{\partial u}{\partial x}$、$\frac{\partial u}{\partial y}$、$\frac{\partial u}{\partial z}$ 恰为过 M 点的等值面 $u(x, y, z)=c$ 的法线方向数，即梯度在其法线方向上，故垂直于此等值面。

又因为 u 沿 ∇u 方向的方向导数 $\frac{\partial u}{\partial l}=|\nabla u|>0$ 即 $u(M)$ 沿 ∇u 方向是增加的，或者说 ∇u 指向 $u(M)$ 增大一方。

等值面和方向导数均与梯度存在一种比较理想的关系，这使得梯度成为研究数量场的一个极为重要的矢量。

例 1.6 试证明 $M(x, y, z)$ 点的矢径 $\boldsymbol{r}=x\boldsymbol{a}_x+y\boldsymbol{a}_y+z\boldsymbol{a}_z$ 的模 $r=\sqrt{x^2+y^2+z^2}$ 的梯度 $\nabla r=\frac{\boldsymbol{r}}{r}=\boldsymbol{r}^{\circ}$。

证

$$\frac{\partial r}{\partial x} = \frac{x}{\sqrt{x^2+y^2+z^2}} = \frac{x}{r}, \quad \frac{\partial r}{\partial y} = \frac{y}{r}, \quad \frac{\partial r}{\partial z} = \frac{z}{r}$$

所以

$$\nabla r = \frac{x}{r}\boldsymbol{a}_x + \frac{y}{r}\boldsymbol{a}_y + \frac{z}{r}\boldsymbol{a}_z$$

$$= \frac{1}{r}(x\boldsymbol{a}_x + y\boldsymbol{a}_y + z\boldsymbol{a}_z) = \frac{\boldsymbol{r}}{r} = \boldsymbol{r}^{\circ}$$

例 1.7 求数量场 $r=\sqrt{x^2+y^2+z^2}$ 在 $M(1, 0, 1)$ 处沿 $\boldsymbol{l}=\boldsymbol{a}_x+2\boldsymbol{a}_y+2\boldsymbol{a}_z$ 方向的方向导数 $\frac{\partial u}{\partial l}$。

本题当然可以由式(1.12)直接计算，这里从略。下面将其作为梯度在 $\boldsymbol{l}$ 上投影来求解。

解 由 $r=\sqrt{x^2+y^2+z^2}$ 可得

$$\frac{\partial r}{\partial x} = \frac{x}{r}, \quad \frac{\partial r}{\partial y} = \frac{y}{r}, \quad \frac{\partial r}{\partial z} = \frac{z}{r}$$

在 $M(1, 0, 1)$ 处

$$\frac{\partial r}{\partial x} = \frac{1}{\sqrt{2}}, \quad \frac{\partial r}{\partial y} = \frac{0}{r} = 0, \quad \frac{\partial r}{\partial z} = \frac{1}{\sqrt{2}}$$

所以在 M 处

$$\nabla \boldsymbol{r} = \frac{1}{\sqrt{2}}\boldsymbol{a}_x + \frac{1}{\sqrt{2}}\boldsymbol{a}_z$$

而

$$\boldsymbol{l}^{\circ} = \frac{\boldsymbol{l}}{|\boldsymbol{l}|} = \frac{1}{3}\boldsymbol{a}_x + \frac{2}{3}\boldsymbol{a}_y + \frac{2}{3}\boldsymbol{a}_z$$

所以

$$\frac{\partial u}{\partial l}=\nabla r\cdot \boldsymbol{l}^{\circ}=\frac{1}{3\sqrt{2}}+0\times\frac{2}{3}+\frac{2}{3\sqrt{2}}=\frac{1}{\sqrt{2}}$$

数量场的梯度满足下列运算法则。

(1)$\nabla c=0$ （c 为常数）。

(2)$\nabla(cu)=c\nabla u$ （c 为常数）。

(3)$\nabla(u\pm v)=\nabla u\pm\nabla v$。

(4)$\nabla(uv)=v\nabla u+u\nabla v$。

(5)$\nabla\left(\frac{u}{v}\right)=\frac{1}{v^2}(v\nabla u-u\nabla v)$。

(6)$\nabla[f(u)]=f'(u)\nabla u$。

例 1.8 已知位于原点处的点电荷 q 在其周围空间任一点 $M(x, y, z)$处产生的电位为 $\varphi=\frac{q}{4\pi\varepsilon r}$（其中，$r=|\boldsymbol{r}|=\sqrt{x^2+y^2+z^2}$），且知电场强度 $\boldsymbol{E}=-\nabla\varphi$，求 $\boldsymbol{E}$。

解 由法则(6)，得

$$\nabla\varphi=\frac{\mathrm{d}\varphi}{\mathrm{d}r}\nabla r=-\frac{q}{4\pi\varepsilon r^2}\nabla r$$

$$=-\frac{q}{4\pi\varepsilon r^2}\frac{\boldsymbol{r}}{r}=-\frac{q}{4\pi\varepsilon r^3}\boldsymbol{r}$$

1.4 矢量场的通量及散度

1.4.1 通量

为区分曲面的两侧，常规定其一侧为曲面的正侧，另一面为其负侧。这种取定了正侧的曲面称为有向曲面。对于封闭曲面，习惯上总是取其外侧为正侧。在研究实际问题时，常规定有向曲面的法向单位矢量 $\boldsymbol{n}$ 恒指向研究问题时所取的一侧。

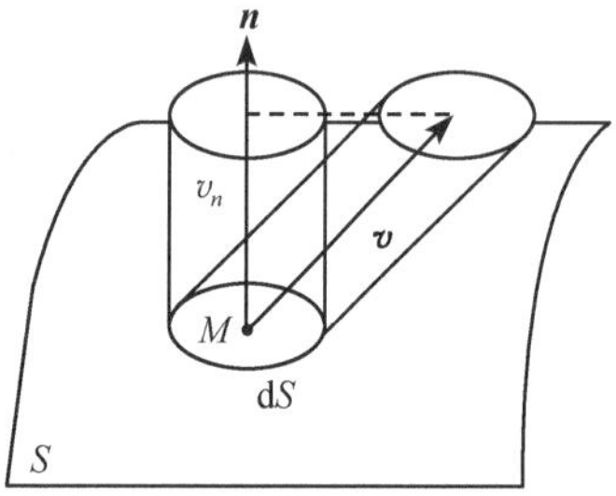

图 1.7 通量的定义

下面通过例子导出通量定义。如图 1.7 所示，设 S 为流速场 $\boldsymbol{v}(M)$ 中一有向曲面，考虑单位时间流体向正侧穿过 S 的流量 Q（$\boldsymbol{n}$ 指向 S 正侧）。

在 S 上取面元 $\mathrm{d}S$，$M\in\mathrm{d}S$。因 $\mathrm{d}S$ 很小，可认为 $\boldsymbol{v}$ 和 $\boldsymbol{n}$ 在 $\mathrm{d}S$ 上均不变，分别与 M 处 $\boldsymbol{v}$ 和 $\boldsymbol{n}$ 相同。则流体穿过 $\mathrm{d}S$ 的流量为

$$\mathrm{d}Q=v_n\mathrm{d}S=(\boldsymbol{v}\cdot\boldsymbol{n})\mathrm{d}S=\boldsymbol{v}\cdot\mathrm{d}\boldsymbol{S}$$

单位时间内沿正向穿过 S 的总通量为

$$Q=\iint_S\mathrm{d}Q=\iint_S v_n\mathrm{d}S=\iint_S\boldsymbol{v}\cdot\mathrm{d}\boldsymbol{S}$$

其中，$\mathrm{d}\boldsymbol{S}=\boldsymbol{n}\mathrm{d}S$。数学上把这种形式的曲面积分称为通量。

设 $\boldsymbol{A}(M)$ 为一矢量场，沿其中有向曲面 S 正(负)侧的曲面积分

$$\Phi=\iint_S A_n\mathrm{d}S=\iint_S\boldsymbol{A}\cdot\mathrm{d}\boldsymbol{S} \tag{1.15}$$

称为矢量场 $\boldsymbol{A}$ 向 S 正侧($\boldsymbol{n}$ 指向 S 的正侧)或负侧($\boldsymbol{n}$ 指向 S 的负侧)穿过曲面 S 的通量。

如磁感应强度为 $\boldsymbol{B}$ 的磁场中，穿过曲面 S 的磁通量为

$$\Phi_{\mathrm{m}} = \iint_S B_n \mathrm{d}S = \iint_S \boldsymbol{B} \cdot \mathrm{d}\boldsymbol{S}$$

在直角坐标系中，若

$$\boldsymbol{A} = A_x(x,y,z)\boldsymbol{a}_x + A_y(x,y,z)\boldsymbol{a}_y + A_z(x,y,z)\boldsymbol{a}_z$$

而

$$\mathrm{d}\boldsymbol{S} = \boldsymbol{n}\mathrm{d}S = \mathrm{d}S\cos\alpha\boldsymbol{a}_x + \mathrm{d}S\cos\beta\boldsymbol{a}_y + \mathrm{d}S\cos\gamma\boldsymbol{a}_z$$

其中，$\cos\alpha$、$\cos\beta$、$\cos\gamma$ 是 $\boldsymbol{n}$ 的方向余弦，即

$$\mathrm{d}\boldsymbol{S} = \mathrm{d}y\mathrm{d}z\boldsymbol{a}_x + \mathrm{d}x\mathrm{d}z\boldsymbol{a}_y + \mathrm{d}x\mathrm{d}y\boldsymbol{a}_z$$

则有

$$\Phi = \iint_S \boldsymbol{A} \cdot \mathrm{d}\boldsymbol{S} = \iint_S A_x\mathrm{d}y\mathrm{d}z + A_y\mathrm{d}x\mathrm{d}z + A_z\mathrm{d}x\mathrm{d}y \tag{1.16}$$

例 1.9 有矢量场 $\boldsymbol{r}=x\boldsymbol{a}_x+y\boldsymbol{a}_y+z\boldsymbol{a}_z$，封闭曲面 S 为圆锥面 $x^2+y^2=z^2$ 与平面 $z=H$ 所围封闭面，如图 1.8(a)所示，求从 S 内穿出的通量 Φ。

解

$$\Phi = \oiint_S \boldsymbol{r} \cdot \mathrm{d}\boldsymbol{S} = \iint_{S_1} \boldsymbol{r} \cdot \mathrm{d}\boldsymbol{S} + \iint_{S_2} \boldsymbol{r} \cdot \mathrm{d}\boldsymbol{S}$$

$$= \oiint_{S_1} \boldsymbol{r} \cdot \mathrm{d}\boldsymbol{S} \qquad (S_2 \text{ 上任一点均有 } \boldsymbol{r} \perp \mathrm{d}\boldsymbol{S})$$

$$= \oiint_{S_1} x\mathrm{d}y\mathrm{d}z + y\mathrm{d}x\mathrm{d}z + z\mathrm{d}x\mathrm{d}y$$

$$= \oiint_{\sigma_1} H\mathrm{d}x\mathrm{d}y = H\iint_{\sigma_1}\mathrm{d}x\mathrm{d}y = H \cdot \pi H^2 = \pi H^3$$

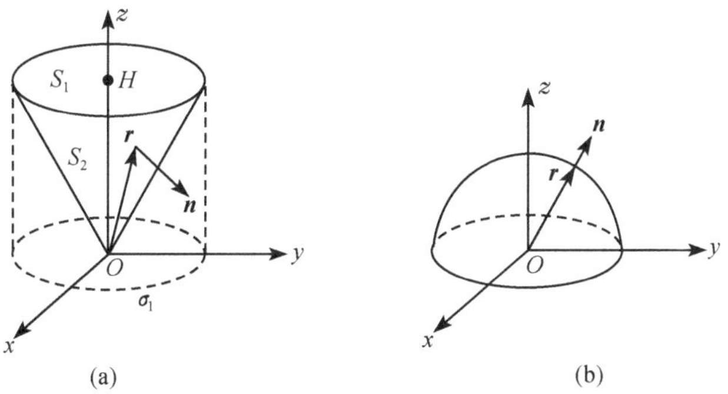

图 1.8

若 S 为上半球面 $x^2+y^2+z^2=R^2(z>0)$，如图 1.8(b)所示，则

$$\Phi = \iint_S \boldsymbol{r} \cdot \mathrm{d}\boldsymbol{S}$$

$$= \iint_S r\mathrm{d}S = R\iint_S \mathrm{d}S = R \cdot 2\pi R^2 = 2\pi R^3$$

通量为正、为负或等于零在物理上有明确的意义。以流速场 $\boldsymbol{v}(M)$ 为例，流体向正

侧穿过面元 dS 的流量

$$dQ = \boldsymbol{v} \cdot d\boldsymbol{S}$$

dQ 可正可负，当 $\boldsymbol{v}$ 与 $\boldsymbol{n}$ 成锐角时，dQ>0，从负侧向正侧穿过 dS 的流量为正；当 $\boldsymbol{v}$ 与 $\boldsymbol{n}$ 成钝角时，dQ<0，为负流量。

总流量 $Q=\iint_S \boldsymbol{v} \cdot d\boldsymbol{S}$ 为单位时间内向正侧穿过 S 的正流量和负流量的代数和。当 $Q>0$ 时表示向正侧流量多于向负侧流量；$Q<0$ 时向正侧流量小于向负侧流量；$Q=0$ 时向正侧流量等于向负侧流量。

对于封闭曲面 S，提及穿过它的通量时，通常指从内向外的通量。此时

$$\Phi = \oint\!\!\!\oint_S \boldsymbol{A} \cdot d\boldsymbol{S}$$

当 $\Phi>0$ 时，表明穿出的通量大于穿入的，S 内有产生 Φ 的正源；当 $\Phi<0$ 时，表明穿入通量大于穿出的，S 内有产生 Φ 的负源。正源和负源可同时存在。当 $\Phi=0$ 时，表明穿入通量等于穿出的，S 内无源或正源、负源相互抵消。

例 1.10 原点处点电荷 q 在其周围产生的电场中，任一点处的电位移矢量 $\boldsymbol{D}=\dfrac{q}{4\pi r^2}\boldsymbol{r}^\circ\left(\boldsymbol{r}^\circ=\dfrac{\boldsymbol{r}}{r}=\dfrac{x\boldsymbol{a}_x+y\boldsymbol{a}_y+z\boldsymbol{a}_z}{\sqrt{x^2+y^2+z^2}}\right)$，求穿过以原点为球心，$R$ 为半径的球面的电通量。

解

$$\Phi_e = \oint\!\!\!\oint_S \boldsymbol{D} \cdot d\boldsymbol{S} = \frac{q}{4\pi R^2}\oint\!\!\!\oint_S \boldsymbol{r}^\circ \cdot d\boldsymbol{S}$$

$$= \frac{q}{4\pi R^2}\oint\!\!\!\oint_S dS = \frac{q}{4\pi R^2} \cdot 4\pi R^2 = q$$

可见，S 内产生电通量的源即为电荷 q。q 为正电荷时，$\Phi_e>0$，表明 q 为正源；反之 q 为负源。

1.4.2 散度

根据穿出闭合面的通量 Φ 的正负，可判断出该曲面内有正源或负源，但源在 S 内的分布情况和强弱却是通量无法说明的。为此，引入矢量场的散度。

设 M 是矢量场 $\boldsymbol{A}(x, y, z)$ 中的一点，在 M 的某个邻域内取一包含 M 在内的任一闭合曲面 ΔS，其所包含区域的体积为 ΔV，以 $\Delta\Phi$ 表示穿出 ΔS 的通量。若当该区域以任意方式缩向点 M 时

$$\frac{\Delta\Phi}{\Delta V} = \frac{\oint\!\!\!\oint_{\Delta S} \boldsymbol{A} \cdot d\boldsymbol{S}}{\Delta V}$$

的极限存在，则称之为矢量场 $\boldsymbol{A}(x, y, z)$ 在点 M 处的散度，记为 div$\boldsymbol{A}$，即

$$\mathrm{div}\boldsymbol{A} = \lim_{\Delta V \to M}\frac{\Delta\Phi}{\Delta V} = \lim_{\Delta V \to M}\frac{\oint\!\!\!\oint_{\Delta S} \boldsymbol{A} \cdot d\boldsymbol{S}}{\Delta V} \tag{1.17}$$

矢量场的散度为数量，它表示场中该点处的通量对体积的变化率，即该点处穿出包围单位体积的闭合曲面的通量，称为该点处源的强度。div$\boldsymbol{A}>0$ 表明该点有正源；div$\boldsymbol{A}<0$ 表明该点有负源；当 div$\boldsymbol{A}=0$ 时，表示该点无源。div$\boldsymbol{A}\equiv0$ 的矢量场称为无源场。

定理 1.2　在直角坐标系中，矢量场

$$\boldsymbol{A}=A_x(x,y,z)\boldsymbol{a}_x+A_y(x,y,z)\boldsymbol{a}_y+A_z(x,y,z)\boldsymbol{a}_z$$

在任一点 $M(x,\ y,\ z)$处的散度为

$$\mathrm{div}\boldsymbol{A}=\frac{\partial A_x}{\partial x}+\frac{\partial A_y}{\partial y}+\frac{\partial A_z}{\partial z} \tag{1.18}$$

证

$$\Delta\Phi=\oint\!\!\oint_{\Delta S}\boldsymbol{A}\cdot\mathrm{d}\boldsymbol{S}=\oint\!\!\oint_{\Delta S}A_x\mathrm{d}y\mathrm{d}z+A_y\mathrm{d}x\mathrm{d}z+A_z\mathrm{d}x\mathrm{d}y$$

由曲面积分的奥氏公式

$$\Delta\Phi=\iiint_{\Delta V}\left(\frac{\partial A_x}{\partial x}+\frac{\partial A_y}{\partial y}+\frac{\partial A_z}{\partial z}\right)\mathrm{d}V$$

因为$\frac{\partial A_x}{\partial x}$、$\frac{\partial A_y}{\partial y}$、$\frac{\partial A_z}{\partial z}$均连续，根据中值定理，$\Delta V$ 内必存在一点M^*使得

$$\Delta\Phi=\left(\frac{\partial A_x}{\partial x}+\frac{\partial A_y}{\partial y}+\frac{\partial A_z}{\partial z}\right)_{M^*}\cdot\Delta V$$

所以

$$\mathrm{div}\boldsymbol{A}=\lim_{\Delta V\to M}\frac{\Delta\Phi}{\Delta V}=\lim_{\Delta V\to M}\left(\frac{\partial A_x}{\partial x}+\frac{\partial A_y}{\partial y}+\frac{\partial A_z}{\partial z}\right)_{M^*}$$

因为 $M^*\to M$，故

$$\mathrm{div}\boldsymbol{A}=\frac{\partial A_x}{\partial x}+\frac{\partial A_y}{\partial y}+\frac{\partial A_z}{\partial z}$$

可见，散度在形式上可看作哈密顿算子与矢量 $\boldsymbol{A}$ 的点乘，所以通常表示为$\nabla\cdot\boldsymbol{A}$。

由上述证明过程可见，奥氏公式

$$\oint\!\!\oint_{S}A_x\mathrm{d}y\mathrm{d}z+A_y\mathrm{d}x\mathrm{d}z+A_z\mathrm{d}x\mathrm{d}y=\iiint_{V}\left(\frac{\partial A_x}{\partial x}+\frac{\partial A_y}{\partial y}+\frac{\partial A_z}{\partial z}\right)\mathrm{d}V$$

可以写成矢量形式：$\oint\!\!\oint_{S}\boldsymbol{A}\cdot\mathrm{d}\boldsymbol{S}=\iiint_{V}\nabla\cdot\boldsymbol{A}\mathrm{d}V$。

进而可得，若在封闭曲面 S 内处处有$\nabla\cdot\boldsymbol{A}=0$，则

$$\Phi=\oint\!\!\oint_{S}\boldsymbol{A}\cdot\mathrm{d}\boldsymbol{S}=0$$

此定理不仅告诉我们如何计算散度，也可由之得出以下推论。

推论　在矢量场 $\boldsymbol{A}$ 中，若仅在某些点(或区域)上有$\nabla\cdot\boldsymbol{A}\neq0$ 或不存在，而其他点上都有$\nabla\cdot\boldsymbol{A}=0$，则穿出包围这些点(或区域)的任一闭曲面的通量都相等(图 1.9)。

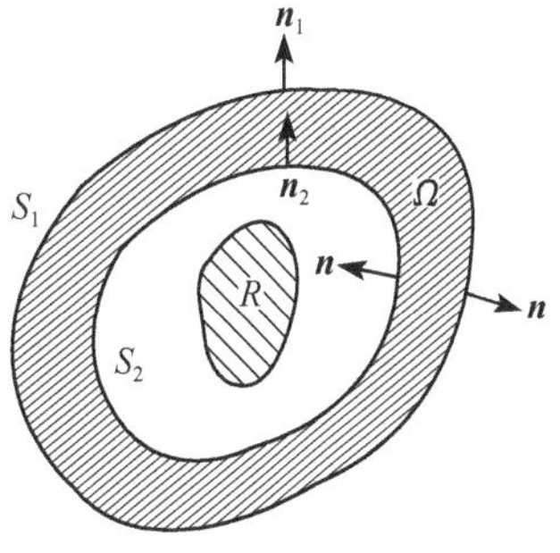

图 1.9　推论的证明

证　设$\nabla\cdot\boldsymbol{A}\neq0$ 或不存在的点在区域 R 内，任作两个包围 R 但互不相交的封闭面 S_1、S_2，外法向单位矢量为 $\boldsymbol{n}_1$、$\boldsymbol{n}_2$。

因为 Ω 内$\nabla\cdot\boldsymbol{A}$ 处处为 0，所以

$$\oint\!\!\oint_{S_1+S_2}\boldsymbol{A}\cdot\mathrm{d}\boldsymbol{S}=0$$

$$\oint\!\!\!\oint_{S_1} \boldsymbol{A} \cdot \boldsymbol{n} \mathrm{d}S + \oint\!\!\!\oint_{S_2} \boldsymbol{A} \cdot \boldsymbol{n} \mathrm{d}S = 0$$

而 S_1 上 $\boldsymbol{n}$ 与 $\boldsymbol{n}_1$ 相同，S_2 上 $\boldsymbol{n}$ 与 $\boldsymbol{n}_2$ 相反。则

$$\oint\!\!\!\oint_{S_1} \boldsymbol{A} \cdot \mathrm{d}\boldsymbol{S}_1 - \oint\!\!\!\oint_{S_2} \boldsymbol{A} \cdot \mathrm{d}\boldsymbol{S}_2 = 0$$

即

$$\oint\!\!\!\oint_{S_1} \boldsymbol{A} \cdot \mathrm{d}\boldsymbol{S}_1 = \oint\!\!\!\oint_{S_2} \boldsymbol{A} \cdot \mathrm{d}\boldsymbol{S}_2$$

例 1.11 原点处点电荷 q 产生的电位移为

$$\boldsymbol{D} = \frac{q}{4\pi r^3}\boldsymbol{r} \quad (\boldsymbol{r} = x\boldsymbol{a}_x + y\boldsymbol{a}_y + z\boldsymbol{a}_z, r = |\boldsymbol{r}|)$$

求 $\nabla \cdot \boldsymbol{D}$。

解

$$\boldsymbol{D} = \frac{q}{4\pi}\left(\frac{x}{r^3}\boldsymbol{a}_x + \frac{y}{r^3}\boldsymbol{a}_y + \frac{z}{r^3}\boldsymbol{a}_z\right)$$

$$D_x = \frac{qx}{4\pi r^3}, \qquad D_y = \frac{qy}{4\pi r^3}, \qquad D_z = \frac{qz}{4\pi r^3}$$

$$\frac{\partial D_x}{\partial x} = \frac{q}{4\pi}\frac{r^2 - 3x^2}{r^5}, \quad \frac{\partial D_y}{\partial y} = \frac{q}{4\pi}\frac{r^2 - 3y^2}{r^5}, \quad \frac{\partial D_z}{\partial z} = \frac{q}{4\pi}\frac{r^2 - 3z^2}{r^5}$$

所以

$$\nabla \cdot \boldsymbol{D} = \frac{\partial D_x}{\partial x} + \frac{\partial D_y}{\partial y} + \frac{\partial D_z}{\partial z} = \frac{q}{4\pi}\frac{3r^2 - 3(x^2 + y^2 + z^2)}{r^5} = 0$$

在 $r=0$ 以外，处处有 $\nabla \cdot \boldsymbol{D}=0$，即 $\boldsymbol{D}$ 为无源场。

由以上推论和例 1.10，穿过任一包围 q 的封闭面的电通量为

$$\Phi_e = \oint\!\!\!\oint_S \boldsymbol{D} \cdot \mathrm{d}\boldsymbol{S} = q$$

散度遵循下列运算法则。

(1) $\nabla \cdot (c\boldsymbol{A}) = c\,\nabla \cdot \boldsymbol{A}$ （c 为常数）。

(2) $\nabla \cdot (\boldsymbol{A} \pm \boldsymbol{B}) = \nabla \cdot \boldsymbol{A} \pm \nabla \cdot \boldsymbol{B}$。

(3) $\nabla \cdot (u\boldsymbol{A}) = \nabla u \cdot \boldsymbol{A} + u\,\nabla \cdot \boldsymbol{A}$。

下面对法则(3)加以证明。

证 因为

$$u\boldsymbol{A} = uA_x\boldsymbol{a}_x + uA_y\boldsymbol{a}_y + uA_z\boldsymbol{a}_z$$

所以

$$\begin{aligned}
\nabla \cdot (u\boldsymbol{A}) &= \frac{\partial}{\partial x}(uA_x) + \frac{\partial}{\partial y}(uA_y) + \frac{\partial}{\partial z}(uA_z) \\
&= \frac{\partial u}{\partial x}A_x + u\frac{\partial A_x}{\partial x} + \frac{\partial u}{\partial y}A_y + u\frac{\partial A_y}{\partial y} + \frac{\partial u}{\partial z}A_z + u\frac{\partial A_z}{\partial z} \\
&= u\left(\frac{\partial A_x}{\partial x} + \frac{\partial A_y}{\partial y} + \frac{\partial A_z}{\partial z}\right) + \left(\frac{\partial u}{\partial x}A_x + \frac{\partial u}{\partial y}A_y + \frac{\partial u}{\partial z}A_z\right) \\
&= u\,\nabla \cdot \boldsymbol{A} + \nabla u \cdot \boldsymbol{A}
\end{aligned}$$

例 1.12　$\boldsymbol{r}=x\boldsymbol{a}_x+y\boldsymbol{a}_y+z\boldsymbol{a}_z$，$r=|\boldsymbol{r}|$。求：

(1)使$\nabla\cdot[f(r)\boldsymbol{r}]=0$ 的 $f(r)$；

(2)使$\nabla\cdot[\nabla f(r)]=0$ 的 $f(r)$。

解　(1)
$$\begin{aligned}\nabla\cdot[f(r)\boldsymbol{r}]&=\nabla f(r)\cdot\boldsymbol{r}+f(r)\nabla\cdot\boldsymbol{r}\\&=f'(r)\nabla r\cdot\boldsymbol{r}+3f(r)\\&=f'(r)\boldsymbol{r}^{\circ}\cdot\boldsymbol{r}+3f(r)\\&=rf'(r)+3f(r)=0\end{aligned}$$

$$rf'(r)=-3f(r)\quad\Rightarrow\quad\frac{f'(r)}{f(r)}=-\frac{3}{r}$$

$$\ln f(r)=-3\ln r+c=\ln cr^{-3}$$

所以

$$f(r)=cr^{-3}$$

$$\begin{aligned}(2)\nabla\cdot[\nabla f(r)]&=\nabla\cdot[f'(r)\cdot\nabla r]=\nabla\cdot\left[f'(r)\cdot\frac{\boldsymbol{r}}{r}\right]\\&=\nabla f'(r)\cdot\frac{\boldsymbol{r}}{r}+f'(r)\nabla\cdot\left(\frac{\boldsymbol{r}}{r}\right)\\&=f''(r)\nabla r\cdot\frac{\boldsymbol{r}}{r}+f'(r)\cdot\left(\frac{r^2-x^2}{r^3}+\frac{r^2-y^2}{r^3}+\frac{r^2-z^2}{r^3}\right)\\&=f''(r)+\frac{2}{r}f'(r)=0\end{aligned}$$

令 $r=\mathrm{e}^t$,得

$$f''(t)+f'(t)=0$$
$$f(t)=c_1\mathrm{e}^{-t}+c_2$$

所以

$$f(r)=c_1r^{-1}+c_2$$

1.5　矢量场的环量及旋度

1.5.1　环量

1. 环量的概念

设有矢量场 $\boldsymbol{A}(M)$，则沿场中某一封闭的有向曲线 l 的曲线积分

$$\Gamma=\oint_l\boldsymbol{A}\cdot\mathrm{d}\boldsymbol{l}$$

称为此矢量场按积分所取方向沿曲线 l 的环量。其中，$\mathrm{d}\boldsymbol{l}=\boldsymbol{\tau}\mathrm{d}l$，$\boldsymbol{\tau}$ 为 l 正向切线方向的单位矢量。

例如，当 $\boldsymbol{A}$ 为力场 $\boldsymbol{F}$ 时，环量表示在 $\boldsymbol{F}$ 作用下，质点沿曲线 l 运动一周时，力场 $\boldsymbol{F}$ 对它所做的功。又如，当 $\boldsymbol{A}$ 为磁场强度 $\boldsymbol{H}$ 时，$\oint_l\boldsymbol{H}\cdot\mathrm{d}\boldsymbol{l}$ 表示沿与积分路线方向成右手螺旋关系的方向通过以 l 为边界的曲面的总电流(安培环路定理)。

在直角坐标系中

$$\boldsymbol{A}=A_x(x,y,z)\boldsymbol{a}_x+A_y(x,y,z)\boldsymbol{a}_y+A_z(x,y,z)\boldsymbol{a}_z$$

$$\mathrm{d}\boldsymbol{l}=\mathrm{d}l\cos\alpha\boldsymbol{a}_x+\mathrm{d}l\cos\beta\boldsymbol{a}_y+\mathrm{d}l\cos\gamma\boldsymbol{a}_z=\mathrm{d}x\boldsymbol{a}_x+\mathrm{d}y\boldsymbol{a}_y+\mathrm{d}z\boldsymbol{a}_z$$

其中，$\cos\alpha$、$\cos\beta$、$\cos\gamma$ 为 $\mathrm{d}\boldsymbol{l}$ 的方向余弦，则

$$\Gamma=\oint_l \boldsymbol{A}\cdot\mathrm{d}\boldsymbol{l}=\oint_l A_x\mathrm{d}x+A_y\mathrm{d}y+A_z\mathrm{d}z \tag{1.19}$$

例 1.13 求矢量场 $\boldsymbol{A}=-y\boldsymbol{a}_x+x\boldsymbol{a}_y+c\boldsymbol{a}_z$（$c$ 为常数）沿曲线 $(x-2)^2+y^2=R^2$，$z=0$ 的环量。

解

$$\begin{aligned}\Gamma&=\oint_l \boldsymbol{A}\cdot\mathrm{d}\boldsymbol{l}=\oint_l -y\mathrm{d}x+x\mathrm{d}y+c\mathrm{d}z\\&=\oint_l -y\mathrm{d}x+x\mathrm{d}y\quad(\text{因为在 } l \text{ 上 } z=0 \text{ 为常数}, \mathrm{d}z=0)\\&=\int_0^{2\pi}-R\sin\theta\mathrm{d}(2+R\cos\theta)+(2+R\cos\theta)\mathrm{d}(R\sin\theta)\\&=\int_0^{2\pi}R^2\sin^2\theta\mathrm{d}\theta+(2+R\cos\theta)R\cos\theta\mathrm{d}\theta\\&=\int_0^{2\pi}(R^2+2R\cos\theta)\mathrm{d}\theta=2\pi R^2+2R\sin\theta\,\Big|_0^{2\pi}=2\pi R^2\end{aligned}$$

环量的计算通常利用曲线的参数方程。

2. 环量面密度

以磁场 $\boldsymbol{H}$ 为例，其环量为通过磁场中以 l 为边界的曲面 S 的总电流强度。这还不足以了解磁场中任一点处沿着某一方向 $\boldsymbol{n}$ 的电流密度，为研究此类问题，引入环量面密度。

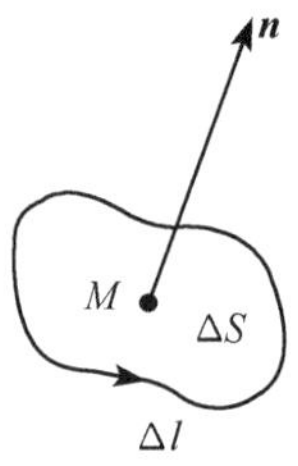

图 1.10 环量面密度的定义

如图 1.10 所示，设 M 为矢量 $\boldsymbol{A}$ 中一点，$\boldsymbol{n}$ 为从 M 出发的一射线，在 M 处取一小面元 ΔS 与 $\boldsymbol{n}$ 垂直，取其周界 Δl 的正向与 $\boldsymbol{n}$ 成右手螺旋关系。当 $\boldsymbol{A}$ 沿 Δl 正向的环量 $\Delta\Gamma$ 与面积 ΔS 之比在 ΔS 无限缩向 M 点时的极限存在，则称之为矢量 $\boldsymbol{A}$ 在 M 点处沿 $\boldsymbol{n}$ 的环量面密度，记为 μ_n，即

$$\mu_n=\lim_{\Delta S\to M}\frac{\Delta\Gamma}{\Delta S}=\lim_{\Delta S\to M}\frac{\oint_{\Delta l}\boldsymbol{A}\cdot\mathrm{d}\boldsymbol{l}}{\Delta S}$$

在磁场中 M 处，沿某方向 $\boldsymbol{n}$ 的环量面密度为

$$\mu_n=\lim_{\Delta S\to M}\frac{\oint_{\Delta l}\boldsymbol{H}\cdot\mathrm{d}\boldsymbol{l}}{\Delta S}=\lim_{\Delta S\to M}\frac{\Delta I}{\Delta S}=\frac{\mathrm{d}I}{\mathrm{d}S}$$

即为点 M 处沿 $\boldsymbol{n}$ 方向的电流密度。

在直角坐标系中，$\boldsymbol{A}=A_x(x, y, z)\boldsymbol{a}_x+A_y(x, y, z)\boldsymbol{a}_y+A_z(x, y, z)\boldsymbol{a}_z$，所以

$$\Delta\Gamma=\oint_{\Delta l}\boldsymbol{A}\cdot\mathrm{d}\boldsymbol{l}=\oint_{\Delta l}A_x\mathrm{d}x+A_y\mathrm{d}y+A_z\mathrm{d}z$$

由曲线积分的斯托克斯公式，上式可转化为以 Δl 为边界的曲面 ΔS 上的曲面积分

$$\Delta\Gamma=\iint_{\Delta S}\left(\frac{\partial A_z}{\partial y}-\frac{\partial A_y}{\partial z}\right)\mathrm{d}y\mathrm{d}z+\left(\frac{\partial A_x}{\partial z}-\frac{\partial A_z}{\partial x}\right)\mathrm{d}x\mathrm{d}z+\left(\frac{\partial A_y}{\partial x}-\frac{\partial A_x}{\partial y}\right)\mathrm{d}x\mathrm{d}y$$

$$=\iint_{\Delta S}\left[\left(\frac{\partial A_z}{\partial y}-\frac{\partial A_y}{\partial z}\right)\cos\alpha+\left(\frac{\partial A_x}{\partial z}-\frac{\partial A_z}{\partial x}\right)\cos\beta+\left(\frac{\partial A_y}{\partial x}-\frac{\partial A_x}{\partial y}\right)\cos\gamma\right]\mathrm{d}S$$

由中值定理，ΔS 上必存在一点 M^* 使得

$$\Delta\Gamma=\left[\left(\frac{\partial A_z}{\partial y}-\frac{\partial A_y}{\partial z}\right)\cos\alpha+\left(\frac{\partial A_x}{\partial z}-\frac{\partial A_z}{\partial x}\right)\cos\beta+\left(\frac{\partial A_y}{\partial x}-\frac{\partial A_x}{\partial y}\right)\cos\gamma\right]_{M^*}\cdot\Delta S$$

所以

$$\mu_n=\lim_{\Delta S\to M}\frac{\Delta\Gamma}{\Delta S}=\left(\frac{\partial A_z}{\partial y}-\frac{\partial A_y}{\partial z}\right)\cos\alpha+\left(\frac{\partial A_x}{\partial z}-\frac{\partial A_z}{\partial x}\right)\cos\beta+\left(\frac{\partial A_y}{\partial x}-\frac{\partial A_x}{\partial y}\right)\cos\gamma \tag{1.20}$$

这就是环量面密度在直角坐标系中的计算公式。这里考虑了 $\Delta S\to M$ 时，$M^*\to M$。

例 1.14 求 $\boldsymbol{A}=xz^3\boldsymbol{a}_x-2x^2yz\boldsymbol{a}_y+2yz^4\boldsymbol{a}_z$ 在点 $M(1,-2,1)$ 沿 $\boldsymbol{n}=6\boldsymbol{a}_x+2\boldsymbol{a}_y+3\boldsymbol{a}_z$ 方向的环量面密度。

解 $A_x=xz^3,\quad A_y=-2x^2yz,\quad A_z=2yz^4$

$\boldsymbol{n}$ 的方向余弦为

$$\cos\alpha=\frac{6}{7},\quad \cos\beta=\frac{2}{7},\quad \cos\gamma=\frac{3}{7}$$

$$\frac{\partial A_z}{\partial y}=2z^4,\quad \frac{\partial A_y}{\partial z}=-2x^2y,\quad \frac{\partial A_x}{\partial z}=3xz^2$$

$$\frac{\partial A_z}{\partial x}=0,\quad \frac{\partial A_y}{\partial x}=-4xyz,\quad \frac{\partial A_x}{\partial y}=0$$

所以

$$\mu_n=(2z^4+2x^2y)|_M\cos\alpha+(3xz^2-0)|_M\cos\beta+(-4xyz-0)|_M\cos\gamma$$

$$=-2\times\frac{6}{7}+3\times\frac{2}{7}+8\times\frac{3}{7}=\frac{18}{7}$$

1.5.2 旋度

由环量面密度的计算公式

$$\mu_n=\left(\frac{\partial A_z}{\partial y}-\frac{\partial A_y}{\partial z}\right)\cos\alpha+\left(\frac{\partial A_x}{\partial z}-\frac{\partial A_z}{\partial x}\right)\cos\beta+\left(\frac{\partial A_y}{\partial x}-\frac{\partial A_x}{\partial y}\right)\cos\gamma$$

令

$$\boldsymbol{R}=\left(\frac{\partial A_z}{\partial y}-\frac{\partial A_y}{\partial z}\right)\boldsymbol{a}_x+\left(\frac{\partial A_x}{\partial z}-\frac{\partial A_z}{\partial x}\right)\boldsymbol{a}_y+\left(\frac{\partial A_y}{\partial x}-\frac{\partial A_x}{\partial y}\right)\boldsymbol{a}_z$$

则

$$\mu_n=\boldsymbol{R}\cdot\boldsymbol{n}^{\circ}$$

其中，$\boldsymbol{n}^{\circ}$为 $\boldsymbol{n}$ 方向的单位矢量。即在任一给定点处，矢量 $\boldsymbol{R}$ 在任一方向 $\boldsymbol{n}$ 上的投影等于沿该方向的环量面密度。$\boldsymbol{R}$ 的方向为 μ_n 最大的方向，且 $\mu_n|_{\max}=|\boldsymbol{R}|$。

在矢量场 $\boldsymbol{A}$ 中的一点 M 处，其方向为该点 $\boldsymbol{A}$ 的环量面密度最大的方向，其模恰等于此最大环量面密度的矢量，称为矢量 $\boldsymbol{A}$ 在 M 点处的旋度，记作 rot$\boldsymbol{A}$。

上面已得出 rot$\boldsymbol{A}$ 的计算公式

$$\text{rot}\boldsymbol{A}=\left(\frac{\partial A_z}{\partial y}-\frac{\partial A_y}{\partial z}\right)\boldsymbol{a}_x+\left(\frac{\partial A_x}{\partial z}-\frac{\partial A_z}{\partial x}\right)\boldsymbol{a}_y+\left(\frac{\partial A_y}{\partial x}-\frac{\partial A_x}{\partial y}\right)\boldsymbol{a}_z \tag{1.21}$$

或

$$\text{rot}\boldsymbol{A}=\begin{vmatrix}\boldsymbol{a}_x & \boldsymbol{a}_y & \boldsymbol{a}_z\\ \dfrac{\partial}{\partial x} & \dfrac{\partial}{\partial y} & \dfrac{\partial}{\partial z}\\ A_x & A_y & A_z\end{vmatrix} \tag{1.22}$$

旋度在形式上可看作哈密顿算子与矢量 $\boldsymbol{A}$ 的叉乘，所以通常表示为$\nabla\times\boldsymbol{A}$。

显然，旋度在任一矢量方向的投影等于该方向上的环量面密度，即

$$\mu_n=\nabla\times\boldsymbol{A}\cdot\boldsymbol{n}^{\circ} \tag{1.23}$$

这为计算环量面密度提供了另一种途径。

此外，利用旋度的表达式，斯托克斯公式

$$\oint_l A_x\mathrm{d}x+A_y\mathrm{d}y+A_z\mathrm{d}z=\iint_S\left(\frac{\partial A_z}{\partial y}-\frac{\partial A_y}{\partial z}\right)\mathrm{d}y\mathrm{d}z+\left(\frac{\partial A_x}{\partial z}-\frac{\partial A_z}{\partial x}\right)\mathrm{d}x\mathrm{d}z+\left(\frac{\partial A_y}{\partial x}-\frac{\partial A_x}{\partial y}\right)\mathrm{d}x\mathrm{d}y$$

也可以表示成简洁的矢量形式

$$\oint_l\boldsymbol{A}\cdot\mathrm{d}\boldsymbol{l}=\iint_S\nabla\times\boldsymbol{A}\cdot\mathrm{d}\boldsymbol{S} \tag{1.24}$$

例 1.15 求矢量场 $\boldsymbol{A}=x(z-y)\boldsymbol{a}_x+y(x-z)\boldsymbol{a}_y+z(y-x)\boldsymbol{a}_z$ 在点 $M(1, 0, 1)$处的旋度，以及沿 $\boldsymbol{n}=2\boldsymbol{a}_x+6\boldsymbol{a}_y+3\boldsymbol{a}_z$ 方向的环量面密度。

解

$$\nabla\times\boldsymbol{A}=\begin{vmatrix}\boldsymbol{a}_x & \boldsymbol{a}_y & \boldsymbol{a}_z\\ \dfrac{\partial}{\partial x} & \dfrac{\partial}{\partial y} & \dfrac{\partial}{\partial z}\\ x(z-y) & y(x-z) & z(y-x)\end{vmatrix}=(z+y)\boldsymbol{a}_x+(x+z)\boldsymbol{a}_y+(y+x)\boldsymbol{a}_z$$

因为

$$\nabla\times\boldsymbol{A}\,|_M=\boldsymbol{a}_x+2\boldsymbol{a}_y+\boldsymbol{a}_z$$

而

$$\boldsymbol{n}^{\circ}=\frac{2}{7}\boldsymbol{a}_x+\frac{6}{7}\boldsymbol{a}_y+\frac{3}{7}\boldsymbol{a}_z$$

所以

$$\mu_n=\nabla\times\boldsymbol{A}\cdot\boldsymbol{n}^{\circ}=\frac{2}{7}+\frac{6}{7}\times2+\frac{3}{7}=\frac{17}{7}$$

旋度遵循下列运算法则。

(1)$\nabla\times(c\boldsymbol{A})=c\,\nabla\times\boldsymbol{A}$　(c 为常数)。

(2)$\nabla\times(\boldsymbol{A}\pm\boldsymbol{B})=\nabla\times\boldsymbol{A}\pm\nabla\times\boldsymbol{B}$。

(3)$\nabla\times(u\boldsymbol{A})=u\nabla\times\boldsymbol{A}+\nabla u\times\boldsymbol{A}$。

(4)$\nabla\cdot(\boldsymbol{A}\times\boldsymbol{B})=\nabla\times\boldsymbol{A}\cdot\boldsymbol{B}-\boldsymbol{A}\cdot\nabla\times\boldsymbol{B}$。

(5)$\nabla\times(\nabla u)=\boldsymbol{0}$。

(6)$\nabla\cdot(\nabla\times\boldsymbol{A})=0$。

(7)$\nabla\times\nabla\times\boldsymbol{A}=\nabla(\nabla\cdot\boldsymbol{A})-\nabla^2\boldsymbol{A}$。

其中，∇^2称为拉普拉斯算子，在直角坐标系中有

$$\nabla^2=\nabla\cdot\nabla=\frac{\partial^2}{\partial x^2}+\frac{\partial^2}{\partial y^2}+\frac{\partial^2}{\partial z^2}$$

$$\nabla^2 u=\frac{\partial^2 u}{\partial x^2}+\frac{\partial^2 u}{\partial y^2}+\frac{\partial^2 u}{\partial z^2}$$

$$\nabla^2\boldsymbol{A}=\nabla^2 A_x\boldsymbol{a}_x+\nabla^2 A_y\boldsymbol{a}_y+\nabla^2 A_z\boldsymbol{a}_z$$

$\nabla^2 u$ 称为调和量，是电磁场理论中的常用量之一。

下面以(4)和(5)为例给出证明。

证(4)　$\boldsymbol{A}=A_x\boldsymbol{a}_x+A_y\boldsymbol{a}_y+A_z\boldsymbol{a}_z$，　$\boldsymbol{B}=B_x\boldsymbol{a}_x+B_y\boldsymbol{a}_y+B_z\boldsymbol{a}_z$

$$\boldsymbol{A}\times\boldsymbol{B}=(A_yB_z-A_zB_y)\boldsymbol{a}_x+(A_zB_x-A_xB_z)\boldsymbol{a}_y+(A_xB_y-A_yB_x)\boldsymbol{a}_z$$

$$\begin{aligned}\nabla\cdot(\boldsymbol{A}\times\boldsymbol{B})=&\frac{\partial A_y}{\partial x}B_z+A_y\frac{\partial B_z}{\partial x}-\frac{\partial A_z}{\partial x}B_y-A_z\frac{\partial B_y}{\partial x}\\&+\frac{\partial A_z}{\partial y}B_x+A_z\frac{\partial B_x}{\partial y}-\frac{\partial A_x}{\partial y}B_z-A_x\frac{\partial B_z}{\partial y}\\&+\frac{\partial A_x}{\partial z}B_y+A_x\frac{\partial B_y}{\partial z}-\frac{\partial A_y}{\partial z}B_x-A_y\frac{\partial B_x}{\partial z}\\=&\left(\frac{\partial A_z}{\partial y}-\frac{\partial A_y}{\partial z}\right)B_x+\left(\frac{\partial A_x}{\partial z}-\frac{\partial A_z}{\partial x}\right)B_y+\left(\frac{\partial A_y}{\partial x}-\frac{\partial A_x}{\partial y}\right)B_z\\&-\left(\frac{\partial B_z}{\partial y}-\frac{\partial B_y}{\partial z}\right)A_x-\left(\frac{\partial B_x}{\partial z}-\frac{\partial B_z}{\partial x}\right)A_y-\left(\frac{\partial B_y}{\partial x}-\frac{\partial B_x}{\partial y}\right)A_z\\=&\nabla\times\boldsymbol{A}\cdot\boldsymbol{B}-\boldsymbol{A}\cdot\nabla\times\boldsymbol{B}\end{aligned}$$

证(5)

$$\begin{aligned}\nabla\times(\nabla u)&=\nabla\times\left(\frac{\partial u}{\partial x}\boldsymbol{a}_x+\frac{\partial u}{\partial y}\boldsymbol{a}_y+\frac{\partial u}{\partial z}\boldsymbol{a}_z\right)\\&=\begin{vmatrix}\boldsymbol{a}_x&\boldsymbol{a}_y&\boldsymbol{a}_z\\\frac{\partial}{\partial x}&\frac{\partial}{\partial y}&\frac{\partial}{\partial z}\\\frac{\partial u}{\partial x}&\frac{\partial u}{\partial y}&\frac{\partial u}{\partial z}\end{vmatrix}\\&=\left(\frac{\partial^2 u}{\partial z\partial y}-\frac{\partial^2 u}{\partial y\partial z}\right)\boldsymbol{a}_x+\left(\frac{\partial^2 u}{\partial z\partial x}-\frac{\partial^2 u}{\partial x\partial z}\right)\boldsymbol{a}_y\\&\quad+\left(\frac{\partial^2 u}{\partial y\partial x}-\frac{\partial^2 u}{\partial x\partial y}\right)\boldsymbol{a}_z=\boldsymbol{0}\end{aligned}$$

例 1.16　已知$\nabla\times\boldsymbol{A}\neq\boldsymbol{0}$，且存在非零函数 $u(x,\ y,\ z)$及 $\varphi(x,\ y,\ z)$使 $u\boldsymbol{A}=\nabla\varphi$，试证明 $\boldsymbol{A}\perp\nabla\times\boldsymbol{A}$。

证　因为 $u\boldsymbol{A}=\nabla\varphi$，所以

$$\nabla\times(u\boldsymbol{A})=\boldsymbol{0}$$

$$u\,\nabla\times\boldsymbol{A}+\nabla u\times\boldsymbol{A}=\boldsymbol{0}$$

$$\boldsymbol{A}\cdot(u\,\nabla\times\boldsymbol{A}+\nabla u\times\boldsymbol{A})=0$$

即

$$u\boldsymbol{A}\cdot\nabla\times\boldsymbol{A}+\boldsymbol{A}\cdot(\nabla u\times\boldsymbol{A})=0$$

所以

$$u\boldsymbol{A}\cdot\nabla\times\boldsymbol{A}=0$$

因为 u 非零，故 $\boldsymbol{A}\perp\nabla\times\boldsymbol{A}$。

例 1.17 试证明

$$\int_V\nabla\times\boldsymbol{B}\mathrm{d}V=-\oint_S\boldsymbol{B}\times\mathrm{d}\boldsymbol{S}$$

证 令 $\boldsymbol{A}=\boldsymbol{B}\times\boldsymbol{C}$，其中，$\boldsymbol{C}$ 为常数

$$\int_V\nabla\cdot(\boldsymbol{B}\times\boldsymbol{C})\mathrm{d}V=\oint_S\boldsymbol{B}\times\boldsymbol{C}\cdot\mathrm{d}S$$

因为

$$\nabla\cdot(\boldsymbol{B}\times\boldsymbol{C})=\boldsymbol{C}\cdot\nabla\times\boldsymbol{B}-\boldsymbol{B}\cdot\nabla\times\boldsymbol{C}=\boldsymbol{C}\cdot\nabla\times\boldsymbol{B}$$

$$(\boldsymbol{B}\times\boldsymbol{C})\cdot\boldsymbol{n}=\boldsymbol{B}\cdot(\boldsymbol{C}\times\boldsymbol{n})=\boldsymbol{C}\cdot(\boldsymbol{n}\times\boldsymbol{B})$$

所以

$$\int_V\boldsymbol{C}\cdot(\nabla\times\boldsymbol{B})\mathrm{d}V=\oint_S\boldsymbol{C}\cdot(\boldsymbol{n}\times\boldsymbol{B})\mathrm{d}S$$

$$\boldsymbol{C}\cdot\int_V(\nabla\times\boldsymbol{B})\mathrm{d}V=\boldsymbol{C}\cdot\oint_S(\boldsymbol{n}\times\boldsymbol{B})\mathrm{d}S$$

$$\int_V(\nabla\times\boldsymbol{B})\mathrm{d}V=-\oint_S\boldsymbol{B}\times\mathrm{d}\boldsymbol{S}$$

故有

$$\int_V\nabla\times\boldsymbol{B}\mathrm{d}V=-\oint_S\boldsymbol{B}\times\mathrm{d}\boldsymbol{S}$$

1.6 正交曲面坐标系

场中的梯度、散度、旋度等从物理概念来说与采用的坐标系无关，只是在不同的坐标系中的表达形式不同。前面的分析均采用了直角坐标系，但实际中的某些问题更适合用正交曲线坐标系来表达，这样可使得问题的描述和求解更加简便。因此，有必要介绍正交曲线坐标系中各个量的表达式。

空间的点除了能用其直角坐标(x, y, z)表示外，也可用另外三个有序数(q_1, q_2, q_3)来表示。其中的 $q_i=q_i(x, y, z)$是直角坐标(x, y, z)的单值函数，它们的图形是空间曲线，故(q_1, q_2, q_3)称为空间点的曲线坐标。如果用 $\boldsymbol{a}_1$、$\boldsymbol{a}_2$、$\boldsymbol{a}_3$ 依次表示曲线 q_1、q_2、q_3的切线上指向 q_1、q_2、q_3增大一方的单位矢量，若它们相互垂直且满足右手螺旋关系 $\boldsymbol{a}_1\times\boldsymbol{a}_2=\boldsymbol{a}_3$，$\boldsymbol{a}_2\times\boldsymbol{a}_3=\boldsymbol{a}_1$ 和 $\boldsymbol{a}_3\times\boldsymbol{a}_1=\boldsymbol{a}_2$，则称$(q_1, q_2, q_3)$构成的坐标系为正交曲线坐标系。最常用的正交曲线坐标系是圆柱坐标系和球坐标系，下面分别介绍这两种坐标系以及场量在其中的表达式。

1.6.1 度量系数

在圆柱坐标系中，任意点 P 的位置用 ρ、ϕ、z 来表示，如图 1.11 所示。它们与直角坐标的关系为

$$\begin{cases} \rho = \sqrt{x^2 + y^2} \\ \phi = \arctan \dfrac{y}{x} \\ z = z \end{cases} \tag{1.25}$$

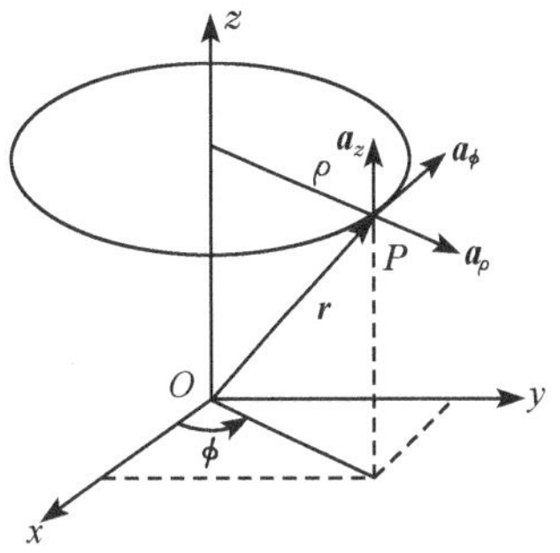

图 1.11 圆柱坐标系

与直角坐标系不同，除 $\boldsymbol{a}_z$ 外，$\boldsymbol{a}_\rho$ 和 $\boldsymbol{a}_\phi$ 都不是常矢量，它们的方向随 P 点的位置不同而变化，但三者总保持正交且遵循右手螺旋法则。

以坐标原点为起点，指向 P 点的矢量 $\boldsymbol{r}$ 称为 P 点的位置矢量或矢径。在圆柱坐标系中

$$\boldsymbol{r} = \boldsymbol{a}_\rho \rho + \boldsymbol{a}_z z$$

式中并不显含 ϕ，但 ϕ 的坐标影响 $\boldsymbol{a}_\rho$ 的方向。若 ρ 增大 $\mathrm{d}\rho$ 而保持 ϕ 和 z 不变，则 P 点的位移为 $\mathrm{d}\boldsymbol{r} = \boldsymbol{a}_\rho \mathrm{d}\rho$；若 ϕ 增大 $\mathrm{d}\phi$ 而保持 ρ 和 z 不变，则 $\mathrm{d}\boldsymbol{r} = \boldsymbol{a}_\phi \rho \mathrm{d}\phi$；若 z 增大 $\mathrm{d}z$ 而保持 ρ 和 ϕ 不变，则 $\mathrm{d}\boldsymbol{r} = \boldsymbol{a}_z \mathrm{d}z$。因此，对任意增量 $\mathrm{d}\rho$、$\mathrm{d}\phi$ 和 $\mathrm{d}z$，P 点的位置沿 $\boldsymbol{a}_\rho$、$\boldsymbol{a}_\phi$ 和 $\boldsymbol{a}_z$ 方向的长度增量分别为

$$\mathrm{d}l_\rho = \mathrm{d}\rho, \quad \mathrm{d}l_\phi = \rho \mathrm{d}\phi, \quad \mathrm{d}l_z = \mathrm{d}z$$

它们与各自坐标增量之比称为度量系数或拉梅(G. Lame)系数，分别为

$$h_1 = \frac{\mathrm{d}l_\rho}{\mathrm{d}\rho} = 1, \quad h_2 = \frac{\mathrm{d}l_\phi}{\mathrm{d}\phi} = \rho, \quad h_3 = \frac{\mathrm{d}l_z}{\mathrm{d}z} = 1 \tag{1.26}$$

对应于任意坐标增量 $\mathrm{d}\rho$、$\mathrm{d}\phi$ 和 $\mathrm{d}z$，与三个单位矢量相垂直的三个面积元和体积元分别是

$$\begin{cases} \mathrm{d}S_\rho = \mathrm{d}l_\phi \mathrm{d}l_z = \rho \mathrm{d}\phi \mathrm{d}z \\ \mathrm{d}S_\phi = \mathrm{d}l_\rho \mathrm{d}l_z = \mathrm{d}\rho \mathrm{d}z \\ \mathrm{d}S_z = \mathrm{d}l_\rho \mathrm{d}l_\phi = \rho \mathrm{d}\rho \mathrm{d}\phi \end{cases} \tag{1.27}$$

$$\mathrm{d}V = \mathrm{d}l_\rho \mathrm{d}l_\phi \mathrm{d}l_z = \rho \mathrm{d}\rho \mathrm{d}\phi \mathrm{d}z \tag{1.28}$$

在球坐标系中，任意点 P 的三个坐标为 r、θ、ϕ，如图 1.12 所示。它们与直角坐标的关系为

$$\begin{cases} r = \sqrt{x^2 + y^2 + z^2} \\ \theta = \arctan \dfrac{\sqrt{x^2 + y^2}}{z} \\ \phi = \arctan \dfrac{y}{x} \end{cases} \tag{1.29}$$

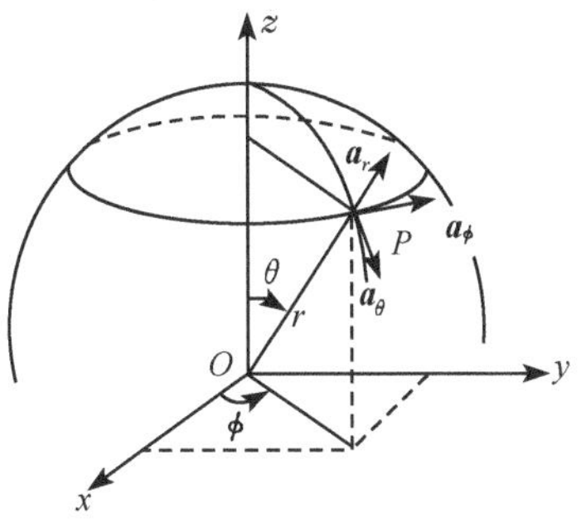

图 1.12 球坐标系

在球坐标系中，$\boldsymbol{a}_r$、$\boldsymbol{a}_\theta$ 和 $\boldsymbol{a}_\phi$ 都不是常矢量，它们的方向都随 P 点的位置不同而变化，但三者总保持正交且遵循右手螺旋法则。

P 点的位置矢量在球坐标系中为

$$\boldsymbol{r} = \boldsymbol{a}_r r$$

不显含 θ、ϕ，但 θ、ϕ 的坐标都影响 $\boldsymbol{a}_r$ 的方向。对任意坐标增量 $\mathrm{d}r$、$\mathrm{d}\theta$ 和 $\mathrm{d}\phi$，P 点的位置沿 $\boldsymbol{a}_r$、$\boldsymbol{a}_\theta$ 和 $\boldsymbol{a}_\phi$ 方向的长度增量分别为

$$\mathrm{d}l_r = \mathrm{d}r, \quad \mathrm{d}l_\theta = r\mathrm{d}\theta, \quad \mathrm{d}l_\phi = r\sin\theta\mathrm{d}\phi$$

则球坐标系中的度量系数分别为

$$h_1 = \frac{\mathrm{d}l_r}{\mathrm{d}r} = 1, \quad h_2 = \frac{\mathrm{d}l_\theta}{\mathrm{d}\theta} = r, \quad h_3 = \frac{\mathrm{d}l_\phi}{\mathrm{d}\phi} = r\sin\theta \tag{1.30}$$

垂直于 $\boldsymbol{a}_r$、$\boldsymbol{a}_\theta$ 和 $\boldsymbol{a}_\phi$ 的三个面积元和体积元分别是

$$\begin{cases}\mathrm{d}S_r = \mathrm{d}l_\theta\mathrm{d}l_\phi = r^2\sin\theta\mathrm{d}\theta\mathrm{d}\phi \\ \mathrm{d}S_\theta = \mathrm{d}l_r\mathrm{d}l_\phi = r\sin\theta\mathrm{d}r\mathrm{d}\phi \\ \mathrm{d}S_\phi = \mathrm{d}l_r\mathrm{d}l_\theta = r\mathrm{d}r\mathrm{d}\theta\end{cases} \tag{1.31}$$

$$\mathrm{d}V = \mathrm{d}l_r\mathrm{d}l_\theta\mathrm{d}l_\phi = r^2\sin\theta\mathrm{d}r\mathrm{d}\theta\mathrm{d}\phi \tag{1.32}$$

1.6.2 圆柱坐标系与球坐标系中的场量表达式

前面已给出圆柱坐标和球坐标与直角坐标之间的关系，这些关系可由图 1.13 直观地得出。此外，各坐标轴方向的单位矢量也可由图中直观地得到。圆柱坐标系中的单位矢量与直角坐标系中的单位矢量关系如下：

$$\begin{cases}\boldsymbol{a}_\rho = \boldsymbol{a}_x\cos\phi + \boldsymbol{a}_y\sin\phi \\ \boldsymbol{a}_\phi = -\boldsymbol{a}_x\sin\phi + \boldsymbol{a}_y\cos\phi\end{cases} \tag{1.33a}$$

$$\begin{cases}\boldsymbol{a}_x = \boldsymbol{a}_\rho\cos\phi - \boldsymbol{a}_\phi\sin\phi \\ \boldsymbol{a}_y = \boldsymbol{a}_\rho\sin\phi + \boldsymbol{a}_\phi\cos\phi\end{cases} \tag{1.33b}$$

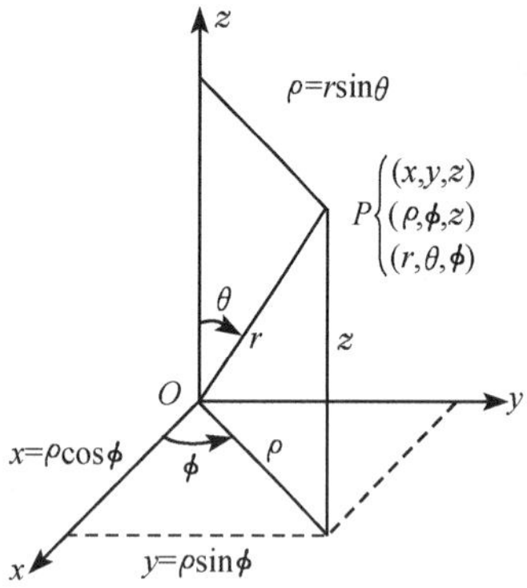

图 1.13 坐标变换

球坐标系中的单位矢量与直角坐标系中的单位矢量关系为

$$\begin{cases}\boldsymbol{a}_r = \boldsymbol{a}_x\sin\theta\cos\phi + \boldsymbol{a}_y\sin\theta\sin\phi + \boldsymbol{a}_z\cos\theta \\ \boldsymbol{a}_\theta = \boldsymbol{a}_x\cos\theta\cos\phi + \boldsymbol{a}_y\cos\theta\sin\phi - \boldsymbol{a}_z\sin\theta \\ \boldsymbol{a}_\phi = -\boldsymbol{a}_x\sin\phi + \boldsymbol{a}_y\cos\phi\end{cases} \tag{1.34a}$$

$$\begin{cases}\boldsymbol{a}_x = \boldsymbol{a}_r\sin\theta\cos\phi + \boldsymbol{a}_\theta\cos\theta\cos\phi - \boldsymbol{a}_\phi\sin\phi \\ \boldsymbol{a}_y = \boldsymbol{a}_r\sin\theta\sin\phi + \boldsymbol{a}_\theta\cos\theta\sin\phi + \boldsymbol{a}_\phi\cos\phi \\ \boldsymbol{a}_z = \boldsymbol{a}_r\cos\theta - \boldsymbol{a}_\theta\sin\theta\end{cases} \tag{1.34b}$$

下面利用这些变换关系推导梯度、散度、旋度等在两种正交曲线坐标系中的表达式。先考虑圆柱坐标系，从矢量微分算子∇在直角坐标系中的表达式出发

$$\nabla = \boldsymbol{a}_x\frac{\partial}{\partial x} + \boldsymbol{a}_y\frac{\partial}{\partial y} + \boldsymbol{a}_z\frac{\partial}{\partial z} \tag{1.35}$$

由式(1.33b)和式(1.25)可得

$$\boldsymbol{a}_x\frac{\partial}{\partial x} = (\boldsymbol{a}_\rho\cos\phi - \boldsymbol{a}_\phi\sin\phi)\left(\frac{\partial\rho}{\partial x}\frac{\partial}{\partial\rho} + \frac{\partial\phi}{\partial x}\frac{\partial}{\partial\phi}\right) \tag{1.36}$$

而由式(1.25)得

$$\frac{\partial\rho}{\partial x} = \frac{x}{\sqrt{x^2+y^2}} = \frac{\rho\cos\phi}{\rho} = \cos\phi$$

$$\frac{\partial\phi}{\partial x}=-\frac{1}{1-(y/x)^2}\frac{y}{x^2}=-\frac{y}{x^2-y^2}=-\frac{\sin\phi}{\rho(\cos^2\phi-\sin^2\phi)}$$

代入式(1.36)得

$$\boldsymbol{a}_x\frac{\partial}{\partial x}=(\boldsymbol{a}_\rho\cos\phi-\boldsymbol{a}_\phi\sin\phi)\left[\cos\phi\frac{\partial}{\partial\rho}-\frac{\sin\phi}{\rho(\cos^2\phi-\sin^2\phi)}\frac{\partial}{\partial\phi}\right] \tag{1.37}$$

类似地，有

$$\begin{aligned}\boldsymbol{a}_y\frac{\partial}{\partial y}&=(\boldsymbol{a}_\rho\sin\phi+\boldsymbol{a}_\phi\cos\phi)\left(\frac{\partial\rho}{\partial y}\frac{\partial}{\partial\rho}+\frac{x}{x^2-y^2}\frac{\partial}{\partial\phi}\right)\\&=(\boldsymbol{a}_\rho\sin\phi+\boldsymbol{a}_\phi\cos\phi)\left[\sin\phi\frac{\partial}{\partial\rho}+\frac{\cos\phi}{\rho(\cos^2\phi-\sin^2\phi)}\frac{\partial}{\partial\phi}\right]\end{aligned} \tag{1.38}$$

所以

$$\begin{aligned}\boldsymbol{a}_x\frac{\partial}{\partial x}+\boldsymbol{a}_y\frac{\partial}{\partial y}=&\boldsymbol{a}_\rho\left[(\cos^2\phi+\sin^2\phi)\frac{\partial}{\partial\rho}+\frac{\sin\phi\cos\phi-\cos\phi\sin\phi}{\rho(\cos^2\phi-\sin^2\phi)}\frac{\partial}{\partial\phi}\right]\\&+\boldsymbol{a}_\phi\left[(\cos\phi\sin\phi-\sin\phi\cos\phi)\frac{\partial}{\partial\rho}+\frac{\cos^2\phi-\sin^2\phi}{\rho(\cos^2\phi-\sin^2\phi)}\frac{\partial}{\partial\phi}\right]\\=&\boldsymbol{a}_\rho\frac{\partial}{\partial\rho}+\boldsymbol{a}_\phi\frac{1}{\rho}\frac{\partial}{\partial\phi}\end{aligned}$$

将此式代入式(1.34)，得圆柱坐标系中的哈密顿算子为

$$\nabla=\boldsymbol{a}_\rho\frac{\partial}{\partial\rho}+\boldsymbol{a}_\phi\frac{1}{\rho}\frac{\partial}{\partial\phi}+\boldsymbol{a}_z\frac{\partial}{\partial z} \tag{1.39}$$

所以圆柱坐标系中数量场的梯度为

$$\nabla u=\boldsymbol{a}_\rho\frac{\partial u}{\partial\rho}+\boldsymbol{a}_\phi\frac{1}{\rho}\frac{\partial u}{\partial\phi}+\boldsymbol{a}_z\frac{\partial u}{\partial z} \tag{1.40}$$

圆柱坐标系中矢量场的散度为

$$\nabla\cdot\boldsymbol{A}=\left(\boldsymbol{a}_\rho\frac{\partial}{\partial\rho}+\boldsymbol{a}_\phi\frac{1}{\rho}\frac{\partial}{\partial\phi}+\boldsymbol{a}_z\frac{\partial}{\partial z}\right)\cdot(\boldsymbol{a}_\rho A_\rho+\boldsymbol{a}_\phi A_\phi+\boldsymbol{a}_z A_z)$$

考虑到矢量公式$\frac{\partial(\phi\boldsymbol{A})}{\partial q}=\phi\frac{\partial\boldsymbol{A}}{\partial q}+\boldsymbol{A}\frac{\partial\phi}{\partial q}$和式(1.32a)可得

$$\begin{cases}\dfrac{\partial\boldsymbol{a}_\rho}{\partial\phi}=-\boldsymbol{a}_x\sin\phi+\boldsymbol{a}_y\cos\phi=\boldsymbol{a}_\phi\\[2ex]\dfrac{\partial\boldsymbol{a}_\phi}{\partial\phi}=-\boldsymbol{a}_x\cos\phi-\boldsymbol{a}_y\sin\phi=-\boldsymbol{a}_\rho\end{cases}$$

所以

$$\begin{aligned}\nabla\cdot\boldsymbol{A}=&\boldsymbol{a}_\rho\cdot\left(\boldsymbol{a}_\rho\frac{\partial A_\rho}{\partial\rho}+\boldsymbol{a}_\phi\frac{\partial A_\phi}{\partial\rho}+\boldsymbol{a}_z\frac{\partial A_z}{\partial\rho}\right)\\&+\boldsymbol{a}_\phi\cdot\frac{1}{\rho}\left(\boldsymbol{a}_\rho\frac{\partial A_\rho}{\partial\phi}+A_\rho\frac{\partial\boldsymbol{a}_\rho}{\partial\phi}+\boldsymbol{a}_\phi\frac{\partial A_\phi}{\partial\phi}+A_\phi\frac{\partial\boldsymbol{a}_\phi}{\partial\phi}+\boldsymbol{a}_z\frac{\partial A_z}{\partial\rho}\right)\\&+\boldsymbol{a}_z\cdot\left(\boldsymbol{a}_\rho\frac{\partial A_\rho}{\partial z}+\boldsymbol{a}_\phi\frac{\partial A_\phi}{\partial z}+\boldsymbol{a}_z\frac{\partial A_z}{\partial z}\right)\end{aligned}$$

$$
\begin{aligned}
&= \frac{\partial A_\rho}{\partial \rho} + \frac{A_\rho}{\rho} + \frac{1}{\rho}\frac{\partial A_\phi}{\partial \phi} + \frac{\partial A_z}{\partial z} \\
&= \frac{1}{\rho}\frac{\partial(\rho A_\rho)}{\partial \rho} + \frac{1}{\rho}\frac{\partial A_\phi}{\partial \phi} + \frac{\partial A_z}{\partial z}
\end{aligned} \tag{1.41}
$$

圆柱坐标系中矢量场的旋度为

$$
\begin{aligned}
\nabla\times \boldsymbol{A} &= \left(\boldsymbol{a}_\rho \frac{\partial}{\partial \rho} + \boldsymbol{a}_\phi \frac{1}{\rho}\frac{\partial}{\partial \phi} + \boldsymbol{a}_z \frac{\partial}{\partial z}\right)\times(\boldsymbol{a}_\rho A_\rho + \boldsymbol{a}_\phi A_\phi + \boldsymbol{a}_z A_z) \\
&= \left(\boldsymbol{a}_\rho \times \boldsymbol{a}_\phi \frac{\partial A_\phi}{\partial \rho} + \boldsymbol{a}_\rho \times \boldsymbol{a}_z \frac{\partial A_z}{\partial \rho}\right) \\
&\quad + \left[\boldsymbol{a}_\phi \times \frac{1}{\rho}\frac{\partial(\boldsymbol{a}_\rho A_\rho)}{\partial \phi} + \boldsymbol{a}_\phi \times \frac{1}{\rho}\frac{\partial(\boldsymbol{a}_\phi A_\phi)}{\partial \phi} + \boldsymbol{a}_\phi \times \boldsymbol{a}_z \frac{1}{\rho}\frac{\partial A_z}{\partial \phi}\right] \\
&\quad + \left(\boldsymbol{a}_z \times \boldsymbol{a}_\rho \frac{\partial A_\rho}{\partial z} + \boldsymbol{a}_z \times \boldsymbol{a}_\phi \frac{\partial A_\phi}{\partial z}\right) \\
&= \left(\boldsymbol{a}_z \frac{\partial A_\phi}{\partial \rho} - \boldsymbol{a}_\phi \frac{\partial A_z}{\partial \rho}\right) + \left(-\boldsymbol{a}_z \frac{1}{\rho}\frac{\partial A_\rho}{\partial \phi} + \boldsymbol{a}_z \frac{1}{\rho} A_\phi + \boldsymbol{a}_\rho \frac{1}{\rho}\frac{\partial A_z}{\partial \phi}\right) \\
&\quad + \left(\boldsymbol{a}_\phi \frac{\partial A_\rho}{\partial z} - \boldsymbol{a}_\rho \frac{\partial A_\phi}{\partial z}\right) \\
&= \boldsymbol{a}_\rho\left(\frac{1}{\rho}\frac{\partial A_z}{\partial \phi} - \frac{\partial A_\phi}{\partial z}\right) + \boldsymbol{a}_\phi\left(\frac{\partial A_\rho}{\partial z} - \frac{\partial A_z}{\partial \rho}\right) + \boldsymbol{a}_z\left[\frac{\partial(\rho A_\phi)}{\partial \rho} - \frac{1}{\rho}\frac{\partial A_\rho}{\partial \phi}\right] \\
&= \frac{1}{\rho}\begin{vmatrix} \boldsymbol{a}_\rho & \rho \boldsymbol{a}_\phi & \boldsymbol{a}_z \\ \dfrac{\partial}{\partial \rho} & \dfrac{\partial}{\partial \phi} & \dfrac{\partial}{\partial z} \\ A_\rho & \rho A_\phi & A_z \end{vmatrix}
\end{aligned} \tag{1.42}
$$

圆柱坐标系中的拉普拉斯算子为

$$
\begin{aligned}
\nabla^2 &= \left(\boldsymbol{a}_\rho \frac{\partial}{\partial \rho} + \boldsymbol{a}_\phi \frac{1}{\rho}\frac{\partial}{\partial \phi} + \boldsymbol{a}_z \frac{\partial}{\partial z}\right)\cdot\left(\boldsymbol{a}_\rho \frac{\partial}{\partial \rho} + \boldsymbol{a}_\phi \frac{1}{\rho}\frac{\partial}{\partial \phi} + \boldsymbol{a}_z \frac{\partial}{\partial z}\right) \\
&= \frac{\partial^2}{\partial \rho^2} + \boldsymbol{a}_\rho \cdot \frac{\partial}{\partial \rho}\left(\frac{\boldsymbol{a}_\phi}{\rho}\right)\frac{\partial}{\partial \phi} + \frac{1}{\rho^2}\frac{\partial^2}{\partial \phi^2} + \boldsymbol{a}_\phi \cdot \frac{1}{\rho}\frac{\partial \boldsymbol{a}_\rho}{\partial \phi}\frac{\partial}{\partial \rho} + \frac{\partial^2}{\partial z^2} \\
&= \frac{\partial^2}{\partial \rho^2} + \frac{1}{\rho}\frac{\partial}{\partial \rho} + \frac{1}{\rho^2}\frac{\partial^2}{\partial \phi^2} + \frac{\partial^2}{\partial z^2} \\
&= \frac{1}{\rho}\frac{\partial}{\partial \rho}\left(\rho \frac{\partial}{\partial \rho}\right) + \frac{1}{\rho^2}\frac{\partial^2}{\partial \phi^2} + \frac{\partial^2}{\partial z^2}
\end{aligned}
$$

所以圆柱坐标系中的调和量为

$$
\nabla^2 u = \frac{1}{\rho}\frac{\partial}{\partial \rho}\left(\rho \frac{\partial u}{\partial \rho}\right) + \frac{1}{\rho^2}\frac{\partial^2 u}{\partial \phi^2} + \frac{\partial^2 u}{\partial z^2} \tag{1.43}
$$

再考虑球坐标系的情况。类似于圆柱坐标系，易推出在球坐标系中的哈密顿算子表达式为

$$
\nabla = \boldsymbol{a}_r \frac{\partial}{\partial r} + \boldsymbol{a}_\theta \frac{1}{r}\frac{\partial}{\partial \theta} + \boldsymbol{a}_\phi \frac{1}{r\sin\theta}\frac{\partial}{\partial \phi} \tag{1.44}
$$

所以球坐标系中的梯度为

$$
\nabla u = \boldsymbol{a}_r \frac{\partial u}{\partial r} + \boldsymbol{a}_\theta \frac{1}{r}\frac{\partial u}{\partial \theta} + \boldsymbol{a}_\phi \frac{1}{r\sin\theta}\frac{\partial u}{\partial \phi} \tag{1.45}
$$

而由式(1.34a)和式(1.34b)可得

$$\begin{cases}\dfrac{\partial \boldsymbol{a}_r}{\partial \theta}=\boldsymbol{a}_\theta, & \dfrac{\partial \boldsymbol{a}_r}{\partial \phi}=\boldsymbol{a}_\phi \sin\theta \\ \dfrac{\partial \boldsymbol{a}_\theta}{\partial \theta}=-\boldsymbol{a}_r, & \dfrac{\partial \boldsymbol{a}_\theta}{\partial \phi}=\boldsymbol{a}_\phi \cos\theta \\ \dfrac{\partial \boldsymbol{a}_\phi}{\partial \phi}=-\boldsymbol{a}_\theta\cos\theta-\boldsymbol{a}_r\sin\theta & \end{cases}$$

进而可得球坐标系中的散度和旋度分别为

$$\begin{aligned}\nabla\cdot\boldsymbol{A}&=\left(\boldsymbol{a}_r\frac{\partial}{\partial r}+\boldsymbol{a}_\theta\frac{1}{r}\frac{\partial}{\partial\theta}+\boldsymbol{a}_\phi\frac{1}{r\sin\theta}\frac{\partial}{\partial z}\right)\cdot(\boldsymbol{a}_rA_r+\boldsymbol{a}_\theta A_\theta+\boldsymbol{a}_\phi A_\phi)\\&=\frac{1}{r^2\sin\theta}\left[\sin\theta\frac{\partial(r^2A_r)}{\partial r}+r\frac{\partial(\sin\theta A_\theta)}{\partial\theta}+r\frac{\partial A_\phi}{\partial\phi}\right]\end{aligned}\tag{1.46}$$

$$\begin{aligned}\nabla\times\boldsymbol{A}&=\left(\boldsymbol{a}_r\frac{\partial}{\partial r}+\boldsymbol{a}_\theta\frac{1}{r}\frac{\partial}{\partial\theta}+\boldsymbol{a}_\phi\frac{1}{r\sin\theta}\frac{\partial}{\partial\phi}\right)\times(\boldsymbol{a}_rA_r+\boldsymbol{a}_\theta A_\theta+\boldsymbol{a}_\phi A_\phi)\\&=\frac{1}{r\sin\theta}\left[\frac{\partial(\sin\theta A_\phi)}{\partial\theta}-\frac{\partial A_\theta}{\partial\phi}\right]\boldsymbol{a}_r+\frac{1}{r}\left[\frac{1}{\sin\theta}\frac{\partial A_r}{\partial\phi}-\frac{\partial(rA_\phi)}{\partial r}\right]\boldsymbol{a}_\theta\\&\quad+\frac{1}{r}\left[\frac{\partial(rA_\theta)}{\partial r}-\frac{\partial A_r}{\partial\theta}\right]\boldsymbol{a}_\phi\\&=\frac{1}{r^2\sin\theta}\begin{vmatrix}\boldsymbol{a}_r & r\boldsymbol{a}_\theta & r\sin\theta\boldsymbol{a}_\phi\\ \dfrac{\partial}{\partial r} & \dfrac{\partial}{\partial\theta} & \dfrac{\partial}{\partial\phi}\\ A_r & rA_\theta & r\sin\theta A_\phi\end{vmatrix}\end{aligned}\tag{1.47}$$

球坐标系中的调和量可由式(1.43)求得

$$\nabla^2u=\frac{1}{r^2\sin\theta}\left[\sin\theta\frac{\partial}{\partial r}\left(r^2\frac{\partial u}{\partial r}\right)+\frac{\partial}{\partial\theta}\left(\sin\theta\frac{\partial u}{\partial\theta}\right)+\frac{1}{r^2\sin\theta}\frac{\partial^2u}{\partial\phi^2}\right]\tag{1.48}$$

综合上述圆柱坐标系和球坐标系中的结果，各场量可以表示成一个统一的形式，即

$$\nabla u=\frac{1}{h_1}\frac{\partial u}{\partial q_1}\boldsymbol{a}_1+\frac{1}{h_2}\frac{\partial u}{\partial q_2}\boldsymbol{a}_2+\frac{1}{h_3}\frac{\partial u}{\partial q_3}\boldsymbol{a}_3$$

$$\nabla\cdot\boldsymbol{A}=\frac{1}{h_1h_2h_3}\left[\frac{\partial}{\partial q_1}(h_2h_3A_{q_1})+\frac{\partial}{\partial q_2}(h_1h_3A_{q_2})+\frac{\partial}{\partial q_3}(h_1h_2A_{q_3})\right]$$

$$\nabla\times\boldsymbol{A}=\frac{1}{h_1h_2h_3}\begin{vmatrix}h_1\boldsymbol{a}_1 & h_2\boldsymbol{a}_2 & h_3\boldsymbol{a}_3\\ \dfrac{\partial}{\partial q_1} & \dfrac{\partial}{\partial q_2} & \dfrac{\partial}{\partial q_3}\\ h_1A_{q_1} & h_2A_{q_2} & h_3A_{q_3}\end{vmatrix}$$

$$\nabla^2u=\frac{1}{h_1h_2h_3}\left[\frac{\partial}{\partial q_1}\left(\frac{h_2h_3}{h_1}\frac{\partial u}{\partial q_1}\right)+\frac{\partial}{\partial q_2}\left(\frac{h_1h_3}{h_2}\frac{\partial u}{\partial q_2}\right)+\frac{\partial}{\partial q_3}\left(\frac{h_1h_2}{h_3}\frac{\partial u}{\partial q_3}\right)\right]$$

其中，h_1、h_2、h_3和 $\boldsymbol{a}_1$、$\boldsymbol{a}_2$、$\boldsymbol{a}_3$ 分别是相应坐标系中的度量系数和坐标轴正向的单位矢量。这些表达式不仅对圆柱坐标系和球坐标系成立，对任意正交曲线坐标系也成立。

1.7　亥姆霍兹定理

在上面的分析中，对于标量场引入了梯度。梯度是一个矢量，它给出了标量场中某

点最大变化率的方向，它是由标量场 φ 对各坐标偏微分所决定的。对于矢量场我们引入散度和旋度。矢量场的散度是一个标量函数，它表示场中某点的通量密度，是场中某点通量源强度的度量，它取决于场的各坐标分量对各自坐标的偏微分，所以散度是由场分量沿各自方向上的变化率来决定的。矢量场的旋度是一个矢量函数，它表示场中某点的最大环量强度，是场中某点处涡旋源(也称旋度源)强度的度量，它取决于矢量场各坐标分量分别对与之垂直方向坐标的偏微分，所以旋度是由各场分量在与之正交方向上的变化率来决定的。

以上分析表明，散度表示矢量场中各点场和通量源(也称散度源)的关系，而旋度表示场中各点场与涡旋源的关系。因此，场的散度和旋度一旦确定，这就意味着场的通量源和涡旋源也就确定了。既然场是由源所激发的，通量源和涡旋源的确定便意味着场也确定了，因此必然有下述亥姆霍兹定理的成立。

亥姆霍兹定理的简单表达是：若矢量场 $\boldsymbol{F}$ 在无限空间中处处单值，且其导数连续有界，而源分布在有限的空间区域中，则矢量场由其散度和旋度唯一确定，并且可以表示为一个标量函数的梯度和一个矢量函数的旋度之和，即

$$\boldsymbol{F} = -\nabla\varphi + \nabla\times\boldsymbol{A} \tag{1.49}$$

亥姆霍兹定理的严格表述和证明这里不再给出，可参考其他文献。简化的证明如下：

假设在无限的空间中有两个矢量函数 $\boldsymbol{F}$ 和 $\boldsymbol{G}$，它们具有相同的散度和旋度，但这两个矢量函数不等，可令

$$\boldsymbol{F} = \boldsymbol{G} + \boldsymbol{g} \tag{1.50}$$

由于矢量 $\boldsymbol{F}$ 和矢量 $\boldsymbol{G}$ 具有相同的散度和旋度，根据矢量场由其散度和旋度唯一确定，因此矢量 $\boldsymbol{g}$ 应该为零矢量，也就是矢量 $\boldsymbol{F}$ 和矢量 $\boldsymbol{G}$ 是同一个矢量。现在来证明矢量 $\boldsymbol{g}$ 为零矢量。对式(1.50)两边取散度，得

$$\nabla\cdot\boldsymbol{F} = \nabla\cdot(\boldsymbol{G}+\boldsymbol{g}) = \nabla\cdot\boldsymbol{G} + \nabla\cdot\boldsymbol{g}$$

因为$\nabla\cdot\boldsymbol{F}=\nabla\cdot\boldsymbol{G}$，所以

$$\nabla\cdot\boldsymbol{g} = 0 \tag{1.51}$$

对式(1.50)两边取旋度，得

$$\nabla\times\boldsymbol{F} = \nabla\times(\boldsymbol{G}+\boldsymbol{g}) = \nabla\times\boldsymbol{G} + \nabla\times\boldsymbol{g}$$

同样由于$\nabla\times\boldsymbol{G}=\nabla\times\boldsymbol{F}$，因此

$$\nabla\times\boldsymbol{g} = 0$$

由于矢量恒等式$\nabla\times\nabla\varphi=0$，可令

$$\boldsymbol{g} = \nabla\varphi \tag{1.52}$$

φ 是在无限空间取值的任意标量函数，将式(1.52)代入式(1.51)，可得

$$\nabla\cdot\nabla\varphi = \nabla^2\varphi = 0 \tag{1.53}$$

已知满足拉普拉斯方程的函数不会出现极值，而 φ 又是无限空间上取值的任意函数，因此它只能是一个常数($\varphi=c$)，从而求得 $\boldsymbol{g}=\nabla\varphi=0$，于是式(1.50)变成 $\boldsymbol{F}=\boldsymbol{G}$。由此可以得出，已知矢量的散度和旋度所决定的矢量是唯一的。因此，亥姆霍兹定理得证。

在无限空间中一个既有散度又有旋度的矢量场，可表示为一个无旋场 $\boldsymbol{F}_\mathrm{d}$(有散度)和一个无散场 $\boldsymbol{F}_\mathrm{c}$(有旋度)之和，即

$$\boldsymbol{F}=\boldsymbol{F}_{\mathrm{d}}+\boldsymbol{F}_{\mathrm{c}} \tag{1.54}$$

对于无旋场 $\boldsymbol{F}_{\mathrm{d}}$ 来说，$\nabla\times\boldsymbol{F}_{\mathrm{d}}=0$，($\nabla\times\boldsymbol{A}=0$，称 $\boldsymbol{A}$ 为无旋场)，但这个场的散度不会处处为零。任何一个物理场必然有源来激发它，若这个场的涡旋源与通量源都为零，那么这个场就不复存在了。因此无旋场必然对应于有散场，根据矢量恒等式 $\nabla\times\nabla\varphi=0$，可令(负号是人为加的)

$$\boldsymbol{F}_{\mathrm{d}}=-\nabla\varphi \tag{1.55}$$

可见，无旋场可以表示为一个标量场的负梯度。利用斯托克斯定理可以得出无旋场沿任意闭曲线的环量恒为零，即

$$\oint_{l}\boldsymbol{F}_{\mathrm{d}}\cdot\mathrm{d}\boldsymbol{l}=0$$

满足上式的矢量场称为保守场，无旋场也是保守场。保守场中场量的线积分与路径无关，即

$$\int_{l_1}\boldsymbol{F}_{\mathrm{d}}\cdot\mathrm{d}\boldsymbol{l}=\int_{l_2}\boldsymbol{F}_{\mathrm{d}}\cdot\mathrm{d}\boldsymbol{l}$$

对于无散场 $\boldsymbol{F}_{\mathrm{c}}$，$\nabla\cdot\boldsymbol{F}_{\mathrm{c}}=0$。散度恒为零的矢量场也称为无源场(此处是指散度源)，或者管形场。但这个场的旋度不会处处为零，根据矢量恒等式 $\nabla\cdot(\nabla\times\boldsymbol{A})=0$，可令

$$\boldsymbol{F}_{\mathrm{c}}=\nabla\times\boldsymbol{A} \tag{1.56}$$

将式(1.55)和式(1.56)代入式(1.54)，便可得到式(1.49)，即

$$\boldsymbol{F}=-\nabla\varphi+\nabla\times\boldsymbol{A}$$

也就是矢量场 $\boldsymbol{F}$ 可表示为一个标量场的梯度再加上一个矢量场的旋度。

若在给定区域，矢量场的散度、旋度恒为零，则称此矢量场为调和场。调和场是指既无旋又无源的矢量场。

亥姆霍兹定理告诉我们，研究一个矢量场必须从它的散度和旋度两方面着手。因为，矢量场的散度应满足的关系和矢量场的旋度应满足的关系，决定了矢量的基本性质，故将矢量场的旋度和矢量场的散度称为矢量场的基本方程。例如，以后我们将学到静电场的基本方程是

$$\nabla\times\boldsymbol{E}=0 \tag{1.57}$$

$$\nabla\cdot\boldsymbol{D}=\rho \tag{1.58}$$

对于各项同性的介质，电通量密度和电场强度的关系为 $\boldsymbol{D}=\varepsilon\boldsymbol{E}$，因而式(1.58)可以改写为

$$\nabla\cdot\boldsymbol{E}=\frac{\rho}{\varepsilon} \tag{1.59}$$

上述的基本方程唯一地决定了 $\boldsymbol{E}$ 的旋度和散度。同时，式(1.57)表明，$\boldsymbol{E}$ 是一个无旋场，但它必然是一个有散场，如式(1.59)所示。该式右边的 ρ/ε 代表该有散场的通量源强度(ρ 为电荷的体密度)。

小　　结

(1)矢性函数是随一个或多个数性变量变化的矢量，在直角坐标系中可表示为，即

$$\boldsymbol{A}=A_x\boldsymbol{a}_x+A_y\boldsymbol{a}_y+A_z\boldsymbol{a}_z$$

其中，三个分量 A_x、A_y、A_z 都是一个或多个数性变量的函数。矢性函数的导数和积分

的计算可以归结为三个数性函数 A_x、A_y、A_z 的导数和积分。

(2)使数量场 u 取相同数值的所有点组成的曲面称为该数量场的等值面。其等值面方程为

$$u(x,y,z)=c \quad (c\text{ 为常数})$$

(3)矢量场中每一点处都与该点的场矢量 $\mathbf{A}$ 相切的曲线，称为该矢量场的矢量线。矢量线的方程为

$$\frac{\mathrm{d}x}{A_x}=\frac{\mathrm{d}y}{A_y}=\frac{\mathrm{d}z}{A_z}$$

(4)数量场中任一点处沿某一方向 $\boldsymbol{l}$ 对距离的变化率称为数量场在该点处沿方向 $\boldsymbol{l}$ 的方向导数。方向导数的计算公式为

$$\frac{\partial u}{\partial l}=\frac{\partial u}{\partial x}\cos\alpha+\frac{\partial u}{\partial y}\cos\beta+\frac{\partial u}{\partial z}\cos\gamma$$

其中，$\cos\alpha$、$\cos\beta$、$\cos\gamma$ 为 $\boldsymbol{l}$ 方向的方向余弦。

(5)数量场中方向为 $u(M)$ 变化率最大的方向，且其模恰等于该最大变化率的矢量称为函数 $u(M)$ 在给定点处的梯度。计算公式为

$$\nabla u=\frac{\partial u}{\partial x}\boldsymbol{a}_x+\frac{\partial u}{\partial y}\boldsymbol{a}_y+\frac{\partial u}{\partial z}\boldsymbol{a}_z$$

梯度与方向导数之间满足

$$\frac{\partial u}{\partial l}=\nabla u\cdot\boldsymbol{l}^{\circ}$$

(6)矢量场 $\mathbf{A}$ 沿其中有向曲面 S 正(负)侧的曲面积分

$$\Phi=\int_S\mathbf{A}\cdot\mathrm{d}\boldsymbol{S}$$

称为矢量场 $\mathbf{A}$ 向 S 正侧($\boldsymbol{n}$ 指向 S 的正侧)或负侧($\boldsymbol{n}$ 指向 S 的负侧)穿过曲面 S 的通量。其计算公式为

$$\Phi=\int_S A_x\mathrm{d}y\mathrm{d}z+A_y\mathrm{d}x\mathrm{d}z+A_z\mathrm{d}x\mathrm{d}y$$

(7)矢量场 $\mathbf{A}$ 中任一点 M 处穿出包含 M 在内的任一闭合曲面 ΔS 的通量 $\Delta\Phi$ 与 ΔS 所围区域的体积 ΔV 之比的极限称为矢量场 $\mathbf{A}(x,\ y,\ z)$ 在点 M 处的散度。若某点的散度大于 0，表明该点有正源；若某点的散度小于 0，表明该点有负源；若某点的散度等于 0，表示该点无源。在直角坐标系中，散度的表达式为

$$\nabla\cdot\boldsymbol{A}=\frac{\partial A_x}{\partial x}+\frac{\partial A_y}{\partial y}+\frac{\partial A_z}{\partial z}$$

(8)矢量场 $\mathbf{A}$ 沿场中某一封闭的有向曲线 l 的曲线积分

$$\Gamma=\oint_l\mathbf{A}\cdot\mathrm{d}\boldsymbol{l}$$

称为此矢量场按积分所取方向沿曲线 l 的环量。其中，$\mathrm{d}\boldsymbol{l}=\boldsymbol{\tau}\mathrm{d}l$，$\boldsymbol{\tau}$ 为 l 切线方向的单位矢量。在直角坐标系中，有

$$\Gamma = \oint_l A_x \mathrm{d}x + A_y \mathrm{d}y + A_z \mathrm{d}z$$

(9)矢量场 $\boldsymbol{A}$ 中一点 M 处沿 $\boldsymbol{n}$ 方向的环量面密度定义为

$$\mu_n = \lim_{\Delta S \to M} \frac{\oint_{\Delta l} \boldsymbol{A} \cdot \mathrm{d}\boldsymbol{l}}{\Delta S}$$

其中，ΔS 为 M 处与 $\boldsymbol{n}$ 垂直的小面元，Δl 为其与 $\boldsymbol{n}$ 成右手螺旋关系的周界。计算公式为

$$\mu_n = \left(\frac{\partial A_z}{\partial y} - \frac{\partial A_y}{\partial z}\right)\cos\alpha + \left(\frac{\partial A_x}{\partial z} - \frac{\partial A_z}{\partial x}\right)\cos\beta + \left(\frac{\partial A_y}{\partial x} - \frac{\partial A_x}{\partial y}\right)\cos\gamma$$

其中，$\cos\alpha$、$\cos\beta$、$\cos\gamma$ 为 $\boldsymbol{n}$ 的方向余弦。

(10)矢量场 $\boldsymbol{A}$ 中的一点 M 处方向为该点 $\boldsymbol{A}$ 的环量面密度最大的方向，其模恰等于此最大环量面密度的矢量，称为矢量 $\boldsymbol{A}$ 在 M 点处的旋度。

旋度的计算公式为

$$\nabla \times \boldsymbol{A} = \left(\frac{\partial A_z}{\partial y} - \frac{\partial A_y}{\partial z}\right)\boldsymbol{a}_x + \left(\frac{\partial A_x}{\partial z} - \frac{\partial A_z}{\partial x}\right)\boldsymbol{a}_y + \left(\frac{\partial A_y}{\partial x} - \frac{\partial A_x}{\partial y}\right)\boldsymbol{a}_z$$

或

$$\nabla \times \boldsymbol{A} = \begin{vmatrix} \boldsymbol{a}_x & \boldsymbol{a}_y & \boldsymbol{a}_z \\ \dfrac{\partial}{\partial x} & \dfrac{\partial}{\partial y} & \dfrac{\partial}{\partial z} \\ A_x & A_y & A_z \end{vmatrix}$$

(11)圆柱坐标系中梯度、散度、旋度以及调和量的表达式分别为

$$\nabla u = \boldsymbol{a}_\rho \frac{\partial u}{\partial \rho} + \boldsymbol{a}_\phi \frac{1}{\rho}\frac{\partial u}{\partial \phi} + \boldsymbol{a}_z \frac{\partial u}{\partial z}$$

$$\nabla \cdot \boldsymbol{A} = \frac{1}{\rho}\frac{\partial(\rho A_\rho)}{\partial \rho} + \frac{1}{\rho}\frac{\partial A_\phi}{\partial \phi} + \frac{\partial A_z}{\partial z}$$

$$\nabla \times \boldsymbol{A} = \frac{1}{\rho}\begin{vmatrix} \boldsymbol{a}_\rho & \rho\boldsymbol{a}_\phi & \boldsymbol{a}_z \\ \dfrac{\partial}{\partial \rho} & \dfrac{\partial}{\partial \phi} & \dfrac{\partial}{\partial z} \\ A_\rho & \rho A_\phi & A_z \end{vmatrix}$$

$$\nabla^2 u = \frac{1}{\rho}\frac{\partial}{\partial \rho}\left(\rho\frac{\partial u}{\partial \rho}\right) + \frac{1}{\rho^2}\frac{\partial^2 u}{\partial \phi^2} + \frac{\partial^2 u}{\partial z^2}$$

(12)球坐标系中的梯度、散度、旋度以及调和量的表达式分别为

$$\nabla u = \boldsymbol{a}_r \frac{\partial u}{\partial r} + \boldsymbol{a}_\theta \frac{1}{r}\frac{\partial u}{\partial \theta} + \boldsymbol{a}_\phi \frac{1}{r\sin\theta}\frac{\partial u}{\partial \phi}$$

$$\nabla \cdot \boldsymbol{A} = \frac{1}{r^2\sin\theta}\left[\sin\theta\frac{\partial(r^2 A_r)}{\partial r} + r\frac{\partial(\sin\theta A_\theta)}{\partial \theta} + r\frac{\partial A_\phi}{\partial \phi}\right]$$

$$\nabla \times \boldsymbol{A} = \frac{1}{r\sin\theta}\left[\frac{\partial(\sin\theta A_\phi)}{\partial \theta} - \frac{\partial A_\theta}{\partial \phi}\right]\boldsymbol{a}_r + \frac{1}{r}\left[\frac{1}{\sin\theta}\frac{\partial A_r}{\partial \phi} - \frac{\partial(rA_\phi)}{\partial r}\right]\boldsymbol{a}_\theta$$
$$+ \frac{1}{r}\left[\frac{\partial(rA_\theta)}{\partial r} - \frac{\partial A_r}{\partial \theta}\right]\boldsymbol{a}_\phi$$

$$= \frac{1}{r^2\sin\theta}\begin{vmatrix} \boldsymbol{a}_r & r\boldsymbol{a}_\theta & r\sin\theta\boldsymbol{a}_\phi \\ \dfrac{\partial}{\partial r} & \dfrac{\partial}{\partial\theta} & \dfrac{\partial}{\partial\phi} \\ A_r & rA_\theta & r\sin\theta A_\phi \end{vmatrix}$$

$$\nabla^2 u = \frac{1}{r^2\sin\theta}\left[\sin\theta\frac{\partial}{\partial r}\left(r^2\frac{\partial u}{\partial r}\right)+\frac{\partial}{\partial\theta}\left(\sin\theta\frac{\partial u}{\partial\theta}\right)+\frac{1}{r^2\sin\theta}\frac{\partial^2 u}{\partial\phi^2}\right]$$

习　　题

1.1　点$(x,\ y,\ z)$的矢径$\boldsymbol{r}=x\boldsymbol{a}_x+y\boldsymbol{a}_y+z\boldsymbol{a}_z$与各坐标轴正向的夹角分别为$\alpha$、$\beta$、$\gamma$。请用坐标$(x,\ y,\ z)$来表示$\alpha$、$\beta$、$\gamma$，并证明

$$\cos^2\alpha+\cos^2\beta+\cos^2\gamma=1$$

1.2　求曲线$x=a\sin^2 t$，$y=a\sin 2t$，$z=a\cos t$在$t=\frac{\pi}{4}$处的切向矢量。

1.3　计算不定积分$\int\varphi^2(\cos\varphi\boldsymbol{a}_x+\sin\varphi\boldsymbol{a}_y)\mathrm{d}\varphi$。

1.4　设$\boldsymbol{r}=a(-\sin\theta\boldsymbol{a}_x+\cos\theta\boldsymbol{a}_y)+b\boldsymbol{a}_z$，求$S=\frac{1}{2}\int_0^{2\pi}(\boldsymbol{r}\times\boldsymbol{r}')\mathrm{d}\theta$的值。

1.5　求数量场$u=\frac{x^2+y^2}{z}$经过点$M(1,\ 1,\ 2)$的等值面方程。

1.6　已知数量场$u=xy$，求场中与直线$x+2y-4=0$相切的等值线方程。

1.7　求矢量场$\boldsymbol{A}=x^2\boldsymbol{a}_x+y^2\boldsymbol{a}_y+(x+y)z\boldsymbol{a}_z$通过点$M(2,\ 1,\ 1)$的矢量线方程。

1.8　求$\varphi=xy^2+z^2-xyz$在点$(1,\ 1,\ 2)$处沿方向角$\alpha=\frac{\pi}{3}$、$\beta=\frac{\pi}{4}$、$\gamma=\frac{\pi}{3}$的矢量方向的方向导数。

1.9　求函数$\varphi=xyz$在点$(5,\ 1,\ 2)$处，沿着点$(5,\ 1,\ 2)$到点$(9,\ 4,\ 19)$的方向的方向导数。

1.10　求数量场$u=x^2z^3+2y^2z$在点$M(2,\ 0,\ -1)$处沿$\boldsymbol{l}=2x\boldsymbol{a}_x-xy^2\boldsymbol{a}_y+3z^4\boldsymbol{a}_z$方向的方向导数。

1.11　数量场$u=x^2yz^3$在点$M(2,\ 1,\ -1)$处沿哪个方向的方向导数最大？这个最大值又是多少？

1.12　已知$\varphi=x^2+2y^2+3z^2+xy+3x-2y-6z$，求在点$(0,\ 0,\ 0)$和点$(1,\ 1,\ 1)$处的梯度。

1.13　求数量场$u=x^2+2y^2+3z^2+xy+3x-2y-6z$在点$O(0,\ 0,\ 0)$与点$A(1,\ 1,\ 1)$处梯度的大小和方向余弦。在哪点上的梯度为0？

1.14　u、v都是x、y、z的函数，u、v各偏导数都存在且连续，证明：

(1)$\mathrm{grad}(u+v)=\mathrm{grad}u+\mathrm{grad}v$；

(2)$\mathrm{grad}(uv)=v\,\mathrm{grad}u+u\,\mathrm{grad}v$；

(3)$\mathrm{grad}(u^2)=2\mathrm{grad}u$。

1.15　S为上半球面$x^2+y^2+z^2=a^2(z\geqslant 0)$，求矢量场$\boldsymbol{r}=x\boldsymbol{a}_x+y\boldsymbol{a}_y+z\boldsymbol{a}_z$向上穿过$S$的通量$\Phi$(注意$S$的法向矢量$\boldsymbol{n}$与$\boldsymbol{r}$同指向)。

1.16　设S为曲面$x^2+y^2=z(0\leqslant z\leqslant h)$，求流速场$\boldsymbol{v}=(x+y+z)\boldsymbol{a}_z$在单位时间内向下侧流过$S$的流量$Q$。

1.17　已知$\boldsymbol{r}=x\boldsymbol{a}_x+y\boldsymbol{a}_y+z\boldsymbol{a}_z$，$r=(x^2+y^2+z^2)^{1/2}$，求证：

(1)$\nabla\cdot\left(\frac{\boldsymbol{r}}{r^3}\right)=0$；

(2)$\nabla\cdot(\boldsymbol{r}r^n)=(n+3)r^n$。

1.18 求$\nabla\cdot\boldsymbol{A}$在给定点处的值：

(1)$\boldsymbol{A}=x^3\boldsymbol{a}_x+y^3\boldsymbol{a}_y+z^3\boldsymbol{a}_z$ 在点$M(1, 0, -1)$处；

(2)$\boldsymbol{A}=4x\boldsymbol{a}_x-2xy\boldsymbol{a}_y+z^2\boldsymbol{a}_z$ 在点$M(1, 1, 3)$处。

1.19 设$\boldsymbol{a}$为常矢，$\boldsymbol{r}=x\boldsymbol{a}_x+y\boldsymbol{a}_y+z\boldsymbol{a}_z$，$r=|\boldsymbol{r}|$，求：

(1)$\nabla\cdot(r\boldsymbol{a})$；　　(2)$\nabla\cdot(r^n\boldsymbol{a})$　(n为整数)。

1.20 应用散度定理(奥氏公式)计算下述积分：

$$I=\oint\!\!\!\!\oint_S[xz^2\boldsymbol{a}_x+(x^2y-z^3)\boldsymbol{a}_y+(2xy+y^2z)\boldsymbol{a}_z]\cdot\mathrm{d}\boldsymbol{S}$$

其中，S是$z=0$和$z=(a^2-x^2-y^2)^{1/2}$所围成的半球区域的表面。

1.21 用以下两种方法求矢量场$\boldsymbol{A}=x(z-y)\boldsymbol{a}_x+y(x-z)\boldsymbol{a}_y+z(y-x)\boldsymbol{a}_z$在点$M(1, 2, 3)$处沿方向$\boldsymbol{n}=\boldsymbol{a}_x+2\boldsymbol{a}_y+2\boldsymbol{a}_z$的环量面密度。

(1)直接应用环量面密度的计算公式；

(2)作为旋度在该方向的投影。

1.22 已知$u=\mathrm{e}^{xyz}$，$\boldsymbol{A}=z^2\boldsymbol{a}_x+x^2\boldsymbol{a}_y+y^2\boldsymbol{a}_z$，求$\nabla\times(u\boldsymbol{A})$。

1.23 设函数$u(x, y, z)$及矢量$\boldsymbol{A}=P(x, y, z)\boldsymbol{a}_x+Q(x, y, z)\boldsymbol{a}_y+R(x, y, z)\boldsymbol{a}_z$的三个坐标函数都有二阶连续偏导数，证明：

(1)$\nabla\times(\nabla u)=\boldsymbol{0}$；　　(2)$\nabla\cdot(\nabla\times\boldsymbol{A})=0$。

1.24 已知$\boldsymbol{r}=x\boldsymbol{a}_x+y\boldsymbol{a}_y+z\boldsymbol{a}_z$，$\boldsymbol{r}=(x^2+y^2+z^2)^{1/2}$，试证：

(1)$\nabla\times\boldsymbol{r}=\boldsymbol{0}$；

(2)$\nabla\times\left(\dfrac{\boldsymbol{r}}{r}\right)=\boldsymbol{0}$；

(3)$\nabla\times\left[\dfrac{\boldsymbol{r}}{r}f(r)\right]=\boldsymbol{0}$($f(r)$是$r$的函数)。

1.25 证明下列函数满足拉普拉斯方程$\nabla^2\varphi=0$：

(1)$\varphi(x, y, z)=\sin\alpha x\sin\beta y\mathrm{e}^{-\gamma z}$(其中，$\gamma^2=\alpha^2+\beta^2$)；

(2)$\varphi(\rho, \phi, z)=\rho^{-n}\cos n\phi$；

(3)$\varphi(r, \theta, \phi)=r\cos\theta$。

1.26 求$\nabla\cdot\boldsymbol{A}$和$\nabla\times\boldsymbol{A}$：

(1)$\boldsymbol{A}=xy^2z^3\boldsymbol{a}_x+x^3z\boldsymbol{a}_y+x^2y^2\boldsymbol{a}_z$；

(2)$\boldsymbol{A}(\rho, \phi, z)=\rho^2\cos\phi\boldsymbol{a}_\rho+\rho^2\sin\phi\boldsymbol{a}_z$；

(3)$\boldsymbol{A}(r, \theta, \phi)=r\sin\theta\boldsymbol{a}_r+\dfrac{1}{r}\sin\theta\boldsymbol{a}_\theta+\dfrac{1}{r^2}\cos\theta\boldsymbol{a}_\phi$。

1.27 设$\varphi(r, \theta, \phi)=\dfrac{1}{r}\mathrm{e}^{-kr}$，$k$为常数，试证明$\nabla^2\varphi=k^2\dfrac{\mathrm{e}^{-kr}}{r}$。

综合性拓展练习题

1.1 梯度的物理意义及其应用。

1.2 散度的物理意义及其应用。

1.3 旋度的物理意义及其应用。

1.4 严格表述和证明亥姆霍兹定理。

1.5 表述调和场的定义和实例。

第 2 章　静　电　场

静电场是指相对于观察者静止的电荷产生的场。静电场的基本定律是库仑定律。本章从库仑定律和叠加原理出发，运用矢量分析的方法，讨论真空中静电场的基本方程。在此基础上，讨论静电场中的导体与导体系统、介质中的静电场、静电场的能量和电场力等。

2.1　库仑定律　电场强度

2.1.1　库仑定律

库仑定律是描述真空中两个静止点电荷之间相互作用的实验定律，如图 2.1 所示。其内容是，点电荷 q'作用于点电荷 q 的力为

$$\boldsymbol{F}=\frac{q'q}{4\pi\varepsilon_0 R^2}\boldsymbol{a}_R=\frac{q'q}{4\pi\varepsilon_0}\frac{\boldsymbol{R}}{R^3} \tag{2.1}$$

其中，$\boldsymbol{R}=\boldsymbol{r}-\boldsymbol{r}'$表示从$\boldsymbol{r}'$到$\boldsymbol{r}$ 的矢量；R 是$\boldsymbol{r}'$到$\boldsymbol{r}$ 的距离；$\boldsymbol{a}_R$是$\boldsymbol{R}$ 的单位矢量；ε_0是表征真空电性质的物理量，称为真空中的介电常量，其值为

$$\varepsilon_0=8.854\times10^{-12}\approx\frac{1}{36\pi}\times10^{-9}(\mathrm{F/m})$$

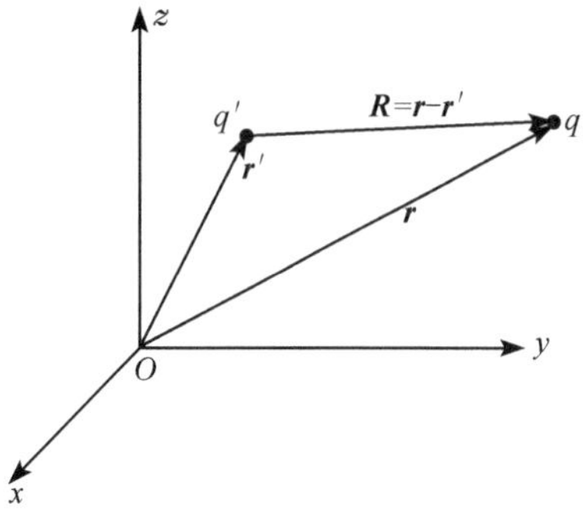

图 2.1　库仑定律

库仑定律表明，真空中两个点电荷之间的作用力的大小与两点电荷电量之积成正比，与距离平方成反比，力的方向沿着它们的连线，同号电荷之间是斥力，异号电荷之间是引力。点电荷 q'受到 q 的作用力为 $\boldsymbol{F}'$，且 $\boldsymbol{F}'=-\boldsymbol{F}$，可见两点电荷之间的作用力符合牛顿第三定律。

库仑定律只能直接用于点电荷。所谓点电荷，是指当带电体的尺度远小于它们之间的距离时，将其电荷集中于一点的理想化模型。对于实际的带电体，一般应该看成是分布在一定的区域内，称其为分布电荷。用电荷密度来定量描述电荷的空间分布情况。电荷体密度的含义是，在电荷分布区域内，取体积元 ΔV，若其中的电量为 Δq，电荷体密度为

$$\rho=\lim_{\Delta V\to 0}\frac{\Delta q}{\Delta V}=\frac{\mathrm{d}q}{\mathrm{d}V} \tag{2.2}$$

其单位是库/米^3($\mathrm{C/m^3}$)。这里的 ΔV 趋于零，是指相对于宏观尺度而言很小的体积，以便能精确地描述电荷的空间变化情况；但是相对于微观尺度，该体积元又是足够大，它包含了大量的带电粒子，这样才可以将电荷分布看作空间的连续函数。这本质上是一个近似模型，因为我们知道任何带电体的电荷量总是电子电量的整数倍。

如果电荷分布在宏观尺度 h 很小的薄层内，则可认为电荷分布在一个几何曲面上，用面密度描述其分布。若面积元 ΔS 内的电量为 Δq，则面密度为

$$\rho_S = \lim_{\Delta S \to 0} \frac{\Delta q}{\Delta S} = \frac{\mathrm{d}q}{\mathrm{d}S} \tag{2.3}$$

对于分布在一条细线上的电荷用线密度描述其分布情况。若线元 Δl 内的电量为 Δq，则线密度为

$$\rho_l = \lim_{\Delta l \to 0} \frac{\Delta q}{\Delta l} = \frac{\mathrm{d}q}{\mathrm{d}l} \tag{2.4}$$

2.1.2 电场强度

电荷 q'对电荷 q 的作用力，是由于 q'在空间产生电场，电荷 q 在电场中受力。习惯上用电场强度来描述电场，空间一点的电场强度定义为该点的单位正试验电荷所受到的力。在点 $\boldsymbol{r}$ 处，试验电荷 q 受到的电场力为

$$\boldsymbol{F}(\boldsymbol{r}) = q\boldsymbol{E}(\boldsymbol{r}) \tag{2.5}$$

这里的试验电荷是指带电量很小，引入到电场内不影响原电场分布的电荷。由两个点电荷间作用力的公式(2.1)，可以得到位于点 $\boldsymbol{r}'$处的点电荷 q'在 $\boldsymbol{r}$ 处产生的电场强度为

$$\boldsymbol{E}(\boldsymbol{r}) = \frac{q'}{4\pi\varepsilon_0}\frac{\boldsymbol{R}}{R^3} = \frac{q'}{4\pi\varepsilon_0}\frac{(\boldsymbol{r}-\boldsymbol{r}')}{|\boldsymbol{r}-\boldsymbol{r}'|^3} \tag{2.6}$$

如图 2.1 所示，以后我们将电荷所在点 $\boldsymbol{r}'$称为源点，将观察点 $\boldsymbol{r}$ 称为场点。如果真空中一共有 n 个点电荷，则 $\boldsymbol{r}$ 点处的电场强度可由叠加原理计算，即

$$\boldsymbol{E}(\boldsymbol{r}) = \sum_{i=1}^{n}\frac{q_i}{4\pi\varepsilon_0}\frac{(\boldsymbol{r}-\boldsymbol{r}_i)}{|\boldsymbol{r}-\boldsymbol{r}_i|^3} \tag{2.7}$$

对于体分布的电荷，可将其视为一系列点电荷的叠加，从而得出 $\boldsymbol{r}$ 点的电场强度为

$$\boldsymbol{E}(\boldsymbol{r}) = \frac{1}{4\pi\varepsilon_0}\int_V \frac{\rho(\boldsymbol{r}')(\boldsymbol{r}-\boldsymbol{r}')}{|\boldsymbol{r}-\boldsymbol{r}'|^3}\mathrm{d}V' \tag{2.8}$$

同理，面电荷和线电荷产生的电场强度分别为

$$\boldsymbol{E}(\boldsymbol{r}) = \frac{1}{4\pi\varepsilon_0}\int_S \frac{\rho_S(\boldsymbol{r}')(\boldsymbol{r}-\boldsymbol{r}')}{|\boldsymbol{r}-\boldsymbol{r}'|^3}\mathrm{d}S' \tag{2.9}$$

$$\boldsymbol{E}(\boldsymbol{r}) = \frac{1}{4\pi\varepsilon_0}\int_l \frac{\rho_l(\boldsymbol{r}')(\boldsymbol{r}-\boldsymbol{r}')}{|\boldsymbol{r}-\boldsymbol{r}'|^3}\mathrm{d}l' \tag{2.10}$$

例 2.1 一个半径为 a 的均匀带电圆环，求轴线上的电场强度。

解 取坐标系如图 2.2 所示，圆环位于 xOy 平面，圆环中心与坐标原点重合，设电荷线密度为 ρ_l。

$$\boldsymbol{r} = z\boldsymbol{a}_z$$

$$\boldsymbol{r}' = a\cos\theta\boldsymbol{a}_x + a\sin\theta\boldsymbol{a}_y$$

$$|\boldsymbol{r}-\boldsymbol{r}'| = (z^2+a^2)^{1/2}$$

$$\mathrm{d}l' = a\mathrm{d}\theta$$

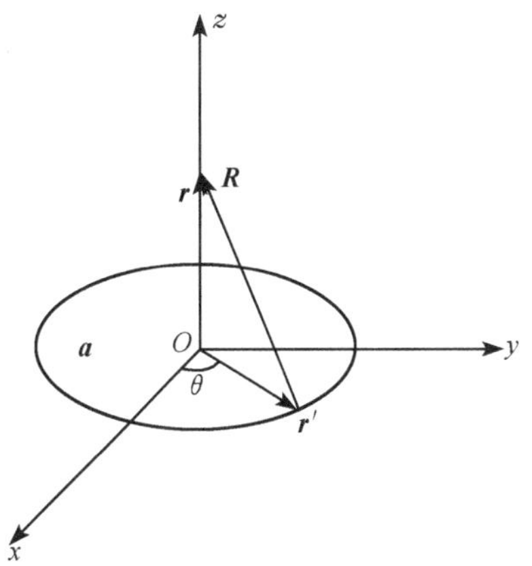

图 2.2

所以

$$\boldsymbol{E}(\boldsymbol{r})=\frac{\rho_l}{4\pi\varepsilon_0}\int_0^{2\pi}\frac{(z\boldsymbol{a}_z-a\cos\theta\boldsymbol{a}_x-a\sin\theta\boldsymbol{a}_y)}{(a^2+z^2)^{3/2}}a\mathrm{d}\theta$$

$$=\frac{a\rho_l}{2\varepsilon_0}\frac{z}{(a^2+z^2)^{3/2}}\boldsymbol{a}_z$$

2.2 高斯定理

从库仑定律出发可以推导出高斯定理。我们先介绍立体角的概念。如图 2.3 所示，立体角是由过一点的射线所扫出的锥面限定的空间。注意这里的锥面是一个任意锥面，不仅仅限定为圆锥，可以是棱锥或者其他任意锥面。如果以点 O' 为球心、R 为半径作球面，若立体角的锥面在球面上截下的面积为 S，则此立体角的大小定义为 $\Omega=S/R^2$。立体角的单位是球面度(sr)。球面度是国际单位制中的一个基本辅助单位，它是量纲为一的单位。

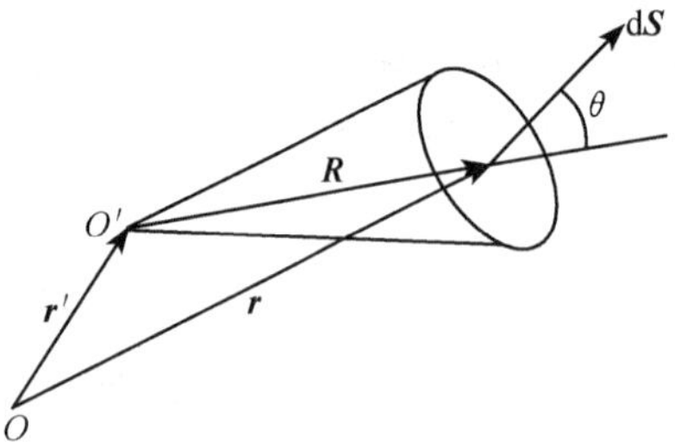

图 2.3 立体角

整个球面对球心的立体角是 4π。对于任一个有向曲面 S，面上的面积元 $\mathrm{d}\boldsymbol{S}$ 对某点 O' 的立体角是

$$\mathrm{d}\Omega=\frac{\mathrm{d}S\cos\theta}{R^2}=\frac{\mathrm{d}\boldsymbol{S}\cdot(\boldsymbol{r}-\boldsymbol{r}')}{|\boldsymbol{r}-\boldsymbol{r}'|^3} \tag{2.11}$$

其中，$\boldsymbol{r}$ 是面积元所处的位置，$\boldsymbol{r}'$ 是点 O' 的位置，$\boldsymbol{R}$ 是从点 $\boldsymbol{r}'$ 到点 $\boldsymbol{r}$ 的矢径，θ 是有向面元 $\mathrm{d}\boldsymbol{S}$ 与 $\boldsymbol{R}$ 的夹角。面元是有向的，因而立体角可以为正，也可以为负，视夹角 θ 为锐角或钝角而定。对于简单闭曲面习惯上规定外侧为正侧。整个曲面 S 对点 O' 所张的立体角是

$$\Omega=\int_S\frac{(\boldsymbol{r}-\boldsymbol{r}')\cdot\mathrm{d}\boldsymbol{S}}{|\boldsymbol{r}-\boldsymbol{r}'|^3} \tag{2.12}$$

若 S 是封闭曲面，则

$$\Omega=\oint_S\frac{(\boldsymbol{r}-\boldsymbol{r}')\cdot\mathrm{d}\boldsymbol{S}}{|\boldsymbol{r}-\boldsymbol{r}'|^3}=\begin{cases}4\pi, & \boldsymbol{r}' \text{ 在 } S \text{ 内}\\ 0, & \boldsymbol{r}' \text{ 在 } S \text{ 外}\end{cases} \tag{2.13}$$

即任意封闭面对其内部任一点所张的立体角为 4π，对外部点所张的立体角为零。

高斯定律描述通过一个闭合面电场强度的通量与闭合面内电荷间的关系。先考虑点电荷的电场穿过任意闭曲面 S 的通量

$$\oint_S\boldsymbol{E}\cdot\mathrm{d}\boldsymbol{S}=\frac{q}{4\pi\varepsilon_0}\oint_S\frac{\boldsymbol{r}-\boldsymbol{r}'}{|\boldsymbol{r}-\boldsymbol{r}'|^3}\cdot\mathrm{d}\boldsymbol{S}$$

$$=\frac{q}{4\pi\varepsilon_0}\oint_S\mathrm{d}\Omega \tag{2.14}$$

若 q 位于 S 内部，式(2.14)中的立体角为 4π；若位于 S 外部，式(2.14)中的立体角为零。对点电荷系或分布电荷，由叠加原理得出高斯定理为

$$\oint_S \boldsymbol{E} \cdot \mathrm{d}\boldsymbol{S} = \frac{Q}{\varepsilon_0} \tag{2.15}$$

式(2.15)中，Q是闭合面内的总电荷。高斯定理是静电场的一个基本定理。它说明，在真空中穿出任意闭合面的电场强度通量，等于该闭合面内部的总电荷量与 ε_0 之比。应该注意，曲面上的电场强度是由空间的所有电荷产生的，并非与曲面 S 外部的电荷无关。但是外部电荷在闭合面上产生的电场强度的通量为零。

以上的高斯定理也称为高斯定理的积分形式，它说明通过闭合曲面的电场强度通量与闭合面内的电荷之间的关系，并没有说明某一点的情况。要分析一个点的情形，要用微分形式。如果闭合面内的电荷是密度为 ρ 的体分布电荷，则式(2.15)可以写为

$$\oint_S \boldsymbol{E} \cdot \mathrm{d}\boldsymbol{S} = \frac{1}{\varepsilon_0}\int_V \rho \mathrm{d}V \tag{2.16}$$

其中，V 是 S 所限定的体积。用散度定理，可以将式(2.16)左面的面积分变换为散度的体积分，即

$$\int_V \nabla \cdot \boldsymbol{E} \mathrm{d}V = \frac{1}{\varepsilon_0}\int_V \rho \mathrm{d}V \tag{2.17}$$

由于体积 V 是任意的，因此有

$$\nabla \cdot \boldsymbol{E} = \frac{\rho}{\varepsilon_0} \tag{2.18}$$

这就是高斯定理的微分形式。它说明，真空中任一点的电场强度的散度等于该点的电荷密度与 ε_0 之比。微分形式描述一点处的电场强度空间变化和该点电荷密度的关系。尽管该点的电场强度是由空间的所有电荷产生的，可是这一点电场强度的散度仅取决于该点的电荷密度，而与其他电荷无关。

高斯定理的积分形式，可以用来计算平面对称、柱对称及球对称的静电场问题。解题的关键是能够将电场强度从积分号中提出来，这就要求找出一个封闭面 S，且 S 由两部分 S_1 和 S_2 组成。在 S_1 上，电场强度 $\boldsymbol{E}$ 与有向面积元 $\mathrm{d}\boldsymbol{S}$ 平行，$\boldsymbol{E} /\!/ \mathrm{d}\boldsymbol{S}$(或二者之间的夹角固定不变)且电场强度的大小不变；在 S_2 上，有$\boldsymbol{E} \cdot \mathrm{d}\boldsymbol{S}=0$。这样就可求出对称分布电荷产生的场，这样的闭曲面称为高斯面。高斯定理的微分形式适用于已知电场分布求电荷分布的问题。

例 2.2 假设在半径为 a 的球体内均匀分布着密度为 ρ_0 的电荷，求任意点的电场强度。

解 本题的电荷分布是呈球对称的，电场强度仅有径向分量 E_r同时它具有球对称性质。作一个与带电体同心、半径为 r 的球面，将积分形式的高斯定理运用到此球面上。

当 $r>a$ 时

$$E_r 4\pi r^2 = \frac{\rho_0}{\varepsilon_0}\frac{4\pi}{3}a^3$$

故

$$E_r = \frac{\rho_0 a^3}{3\varepsilon_0 r^2}, \quad r > a$$

当 $r<a$ 时

$$E_r 4\pi r^2 = \frac{\rho_0}{\varepsilon_0}\frac{4\pi}{3}r^3$$

所以

$$E_r = \frac{\rho_0 r}{3\varepsilon_0}, \quad r<a$$

例 2.3 已知半径为 a 的球内、外的电场强度为

$$\boldsymbol{E} = \boldsymbol{a}_r E_0 \frac{a^2}{r^2}, \quad r>a$$

$$\boldsymbol{E} = \boldsymbol{a}_r E_0 \left(5\frac{r}{2a} - 3\frac{r^3}{2a^3}\right), \quad r<a$$

求电荷分布。

解 由高斯定理的微分形式 $\nabla\cdot\boldsymbol{E}=\frac{\rho}{\varepsilon_0}$，得电荷密度为

$$\rho = \varepsilon_0 \nabla\cdot\boldsymbol{E}$$

用球坐标中的散度公式

$$\nabla\cdot\boldsymbol{A} = \frac{1}{r^2}\frac{\partial(r^2 A_r)}{\partial r} + \frac{1}{r\sin\theta}\frac{\partial(\sin\theta A_\theta)}{\partial\theta} + \frac{1}{r\sin\theta}\frac{\partial A_\varphi}{\partial\varphi}$$

可得

$$\rho = 0, \quad r>a$$

$$\rho = \varepsilon_0 E_0 \frac{15}{2a^3}(a^2 - r^2), \quad r<a$$

2.3 静电场的旋度与电位

静电场是一个矢量场，根据亥姆霍兹定理，除了要讨论它的散度外，还要讨论它的旋度。在点电荷及分布电荷的电场强度表示式中，均含有因子 $(\boldsymbol{r}-\boldsymbol{r}')/|\boldsymbol{r}-\boldsymbol{r}'|^3$。下面以体分布电荷产生的电场强度为例，讨论它的旋度特性。由于

$$\nabla\frac{1}{|\boldsymbol{r}-\boldsymbol{r}'|} = -\frac{(\boldsymbol{r}-\boldsymbol{r}')}{|\boldsymbol{r}-\boldsymbol{r}'|^3} \tag{2.19}$$

可将体电荷的电场强度表示式(2.8)改写为

$$\begin{aligned}\boldsymbol{E}(\boldsymbol{r}) &= \frac{1}{4\pi\varepsilon_0}\int_V \frac{\rho(\boldsymbol{r}')(\boldsymbol{r}-\boldsymbol{r}')}{|\boldsymbol{r}-\boldsymbol{r}'|^3}\mathrm{d}V' \\ &= \frac{-1}{4\pi\varepsilon_0}\int_V \rho(\boldsymbol{r}')\nabla\frac{1}{|\boldsymbol{r}-\boldsymbol{r}'|}\mathrm{d}V' \\ &= -\nabla\left[\frac{1}{4\pi\varepsilon_0}\int_V \rho(\boldsymbol{r}')\frac{1}{|\boldsymbol{r}-\boldsymbol{r}'|}\mathrm{d}V'\right]\end{aligned} \tag{2.20}$$

应注意式中的积分是对源点 $\boldsymbol{r}'$ 进行，算子 ∇ 是对场点作用，因而可将 ∇ 移到积分号外。式(2.20)说明，电场强度表示为一个标量位函数的负梯度，由于梯度的旋度恒等于零，因此有

$$\nabla\times\boldsymbol{E} = 0 \tag{2.21}$$

即静电场的旋度恒等于零。这表明静电场是无旋场。

如上所述，可用一个标量函数的负梯度表示电场强度。这个标量函数就是电场的位函数，简称为电位，电位 φ 的定义由下式确定

$$\boldsymbol{E}=-\nabla\varphi \tag{2.22}$$

电位的单位是伏(V)，因此电场强度的单位是伏/米(V/m)。

体分布的电荷在场点 $\boldsymbol{r}$ 处的电位是

$$\varphi(\boldsymbol{r})=\frac{1}{4\pi\varepsilon_0}\int_V\frac{\rho(\boldsymbol{r}')}{|\boldsymbol{r}-\boldsymbol{r}'|}\mathrm{d}V' \tag{2.23a}$$

线电荷和面电荷的电位与式(2.23a)相似，只需将电荷密度和积分区域作相应的改变，即线电荷和面电荷的电位分别为

$$\varphi(\boldsymbol{r})=\frac{1}{4\pi\varepsilon_0}\int_l\frac{\rho_l(\boldsymbol{r}')}{|\boldsymbol{r}-\boldsymbol{r}'|}\mathrm{d}l' \tag{2.23b}$$

$$\varphi(\boldsymbol{r})=\frac{1}{4\pi\varepsilon_0}\int_S\frac{\rho_S(\boldsymbol{r}')}{|\boldsymbol{r}-\boldsymbol{r}'|}\mathrm{d}S' \tag{2.23c}$$

对于位于源点 $\boldsymbol{r}'$ 处的点电荷 q，其在 $\boldsymbol{r}$ 处产生的电位是

$$\varphi(\boldsymbol{r})=\frac{q}{4\pi\varepsilon_0|\boldsymbol{r}-\boldsymbol{r}'|} \tag{2.24}$$

式(2.23)和式(2.24)中本来还要加上一个常数。为简单计，取这个常数为零。

因为静电场是无旋场，其在任意闭合回路上的环量为零，即

$$\oint_l\boldsymbol{E}\cdot\mathrm{d}\boldsymbol{l}=0 \tag{2.25}$$

这表明，静电场是一个保守场，它沿某一路径从 P_0 点到 P 点的线积分与路径无关，仅仅与起点和终点的位置有关。下面讨论电场强度沿某一路径的线积分

$$\int_{P_0}^{P}\boldsymbol{E}\cdot\mathrm{d}\boldsymbol{l}=\int_{P_0}^{P}-\nabla\varphi\cdot\mathrm{d}\boldsymbol{l} \tag{2.26}$$

因为

$$\nabla\varphi\cdot\mathrm{d}\boldsymbol{l}=\frac{\partial\varphi}{\partial x}\mathrm{d}x+\frac{\partial\varphi}{\partial y}\mathrm{d}y+\frac{\partial\varphi}{\partial z}\mathrm{d}z=\mathrm{d}\varphi \tag{2.27}$$

故

$$\int_{P_0}^{P}\boldsymbol{E}\cdot\mathrm{d}\boldsymbol{l}=\varphi(P_0)-\varphi(P) \tag{2.28}$$

或

$$\varphi(P)-\varphi(P_0)=\int_{P}^{P_0}\boldsymbol{E}\cdot\mathrm{d}\boldsymbol{l}$$

通常，称 $\varphi(P)-\varphi(P_0)$ 为 P 与 P_0 两点间的电位差(或电压)。一般选取一个固定点，规定其电位为零，称这一固定点为参考点。当取 P_0 点为参考点时，P 点处的电位为

$$\varphi(P)=\int_{P}^{P_0}\boldsymbol{E}\cdot\mathrm{d}\boldsymbol{l} \tag{2.29}$$

当电荷分布在有限的区域时，选取无穷远处为参考点较为方便。此时

$$\varphi(P)=\int_{P}^{\infty}\boldsymbol{E}\cdot\mathrm{d}\boldsymbol{l} \tag{2.30}$$

下面分析电位所满足的微分方程。将 $\boldsymbol{E}=-\nabla\varphi$ 代入高斯定理的微分形式 $\nabla\cdot\boldsymbol{E}=\frac{\rho}{\varepsilon_0}$，得

$$\nabla\cdot\nabla\varphi=\nabla^2\varphi=-\frac{\rho}{\varepsilon_0} \tag{2.31}$$

方程(2.31)称为泊松方程，若讨论的区域 $\rho=0$，则电位微分方程变为

$$\nabla^2\varphi=0 \tag{2.32}$$

二阶偏微分方程(2.32)称为拉普拉斯方程。其中，∇^2 在直角坐标中为

$$\nabla^2=\frac{\partial^2}{\partial x^2}+\frac{\partial^2}{\partial y^2}+\frac{\partial^2}{\partial z^2}$$

关于拉普拉斯方程的一般求解方法将在静态场的解中讨论。这里给出对称分布电荷产生的电场及电位的一些例子。

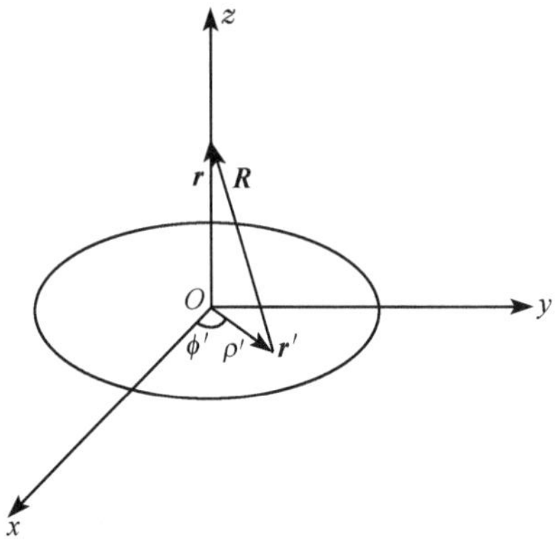

图 2.4 均匀带电圆盘

例 2.4 位于 xOy 平面上的半径为 a、圆心在坐标原点的均匀带电圆盘，面电荷密度为 ρ_S，如图 2.4 所示，求 z 轴上的电位。

解 由面电荷产生的电位公式为

$$\varphi(\boldsymbol{r})=\frac{1}{4\pi\varepsilon_0}\int_S\frac{\rho_S(\boldsymbol{r}')}{|\boldsymbol{r}-\boldsymbol{r}'|}\mathrm{d}S'$$

由

$$\boldsymbol{r}=z\boldsymbol{a}_z,\qquad \boldsymbol{r}'=\rho'\cos\phi'\boldsymbol{a}_x+\rho'\sin\phi'\boldsymbol{a}_y$$

得

$$|\boldsymbol{r}-\boldsymbol{r}'|=(z^2+\rho'^2)^{1/2}$$
$$\mathrm{d}S'=\rho'\mathrm{d}\phi'\mathrm{d}\rho'$$

所以

$$\varphi(z)=\frac{\rho_S}{4\pi\varepsilon_0}\int_0^{2\pi}\mathrm{d}\phi'\int_0^a\frac{\rho'\mathrm{d}\rho'}{(z^2+\rho'^2)^{1/2}}=\frac{\rho_S}{2\varepsilon_0}[(a^2+z^2)^{1/2}-z]$$

以上结果是 $z>0$ 的结论。对 z 轴上的任意点，电位是

$$\varphi(z)=\frac{\rho_S}{2\varepsilon_0}[(a^2+z^2)^{1/2}-|z|]$$

讨论：例 2.4 圆盘自身电位。

例 2.5 求均匀带电球体产生的电位。

解 在前面我们计算出均匀带电球体的电场为

$$E_r=\frac{\rho_0a^3}{3\varepsilon_0r^2},\quad r>a$$

$$E_r=\frac{\rho_0r}{3\varepsilon_0},\qquad r<a$$

由此可求出电位。当 $r>a$ 时

$$\varphi = \int_r^\infty E_r \mathrm{d}r = \int_r^\infty \frac{\rho_0 a^3}{3\varepsilon_0 r^2}\mathrm{d}r = \frac{\rho_0 a^3}{3\varepsilon_0 r}$$

当 $r<a$ 时

$$\varphi = \int_r^a E_r \mathrm{d}r + \int_a^\infty E_r \mathrm{d}r = \frac{\rho_0}{2\varepsilon_0}\left(a^2 - \frac{r^2}{3}\right)$$

例 2.6　若半径为 a 的导体球面的电位为 V_0，球外无电荷，求空间的电位。

解　可以通过求解电位的微分方程计算电位。对于一般问题，电位方程是二阶偏微分方程，但是对于本题，因其是对称的，就简化为常微分方程。显然电位仅仅是变量 r 的函数。球外的电位用 φ 表示，有

$$\nabla^2 \varphi = 0$$

将上式写成球坐标的形式，即

$$\frac{1}{r^2}\frac{\mathrm{d}}{\mathrm{d}r}\left(r^2 \frac{\mathrm{d}\varphi}{\mathrm{d}r}\right) = 0$$

对以上方程积分一次，得

$$r^2 \frac{\mathrm{d}\varphi}{\mathrm{d}r} = C_1$$

即

$$\frac{\mathrm{d}\varphi}{\mathrm{d}r} = \frac{C_1}{r^2}$$

再对其积分一次，得

$$\varphi = -\frac{C_1}{r} + C_2$$

这里出现的两个常数通过导体球面上的电位和无穷远处的电位来确定，在导体球面上，电位为 V_0，无穷远处电位为零。分别将 $r=a$，$r=\infty$ 代入上式，得

$$V_0 = -\frac{C_1}{a} + C_2$$
$$0 = C_2$$

这样解出两个常数为

$$C_1 = -aV_0,\qquad C_2 = 0$$

所以

$$\varphi(r) = \frac{aV_0}{r}$$

总之，真空中静电场的基本方程可归纳为

$$\nabla \times \boldsymbol{E} = \boldsymbol{0} \tag{2.33}$$

$$\nabla \cdot \boldsymbol{E} = \frac{\rho}{\varepsilon_0} \tag{2.34}$$

即静电场是一个无旋、有源(指通量源)场，电荷就是电场的源。电力线总是从正电荷出发，到负电荷终止。

2.4 电偶极子

电偶极子是指由间距很小的两个等量异号点电荷组成的系统，如图 2.5 所示。真空中电偶极子的电场和电位可用来分析电介质的极化问题。用电偶极矩表示电偶极子的大小和空间取向，它定义为电荷 q 乘以有向距离 $\boldsymbol{l}$，即

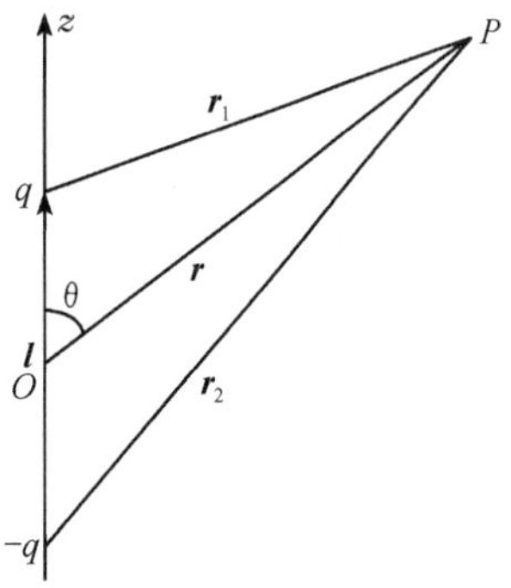

图 2.5 电偶极子

$$\boldsymbol{p} = q\boldsymbol{l} \tag{2.35}$$

电偶极矩是一个矢量，它的方向是由负电荷指向正电荷。取电偶极子的轴和 z 轴重合，电偶极子的中心在坐标原点。电偶极子在空间任意点 P 的电位为

$$\varphi = \frac{q}{4\pi\varepsilon_0}\left(\frac{1}{r_1} - \frac{1}{r_2}\right) \tag{2.36}$$

其中，r_1 和 r_2 分别表示场点 P 与 q 和 $-q$ 的距离。当 $l \ll r$ 时

$$r_1 = \left(r^2 + \frac{l^2}{4} - 2r\frac{l}{2}\cos\theta\right)^{1/2} \approx r\left(1 - \frac{l}{r}\cos\theta\right)^{1/2}$$

$$r_2 = \left(r^2 + \frac{l^2}{4} + 2r\frac{l}{2}\cos\theta\right)^{1/2} \approx r\left(1 + \frac{l}{r}\cos\theta\right)^{1/2}$$

$$\frac{1}{r_1} \approx \frac{1}{r}\left(1 + \frac{l}{2r}\cos\theta\right)$$

$$\frac{1}{r_2} \approx \frac{1}{r}\left(1 - \frac{1}{2r}\cos\theta\right)$$

从而有

$$\varphi \approx \frac{ql\cos\theta}{4\pi\varepsilon_0 r^2} \tag{2.37}$$

或

$$\varphi \approx \frac{\boldsymbol{p}\cdot\boldsymbol{r}}{4\pi\varepsilon_0 r^3} \tag{2.38}$$

其电场强度在球坐标中的表示式为

$$\boldsymbol{E} = \frac{p}{4\pi\varepsilon_0 r^3}(\boldsymbol{a}_r 2\cos\theta + \boldsymbol{a}_\theta \sin\theta) \tag{2.39}$$

电偶极子的电位和电场分别与 r^2 和 r^3 成反比，单个点电荷的电位和电场分别与 r 和 r^2 成反比。这是因为在远区，正负电荷产生的电场有一部分相互抵消的缘故。电偶极子的场分布具有轴对称性，如图 2.6 所示。同理我们可以求出电四极子、电八极子等电高阶极子产生的电场和电位。

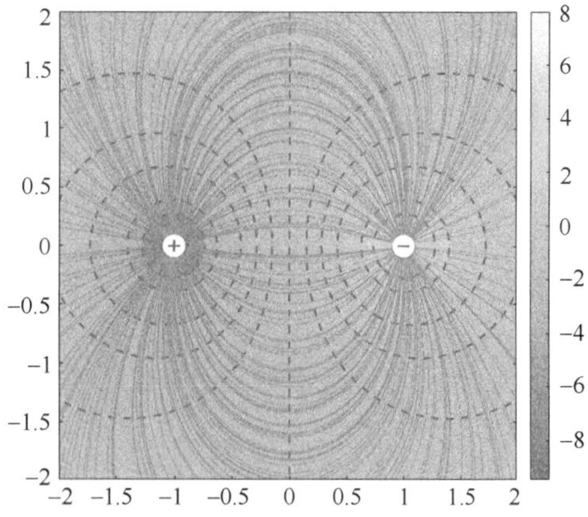

图 2.6 电偶极子的电场和电位分布

2.5 电介质中的场方程

根据物质的电特性，可将其分为导电物质和绝缘物质两类，通常称前者为导体，后

者为电介质。导体的特点是其内部有大量的能自由运动的电荷，在外电场的作用下，这些自由电荷可以作宏观运动。相反，介质中的带电粒子被约束在介质的分子中，不能作宏观运动。在电场的作用下，介质内的带电粒子会发生微观的位移，使分子产生极化。下面讨论介质中的电场的特点和规律。

2.5.1 介质的极化

任何物质的分子或原子都是由带负电的电子和带正电的原子核组成。依其特性可分为极性分子和非极性分子。非极性分子是指分子的正负电荷中心重合，无外加电场时，分子偶极矩为零的分子，如 H_2、N_2、CCl_4 等分子。极性分子是指分子的正负电荷中心不重合，无外加电场时，分子偶极矩不为零，本身具有一个固有偶极矩的分子，如 H_2O 分子。

无极性分子置于外电场中时，外电场使得分子正负电荷中心发生位移，产生附加电矩，分子电偶极矩的方向沿外电场方向。

对于有极性分子，在无外加电场时，虽然每一个分子具有固有电矩，但由于分子的不规则热运动，在一块介质中，所有分子的固有电矩的矢量和平均起来相互抵消，即宏观电矩为零。但是在外加电场的作用下，每个分子电矩会受到力矩的作用，使分子电矩方向转向外加电场的方向。

在外电场的作用下，或者电介质中的分子产生附加电矩，或者固有偶极矩沿外电场取向，这种现象称为介质的极化。从微观的角度来看，电介质的极化分为两种：非极性分子的极化称为位移极化，极性分子的极化称为取向极化。

在极化介质中，每一个分子都是一个电偶极子，整个介质可以看成是真空中电偶极子有序排列的集合体。用极化强度表征电介质的极化性质，极化强度是一个矢量，它代表单位体积中电矩的矢量和。假设体积元 ΔV 里分子电矩的总和为 $\sum \boldsymbol{p}$，则极化强度 $\boldsymbol{P}$ 为

$$\boldsymbol{P} = \lim_{\Delta V \to 0} \frac{\sum \boldsymbol{p}}{\Delta V} \tag{2.40}$$

极化强度的单位是 C/m^2。

2.5.2 极化介质产生的电位

当一块电介质受外加电场的作用而极化后，就等效为真空中一系列电偶极子。极化介质产生的附加电场，实质上就是这些电偶极子产生的电场。如图 2.7 所示，设极化介质的体积为 V，表面积为 S，极化强度为 $\boldsymbol{P}$。现在计算介质外部任一点的电位。在介质中 $\boldsymbol{r}'$ 处取一个体积元 $\Delta V'$，因 $|\boldsymbol{r}-\boldsymbol{r}'|$ 远大于 $\Delta V'$ 的线度，故可将 $\Delta V'$ 中的介质当成一个偶极子，其偶极矩为 $\boldsymbol{p}=\boldsymbol{P}\Delta V'$，它在 $\boldsymbol{r}$ 处产生的电位是

$$\Delta\varphi(\boldsymbol{r}) = \frac{\boldsymbol{P}(\boldsymbol{r}')\Delta V'}{4\pi\varepsilon_0} \cdot \frac{\boldsymbol{r}-\boldsymbol{r}'}{|\boldsymbol{r}-\boldsymbol{r}'|^3} \tag{2.41}$$

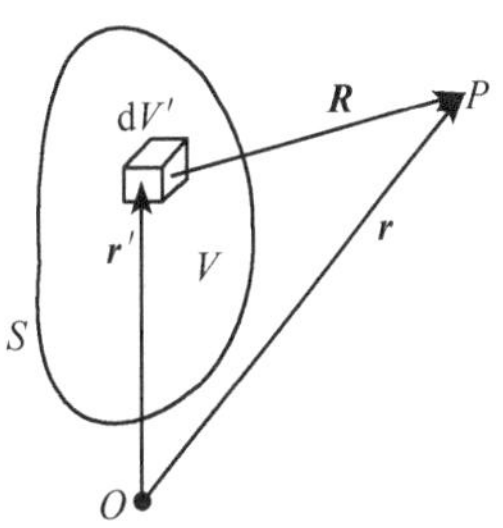

图 2.7 极化介质的电位

整个极化介质产生的电位是式(2.41)的积分

$$\varphi(\boldsymbol{r}) = \frac{1}{4\pi\varepsilon_0}\int_V \frac{\boldsymbol{P}(\boldsymbol{r}')\cdot(\boldsymbol{r}-\boldsymbol{r}')}{|\boldsymbol{r}-\boldsymbol{r}'|^3}\mathrm{d}V' \tag{2.42}$$

对式(2.42)进行变换，利用

$$\nabla' \frac{1}{|\boldsymbol{r}-\boldsymbol{r}'|} = \frac{\boldsymbol{r}-\boldsymbol{r}'}{|\boldsymbol{r}-\boldsymbol{r}'|^3}$$

变换为

$$\varphi(\boldsymbol{r}) = \frac{1}{4\pi\varepsilon_0}\int_V \boldsymbol{P}(\boldsymbol{r}')\cdot\nabla' \frac{1}{|\boldsymbol{r}-\boldsymbol{r}'|}\mathrm{d}V' \tag{2.43}$$

再利用矢量恒等式

$$\nabla'\cdot(u\boldsymbol{A}) = u\,\nabla'\cdot\boldsymbol{A} + \nabla' u\cdot\boldsymbol{A}$$

令 $u=\dfrac{1}{|\boldsymbol{r}-\boldsymbol{r}'|}$，$\boldsymbol{A}=\boldsymbol{P}$，则

$$\begin{aligned}\varphi(\boldsymbol{r}) &= \frac{1}{4\pi\varepsilon_0}\int_V \nabla'\cdot\frac{\boldsymbol{P}(\boldsymbol{r}')}{|\boldsymbol{r}-\boldsymbol{r}'|}\mathrm{d}V' + \frac{1}{4\pi\varepsilon_0}\int_V \frac{-\nabla'\cdot\boldsymbol{P}(\boldsymbol{r}')}{|\boldsymbol{r}-\boldsymbol{r}'|}\mathrm{d}V' \\ &= \frac{1}{4\pi\varepsilon_0}\oint_S \frac{\boldsymbol{P}(\boldsymbol{r}')\cdot\boldsymbol{n}}{|\boldsymbol{r}-\boldsymbol{r}'|}\mathrm{d}S' + \frac{1}{4\pi\varepsilon_0}\int_V \frac{-\nabla'\cdot\boldsymbol{P}(\boldsymbol{r}')}{|\boldsymbol{r}-\boldsymbol{r}'|}\mathrm{d}V'\end{aligned} \tag{2.44}$$

其中，$\boldsymbol{n}$ 是 S 上某点的外法向单位矢量，式(2.44)的第一项与面分布电荷产生的电位表示式形式相同，第二项与体分布电荷产生的电位表达式形式上相同，$\boldsymbol{P}(\boldsymbol{r}')\cdot\boldsymbol{n}$ 和 $-\nabla'\cdot\boldsymbol{P}(\boldsymbol{r}')$分别有面电荷密度和体电荷密度的量纲，因此极化介质产生的电位可以看作等效体分布电荷和面分布电荷在真空中共同产生的。等效体电荷密度和面电荷密度分别为

$$\rho_P(\boldsymbol{r}') = -\nabla'\cdot\boldsymbol{P}(\boldsymbol{r}') \tag{2.45}$$

$$\rho_{SP} = \boldsymbol{P}(\boldsymbol{r}')\cdot\boldsymbol{n} \tag{2.46}$$

这些等效电荷也称为极化电荷，或称束缚电荷。

在以上的分析中，场点是选取在介质外部，可以证明，上面的结果也适用于极化介质内部任一点的电位的计算。有了电位表达式，就能求出极化介质产生的电场。实际上，以上的电位，仅仅考虑的是束缚电荷产生的那一部分，空间的总电场应该再加上自由电荷(也就是外加电荷)产生的电场。

例 2.7 一个半径为 a 的均匀极化介质球，极化强度是 $P_0\boldsymbol{a}_z$，求极化电荷分布及介质球的电偶极矩。

解 取球坐标系，让球心位于坐标原点。极化电荷体密度为

$$\rho_P(\boldsymbol{r}) = -\nabla\cdot\boldsymbol{P}(\boldsymbol{r}) = 0$$

极化电荷面密度为

$$\rho_{SP} = \boldsymbol{P}\cdot\boldsymbol{n} = P_0\boldsymbol{a}_z\cdot\boldsymbol{a}_r = P_0\cos\theta$$

分布电荷对于原点的偶极矩为

$$\boldsymbol{p} = \int_D \boldsymbol{r}\,\mathrm{d}q$$

积分区域 D 是电荷分布的区域。因此

$$\boldsymbol{p} = \int_S \boldsymbol{r}\rho_{SP}\,\mathrm{d}S$$

代入球面上的各量

$$\boldsymbol{r} = a(\boldsymbol{a}_x\sin\theta\cos\phi + \boldsymbol{a}_y\sin\theta\sin\phi + \boldsymbol{a}_z\cos\theta)$$

$$\mathrm{d}S = a^2\sin\theta\mathrm{d}\theta\mathrm{d}\phi$$

得

$$\boldsymbol{p} = \boldsymbol{a}_z\frac{4\pi a^3}{3}P_0$$

其实，由于本问题是均匀极化，等效偶极矩肯定等于极化强度与体积之积。

2.5.3 介质中的场方程

在真空中高斯定理的微分形式为$\nabla\cdot\boldsymbol{E}=\rho/\varepsilon_0$，其中的电荷是指自由电荷。如前所述，极化介质产生的电场等效于束缚电荷的影响，因此，在电介质中，高斯定理的微分形式可写为

$$\nabla\cdot\boldsymbol{E} = \frac{1}{\varepsilon_0}(\rho+\rho_P) \tag{2.47}$$

将$\rho_P=-\nabla\cdot\boldsymbol{P}$代入，得

$$\nabla\cdot(\varepsilon_0\boldsymbol{E}+\boldsymbol{P}) = \rho \tag{2.48}$$

这表明，矢量$\varepsilon_0\boldsymbol{E}+\boldsymbol{P}$的散度为自由电荷密度。称此矢量为电位移矢量(或电感应强度矢量)，并记为$\boldsymbol{D}$，即

$$\boldsymbol{D} = \varepsilon_0\boldsymbol{E}+\boldsymbol{P} \tag{2.49}$$

于是，介质中高斯定理的微分形式变为

$$\nabla\cdot\boldsymbol{D} = \rho \tag{2.50}$$

在介质中，电场强度的旋度仍然为零。将介质中静电场的方程归纳得

$$\nabla\cdot\boldsymbol{D} = \rho \tag{2.51}$$

$$\nabla\times\boldsymbol{E} = \boldsymbol{0} \tag{2.52}$$

与其相应的积分形式是

$$\oint_S \boldsymbol{D}\cdot\mathrm{d}\boldsymbol{S} = q \tag{2.53}$$

$$\oint_l \boldsymbol{E}\cdot\mathrm{d}\boldsymbol{l} = 0 \tag{2.54}$$

2.5.4 介电常量

在分析电介质中的静电问题时，必须知道极化强度$\boldsymbol{P}$与电场强度$\boldsymbol{E}$之间的关系。$\boldsymbol{P}$与$\boldsymbol{E}$间的关系由介质的固有特性决定，这种关系称为组成关系。如果$\boldsymbol{P}$和$\boldsymbol{E}$同方向，就称为各向同性介质，若两者成正比，就称为线性介质。实际应用中的大多数介质都是线性各向同性介质，其组成关系为

$$\boldsymbol{P} = \varepsilon_0\chi_e\boldsymbol{E} \tag{2.55}$$

其中，χ_e为极化率，是一个无量纲常数。从而有

$$\boldsymbol{D}=\varepsilon_0(1+\chi_e)\boldsymbol{E}=\varepsilon_0\varepsilon_r\boldsymbol{E}=\varepsilon\boldsymbol{E} \tag{2.56}$$

其中，ε_r 为介质的相对介电常量，ε 为介质的介电常量。

对于均匀介质(ε 为常量)，电位满足如下的泊松方程

$$\nabla^2\varphi=-\frac{\rho}{\varepsilon} \tag{2.57}$$

在自由电荷为零的区域，电位满足拉普拉斯方程。

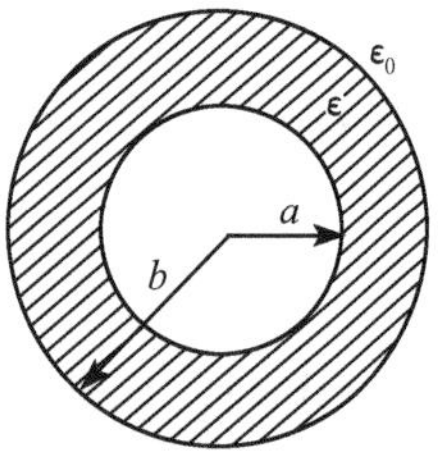

图 2.8

例 2.8 一个半径 a 的导体球，带电量为 Q，在导体球外套有外半径为 b 的同心介质球壳，壳外是空气，如图 2.8 所示。求空间任一点的 $\boldsymbol{D}$、$\boldsymbol{E}$、$\boldsymbol{P}$ 以及束缚电荷密度。

解 因导体及介质的结构是球对称的，要保持导体球内的电场强度为零，显然自由电荷及其束缚电荷的分布也必须是球对称的。从而，$\boldsymbol{D}$、$\boldsymbol{E}$、$\boldsymbol{P}$ 的分布也是球对称的，即自由电荷均匀分布在导体球面上，$\boldsymbol{D}$ 在径向方向，且在与导体球同心的任一球面上 $\boldsymbol{D}$ 的数值相等。用介质中的高斯定理的积分形式，取半径为 r 并且与导体球同心的球面为高斯面，得

$$\boldsymbol{D}=\frac{Q}{4\pi r^2}\boldsymbol{a}_r,\quad r\geqslant a$$

介质内($a<r<b$)

$$\boldsymbol{E}=\frac{1}{\varepsilon}\boldsymbol{D}=\frac{Q}{4\pi\varepsilon r^2}\boldsymbol{a}_r$$

$$\boldsymbol{P}=\boldsymbol{D}-\varepsilon_0\boldsymbol{E}=\frac{\varepsilon_r-1}{\varepsilon_r}\boldsymbol{D}=\frac{\varepsilon_r-1}{\varepsilon_r}\frac{Q}{4\pi r^2}\boldsymbol{a}_r$$

$$\rho_P=-\nabla\cdot\boldsymbol{P}=-\frac{\varepsilon_r-1}{\varepsilon_r}\frac{Q}{4\pi}\nabla\cdot\left(\frac{\boldsymbol{a}_r}{r^2}\right)=0$$

介质外($b<r$)

$$\boldsymbol{E}=\frac{1}{\varepsilon_0}\boldsymbol{D}=\frac{Q}{4\pi\varepsilon_0 r^2}\boldsymbol{a}_r$$

$$\boldsymbol{P}=0$$

介质内表面($r=a$)的束缚电荷面密度

$$\rho_{SP}=\boldsymbol{P}\cdot\boldsymbol{n}=-\boldsymbol{P}\cdot\boldsymbol{a}_r=-\frac{\varepsilon_r-1}{\varepsilon_r}\frac{Q}{4\pi a^2}$$

介质外表面($r=b$)的束缚电荷面密度

$$\rho_{SP}=\boldsymbol{P}\cdot\boldsymbol{n}=\boldsymbol{P}\cdot\boldsymbol{a}_r=\frac{\varepsilon_r-1}{\varepsilon_r}\frac{Q}{4\pi b^2}$$

例 2.9 一同轴线内导体的半径为 a，外导体的内半径为 b，内、外导体之间填充两种绝缘材料，$a<r<r_0$ 的介电常量为 ε_1，$r_0<r<b$ 的介电常量为 ε_2，如图 2.9 所示，求单位长度的电容。

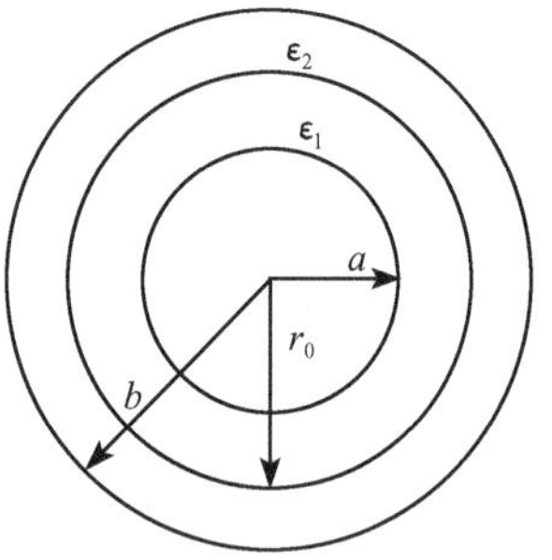

图 2.9

解 设内外导体单位长度带电分别为 ρ_l、$-\rho_l$，内外导体间的场分布具有轴对称性。由高斯定理可求出内外导体间

的电位移矢量为

$$\boldsymbol{D}=\boldsymbol{a}_r\frac{\rho_l}{2\pi r}$$

各区域的电场强度为

$$\boldsymbol{E}_1=\boldsymbol{a}_r\frac{\rho_l}{2\pi\varepsilon_1 r},\quad a<r<r_0$$

$$\boldsymbol{E}_2=\boldsymbol{a}_r\frac{\rho_l}{2\pi\varepsilon_2 r},\quad r_0<r<b$$

内、外导体间的电压为

$$U=\int_a^b\boldsymbol{E}\cdot\mathrm{d}\boldsymbol{r}=\int_a^{r_0}\boldsymbol{E}_1\cdot\mathrm{d}\boldsymbol{r}+\int_{r_0}^b\boldsymbol{E}_2\cdot\mathrm{d}\boldsymbol{r}$$

$$=\frac{\rho_l}{2\pi}\left(\frac{1}{\varepsilon_2}\ln\frac{b}{r_0}+\frac{1}{\varepsilon_1}\ln\frac{r_0}{a}\right)$$

因此，单位长度的电容为

$$C=\frac{\rho_l}{U}=\frac{2\pi}{\dfrac{1}{\varepsilon_2}\ln\dfrac{b}{r_0}+\dfrac{1}{\varepsilon_1}\ln\dfrac{r_0}{a}}$$

2.6 静电场的边界条件

不同的电介质的极化性质一般不同，因而在不同介质的分界面上静电场的场分量一般不连续，场分量在界面上的变化规律称为边界条件。以下我们由介质中场方程的积分形式导出边界条件。

如图 2.10 所示，分界面两侧的介电常量分别为 ε_1、ε_2，用 $\boldsymbol{n}$ 表示界面的法向，并规定其方向由介质 1 指向介质 2。可以将 $\boldsymbol{D}$ 和 $\boldsymbol{E}$ 在界面上分解为法向分量和切向分量，法向分量沿 $\boldsymbol{n}$ 方向，切向分量与 $\boldsymbol{n}$ 垂直。先推导法向分量的边界条件。在分界面两侧做一个圆柱形闭合曲面，顶面和底面分别位于分界面两侧且都与分界面平行，其面积为 ΔS，将介质中积分形式的高斯定理应用于这个闭合面，然后令圆柱的高度趋于零，此时在侧面的积分为零，我们有

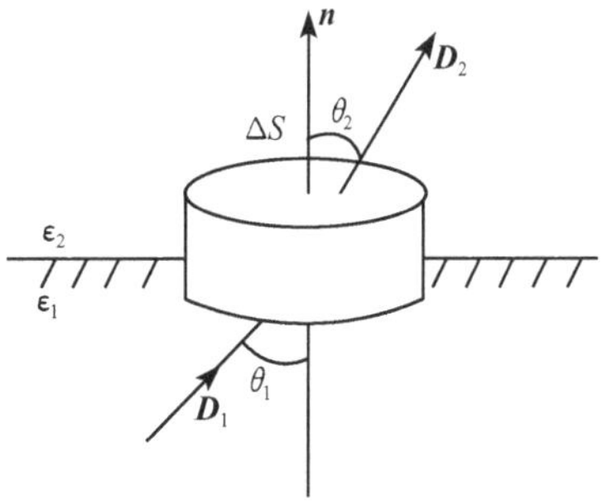

图 2.10 法向边界条件

$$\boldsymbol{D}_2\cdot\boldsymbol{n}\Delta S-\boldsymbol{D}_1\cdot\boldsymbol{n}\Delta S=q=\rho_S\Delta S$$

即

$$\boldsymbol{n}\cdot(\boldsymbol{D}_2-\boldsymbol{D}_1)=\rho_S \tag{2.58}$$

或

$$D_{2\mathrm{n}}-D_{1\mathrm{n}}=\rho_S \tag{2.59}$$

其中，ρ_S 表示分界面上的自由面电荷密度。式(2.59)说明，电位移矢量的法向分量在通过界面时一般不连续。如果界面上无自由电荷分布，即在 $\rho_S=0$ 时，边界条件变为

$$\boldsymbol{n}\cdot(\boldsymbol{D}_2-\boldsymbol{D}_1)=0 \tag{2.60}$$

或

$$D_{2\mathrm{n}}-D_{1\mathrm{n}}=0 \tag{2.61}$$

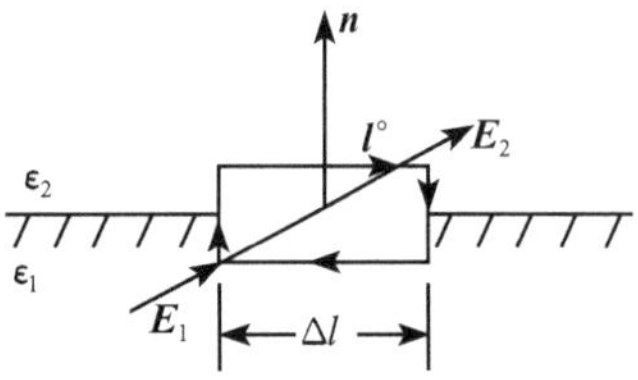

图 2.11　切向边界条件

这说明在无自由电荷分布的界面上，电位移矢量的法向分量是连续的。

现在推导电场强度切向分量的边界条件。设分界面两侧的电场强度为 $\boldsymbol{E}_1$、$\boldsymbol{E}_2$，如图 2.11 所示，在界面上作一个狭长矩形回路，两条长边分别在分界面两侧，且都与分界面平行，作电场强度沿该矩形回路的积分，并令矩形的短边趋于零，有

$$\oint_l \boldsymbol{E}\cdot \mathrm{d}\boldsymbol{l}=\boldsymbol{E}_1\cdot\Delta\boldsymbol{l}_1+\boldsymbol{E}_2\cdot\Delta\boldsymbol{l}_2=0$$

因为 $\Delta\boldsymbol{l}_2=\boldsymbol{l}^\circ\Delta l$，$\Delta\boldsymbol{l}_1=-\boldsymbol{l}^\circ\Delta l$，$\boldsymbol{l}^\circ$是单位矢量，上式变为

$$(\boldsymbol{E}_2-\boldsymbol{E}_1)\cdot\boldsymbol{l}^\circ=0$$

注意到 $\boldsymbol{n}\perp\boldsymbol{l}^\circ$，故有

$$\boldsymbol{n}\times(\boldsymbol{E}_2-\boldsymbol{E}_1)=\boldsymbol{0} \tag{2.62}$$

或

$$E_{2\mathrm{t}}=E_{1\mathrm{t}} \tag{2.63}$$

这表明，电场强度的切向分量在边界面两侧是连续的。

边界条件式(2.63)和式(2.59)可以用电位来表示。电场强度的切向分量连续，意味着电位是连续的，即

$$\varphi_1=\varphi_2 \tag{2.64}$$

由于

$$D_{1\mathrm{n}}=\varepsilon_1E_{1\mathrm{n}}=-\varepsilon_1\frac{\partial\varphi_1}{\partial n}$$

$$D_{2\mathrm{n}}=\varepsilon_2E_{2\mathrm{n}}=-\varepsilon_2\frac{\partial\varphi_2}{\partial n}$$

法向分量的边界条件用电位表示为

$$\varepsilon_1\frac{\partial\varphi_1}{\partial n}-\varepsilon_2\frac{\partial\varphi_2}{\partial n}=\rho_S \tag{2.65}$$

在 $\rho_S=0$ 时

$$\varepsilon_1\frac{\partial\varphi_1}{\partial n}-\varepsilon_2\frac{\partial\varphi_2}{\partial n}=0 \tag{2.66}$$

最后，分析电场强度矢量经过两种电介质界面时其方向的改变情况。设区域 1 和区域 2 内电力线与法向的夹角分别为 θ_1、θ_2，由式(2.61)和式(2.63)得出

$$\frac{\tan\theta_1}{\tan\theta_2}=\frac{\varepsilon_1}{\varepsilon_2}$$

另外，在导体表面，边界条件可以简化。导体内的静电场在静电平衡时为零，设导体外部的场为 $\boldsymbol{E}$、$\boldsymbol{D}$，导体的外法矢为 $\boldsymbol{n}$，则导体表面的边界条件简化为

$$E_{\mathrm{t}}=0 \tag{2.67}$$

$$D_n = \rho_S \tag{2.68}$$

例 2.10 同心球电容器的内导体半径为 a，外导体的内半径为 b，其间填充两种介质，上半部分的介电常量为 ε_1，下半部分的介电常量为 ε_2，如图 2.12 所示。设内外导体带电分别为 q 和 $-q$，求各部分的电位移矢量和电场强度。

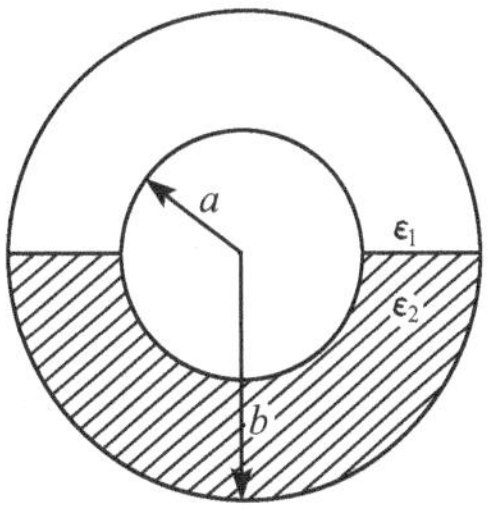

图 2.12

解 两个极板间的场分布要同时满足介质分界面和导体表面的边界条件。因为内外导体均是一个等位面，可以假设电场沿径向方向，然后再验证这样的假设满足所有的边界条件。

要满足介质分界面上电场强度切向分量连续，上、下两部分的电场强度满足

$$\boldsymbol{E}_1 = \boldsymbol{E}_2 = E\boldsymbol{a}_r$$

在半径为 r 的球面上作电位移矢量的面积分，有

$$2\pi\varepsilon_1 r^2 E_1 + 2\pi\varepsilon_2 r^2 E_2 = 2\pi(\varepsilon_1 + \varepsilon_2) r^2 E = q$$

$$E = \frac{q}{2\pi(\varepsilon_1 + \varepsilon_2) r^2}$$

$$\boldsymbol{D}_1 = \boldsymbol{a}_r \frac{\varepsilon_1 q}{2\pi(\varepsilon_1 + \varepsilon_2) r^2}$$

$$\boldsymbol{D}_2 = \boldsymbol{a}_r \frac{\varepsilon_2 q}{2\pi(\varepsilon_1 + \varepsilon_2) r^2}$$

可以验证，这样的场分布也满足介质分界面上的法向分量和导体表面上的边界条件，所以，就是真实的场分布。

2.7 导体系统的电容

导体是指内部含有大量自由电荷的物质。在静电平衡时，导体内部电场为零，导体本身是一个等位体，其表面是一个等位面，从而导体内部无电荷，电荷只分布在导体的表面上。在各自带电量一定的多导体系统中，每个导体的电位及其电荷面密度完全由各导体的几何形状、相对位置和导体间介质的特性等系统结构参数决定，为了描述这种关系，引入电位系数、电容系数及部分电容的概念。

2.7.1 电位系数

在 n 个导体组成的系统中，空间任一点的电位由导体表面的电荷产生。同样，任一导体的电位也由各个导体的表面电荷产生。由叠加原理可知，每一点的电位由 n 部分组成。导体 j 对电位的贡献正比于它的电荷面密度 ρ_{Sj}，而 ρ_{Sj} 又正比于导体 j 的带电总量，因而，导体 j 对导体 i 的电位贡献可写为

$$\varphi_{ij} = p_{ij} q_j$$

导体 i 的总电位应该是整个系统内所有导体对它的贡献的叠加，即导体 i 的电位为

$$\varphi_i = \sum_{j=1}^{n} p_{ij} q_j \quad (i = 1, 2, \cdots, n) \tag{2.69}$$

将其写成线性方程组，有

$$\left.\begin{aligned}\varphi_1 &= p_{11}q_1 + p_{12}q_2 + \cdots + p_{1n}q_n \\ \varphi_2 &= p_{21}q_1 + p_{22}q_2 + \cdots + p_{2n}q_n \\ &\cdots\cdots \\ \varphi_n &= p_{n1}q_1 + p_{n2}q_2 + \cdots + p_{nn}q_n\end{aligned}\right\} \tag{2.70}$$

或写成矩阵形式

$$\boldsymbol{\varphi} = \boldsymbol{p}\boldsymbol{q} \tag{2.71}$$

其中，$\boldsymbol{\varphi}=[\varphi_1\ \varphi_2 \cdots \varphi_n]^{\mathrm{T}}$ 和 $\boldsymbol{q}=[q_1\ q_2 \cdots q_n]^{\mathrm{T}}$ 是 $n\times1$ 列矩阵，$\boldsymbol{p}$ 是 $n\times n$ 方矩阵，这一方阵的元素 p_{ij} 称为电位系数。电位系数 p_{ij} 的物理意义是，导体 j 带 1C 的正电荷，其余导体均不带电，导体 i 上的电位。

由电位系数的定义可知，导体 j 带正电，电力线自导体 j 出发，终止于导体 i 上或终止于地面上，又由于导体 i 不带电，有多少电力线终止于它，就有多少电力线自它发出，所发出的电力线不是终止于其他导体上，就是终止于地面。电位沿电力线下降，其他导体的电位一定介于导体 j 的电位和地面的电位之间，所以

$$p_{jj} > p_{ij} \geqslant 0, \quad i \neq j; j = 1,2,\cdots,n \tag{2.72}$$

电位系数在互易介质中具有互易性质，即

$$p_{ij} = p_{ji} \tag{2.73}$$

2.7.2 电容系数 部分电容

多导体系统的电荷可以用各个导体的电位来表示，即将式(2.71)改写为

$$\boldsymbol{q} = \boldsymbol{p}^{-1}\boldsymbol{\varphi} = \boldsymbol{\beta}\boldsymbol{\varphi} \tag{2.74}$$

其中，$\boldsymbol{\beta}$ 为 $\boldsymbol{p}$ 的逆矩阵，其矩阵元素

$$\beta_{ij} = \frac{M_{ij}}{\Delta} \tag{2.75}$$

式中，Δ 是矩阵 $\boldsymbol{p}$ 的行列式，M_{ij} 是行列式中 p_{ij} 的代数余子式。将式(2.74)写成方程组，有

$$\left.\begin{aligned}q_1 &= \beta_{11}\varphi_1 + \beta_{12}\varphi_2 + \cdots + \beta_{1n}\varphi_n \\ q_2 &= \beta_{21}\varphi_1 + \beta_{22}\varphi_2 + \cdots + \beta_{2n}\varphi_n \\ &\cdots\cdots \\ q_n &= \beta_{n1}\varphi_1 + \beta_{n2}\varphi_2 + \cdots + \beta_{nn}\varphi_n\end{aligned}\right\} \tag{2.76}$$

称 β_{ij} 为电容系数。它的物理意义是，导体 j 的电位为 1V，其余导体均接地，这时导体 i 上的感应电荷量为 β_{ij}。由电容系数的定义，导体 j 的电位比其余导体的电位都高，所以电力线从导体 j 发出终止于其他导体或地，就是说 j 带正电，其余导体带负电。根据电荷守恒定律，n 个导体上的电荷再加上地面的电荷为零，这样其余 $n-1$ 个导体所带电荷总和的绝对值必定不大于导体 j 的电荷量，由此可推出

$$\beta_{ij} \leqslant 0, \quad i \neq j \tag{2.77}$$

$$\beta_{ii} > 0 \tag{2.78}$$

$$\sum_j \beta_{ij} \geqslant 0 \tag{2.79}$$

将式(2.76)写成

$$\left.\begin{aligned} q_1 &= (\beta_{11}+\beta_{12}+\cdots+\beta_{1n})\varphi_1-\beta_{12}(\varphi_1-\varphi_2)-\cdots-\beta_{1n}(\varphi_1-\varphi_n)\\ q_2 &= -\beta_{21}(\varphi_2-\varphi_1)+(\beta_{21}+\beta_{22}+\cdots+\beta_{2n})\varphi_2-\cdots-\beta_{2n}(\varphi_2-\varphi_n)\\ &\cdots\cdots\\ q_n &= -\beta_{n1}(\varphi_n-\varphi_1)-\beta_{n2}(\varphi_n-\varphi_2)-\cdots+(\beta_{n1}+\beta_{n2}+\cdots+\beta_{nn})\varphi_n \end{aligned}\right\} \tag{2.80}$$

令

$$C_{ii}=\sum_{j=1}^{n}\beta_{ij} \tag{2.81}$$

$$C_{ij}=-\beta_{ij},\quad i\neq j \tag{2.82}$$

则式(2.82)变为

$$\left.\begin{aligned} q_1 &= C_{11}\varphi_1+C_{12}(\varphi_1-\varphi_2)+\cdots+C_{1n}(\varphi_1-\varphi_n)\\ q_2 &= C_{21}(\varphi_2-\varphi_1)+C_{22}\varphi_2+\cdots+C_{2n}(\varphi_2-\varphi_n)\\ &\cdots\cdots\\ q_n &= C_{n1}(\varphi_n-\varphi_1)+C_{n2}(\varphi_n-\varphi_2)+\cdots+C_{nn}\varphi_n \end{aligned}\right\} \tag{2.83}$$

这表明，每个导体上的电荷均由 n 部分组成。而其中的一部分，都可以在其他导体上找到与之对应的等值异号电荷。如导体 1 上的 $C_{12}(\varphi_1-\varphi_2)$ 这部分电荷，在导体 2 上有一部分电荷 $C_{21}(\varphi_2-\varphi_1)$ 与之对应。仿照电容器电容的定义，比例系数 C_{12} 是导体 1 和 2 之间的部分电容。一般而言，C_{ij} 是导体 i 和 j 之间的互部分电容，C_{ii} 是导体 i 的自部分电容，也就是导体 i 和地之间的部分电容。部分电容也具有互易性，且为非负值，即

$$C_{ij}=C_{ji} \tag{2.84}$$

$$C_{ij}\geqslant 0 \tag{2.85}$$

三个导体的部分电容如图 2.13 所示。

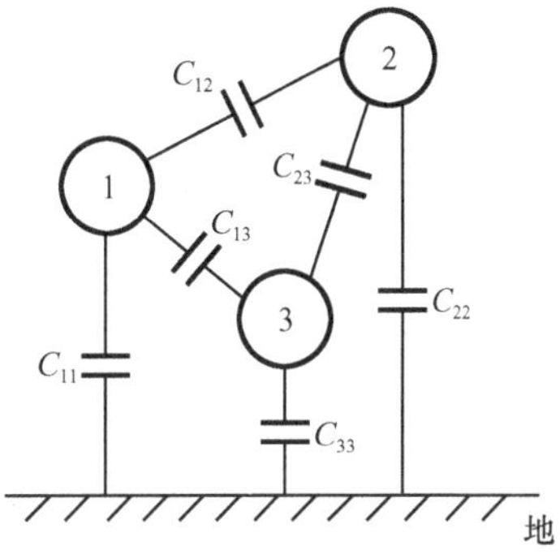

图 2.13 部分电容

两个导体所组成的系统是实际中广泛应用的导体系统。若两个导体分别带电 Q、$-Q$，且它们之间的电位差不受外界影响，则此系统构成一个电容器。电容器的电容 C 与电位系数的关系为

$$C=\frac{1}{p_{11}+p_{22}-2p_{12}} \tag{2.86}$$

例 2.11 导体球及与其同心的导体球壳构成一个双导体系统，若导体球的半径为 a，球壳的内半径为 b，壳的厚度很薄可以不计，如图 2.14 所示，求电位系数、电容系数和部分电容。

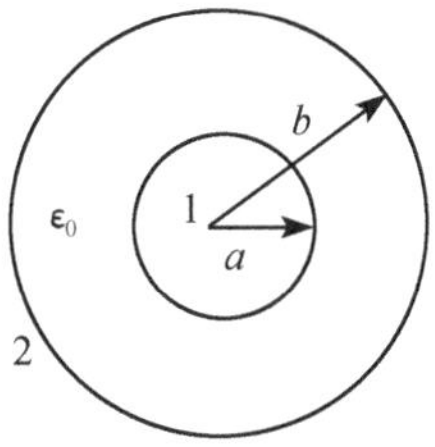

图 2.14

解 先求电位系数。设导体球带电量为 q_1，球壳带总电荷为零，无限远处的电位为零，由对称性可得

$$\varphi_1=\frac{q_1}{4\pi\varepsilon_0 a}=p_{11}q_1$$

$$\varphi_2=\frac{q_1}{4\pi\varepsilon_0 b}=p_{21}q_1$$

因此有

$$p_{11}=\frac{1}{4\pi\varepsilon_0 a}$$

$$p_{21}=\frac{1}{4\pi\varepsilon_0 b}$$

再设导体球的总电荷为零，球壳带电荷为 q_2，可得

$$\varphi_1=\frac{q_2}{4\pi\varepsilon_0 b}=p_{12}q_2$$

$$\varphi_2=\frac{q_2}{4\pi\varepsilon_0 b}=p_{22}q_2$$

因此

$$p_{22}=p_{12}=\frac{1}{4\pi\varepsilon_0 b}$$

电容系数矩阵等于电位系数矩阵的逆矩阵，故有

$$\beta_{11}=\frac{4\pi\varepsilon_0 ab}{b-a}$$

$$\beta_{12}=\beta_{21}=-\frac{4\pi\varepsilon_0 ab}{b-a}$$

$$\beta_{22}=\frac{4\pi\varepsilon_0 b^2}{b-a}$$

部分电容为

$$C_{11}=\beta_{11}+\beta_{12}=0$$

$$C_{12}=C_{21}=-\beta_{12}=\frac{4\pi\varepsilon_0 ab}{b-a}$$

$$C_{22}=\beta_{21}+\beta_{22}=4\pi\varepsilon_0 b$$

例 2.12 假设真空中两个导体球的半径都为 a，两球心之间的距离为 d，且 $d\gg a$，求两个导体球之间的电容。

解 因为两个导体球心间的距离远大于导体球的半径，球面的电荷可以看作是均匀分布。再由电位系数的定义，可得

$$p_{11}=p_{22}=\frac{1}{4\pi\varepsilon_0 a}$$

$$p_{12}=p_{21}=\frac{1}{4\pi\varepsilon_0 d}$$

代入电容器的电容表示式(2.86)，得

$$C=\frac{2\pi\varepsilon_0 ad}{d-a}$$

2.8 电场能量 能量密度

2.8.1 电场能量

一个带电系统的建立，都要经过其电荷从零到终值的变化过程，在此过程中，外力必须对系统做功。由能量守恒定律，我们知道带电系统的能量等于外力所做的功。以下

计算 n 个带电体组成的系统的静电能量。设每个带电体的最终电位为 φ_1，φ_2，…，φ_n，最终电荷为 q_1，q_2，…，q_n。带电系统的能量与建立系统的过程无关，仅仅与系统的最终状态有关。假设在建立系统过程中的任一时刻，各个带电体的电量均是各自终值的 α 倍($\alpha<1$)，即带电量为 αq_i，电位为 $\alpha\varphi_i$，经过一段时间，带电体 i 的电量增量为 $\mathrm{d}(\alpha q_i)$，外源对它做的功为 $\alpha\varphi_i\mathrm{d}(\alpha q_i)$。外源对 n 个带电体做功为

$$\mathrm{d}A = \sum_{i=1}^{n} q_i\varphi_i\alpha\,\mathrm{d}\alpha \tag{2.87}$$

因而，电场能量的增量为

$$\mathrm{d}W_\mathrm{e} = \sum_{i=1}^{n} q_i\varphi_i\alpha\,\mathrm{d}\alpha \tag{2.88}$$

在整个过程中，电场的储能为

$$W_\mathrm{e} = \int \mathrm{d}W_\mathrm{e} = \sum_{i=1}^{n} q_i\varphi_i\int_0^1 \alpha\mathrm{d}\alpha = \frac{1}{2}\sum_{i=1}^{n} q_i\varphi_i \tag{2.89}$$

电场能量的表达式可以推广到分布电荷的情形。对于体分布电荷，可将其分割为一系列体积元 ΔV，每一体积元的电量为 $\rho\Delta V$，当 ΔV 趋于零时，得到体分布电荷的能量为

$$W_\mathrm{e} = \int_V \frac{1}{2}\rho(\boldsymbol{r})\varphi(\boldsymbol{r})\mathrm{d}V \tag{2.90}$$

其中，φ 为电荷所在点的电位。同理，面电荷和线电荷的电场能量分别为

$$W_\mathrm{e} = \int_S \frac{1}{2}\rho_S(\boldsymbol{r})\varphi(\boldsymbol{r})\mathrm{d}S \tag{2.91}$$

$$W_\mathrm{e} = \int_l \frac{1}{2}\rho_l(\boldsymbol{r})\varphi(\boldsymbol{r})\mathrm{d}l \tag{2.92}$$

式(2.89)也适用于计算带电导体系统的能量。带电导体系统的能量也可以用电位系数或电容系数来表示

$$W_\mathrm{e} = \sum_{i=1}^{n}\sum_{j=1}^{n} \frac{1}{2}p_{ij}q_iq_j \tag{2.93}$$

$$W_\mathrm{e} = \sum_{i=1}^{n}\sum_{j=1}^{n} \frac{1}{2}\beta_{ij}\varphi_i\varphi_j \tag{2.94}$$

如果电容器极板上的电量为 $\pm q$，电压为 U，则电容器内储存的静电能量为

$$W_\mathrm{e} = \frac{1}{2}qU = \frac{1}{2}CU^2 = \frac{q^2}{2C} \tag{2.95}$$

2.8.2 能量密度

电场能量的计算公式(2.90)计算的是静电场的总能量，这个公式容易造成电场能量储存在电荷分布空间的印象。事实上，只要有电场的地方，移动带电体都要做功，这说明电场能量储存于电场所在的空间。以下分析电场能量的分布并引入能量密度的概念。

设在空间某区域有体电荷分布和面电荷分布，体电荷分布在限定的区域 V 内，面电荷分布在导体表面 S 上，如图 2.15 所示，该系统的能量为

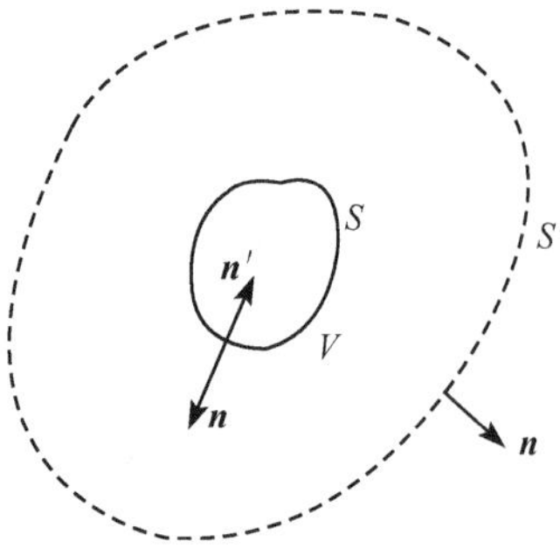

图 2.15 能量密度

$$W_e = \frac{1}{2}\int_V \rho\varphi \mathrm{d}V + \frac{1}{2}\int_S \rho_S \varphi \mathrm{d}S \tag{2.96}$$

将$\nabla \cdot \boldsymbol{D}=\rho$ 和$\boldsymbol{D} \cdot \boldsymbol{n}=\rho_S$ 代入式(2.96)，有

$$W_e = \frac{1}{2}\int_V \varphi\ \nabla\cdot \boldsymbol{D}\mathrm{d}V + \frac{1}{2}\int_S \varphi\boldsymbol{D}\cdot\boldsymbol{n}\mathrm{d}S \tag{2.97}$$

考虑到区域V以外没有电荷，故可以将体积分扩展到整个空间，而面积分仍在导体表面进行。利用矢量恒等式

$$\varphi\nabla\cdot\boldsymbol{D} = \nabla\cdot(\varphi\boldsymbol{D}) - \nabla\varphi\cdot\boldsymbol{D} = \nabla\cdot(\varphi\boldsymbol{D}) + \boldsymbol{E}\cdot\boldsymbol{D}$$

则

$$\begin{aligned}\frac{1}{2}\int_V \varphi\ \nabla\cdot\boldsymbol{D}\mathrm{d}V &= \frac{1}{2}\int_V \nabla\cdot(\varphi\boldsymbol{D})\mathrm{d}V + \frac{1}{2}\int_V \boldsymbol{E}\cdot\boldsymbol{D}\mathrm{d}V \\ &= \frac{1}{2}\oint_{S+S'} \varphi\boldsymbol{D}\cdot\mathrm{d}\boldsymbol{S} + \frac{1}{2}\int_V \boldsymbol{E}\cdot\boldsymbol{D}\mathrm{d}V \\ &= \frac{1}{2}\int_{S'} \varphi\boldsymbol{D}\cdot\boldsymbol{n}\mathrm{d}S + \frac{1}{2}\int_S \varphi\boldsymbol{D}\cdot\boldsymbol{n}'\mathrm{d}S + \frac{1}{2}\int_V \boldsymbol{E}\cdot\boldsymbol{D}\mathrm{d}V\end{aligned}$$

将上式代入式(2.97)，并且注意在导体表面S上，$\boldsymbol{n}=-\boldsymbol{n}'$，得

$$W_e = \frac{1}{2}\int_V \boldsymbol{E}\cdot\boldsymbol{D}\mathrm{d}V + \frac{1}{2}\int_{S'} \varphi\boldsymbol{D}\cdot\boldsymbol{n}\mathrm{d}S \tag{2.98}$$

其中，V已经扩展到无穷大，故S'在无穷远处。对于分布在有限区域的电荷，$\varphi\propto 1/R$，$D\propto 1/R^2$，$S'\propto R^2$，因此当$R\to\infty$时，式(2.98)中的面积分为零，于是

$$W_e = \frac{1}{2}\int_V \boldsymbol{E}\cdot\boldsymbol{D}\mathrm{d}V \tag{2.99}$$

其中的积分在电场分布的空间进行，被积函数$\frac{1}{2}\boldsymbol{E}\cdot\boldsymbol{D}$从物理概念上可以理解为电场中某一点单位体积储存的静电能量，称为静电场的能量密度，以w_e表示，即

$$w_e = \frac{1}{2}\boldsymbol{E}\cdot\boldsymbol{D} \tag{2.100}$$

对于各向同性介质

$$w_e = \frac{1}{2}\varepsilon E^2 \tag{2.101}$$

例 2.13 若真空中电荷q均匀分布在半径为a的球体内，计算电场能量。

解 用高斯定理可以得到电场为

$$\boldsymbol{E} = \boldsymbol{a}_r \frac{qr}{4\pi\varepsilon_0 a^3},\quad r<a$$

$$\boldsymbol{E} = \boldsymbol{a}_r \frac{q}{4\pi\varepsilon_0 r^2},\quad r>a$$

所以

$$\begin{aligned}W_e &= \frac{1}{2}\int \varepsilon_0 E^2 \mathrm{d}V \\ &= \frac{1}{2}\varepsilon_0\left(\frac{q}{4\pi\varepsilon_0}\right)^2\left[\int_0^a\left(\frac{r}{a^3}\right)^2 4\pi r^2\mathrm{d}r + \int_a^\infty \frac{1}{r^4}4\pi r^2\mathrm{d}r\right] \\ &= \frac{3q^2}{20\pi\varepsilon_0 a}\end{aligned}$$

如果用式(2.90)在电荷分布空间积分，其结果与此一致。

例 2.14 若一同轴线内导体的半径为 a，外导体的内半径为 b，之间填充介电常量为 ε 的介质，当内外导体间的电压为 U 时(外导体的电位为零)，求单位长度的电场能量。

解 设在内外导体间的电压为 U 时，内导体单位长度带电量为 ρ_l，导体间的电场强度为

$$\boldsymbol{E} = \boldsymbol{a}_r \frac{\rho_l}{2\pi\varepsilon r}, \quad a < r < b$$

两导体间的电压为

$$U = \frac{\rho_l}{2\pi\varepsilon} \ln \frac{b}{a}$$

即

$$\rho_l = \frac{2\pi\varepsilon U}{\ln \dfrac{b}{a}}$$

$$\boldsymbol{E} = \boldsymbol{a}_r \frac{U}{r \ln \dfrac{b}{a}}, \quad a < r < b$$

单位长度的电场能量为

$$W_e = \frac{1}{2}\int \varepsilon E^2 \mathrm{d}V = \int_a^b \frac{\varepsilon U^2}{2r^2 \ln^2 \dfrac{b}{a}} 2\pi r \mathrm{d}r = \frac{\pi\varepsilon U^2}{\ln \dfrac{b}{a}}$$

2.9 电 场 力

带电体之间的相互作用力从原则上讲可以用库仑定律计算，但实际上，除了少数简单情形以外，这种计算往往较难。在此我们介绍一种通过电场能量求静电力的方法，称为虚位移法。有时，这种方法显得方便而简洁。现以导体所受的电场力为例进行讨论。

虚位移法求带电导体所受电场力的思路是，假设在电场力 $\boldsymbol{F}$ 的作用下，受力导体有一个位移 $\mathrm{d}\boldsymbol{r}$，从而电场力做功 $\boldsymbol{F} \cdot \mathrm{d}\boldsymbol{r}$，因这个位移会引起电场强度的改变，这样电场能量要产生一个增量 $\mathrm{d}W_e$，再根据能量守恒定律，电场力做功及场能增量之和应该等于外源供给带电系统的能量 $\mathrm{d}W_b$，即

$$\mathrm{d}W_b = \boldsymbol{F} \cdot \mathrm{d}\boldsymbol{r} + \mathrm{d}W_e \tag{2.102}$$

下面分导体上的电荷不变和导体上的电位不变两种情形讨论。

1. 电荷不变

如果虚位移过程中，各个导体的电荷量不变，就意味着各导体都不连接外源，此时外源对系统做功 $\mathrm{d}W_b$ 为零，即

$$\boldsymbol{F} \cdot \mathrm{d}\boldsymbol{r} + \mathrm{d}W_e = 0 \tag{2.103}$$

因此，在位移的方向上，电场力为

$$F_r = -\frac{\partial W_e}{\partial r}\bigg|_q \tag{2.104}$$

我们分别取虚位移的方向在 x、y 和 z 方向，就可以得出电场力的矢量形式为

$$\boldsymbol{F} = -\nabla W_e\big|_q \tag{2.105}$$

2. 电位不变

如果在虚位移的过程中，各个导体的电位不变，就意味着每个导体都和恒压电源相连接。此时，当导体的相对位置改变时，每个电源因要向导体输送电荷而做功。设各导体的电位分别为 φ_1，φ_2，…，φ_n，各导体的电荷增量分别为 $\mathrm{d}q_1$，$\mathrm{d}q_2$，…，$\mathrm{d}q_n$，则电源做功为

$$\mathrm{d}W_b = \sum_{i=1}^{n}\varphi_i \mathrm{d}q_i \tag{2.106}$$

系统的电场能量为

$$W_e = \frac{1}{2}\sum_{i=1}^{n}\varphi_i q_i \tag{2.107}$$

系统能量的增量为

$$\mathrm{d}W_e = \frac{1}{2}\sum_{i=1}^{n}\varphi_i \mathrm{d}q_i \tag{2.108}$$

代入式(2.102)，得

$$\mathrm{d}W_b = \boldsymbol{F}\cdot \mathrm{d}\boldsymbol{r} + \mathrm{d}W_e = 2\mathrm{d}W_e \tag{2.109}$$

$$\boldsymbol{F}\cdot \mathrm{d}\boldsymbol{r} = \mathrm{d}W_e \tag{2.110}$$

因此，在位移的方向上，电场力为

$$F_r = \frac{\partial W_e}{\partial r}\bigg|_\varphi \tag{2.111}$$

与其相应的矢量形式为

$$\boldsymbol{F} = \nabla W_e\big|_\varphi \tag{2.112}$$

最后应说明，在电荷不变和电位不变条件下，电场力的表达式不同，但最终计算出的电场力是相同的。

例 2.15 若平板电容器极板面积为 A，间距为 x，电极之间的电压为 U，求极板间的作用力。

解 设一个极板在 yOz 平面，第二个极板的坐标为 x，此时，电容器储能为

$$W_e = \frac{1}{2}CU^2 = \frac{U^2\varepsilon_0 A}{2x}$$

当电位不变时，第二个极板受力为

$$F_x = \frac{\partial W_e}{\partial x}\bigg|_\varphi = -\frac{U^2\varepsilon_0 A}{2x^2}$$

当电荷不变时，考虑到

$$U = Ex = \frac{qx}{\varepsilon_0 A}$$

将能量表达式改写为

$$W_e = \frac{q^2 x}{2\varepsilon_0 A}$$

所以

$$F_x = -\frac{\partial W_e}{\partial x}\bigg|_q = -\frac{q^2}{2\varepsilon_0 A} = -\frac{U^2\varepsilon_0 A}{2x^2}$$

可见，两种情况下的计算结果相同。式中的负号表示极板间作用力为吸引力。

例 2.16 假设平行双线传输线的导线半径为 a，线间距离为 d，在 $d \gg a$ 的条件下，试求两导线间单位长度的作用力。

解 我们用虚位移法计算其作用力。先假设电荷不变，则单位长度的电场能量为

$$W_e = \frac{\rho_l^2}{2C}$$

前面我们已经求得单位长度的电容量为

$$C = \frac{\pi\varepsilon_0}{\ln\dfrac{d}{a}}$$

由公式 $F_x = -\dfrac{\partial W_e}{\partial x}\bigg|_q$ 计算力的时候，应该将线间距 d 看作变量(虚位移)，从而得出两导线单位长度的作用力为

$$F = -\frac{\partial}{\partial d}\left(\frac{\rho_l^2}{2\pi\varepsilon_0}\ln\frac{d}{a}\right) = -\frac{\rho_l^2}{2\pi\varepsilon_0 d}$$

我们也可以假设电位差不变来计算力，此时电场能量为

$$W_e = \frac{1}{2}CU^2$$

作用力为

$$F = \frac{\partial}{\partial d}\left(\frac{\pi\varepsilon_0 U^2}{2}\cdot\frac{1}{\ln\dfrac{d}{a}}\right) = -\frac{\pi\varepsilon_0 U^2}{2d}\frac{1}{\left(\ln\dfrac{d}{a}\right)^2}$$

由于电位差为 $U = \dfrac{\rho_l}{\pi\varepsilon_0}\ln\dfrac{d}{a}$，最后得出作用力为

$$F = -\frac{\rho_l^2}{2\pi\varepsilon_0 d}$$

由以上例子的计算表明，在使用虚位移法计算静电力时，不论是假设虚位移过程中电荷不变，还是假设虚位移过程中电位差不变，求得的静电力结果一致。

虚位移法还能分析导体受到的力矩。若假设某一导体绕 z 轴有一个角位移 $d\theta$，则其所受力矩的 z 分量 T_z 做功为 $T_z d\theta$，这时，力矩计算式为

$$T_z = -\frac{\partial W_e}{\partial \theta}\bigg|_q \tag{2.113}$$

$$T_z = \frac{\partial W_e}{\partial \theta}\bigg|_\varphi \tag{2.114}$$

小 结

(1)在均匀介质中点电荷及分布电荷的电场和电位。

点电荷：
$$E(r)=\frac{q}{4\pi\varepsilon}\frac{r-r'}{|r-r'|^3}$$

$$\varphi(r)=\frac{q}{4\pi\varepsilon|r-r'|}$$

体电荷：
$$E(r)=\frac{1}{4\pi\varepsilon}\int_V\frac{\rho(r')(r-r')}{|r-r'|^3}dV'$$

$$\varphi(r)=\frac{1}{4\pi\varepsilon}\int_V\frac{\rho(r')}{|r-r'|}dV'$$

面电荷：
$$E(r)=\frac{1}{4\pi\varepsilon}\int_S\frac{\rho_S(r')(r-r')}{|r-r'|^3}dS'$$

$$\varphi(r)=\frac{1}{4\pi\varepsilon}\int_S\frac{\rho_S(r')}{|r-r'|}dS'$$

线电荷：
$$E(r)=\frac{1}{4\pi\varepsilon}\int_l\frac{\rho_l(r')(r-r')}{|r-r'|^3}dl'$$

$$\varphi(r)=\frac{1}{4\pi\varepsilon}\int_l\frac{\rho_l(r')}{|r-r'|}dl'$$

(2)真空中静电场的基本方程。

积分形式：
$$\oint_S E\cdot dS=\frac{q}{\varepsilon_0}$$

$$\oint_l E\cdot dl=0$$

微分形式：
$$\nabla\cdot E=\frac{\rho}{\varepsilon_0}$$

$$\nabla\times E=0$$

(3)静电场是有势场，可以用电位的负梯度表示，即
$$E=-\nabla\varphi$$

电位满足泊松方程
$$\nabla^2\varphi=-\frac{\rho}{\varepsilon}$$

或($\rho=0$ 时)满足拉普拉斯方程
$$\nabla^2\varphi=0$$

(4)在极化介质中，使用极化强度 P 描述极化的程度。

电位移矢量定义为
$$D=\varepsilon_0 E+P$$

对于各向同性的介质
$$D=\varepsilon_0\varepsilon_r E=\varepsilon E$$

介质中的高斯定理为
$$\oint_S D\cdot dS=q$$

与其相应的微分形式为

$$\nabla \cdot \boldsymbol{D}=\rho$$

(5)在不同介质的分界面上，边界条件为

$$D_{2n}-D_{1n}=\rho_S,\quad \text{或}\quad (\rho_S=0\ \text{时})\quad D_{2n}-D_{1n}=0$$

$$E_{2t}-E_{1t}=0$$

边界条件用电位表示为

$$-\varepsilon_2\frac{\partial\varphi_2}{\partial n}+\varepsilon_1\frac{\partial\varphi_1}{\partial n}=\rho_S,\quad \text{或}\quad (\rho_S=0\ \text{时})\quad \varepsilon_2\frac{\partial\varphi_2}{\partial n}-\varepsilon_1\frac{\partial\varphi_1}{\partial n}=0$$

$$\varphi_2=\varphi_1$$

(6)在线性介质中，多导体系统之间存在电位系数、电容系数和部分电容，这些量只与导体的形状、大小、相对位置、介质特性有关，而与电荷、电位无关。

(7)静电场的能量密度为 $w_e=\frac{1}{2}\boldsymbol{D}\cdot\boldsymbol{E}$。

(8)带电体受到的电场力可以使用虚位移法计算 $\boldsymbol{F}=-\nabla W_e|_q$ 或者 $\boldsymbol{F}=\nabla W_e|_\varphi$。

习　题

2.1　总量为 q 的电荷均匀分布于半径为 a 的球体中，分别求球内、外的电场强度。

2.2　半径分别为 a、$b(a>b)$，球心距为 $c(c<a-b)$ 的两球面间有密度为 ρ 的均匀体电荷分布，如习题2.2图所示，求半径为 b 的球面内任一点的电场强度。

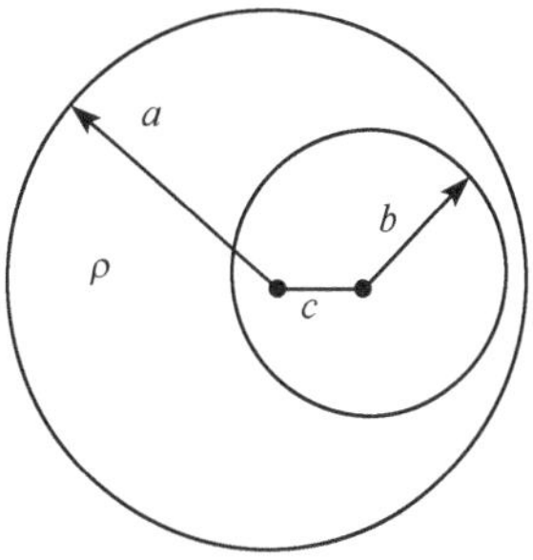

习题2.2图

2.3　求均匀带电的无限大带电平面产生的电场。

2.4　已知空气填充的平板电容器内的电位分布为 $\varphi=ax^2+b$，求与其相应的电场及其电荷分布。

2.5　一个半径为 a 的均匀带电圆柱(无限长)的电荷密度是 ρ，求圆柱体内、外的电场强度。

2.6　一个半径为 a 的均匀带电圆盘，电荷面密度为 ρ_S，求轴线上任一点的电场强度。

2.7　已知半径为 a 的球内、外电场分布为

$$\boldsymbol{E}=\begin{cases}\boldsymbol{a}_r E_0\dfrac{r}{a}, & r<a\\[2mm] \boldsymbol{a}_r E_0\left(\dfrac{a}{r}\right)^2, & r>a\end{cases}$$

求电荷密度。

2.8　已知在半径为 a 的球形体积内外的电场强度为

$$E_r=\begin{cases}r^3+Ar^2, & r\leqslant a\\ (a^5+Aa^4)r^{-2}, & r>a\end{cases}$$

其中，A 为常数，求产生此电场的电荷密度，设球内外的介质均为空气。

2.9　求题2.1的电位分布。

2.10　电荷分布如习题2.10图所示，试证明在 $r\gg l$ 处的电场为 $E=\dfrac{3ql^2}{2\pi\varepsilon_0 r^4}$。

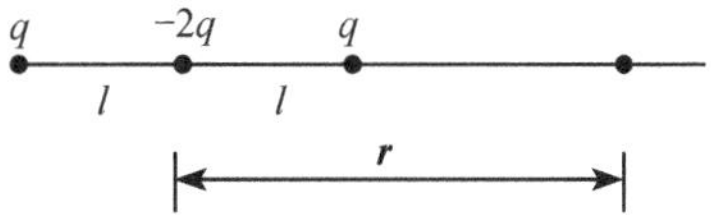

习题2.10图

2.11　真空中有两个点电荷，一个 $-q$ 位于原点，另一个 $q/2$ 位于$(a,0,0)$处，求电位为零的等位面方程。

2.12　一个圆柱形极化介质的极化强度沿其轴线方向，介质柱的高度为 L，半径为 a，且均匀极化，求束缚体电荷及束缚面电荷分布。

2.13　有一个导电球，它的中心位于两个均匀无限大电介质的分界平面上，电介质的介电常量为 ε_1、ε_2，导电球的电荷为 q。求电场以及电荷在球上的分布密度。

2.14　设球形电容器两个球层的半径为 a 和 b，在该电容器内介电常量下列规律变化：

当 $a\leqslant r<c$ 时，$\varepsilon(r)=\varepsilon_1$；

当 $c\leqslant r<b$ 时，$\varepsilon(r)=\varepsilon_2$。

求电容器的电容 C，电介质中束缚电荷密度和总束缚电荷。

2.15　在导体半径为 a 和 b 的球形电容器内充满电介质，电介质的介电常量与离中心的距离 r 有关，并按规律变化 $\varepsilon(r)=\varepsilon_0\dfrac{a^2}{r^2}$。求该电容器的电容。

2.16　假设 $x<0$ 的区域为空气，$x>0$ 的区域为电介质，电介质的介电常量为 $3\varepsilon_0$，如果空气中的电场强度为 $\boldsymbol{E}_1=3\boldsymbol{a}_x+4\boldsymbol{a}_y+5\boldsymbol{a}_z$(V/m)，求电介质中的电场强度。

2.17　一个半径为 a 的导体球表面套一层厚度 $b-a$ 的电介质，电介质的介电常量为 ε，假设导体球带电 q，求任一点的电位。

2.18　证明极化介质中，束缚电荷体密度与自由电荷体密度的关系为

$$\rho_P=-\frac{\varepsilon-\varepsilon_0}{\varepsilon}\rho$$

2.19　同轴线内、外导体的半径分别为 a 和 b，证明其所储存的电能有一半是在半径为 $c=\sqrt{ab}$ 的圆柱内。

2.20　一个平板电容器中间填充介质的相对介电常量为 $\varepsilon_r=\dfrac{x+d}{d}$，其中，$d$ 是极板之间的距离，两个极板位于 $x=0$ 和 $x=d$ 处，极板的面积为 S，求电容器的电容。

2.21　将两个半径为 a 的雨滴当作导体球，当它们带电后，电势为 U_0，当此两雨滴并在一起(仍为球形)后，求其电位。

2.22　真空中有两个导体球的半径都是 a，两球心之间的距离为 d，且 $d\gg a$。计算两个导体球之间的电容。

2.23　四个完全相同的导体球置于正方形的四个顶点，并按照顺时针方向排序。若给球 1 带电 q，然后用细导线依次将它与球 2、3、4 接触，每次接触均达到平衡为止。证明最后球 4 和球 1 上的电荷为

$$q_4=\frac{q}{8}\frac{p_{11}-p_{24}}{p_{11}-p_{14}}$$

$$q_1=\frac{q}{8}\frac{p_{11}-2p_{14}+p_{24}}{p_{11}-p_{14}}$$

2.24　间距为 d 的两平行金属板，竖直的插入介电常量为 ε 的液体内，板间加电压 U。试证明：两板间液面升高 $h=\dfrac{1}{2\rho g}(\varepsilon-\varepsilon_0)\left(\dfrac{U}{d}\right)^2$，其中，$\rho$ 为液体密度，g 为重力加速度。

2.25　如果平板电容器两板间的距离为 a，电势差为 V，问该电容器两板在真空中每单位面积上的相互吸引力是多大?

综合性拓展练习题

2.1　表述静电复印机原理及其工程设计关键技术。

2.2　在给定电场强度的区域中，任意一点的电势高低是相对的还是绝对的？不同两点间的电势差是相对的还是绝对的？理由是什么？

2.3　查阅资料，表述静电除尘的原理及其工程应用。

2.4　查阅资料，表述静电防护的原理及其工程应用。

2.5　磁力选矿的工程装置应用了哪些你的已有知识?

第 3 章　恒定电流的电场和磁场

3.1　恒定电流的电场

3.1.1　电流密度

我们知道，导体内的自由电子在电场的作用下，会沿着与电场相反的方向运动，这样就形成电流。习惯上，规定正电荷运动的方向为电流的方向。用电流强度描述一根导线上电流的强弱(电流强度定义为单位时间内通过某导线截面的电荷量)。

电流强度只能描述一根导线上总电流的强弱。为了描述电荷在空间的流动情况(计及导体截面的大小)，需要引入电流密度的概念。电流密度是一个矢量，它的方向与导体中某点的正电荷运动方向相同，大小等于与正电荷运动方向垂直的单位面积上的电流强度。若用 $\boldsymbol{n}$ 表示某点处的正电荷运动方向，取与 $\boldsymbol{n}$ 相互垂直的面积元为 ΔS，设通过 ΔS 的电流为 ΔI，则该点处的电流密度(图 3.1)

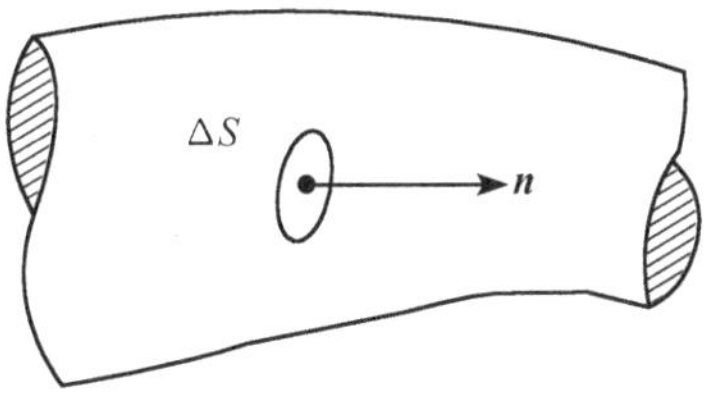

图 3.1　电流密度

$$\boldsymbol{J}=\lim_{\Delta S\to 0}\frac{\Delta I}{\Delta S}\boldsymbol{n}=\frac{\mathrm{d}I}{\mathrm{d}S}\boldsymbol{n} \tag{3.1}$$

电流密度的单位是安/米^2(A/m^2)。导体内每一点都有一个电流密度，因而构成一个矢量场。我们称这一矢量场为电流场。电流场的矢量线叫作电流线。

可以从电流密度 $\boldsymbol{J}$ 求出流过任意面积 S 的电流强度。一般情况下，电流密度 $\boldsymbol{J}$ 和面积元 $\mathrm{d}\boldsymbol{S}$ 的方向并不相同。此时，通过面积 S 的电流就等于电流密度 $\boldsymbol{J}$ 在 S 上的通量，即

$$I=\int_S \boldsymbol{J}\cdot\mathrm{d}\boldsymbol{S}=\int_S |\boldsymbol{J}|\cos\theta\,\mathrm{d}S \tag{3.2}$$

有时电流仅仅分布在导体表面的一个薄层内。为此需要引入面电流密度的概念。任一点面电流密度的方向是该点正电荷运动的方向，大小等于通过垂直于电流方向的单位长度上的电流。若用 $\boldsymbol{n}$ 表示某点处的正电荷运动方向，取与 $\boldsymbol{n}$ 相互垂直的线元 Δl，设通过 Δl 的电流为 ΔI，则该点处的面电流密度(图 3.2)

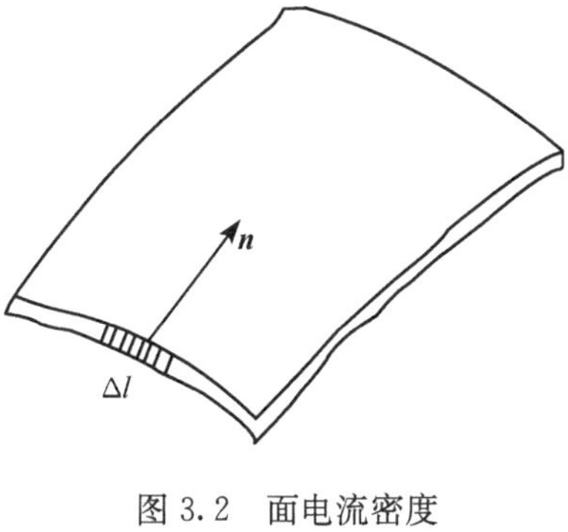

图 3.2　面电流密度

$$\boldsymbol{J}_S=\lim_{\Delta l\to 0}\frac{\Delta I}{\Delta l}\boldsymbol{n}=\frac{\mathrm{d}I}{\mathrm{d}l}\boldsymbol{n} \tag{3.3}$$

电流可以分为传导电流和运流电流。传导电流是指导体中的自由电子或半导体中的自由电荷在电场作用下做定向运动所形成的电流，如金属中的电流、电解液中的电流均是传导电流。运流电流是指

带电粒子在真空中或气体中运动时形成的电流，如真空管中的电流是运流电流。

当体密度为 ρ 的带电粒子以速度 $\boldsymbol{v}$ 运动时，运流电流密度为

$$\boldsymbol{J}=\rho\boldsymbol{v} \tag{3.4}$$

3.1.2 电荷守恒定律

电荷守恒定律表明，任一封闭系统的电荷总量不变。也就是说任意一个体积 V 内的电荷增量必定等于流进这个体积的电荷量。因而，在体电流密度为 $\boldsymbol{J}$ 的空间内，任取一个封闭的曲面 S，通过 S 面流出的电流应该等于以 S 为边界的体积 V 内单位时间内电荷减少的量，即

$$\oint_S \boldsymbol{J}\cdot\mathrm{d}\boldsymbol{S}=-\frac{\mathrm{d}q}{\mathrm{d}t}=-\frac{\mathrm{d}}{\mathrm{d}t}\int_V \rho\mathrm{d}V \tag{3.5}$$

其中，V 是边界 S 所限定的体积。因积分是在固定体积内进行，即积分区域与时间无关，所以式(3.5)微分可以移到积分内。一般情况下 ρ 是空间点 r 和时间 t 的函数，故而要写成求偏导，从而有

$$\oint_S \boldsymbol{J}\cdot\mathrm{d}\boldsymbol{S}=-\int_V \frac{\partial\rho}{\partial t}\mathrm{d}V \tag{3.6}$$

式(3.6)是电荷守恒定律的数学表达式，也称为电流连续性方程的积分形式。对其应用散度定理，有

$$\int_V \left(\nabla\cdot\boldsymbol{J}+\frac{\partial\rho}{\partial t}\right)\mathrm{d}V=0 \tag{3.7}$$

要使这个积分对任意的体积 V 均成立，必须被积函数为零，即

$$\nabla\cdot\boldsymbol{J}+\frac{\partial\rho}{\partial t}=0 \tag{3.8}$$

式(3.8)是电流连续性的微分形式。

在稳恒电流的情况下，虽然带电粒子不断地运动，但是从宏观上看，可认为某点的带电粒子离开以后，立即由相邻的带电粒子来补偿，以便保证电流的恒定。也就是说，导电介质内，任意点的电荷分布不随时间变化，即

$$\frac{\partial\rho}{\partial t}=0 \tag{3.9}$$

因此，稳恒电流场的电流连续性方程变为

$$\nabla\cdot\boldsymbol{J}=0 \tag{3.10}$$

式(3.10)是保证稳恒电流场的条件，也叫作稳恒电流场的方程。其积分形式是

$$\oint_S \boldsymbol{J}\cdot\mathrm{d}\boldsymbol{S}=0 \tag{3.11}$$

上述方程表明，稳恒电流 $\boldsymbol{J}$ 的矢量线总是无起始点也无终点的闭合曲线。

3.1.3 欧姆定律

导体中由于存在自由电子，在电场的作用下，这些自由电子做定向运动，就形成了电流。实验表明，对于各向同性的导体，任意一点的电流密度与该点的电场强度成正

比，即

$$\boldsymbol{J} = \sigma \boldsymbol{E} \tag{3.12}$$

式(3.12)叫作欧姆定律的微分形式，σ 是电导率，其单位是西/米(S/m)。表 3.1 列出了几种材料在常温(20℃)下的电导率。

表 3.1　常用材料的电导率

材料	电导率 σ/(S/m)	材料	电导率 σ/(S/m)
铁(99.98%)	10^7	铅	4.55×10^7
黄铜	1.46×10^7	铜	5.80×10^7
铝	3.54×10^7	银	6.20×10^7
金	4.10×10^7	硅	1.56×10^{-3}

通常的欧姆定律 $U=RI$，也叫作欧姆定律的积分形式。积分形式的欧姆定律描述一段导线上的导电规律，而微分形式的欧姆定律描述导体内任一点的 $\boldsymbol{J}$ 与 $\boldsymbol{E}$ 的关系，所以它比积分形式能更细致地描述导体的导电规律。

应注意，运流电流不遵从欧姆定律。

以上的欧姆定律是电源外部的情形，现在讨论电源内部的情况。在电源内部，一定有非静电力存在，这个非静电力使正电荷从电源负极向正极运动，不断补充极板上的电荷，从而使得电荷分布保持不变，这样便可以维持稳恒电流。所以说，非静电力是维持导体内电流稳恒流动的必要条件。所谓非静电力，指不是由静止电荷产生的力。例如，在电池内，非静电力指的是由化学反应产生的使正负电荷分离的化学力；在发电机内，非静电力是指电磁感应产生的作用于电荷上的洛伦兹力。

我们将非静电力对电荷的影响等效为一个非保守电场(也叫非库仑场)强度 $\boldsymbol{E}'$，$\boldsymbol{E}'$ 只存在于电源内部。在电源外部只存在由恒定分布的电荷产生的电场，称为库仑场，用 $\boldsymbol{E}$ 表示。在电源内部既有库仑场 $\boldsymbol{E}$，也有非保守电场强度 $\boldsymbol{E}'$，二者方向相反。为了定量描述电源的特性，引入电动势这个物理量(图 3.3)。其定义是：在电源内部搬运单位正电荷从负极到正极时非静电力所做的功，用 $\mathscr{E}$ 表示，数学表达式为

$$\mathscr{E} = \int_B^A \boldsymbol{E}' \cdot \mathrm{d}\boldsymbol{l} \tag{3.13}$$

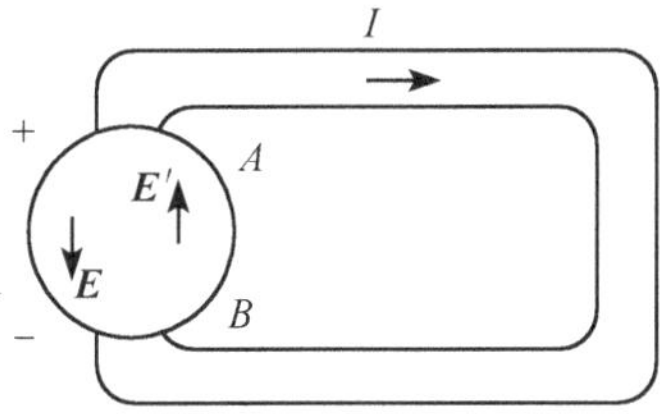

图 3.3　电动势

对于恒定电流而言，与之相应的库仑电场是不随时间变化的恒定电场，它是由不随时间变化的电荷产生的，因而，其性质与由静止电荷产生的静电场相同，即

$$\oint_l \boldsymbol{E} \cdot \mathrm{d}\boldsymbol{l} = 0 \tag{3.14}$$

其中，积分路径 l 是电源之内或之外的导体中的任意闭合回路。

我们可以将电动势用总电场(库仑场与非库仑场之和)的回路积分表示

$$\mathscr{E} = \int_B^A \boldsymbol{E}' \cdot \mathrm{d}\boldsymbol{l} = \oint_l (\boldsymbol{E} + \boldsymbol{E}') \cdot \mathrm{d}\boldsymbol{l} \tag{3.15}$$

其中的积分是沿整个电流回路进行。

3.1.4 焦耳定律

金属导体内部的电流是自由电子在电场力的作用下定向运动而形成的。自由电子在运动过程中不断与金属晶格点阵上的质子碰撞，把自身的能量传递给质子，使晶格点阵的热运动加剧，导体温度上升。这就是电流的热效应，这种由电能转换来的热能称为焦耳热。

当导体两端的电压为 U，流过的电流为 I，则在单位时间内电场力对电荷所做的功，即功率为

$$P = UI \tag{3.16}$$

在导体中，沿电流线方向取一长度为 Δl，截面为 ΔS 的体积元，该体积元内消耗的功率为

$$\Delta P = \Delta U \Delta I = E\Delta l \Delta I = EJ\,\Delta l \Delta S = EJ\,\Delta V$$

当 $\Delta V \to 0$，取 $\Delta P/\Delta V$ 的极限，就得出导体内任一点的热功率密度，表示为

$$p = \lim_{\Delta V \to 0} \frac{\Delta P}{\Delta V} = EJ = \sigma E^2 \tag{3.17}$$

或

$$p = \boldsymbol{J} \cdot \boldsymbol{E} \tag{3.18}$$

此式就是焦耳定律的微分形式。

应该指出，焦耳定律不适用于运流电流。因为对于运流电流而言，电场力对电荷所做的功转变为电荷的动能，而不是转变为电荷与晶格碰撞的热能。

3.1.5 恒定电流场的基本方程

我们将电源外部导体中恒定电场的基本方程归纳如下：

$$\nabla \cdot \boldsymbol{J} = 0 \tag{3.19a}$$

$$\nabla \times \boldsymbol{E} = \boldsymbol{0} \tag{3.19b}$$

与其相应的积分形式为

$$\oint_S \boldsymbol{J} \cdot \mathrm{d}\boldsymbol{S} = 0 \tag{3.20a}$$

$$\oint_l \boldsymbol{E} \cdot \mathrm{d}\boldsymbol{l} = 0 \tag{3.20b}$$

电流密度 $\boldsymbol{J}$ 与电场强度 $\boldsymbol{E}$ 之间满足欧姆定律 $\boldsymbol{J} = \sigma \boldsymbol{E}$。

以上的电场是指库仑场，因为在电源外的导体中，非库仑场为零。由于恒定电场的旋度为零，因而可以引入电位 φ，$\boldsymbol{E} = -\nabla\varphi$。在均匀导体内部(电导率 σ 为常数)，有

$$\nabla \cdot \boldsymbol{E} = \nabla \cdot (-\nabla\varphi) = -\nabla^2\varphi = 0 \tag{3.21}$$

3.1.6 恒定电场的边界条件

将恒定电流场基本方程的积分形式应用到两种不同导体的界面上(图 3.4)，可得出恒定电流场的边界条件为

$$\boldsymbol{n} \cdot (\boldsymbol{J}_2 - \boldsymbol{J}_1) = 0 \tag{3.22a}$$

$$\boldsymbol{n} \times (\boldsymbol{E}_2 - \boldsymbol{E}_1) = \boldsymbol{0} \tag{3.22b}$$

或

$$J_{1n} = J_{2n} \tag{3.23a}$$

$$E_{1t} = E_{2t} \tag{3.23b}$$

这表明，电流密度 $\boldsymbol{J}$ 在通过界面时其法向分量连续，电场强度 $\boldsymbol{E}$ 的切向分量连续。

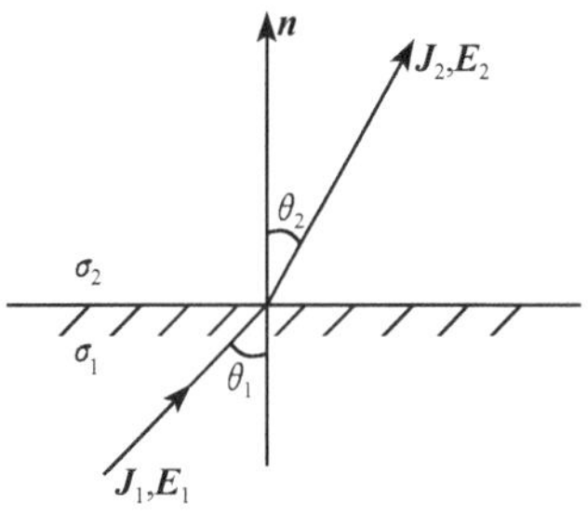

图 3.4 边界条件

在恒定电场中，用电位表示的边界条件为

$$\varphi_1 = \varphi_2 \tag{3.24a}$$

$$\sigma_1 \frac{\partial \varphi_1}{\partial n} = \sigma_2 \frac{\partial \varphi_2}{\partial n} \tag{3.24b}$$

如前所述，在导体的电导率为常数时，稳恒电流情形下，导体内体电荷密度时变率为零。对于分区均匀的导体，电荷只能分布在分界面上，其面密度为

$$\rho_S = D_{2n} - D_{1n} = \frac{\varepsilon_2}{\sigma_2} J_{2n} - \frac{\varepsilon_1}{\sigma_1} J_{1n} = J_n \left(\frac{\varepsilon_2}{\sigma_2} - \frac{\varepsilon_1}{\sigma_1} \right) \tag{3.25}$$

其中，$J_n = J_{1n} = J_{2n}$。当 $\frac{\varepsilon_2}{\sigma_2} = \frac{\varepsilon_1}{\sigma_1}$ 时，分界面上的面电荷密度为零。

用边界条件，可得

$$\frac{\tan\theta_1}{\tan\theta_2} = \frac{\sigma_1}{\sigma_2} \tag{3.26}$$

可以看出，在 $\sigma_1 \gg \sigma_2$，即第一种介质为良导体，第二种介质为不良导体，只要 $\theta_1 \neq \pi/2$，$\theta_2 \approx 0$，即在不良导体中，电力线近似地与界面垂直。这样，可以将良导体的表面看作等位面。

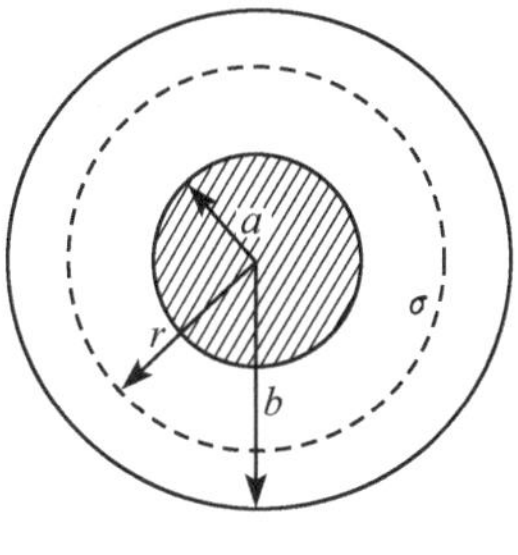

图 3.5 同轴线横截面

例 3.1 设同轴线的内导体半径为 a，外导体的内半径为 b，内外导体间填充电导率为 σ 的导电介质，求同轴线单位长度的漏电导(图 3.5)。

解 漏电电流的方向是沿半径方向从内导体到外导体，如令沿轴向方向单位长度($L=1$)从内导体流向外导体的电流为 I，则在介质内($a<r<b$)，电流密度为

$$\boldsymbol{J} = \frac{I}{2\pi r L} \boldsymbol{a}_r \bigg|_{L=1} = \frac{I}{2\pi r} \boldsymbol{a}_r$$

电场强度为

$$\boldsymbol{E} = \frac{1}{\sigma} \boldsymbol{J} = \frac{I}{2\pi\sigma r} \boldsymbol{a}_r$$

两导体间的电位差为

$$U = \int_a^b E \, dr = \frac{I}{2\pi\sigma} \ln \frac{b}{a}$$

这样，可求出单位长度的漏电电导为

$$G_0 = \frac{I}{U} = \frac{2\pi\sigma}{\ln \dfrac{b}{a}}$$

例 3.2 一个同心球电容器的内外半径为 a、b，其间介质的电导率为 σ，求该电容器的漏电电导。

解 介质内的漏电电流沿径向从内导体流向外导体，设流过半径为 r 的任一同心球面的漏电电流为 I，则介质内任一点的电流密度和电场为

$$\boldsymbol{J}=\frac{I}{4\pi r^2}\boldsymbol{a}_r$$

$$\boldsymbol{E}=\frac{I}{4\pi\sigma r^2}\boldsymbol{a}_r$$

内外导体间的电压为

$$U=\int_a^b E\mathrm{d}r=\frac{I}{4\pi\sigma}\left(\frac{1}{a}-\frac{1}{b}\right)$$

漏电电导为

$$G=\frac{I}{U}=\frac{4\pi\sigma ab}{b-a}$$

我们也可以通过计算介质内的焦耳损耗功率，并由 $P=I^2R$，求出漏电电阻 R。

$$P=\int_V \boldsymbol{J}\cdot\boldsymbol{E}\mathrm{d}V=\int_a^b\frac{I^2}{(4\pi r^2)\sigma}4\pi r^2\,\mathrm{d}r=\frac{I^2}{4\pi\sigma}\left(\frac{1}{a}-\frac{1}{b}\right)$$

$$R=\frac{P}{I^2}=\frac{1}{4\pi\sigma}\left(\frac{1}{a}-\frac{1}{b}\right)$$

3.1.7 恒定电流场与静电场的比拟

如果我们把电源外部的导电介质中恒定电场与不存在体电荷区域的静电场加以比较，会发现有许多相似之处，如表 3.2 所示。

表 3.2 恒定电流场与静电场的比较

恒定电场(电源外)	静电场($\rho=0$ 的区域)	恒定电场(电源外)	静电场($\rho=0$ 的区域)
$\nabla\times\boldsymbol{E}=\boldsymbol{0}$	$\nabla\times\boldsymbol{E}=\boldsymbol{0}$	$J_{1n}=J_{2n}$	$D_{1n}=D_{2n}$
$\nabla\cdot\boldsymbol{J}=0$	$\nabla\cdot\boldsymbol{D}=0$	$E_{1t}=E_{2t}$	$E_{1t}=E_{2t}$
$\boldsymbol{J}=\sigma\boldsymbol{E}$	$\boldsymbol{D}=\varepsilon\boldsymbol{E}$	$U=\int\boldsymbol{E}\cdot\mathrm{d}\boldsymbol{l}$	$U=\int\boldsymbol{E}\cdot\mathrm{d}\boldsymbol{l}$
$\boldsymbol{E}=-\nabla\varphi$	$\boldsymbol{E}=-\nabla\varphi$	$I=\int_S\boldsymbol{J}\cdot\mathrm{d}\boldsymbol{S}$	$q=\int_S\boldsymbol{D}\cdot\mathrm{d}\boldsymbol{S}$
$\nabla^2\varphi=0$	$\nabla^2\varphi=0$		

可见，恒定电场中的 $\boldsymbol{E}$、φ、$\boldsymbol{J}$、I 和 σ 分别与静电场中的 $\boldsymbol{E}$、φ、$\boldsymbol{D}$、q 和 ε 是一一对应的，它们在方程和边界条件中处于相同的地位，因而它们是对偶量。由于两者的电位都满足拉普拉斯方程，只要两种情况下的边界条件相同，两者的电位必定是相同的。因此，当某一特定的静电问题的解已知时，与其相应的恒定电场的解可以通过对偶量的代换(将静电场中的 $\boldsymbol{D}$、q 和 ε 换为 $\boldsymbol{J}$、I 和 σ)直接得出。这种方法称为静电比拟法。例如，将金属导体 1、2 作为正负极板置于无限大电介质或无限大导电介质中(图 3.6)，可以用静电比拟法从电容计算极板间的电导。因为电容为

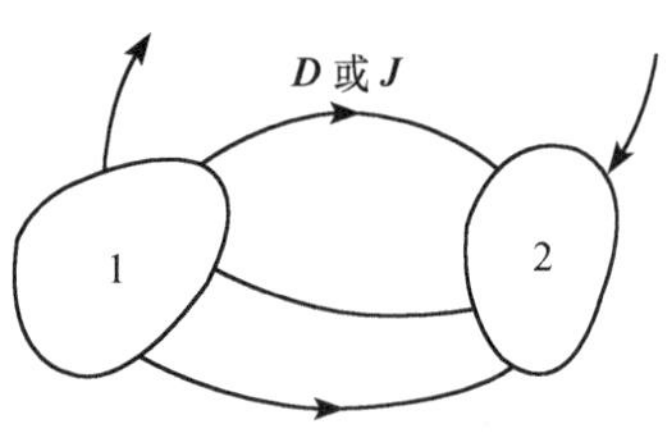

图 3.6 两极板间的电场

$$C=\frac{q}{U}=\frac{\oint_S \varepsilon \boldsymbol{E}\cdot \mathrm{d}\boldsymbol{S}}{\int_1^2 \boldsymbol{E}\cdot \mathrm{d}\boldsymbol{l}} \tag{3.27}$$

其中的面积分是沿正极板进行，线积分从正极到负极。极板间的电导为

$$G=\frac{I}{U}=\frac{\oint_S \sigma \boldsymbol{E}\cdot \mathrm{d}\boldsymbol{S}}{\int_1^2 \boldsymbol{E}\cdot \mathrm{d}\boldsymbol{l}} \tag{3.28}$$

也就是说，恒定电场中的电导 G 和静电场中的电容 C 也是对偶量。如对于线间距为 d，线半径为 a 的平行双线，周围介质的介电常量 ε，电导率为 σ，可从其电容

$$C=\frac{\pi\varepsilon}{\ln\frac{d-a}{a}}$$

直接写出其电导为

$$G=\frac{\pi\sigma}{\ln\frac{d-a}{a}}$$

例 3.3　计算深埋地下半径为 a 的导体球的接地电阻(如图 3.7 所示，设土壤的电导率为 σ)。

解　导体球的电导率一般总是远大于土壤的电导率，可将导体球看作等位体，用静电比拟法，位于电介质中的半径为 a 的导体球的电容为

$$C=4\pi\varepsilon a$$

所以导体球的接地电导为

$$G=4\pi\sigma a$$

接地电阻为

$$R=\frac{1}{G}=\frac{1}{4\pi\sigma a}$$

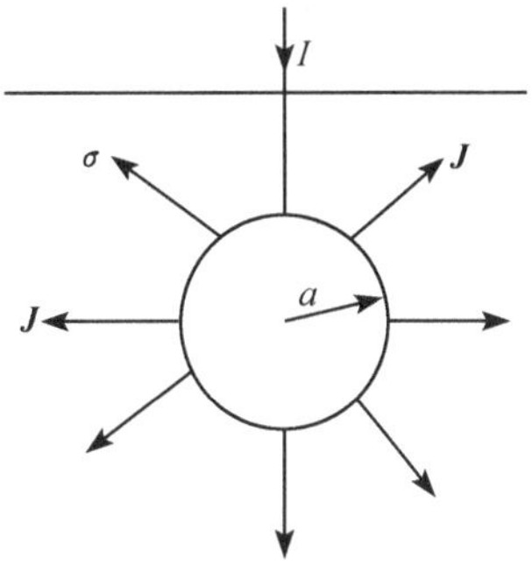

图 3.7

3.2　磁感应强度

运动的电荷在它的周围不但产生电场，同时还产生磁场。由恒定电流或永久磁体产生的磁场不随时间变化，称为恒定磁场，也称为静磁场。我们主要讨论恒定磁场的性质及其计算等问题。

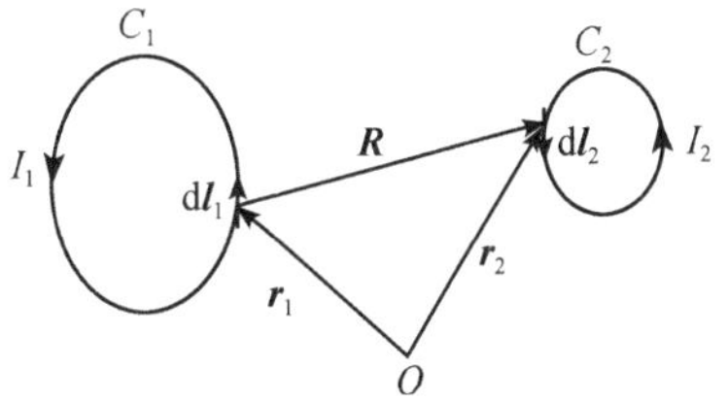

图 3.8　安培定律

恒定磁场的重要定律是安培定律，安培定律是法国物理学家安培根据实验结果总结出来的一个基本定律。安培定律指出：真空中载流 I_1 的回路 C_1 上任一线元 $\mathrm{d}\boldsymbol{l}_1$ 对另一载流 I_2 的回路 C_2 上任一线元 $\mathrm{d}\boldsymbol{l}_2$ 的作用力表示为(图 3.8)

$$\mathrm{d}\boldsymbol{F}_{12}=\frac{\mu_0}{4\pi}\frac{I_2\mathrm{d}\boldsymbol{l}_2\times(I_1\mathrm{d}\boldsymbol{l}_1\times\boldsymbol{R})}{R^3} \tag{3.29}$$

其中，$I_1\mathrm{d}\boldsymbol{l}_1$ 和 $I_2\mathrm{d}\boldsymbol{l}_2$ 称为电流元矢量，$\boldsymbol{R}$ 是 $\mathrm{d}l_1$ 到 $\mathrm{d}l_2$ 的距离矢量，$R=|\boldsymbol{R}|$，μ_0 是真空的磁导率，$\mu_0=4\pi\times10^{-7}\,\mathrm{H/m}$。回路 C_2 受到回路 C_1 的作用力为

$$\boldsymbol{F}_{12}=\frac{\mu_0}{4\pi}\oint_{C_2}\oint_{C_1}\frac{I_2\mathrm{d}\boldsymbol{l}_2\times(I_1\mathrm{d}\boldsymbol{l}_1\times\boldsymbol{R})}{R^3} \tag{3.30}$$

用场的观点解释，力 $\boldsymbol{F}_{12}$ 应理解为第一个回路 C_1 在空间产生磁场，第二个回路在这一磁场中受力，即将式(3.30)改写为

$$\boldsymbol{F}_{12}=\oint_{C_2}I_2\mathrm{d}\boldsymbol{l}_2\times\left(\frac{\mu_0}{4\pi}\oint_{C_1}\frac{I_1\mathrm{d}\boldsymbol{l}_1\times\boldsymbol{R}}{R^3}\right) \tag{3.31}$$

此式中括号内的量是与 $I_2\mathrm{d}\boldsymbol{l}_2$ 无关的，它与回路 C_1 的电流元的分布有关，也与场点 $\boldsymbol{r}_2$ 的位置有关。令

$$\boldsymbol{B}=\frac{\mu_0}{4\pi}\oint_{C_1}\frac{I_1\mathrm{d}\boldsymbol{l}_1\times\boldsymbol{R}}{R^3} \tag{3.32}$$

式(3.32)表示回路 C_1 在 $\boldsymbol{r}_2$ 点产生的磁感应强度(也称磁通密度)，在国际单位制中，它的单位是 T(特)，也用 $\mathrm{Wb/m^2}$(韦/米^2)，这个公式也叫毕奥-萨伐尔定律。以后我们用 $\boldsymbol{r}'$ 表示此式中的 $\boldsymbol{r}_1$，称其为源点；用 $\boldsymbol{r}$ 表示 $\boldsymbol{r}_2$，称其为场点或观察点。

若电流不是线电流，而是具有体分布的电流 $\boldsymbol{J}$，则式(3.32)改为

$$\boldsymbol{B}(\boldsymbol{r})=\frac{\mu_0}{4\pi}\int_V\frac{\boldsymbol{J}(\boldsymbol{r}')\times\boldsymbol{R}}{R^3}\mathrm{d}V' \tag{3.33a}$$

同理，对面电流 $\boldsymbol{J}_S$，其产生的磁场为

$$\boldsymbol{B}(\boldsymbol{r})=\frac{\mu_0}{4\pi}\int_S\frac{\boldsymbol{J}_S(\boldsymbol{r}')\times\boldsymbol{R}}{R^3}\mathrm{d}S' \tag{3.33b}$$

从式(3.31)可以得出电流元 $I\mathrm{d}\boldsymbol{l}$ 在外磁场 $\boldsymbol{B}$ 中受力为

$$\mathrm{d}\boldsymbol{F}=I\mathrm{d}\boldsymbol{l}\times\boldsymbol{B} \tag{3.34}$$

可以用式(3.34)计算各种形状的载流回路在外磁场中受到的力。对以速度 $\boldsymbol{v}$ 运动的点电荷 q，其在外磁场 $\boldsymbol{B}$ 中受的力是

$$\boldsymbol{F}=q\boldsymbol{v}\times\boldsymbol{B} \tag{3.35}$$

如果空间还存在外电场 $\boldsymbol{E}$，电荷 q 受到的力还要加上电场力。这样就得到以速度 $\boldsymbol{v}$ 运动的点电荷 q，在外电磁场($\boldsymbol{E}$，$\boldsymbol{B}$)中受到的电磁力为

$$\boldsymbol{F}=q(\boldsymbol{E}+\boldsymbol{v}\times\boldsymbol{B}) \tag{3.36}$$

式(3.36)称为洛伦兹力公式。

例 3.4 求载流 I 的长度为 l 的直导线外任一点的磁场(图 3.9)。

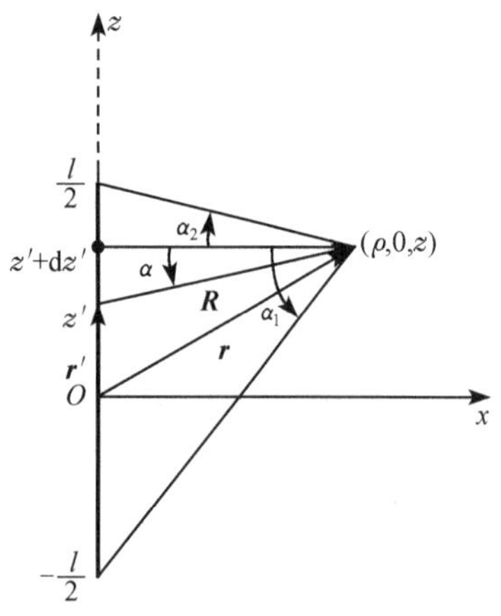

图 3.9

解 取直导线的中心为坐标原点 O，导线和 z 轴重合，在圆柱坐标中计算。将式(3.32)改写为

$$\boldsymbol{B}(\boldsymbol{r})=\frac{\mu_0}{4\pi}\oint_C\frac{I\mathrm{d}\boldsymbol{l}'\times\boldsymbol{R}}{R^3}$$

从对称关系能够看出磁场与坐标 ϕ 无关，不失一般性，

将场点取在 $\phi=0$，即场点坐标$(\rho, 0, z)$，源点的坐标为$(0, 0, z')$

$$\boldsymbol{r}=\rho\boldsymbol{a}_\rho+z\boldsymbol{a}_z,\quad \boldsymbol{r}'=z'\boldsymbol{a}_z,\quad \boldsymbol{R}=\boldsymbol{r}-\boldsymbol{r}'$$

$$z'=z-\rho\tan\alpha,\qquad dz'=-\rho\sec^2\alpha\,d\alpha$$

$$d\boldsymbol{l}'=\boldsymbol{a}_z dz'=-\boldsymbol{a}_z\rho\sec^2\alpha\,d\alpha$$

$$R=\rho\sec\alpha$$

$$\begin{aligned}d\boldsymbol{l}'\times\boldsymbol{R}&=\boldsymbol{a}_z dz'\times[\rho\boldsymbol{a}_\rho+(z-z')\boldsymbol{a}_z]\\&=\boldsymbol{a}_\phi\rho dz'=-\boldsymbol{a}_\phi\rho^2\sec^2\alpha\,d\alpha\end{aligned}$$

所以

$$\begin{aligned}\boldsymbol{B}&=\frac{\mu_0 I}{4\pi}\int_{-l/2}^{l/2}\frac{d\boldsymbol{l}'\times\boldsymbol{R}}{R^3}\\&=\boldsymbol{a}_\phi\frac{\mu_0 I}{4\pi\rho}\int_{\alpha_1}^{\alpha_2}-\cos\alpha\,d\alpha\\&=\boldsymbol{a}_\phi\frac{\mu_0 I}{4\pi\rho}(\sin\alpha_1-\sin\alpha_2)\end{aligned}$$

其中

$$\sin\alpha_1=\frac{z+l/2}{\sqrt{\rho^2+(z+l/2)^2}}$$

$$\sin\alpha_2=\frac{z-l/2}{\sqrt{\rho^2+(z-l/2)^2}}$$

对于无限长直导线($l\to\infty$)，$\alpha_1=\pi/2$，$\alpha_2=-\pi/2$，其产生的磁场为

$$\boldsymbol{B}=\boldsymbol{a}_\phi\frac{\mu_0 I}{2\pi\rho}\tag{3.37}$$

3.3 恒定磁场的基本方程

3.3.1 磁通连续性原理

毕奥-萨伐尔定律是恒定磁场的一个基本实验定律，由它可以导出恒定磁场的其他重要性质。先讨论恒定磁场的通量特性。

磁感应强度在有向曲面上的通量简称为磁通量(或磁通)，单位是 Wb(韦)，用 Φ 表示

$$\Phi=\int_S\boldsymbol{B}\cdot d\boldsymbol{S}\tag{3.38}$$

如 S 是一个闭曲面，则

$$\Phi=\oint_S\boldsymbol{B}\cdot d\boldsymbol{S}\tag{3.39}$$

现在我们以载流回路产生的磁感应强度为例，来计算恒定磁场在一个闭曲面上的通量，将式(3.32)代入式(3.39)，得

$$\oint_S \boldsymbol{B}\cdot d\boldsymbol{S}=\oint_S \frac{\mu_0}{4\pi}\oint_C \frac{I d\boldsymbol{l}'\times\boldsymbol{R}}{R^3}\cdot d\boldsymbol{S}=\oint_C \frac{\mu_0 I d\boldsymbol{l}'}{4\pi}\cdot\oint_S \frac{\boldsymbol{R}\times d\boldsymbol{S}}{R^3}$$

其中，$\frac{\boldsymbol{R}}{R^3}=-\nabla\left(\frac{1}{R}\right)$，故可将其改写为

$$\oint_S \boldsymbol{B}\cdot d\boldsymbol{S}=\oint_C \frac{\mu_0 I d\boldsymbol{l}'}{4\pi}\cdot\oint_S\left[-\nabla\left(\frac{1}{R}\right)\times d\boldsymbol{S}\right]$$

由矢量恒定式

$$\int_V \nabla\times\boldsymbol{A}dV=-\oint_S \boldsymbol{A}\times d\boldsymbol{S}$$

有

$$\oint_S \boldsymbol{B}\cdot d\boldsymbol{S}=\oint_C \frac{\mu_0 I d\boldsymbol{l}'}{4\pi}\cdot\int_V \nabla\times\nabla\left(\frac{1}{R}\right)dV$$

而梯度场是无旋的

$$\nabla\times\nabla\left(\frac{1}{R}\right)=0$$

则

$$\oint_S \boldsymbol{B}\cdot d\boldsymbol{S}=0 \tag{3.40}$$

式(3.40)表明磁感应强度 $\boldsymbol{B}$ 穿过任意闭曲面的通量恒为零，这一性质叫作磁通连续性原理(尽管这里是以恒定磁场为例推导的，但以后我们会学到磁通连续性原理对时变场也成立)。

使用散度定理，得到

$$\oint_S \boldsymbol{B}\cdot d\boldsymbol{S}=\int_V \nabla\cdot\boldsymbol{B}dV=0 \tag{3.41}$$

由于式(3.41)中，积分区域 V 是任意的，因此对空间的各点，有

$$\nabla\cdot\boldsymbol{B}=0 \tag{3.42}$$

式(3.42)是磁通连续性原理的微分形式，它表明磁感应强度 $\boldsymbol{B}$ 是一个无源(指散度源)场。

直接由毕奥-萨伐尔定律求恒定磁场的磁感应强度 $\boldsymbol{B}(\boldsymbol{r})$ 的散度

$$\begin{aligned}\boldsymbol{B}(\boldsymbol{r})&=\frac{\mu_0}{4\pi}\int_V \boldsymbol{J}(\boldsymbol{r}')\times\frac{\boldsymbol{R}}{R^3}dV'=\frac{\mu_0}{4\pi}\int_V\left(\nabla\frac{1}{R}\right)\times\boldsymbol{J}(\boldsymbol{r}')dV'\\&=\frac{\mu_0}{4\pi}\int_V\left[\nabla\times\frac{\boldsymbol{J}(\boldsymbol{r}')}{R}-\frac{1}{R}\nabla\times\boldsymbol{J}(\boldsymbol{r}')\right]dV'\\&=\nabla\times\left[\frac{\mu_0}{4\pi}\int_V\frac{\boldsymbol{J}(\boldsymbol{r}')}{R}dV'\right]\\&=\nabla\times\boldsymbol{A}\end{aligned}$$

其中，$\boldsymbol{A}=\frac{\mu_0}{4\pi}\int_V\frac{\boldsymbol{J}(\boldsymbol{r}')}{R}dV'$，$\boldsymbol{R}=\boldsymbol{r}-\boldsymbol{r}'$，$\nabla$ 是对场点坐标 $\boldsymbol{r}$ 的微分。

因此，如果对磁感应强度求散度，则得

$$\nabla\cdot\boldsymbol{B}=\nabla\cdot(\nabla\times\boldsymbol{A})=0$$

3.3.2 安培环路定理

以上我们讨论了磁场的通量特性和散度特性。现在研究它的环量特性和旋度特性。考虑载流 I 的回路 C' 产生的磁场 $\boldsymbol{B}$，研究任意一条闭曲线 C 上 $\boldsymbol{B}$ 的环量。设 P 是 C 上的一点(图 3.10)。先求磁感强度 $\boldsymbol{B}$ 与线元 $\mathrm{d}\boldsymbol{l}$ 点积

$$\boldsymbol{B}\cdot\mathrm{d}\boldsymbol{l}=\frac{\mu_0 I}{4\pi}\oint_{C'}\frac{\mathrm{d}\boldsymbol{l}'\times\boldsymbol{R}}{R^3}\cdot\mathrm{d}\boldsymbol{l}$$

$$=\frac{\mu_0 I}{4\pi}\oint_{C'}\frac{-\boldsymbol{R}}{R^3}\cdot(-\mathrm{d}\boldsymbol{l}\times\mathrm{d}\boldsymbol{l}')$$

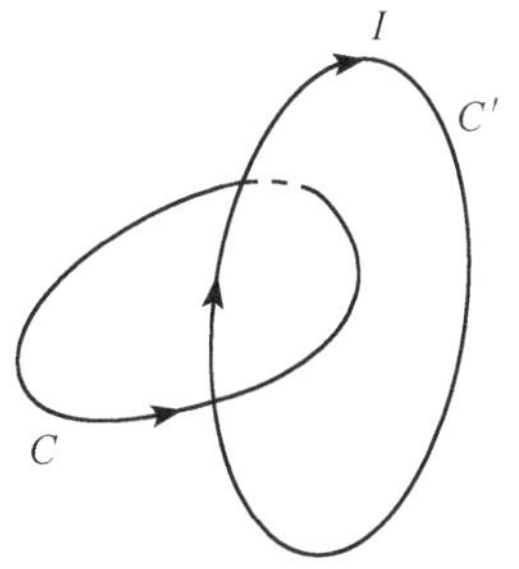

图 3.10 环路定理

可以证明，当载流回路 C' 和积分回路 C 相交链时，有

$$\oint_C\boldsymbol{B}\cdot\mathrm{d}\boldsymbol{l}=\mu_0 I$$

当载流回路 C' 和积分回路 C 不交链时，有

$$\oint_C\boldsymbol{B}\cdot\mathrm{d}\boldsymbol{l}=0$$

当穿过积分回路 C 的电流是几个电流时，可以将上式改写为一般形式

$$\oint_C\boldsymbol{B}\cdot\mathrm{d}\boldsymbol{l}=\mu_0\sum I$$

上式就是真空中的安培环路定理，它表明在真空中，磁感应强度沿任意回路的环量，等于真空磁导率乘以与该回路相交链的电流的代数和。电流的正负由积分回路的绕行方向与电流方向是否符合右手螺旋关系来确定，如符合，则取正，不符合为负。这个公式是安培环路定理的积分形式，根据斯托克斯定理，可以导出安培环路定理的微分形式

$$\oint_C\boldsymbol{B}\cdot\mathrm{d}\boldsymbol{l}=\int_S\nabla\times\boldsymbol{B}\cdot\mathrm{d}\boldsymbol{S}$$

由于

$$\sum I=\int_S\boldsymbol{J}\cdot\mathrm{d}\boldsymbol{S}$$

于是有

$$\int_S\nabla\times\boldsymbol{B}\cdot\mathrm{d}\boldsymbol{S}=\mu_0\int_S\boldsymbol{J}\cdot\mathrm{d}\boldsymbol{S}$$

因积分区域 S 是任意的，所以有

$$\nabla\times\boldsymbol{B}=\mu_0\boldsymbol{J}\tag{3.43}$$

式(3.43)是安培环路定理的微分形式，它说明磁场的涡旋源是电流。

类似地，也可以直接由毕奥-萨伐尔定律求恒定磁场的磁感应强度 $\boldsymbol{B}(\boldsymbol{r})$ 的旋度。

$$\nabla\times\boldsymbol{B}(\boldsymbol{r})=\nabla\times(\nabla\times\boldsymbol{A})=\nabla(\nabla\cdot\boldsymbol{A})-\nabla^2\boldsymbol{A}$$

考虑上式第一项

$$\nabla\cdot\boldsymbol{A}=\nabla\cdot\frac{\mu_0}{4\pi}\int_V\frac{\boldsymbol{J}(\boldsymbol{r}')}{R}\mathrm{d}V'$$

$$= \frac{\mu_0}{4\pi}\int_V \nabla \frac{1}{R} \cdot \boldsymbol{J}(\boldsymbol{r}')\mathrm{d}V' = -\frac{\mu_0}{4\pi}\int_V \nabla' \frac{1}{R} \cdot \boldsymbol{J}(\boldsymbol{r}')\mathrm{d}V'$$

$$= -\frac{\mu_0}{4\pi}\int_V \nabla' \cdot \left[\frac{\boldsymbol{J}(\boldsymbol{r}')}{R}\right]\mathrm{d}V' + \frac{\mu_0}{4\pi}\int_V \frac{1}{R} \nabla' \cdot \boldsymbol{J}(\boldsymbol{r}')\mathrm{d}V'$$

由于现在讨论恒定电流，故有

$$\nabla' \cdot \boldsymbol{J}(\boldsymbol{r}') = 0$$

于是

$$\nabla \cdot \boldsymbol{A} = -\frac{\mu_0}{4\pi}\int_V \nabla' \cdot \left[\frac{\boldsymbol{J}(\boldsymbol{r}')}{R}\right]\mathrm{d}V' = -\frac{\mu_0}{4\pi}\oint_S \frac{\boldsymbol{J}(\boldsymbol{r}')}{R} \cdot \mathrm{d}\boldsymbol{S}$$

因为体积分是对电流所在空间的积分，故可以扩展到全空间，于是面积分即是对无穷远的边界面积分。由于电流分布在有限区域，无穷远处电流密度为零，因此上述积分为零，即

$$\nabla \cdot \boldsymbol{A} = 0$$

考虑第二项：

$$\nabla^2 \boldsymbol{A} = \nabla^2\left[\frac{\mu_0}{4\pi}\int_V \frac{\boldsymbol{J}(\boldsymbol{r}')}{R}\mathrm{d}V'\right]$$

$$= \frac{\mu_0}{4\pi}\int_V \nabla^2 \frac{\boldsymbol{J}(\boldsymbol{r}')}{R}\mathrm{d}V' = \frac{\mu_0}{4\pi}\int_V \boldsymbol{J}(\boldsymbol{r}') \nabla^2 \frac{1}{R}\mathrm{d}V'$$

$$= -\mu_0\int_V \boldsymbol{J}(\boldsymbol{r}')\delta(\boldsymbol{R})\mathrm{d}V'$$

$$= -\mu_0 \boldsymbol{J}(\boldsymbol{r})$$

其中已经用到了关系式：$\nabla^2 \frac{1}{R} = -4\pi\delta(\boldsymbol{R})$，所以

$$\nabla \times \boldsymbol{B}(\boldsymbol{r}) = \mu_0 \boldsymbol{J}(\boldsymbol{r})$$

可用此式从磁场求电流分布。对于对称分布的电流，可以用安培环路定理的积分形式，从电流求出磁场。

例 3.5 半径为 a 的无限长直导线，载有电流 I，计算导体内外的磁感应强度。

解 采用圆柱坐标系计算，取导体中轴线和 z 轴重合(图 3.9)。由对称性知道，磁场与 z 和 ϕ 无关，只是 r 的函数，且只有 ϕ 分量，即磁感应线是圆心在导体中轴线上的圆。沿磁感应线取半径为 r 的积分路径 C，由安培环路定理得

$$\oint_C \boldsymbol{B} \cdot \mathrm{d}\boldsymbol{l} = 2\pi r B = \mu_0 \int_S \boldsymbol{J} \cdot \mathrm{d}\boldsymbol{S}$$

在导线内电流均匀分布，导线外电流为零，即

$$\boldsymbol{J} = \begin{cases} \boldsymbol{a}_z \dfrac{I}{\pi a^2}, & r \leqslant a \\ \boldsymbol{0}, & r > a \end{cases}$$

当 $r>a$ 时，积分回路包围的电流为 I；当 $r\leqslant a$ 时，包围电流为 Ir^2/a^2。所以当 $r\leqslant a$时

$$B 2\pi r = \mu_0 I r^2 / a^2$$

$$B=\mu_0 Ir/2\pi a^2$$

当 $r>a$

$$B2\pi r=\mu_0 I$$

$$B=\mu_0 I/2\pi r$$

写成矢量形式

$$\boldsymbol{B}=\begin{cases}\boldsymbol{a}_\phi \dfrac{\mu_0 Ir}{2\pi a^2}, & r\leqslant a \\ \boldsymbol{a}_\phi \dfrac{\mu_0 I}{2\pi r}, & r>a\end{cases} \tag{3.44}$$

3.4 矢量磁位

从 3.3 节可知，磁感应强度的散度恒为零，由矢量分析和场论的结论，我们知道，一个无源(散度源)场总能表示成为另一个矢量场的旋度，因此可以令

$$\boldsymbol{B}=\nabla\times\boldsymbol{A} \tag{3.45}$$

其中，$\boldsymbol{A}$ 为矢量磁位(简称磁矢位)，$\boldsymbol{A}$ 的单位是 T·m(特·米)，或 Wb/m(韦/米)。矢量磁位是一个辅助量。式(3.45)仅仅规定了磁矢位 $\boldsymbol{A}$ 的旋度，而 $\boldsymbol{A}$ 的散度可以任意假定。因为若 $\boldsymbol{B}=\nabla\times\boldsymbol{A}$，另一矢量 $\boldsymbol{A}'=\boldsymbol{A}+\nabla\psi$，其中，$\psi$ 是一个任意标量函数，则

$$\nabla\times\boldsymbol{A}'=\nabla\times\boldsymbol{A}+\nabla\times\nabla\psi=\nabla\times\boldsymbol{A}=\boldsymbol{B}$$

即 $\boldsymbol{A}'$ 和 $\boldsymbol{A}$ 的旋度都为 $\boldsymbol{B}$，但它们具有不同的散度。指定一个磁矢位的散度，称为一种规范。在恒定磁场中，选取磁矢位的散度为零较为方便，即

$$\nabla\cdot\boldsymbol{A}=0 \tag{3.46}$$

式(3.46)称为库仑规范。

将磁矢位代入式(3.43)，得到

$$\nabla\times\nabla\times\boldsymbol{A}=\mu_0\boldsymbol{J} \tag{3.47}$$

使用矢量恒等式 $\nabla\times\nabla\times\boldsymbol{A}=-\nabla^2\boldsymbol{A}+\nabla\nabla\cdot\boldsymbol{A}$，并且代入库仑规范，有

$$\nabla^2\boldsymbol{A}=-\mu_0\boldsymbol{J} \tag{3.48}$$

式(3.48)是磁矢位满足的微分方程，称为磁矢位的泊松方程。对无源区($\boldsymbol{J}=0$)，磁矢位满足矢量拉普拉斯方程，即

$$\nabla^2\boldsymbol{A}=\boldsymbol{0} \tag{3.49}$$

其中，∇^2 是矢量拉普拉斯算符，在任意坐标系中，其展开较复杂，但在直角坐标中，其可以写成对各个分量运算，即

$$\nabla^2\boldsymbol{A}=\boldsymbol{a}_x\nabla^2 A_x+\boldsymbol{a}_y\nabla^2 A_y+\boldsymbol{a}_z\nabla^2 A_z$$

从而，可得到式(3.48)的分量形式

$$\begin{cases}\nabla^2 A_x=-\mu_0 J_x \\ \nabla^2 A_y=-\mu_0 J_y \\ \nabla^2 A_z=-\mu_0 J_z\end{cases} \tag{3.50}$$

将这三个方程与静电场中电位的泊松方程对比，可以写出磁矢位的解

$$\begin{cases} A_x = \dfrac{\mu_0}{4\pi}\displaystyle\int_V \dfrac{J_x}{R}\mathrm{d}V \\ A_y = \dfrac{\mu_0}{4\pi}\displaystyle\int_V \dfrac{J_y}{R}\mathrm{d}V \\ A_z = \dfrac{\mu_0}{4\pi}\displaystyle\int_V \dfrac{J_z}{R}\mathrm{d}V \end{cases} \tag{3.51}$$

将其写成矢量形式为

$$\boldsymbol{A} = \frac{\mu_0}{4\pi}\int_V \frac{\boldsymbol{J}}{R}\mathrm{d}V \tag{3.52}$$

若磁场由面电流 $\boldsymbol{J}_S$产生，容易写出其磁矢位为

$$\boldsymbol{A} = \frac{\mu_0}{4\pi}\int_S \frac{\boldsymbol{J}_S}{R}\mathrm{d}S \tag{3.53}$$

同理，线电流产生的磁矢位是

$$\boldsymbol{A} = \frac{\mu_0}{4\pi}\int_l \frac{I\mathrm{d}\boldsymbol{l}}{R} \tag{3.54}$$

注意，以上三个计算磁矢位的公式，均假定电流分布在有限区域，且磁矢位的零点取在无穷远处(和静电位的积分公式类似)。

磁通的计算也可以通过磁矢位表示

$$\Phi = \int_S \boldsymbol{B}\cdot\mathrm{d}\boldsymbol{S} = \int_S \nabla\times\boldsymbol{A}\cdot\mathrm{d}\boldsymbol{S} = \oint_C \boldsymbol{A}\cdot\mathrm{d}\boldsymbol{l} \tag{3.55}$$

其中，C 是曲面 S 的边界。

例 3.6 求长度为 l 的载流直导线的磁矢位。

解 取如图 3.11 所示的坐标系，由式(3.54)，$\boldsymbol{A}$ 只有 z 分量。场点坐标是(r，ϕ，z)。

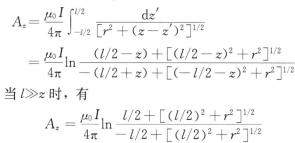

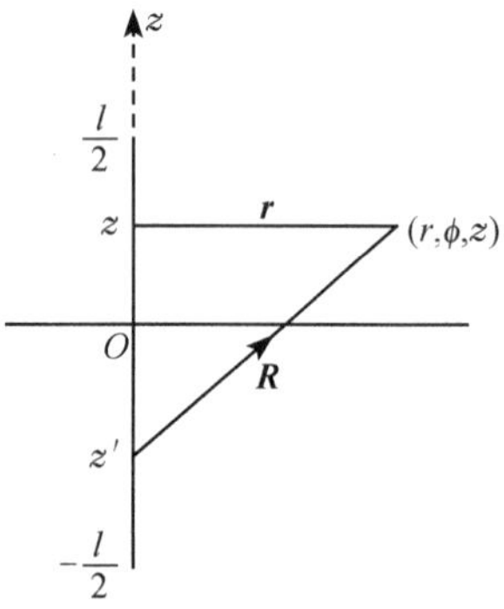

图 3.11 直导线磁矢位

$$A_z = \frac{\mu_0 I}{4\pi}\int_{-l/2}^{l/2}\frac{\mathrm{d}z'}{[r^2+(z-z')^2]^{1/2}}$$
$$= \frac{\mu_0 I}{4\pi}\ln\frac{(l/2-z)+[(l/2-z)^2+r^2]^{1/2}}{-(l/2+z)+[(-l/2-z)^2+r^2]^{1/2}}$$

当 $l \gg z$ 时，有

$$A_z = \frac{\mu_0 I}{4\pi}\ln\frac{l/2+[(l/2)^2+r^2]^{1/2}}{-l/2+[(l/2)^2+r^2]^{1/2}}$$

上式中，若再取 $l \gg r$，则有

$$A_z = \frac{\mu_0 I}{4\pi}\ln\left(\frac{l}{r}\right)^2 = \frac{\mu_0 I}{2\pi}\ln\frac{l}{r}$$

当 $l \to \infty$，上式为无穷大，这是因为在电流分布在无限区域时，不能把无穷远处作为磁矢位的参考点，而以上的计算均基于磁矢位的参考点在无穷远处。实际上，当电流分布在无限区域时，一般指定一个磁矢位的参考点，就可以使磁矢位不为无穷大。当指定 $r=r_0$ 处为磁矢位的零点时，可以得出

$$A_z = \frac{\mu_0 I}{2\pi}\ln\frac{r_0}{r}$$

用圆柱坐标的旋度公式，可求出

$$\boldsymbol{B} = \nabla\times\boldsymbol{A} = -\boldsymbol{a}_\phi \frac{\partial A_z}{\partial r} = \boldsymbol{a}_\phi \frac{\mu_0 I}{2\pi r}$$

例 3.7 用磁矢位重新计算例 3.5 中的载流直导线的磁场。

解 坐标系如图 3.9 所示，在导线内电流均匀分布，导线外电流为零，即

$$\boldsymbol{J} = \begin{cases} \boldsymbol{a}_z \dfrac{I}{\pi a^2}, & r \leqslant a \\ \boldsymbol{0}, & r > a \end{cases}$$

从电流分布，可以知道磁矢位仅仅有 z 分量，而且它只是坐标 r 的函数，即

$$\boldsymbol{A} = \boldsymbol{a}_z A(r)$$

设在导线内磁矢位是 A_1，导线外磁矢位是 A_2，则由式(3.48)，得

$$r < a, \qquad \nabla^2 A_1 = \frac{1}{r}\frac{\partial}{\partial r}\left(r\frac{\partial A_1}{\partial r}\right) = -\frac{\mu_0 I}{\pi a^2}$$

$$r > a, \qquad \nabla^2 A_2 = \frac{1}{r}\frac{\partial}{\partial r}\left(r\frac{\partial A_2}{\partial r}\right) = 0$$

考虑到磁矢位只是 r 的函数，以上两个偏微分方程就化为常微分方程。对其积分，可以得出

$$A_1 = -\frac{\mu_0 I r^2}{4\pi a^2} + C_1 \ln r + C_2$$

$$A_2 = C_3 \ln r + C_4$$

其中，C_1、C_2、C_3、C_4 是待定常数。我们先确定常数 C_1，由于 $r=0$ 处，磁矢位不应是无穷大，所以可以定出 $C_1=0$。其余的三个常数，暂时不考虑。将磁矢位代入

$$\boldsymbol{B} = -\boldsymbol{a}_\phi \frac{\partial A_z}{\partial r}$$

可以求出导线内外的磁场分别为

$$\begin{cases} \boldsymbol{B}_1 = \boldsymbol{a}_\phi \dfrac{\mu_0 I r}{2\pi a^2} \\ \boldsymbol{B}_2 = -\boldsymbol{a}_\phi \dfrac{C_3}{r} \end{cases}$$

这里仍然有一个常数 C_3 待定，可以从分界面上沿圆周方向的磁感强度连续(详细的论述见 3.7 节)，定出 C_3，则

$$C_3 = -\frac{\mu_0 I}{2\pi}$$

导体外部的磁感应强度是

$$\boldsymbol{B}_2 = \boldsymbol{a}_\phi \frac{\mu_0 I}{2\pi r}$$

通过以上几个例题，可以看出，引入磁矢位以后，简化了计算。虽然磁矢位仍然是矢量，但是它的计算要比直接计算磁感强度容易。特别是对许多问题，在给定的坐标系

下，磁矢位仅仅只有一个分量，而磁感强度却不止一个分量；此外，如果用求解微分方程的方法计算磁矢位，常常可以引进标量函数表示它，从而把矢量方程简化为标量方程。一旦求出磁矢位，再计算其旋度，就可以较容易地得出磁感强度。

3.5 磁偶极子

我们先考虑一个载流 I，半径为 a 的圆形平面回路在远离回路的区域产生的磁场。取载流回路位于 xOy 平面，并且中心在原点。因为本问题中电流分布具有对称性，所以磁矢位在球面坐标系只有 A_ϕ 分量，A_ϕ 是 r 和 θ 的函数，与 ϕ 无关。根据这一性质，可以将场点选取在 xOz 平面，在此平面里，A_ϕ 与直角坐标的 A_y 分量一致，它是电流元矢量 $I\mathrm{d}\boldsymbol{l}'$ 的 y 分量 $a\,\mathrm{d}\phi\cos\phi$ 所产生的磁矢位分量总和

$$A_\phi = \frac{\mu_0}{4\pi}\int_0^{2\pi}\frac{Ia\cos\phi}{R}\mathrm{d}\phi \tag{3.56}$$

其中

$$R = (r^2 + a^2 - 2\boldsymbol{r}\cdot\boldsymbol{r}')^{1/2}$$
$$= r[1 + (a/r)^2 - 2\boldsymbol{r}\cdot\boldsymbol{r}'/r^2]^{1/2}$$
$$|\boldsymbol{r}'| = a$$

如果 $r \gg a$，则

$$\frac{1}{R} = \frac{1}{r}[1 + (a/r)^2 - 2\boldsymbol{r}\cdot\boldsymbol{r}'/r^2]^{-1/2}$$
$$\approx \frac{1}{r}(1 - 2\boldsymbol{r}\cdot\boldsymbol{r}'/r^2)^{-1/2}$$
$$\approx \frac{1}{r}(1 + \boldsymbol{r}\cdot\boldsymbol{r}'/r^2)$$

从图 3.12 可见

$$\boldsymbol{r} = r(\boldsymbol{a}_x\sin\theta + \boldsymbol{a}_z\cos\theta),\quad \boldsymbol{r}' = a(\boldsymbol{a}_x\cos\phi + \boldsymbol{a}_y\sin\phi)$$

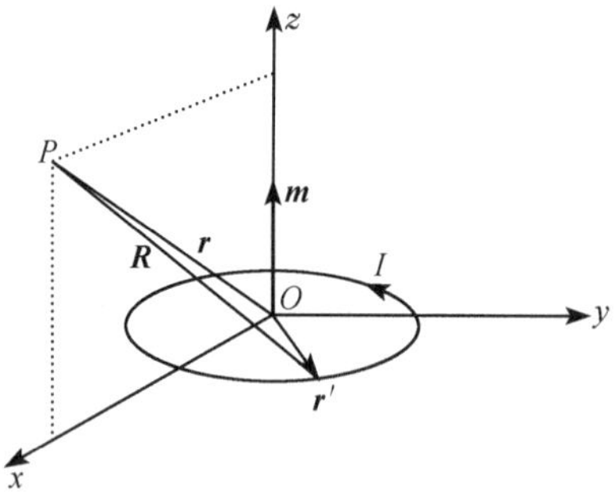

图 3.12 磁偶极子

所以

$$\frac{1}{R} \approx \frac{1}{r}\left(1 + \frac{a}{r}\sin\theta\cos\phi\right) \tag{3.57}$$

将式(3.57)代入式(3.56)，积分后得出

$$A_\phi = \frac{\mu_0}{4\pi}\frac{I\pi a^2}{r^2}\sin\theta = \frac{\mu_0 m}{4\pi r^2}\sin\theta,\quad r \gg a \tag{3.58}$$

其中，$m = I\pi a^2$ 是圆形回路磁矩的模值。一个载流回路的磁矩是一个矢量，其方向与环路的法线方向一致，大小等于电流乘以回路面积，即其定义为

$$\boldsymbol{m} = I\boldsymbol{S} \tag{3.59}$$

其中，$\boldsymbol{S}$ 是回路的有向面积。注意，这一定义并不局限于平面回路，可以是三维空间的任意闭曲线，这时，$\boldsymbol{S} = \int_S \mathrm{d}\boldsymbol{S}'$，$\mathrm{d}\boldsymbol{S}'$ 是有向面积元，积分区域是以电流环为周界的任意

曲面，这个任意性并不影响所得有向面积的矢量值。

我们可将式(3.58)改写成

$$\boldsymbol{A}=\frac{\mu_0}{4\pi}\frac{\boldsymbol{m}\times\boldsymbol{r}}{r^3},\quad r\gg a \tag{3.60}$$

把式(3.58)在球面坐标系中求旋度，得出磁场

$$\boldsymbol{B}=\nabla\times\boldsymbol{A}=\frac{1}{r^2\sin\theta}\begin{vmatrix}\boldsymbol{a}_r & r\boldsymbol{a}_\theta & r\sin\theta\boldsymbol{a}_\phi\\ \dfrac{\partial}{\partial r} & \dfrac{\partial}{\partial\theta} & \dfrac{\partial}{\partial\phi}\\ A_r & rA_\theta & r\sin\theta A_\phi\end{vmatrix}$$

$$=\frac{\mu_0 m}{4\pi r^3}(\boldsymbol{a}_r 2\cos\theta+\boldsymbol{a}_\theta\sin\theta) \tag{3.61}$$

这一磁场与电偶极子的电场强度相似，所以将载有恒定电流的小回路称为磁偶极子。应注意，对于任一载流回路，不论其电流及形状如何，只要其磁矩 $\boldsymbol{m}$ 给定，远区的磁场表达式均相同。在远区(观察点到导线的距离远大于回路的尺度)，磁偶极子的磁力线与电偶极子的电力线具有相同的分布。但是应注意，在近区，两者并不相同，因为电力线从正电荷出发，到负电荷终止，而磁力线总是没有头尾的闭合曲线。磁偶极子的磁位和磁场，在讨论介质的磁化问题时很重要。

位于点 $\boldsymbol{r}'$ 的磁矩为 $\boldsymbol{m}$ 的磁偶极子，在点 $\boldsymbol{r}$ 处产生的磁矢位为

$$\boldsymbol{A}(\boldsymbol{r})=\frac{\mu_0}{4\pi}\frac{\boldsymbol{m}\times(\boldsymbol{r}-\boldsymbol{r}')}{|\boldsymbol{r}-\boldsymbol{r}'|^3} \tag{3.62}$$

位于外磁场 $\boldsymbol{B}$ 中的磁偶极子 $\boldsymbol{m}$，会受到外磁场的作用力及其力矩。这里仅仅给出力及力矩的公式，受力为

$$\boldsymbol{F}=(\boldsymbol{m}\cdot\nabla)\boldsymbol{B} \tag{3.63}$$

力矩为

$$\boldsymbol{T}=\boldsymbol{m}\times\boldsymbol{B} \tag{3.64}$$

3.6　磁介质中的场方程

前几节我们讨论了真空中恒定磁场的基本规律。当空间存在磁介质时，磁介质在磁场的作用下要产生磁化，正如极化的电介质要产生电场，磁化的磁介质也产生磁场，它产生的磁场叠加在原来的磁场上，引起磁场的改变。现在讨论磁介质内部恒定磁场的基本规律。

3.6.1　磁化强度

由普通物理可知，任何物质原子内部的电子总沿轨道做公转运动，同时做自旋运动。电子运动时所产生的效应与回路电流所产生的效应相同。物质分子内所有电子对外部所产生的磁效应总和可用一个等效回路电流表示。这个等效回路电流称为分子电流，分子电流的磁矩叫作分子磁矩。

在外磁场的作用下，电子的运动状态要产生变化，这种现象称为物质的磁化，能发生

磁化的物质叫磁介质。磁介质分为三类：抗磁性磁介质(如金、银、铜、石墨、锗、氯化钠等)；顺磁性磁介质(如氮气、硫酸亚铁等)；铁磁性磁介质(如铁、镍、钴等)。这三类磁介质在外磁场的作用下，都要产生感应磁矩，且物质内部的固有磁矩沿外磁场方向取向，这种现象叫作物质的磁化。磁化介质可以看作是真空中沿一定方向排列的磁偶极子的集合。为了定量描述介质磁化程度的强弱，引入一个宏观物理量磁化强度$\boldsymbol{M}$，其定义为介质内单位体积内的分子磁矩，即

$$\boldsymbol{M}=\lim_{\Delta V\to 0}\frac{\sum \boldsymbol{m}}{\Delta V} \tag{3.65}$$

其中，$\boldsymbol{m}$是分子磁矩，求和对体积元ΔV内的所有分子进行。磁化强度$\boldsymbol{M}$的单位是A/m(安/米)。如在磁化介质中体积元ΔV内，每一个分子磁矩的大小和方向全相同(都为$\boldsymbol{m}$)，单位体积内分子数是N，则磁化强度为

$$\boldsymbol{M}=\frac{N\Delta V\boldsymbol{m}}{\Delta V}=N\boldsymbol{m} \tag{3.66}$$

3.6.2 磁化电流

磁介质被外磁场磁化以后，就可以看作是真空中一系列磁偶极子。磁化介质产生的附加磁场实际上就是这些磁偶极子在真空中产生的磁场。磁化介质中由于分子磁矩的有序排列，在介质内部要产生某一个方向的净电流，在介质的表面也要产生宏观面电流。下面计算磁化电流强度，如图3.13所示，设P为磁化介质外部的一点，磁介质内部$\boldsymbol{r}'$处体积元ΔV内的磁偶极矩为$\boldsymbol{M}\Delta V'$，它在$\boldsymbol{r}$处产生的磁矢位为

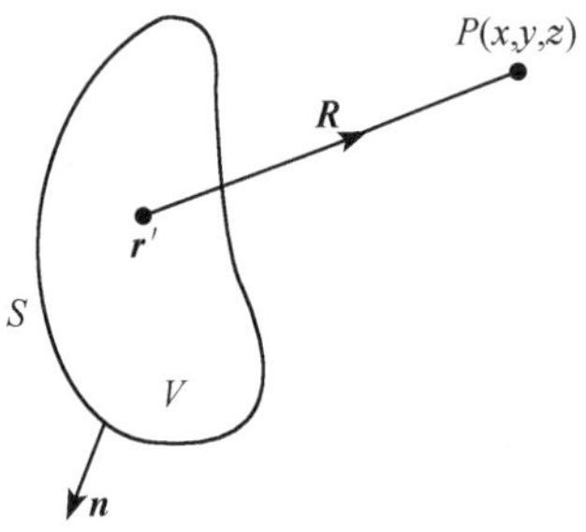

图3.13 磁化介质的场

$$\Delta\boldsymbol{A}=\frac{\mu_0}{4\pi}\frac{\boldsymbol{M}(\boldsymbol{r}')\Delta V'\times\boldsymbol{R}}{R^3}$$

全部磁介质在$\boldsymbol{r}$处产生的磁矢位为

$$\begin{aligned}\boldsymbol{A}&=\frac{\mu_0}{4\pi}\int_V\frac{\boldsymbol{M}(\boldsymbol{r}')\times\boldsymbol{R}}{R^3}\mathrm{d}V'\\&=\frac{\mu_0}{4\pi}\int_V\boldsymbol{M}\times\nabla'\frac{1}{R}\mathrm{d}V'\end{aligned}$$

可以将上式改写为

$$\boldsymbol{A}=\frac{\mu_0}{4\pi}\int_V\frac{\nabla'\times\boldsymbol{M}}{R}\mathrm{d}V'-\frac{\mu_0}{4\pi}\int_V\nabla'\times\frac{\boldsymbol{M}}{R}\mathrm{d}V'$$

再用恒等式

$$\int_V\nabla\times\boldsymbol{F}\mathrm{d}V=-\oint_S\boldsymbol{F}\times\mathrm{d}\boldsymbol{S}$$

可将磁矢位的表示式变形为

$$\boldsymbol{A}=\frac{\mu_0}{4\pi}\int_V\frac{\nabla'\times\boldsymbol{M}}{R}\mathrm{d}V'+\frac{\mu_0}{4\pi}\oint_S\frac{\boldsymbol{M}\times\boldsymbol{n}'}{R}\mathrm{d}S' \tag{3.67}$$

式(3.67)中$\boldsymbol{n}$是磁介质表面的单位外法向矢量，第一项与体分布电流产生的磁矢位表达

式相同，第二项与面分布电流产生的磁矢位表达式相同。因此磁化介质所产生的磁矢位可以看作是等效体电流和面电流在真空中共同产生的。等效体电流密度和面电流密度分别为

$$\boldsymbol{J}_{\mathrm{m}}=\nabla\times\boldsymbol{M} \tag{3.68}$$

$$\boldsymbol{J}_{\mathrm{m}S}=\boldsymbol{M}\times\boldsymbol{n} \tag{3.69}$$

其中，$\boldsymbol{n}$ 是磁介质表面的外法向矢量。这个等效电流也叫作磁化电流，或叫束缚电流，如图 3.14 所示。

例 3.8 半径为 a 高为 L 的磁化介质柱，磁化强度为 $\boldsymbol{M}_0$（$\boldsymbol{M}_0$ 为常矢量，且与圆柱的轴线平行），求磁化电流密度 $\boldsymbol{J}_{\mathrm{m}}$ 和磁化面电流密度 $\boldsymbol{J}_{\mathrm{m}S}$，如图 3.15 所示。

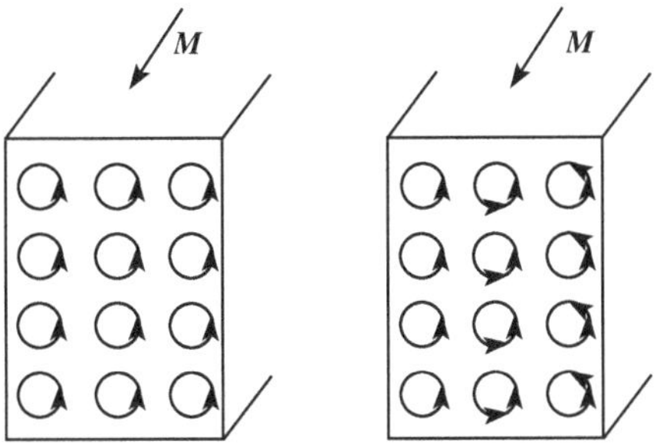

图 3.14 磁化电流示意图

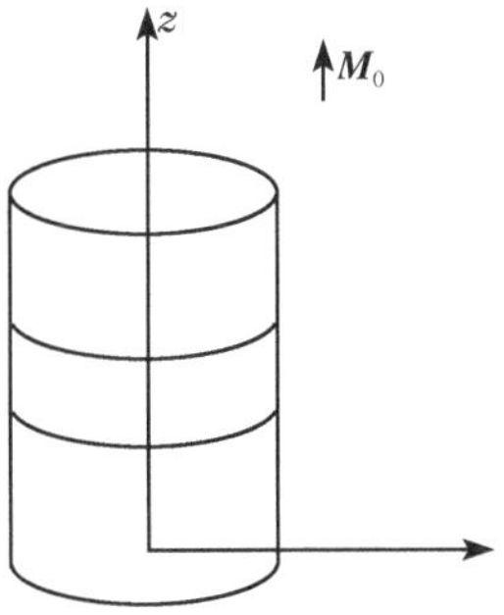

图 3.15

解 取圆柱坐标系的 z 轴和磁介质柱的中轴线重合，磁介质的下底面位于 $z=0$，上底面位于 $z=L$。此时，$\boldsymbol{M}=M_0\boldsymbol{a}_z$，由式(3.68)得磁化体电流密度为

$$\boldsymbol{J}_{\mathrm{m}}=\nabla\times\boldsymbol{M}=\nabla\times(M_0\boldsymbol{a}_z)=0$$

在界面 $z=0$ 上，$\boldsymbol{n}=-\boldsymbol{a}_z$

$$\boldsymbol{J}_{\mathrm{m}S}=\boldsymbol{M}\times\boldsymbol{n}=M_0\boldsymbol{a}_z\times(-\boldsymbol{a}_z)=0$$

在界面 $z=L$ 上，$\boldsymbol{n}=\boldsymbol{a}_z$

$$\boldsymbol{J}_{\mathrm{m}S}=\boldsymbol{M}\times\boldsymbol{n}=M_0\boldsymbol{a}_z\times(\boldsymbol{a}_z)=0$$

在界面 $r=a$ 上，$\boldsymbol{n}=\boldsymbol{a}_r$

$$\boldsymbol{J}_{\mathrm{m}S}=\boldsymbol{M}\times\boldsymbol{n}=M_0\boldsymbol{a}_z\times\boldsymbol{a}_r=M_0\boldsymbol{a}_\phi$$

3.6.3 磁场强度

在外磁场的作用下，磁介质内部有磁化电流 $\boldsymbol{J}_{\mathrm{m}}$，磁化电流 $\boldsymbol{J}_{\mathrm{m}}$ 和外加的电流 $\boldsymbol{J}$ 都产生磁场，这时应将真空中的安培环路定理修正为下面的形式

$$\oint_C \boldsymbol{B}\cdot \mathrm{d}\boldsymbol{l}=\mu_0(I+I_{\mathrm{m}})=\mu_0\int_S(\boldsymbol{J}+\boldsymbol{J}_{\mathrm{m}})\cdot \mathrm{d}\boldsymbol{S} \tag{3.70}$$

将式(3.68)代入式(3.70)，得

$$\oint_C \boldsymbol{B}\cdot \mathrm{d}\boldsymbol{l}=\mu_0 I+\mu_0\oint_C \boldsymbol{M}\cdot \mathrm{d}\boldsymbol{l} \tag{3.71}$$

改写为

$$\oint_C\left(\frac{\boldsymbol{B}}{\mu_0}-\boldsymbol{M}\right)\cdot \mathrm{d}\boldsymbol{l}=I \tag{3.72}$$

令

$$\boldsymbol{H}=\frac{\boldsymbol{B}}{\mu_0}-\boldsymbol{M} \tag{3.73}$$

其中，$\boldsymbol{H}$ 称为磁场强度，单位是 A/m(安/米)。于是式(3.72)变为

$$\oint_C \boldsymbol{H}\cdot \mathrm{d}\boldsymbol{l}=I \tag{3.74}$$

与式(3.74)相应的微分形式是

$$\nabla\times\boldsymbol{H}=\boldsymbol{J} \tag{3.75}$$

式(3.74)称为磁介质中积分形式的安培环路定理，式(3.75)是其微分形式。

3.6.4 磁导率

在磁介质中引入了辅助量 $\boldsymbol{H}$，因此必须知道 $\boldsymbol{B}$ 与 $\boldsymbol{H}$ 之间的关系，才能最后解出磁感应强度 $\boldsymbol{B}$。$\boldsymbol{B}$ 和 $\boldsymbol{H}$ 的关系称为本构关系，它表示磁介质的磁化特性。将式(3.73)改写为

$$\boldsymbol{B}=\mu_0(\boldsymbol{H}+\boldsymbol{M}) \tag{3.76}$$

由于历史以及便于测量等原因，常常使用磁化强度 $\boldsymbol{M}$ 与磁场强度 $\boldsymbol{H}$ 之间的关系来表征磁介质的特性。并按照 $\boldsymbol{M}$ 与 $\boldsymbol{H}$ 之间的不同关系，将磁介质分为各向同性、各向异性；线性、非线性；均匀、非均匀等类别。对于线性各向同性的均匀磁介质，$\boldsymbol{M}$ 与 $\boldsymbol{H}$ 间的关系为

$$\boldsymbol{M}=\chi_{\mathrm{m}}\boldsymbol{H} \tag{3.77}$$

其中，χ_{m}是一个无量纲常数，称为磁化率。非线性磁介质的磁化率与磁场强度有关，非均匀介质的磁化率是空间位置的函数，各向异性介质的 $\boldsymbol{M}$ 和 $\boldsymbol{H}$ 的方向不在同一指向上。顺磁介质的 χ_{m}为正，抗磁介质的 χ_{m}为负。这两类介质的 χ_{m}约为 10^{-5}量级。将式(3.77)代入式(3.76)，得

$$\boldsymbol{B}=\mu_0(\boldsymbol{H}+\boldsymbol{M})=\mu_0(1+\chi_{\mathrm{m}})\boldsymbol{H}=\mu_0\mu_{\mathrm{r}}\boldsymbol{H}=\mu\boldsymbol{H} \tag{3.78}$$

其中，$\mu_{\mathrm{r}}=1+\chi_{\mathrm{m}}$，是介质的相对磁导率，是一个量纲为 1 的数；$\mu=\mu_0\mu_{\mathrm{r}}$是介质的磁导率，单位和真空磁导率相同，为 H/m(亨/米)。

铁磁材料的 $\boldsymbol{B}$ 和 $\boldsymbol{H}$ 关系是非线性的，并且 $\boldsymbol{B}$ 不是 $\boldsymbol{H}$ 的单值函数，会出现磁滞现象，其磁化率 χ_{m}的变化范围很大，可以达到 10^6 量级。

3.6.5 磁介质中恒定磁场基本方程

综上所述，我们得到磁介质中描述磁场的基本方程为

$$\nabla\times\boldsymbol{H}=\boldsymbol{J} \tag{3.79}$$

$$\nabla\cdot\boldsymbol{B}=0 \tag{3.80}$$

$$\boldsymbol{B}=\mu\boldsymbol{H} \tag{3.81}$$

式(3.79)和式(3.80)是介质中恒定磁场方程的微分形式，其相应的积分形式为

$$\oint_C \boldsymbol{H}\cdot \mathrm{d}\boldsymbol{l}=\int_S \boldsymbol{J}\cdot \mathrm{d}\boldsymbol{S} \tag{3.82}$$

$$\oint_S \boldsymbol{B} \cdot \mathrm{d}\boldsymbol{S} = 0 \tag{3.83}$$

在介质中同样可以定义磁矢位 $\boldsymbol{A}$，使 $\boldsymbol{B}=\nabla\times\boldsymbol{A}$。在线性均匀各向同性介质中，如采用库仑规范，那么磁矢位的微分方程是

$$\nabla^2\boldsymbol{A} = -\mu\boldsymbol{J} \tag{3.84}$$

例 3.9　同轴线的内导体半径为 a，外导体的内半径为 b，外半径为 c(图 3.16)。设内外导体分别流过反向的电流 I，两导体之间介质的磁导率为 μ，求各区域的 $\boldsymbol{H}$、$\boldsymbol{B}$、$\boldsymbol{M}$。

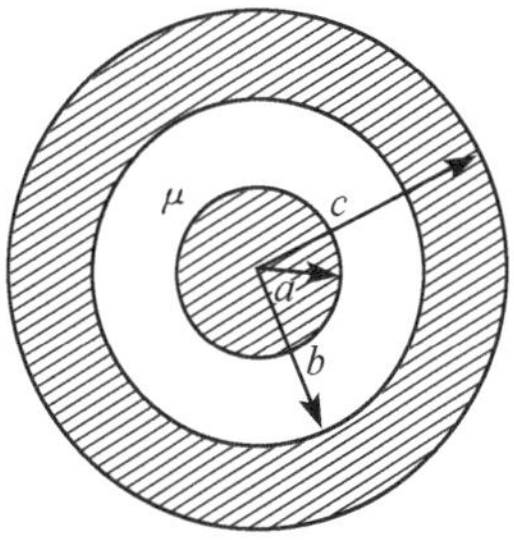

图 3.16　同轴线示意图

解　以后如无特别声明，对良导体(不包括铁等磁性物质)一般取其磁导率为 μ_0。因同轴线为无限长，所以其磁场沿轴线无变化，该磁场只有 ϕ 分量，且其大小只是 r 的函数。分别在各区域使用介质中的安培环路定理 $\oint_C \boldsymbol{H}\cdot\mathrm{d}\boldsymbol{l} = \int_S \boldsymbol{J}\cdot\mathrm{d}\boldsymbol{S}$，求出各区的磁场强度 $\boldsymbol{H}$，然后由 $\boldsymbol{H}$ 求出 $\boldsymbol{B}$ 和 $\boldsymbol{M}$。

当 $r\leqslant a$，电流 I 在导体内均匀分布，采用圆柱坐标系，选取同轴线的轴线为 z 轴，内导体电流沿 $+z$ 方向。

由安培环路定理得

$$\boldsymbol{H} = \boldsymbol{a}_\phi \frac{Ir}{2\pi a^2} \quad (r\leqslant a)$$

考虑这一区域的磁导率为 μ_0，可得

$$\boldsymbol{B} = \boldsymbol{a}_\phi \frac{\mu_0 Ir}{2\pi a^2} \quad (r\leqslant a)$$

$$\boldsymbol{M} = 0 \quad (r\leqslant a)$$

当 $a<r\leqslant b$，与积分回路交链的电流为 I，该区磁导率为 μ，可得

$$\boldsymbol{H} = \boldsymbol{a}_\phi \frac{I}{2\pi r},\quad a<r\leqslant b$$

$$\boldsymbol{B} = \boldsymbol{a}_\phi \frac{\mu I}{2\pi r},\quad a<r\leqslant b$$

$$\boldsymbol{M} = \boldsymbol{a}_\phi \frac{\mu-\mu_0}{\mu_0}\frac{I}{2\pi r},\quad a<r\leqslant b$$

当 $b<r\leqslant c$，考虑到外导体电流均匀分布，可得出与积分回路交链的电流为

$$I' = I - \frac{r^2-b^2}{c^2-b^2}I$$

则

$$\boldsymbol{H} = \boldsymbol{a}_\phi \frac{I}{2\pi r}\left(\frac{c^2-r^2}{c^2-b^2}\right),\quad b<r\leqslant c$$

$$\boldsymbol{B} = \boldsymbol{a}_\phi \frac{\mu_0 I}{2\pi r}\left(\frac{c^2-r^2}{c^2-b^2}\right),\quad b<r\leqslant c$$

$$\boldsymbol{M} = 0,\quad b<r\leqslant c$$

当 $r>c$，这一区域的 $\boldsymbol{B}$、$\boldsymbol{H}$、$\boldsymbol{M}$ 为零。

3.7 恒定磁场的边界条件

在不同介质的分界面上，磁场是不连续的，**B** 和 **H** 在经过界面时会发生突变。场矢量在不同介质的界面上的变化规律叫作边界条件。我们可以由恒定磁场基本方程的积分形式导出恒定磁场的边界条件。

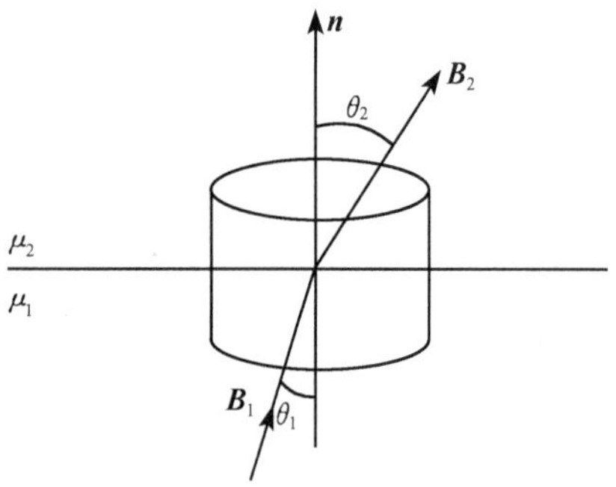

图 3.17 B_n 的边界条件

先推导 **B** 的法向分量的边界条件。在分界面上作一圆柱状小闭合面，圆柱的顶面和底面分别在分界面的两侧，且都与分界面平行(图 3.17)，设底面和顶面的面积均等于 ΔS。将积分形式的磁通连续性原理($\oint_S \boldsymbol{B}\cdot \mathrm{d}\boldsymbol{S}=0$) 应用到此闭合面上，假设圆柱体的高度 h 趋于零，得到

$$-\boldsymbol{B}_1\cdot \boldsymbol{n}\Delta S+\boldsymbol{B}_2\cdot \boldsymbol{n}\Delta S=0$$

$$B_{2n}=B_{1n} \tag{3.85}$$

写成矢量形式为

$$\boldsymbol{n}\cdot(\boldsymbol{B}_2-\boldsymbol{B}_1)=0 \tag{3.86}$$

式(3.86)称为磁感应强度矢量法向分量的边界条件，它说明磁感应强度的法向分量在两种介质的界面上是连续的。

再来推导 **H** 的切向分量的边界条件。在分界面上作一小矩形回路，回路的两边分别位于分界面两侧，回路的高 $h\to 0$，令 $\boldsymbol{n}$ 表示界面上 Δl 中点处的法向单位矢，$\boldsymbol{l}^\circ$表示该点的切向单位矢，$\boldsymbol{b}$ 为垂直于 $\boldsymbol{n}$、$\boldsymbol{l}^\circ$的单位矢(注意，$\boldsymbol{b}$ 也是界面的切向单位矢，$\boldsymbol{b}$ 和积分回路 C 垂直，而 $\boldsymbol{l}^\circ$位于积分回路 C 内)，如图 3.18 所示。将介质中积分形式的安培环路定理

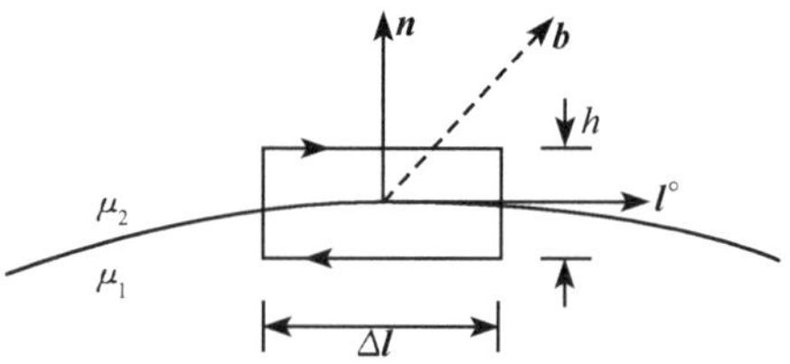

图 3.18 H_t 的边界条件

$$\oint_C \boldsymbol{H}\cdot \mathrm{d}\boldsymbol{l}=\int_S \boldsymbol{J}\cdot \mathrm{d}\boldsymbol{S}$$

应用到这一回路，得到

$$(\boldsymbol{H}_2\cdot \boldsymbol{l}^\circ-\boldsymbol{H}_1\cdot \boldsymbol{l}^\circ)\Delta l=\int_S \boldsymbol{J}\cdot \mathrm{d}\boldsymbol{S}$$

若界面上的电流可以看成面电流，则

$$\int_S \boldsymbol{J}\cdot \mathrm{d}\boldsymbol{S}=\boldsymbol{J}_S\cdot \boldsymbol{b}\Delta l$$

于是有

$$\boldsymbol{l}^\circ\cdot(\boldsymbol{H}_2-\boldsymbol{H}_1)\Delta l=\boldsymbol{J}_S\cdot \boldsymbol{b}\Delta l$$

考虑到

$$\boldsymbol{l}^\circ=\boldsymbol{b}\times \boldsymbol{n}$$

得

$$(\boldsymbol{b}\times\boldsymbol{n})\cdot(\boldsymbol{H}_2-\boldsymbol{H}_1)=\boldsymbol{J}_S\cdot\boldsymbol{b}$$

使用矢量恒等式

$$(\boldsymbol{A}\times\boldsymbol{B})\cdot\boldsymbol{C}=(\boldsymbol{B}\times\boldsymbol{C})\cdot\boldsymbol{A}$$

可以得

$$[\boldsymbol{n}\times(\boldsymbol{H}_2-\boldsymbol{H}_1)]\cdot\boldsymbol{b}=\boldsymbol{J}_S\cdot\boldsymbol{b}$$

其中，$\boldsymbol{b}$ 是界面的切面内的任意矢量($\boldsymbol{l}^{\circ}$也是切面内任意矢量)，$\boldsymbol{J}_S$和 $\boldsymbol{n}\times(\boldsymbol{H}_2-\boldsymbol{H}_1)$都位于切面内。因此由上式可得

$$\boldsymbol{n}\times(\boldsymbol{H}_2-\boldsymbol{H}_1)=\boldsymbol{J}_S \tag{3.87}$$

式(3.87)就是两种磁介质边界面上磁场强度 $\boldsymbol{H}$ 的边界条件。它说明磁场强度的切向分量在界面两侧不连续。如果无面电流($\boldsymbol{J}_S=\boldsymbol{0}$)，这一边界条件变成为

$$\boldsymbol{n}\times(\boldsymbol{H}_2-\boldsymbol{H}_1)=\boldsymbol{0} \tag{3.88}$$

用下标 t 表示切向分量，式(3.88)可以写成标量形式

$$H_{2t}=H_{1t} \tag{3.89}$$

假如磁场 $\boldsymbol{B}_2$与法向 $\boldsymbol{n}$ 的夹角为 θ_2，$\boldsymbol{B}_1$与 $\boldsymbol{n}$ 的夹角为 θ_1(图 3.17)。则式(3.89)和式(3.85)可写成

$$H_2\sin\theta_2=H_1\sin\theta_1 \tag{3.90}$$

$$B_2\cos\theta_2=B_1\cos\theta_1 \tag{3.91}$$

式(3.90)与式(3.91)相除，并注意 $\boldsymbol{B}_2=\mu_2\boldsymbol{H}_2$，$\boldsymbol{B}_1=\mu_1\boldsymbol{H}_1$，得到

$$\frac{\tan\theta_1}{\tan\theta_2}=\frac{\mu_1}{\mu_2} \tag{3.92}$$

这表明，磁力线在分界面上通常要改变方向。若介质 1 为铁磁材料，介质 2 为空气，此时 $\mu_2\ll\mu_1$，因而 $\theta_2\ll\theta_1$，由式(3.91)得 $B_2\ll B_1$。

假如 $\mu_1=1000\mu_0$，$\mu_2=\mu_0$，在这种情形下当 $\theta_1=87^{\circ}$时，$\theta_2=1.09^{\circ}$，$B_2/B_1=0.052$。由此可见，铁磁材料内部的磁感应强度远大于外部的磁感应强度，同时外部的磁力线几乎与铁磁材料表面垂直。

3.8 标量磁位

根据磁介质中恒定磁场的基本方程可知，在无自由电流($\boldsymbol{J}=\boldsymbol{0}$)的区域里，磁场强度 $\boldsymbol{H}$ 是无旋的。此时，磁场强度可以表示为一个标量函数的负梯度，即

$$\boldsymbol{H}=-\nabla\varphi_{\mathrm{m}} \tag{3.93}$$

φ_{m}称为磁场的标量位函数(简称为标量磁位或磁标位)，单位为 A(安)，式(3.93)中的负号是为了与静电位对应，人为地加入的。

在各向同性、线性、均匀介质内，有

$$\nabla\cdot\boldsymbol{B}=\nabla\cdot(\mu\boldsymbol{H})=\mu\nabla\cdot\boldsymbol{H}=0 \tag{3.94}$$

将式(3.93)代入到式(3.94)中，可得磁标位满足拉普拉斯方程，即

$$\nabla^2\varphi_{\mathrm{m}}=0 \tag{3.95}$$

所以用微分方程求磁标位时，也同静电位一样，是求拉普拉斯方程的解。磁场的边界条

件用磁标位表示时，为

$$B_{2n}=B_{1n} \quad \rightarrow \quad \mu_2 \frac{\partial \varphi_{m2}}{\partial n}=\mu_1 \frac{\partial \varphi_{m1}}{\partial n} \tag{3.96a}$$

$$H_{2t}=H_{1t} \quad \rightarrow \quad \varphi_{m2}=\varphi_{m1} \tag{3.96b}$$

磁标位在求解永磁体的磁场问题时比较方便(因其内无自由电流)，永磁体的磁导率远大于空气的磁导率，因而永磁体表面是一个等位(磁标位)面，这时可以用静电比拟法来计算永磁体的磁场。

以上我们讨论的是均匀磁介质中无自由电流时磁标位的微分方程。对线性、各向同性的非均匀介质，在无源($\boldsymbol{J}=\mathbf{0}$)区，引入磁荷的概念后，磁标位满足泊松方程，即

$$\nabla^2 \varphi_m=-\rho_m \tag{3.97}$$

其中

$$\rho_m=-\nabla \cdot \boldsymbol{M} \tag{3.98}$$

ρ_m是等效磁荷体密度，此时边界条件式(3.96b)不变，而式(3.96a)要作相应的修改，详细内容请参看有关书籍。

在磁化介质的表面上，一般存在等效面磁荷，其表达式为

$$\rho_{sm}=\boldsymbol{M} \cdot \boldsymbol{n} \tag{3.99}$$

其中，$\boldsymbol{n}$ 是介质面上的外法向，即由介质指向真空。

由于磁场是一个涡旋场，磁标位一般是多值函数，但如果加上一定的限制，仍然可以使得磁标位成为单值函数。下面考虑如何由电流分布求磁标位。设有一个载流回路，它的磁感应强度为

$$\boldsymbol{B}(\boldsymbol{r})=\frac{\mu_0 I}{4\pi} \nabla \times \oint_l \frac{\mathrm{d}\boldsymbol{l}'}{|\boldsymbol{r}-\boldsymbol{r}'|}$$

如果在积分恒等式$\oint_l u \mathrm{d}\boldsymbol{l}=\int_S \mathrm{d}\boldsymbol{S} \times \nabla u$ 中，令 $u=1/|\boldsymbol{r}-\boldsymbol{r}'|$，则有

$$\boldsymbol{B}(\boldsymbol{r})=\frac{\mu_0 I}{4\pi} \nabla \times \oint_l \frac{\mathrm{d}\boldsymbol{l}'}{|\boldsymbol{r}-\boldsymbol{r}'|}=\frac{\mu_0 I}{4\pi} \nabla \times \int_S \boldsymbol{n}' \times \nabla' \frac{1}{|\boldsymbol{r}-\boldsymbol{r}'|} \mathrm{d}S'$$

经过化简，可以得出

$$\boldsymbol{B}(\boldsymbol{r})=-\frac{\mu_0 I}{4\pi} \nabla \int_S \frac{\boldsymbol{n}' \cdot (\boldsymbol{r}-\boldsymbol{r}')}{|\boldsymbol{r}-\boldsymbol{r}'|^3} \mathrm{d}S'=-\frac{\mu_0 I}{4\pi} \nabla \int_S \frac{\mathrm{d}\boldsymbol{S}' \cdot (\boldsymbol{r}-\boldsymbol{r}')}{|\boldsymbol{r}-\boldsymbol{r}'|^3}$$

式中的面积分恰恰是载流回路 l 所围成的曲面 S 对场点 $\boldsymbol{r}$ 所张成的立体角 Ω，从而，我们有

$$\boldsymbol{B}=\mu_0 \nabla\left(\frac{I\Omega}{4\pi}\right)=-\mu_0 \nabla \varphi_m \tag{3.100}$$

因此可得到

$$\varphi_m=-\frac{I\Omega}{4\pi}+C \tag{3.101}$$

其中，C 为常数，如果选取无穷远处磁标位等于零，则常数 C 为零。

例 3.10 用磁标位法计算半径为 a 的载流圆环在轴线上的磁场。

解 选取如图 3.19 所示的坐标系，使载流圆环位于 xOy 平面，圆环的中心和坐标原点重合。先计算载流圆环对于轴线上的点所张成的立体角。以场点为球心，做一个过圆

环的球面，可以得出该球面的半径 $R=\sqrt{a^2+z^2}$。设回路在球面上所截取的球冠面积为 S，则由球冠面积的计算公式，可以得到

$$S = 2\pi R(R-z)$$

观察圆环回路所围曲面和电流方向间的关系，就会发现上述面积前面应该再加上一负号，才能表示立体角。圆环对于轴线上的点(0，0，z)所张成的立体角为

$$\Omega = \frac{-S}{R^2} = -\frac{2\pi(R-z)}{R}$$

通过对称性可以看出轴线上的磁感应强度仅仅有 z 分量，所以轴线上的磁感应强度为

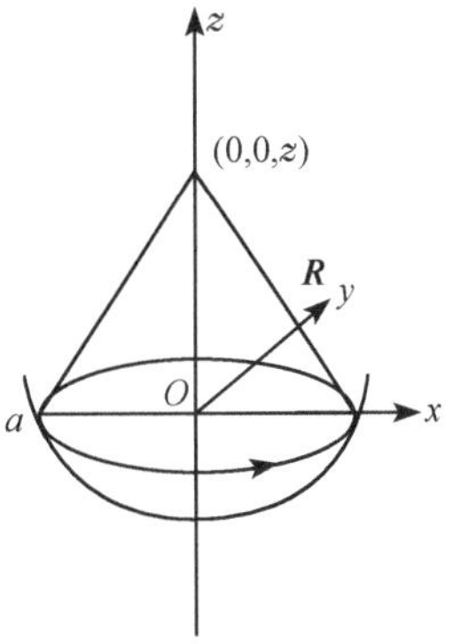

图 3.19

$$\boldsymbol{B} = \mu_0 \nabla\left(\frac{I\Omega}{4\pi}\right) = -\frac{\mu_0 I}{2}\nabla\left(\frac{R-z}{R}\right) = -\frac{\mu_0 I}{2}\nabla\left(1-\frac{z}{R}\right)$$

$$= \frac{\mu_0 I}{2}\nabla\left(\frac{z}{R}\right) = \boldsymbol{a}_z \frac{\mu_0 I}{2}\frac{\partial}{\partial z}\left(\frac{z}{\sqrt{z^2+a^2}}\right)$$

$$= \boldsymbol{a}_z \frac{\mu_0 I}{2}\frac{a^2}{(\sqrt{z^2+a^2})^3}$$

3.9　互感和自感

在线性介质中，任一回路在空间产生的磁场与回路电流成正比，因而穿过任意的固定回路的磁通量 Φ 也与电流成正比。如果回路由细导线绕成 N 匝，则总磁通量是各匝的磁通之和。称总磁通为磁链，用 Ψ 表示。对于密绕线圈，可以近似认为各匝的磁通相等，则 $\Psi=N\Phi$。

一个回路的自感定义为回路的磁链与回路电流之比，用 L 表示。即

$$L = \frac{\Psi}{I} \tag{3.102}$$

自感的单位是 H(亨)，自感的大小决定于回路的尺寸和形状以及介质的磁导率。

我们用 Ψ_{12} 表示载流回路 C_1 的磁场在回路 C_2 上产生的磁链。显然 Ψ_{12} 与电流 I_1 成正比，这一比值称为互感，即

$$M_{12} = \frac{\Psi_{12}}{I_1} \tag{3.103}$$

互感的单位与自感相同。同样，我们可以用载流回路 C_2 的磁场在回路 C_1 上产生的磁链 Ψ_{21} 与电流 I_2 的比来定义互感 M_{21}，即

$$M_{21} = \frac{\Psi_{21}}{I_2} \tag{3.104}$$

互感的大小也取决于回路的尺寸、形状、介质的磁导率及回路的匝数。

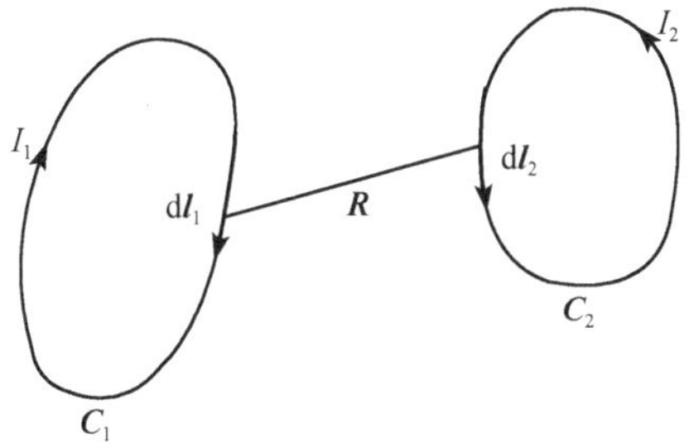

图 3.20　互感

现在推导互感的计算公式。如图 3.20 所示，当导线的直径远小于回路的尺寸，而且也远小于

两个回路之间的最近距离时，两回路都可以用轴线的几何回路代替。设两个回路都只有一匝。当回路 C_1 载有电流 I_1 时，C_2 上的磁链为

$$\Psi_{12}=\Phi_{12}=\int_{S_2}\boldsymbol{B}_1\cdot\mathrm{d}\boldsymbol{S}_2=\oint_{C_2}\boldsymbol{A}_{12}\cdot\mathrm{d}\boldsymbol{l}_2 \tag{3.105}$$

其中，$\boldsymbol{A}_{12}$ 是电流 I_1 在回路 C_2 上的磁矢位

$$\boldsymbol{A}_{12}=\frac{\mu_0 I_1}{4\pi}\oint_{C_1}\frac{\mathrm{d}\boldsymbol{l}_1}{R}$$

因而

$$\Psi_{12}=\frac{\mu_0 I_1}{4\pi}\oint_{C_2}\oint_{C_1}\frac{\mathrm{d}\boldsymbol{l}_1\cdot\mathrm{d}\boldsymbol{l}_2}{R}$$

$$M_{12}=\frac{\Psi_{12}}{I_1}=\frac{\mu_0}{4\pi}\oint_{C_2}\oint_{C_1}\frac{\mathrm{d}\boldsymbol{l}_1\cdot\mathrm{d}\boldsymbol{l}_2}{R} \tag{3.106}$$

所以

$$M_{12}=M_{21}=M \tag{3.107}$$

式(3.107)说明互感具有互易性质。互感的计算公式(3.106)称为诺伊曼公式。互感 M 可以为正，也可以为负，取决于回路正向的选择。如果 I_1 在 C_2 中的磁通为正时，$M>0$，反之 $M<0$。

对于自感，也能写成式(3.106)的形式

$$L=\frac{\mu_0}{4\pi}\oint_{C}\oint_{C}\frac{\mathrm{d}\boldsymbol{l}_1\cdot\mathrm{d}\boldsymbol{l}_2}{R} \tag{3.108}$$

其中，$\mathrm{d}\boldsymbol{l}_1$ 和 $\mathrm{d}\boldsymbol{l}_2$ 都是沿回路 C 的线元，它们之间的距离为 R(图 3.21)。当两个线元重合($R=0$)时，积分值趋于无穷大，这是由于忽略了回路导线的截面所致。为了用诺伊曼公式计算自感，就必须考虑导线的横截面积。计及横截面的因素以后，可以将自磁链分为外磁链 Ψ_e 和内磁链 Ψ_i 两部分，相应的自感也分为外自感 L_e 和内自感 L_i。Ψ_e 是通过导体外部的与回路的全部电流交链的磁链；而 Ψ_i 通过导体内部，因而是只与部分电流交链的磁链。计算外磁链时，可近似认为全部电流 I 集中在导体回路的轴线 C_1 上，如图 3.21 所示，并将此电流的磁场与导体回路的内缘 C_2 所交链的磁链作为外磁链，这样得出外自感为

$$L_e=\frac{\mu_0}{4\pi}\oint_{C_2}\oint_{C_1}\frac{\mathrm{d}\boldsymbol{l}_1\cdot\mathrm{d}\boldsymbol{l}_2}{R} \tag{3.109}$$

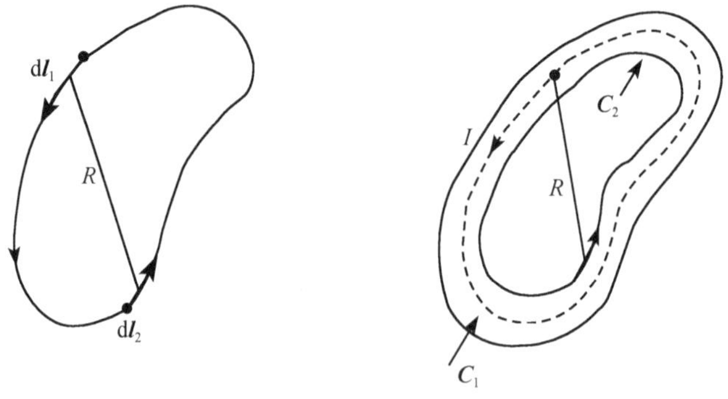

图 3.21　内自感

例 3.11　求无限长平行双导线(图 3.22)单位长外自感。

解　设导线中电流为 I，由无限长导线的磁场公式，可得两导线之间轴线所在的平面上的磁感应强度为

$$B=\frac{\mu_0 I}{2\pi x}+\frac{\mu_0 I}{2\pi(d-x)}$$

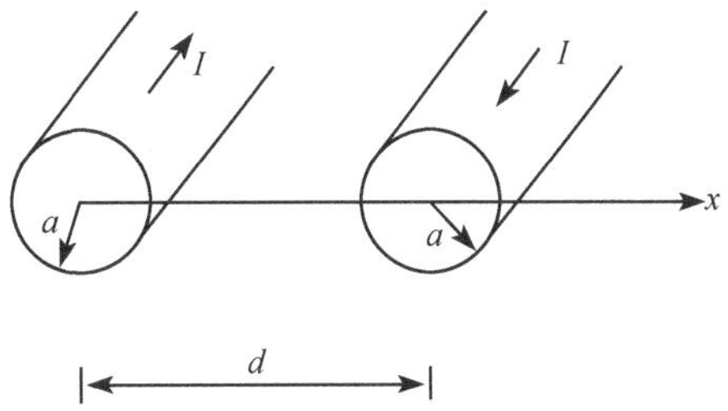

图 3.22　平行双导线

磁场的方向与导线回路平面垂直。单位长度上的外磁链为

$$\Psi=\int_a^{d-a} B\,\mathrm{d}x=\frac{\mu_0 I}{\pi}\ln\frac{d-a}{a}$$

所以单位长外自感为

$$L=\frac{\mu_0}{\pi}\ln\frac{d-a}{a} \tag{3.110}$$

注意，虽然诺伊曼公式提供了计算回路互感的一般方法，但是实际应用起来常常导致十分繁难的积分。当由电流分布可较容易地求出磁场时，使用式(3.102)和式(3.103)求互感和自感较为方便。诺伊曼公式说明了两个回路互感的互易性，证明了电感与回路的几何结构有关，与介质的磁导率有关，而与电流无关。对于两个导体组成的传输线，其单位长度的自感 L 和单位长度的电容 C 有如下关系：$LC=\varepsilon\mu$，其中，μ 和 ε 分别是导体之间填充介质的磁导率和介电常量。

3.10　磁场能量

为简单起见，先计算两个分别载流 I_1 和 I_2 的电流回路构成的系统所储存的磁场能量。假定回路的形状、相对位置不变，同时忽略焦耳热损耗。在建立磁场的过程中两回路的电流分别为 $i_1(t)$ 和 $i_2(t)$。最初 $i_1=0$，$i_2=0$，最终 $i_1=I_1$，$i_2=I_2$。在这一过程中，电源做的功转变成磁场能量。我们知道，系统的总能量只与系统最终的状态有关，与建立状态的方式无关。为计算这个能量，先假定保持回路 2 的电流为零，求出回路 1 中的电流 i_1 从零增加到 I_1 时，电源做的功 W_1；其次，回路 1 中的电流 I_1 不变，求出回路 2 中的电流从零增加到 I_2 时，电源做的功 W_2。从而得出这一过程中，电源对整个回路系统作的总功 $W_\mathrm{m}=W_1+W_2$。

当保持回路 2 的电流 $i_2=0$，回路 1 中的电流 i_1 在 $\mathrm{d}t$ 时间内有一个增量 $\mathrm{d}i_1$，周围空间的磁场将发生改变，回路 1 和 2 的磁通分别有增量 $\mathrm{d}\Psi_{11}$ 和 $\mathrm{d}\Psi_{12}$，相应地在两个回路中要产生感应电势 $\mathscr{E}_1=-\frac{\mathrm{d}\Psi_{11}}{\mathrm{d}t}$ 和 $\mathscr{E}_2=-\frac{\mathrm{d}\Psi_{12}}{\mathrm{d}t}$。感应电势的方向总是阻止电流增加。因而，为使回路 1 中的电流得到增量 $\mathrm{d}i_1$，必须在回路 1 中外加电压 $U_1=-\mathscr{E}_1$；为使回路 2 电流为零，也必须在回路 2 加上电压 $U_2=-\mathscr{E}_2$，所以在 $\mathrm{d}t$ 时间里，电源做功为

$$\mathrm{d}W_1=U_1 i_1\mathrm{d}t+U_2 i_2\mathrm{d}t=U_1 i_1\mathrm{d}t=-\mathscr{E}_1 i_1\mathrm{d}t=i_1\mathrm{d}\Psi_{11}=L_1 i_1\mathrm{d}i_1$$

在回路的电流从零到 I_1 的过程中，电源做功为

$$W_1 = \int \mathrm{d}W_1 = \int_0^{I_1} L_1 i_1 \mathrm{d}i_1 = \frac{1}{2} L_1 I_1^2$$

下面计算当回路 1 的电流保持 I_1 不变时，使回路 2 的电流从零增到 I_2，电源做的功 W_2。若在 $\mathrm{d}t$ 时间内，电流 i_2 有增量 $\mathrm{d}i_2$，这时回路 1 中感应电势为：$\mathscr{E}_1 = -\dfrac{\mathrm{d}\Psi_{21}}{\mathrm{d}t}$，回路 2 中的感应电势为：$\mathscr{E}_2 = -\dfrac{\mathrm{d}\Psi_{22}}{\mathrm{d}t}$。为克服感应电势，必须在两个回路上加上与感应电势反向的电压。在 $\mathrm{d}t$ 时间内，电源做功为

$$\mathrm{d}W_2 = M_{21} I_1 \mathrm{d}i_2 + L_2 i_2 \mathrm{d}i_2$$

积分得回路 1 电流保持不变时，电源做功总量为

$$W_2 = \int \mathrm{d}W_2 = \int_0^{I_2} (M_{21} I_1 + L_2 i_2) \mathrm{d}i_2 = M_{21} I_1 I_2 + \frac{1}{2} L_2 I_2^2$$

最后得到电源对整个电流回路系统所做的总功为

$$W_{\mathrm{m}} = W_1 + W_2 = \frac{1}{2} L_1 I_1^2 + M_{21} I_1 I_2 + \frac{1}{2} L_2 I_2^2 \tag{3.111}$$

其中，$\frac{1}{2} L_1 I_1^2$ 和 $\frac{1}{2} L_2 I_2^2$ 分别是回路 C_1 和 C_2 的自能，$M_{21} I_2 I_1$ 是两回路的相互作用能。式(3.111)可以用磁通来表示

$$\begin{aligned} W_{\mathrm{m}} &= \frac{1}{2}(L_1 I_1 + M_{21} I_2) I_1 + \frac{1}{2}(M_{12} I_1 + L_2 I_2) I_2 \\ &= \frac{1}{2}(\Psi_{11} + \Psi_{21}) I_1 + \frac{1}{2}(\Psi_{12} + \Psi_{22}) I_2 \\ &= \frac{1}{2} \Psi_1 I_1 + \frac{1}{2} \Psi_2 I_2 \end{aligned} \tag{3.112}$$

其中，$\Psi_1 = \Psi_{11} + \Psi_{21}$ 是与回路 C_1 交链的总磁通，$\Psi_2 = \Psi_{12} + \Psi_{22}$ 是与回路 C_2 交链的总磁通(均假设回路为一匝)。这个结果可推广到 N 个电流回路系统，其磁能为

$$W_{\mathrm{m}} = \frac{1}{2} \sum_{i=1}^{N} \Psi_i I_i \tag{3.113}$$

其中

$$\Psi_i = \sum_{j=1}^{N} \Psi_{ji} = \sum_{j=1}^{N} M_{ji} I_j \tag{3.114}$$

Ψ_{ji} 是回路 j 在回路 i 上的磁通，Ψ_i 是回路 i 的总磁通。

将回路 i 上的总磁通 Ψ_i 用磁矢位表示

$$\Psi_i = \oint_{C_i} \boldsymbol{A} \cdot \mathrm{d}\boldsymbol{l}_i \tag{3.115}$$

其中，$\boldsymbol{A}$ 是 N 个回路在 $\mathrm{d}\boldsymbol{l}_i$ 处的总磁矢位。将式(3.115)代入式(3.113)得

$$W_{\mathrm{m}} = \frac{1}{2} \sum_{i=1}^{N} I_i \oint_{C_i} \boldsymbol{A} \cdot \mathrm{d}\boldsymbol{l}_i \tag{3.116}$$

对于分布电流，用 $I_i \mathrm{d}\boldsymbol{l}_i = \boldsymbol{J} \mathrm{d}V$ 代入式(3.116)，得

$$W_{\mathrm{m}} = \frac{1}{2} \int_V \boldsymbol{J} \cdot \boldsymbol{A} \mathrm{d}V \tag{3.117}$$

式(3.117)的积分区域是有电流的空间，可将积分区域扩展为全空间而不影响积分值。

类似于静电场的能量可以用电场矢量 $\boldsymbol{D}$ 和 $\boldsymbol{E}$ 表示，磁场能量也可用场矢量 $\boldsymbol{B}$ 和 $\boldsymbol{H}$ 表示，并由此得出磁能密度的概念。将 $\nabla\times\boldsymbol{H}=\boldsymbol{J}$ 代入式(3.117)，得

$$\begin{aligned}W_{\mathrm{m}}&=\frac{1}{2}\int_V \boldsymbol{A}\cdot(\nabla\times\boldsymbol{H})\mathrm{d}V\\&=\frac{1}{2}\int_V[\boldsymbol{H}\cdot(\nabla\times\boldsymbol{A})-\nabla\cdot(\boldsymbol{A}\times\boldsymbol{H})]\mathrm{d}V\\&=\frac{1}{2}\int_V\boldsymbol{H}\cdot\boldsymbol{B}\mathrm{d}V-\frac{1}{2}\oint_S(\boldsymbol{A}\times\boldsymbol{H})\cdot\mathrm{d}\boldsymbol{S}\end{aligned}$$

注意，上式中当积分区域 V 趋于无穷时，面积分项为零(理由同静电场能量里的类似)，于是得到

$$W_{\mathrm{m}}=\frac{1}{2}\int_V\boldsymbol{H}\cdot\boldsymbol{B}\mathrm{d}V\tag{3.118}$$

磁场能量密度为

$$w_{\mathrm{m}}=\frac{1}{2}\boldsymbol{B}\cdot\boldsymbol{H}\tag{3.119}$$

例 3.12 求无限长圆柱导体单位长度的内自感。

解 设导体半径为 a，通过的电流为 I，则距离轴心 r 处的磁感强度为

$$B_\phi=\frac{\mu_0 Ir}{2\pi a^2}$$

单位长度的磁场能量为

$$W_{\mathrm{mi}}=\frac{1}{2}\int BH\mathrm{d}V=\frac{1}{2\mu_0}\int B^2\mathrm{d}V=\frac{1}{2\mu_0}\int_0^a B^2 2\pi r\mathrm{d}r\int_0^1\mathrm{d}z=\frac{\mu_0 I^2}{16\pi}$$

所以，单位长度的内自感为

$$L_{\mathrm{i}}=\frac{2W_{\mathrm{mi}}}{I^2}=\frac{\mu_0}{8\pi}$$

注意，内自感与导线的直径无关。代入 μ_0 的数值，得每米长导线的内自感为 $5\times10^{-8}\mathrm{H}$。

3.11 磁 场 力

原则上讲，一个回路在磁场中受到的力，可以用安培定律来计算。但是许多问题用虚位移法较为方便。用虚位移法求磁场力时，假设某一个电流回路在磁场力的作用下发生了一个虚位移，这时回路的互感要产生变化，磁场能量也要产生变化。然后根据能量守恒定律，求出磁场力。

为了简单起见，以下仅讨论两个回路的情形，但得到的结果可以推广到一般情形。假设回路 C_1 在磁场力的作用下发生了一个小位移 Δr，回路 C_2 不动。以下分磁链不变和电流不变两种情形讨论。

磁链不变 当磁链不变时，各个回路中的感应电势为零，所以电源不做功。磁场力做的功必来自磁场能量的减少。如将回路 C_1 受到的磁场力记为 $\boldsymbol{F}$，它做的功为 $\boldsymbol{F}\cdot\Delta\boldsymbol{r}$，所以

$$\boldsymbol{F}\cdot\Delta\boldsymbol{r}=-\Delta W_{\mathrm{m}}$$

$$F_r=-\left.\frac{\partial W_{\mathrm{m}}}{\partial r}\right|_{\Psi} \tag{3.120}$$

写为矢量形式

$$\boldsymbol{F}=-\nabla W_{\mathrm{m}}\,|_{\Psi} \tag{3.121}$$

电流不变 当各个回路的电流不变时，各回路的磁链要发生变化，在各回路中会产生感应电势，电源要做功。在回路产生位移 $\Delta\boldsymbol{r}$ 时，电源做功为

$$\Delta W_{\mathrm{b}}=I_1\Delta\Psi_1+I_2\Delta\Psi_2$$

由式(3.113)得磁场能量的变化为

$$\Delta W_{\mathrm{m}}=\frac{1}{2}(I_1\Delta\Psi_1+I_2\Delta\Psi_2)$$

根据能量守恒定律，电源做的功等于磁场能量的增量与磁场力对外做功之和，即

$$\Delta W_{\mathrm{b}}=\Delta W_{\mathrm{m}}+\boldsymbol{F}\cdot\Delta\boldsymbol{r}$$

$$\boldsymbol{F}\cdot\Delta\boldsymbol{r}=\Delta W_{\mathrm{m}}$$

$$\boldsymbol{F}=\nabla W_{\mathrm{m}}\,|_{I} \tag{3.122}$$

例 3.13 设两导体平面的长为 l，宽为 b，间隔为 d，上下面分别有方向相反的面电流 $\boldsymbol{J}_{S0}$(图 3.23)，设 $b\gg d$，$l\gg d$，求上面一片面电流所受的力。

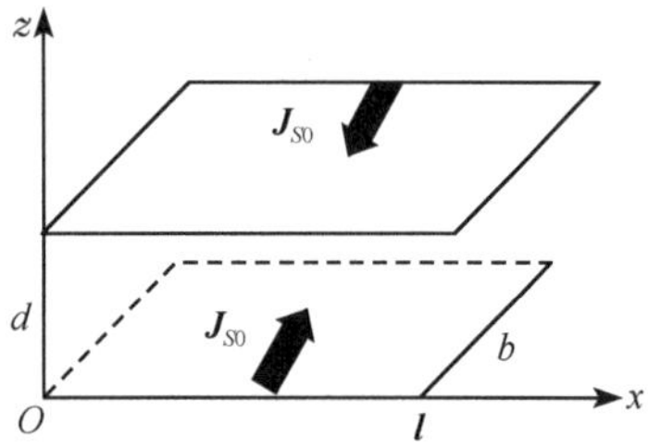

图 3.23 平行面电流磁力

解 考虑到间隔远小于其尺寸，故可以看成无线大面电流。由安培回路定理可以求出两导体板之间磁场为 $\boldsymbol{B}=\boldsymbol{a}_x\mu_0 J_{S0}$；导体外磁场为零。当用虚位移计算上面的导体板受力时，假设两板间隔为一变量 z，磁场能为

$$W_{\mathrm{m}}=\frac{1}{2}BHV=\frac{1}{2}\mu_0 J_{S0}^2 lbz$$

假定在上片位移时，电流不变，由式(3.122)，得

$$\boldsymbol{F}=\boldsymbol{a}_z\frac{\partial W_{\mathrm{m}}}{\partial z}=\boldsymbol{a}_z\frac{1}{2}\mu_0 J_{S0}^2 lb$$

这个力为斥力。

例 3.14 求无限长载流直导线和载流矩形回路之间的力，如图 3.24 所示，矩形回路和直导线在同一平面内，矩形线圈的高度为 h，宽度为 a，线圈离直导线的最近距离为 D。

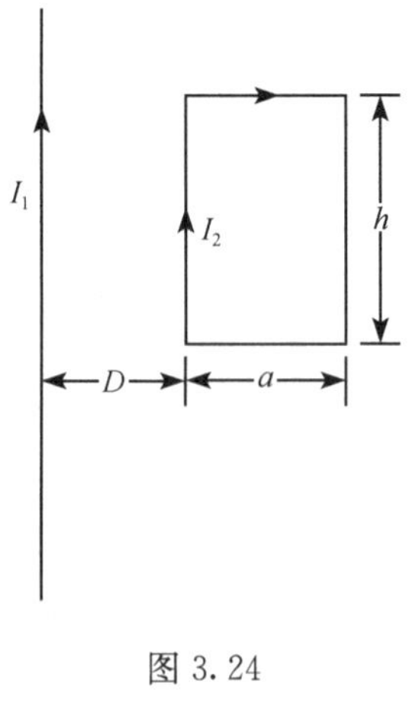

图 3.24

解 由于直导线产生的磁通和线圈产生的磁通方向一致，故它们之间的互感为正。容易求得互感系数为

$$M=\frac{\mu_0 h}{2\pi}\ln\frac{a+D}{D}$$

直导线和线圈之间的相互作用能为

$$W_{\mathrm{m}}=I_1 I_2 M=I_1 I_2\frac{\mu_0 h}{2\pi}\ln\frac{a+D}{D}$$

假定在电流不变的约束下，距离 D 有一个虚位移，则直导线对线圈的作用力为

$$F=\frac{\partial W_{\mathrm{m}}}{\partial D}=-\frac{\mu_0 ahI_1I_2}{2\pi D(D+a)}$$

其中的负号表示直导线和线圈之间是吸引力。

小　结

(1)恒定电流的电场和电荷分布不随时间变化，其基本方程为

积分形式：

$$\oint_S \boldsymbol{J}\cdot \mathrm{d}\boldsymbol{S}=0$$

$$\oint_l \boldsymbol{E}\cdot \mathrm{d}\boldsymbol{l}=0$$

微分形式：

$$\nabla\cdot \boldsymbol{J}=0$$

$$\nabla\times \boldsymbol{E}=\boldsymbol{0}$$

欧姆定律的微分形式为，$\boldsymbol{J}=\sigma\boldsymbol{E}$。焦耳定律的微分形式为，$p=\boldsymbol{E}\cdot\boldsymbol{J}$。在均匀导电介质中，电位满足拉普拉斯方程，即$\nabla^2\varphi=0$。不同导电介质的分界面上的边界条件为$J_{2\mathrm{n}}=J_{1\mathrm{n}}$和$E_{2\mathrm{t}}=E_{1\mathrm{t}}$，或者为$\sigma_2\dfrac{\partial\varphi_2}{\partial \mathrm{n}}=\sigma_1\dfrac{\partial\varphi_1}{\partial \mathrm{n}}$和$\varphi_2=\varphi_1$。

导体中的恒定电场与介质中的静电场两者的方程和边界条件有相似的形式。两个场的场量之间有一一对应的关系。当二者边界条件相同时，它们的解也有相同的形式。

(2)恒定的线电流和分布电流产生的磁感应强度为

线电流：

$$\boldsymbol{B}(\boldsymbol{r})=\frac{\mu}{4\pi}\int_l\frac{I\,\mathrm{d}\boldsymbol{l}'\times(\boldsymbol{r}-\boldsymbol{r}')}{|\boldsymbol{r}-\boldsymbol{r}'|^3}$$

体电流：

$$\boldsymbol{B}(\boldsymbol{r})=\frac{\mu}{4\pi}\int_V\frac{\boldsymbol{J}(\boldsymbol{r}')\times(\boldsymbol{r}-\boldsymbol{r}')}{|\boldsymbol{r}-\boldsymbol{r}'|^3}\mathrm{d}V'$$

面电流：

$$\boldsymbol{B}(\boldsymbol{r})=\frac{\mu}{4\pi}\int_S\frac{\boldsymbol{J}_S(\boldsymbol{r}')\times(\boldsymbol{r}-\boldsymbol{r}')}{|\boldsymbol{r}-\boldsymbol{r}'|^3}\mathrm{d}S'$$

(3)真空中恒定磁场的基本方程为

积分形式：

$$\oint_l \boldsymbol{B}\cdot \mathrm{d}\boldsymbol{l}=\mu_0 I$$

$$\oint_S \boldsymbol{B}\cdot \mathrm{d}\boldsymbol{S}=0$$

微分形式：

$$\nabla\times \boldsymbol{B}=\mu_0\boldsymbol{J}$$

$$\nabla\cdot \boldsymbol{B}=0$$

(4)介质的磁化程度用磁化强度$\boldsymbol{M}$来描述。介质中的磁场强度为$\boldsymbol{H}=\boldsymbol{B}/\mu_0-\boldsymbol{M}$，各向同性磁介质中$\boldsymbol{B}=\mu_0\mu_{\mathrm{r}}\boldsymbol{H}=\mu\boldsymbol{H}$。在介质中安培环路定理为$\oint_l \boldsymbol{H}\cdot\mathrm{d}\boldsymbol{l}=I$，其相应的微分形式为$\nabla\times\boldsymbol{H}=\boldsymbol{J}$。

(5)磁矢位由关系式$\boldsymbol{B}=\nabla\times\boldsymbol{A}$确定，在选取$\nabla\cdot\boldsymbol{A}=0$的前提下，磁矢位满足泊松方程或拉普拉斯方程：$\nabla^2\boldsymbol{J}=-\mu\boldsymbol{J}$或$\nabla^2\boldsymbol{J}=\boldsymbol{0}$。

由线电流或分布电流产生的磁矢位为

线电流：
$$\boldsymbol{A}(\boldsymbol{r})=\frac{\mu}{4\pi}\oint_{l}\frac{I\mathrm{d}\boldsymbol{l}'}{|\boldsymbol{r}-\boldsymbol{r}'|}$$

面电流：
$$\boldsymbol{A}(\boldsymbol{r})=\frac{\mu}{4\pi}\oint_{S}\frac{\boldsymbol{J}_S(\boldsymbol{r}')}{|\boldsymbol{r}-\boldsymbol{r}'|}\mathrm{d}S'$$

体电流：
$$\boldsymbol{A}(\boldsymbol{r})=\frac{\mu}{4\pi}\oint_{V}\frac{\boldsymbol{J}(\boldsymbol{r}')}{|\boldsymbol{r}-\boldsymbol{r}'|}\mathrm{d}V'$$

(6)恒定磁场边界条件

$$\boldsymbol{n}\times(\boldsymbol{H}_2-\boldsymbol{H}_1)=\boldsymbol{J}_S$$
$$\boldsymbol{n}\cdot(\boldsymbol{B}_2-\boldsymbol{B}_1)=0$$

(7)线性介质中，导体回路之间的自感和互感仅仅与回路的形状、大小、相对位置及介质特性有关，而与磁场、磁链和电流无关。

(8)磁场能量密度为

$$w_{\mathrm{m}}=\frac{1}{2}\boldsymbol{B}\cdot\boldsymbol{H}$$

(9)载流导体受到的磁场力可以用虚位移法计算

$$\boldsymbol{F}=-\nabla W_{\mathrm{m}}\big|_{\Psi},\quad \text{或者 } \boldsymbol{F}=\nabla W_{\mathrm{m}}\big|_{I}$$

习　题

3.1　一个半径为 a 的球内均匀分布着总量为 q 的电荷，若其以角速度 ω 绕一直径匀速旋转，求球内的电流密度。

3.2　球形电容器内外电极的半径分别为 a、b，其间介质的电导率为 σ，当外加电压为 V_0 时，计算功率损耗并求电阻。

3.3　一个半径为 a 的导体球作为电极深埋地下，土壤的电导率为 σ，略去地面的影响，求电极的接地电阻。

3.4　在无界非均匀导电介质(电导率和介电常量均是坐标的函数)中，若有恒定电流存在，证明介质中的自由电荷密度为

$$\rho=\boldsymbol{E}\cdot\left(\nabla\varepsilon-\frac{\varepsilon}{\sigma}\nabla\sigma\right)$$

3.5　平板电容器间由两种介质完全填充，厚度分别为 d_1 和 d_2，介电常量分别为 ε_1 和 ε_2，电导率分别为 σ_1 和 σ_2，当外加电压 V_0 时，求分界面上的自由电荷面密度。

3.6　内外导体半径分别为 a、c 的同轴线，其间填充两种漏电介质，电导率分别为 $\sigma_1(a<r<b)$ 和 $\sigma_2(b<r<c)$，求单位长度的电阻。

3.7　一个半径为 10cm 的半球形接地导体电极，电极平面与地面重合，如习题 3.7 图所示，若土壤的电导率为 0.01S/m，当电极通过电流为 100A 时，求土壤损耗的功率。

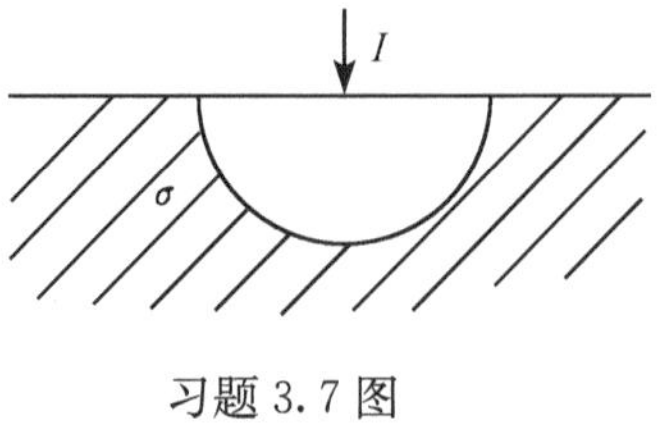

习题 3.7 图

3.8　有一个任意形状的电容器，里面充满介电常量为 ε 的均匀电介质，如果已知当它充满电导率为 σ 的均匀导体时，它对稳定电流的电阻为 R，求该电容器的电容 C。

3.9　一个正 n 边形线圈中通过的电流为 I，外接圆半径为 a，试证此线圈中心的磁感应强度为

$$B=\frac{\mu_0 nI}{2\pi a}\tan\frac{\pi}{n}$$

3.10 求载流为 I，半径为 a 的圆形导线中心的磁感应强度。

3.11 一个载流 I_1 的长直导线和一个载流 I_2 的圆环(半径为 a)在同一平面内，圆心与导线的距离是 d。证明两电流之间的相互作用力为 $\mu_0 I_1 I_2\left(\dfrac{d}{\sqrt{d^2-a^2}}-1\right)$。

3.12 内、外半径分别为 a、b 的无限长空心圆柱中均匀分布着轴向电流 I，求柱内外的磁感强度。

3.13 两个半径都为 a 的圆柱体，轴间距为 d，$d<2a$(习题3.13图)。除两柱重叠部分 R 外，柱间有大小相等、方向相反的电流，密度为 $\boldsymbol{J}$，求区域 R 的 $\boldsymbol{B}$。

3.14 证明矢位 $\boldsymbol{A}_1=\boldsymbol{a}_x\cos y+\boldsymbol{a}_y\sin x$ 和 $\boldsymbol{A}_2=\boldsymbol{a}_y(\sin x+x\sin y)$ 给出相同的磁场 $\boldsymbol{B}$，并证明它们得自相同的电流分布。它们是否均满足矢量泊松方程？为什么？

3.15 由磁矢位的积分表达式

$$\boldsymbol{A}=\frac{\mu_0}{4\pi}\int_V\frac{\boldsymbol{J}(\boldsymbol{r}')}{|\boldsymbol{r}-\boldsymbol{r}'|}\mathrm{d}V'$$

证明磁矢位可以通过磁感应强度的积分来表示，即

$$\boldsymbol{A}=\frac{1}{4\pi}\int_V\frac{\boldsymbol{B}(\boldsymbol{r}')\times(\boldsymbol{r}-\boldsymbol{r}')}{|\boldsymbol{r}-\boldsymbol{r}'|^3}\mathrm{d}V'$$

并说明推导过程中所作的假设。

3.16 半径为 a 的长圆柱面上有密度为 $\boldsymbol{J}_{S0}$ 的面电流，电流方向分别为：(1)沿圆周方向；(2)沿轴线方向。分别求两种情形下柱内、外的 $\boldsymbol{B}$。

3.17 一对无限长平行导线，相距 $2a$，线上载有大小相等、方向相反的电流 I，求磁矢位 $\boldsymbol{A}$，并求 $\boldsymbol{B}$(习题3.17图)。

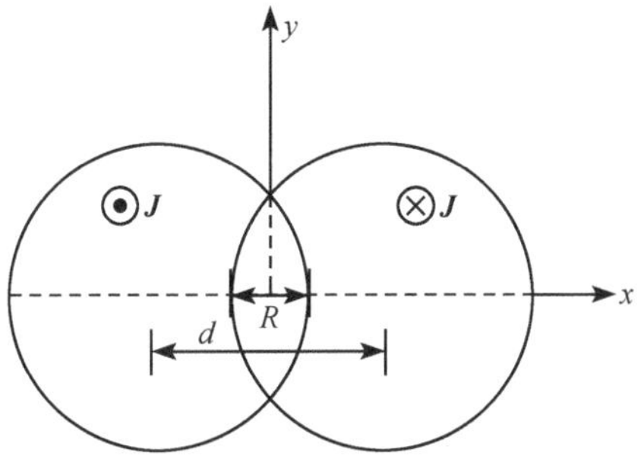

习题3.13图

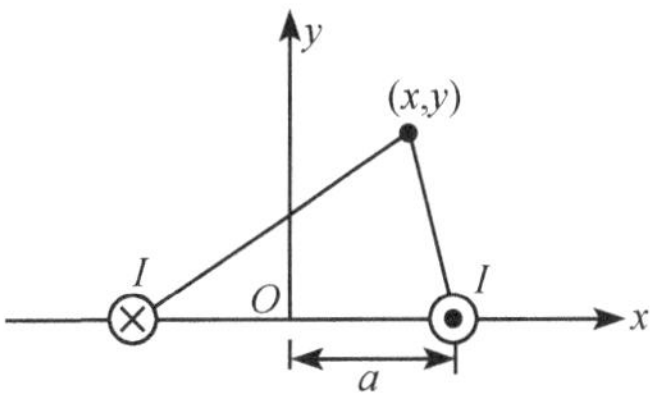

习题3.17图

3.18 由无限长载流直导线的 $\boldsymbol{B}$ 求矢位 $\boldsymbol{A}$(用 $\int_S\boldsymbol{B}\cdot\mathrm{d}\boldsymbol{S}=\oint_C\boldsymbol{A}\cdot\mathrm{d}\boldsymbol{l}$，并取 $r=r_0$ 处为矢位的参考零点)。并验证 $\nabla\times\boldsymbol{A}=\boldsymbol{B}$。

3.19 证明 xy 平面上半径为 a，圆心在原点的圆电流环(电流为 I)在 z 轴上的标位为

$$\varphi_{\mathrm{m}}=\frac{I}{2}\left[1-\frac{z}{(a^2+z^2)^{1/2}}\right]$$

3.20 一个长为 L，半径为 a 的圆柱状磁介质沿轴向方向均匀磁化(磁化强度为 $\boldsymbol{M}_0$)，求它的磁矩。若 $L=10\text{cm}$，$a=2\text{cm}$，$M_0=2\text{A/m}$，求出磁矩的值。

3.21 球心在原点，半径为 a 的磁化介质球中 $\boldsymbol{M}=\boldsymbol{a}_z M_0\dfrac{z^2}{a^2}$($M_0$ 为常数)，求磁化电流的体密度和面密度。

3.22 一块磁化介质的磁矩定义为$\int_V \boldsymbol{M}\mathrm{d}V$，证明

$$\int_V \boldsymbol{M}\mathrm{d}V=\int_V \boldsymbol{r}\rho_{\mathrm{m}}\mathrm{d}V+\oint_S \boldsymbol{r}\rho_{S\mathrm{m}}\mathrm{d}S$$

并对半径为 a 的均匀磁化介质球分别用上式的左边和右边计算其磁矩。

3.23 证明磁介质内部的磁化电流是传导电流的$(\mu_{\mathrm{r}}-1)$倍。

3.24 已知内、外半径分别为 a、b 的无限长铁质圆柱壳(磁导率为 μ)，沿轴向有恒定的传导电流 I，求磁感强度和磁化电流。

3.25 设 $x<0$ 的半空间充满磁导率为 μ 的均匀磁介质，$x>0$ 的空间为真空。线电流 I 沿 z 轴方向，求磁感强度。

3.26 已知在半径为 a 的无限长圆柱导体内有恒定电流 I 沿轴向方向。设导体的磁导率为 μ_1，其外充满磁导率为 μ_2 的均匀磁介质。求导体内、外的磁场强度、磁感应强度、磁化电流分布。

3.27 试证长直导线和其共面的正三角形之间的互感为

$$M=\frac{\mu_0}{\pi\sqrt{3}}\left[(a+b)\ln\left(1+\frac{1}{b}\right)-a\right]$$

其中，a 是三角形的高，b 是三角形平行于长直导线的边至直导线的距离(且该边距离直导线最近)。

3.28 无限长的直导线附近有一矩形回路(两者不共面，如习题 3.28 图所示)，试证它们之间的互感为

$$M=-\frac{\mu_0 a}{2\pi}\ln\frac{R}{\left[2b\left(R^2-c^2\right)^{1/2}+b^2+R^2\right]^{1/2}}$$

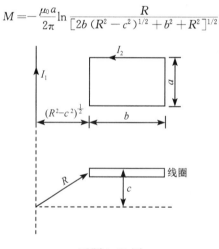

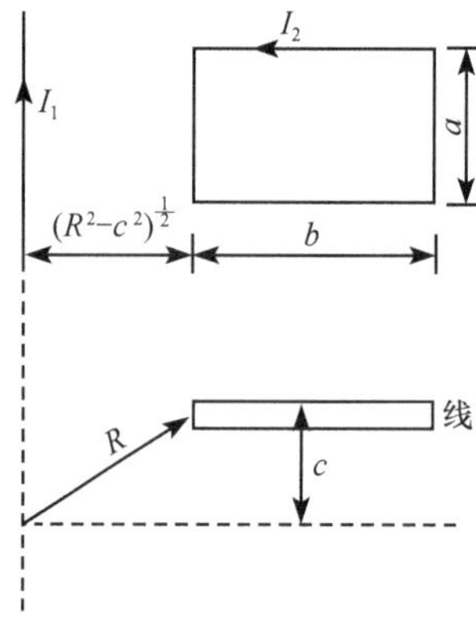

习题 3.28 图

3.29 空气绝缘的同轴线，内导体的半径为 a，外导体的内半径为 b，通过的电流为 I，设外导体壳的厚度很薄，因而其储存的能量可以忽略不计。计算同轴线单位长度的储能，并由此求单位长度的自感。

3.30 一个长直导线和一个圆环(半径为 a)在同一平面内，圆心与导线的距离是 d，证明它们之间互感为

$$M=\mu_0\left(d-\sqrt{d^2-a^2}\right)$$

3.31 如习题 3.31 图所示的长密绕螺线管(单位长度 n 匝)，通过的电流为 I，铁心的磁导率为 μ，面积为 S，求作用在它上面的力。

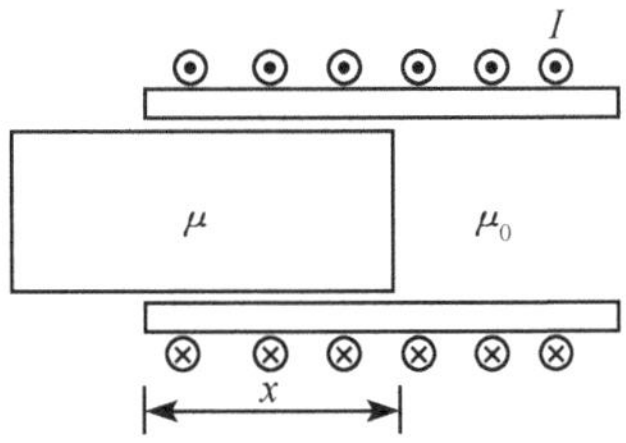

习题 3.31 图

综合性拓展练习题

3.1　地球磁场的产生机理及其在定位导航领域的应用案例。

3.2　表述直流发电机的工作原理及其性能指标。

3.3　表述直流电动机的工作原理及其性能指标。

3.4　表述静磁屏蔽原理及其应用实例。

3.5　表述舰艇消磁的工作原理及应用。

第 4 章　静态场边值问题的解法

在前几章中，我们看到当电荷或电流分布已知时，可以通过积分来计算电场或磁场。但实际上，我们通常要处理两种类型的静态场问题。一种是已知场源(电荷分布、电流分布)直接计算空间各点的场强或位函数，这类问题叫作分布型问题。另一种是已知空间某给定区域内的场源分布和该区域边界面上的位函数(或其法向导数)，求区域内位函数的分布，这类问题叫作边值型问题。

求解这些边值型问题空间电场、磁场的分布，可以化为求解给定边界条件下位函数的拉普拉斯方程或泊松方程，即求解边值问题。

拉普拉斯方程是一个二阶偏微分方程，可以用解析法、数值计算法、实验模拟和图解法等求解。本章介绍解析法中的一些常用方法，对数值方法中的有限差分法也作简单介绍。

4.1　边值问题的分类

静电场的计算通常是求场内任一点的电位。一旦电位确定，电场强度和其他物理量都可由电位求得。在无界空间，如果已知分布电荷的体密度，可以通过积分公式计算任意点的电位。但计算有限区域的电位时，必须使用所讨论区域边界上电位的指定值(称为边值)来确定积分常数；此外，当场域中有不同介质时，还要用到电位在边界上的边界条件。这些用来决定常数的条件，常统称为边界条件。我们把通过微分方程及相关边界条件描述的问题，称为边值问题。

实际上，边界条件(边值)除了给定电位在边界上的值以外，也可以是电位在边界上的方向导数。根据不同形式的边界条件，边值问题通常分为三类：

第一类边值问题(Dirichlet 问题)：给定整个边界上的位函数值；

第二类边值问题(Neumann 问题)：给定边界上每一点位函数的法向导数；

第三类边值问题(混合问题)：给定一部分边界上每一点的电位，同时给定另一部分边界上每一点的电位法向导数。

应该指出，给定导体上的总电量亦属于第二类边值问题。

4.2　唯一性定理

如前所述，边值问题的求解就是偏微分方程的求解。对于偏微分方程，通常和常微分方程相类似，要考虑其解的存在性、唯一性和稳定性。这里仅对静电边值问题的唯一性加以讨论。

4.2.1　格林公式

格林公式是场论中的一个重要公式，可以由散度定理导出。散度定理可以表示为

$$\int_V \nabla\cdot \boldsymbol{F}\mathrm{d}V=\oint_S \boldsymbol{F}\cdot \mathrm{d}\boldsymbol{S} \tag{4.1}$$

其中，令 $\boldsymbol{F}=\varphi\nabla\psi$，则

$$\nabla\cdot \boldsymbol{F}=\nabla\cdot(\varphi\nabla\psi)=\varphi\nabla^2\psi+\nabla\varphi\cdot\nabla\psi \tag{4.2}$$

$$\begin{aligned}\int_V \nabla\cdot \boldsymbol{F}\mathrm{d}V&=\int_V(\varphi\nabla^2\psi+\nabla\varphi\cdot\nabla\psi)\mathrm{d}V\\&=\oint_S(\varphi\nabla\psi)\cdot\mathrm{d}\boldsymbol{S}\\&=\oint_S\varphi\frac{\partial\psi}{\partial n}\mathrm{d}S\end{aligned}$$

即

$$\int_V(\varphi\nabla^2\psi+\nabla\varphi\cdot\nabla\psi)\mathrm{d}V=\oint_S\varphi\frac{\partial\psi}{\partial n}\mathrm{d}S \tag{4.3}$$

这就是格林第一恒等式。$\boldsymbol{n}$ 是面元的正法向矢量，即闭合面的外法向。

将式(4.2)中的 φ 和 ψ 交换，得

$$\int_V(\psi\nabla^2\varphi+\nabla\psi\cdot\nabla\varphi)\mathrm{d}V=\oint_S\psi\frac{\partial\varphi}{\partial n}\mathrm{d}S \tag{4.4}$$

式(4.3)和式(4.4)相减，得

$$\int_V(\varphi\nabla^2\psi-\psi\nabla^2\varphi)\mathrm{d}V=\oint_S\left(\varphi\frac{\partial\psi}{\partial n}-\psi\frac{\partial\varphi}{\partial n}\right)\mathrm{d}S \tag{4.5}$$

这个公式称为格林第二恒等式。

4.2.2　唯一性定理

边值问题的唯一性定理十分重要，它表明，对任意的静电场，当空间各点的电荷分布与整个边界上的边界条件已知时，空间各部分的场就唯一地确定了。我们以拉普拉斯方程的第一类边值问题为例，对唯一性定理加以证明。我们用反证法证明，假设特定的边值问题有两个解，然后证明两者恒等。

设在区域 V 内，给定的介质分布和电荷分布对应于两个电位函数，即 φ_1 和 φ_2 满足泊松方程

$$\nabla^2\varphi_1=-\frac{\rho(\boldsymbol{r})}{\varepsilon} \tag{4.6}$$

$$\nabla^2\varphi_2=-\frac{\rho(\boldsymbol{r})}{\varepsilon} \tag{4.7}$$

在 V 的边界 S 上，φ_1 和 φ_2 满足同样的边界条件，即

$$\varphi_1|_S=f(\boldsymbol{r})$$

$$\varphi_2|_S=f(\boldsymbol{r})$$

令 $\varphi=\varphi_1-\varphi_2$，则在 V 内，$\nabla^2\varphi=0$，在边界面 S 上，$\varphi|_S=0$。在格林第一恒等式中，令 $\psi=\varphi$，则

$$\int_V(\varphi\nabla^2\varphi+\nabla\varphi\cdot\nabla\varphi)\mathrm{d}V=\oint_S\varphi\frac{\partial\varphi}{\partial n}\mathrm{d}S \tag{4.8}$$

由于$\nabla^2\varphi=0$，所以有

$$\int_V |\nabla\varphi|^2 \mathrm{d}V = \oint_S \varphi \frac{\partial\varphi}{\partial n}\mathrm{d}S \tag{4.9}$$

在S上$\varphi=0$，因而式(4.9)右边为零，因而有

$$\int_V |\nabla\varphi|^2 \mathrm{d}V = 0 \tag{4.10}$$

由于对任意函数φ，$|\nabla\varphi|\geqslant 0$，所以得$\nabla\varphi=0$，于是$\varphi$只能是常数，再使用边界面上$\varphi=0$，可知在整个区域内$\varphi\equiv 0$，即$\varphi_1=\varphi_2$。

关于第二、三类边值问题，唯一性定理的证明和第一类边值问题类似。但是应该注意到，对第二类边值问题，满足泊松方程和边界条件的电位解可以相差一个常数。

唯一性定理是一个十分重要的基本定理。它的重要意义在于，一是告诉我们在什么条件下得到的解是唯一的；二是允许我们自由选择任何一种求解问题的方法；三是根据唯一性定理可以建立许多应用于电磁场问题求解的等效原理。由于有唯一性定理保证，因而有时可以通过猜测来确定问题的解，只要此解满足拉普拉斯方程以及边界条件，由唯一性定理可知，这个解就是所求的唯一解。

4.3 镜 像 法

镜像法是解静电边值问题的一种特殊方法。它主要用来求分布在导体附近的电荷(点电荷、线电荷)产生的场。如在实际工程中，要遇到水平架设的双线传输线的电位、电场计算问题。当传输线离地面距离较小时，要考虑地面的影响，地面可以看作为一个无穷大的导体平面。由于传输线上所带的电荷靠近导体平面，导体表面会出现感应电荷。此时地面上方的电场由原电荷和感应电荷共同产生。

镜像法是应用唯一性定理的典型范例。下面通过例题说明镜像法。

4.3.1 平面镜像法

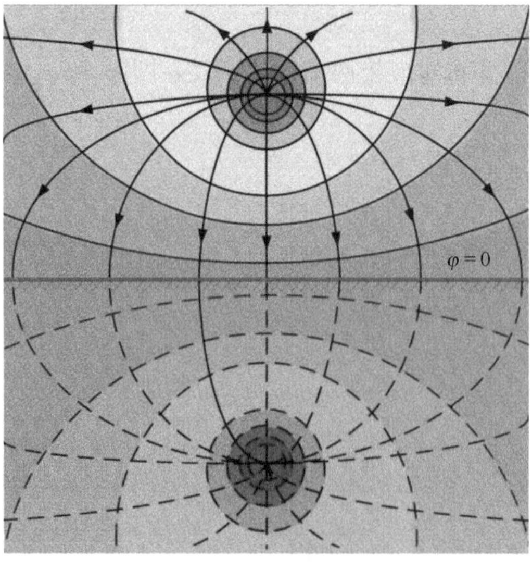

图 4.1 平面镜像法

例 4.1 求放置于无限大接地平面导体上方，距导体面为h处的点电荷q的电位。

解 如图 4.1，设$z=0$为导体面，点电荷q位于$(0, 0, h)$处，待求的是$z>0$中的电位。我们可以把上半空间的电位看作两部分之和，即$\varphi=\varphi_q+\varphi_S$，其中，$\varphi_q$、$\varphi_S$分别表示点电荷和导体面上的感应电荷产生的电位。我们不知道感应面电荷的分布，因其分布与空间电场有关，但我们知道，在上半空间仅有点电荷q，电位φ_S满足拉普拉斯方程；导体表面由所有电荷产生的总电位为

零；且在无穷远处，总电位趋于零，即

当 $z>0$，$\nabla^2\varphi=0$（但在 $z=h$ 处，有一个点源 q）；

当 $z=0$，$\varphi=0$；

当 $z\to\infty$，$|x|\to\infty$，$|y|\to\infty$时，$\varphi\to 0$。

考虑图 4.1(b)所示的电荷分布，容易求得这一组电荷分布的电位是

$$\varphi'=\frac{1}{4\pi\varepsilon_0}\left(\frac{q}{r_+}-\frac{q}{r_-}\right) \tag{4.11}$$

$$r_+=[x^2+y^2+(z-h)^2]^{1/2},\quad r_-=[x^2+y^2+(z+h)^2]^{1/2}$$

比较图 4.1(a)和图 4.1(b)后，可以看出，在 $z>0$ 的区域，二者电荷分布相同，即在(0，0，h)点有一个点电荷 q，在区域的边界上有相同的边界条件（在 $z=0$ 的平面上电位为零，在半径趋于无穷大的半球面上电位为零）。根据边值问题的唯一性定理，可知二者在上半空间电位分布相同。也就是说，可以用图 4.1(b)中的点电荷 $-q$ 等效图 4.1(a)中的感应面电荷。我们称图 4.1(b)是图 4.1(a)所示问题的等效镜像问题。位于(0，0，$-h$)的点电荷 $-q$ 是原电荷 q 的镜像电荷。注意，在下半空间，图 4.1(a)和图 4.1(b)电荷分布不同，因而不能用式(4.11)表示原问题 $z<0$ 处的电位。由式(4.11)，可得 $z>0$ 区域的电场

$$E_x=\frac{qx}{4\pi\varepsilon_0}\left(\frac{1}{r_+^3}-\frac{1}{r_-^3}\right)$$

$$E_y=\frac{qy}{4\pi\varepsilon_0}\left(\frac{1}{r_+^3}-\frac{1}{r_-^3}\right)$$

$$E_z=\frac{q}{4\pi\varepsilon_0}\left(\frac{z-h}{r_+^3}-\frac{z+h}{r_-^3}\right)$$

由 $D_n=\rho_S$ 可得导体表面的面电荷密度

$$\rho_S=\varepsilon_0E_z=-\frac{qh}{2\pi(x^2+y^2+h^2)^{3/2}} \tag{4.12}$$

导体表面总的感应电荷

$$q_{\text{in}}=\int\rho_S\mathrm{d}S=-\frac{qh}{2\pi}\int_{-\infty}^{\infty}\int_{-\infty}^{\infty}\frac{\mathrm{d}x\mathrm{d}y}{(x^2+y^2+h^2)^{3/2}}=-q$$

如果导体平面不是无限大，而是像图 4.2 所示相互正交的两个无限大接地平面，我们同样可以运用镜像法，此时需要用图 4.2 所示的三个镜像电荷。用这些镜像电荷代替导体面上的感应面电荷以后，可以看到在待求区域内（原电荷所在的区域），两问题的电荷分布不变，电位边值相同。实际上夹角为 π/n($n=2$，3，…)的两个导体板，都可以用有限个镜像电荷来等效原问题。

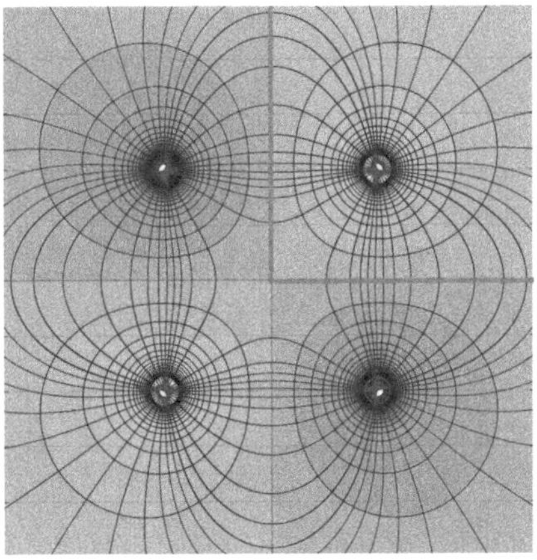

图 4.2　接地导体拐角的镜像

4.3.2　球面镜像法

我们通过具体例题讨论球面镜像问题。

例 4.2　如图 4.3(a)所示，一个半径为 a 的接

地导体球，一点电荷 q 位于距球心 d 处，求球外任一点的电位。

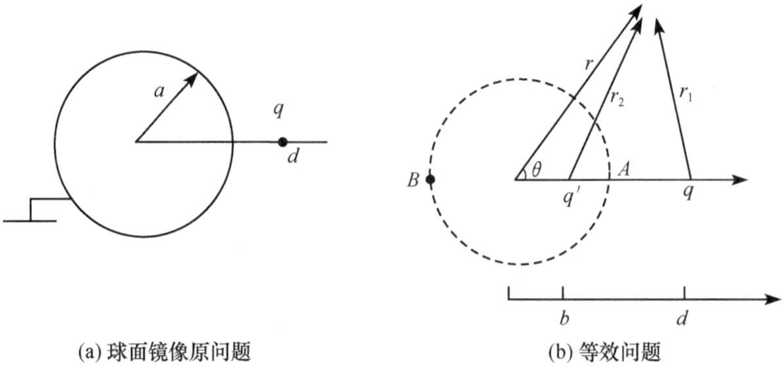

图 4.3　球面镜像

解　先试探用一个镜像电荷 q' 等效球面上的感应面电荷在球外产生的电位和电场。从对称性考虑，镜像电荷 q' 应置于球心与电荷 q 的连线上，设 q' 离球心距离是 $b(b<a)$，这样球外任一点的电位是由电荷 q 与镜像电荷 q' 产生电位的叠加，即

$$\varphi=\frac{q}{4\pi\varepsilon_0 r_1}+\frac{q'}{4\pi\varepsilon_0 r_2} \tag{4.13}$$

当计算球面上一点的电位时，有

$$\frac{q}{4\pi\varepsilon_0 r_{10}}+\frac{q'}{4\pi\varepsilon_0 r_{20}}=0 \tag{4.14}$$

其中，r_{10}、r_{20} 分别是从 q、q' 到球面上点 P_0 的距离。在式中 q' 和 b 是待求量，取球面上的点分别位于离原电荷最远、最近处，可以得到确定 q'、b 的两个方程

$$\left.\begin{aligned} A:\quad & \frac{q}{d-a}+\frac{q'}{a-b}=0 \\ B:\quad & \frac{q}{d+a}+\frac{q'}{a+b}=0 \end{aligned}\right\} \tag{4.15}$$

解之，可以得出 $bd=a^2$，同时可以得出镜像电荷的大小，即

$$\left.\begin{aligned} q' &= -\frac{a}{d}q \\ b &= \frac{a^2}{d} \end{aligned}\right\} \tag{4.16}$$

可以验证，当取这样的镜像点电荷时，对球面上的任意点 P_0，式(4.14)恒满足。也就是说，可以用式(4.16)确定镜像点电荷的大小和位置，用此点电荷代替导体球面上的感应面电荷。与平面镜像法相比，镜像电荷仍然与原电荷反号，但数值不等。从而，球体外部的电位为

$$\begin{aligned} \varphi &= \frac{q}{4\pi\varepsilon_0 r_1}+\frac{q'}{4\pi\varepsilon_0 r_2} \\ &= \frac{q}{4\pi\varepsilon_0\,(d^2+r^2-2rd\cos\theta)^{1/2}}+\frac{q'}{4\pi\varepsilon_0\,(b^2+r^2-2rb\cos\theta)^{1/2}} \end{aligned}$$

利用上式可以求出接地导体球面上的总感应电荷是 $q_{in}=-qa/d=q'$。

如果导体球不接地且不带电，可用镜像法和叠加原理求球外的电位。此时球面必须是等位面，且导体球上的总感应电荷为零。应使用两个等效电荷，一个 q'，其位置和大小由式(4.16)确定，另一个是 q''，$q''=-q'$，q''位于球心。

如果导体球不接地，且带电荷 Q，则 q'位置和大小同上，q''的位置也在原点，但 $q''=Q-q'$，即 $q''=Q+qa/d$。

例 4.3　空气中有两个半径相同(均等于 a)的导体球相切，试用球面镜像法求该孤立导体系统的电容。

解　如图 4.4 所示，设无穷远处的电位是零，导体面的电位为常数。以下我们用球面镜像法来确定导体所带的总电荷。先在两导体球的球心处各放相同的点电荷 q，此时，如果我们仅仅考虑右侧球心 A 处的单个电荷 q 在右面的球面上产生的电位，则可知右面球面是等位面，但考虑到左面的电荷 q 对右面导体球面的影响，要维持其表面是一个等位面，必须在右侧导体球的内部再加上一个 q_1，它是左侧 q 在右面导体球上镜像电荷，其位置与大小由镜像法确定。设其位于 A_1处，则

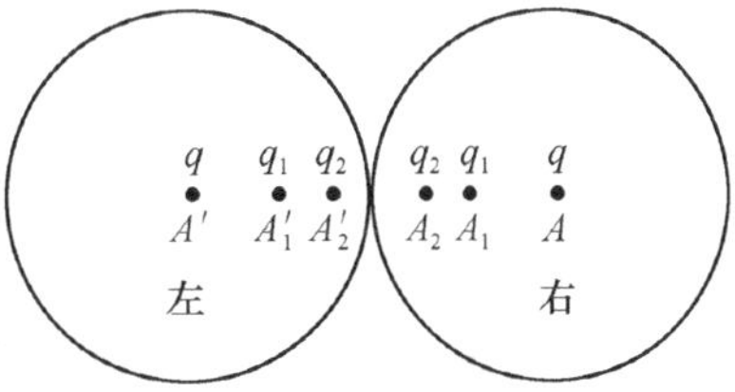

图 4.4

$$AA_1=\frac{a^2}{AA'}=\frac{a^2}{2a}=\frac{a}{2}$$

$$q_1=-\frac{a}{2a}q=-\frac{1}{2}q$$

右侧的 q 在左面的导体球面也有一个镜像电荷，大小也是 q_1，位于 A_1'处。由问题本身的对称性，可知，左面的电荷总是与右侧分布对称。以下仅分析右侧的。左面的 q_1 在右导体球上也要成像，这个镜像电荷记作 q_2，位于 A_2处

$$AA_2=\frac{a^2}{AA_1'}=\frac{a^2}{a/2+a}=\frac{2a}{3}$$

$$q_2=-\frac{a}{AA_1'}q_1=\frac{1}{3}q$$

依此类推

$$q_3=-\frac{1}{4}q$$

$$q_4=\frac{1}{5}q$$

因而，导体系统的总电荷是

$$Q=2(q+q_1+q_2+\cdots)=2q\left(1-\frac{1}{2}+\frac{1}{3}-\frac{1}{4}+\cdots\right)=2q\ln 2$$

导体面的电位是

$$V_0=\frac{q}{4\pi\varepsilon_0 a}$$

所以，这个孤立导体的电容是

$$C=8\pi\varepsilon_0 a\ln 2$$

4.3.3 圆柱面镜像法

在讨论圆柱面的镜像问题之前，先分析线电荷的平面镜像问题。这一结果可用于导体柱的镜像问题。

例 4.4 线密度为 ρ_l 的无限长线电荷平行置于接地无限大导体平面前，二者相距 d，求电位及等位面方程。

解 仿照点电荷的平面镜像法，可知线电荷的镜像电荷为 $-\rho_l$，位于原电荷的对应点。取图 4.5(b)的坐标系，以原点为电位参考点。得线电荷 ρ_l 电位

$$\varphi_+ = \frac{\rho_l}{2\pi\varepsilon_0}\ln\frac{r_0}{r_+} \tag{4.17}$$

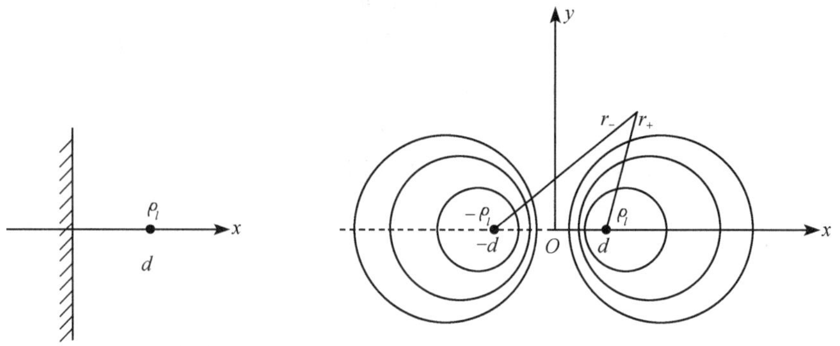

(a) 导体平面与线电荷

(b) 等位线

图 4.5

同理得镜像电荷 $-\rho_l$ 的电位

$$\varphi_- = -\frac{\rho_l}{2\pi\varepsilon_0}\ln\frac{r_0}{r_-} \tag{4.18}$$

任一点$(x，y)$的总电位

$$\varphi = \varphi_+ + \varphi_- = \frac{\rho_l}{2\pi\varepsilon_0}\ln\frac{r_-}{r_+}$$

用直角坐标表示为

$$\varphi(x,y) = \frac{\rho_l}{4\pi\varepsilon_0}\ln\frac{(x+d)^2+y^2}{(x-d)^2+y^2} \tag{4.19}$$

式(4.19)表示图 4.5(b)二平行线电荷的电位，其右半空间($x>0$)就是图 4.5(a)的电位。以下讨论式(4.19)所示电位在 xOy 平面的等位线方程及图形。等位线方程为

$$\frac{(x+d)^2+y^2}{(x-d)^2+y^2} = m^2 \tag{4.20}$$

其中，m 是常数(写成平方仅为了方便)，可以化成

$$\left(x-\frac{m^2+1}{m^2-1}d\right)^2 + y^2 = \left(\frac{2md}{m^2-1}\right)^2 \tag{4.21}$$

这个方程表示一族圆，圆心在$(x_0，y_0)$，半径是 R_0，其中

$$R_0 = \frac{2md}{|m^2-1|}, \quad x_0 = \frac{m^2+1}{m^2-1}d, \quad y_0 = 0 \tag{4.22}$$

每一个给定的 $m(m>0)$值，对应一个等位圆，此圆的电位是

$$\varphi = \frac{\rho_l}{2\pi\varepsilon_0}\ln m \tag{4.23}$$

图 4.5(b)画出了不同 m 值的等位圆，右半空间($x>0$)对应 $m>1$，电位为正；左半空间($x<0$)对应 $m<1$，电位为负；y 轴对应 $m=1$，电位为零。$m=0$对应点($-d$，0)，$m=\infty$对应点(d，0)。这一结果能计算与无限长圆柱导体有关的静电问题。

例 4.5　如图 4.6 所示，两平行圆柱形导体的半径都为 a，导体轴线之间的距离是 $2b$，求导体单位长的电容。

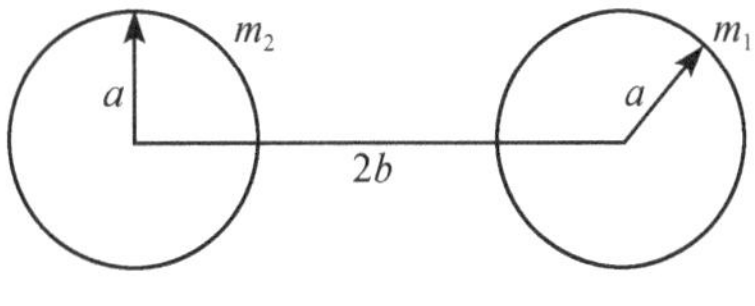

图 4.6　平行双导体

解　设两个导体圆柱单位长带电分别为 ρ_l 和 $-\rho_l$，利用柱面镜像法，将导体柱面上的电荷用线电荷代替，线电荷相距原点均为 d，两个导体面的电位分别为 V_1 和 V_2，依式(4.22)，有

$$\frac{2md}{m^2-1} = a \tag{4.24a}$$

$$\frac{m^2+1}{m^2-1}d = b \tag{4.24b}$$

解之得

$$m_{1,2} = \frac{b \pm \sqrt{b^2-a^2}}{a} \tag{4.25}$$

其中，正负号分别对应第一、第二个圆柱体。由式(4.23)，有

$$\begin{aligned} U = V_1 - V_2 &= \frac{\rho_l}{2\pi\varepsilon_0}(\ln m_1 - \ln m_2) \\ &= \frac{\rho_l}{2\pi\varepsilon_0}\ln\frac{b+\sqrt{b^2-a^2}}{b-\sqrt{b^2-a^2}} \\ &= \frac{\rho_l}{\pi\varepsilon_0}\ln\frac{b+\sqrt{b^2-a^2}}{a} \end{aligned}$$

两个平行圆柱导体之间单位长度的电容为

$$C = \frac{\rho_l}{U} = \frac{\pi\varepsilon_0}{\ln\dfrac{b+\sqrt{b^2-a^2}}{a}}$$

当 $b \gg a$ 时

$$C \approx \frac{\pi\varepsilon_0}{\ln\dfrac{2b}{a}} \tag{4.26}$$

4.3.4　介质平面镜像法

镜像法也可以求解介质边界附近的电位，如下面的例题。

例 4.6 设两种介电常量分别为 ε_1、ε_2的介质填充于 $x<0$ 和 $x>0$ 的半空间，在介质 2 中点$(d, 0, 0)$处有一个点电荷 q，如图 4.7(a)所示，试求空间各点的电位。

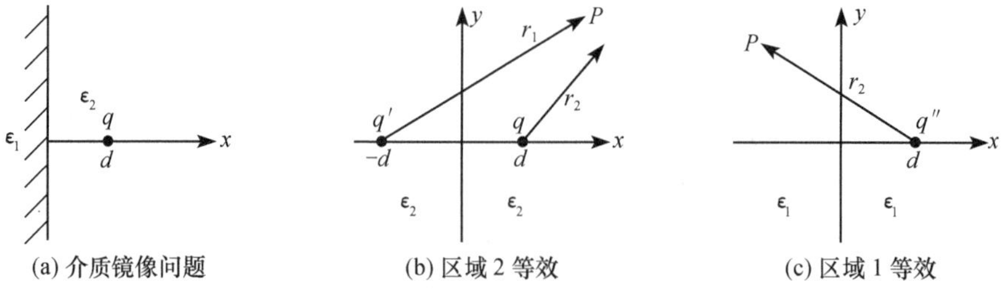

图 4.7

解 这个问题的右半空间有一个点电荷，左半空间没有电荷，在界面上存在束缚面电荷。我们用镜像法求解，把原问题分为 $x<0$ 和 $x>0$ 两个区域。求右半空间的电位时，假设全空间填充介电常量为 ε_2的介质，在原电荷 q 的对称点$(-d, 0, 0)$放一镜像电荷 q'，用它代替界面上的束缚电荷。在求左半空间电位时，假设全空间填充介电常量为 ε_1的介质，原电荷不存在，而在原电荷所在点放一个电荷 q''，用它代替原电荷和界面上束缚电荷的共同影响。这样右半空间任一点的电位是

$$\varphi_2=\frac{1}{4\pi\varepsilon_2}\left(\frac{q}{r_2}+\frac{q'}{r_1}\right) \tag{4.27}$$

左半空间任一点的电位是

$$\varphi_1=\frac{1}{4\pi\varepsilon_1}\frac{q''}{r_2} \tag{4.28}$$

在界面 $x=0$ 上，电位应该满足边界条件，即

$$\varphi_1=\varphi_2$$

$$\varepsilon_1\frac{\partial\varphi_1}{\partial x}=\varepsilon_2\frac{\partial\varphi_2}{\partial x}$$

将电位表示式(4.27)和式(4.28)代入以上的边界条件，得

$$\left.\begin{aligned} q-q'&=q'' \\ \frac{q+q'}{\varepsilon_2}&=\frac{q''}{\varepsilon_1} \end{aligned}\right\} \tag{4.29}$$

解之得

$$\left.\begin{aligned} q'&=\frac{\varepsilon_2-\varepsilon_1}{\varepsilon_2+\varepsilon_1}q \\ q''&=\frac{2\varepsilon_1}{\varepsilon_2+\varepsilon_1}q \end{aligned}\right\} \tag{4.30}$$

最后，将式(4.30)代入式(4.27)和式(4.28)可得出各区的电位。

从以上的实例可以看出，采用镜像法求解静态场的边值问题时，必须将原问题分为不同的区域求解。对各个区域，用镜像电荷代替界面上的面电荷。镜像电荷应放在待解区域以外。总之，镜像法是一种等效方法，这一方法的关键是找出镜像电荷的大小和位置。镜像法是应用唯一性定理的典型例证。

4.4 直角坐标中的分离变量法

分离变量法是数学物理方法中应用最广的一种方法，它要求所给的边界面与一个适当的坐标系的坐标面相重合，或分段重合；其次在此坐标系中，待求偏微分方程的解可表示成三个函数的乘积，每一函数仅是一个坐标的函数。这样通过分离变量法就可以把偏微分方程化为常微分方程求解。

在直角坐标系中，拉普拉斯方程为

$$\frac{\partial^2\varphi}{\partial x^2}+\frac{\partial^2\varphi}{\partial y^2}+\frac{\partial^2\varphi}{\partial z^2}=0 \tag{4.31}$$

设 φ 可以表示为三个函数的乘积，即

$$\varphi(x,y,z)=X(x)Y(y)Z(z) \tag{4.32}$$

其中，X 只是 x 的函数，同时 Y 只是 y 的函数，Z 只是 z 的函数。将式(4.32)代入式(4.31)，得

$$YZ\frac{\mathrm{d}^2X}{\mathrm{d}x^2}+XZ\frac{\mathrm{d}^2Y}{\mathrm{d}y^2}+XY\frac{\mathrm{d}^2Z}{\mathrm{d}z^2}=0 \tag{4.33}$$

然后，式(4.33)各项除以 XYZ，得

$$\frac{X''}{X}+\frac{Y''}{Y}+\frac{Z''}{Z}=0 \tag{4.34}$$

以上方程的第一项只是 x 的函数，第二项只是 y 的函数，第三项只是 z 的函数，要这一方程对任一组(x，y，z)成立，这三项必须分别为常数，即

$$X''/X=\alpha^2 \tag{4.35a}$$

$$Y''/Y=\beta^2 \tag{4.35b}$$

$$Z''/Z=\gamma^2 \tag{4.35c}$$

这样，就将偏微分方程化为三个常微分方程，α、β、γ 是分离常数，都是待定常数，与边界条件有关。它们可以是实数，也可以是虚数。且由方程(4.34)应有

$$\alpha^2+\beta^2+\gamma^2=0 \tag{4.36}$$

以上三个常微分方程(4.35a)、(4.35b)和(4.35c)解的形式，与边界条件有关(与常数 α、β 和 γ 有关)，以方程(4.35a)为例说明 X 的形式与 α 的关系。

当 $\alpha^2=0$ 时，则

$$X(x)=a_0x+b_0 \tag{4.37}$$

当 $\alpha^2<0$ 时，令 $\alpha=\mathrm{j}k_x$（k_x 为正实数），则

$$X(x)=a_1\sin k_xx+a_2\cos k_xx \tag{4.38}$$

或

$$X(x)=b_1\mathrm{e}^{-\mathrm{j}k_xx}+b_2\mathrm{e}^{\mathrm{j}k_xx} \tag{4.39}$$

当 $\alpha^2>0$ 时，令 $\alpha=k_x$，则

$$X(x)=c_1\mathrm{sh}k_xx+c_2\mathrm{ch}k_xx \tag{4.40}$$

或

$$X(x)=d_1\mathrm{e}^{-k_xx}+d_2\mathrm{e}^{k_xx} \tag{4.41}$$

以上的 a、b、c 和 d 称为积分常数，也由边界条件决定。$Y(y)$和 $Z(z)$的解和 $X(x)$类似。

在用分离变量法求解静态场的边值问题时，常需要根据边界条件来确定分离常数是实数、虚数或零。若在某一个方向（如 x 方向）的边界条件是周期的，则该坐标的分离常数(k_x)必是实数，其解要选三角函数；若在某一个方向的边界条件是非周期的，则该方向的解要选双曲函数或者指数函数，在有限区域选双曲函数，无限区域选取指数衰减函数；若位函数与某一坐标无关，则沿该方向的分离常数为零，其解为常数。

从以上的分析我们可以看出，对于三维空间的二阶偏微分方程，通过分离变量法将其化为由三个二阶常微分方程组成的常微分方程组，再依据边界条件依次求解常微分方程，就得到原来偏微分方程的解。

下面通过例题说明分离变量法的应用。

例 4.7 横截面如图 4.8 所示的导体长槽，上方有一块与槽相互绝缘的导体盖板，截面尺寸为 $a\times b$，槽体的电位为零，盖板的电位为 V_0，求此区域内的电位。

解 本题的电位与 z 无关，只是 x、y 的函数，即 $\varphi=\varphi(x, y)$。

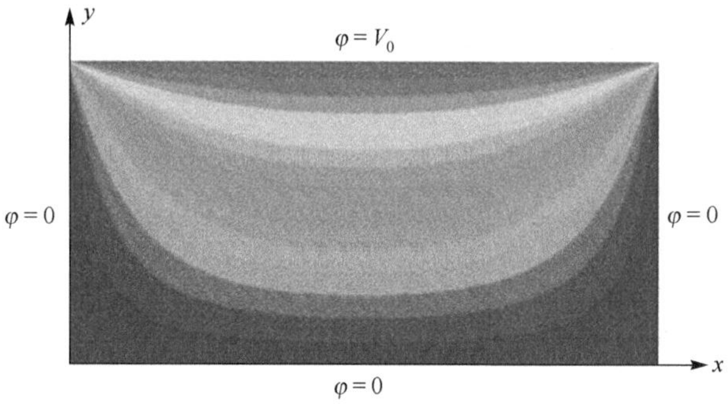

图 4.8 矩形截面导体槽

在区域 $0<x<a$，$0<y<b$ 内

$$\nabla^2\varphi = 0 \tag{4.42}$$

边界条件为：

① $x=0$，$\varphi(0, y)=0$；

② $x=a$，$\varphi(a, y)=0$；

③ $y=0$，$\varphi(x, 0)=0$；

④ $y=b$，$\varphi(x, b)=V_0$。

设满足式(4.42)的解为 $\varphi(x, y)=X(x)Y(y)$，则 $X(x)$和 $Y(y)$由式(4.35a)和式(4.35b)确定，且 $\alpha^2+\beta^2=0$。我们由边界条件决定分离常数 α，即决定 $X(x)$的形式。边界条件①和②要求电位在 $x=0$，$x=a$ 处为零，从以上的分析可知，$X(x)$的合理形式是三角函数($\alpha^2<0$)

$$X(x) = a_1\sin k_x x + a_2\cos k_x x \tag{4.43}$$

将边界条件①代入式(4.43)，得 $a_2=0$，再将条件②代入，得

$$\sin k_x a = 0 \tag{4.44}$$

即 $k_x a=n\pi$，或 $k_x=n\pi/a(n=1, 2, 3, \cdots)$，这样得到 $X(x)=a_1\sin(n\pi x/a)$，由于 $\alpha^2+\beta^2=0$，所以得到 $Y(y)$的形式为指数函数或双曲函数，即

$$Y(y) = c_1\mathrm{sh}k_x y + c_2\mathrm{ch}k_x y \tag{4.45}$$

考虑到条件③，有 $c_2=0$，$Y(y)=c_1\mathrm{sh}(n\pi y/a)$，这样我们就得到基本乘积解 $X(x)Y(y)$，记作

$$\varphi_n = X_n(x)Y_n(y) = C_n\sin(n\pi x/a)\mathrm{sh}(n\pi y/a) \tag{4.46}$$

式(4.46)满足拉普拉斯方程和边界条件①、②、③，其中，C_n是待定常数，($C_n=a_1c_1$)为了满足条件④，取不同的 n 值对应的 φ_n并叠加，即

$$\varphi(x,y) = \sum_{n=1}^{\infty}\varphi_n = \sum_{n=1}^{\infty}C_n\sin(n\pi x/a)\mathrm{sh}(n\pi y/a) \tag{4.47}$$

由条件④，有 $\varphi(x, b)=V_0$，即

$$V_0=\sum_{n=1}^{\infty} C_n \operatorname{sh}(n\pi b/a)\sin(n\pi x/a)$$

$$=\sum_{n=1}^{\infty} B_n \sin(n\pi x/a) \tag{4.48}$$

其中

$$B_n = C_n \operatorname{sh}(n\pi b/a) \tag{4.49}$$

要从式(4.48)解出 B_n，需要使用三角函数的正交归一性，即

$$\int_0^a \sin(n\pi x/a)\sin(m\pi x/a)\mathrm{d}x = \begin{cases} a/2, & n=m \\ 0, & n\neq m \end{cases} \tag{4.50}$$

将式(4.48)左右两边同乘以 $\sin(m\pi x/a)$，并在区间$(0, a)$积分，得

$$\int_0^a V_0 \sin(m\pi x/a)\mathrm{d}x = \int_0^a B_n \sin(n\pi x/a)\sin(m\pi x/a)\mathrm{d}x$$

使用式(4.50)，有

$$\int_0^a V_0 \sin(n\pi x/a)\mathrm{d}x = \int_0^a B_n \sin^2(n\pi x/a)\mathrm{d}x = B_n a/2$$

因而

$$B_n = \frac{2V_0}{a}\int_0^a \sin(n\pi x/a)\mathrm{d}x = \frac{2V_0}{n\pi}(1-\cos n\pi)$$

$$B_n = \begin{cases} 0, & n=2,4,6,\cdots \\ 4V_0/n\pi, & n=1,3,5,\cdots \end{cases} \tag{4.51}$$

所以当 $n=1, 3, 5, \cdots$

$$C_n = \frac{4V_0}{n\pi \operatorname{sh}(n\pi b/a)}$$

当 $n=2, 4, 6, \cdots$

$$C_n = 0$$

这样得到待求区域的电位为

$$\varphi(x,y) = \frac{4V_0}{\pi}\sum_{n=1,3,\cdots}^{\infty}\frac{1}{n\operatorname{sh}(n\pi b/a)}\operatorname{sh}(n\pi y/a)\sin(n\pi x/a) \tag{4.52}$$

例 4.8　如图 4.9 所示，两块半无限大平行导体板的电位为零，与之垂直的底面电位为 $\varphi(x, 0)$，求此半无限槽中的电位。其中

$$\varphi(x,0) = \begin{cases} V_0, & 0<x<a/2 \\ 0, & a/2<x<a \end{cases}$$

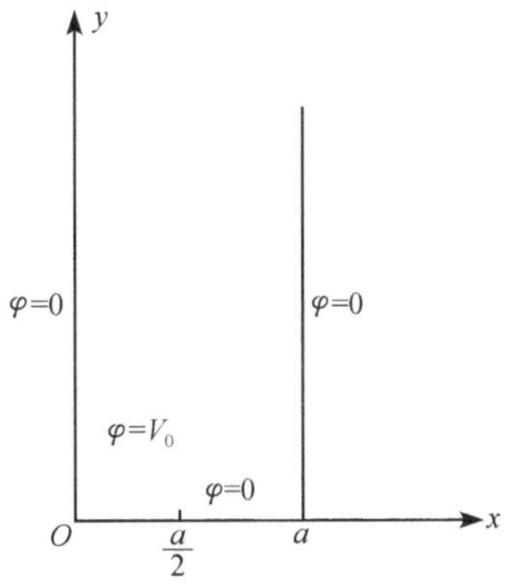

图 4.9　无限长槽的电位

解　这和例 4.7 题类似，是一个二维拉普拉斯方程边值问题，$\varphi=\varphi(x, y)$，边界条件是：

① $\varphi(0, y)=0$；

② $\varphi(a, y)=0$；

③ $\varphi(x, \infty)=0$；

④ $\varphi(x, 0)=\begin{cases} V_0, & 0<x<a/2 \\ 0, & a/2<x<a \end{cases}$。

从条件①和②知，基本解 $X_n=\sin(n\pi x/a)$，而基本解 $Y_n(y)$ 只能取指数函数或双曲函数，但考虑到条件③，有 $Y_n=\mathrm{e}^{-n\pi y/a}$，至此我们使用了条件①、②、③，为满足条件④，取级数

$$\varphi(x,y)=\sum_{n=1}^{\infty} C_n \mathrm{e}^{-n\pi y/a}\sin(n\pi x/a) \tag{4.53}$$

代入条件④，得

$$\sum_{n=1}^{\infty} C_n \sin(n\pi x/a)=\begin{cases} V_0, & 0<x<a/2 \\ 0, & a/2<x<a \end{cases}$$

运用正弦函数的正交归一性，得

$$C_n a/2=\int_0^{a/2} V_0 \sin(n\pi x/a)\mathrm{d}x$$

化简得

$$C_n=\frac{2V_0}{n\pi}\left(1-\cos\frac{n\pi}{2}\right) \tag{4.54}$$

将式(4.54)代入式(4.53)即可得到待求电位。

从以上两例看出，分离变量法解题时，应注意用一部分边界条件确定基本解的形式(分离常数取实数还是虚数，以及分离常数的值)，用剩余的一部分边界条件确定待定系数 C_n。

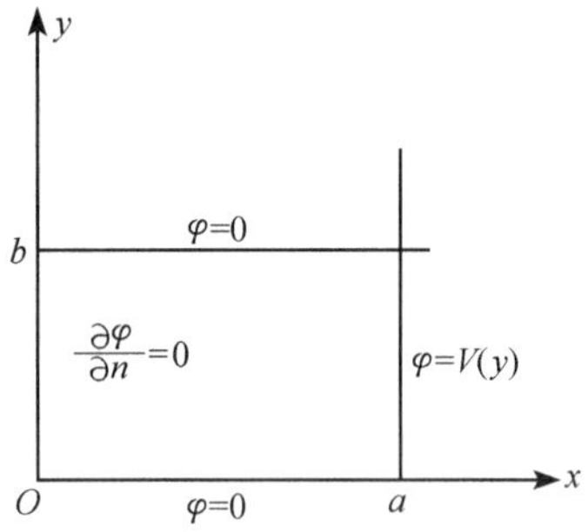

图 4.10 矩形截面导体槽

例 4.9 设一横截面为矩形的无限长区域的电位边值如图 4.10 所示，求空间的电位分布。

解 本题的电位与 z 无关，只是 x、y 的函数，即 $\varphi=\varphi(x, y)$。

在区域 $0<x<a$，$0<y<b$ 内

$$\nabla^2\varphi=0$$

边界条件为

① $x=0$，$\dfrac{\partial\varphi}{\partial x}=0$；

② $x=a$，$\varphi(a, y)=V(y)$；

③ $y=0$，$\varphi(x, 0)=0$；

④ $y=b$，$\varphi(x, b)=0$。

设方程的解为

$$\varphi(x,y)=X(x)Y(y)$$

由边界条件可得，$Y(y)$ 的表达式为

$$Y(y)=\sin\frac{n\pi}{b}y$$

$X(x)$ 的表达式为

$$X(x)=\operatorname{ch}\frac{n\pi}{b}x$$

区域内部任意一点的电位表达式为

$$\varphi(x,y)=\sum C_nX_n(x)Y_n(y)=\sum_{n=1}^{\infty}C_n\sin\frac{n\pi y}{b}\operatorname{ch}\frac{n\pi x}{b}$$

以上的电位满足拉普拉斯方程及条件①③④，待定系数由条件②决定。采用和前面两个例题相类似的方法，用条件②及其正弦函数的正交归一性可以得出

$$C_n=\frac{2}{b\operatorname{ch}\dfrac{n\pi a}{b}}\int_0^b V(y)\sin\frac{n\pi y}{b}\mathrm{d}y$$

4.5 圆柱坐标中的分离变量法

电位的拉普拉斯方程在圆柱坐标中(r，ϕ，z)表示为

$$\frac{1}{r}\frac{\partial}{\partial r}\left(r\frac{\partial\varphi}{\partial r}\right)+\frac{1}{r^2}\frac{\partial^2\varphi}{\partial\phi^2}+\frac{\partial^2\varphi}{\partial z^2}=0 \tag{4.55}$$

对于这个方程，仅分析电位与坐标变量 z 无关的情况。对于电位与三个坐标变量有关的情形，请读者参阅有关教材。

当电位与坐标变量 z 无关时，式(4.55)第三项为零，此时电位 $\varphi(r,\phi)$满足二维拉普拉斯方程

$$r\frac{\partial}{\partial r}\left(r\frac{\partial\varphi}{\partial r}\right)+\frac{\partial^2\varphi}{\partial\phi^2}=0 \tag{4.56}$$

运用分离变量法解之，令

$$\varphi=R(r)\Phi(\phi) \tag{4.57}$$

其中，R 只是 r 的函数，Φ 只是 ϕ 的函数。将式(4.57)代入式(4.56)，并且用 $R\Phi$ 除等式两边，得

$$\frac{r}{R}\frac{\mathrm{d}}{\mathrm{d}r}\left(r\frac{\mathrm{d}R}{\mathrm{d}r}\right)+\frac{1}{\Phi}\frac{\mathrm{d}^2\Phi}{\mathrm{d}\phi^2}=0 \tag{4.58}$$

式(4.58)第一项只是 r 的函数，第二项只是 ϕ 的函数。要其对任一点成立，必须每一项都是常数。令第一项等于 n^2，于是导出下面两个常微分方程

$$r^2\frac{\mathrm{d}^2R}{\mathrm{d}r^2}+r\frac{\mathrm{d}R}{\mathrm{d}r}-n^2R=0 \tag{4.59}$$

$$\frac{\mathrm{d}^2\Phi}{\mathrm{d}\phi^2}+n^2\Phi=0 \tag{4.60}$$

当 $n\neq0$ 时，上面两方程的解为

$$R=ar^n+br^{-n} \tag{4.61}$$

$$\Phi=c\cdot\cos n\phi+d\cdot\sin n\phi \tag{4.62}$$

其中，a、b、c、d 都是待定常数。通常对圆形区域的问题，ϕ 的变化范围为 $0\sim2\pi$，且有 $\Phi(\phi)=\Phi(\phi+2m\pi)$，所以 n 必须是整数。为满足边界条件，要将式(4.61)和式(4.62)组成的基本解叠加，构成一般解(也称通解)为

$$\varphi(r,\phi)=\sum_{n=1}^{\infty} r^{n}(A_{n}\cos n\phi+B_{n}\sin n\phi)+\sum_{n=1}^{\infty} r^{-n}(C_{n}\cos n\phi+D_{n}\sin n\phi) \quad (4.63)$$

当 $n=0$ 时，方程(4.59)和方程(4.60)的解为

$$\Phi_0(\phi)=A_0\phi+B_0 \quad (4.64)$$

$$R_0(r)=C_0\ln r+D_0 \quad (4.65)$$

由此构成一个基本乘积解 $\varphi_0=\Phi_0 R_0$，对于一般问题，通解(4.63)应再加上 φ_0，但是如果讨论的是一个圆形区域内部(或外部)的问题，依据解的物理意义可以知道 φ_0 为零(或者为一个常数)，如果是一个圆环区域的问题，系数 $A_0=0$，$B_0=1$。以下通过例题熟悉圆柱坐标系分离变量法的应用。

例 4.10 将半径为 a 的无限长导体圆柱置于真空中的均匀电场 E_0 中，柱轴与 E_0 垂直，求任意点的电位。

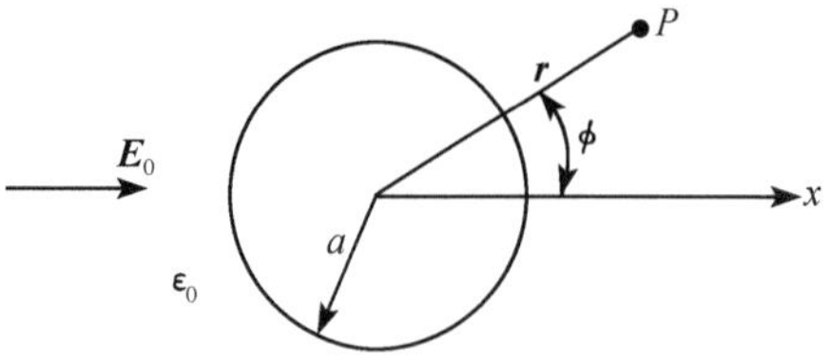

图 4.11 均匀场中导体柱

解 令圆柱的轴线与 z 轴重合，E_0 的方向与 x 方向一致，如图 4.11 所示。由于导体柱是一个等位体，不妨令其电位为零，即在柱内($r<a$)，$\varphi_1=0$，柱外电位 φ_2 满足拉普拉斯方程。φ_2 的形式就是圆柱坐标系拉普拉斯方程的通解，以下由边界条件确定待定系数。本例的边界条件是：

① $r\to\infty$，柱外电场 $E_2\to E_0 a_x$，这样 $\varphi_2\to -E_0 x$，即 $\varphi_2\to -E_0 r\cos\phi$；

② $r=a$，导体柱内外电位连续，即 $\varphi_2=0$。

除此之外，由电位的对称性可知，在通解中只取余弦项。于是

$$r>a,\quad \varphi_2=\sum_{n=1}^{\infty}(A_n r^n+C_n r^{-n})\cos n\phi$$

由条件①可知

$$A_1=-E_0,\quad A_n=0\quad (n>1)$$

这样

$$\varphi_2=-E_0 r\cos\phi+\sum_{n=1}^{\infty} C_n r^{-n}\cos n\phi$$

由条件②有

$$-E_0 a\cos\phi+\sum_{n=1}^{\infty} C_n a^{-n}\cos n\phi=0$$

因这一表达式对任意的 ϕ 成立，所以

$$C_1=E_0 a^2,\quad C_n=0\quad (n>1)$$

于是

$$\varphi_2=E_0(-r+a^2/r)\cos\phi$$

例 4.11 若电场强度为 E_0 的均匀静电场中放入一个半径为 a 的电介质圆柱，柱的轴线与电场互相垂直，介质柱的介电常量为 ε，柱外为真空。求柱内外的电场(图 4.12)。

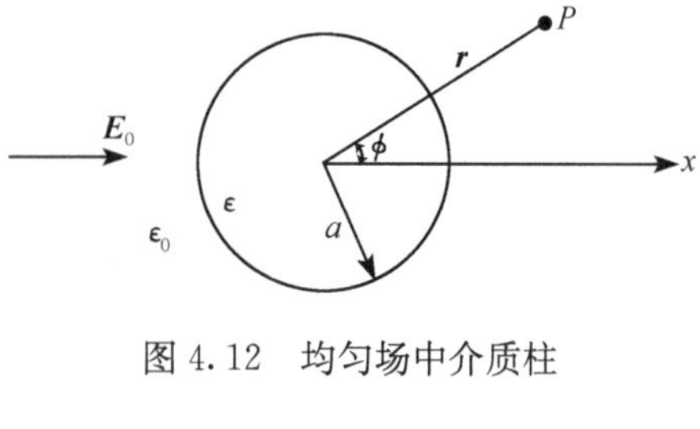

图 4.12 均匀场中介质柱

解　设柱内电位 φ_1，柱外电位 φ_2，取坐标原点为电位参考点。边界条件如下：

① $r\to\infty$，$\varphi_2=-E_0 r\cos\phi$；

② $r=0$，$\varphi_1=0$；

③ $r=a$，$\varphi_1=\varphi_2$；

④ $r=a$，$\varepsilon\dfrac{\partial\varphi_1}{\partial r}=\varepsilon_0\dfrac{\partial\varphi_2}{\partial r}$。

于是，柱内、外电位的通解为

$$\varphi_1(r,\phi)=\sum_{n=1}^{\infty}r^n(A_n\cos n\phi+B_n\sin n\phi)+\sum_{n=1}^{\infty}r^{-n}(C_n\cos n\phi+D_n\sin n\phi)$$

$$\varphi_2(r,\phi)=\sum_{n=1}^{\infty}r^n(A'_n\cos n\phi+B'_n\sin n\phi)+\sum_{n=1}^{\infty}r^{-n}(C'_n\cos n\phi+D'_n\sin n\phi)$$

考虑本题的外加电场、极化面电荷均关于 x 轴对称，柱内、外电位解中只有余弦项，即

$$B_n=D_n=B'_n=D'_n=0,\quad n\geqslant 1$$

由条件②，有 $C_n=0$，$(n\geqslant1)$，又由条件①，得 $A'_1=-E_0$；$A'_n=0(n\geqslant2)$，于是

$$\varphi_1(r,\phi)=\sum_{n=1}^{\infty}r^nA_n\cos n\phi$$

$$\varphi_2(r,\phi)=-E_0r\cos\phi+\sum_{n=1}^{\infty}C'_nr^{-n}\cos n\phi$$

由条件③和④，得

$$\begin{cases}\displaystyle\sum_{n=1}^{\infty}A_na^n\cos n\phi=-E_0a\cos\phi+\sum_{n=1}^{\infty}C'_na^{-n}\cos n\phi\\ \displaystyle\varepsilon\sum_{n=1}^{\infty}nA_na^{n-1}\cos n\phi=-\varepsilon_0E_0\cos\phi-\varepsilon_0\sum_{n=1}^{\infty}nC'_na^{-n-1}\cos n\phi\end{cases}$$

解之，得

$$A_1=-\frac{2E_0}{\varepsilon_r+1},\quad C'_1=E_0a^2\frac{\varepsilon_r-1}{\varepsilon_r+1}$$

$$A_n=0,\quad C'_n=0\quad(n\geqslant2)$$

其中，$\varepsilon_r=\varepsilon/\varepsilon_0$，是介质圆柱的相对介电常量。于是得柱内外的电位

$$\varphi_1=-\frac{2}{\varepsilon_r+1}E_0r\cos\phi$$

$$\varphi_2=-\left(1-\frac{\varepsilon_r-1}{\varepsilon_r+1}\frac{a^2}{r^2}\right)E_0r\cos\phi$$

由此得电场

$$\boldsymbol{E}_1=\frac{2}{\varepsilon_r+1}E_0(\boldsymbol{a}_r\cos\phi-\boldsymbol{a}_\phi\sin\phi)=\boldsymbol{a}_x\frac{2}{\varepsilon_r+1}E_0$$

$$\boldsymbol{E}_2=\boldsymbol{a}_r\left(1+\frac{\varepsilon_r-1}{\varepsilon_r+1}\frac{a^2}{r^2}\right)E_0\cos\phi+\boldsymbol{a}_\phi\left(-1+\frac{\varepsilon_r-1}{\varepsilon_r+1}\frac{a^2}{r^2}\right)E_0\sin\phi$$

圆柱内的场是一个均匀场，且比外加均匀场小，柱外的场同电偶极子的场。

例 4.12 在一个半径为 a 的圆柱面上，给定其电位分布

$$\varphi=\begin{cases}V_0, & 0<\phi<\pi\\ 0, & -\pi<\phi<0\end{cases}$$

求圆柱内的电位分布。

解 本题的电位也是与坐标 z 无关。除了圆柱面上的已知电位以外，根据问题本身的物理含义，可以得出，圆柱外部的电位在无穷远处应该趋于零，圆柱内部的电位在圆柱中轴线上应该为有限值。依据这一点可以判断出，在圆柱外部，通解中的正幂项的系数为零；在圆柱内部，通解中的负幂项的系数同样为零。

于是，柱内电位的通解为

$$\varphi_1(r,\phi)=A_0+\sum_{n=1}^{\infty}r^n(A_n\cos n\phi+B_n\sin n\phi)$$

通解中的待定系数，可以由界面的电位来确定。即

$$\varphi_1(a,\phi)=A_0+\sum_{n=1}^{\infty}a^n(A_n\cos n\phi+B_n\sin n\phi)=\begin{cases}V_0, & 0<\phi<\pi\\ 0, & -\pi<\phi<0\end{cases}$$

由傅里叶级数的有关知识，可得出

$$A_0=\frac{1}{2\pi}\int_{-\pi}^{\pi}\varphi(a,\phi)\mathrm{d}\phi=\frac{V_0}{2}$$

$$a^nA_n=\frac{1}{\pi}\int_{-\pi}^{\pi}\varphi(a,\phi)\cos n\phi\,\mathrm{d}\phi$$

$$A_n=\frac{a^{-n}}{\pi}\int_{0}^{\pi}V_0\cos n\phi\,\mathrm{d}\phi=0,\quad n\geqslant 1$$

$$a^nB_n=\frac{1}{\pi}\int_{-\pi}^{\pi}\varphi(a,\phi)\sin n\phi\,\mathrm{d}\phi$$

$$B_n=\frac{a^{-n}}{\pi}\int_{0}^{\pi}V_0\sin n\phi\,\mathrm{d}\phi=\frac{a^{-n}V_0}{n\pi}[1-(-1)^n]$$

即

$$B_n=\frac{2a^{-n}V_0}{n\pi},\quad n=1,3,5,\cdots$$

将这些系数代入上面的通解，得到圆柱内部的电位是

$$\varphi(r,\phi)=\frac{V_0}{2}+\frac{2V_0}{\pi}\sum_{n=1,3,\cdots}^{\infty}\frac{1}{n}\left(\frac{r}{a}\right)^n\sin n\phi$$

4.6 球坐标中的分离变量法

在求解具有球面边界的边值问题时，采用球坐标较方便。球坐标(r，θ，ϕ)中拉普拉斯方程为

$$\frac{1}{r^2}\frac{\partial}{\partial r}\left(r^2\frac{\partial\varphi}{\partial r}\right)+\frac{1}{r^2\sin\theta}\frac{\partial}{\partial\theta}\left(\sin\theta\frac{\partial\varphi}{\partial\theta}\right)+\frac{1}{r^2\sin^2\theta}\frac{\partial^2\varphi}{\partial\phi^2}=0 \tag{4.66}$$

这里只讨论轴对称场，即电位 φ 与坐标 ϕ 无关的场。此时拉普拉斯方程为

$$\frac{1}{r^2}\frac{\partial}{\partial r}\left(r^2\frac{\partial\varphi}{\partial r}\right)+\frac{1}{r^2\sin\theta}\frac{\partial}{\partial\theta}\left(\sin\theta\frac{\partial\varphi}{\partial\theta}\right)=0 \tag{4.67}$$

令 $\varphi=R(r)\Theta(\theta)$，将其代入式(4.67)，并用 $r^2/(R\Theta)$ 乘该式的两边，得

$$\frac{1}{R}\frac{\mathrm{d}}{\mathrm{d}r}\left(r^2\frac{\mathrm{d}R}{\mathrm{d}r}\right)+\frac{1}{\Theta\sin\theta}\frac{\mathrm{d}}{\mathrm{d}\theta}\left(\sin\theta\frac{\mathrm{d}\Theta}{\mathrm{d}\theta}\right)=0 \tag{4.68}$$

式(4.68)的第一项只是 r 的函数，第二项只是 θ 的函数，要其对空间任意点成立，必须每一项为常数。令第一项等于 k，于是有

$$\frac{1}{R}\frac{\mathrm{d}}{\mathrm{d}r}\left(r^2\frac{\mathrm{d}R}{\mathrm{d}r}\right)=k \tag{4.69}$$

$$\frac{1}{\Theta\sin\theta}\frac{\mathrm{d}}{\mathrm{d}\theta}\left(\sin\theta\frac{\mathrm{d}\Theta}{\mathrm{d}\theta}\right)=-k \tag{4.70}$$

为了把式(4.70)化成标准形式，令

$$x=\cos\theta \tag{4.71}$$

代换后原方程变为

$$\frac{\mathrm{d}}{\mathrm{d}x}\left[(1-x^2)\frac{\mathrm{d}\Theta}{\mathrm{d}x}\right]+k\Theta=0 \tag{4.72}$$

方程(4.72)称为勒让德方程，它的解具有幂级数形式，且在 $-1<x<1$ 收敛。如果选择 $k=n(n+1)$，其中，n 为正整数，则解的收敛域扩展为 $-1\leqslant x\leqslant 1$。当 $k=n(n+1)$ 时，勒让德方程的解为 n 阶勒让德多项式 $P_n(x)$

$$P_n(x)=\frac{1}{2^n n!}\frac{\mathrm{d}^n}{\mathrm{d}x^n}[(x^2-1)^n] \tag{4.73}$$

前几个勒让德多项式是

$$\left.\begin{aligned}P_0(\cos\theta)&=1\\P_1(\cos\theta)&=\cos\theta\\P_2(\cos\theta)&=\frac{1}{2}(3\cos^2\theta-1)\\P_3(\cos\theta)&=\frac{1}{2}(5\cos^3\theta-3\cos\theta)\end{aligned}\right\} \tag{4.74}$$

勒让德多项式也是正交函数系，正交关系为

$$\int_{-1}^{1}P_m(x)P_n(x)\mathrm{d}x=\int_0^{\pi}P_m(\cos\theta)P_n(\cos\theta)\sin\theta\mathrm{d}\theta=\frac{2}{2n+1}\delta_{mn} \tag{4.75}$$

将 $k=n(n+1)$ 代入 $R(r)$ 的方程(4.69)，解之得

$$R_n(r)=A_n r^n+B_n r^{-n-1} \tag{4.76}$$

其中，A_n、B_n 是待定系数。取不同的 n 值对应的基本解叠加，得到球坐标系中二维拉普拉斯方程的通解为

$$\varphi(r,\theta)=\sum_{n=0}^{\infty}(A_n r^n+B_n r^{-n-1})P_n(\cos\theta) \tag{4.77}$$

例 4.13　假设真空中在半径为 a 的球面上有面密度为 $\sigma_0\cos\theta$ 的表面电荷，其中，σ_0 是常数，求任意点的电位。

解　本题除了面电荷外，球内和球外再无电荷分布，虽然可以用静电场中的积分公式计算各点的电位，但使用分离变量法更方便。设球内、球外的电位分别是 φ_1、φ_2，由题意知道，在无穷远处，电位为零；在球心处，电位为有限值，所以可以取球内、球外电位为

$$\varphi_1(r,\theta)=\sum_{n=0}^{\infty}A_n r^n P_n(\cos\theta) \tag{4.78}$$

$$\varphi_2(r,\theta)=\sum_{n=0}^{\infty}B_n r^{-n-1} P_n(\cos\theta) \tag{4.79}$$

球面上的边界条件为：

① $r=a$，$\varphi_1=\varphi_2$；

② $r=a$，$-\varepsilon_0\left(\frac{\partial\varphi_2}{\partial r}-\frac{\partial\varphi_1}{\partial r}\right)=\rho_s=\sigma_0\cos\theta$。

将式(4.78)和式(4.79)代入边界条件，得

$$\sum_{n=0}^{\infty}A_n a^n P_n(\cos\theta)=\sum_{n=0}^{\infty}B_n a^{-n-1}P_n(\cos\theta) \tag{4.80}$$

$$\sum_{n=0}^{\infty}nA_n a^{n-1}P_n(\cos\theta)+\sum_{n=0}^{\infty}(n+1)B_n a^{-n-2}P_n(\cos\theta)=\frac{\sigma_0\cos\theta}{\varepsilon_0} \tag{4.81}$$

比较式(4.80)两边，得

$$B_n=A_n a^{2n+1} \tag{4.82}$$

将式(4.82)代入式(4.81)，整理以后变为

$$\sum_{n=0}^{\infty}(2n+1)A_n a^{n-1}P_n(\cos\theta)=\frac{\sigma_0\cos\theta}{\varepsilon_0} \tag{4.83}$$

使用勒让德多项式的唯一性，即将区间［−1，1］内的函数可以唯一的用勒让德多项式展开，并考虑 $P_1(\cos\theta)=\cos\theta$，得

$$A_1=\sigma_0/3\varepsilon_0$$
$$A_n=0\quad(n\neq 1)$$

于是得到

$$\varphi_1=\frac{\sigma_0}{3\varepsilon_0}r\cos\theta,\quad r\leqslant a \tag{4.84a}$$

$$\varphi_2=\frac{\sigma_0}{3\varepsilon_0}\frac{a^3}{r^2}\cos\theta,\quad r\geqslant a \tag{4.84b}$$

*4.7 复变函数法

复变函数法可用于求解复杂边界的二维边值问题，且在一般条件下，它的解具有比较简单的形式，并能方便地计算电容。

4.7.1 复电位

如果复变函数 $w(z)=u(x,y)+\mathrm{j}v(x,y)$ 是解析函数，则可知它的实部和虚部之间满足柯西-黎曼条件

$$\frac{\partial u}{\partial x}=\frac{\partial v}{\partial y},\qquad \frac{\partial v}{\partial x}=-\frac{\partial u}{\partial y} \tag{4.85}$$

利用柯西-黎曼条件，可以证明解析函数的实部和虚部都满足二维拉普拉斯方程

$$\frac{\partial^2 u}{\partial x^2}+\frac{\partial^2 u}{\partial y^2}=0 \tag{4.86}$$

$$\frac{\partial^2 v}{\partial x^2}+\frac{\partial^2 v}{\partial y^2}=0 \tag{4.87}$$

由于在无源区，二维静电场的电位满足拉普拉斯方程，可见二维静电场的电位可以用解析函数的实部或虚部表示。

我们又知道，对解析函数 $w(z)=u(x, y)+\mathrm{j}v(x, y)$，曲线族 $u(x, y)=C_1$ 和曲线族 $v(x, y)=C_2$ 处处相互正交。这个性质可以用下面的公式来表示

$$\nabla u \cdot \nabla v=0 \tag{4.88}$$

也就是说，任意一个解析函数的实部 u 和虚部 v 均满足二维拉普拉斯方程。并且 u 和 v 的等值线相互垂直。

由于二维静电问题的等位线和电力线互相垂直，因而如果用虚部 $v(x, y)$ 表示电位，则实部的等值线 $u(x, y)=C_1$ 就表示电通量线(亦是电力线)，此时称这一实部为通量函数，称解析函数 $w(z)$ 为复电位。同理，如果用实部 $u(x, y)$ 表示电位，则虚部 $v(x, y)$ 加上一个负号，即用 $-v(x, y)$ 表示通量函数，称解析函数 $w(z)$ 为复电位。

4.7.2 用复电位解二维边值问题

我们先说明通量函数的含义。如前所述，当取某一解析函数的虚部表示二维电场的电位时，有

$$E_x=-\frac{\partial v}{\partial x}, \qquad E_y=-\frac{\partial v}{\partial y} \tag{4.89}$$

我们考虑一个以 xOy 平面上任意的一条曲线 l 为底，在 z 方向单位长的曲面，计算通过这一曲面的电通量 $\int \boldsymbol{E}\cdot \mathrm{d}\boldsymbol{S}$，则

$$\begin{aligned}
&\boldsymbol{E}=\boldsymbol{a}_x E_x+\boldsymbol{a}_y E_y \\
&\mathrm{d}\boldsymbol{S}=\mathrm{d}\boldsymbol{l}\times \boldsymbol{a}_z=(\boldsymbol{a}_x \mathrm{d}x+\boldsymbol{a}_y \mathrm{d}y)\times \boldsymbol{a}_z=\boldsymbol{a}_x \mathrm{d}y-\boldsymbol{a}_y \mathrm{d}x \\
&\int \boldsymbol{E}\cdot \mathrm{d}\boldsymbol{S}=\int (E_x \mathrm{d}y-E_y \mathrm{d}x)=\int\left(-\frac{\partial v}{\partial x}\mathrm{d}y+\frac{\partial v}{\partial y}\mathrm{d}x\right) \\
&\qquad\qquad=\int\left(\frac{\partial u}{\partial y}\mathrm{d}y+\frac{\partial u}{\partial x}\mathrm{d}x\right)=\int \mathrm{d}u
\end{aligned}$$

如图 4.13 所示，如果在 xOy 平面上指定 A 点作为计算通量的起点，则 B 点的通量函数是指在 AB 间的一条曲线 l 和 z 方向单位长度构成的一个曲面上的电通量。若图 4.14 中 φ_1、φ_2 两条等位线是电容器的两个极板表面(极板在 z 方向无限长)，则正极板单位长电荷是 $\varepsilon_0(\psi_B-\psi_A)$，这样得到单位长电容为

$$C=\varepsilon_0 \frac{\psi_B-\psi_A}{\varphi_2-\varphi_1} \tag{4.90}$$

综上所述，用复变函数法解二维边值问题的关键是要找一个解析函数，若其虚部表

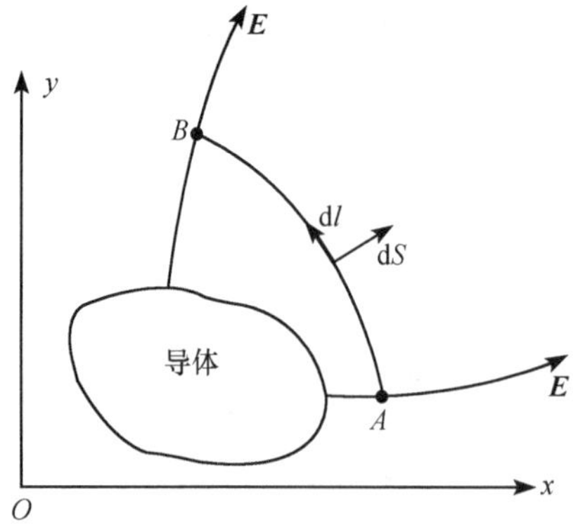

图 4.13 电通量函数

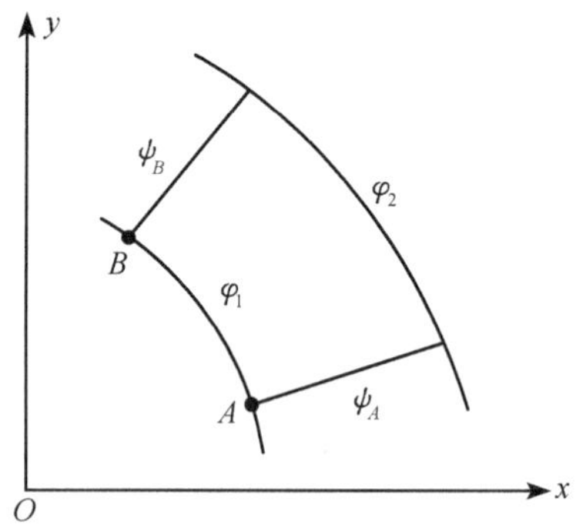

图 4.14 电容的计算

示电位函数，则其实部表示通量函数，即

$$w(x,y) = \psi(x,y) + \mathrm{j}\varphi(x,y) \tag{4.91}$$

同理，也可以用实部表示电位函数，此时其虚部是通量函数的相反值(原因请读者思考)，即

$$w(x,y) = \varphi(x,y) - \mathrm{j}\psi(x,y) \tag{4.92}$$

在一般情况下，寻求相应的复电位函数并没有固定的方法，而且往往极为困难，所以通常采取相反的途径，就是先研究一些常用解析函数的实部和虚部的等值线分布。对于实际的边界形状，从以上函数中找出其实部(或虚部)的等值线与边界相重合的函数，再根据已知的边界条件确定该解析函数中待定常数。对于一些形状较复杂的边界，常常需要两次或多次变换。

例 4.14 分析解析函数 $w=A\ln z$ 所表示的场(A 为实常数)。

解 用极坐标(r，ϕ)表示 z，则

$$w = A\ln(re^{\mathrm{j}\phi}) = A\ln r + A\mathrm{j}\phi = u + \mathrm{j}v \tag{4.93}$$

实部 u 的等值线是圆心在原点的圆，虚部 v 的等值线是幅角 ϕ 为常数的射线，如图 4.15 所示。如果用实部 u 表示电位，虚部 v 表示电通量函数，对数函数可以表示同轴线的场。也可以表示无限长带电导线的场。对线电荷密度为 ρ_l 的无限长均匀线电荷，其穿过半径为 r，沿 z 方向单位长度的圆柱面的电通量是

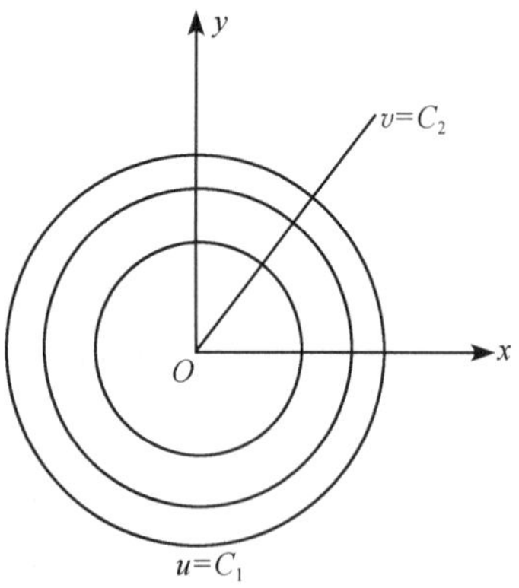

图 4.15 对数函数

$$\Delta v = A\Delta\phi = A\cdot(2\pi - 0) = 2\pi A = \frac{\rho_l}{\varepsilon_0}$$

$$A = \frac{\rho_l}{2\pi\varepsilon_0}$$

于是，得到复电位是

$$\xi(z) = \frac{\rho_l}{2\pi\varepsilon_0}\ln z = \frac{\rho_l}{2\pi\varepsilon_0}\ln r + \mathrm{j}\,\frac{\rho_l}{2\pi\varepsilon_0}\theta$$

如果用虚部表示电位，它可以表示夹角为 α 的两个半无限大导体板的电场。

在实际计算时，因 u 和 v 都是无量纲的量，故应乘以适当的标度常数，又为了便于

确定电位参考点，还要在对数函数中加上另一常数，即

$$w = A\ln z + B \tag{4.94}$$

例 4.15　分析解析函数

$$w(z) = A\ln\frac{z+d}{z-d} \tag{4.95}$$

所表示的场。并用此求半径为 a 的导体圆柱与无限大导体板(导体圆柱与平板平行，轴线距离导体平面为 b)之间单位长的电容(图 4.16)。

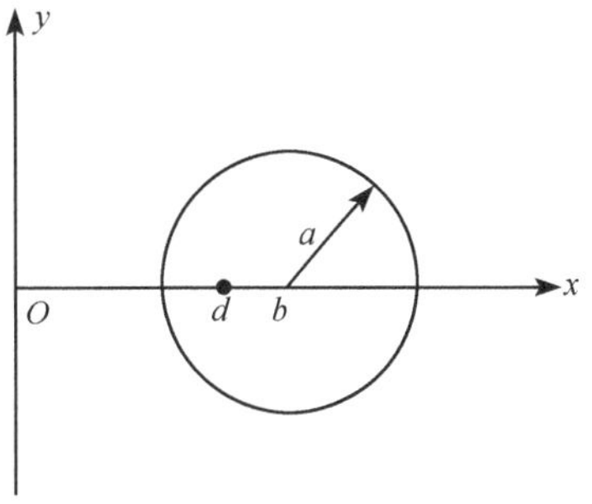

图 4.16　导体板与导体圆柱

解　将 $z=x+\mathrm{j}y$ 代入式(4.95)，将函数 w 实部与虚部分别写成 x，y 的函数，有

$$u(x,y) = A\,\frac{1}{2}\ln\frac{(x+d)^2+y^2}{(x-d)^2+y^2} \tag{4.96}$$

$$v(x,y) = A\left(\arctan\frac{y}{x+d} - \arctan\frac{y}{x-d}\right) \tag{4.97}$$

当用实部 u 表示电位时，等位线分布同例 4.5，所以它可以表示两个平行的等量异号线电荷产生的场，也可以表示一个线电荷和无限大接地导体板之间的场，同样也可以表示一个导体圆柱与导体板之间的场。下面用此解析函数法计算导体圆柱与导体板之间的电容。同例 4.5，可以用已知的 a 和 b 从式(4.22)求出 d 的值

$$d = (b^2 - a^2)^{1/2} \tag{4.98}$$

设导体平面($x=0$)的电位为零。为了求导体圆柱的表面电位，将式(4.98)代入式(4.96)，并注意导体圆柱面的方程是

$$(x-b)^2 + y^2 = a^2 \tag{4.99}$$

即

$$x^2 + y^2 = a^2 - b^2 + 2bx = 2bx - d^2 \tag{4.100}$$

于是有

$$\frac{(x+d)^2+y^2}{(x-d)^2+y^2} = \frac{x^2+y^2+d^2+2dx}{x^2+y^2+d^2-2dx} = \frac{2bx+2dx}{2bx-2dx}$$

$$= \frac{b+d}{b-d} = \frac{b+\sqrt{b^2-a^2}}{b-\sqrt{b^2-a^2}} \tag{4.101}$$

这样就得到带正电的导体电位是

$$\varphi_2 = \frac{A}{2}\ln\frac{b+\sqrt{b^2-a^2}}{b-\sqrt{b^2-a^2}} = A\ln\frac{b+\sqrt{b^2-a^2}}{a} \tag{4.102}$$

用式(4.97)计算出点 $x=0$，$y=+\infty$处通量函数值为 πA。同理，点 $x=0$，$y=-\infty$处的通量函数值为 $-\pi A$。通量值的差为 $2\pi A$。从式(4.90)得导体板与导体圆柱单位长电容为

$$C = \frac{2\pi\varepsilon_0}{\ln\dfrac{b+\sqrt{b^2-a^2}}{a}}$$

这一结论和例 4.5 是一致的，为何有一个系数 2，请读者自行思考。

4.7.3 保角变换

如图 4.17 所示，当 $w=f(z)$ 变换为单值函数时，对于 z 平面上的一个点 z_0，在 w 平面就有一点 w_0 与之对应；z 平面上的一条曲线 C，w 平面上有一条曲线 C' 与之对应；同样，在 z 平面上的一个图形 D，也在 w 平面有一个图形 D' 与之对应。在变换中，尽管图形的形状要产生变化，但是相应的两条曲线之间的夹角却保持不变，所以变换 $w=f(z)$ 也叫作保角变换。为了证明保角性，设 z 平面的 z_0 点上，沿曲线 C_1 有一个增量 dz_1，沿曲线 C_2 有一个增量 dz_2；相应地，在 w 平面有 w_0 点，沿曲线 C_1' 有增量 dw_1，沿曲线 C_2' 有增量 dw_2，于是

$$dw_1 = f'(z_0)dz_1$$
$$dw_2 = f'(z_0)dz_2$$

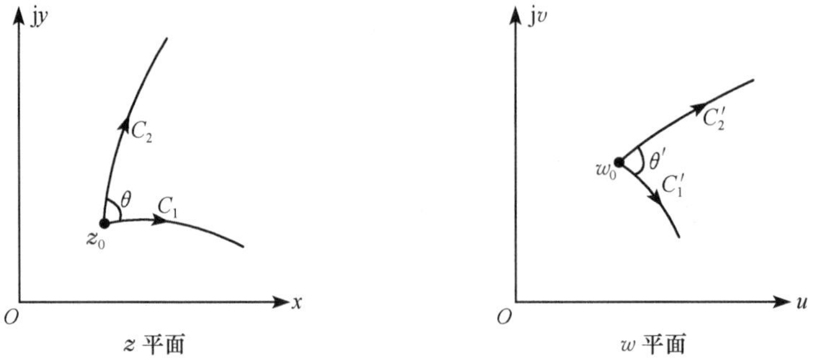

图 4.17 保角变换

当 $f'(z_0)$ 不等于零时，它们之间的幅角关系是

$$\arg dw_1 = \arg dz_1 + \arg f'(z_0)$$
$$\arg dw_2 = \arg dz_2 + \arg f'(z_0)$$

以上二式相减得

$$\arg dw_1 - \arg dw_2 = \arg dz_1 - \arg dz_2$$

即

$$\theta' = \theta \tag{4.103}$$

这样就证明了保角性。在变换前后，图形的形状要产生旋转和伸缩，但是两条曲线之间的夹角保持不变。使用保角变换法求解静态场问题的关键是选择适当的变换函数，将 z 平面上比较复杂的边界变换成 w 平面上较易求解的边界。使用中应该注意以下几点。

(1)如果变换以前势函数满足拉普拉斯方程，则在变换以后势函数也满足拉普拉斯方程；如果变换以前势函数满足泊松方程

$$\frac{\partial^2\varphi}{\partial x^2}+\frac{\partial^2\varphi}{\partial y^2}=-\frac{\rho}{\varepsilon} \tag{4.104}$$

则在变换以后，势函数满足以下的泊松方程

$$\frac{\partial^2\varphi}{\partial u^2}+\frac{\partial^2\varphi}{\partial v^2}=-\frac{\rho^*}{\varepsilon} \tag{4.105}$$

其中

$$\rho^*(u,v) = |f'(z)|^{-2}\rho(x,y)$$

这表明，二维平面场的电荷密度经过变换以后要发生变化，但是电荷总量不变。其理由是

$$\int_S \rho^*(u,v)\mathrm{d}u\mathrm{d}v = \int_S |f'(z)|^{-2}\rho(x,y)\left|\frac{\partial(u,v)}{\partial(x,y)}\mathrm{d}x\mathrm{d}y\right|$$

而

$$\frac{\partial(u,v)}{\partial(x,y)} = \frac{\partial u}{\partial x}\frac{\partial v}{\partial y} - \frac{\partial u}{\partial y}\frac{\partial v}{\partial x}$$
$$= \left(\frac{\partial u}{\partial x}\right)^2 + \left(\frac{\partial u}{\partial y}\right)^2 = |f'(z)|^2$$

所以

$$\int_S \rho^*(u,v)\mathrm{d}u\mathrm{d}v = \int_S \rho(x,y)|\mathrm{d}x\mathrm{d}y|$$

(2)在变换前后，z 平面和 w 平面对应的电场强度要发生变化，它们之间的关系为

$$\boldsymbol{E}(x,y) = |f'(z)|\boldsymbol{E}(u,v) \tag{4.106}$$

这是因为，从 z 平面变换到 w 平面时，线元要伸长 $|f'(z)|$ 倍，相应的电场强度要减小 $|f'(z)|$ 倍。

(3)变换前后，两导体之间的电容量不变。在这里的电容量是指单位长度的电容。因为变换前后两个导体之间的电位差不变，二导体面上的电场和电荷密度发生了变化，但是，导体上的电荷总量不变。如取 C_1 为 z 平面上的导体表面，C_1' 为变换以后 w 平面上的导体表面，则沿轴线方向单位长度的 C_1 上的总电荷是

$$Q = \int_{C_1} \varepsilon E_{\mathrm{n}}(z)\mathrm{d}C_1$$

则沿轴线方向单位长度的 C_1' 上的总电荷是

$$Q' = \int_{C_1} \varepsilon E_{\mathrm{n}}(w)\mathrm{d}C_1'$$

因为

$$E_{\mathrm{n}}(z) = \left|\frac{\mathrm{d}w}{\mathrm{d}z}\right|E_{\mathrm{n}}(w)$$

$$\mathrm{d}C_1 = \left|\frac{\mathrm{d}w}{\mathrm{d}z}\right|^{-1}\mathrm{d}C_1'$$

所以有

$$Q = Q' \tag{4.107}$$

可以使用这个性质方便地计算两个导体之间的电容量。

例 4.16 两个共焦椭圆柱面导体组成的电容器，其外柱的长、短半轴分别是 a_2、b_2，内柱的长、短半轴分别是 a_1、b_1，如图 4.18 所示。求单位长度的电容。

解 先分析反余弦变换 $w=\arccos(z/k)$ 所能表示的场(k 为常数，为了简便起见，取其为实常数)

$$x + \mathrm{j}y = k\cos(u+\mathrm{j}v) = k\cos u\,\mathrm{ch}v - \mathrm{j}k\sin u\,\mathrm{sh}v$$

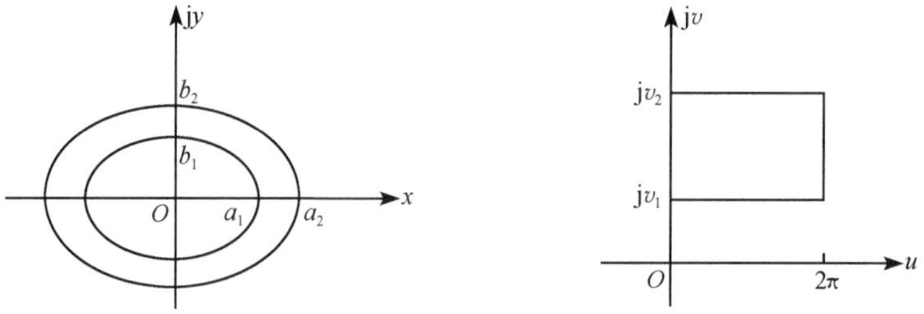

图 4.18　椭圆区域的变换

即

$$x = k\cos u\,\text{ch}v$$
$$y = -k\sin u\,\text{sh}v$$

所以

$$\frac{x^2}{k^2\text{ch}^2 v} + \frac{y^2}{k^2\text{sh}^2 v} = 1$$
$$\frac{x^2}{k^2\cos^2 u} - \frac{y^2}{k^2\sin^2 u} = 1$$

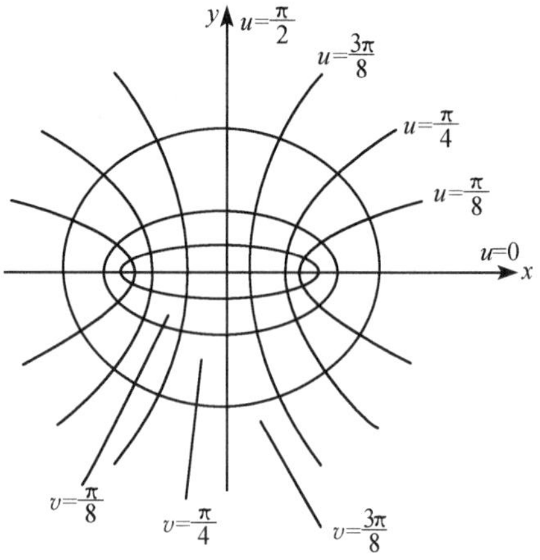

图 4.19　$z=\cos w$ 的变换

可见，$v=$常数，表示一族共焦点的椭圆，焦点在($\pm k$, 0)，$u=$常数，表示一族与椭圆族正交的共焦点双曲线。如图 4.19 所示(图中是 $k=1$ 的情形)，它可以将 z 平面上的椭圆或双曲线边界变换到 w 平面的直线边界(包括蜕变为一段线段的椭圆，蜕变为一条射线的双曲线)。椭圆的长半轴为 $k\text{ch}v$，短半轴为 $k\text{sh}v$。对于本题，选取 v 表示电势函数。则在 z 平面的两个椭圆导体之间的区域变换到 w 平面的矩形区域 $0<u<2\pi$，$v_1<v<v_2$，其中

$$a_1 = k\text{ch}v_1$$
$$a_2 = k\text{ch}v_2$$
$$k = \sqrt{a_2^2 - b_2^2} = \sqrt{a_1^2 - b_1^2}$$

单位长度电容为

$$C = \varepsilon_0\,\frac{u_2 - u_1}{v_2 - v_1}$$

注意到

$$\text{arcch}x = \ln(x + \sqrt{x^2 - 1})$$

可求出此椭圆电容器单位长度的电容为

$$C = \frac{2\pi\varepsilon_0}{\ln\dfrac{a_2 + b_2}{a_1 + b_1}}$$

*4.8 格林函数法

格林函数法是数学物理方法中的基本方法之一，可以用于求解静态场中的拉普拉斯方程、泊松方程以及时变场中的亥姆霍兹方程。格林函数法的要点是先求出与待解问题具有相同边界形状的格林函数。格林函数是指单位点源的位函数。知道格林函数后，通过积分就可以得到具有任意分布源的解。对于静电问题而言，就是说，可以从单位点电荷(对于二维问题是单位线电荷，一维问题是单位面电荷)在特定边界下产生的位函数，通过积分求得同一边界的任意分布电荷产生的电位。本节以静电场的边值问题为例，说明格林函数法在求解泊松方程中的应用。

4.8.1 边值问题的格林函数法表示式

假定已知某给定区域 V 内的电荷体密度 $\rho(\boldsymbol{r})$，则待求电位 $\varphi(\boldsymbol{r})$ 满足泊松方程

$$\nabla^2\varphi(\boldsymbol{r}) = -\frac{\rho(\boldsymbol{r})}{\varepsilon} \tag{4.108}$$

与方程(4.108)相应的格林函数 $G(\boldsymbol{r},\boldsymbol{r}')$ 满足下列方程

$$\nabla^2 G(\boldsymbol{r},\boldsymbol{r}') = -\frac{\delta(\boldsymbol{r}-\boldsymbol{r}')}{\varepsilon} \tag{4.109}$$

方程(4.109)实际上就是位于源点 $\boldsymbol{r}'$ 处的单位正电荷在空间产生的电位所满足的方程，也就是说，格林函数 $G(\boldsymbol{r},\boldsymbol{r}')$ 是位于源点 $\boldsymbol{r}'$ 处的单位正电荷在空间 $\boldsymbol{r}$ 处产生的电位。很显然，格林函数 $G(\boldsymbol{r},\boldsymbol{r}')$ 仅仅是源点与场点间距离的函数，即是 $|\boldsymbol{r}-\boldsymbol{r}'|$ 的函数。我们将源点和场点互换，其间的距离不变，故而有

$$G(\boldsymbol{r},\boldsymbol{r}') = G(\boldsymbol{r}',\boldsymbol{r}) \tag{4.110}$$

式(4.110)称为格林函数的对称性，也就是电磁场的互易性。

将式(4.109)左右乘以 φ，式(4.108)左右乘以 G，二者相减再积分，得

$$\int_V (G\nabla^2\varphi - \varphi\nabla^2 G)\mathrm{d}V = -\int_V \frac{\rho G}{\varepsilon}\mathrm{d}V + \int_V \varphi(\boldsymbol{r})\frac{\delta(\boldsymbol{r}-\boldsymbol{r}')}{\varepsilon}\mathrm{d}V \tag{4.111}$$

使用格林第二恒等式(见附录A)，得

$$\oint_S \left(G\frac{\partial\varphi}{\partial n} - \varphi\frac{\partial G}{\partial n}\right)\mathrm{d}S = -\int_V \frac{\rho G}{\varepsilon}\mathrm{d}V + \int_V \varphi(\boldsymbol{r})\frac{\delta(\boldsymbol{r}-\boldsymbol{r}')}{\varepsilon}\mathrm{d}V \tag{4.112}$$

当源点在区域 V 内时，有

$$\int_V \varphi(\boldsymbol{r})\delta(\boldsymbol{r}-\boldsymbol{r}')\mathrm{d}V = \varphi(\boldsymbol{r}') \tag{4.113}$$

因而，式(4.111)可以改写为

$$\varphi(\boldsymbol{r}') = \int_V \rho(\boldsymbol{r})G(\boldsymbol{r},\boldsymbol{r}')\mathrm{d}V + \varepsilon\oint_S \left[G\frac{\partial\varphi(\boldsymbol{r})}{\partial n} - \varphi(\boldsymbol{r})\frac{\partial G(\boldsymbol{r},\boldsymbol{r}')}{\partial n}\right]\mathrm{d}S \tag{4.114}$$

将式(4.114)的源点和场点互换，并且利用格林函数的对称性，得

$$\varphi(\boldsymbol{r}) = \int_V \rho(\boldsymbol{r}')G(\boldsymbol{r},\boldsymbol{r}')\mathrm{d}V' + \varepsilon\oint_S \left[G\frac{\partial\varphi(\boldsymbol{r}')}{\partial n'} - \varphi(\boldsymbol{r}')\frac{\partial G(\boldsymbol{r},\boldsymbol{r}')}{\partial n'}\right]\mathrm{d}S' \tag{4.115}$$

此式就是有限区域 V 内任意一点电位的格林函数表示式。它表明，一旦体积 V 中的电

荷分布 ρ 以及有限体积 V 的边界面 S 上的边界条件 $\varphi(\boldsymbol{r}')$ 和 $\partial\varphi/\partial n'$ 为已知，V 内任意一点的电位即可以通过积分算出。

在式(4.115)中的格林函数是给定边界形状下一般边值问题的格林函数。为了简化计算，我们可以对格林函数附加上边界条件。与静电边值问题一致，格林函数的边界条件也分为如下三类。

1. 第一类格林函数

与第一类静电边值问题相应的是第一类格林函数，用 G_1 表示。它在体积 V 内和 S 上满足的方程如下

$$\nabla^2 G_1(\boldsymbol{r},\boldsymbol{r}') = -\frac{\delta(\boldsymbol{r}-\boldsymbol{r}')}{\varepsilon} \tag{4.116a}$$

$$G_1|_S = 0 \tag{4.116b}$$

即第一类格林函数 G_1 表示在边界面 S 上满足齐次边界条件。将式(4.116b)代入式(4.115)，得出第一类静电边值问题的解为

$$\varphi(\boldsymbol{r}) = \int_V \rho(\boldsymbol{r}')G_1(\boldsymbol{r},\boldsymbol{r}')\mathrm{d}V' - \varepsilon\oint_S \varphi(\boldsymbol{r}')\frac{\partial G_1(\boldsymbol{r},\boldsymbol{r}')}{\partial n'}\mathrm{d}S' \tag{4.117}$$

2. 第二类格林函数

与第二类静电边值问题相应的是第二类格林函数，用 G_2 表示。它在体积 V 内和 S 上满足的方程为

$$\nabla^2 G_2(\boldsymbol{r},\boldsymbol{r}') = -\frac{\delta(\boldsymbol{r}-\boldsymbol{r}')}{\varepsilon} \tag{4.118a}$$

$$\left.\frac{\partial G_2}{\partial n}\right|_S = 0 \tag{4.118b}$$

在此条件下，第二类静电边值问题的解为

$$\varphi(\boldsymbol{r}) = \int_V \rho(\boldsymbol{r}')G_2(\boldsymbol{r},\boldsymbol{r}')\mathrm{d}V' + \varepsilon\oint_S G_2\frac{\partial \varphi(\boldsymbol{r}')}{\partial n'}\mathrm{d}S' \tag{4.119}$$

3. 第三类格林函数

对于第三类静电边值问题，使用第三类格林函数较为方便。第三类静电边值问题的电位方程也由方程(4.108)确定，其边界条件由下式确定

$$\left.\left(\alpha\varphi + \beta\frac{\partial\varphi}{\partial n}\right)\right|_S = f \tag{4.120}$$

其中，α、β 为已知常数，$f(\boldsymbol{r})$ 为已知函数。与第三类边值问题相应的第三类格林函数 G_3 所满足的方程及边界条件如下

$$\nabla^2 G_3(\boldsymbol{r},\boldsymbol{r}') = -\frac{\delta(\boldsymbol{r}-\boldsymbol{r}')}{\varepsilon} \tag{4.121a}$$

$$\left.\left(\alpha G_3 + \beta\frac{\partial G_3}{\partial n}\right)\right|_S = 0 \tag{4.121b}$$

将式(4.121b)代入式(4.115)，其可以简化为

$$\varphi(\boldsymbol{r})=\int_V \rho(\boldsymbol{r}')G_3(\boldsymbol{r},\boldsymbol{r}')\mathrm{d}V'+\oint_S \varepsilon\frac{f(\boldsymbol{r}')G_3(\boldsymbol{r},\boldsymbol{r}')}{\alpha}\mathrm{d}S' \tag{4.122}$$

从以上推导过程可看出，格林函数解法其实质是把泊松方程的求解转化为特定边界条件下点源激励时位函数的求解问题。点源激励下的位函数就是格林函数。格林函数所满足的方程及边界条件都比同类型的泊松方程要简单。这里仅仅以第三类格林函数为例比较一下。先看方程(4.108)和式(4.121a)，尽管二者都是非齐次方程，它们的左边一样，而式(4.121a)的右边明显简单，是一个点源激励。再比较边界条件(4.120)和式(4.121b)，可以看出，式(4.120)是一个非齐次边界条件，而式(4.121b)是一个齐次边界条件。至于第一类、第二类边值问题，其格林函数也具有同样的特点。简而言之，格林函数法就是将非齐次边界条件下泊松方程的求解问题，简化为齐次边界条件下点源激励的泊松方程的求解，也就是格林函数的求解问题。而各类型的格林函数的计算，要通过其他方法求得，比如镜像法、分离变量法等。

另外，若我们讨论的是拉普拉斯方程的求解问题，仅需要取式(4.117)、式(4.119)和式(4.122)中的电荷体密度为零即可。

4.8.2　简单边界的格林函数

以下我们给出一些简单边界形状下第一类静电边值问题的格林函数(为了书写简便，略去下标，用 G 表示)。

1. 无界空间的格林函数

我们可以用格林函数所满足的偏微分方程以及边界条件，通过求解这一方程来得出格林函数，也可以由格林函数的物理含义来求解。在此使用后一种方法计算。要计算无界空间的格林函数，就是计算无界空间中，位于 $\boldsymbol{r}'$ 处的单位点电荷，在以无穷远为电位参考点时，空间 $\boldsymbol{r}$ 处的电位。这一电位为

$$\varphi(\boldsymbol{r})=\frac{1}{4\pi\varepsilon R}=\frac{1}{4\pi\varepsilon|\boldsymbol{r}-\boldsymbol{r}'|} \tag{4.123}$$

因此，无界空间的格林函数为

$$G(\boldsymbol{r},\boldsymbol{r}')=\frac{1}{4\pi\varepsilon R}=\frac{1}{4\pi\varepsilon|\boldsymbol{r}-\boldsymbol{r}'|} \tag{4.124}$$

由式(4.124)确定的是三维无界空间的格林函数。对于二维无界空间，其格林函数可以通过计算位于源点$(x'，y')$处的线密度为 1 的单位无限长线电荷在空间$(x，y)$处的电位来确定。由第 2 章的知识可知，二维无界空间的格林函数为

$$G(\boldsymbol{r},\boldsymbol{r}')=\frac{-1}{2\pi\varepsilon}\ln R+C \tag{4.125}$$

其中，$R=[(x-x')^2+(y-y')^2]^{1/2}$；$C$ 是常数，取决于电位参考点的选取。

2. 上半空间的格林函数

计算上半空间($z>0$)的格林函数，就是求位于上半空间 $\boldsymbol{r}'$ 处的单位点电荷，以 $z=0$ 平面为电位零点时，在上半空间任意一点 $\boldsymbol{r}$ 处的电位。这个电位可以用平面镜像法求得，因而，上半空间的格林函数为

$$G(\boldsymbol{r},\boldsymbol{r}') = \frac{1}{4\pi\varepsilon}\left(\frac{1}{R_1} - \frac{1}{R_2}\right) \tag{4.126}$$

其中

$$R_1 = [(x-x')^2 + (y-y')^2 + (z-z')^2]^{1/2}$$
$$R_2 = [(x-x')^2 + (y-y')^2 + (z+z')^2]^{1/2}$$

同理可得出二维半空间($y>0$)的格林函数。也使用镜像法，可以比较容易地算出，位于(x'，y')处的单位线电荷，在以 $y=0$ 为电位参考点时，在(x，y)处的电位。因而，二维半空间($y>0$)的格林函数为

$$G(\boldsymbol{r},\boldsymbol{r}') = \frac{1}{2\pi\varepsilon}\ln\frac{R_2}{R_1} \tag{4.127}$$

其中

$$R_1 = [(x-x')^2 + (y-y')^2]^{1/2}$$
$$R_2 = [(x-x')^2 + (y+y')^2]^{1/2}$$

3. 球内、外空间的格林函数

我们可以由球面镜像法，求出球心在坐标原点，半径为 a 的球外空间的格林函数为

$$G(\boldsymbol{r},\boldsymbol{r}') = \frac{1}{4\pi\varepsilon}\left(\frac{1}{R_1} - \frac{a}{r'R_2}\right) \tag{4.128}$$

其中，各量如图 4.20 所示，a 是球的半径，$r=|\boldsymbol{r}|$，$r'=|\boldsymbol{r}'|$，R_1是 $\boldsymbol{r}'$到场点 $\boldsymbol{r}$ 的距离，R_2是 $\boldsymbol{r}'$的镜像点 $\boldsymbol{r}''$到场点 $\boldsymbol{r}$ 的距离，则

$$R_1 = [r^2 + r'^2 - 2rr'\cos\gamma]^{1/2}$$
$$R_2 = [r^2 + r''^2 - 2rr''\cos\gamma]^{1/2}$$
$$r'' = \frac{a^2}{r}$$
$$\cos\gamma = \cos\theta\cos\theta' + \sin\theta\sin\theta'\cos(\varphi-\varphi')$$

同理，可以计算出球内空间的格林函数为

$$G(\boldsymbol{r},\boldsymbol{r}') = \frac{1}{4\pi\varepsilon}\left(\frac{1}{R_1} - \frac{a}{r'R_2}\right) \tag{4.129}$$

其中各量如图 4.21 所示。

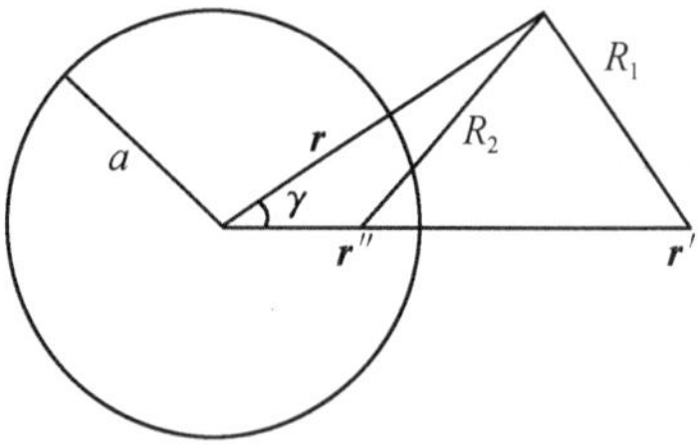

图 4.20 球外格林函数

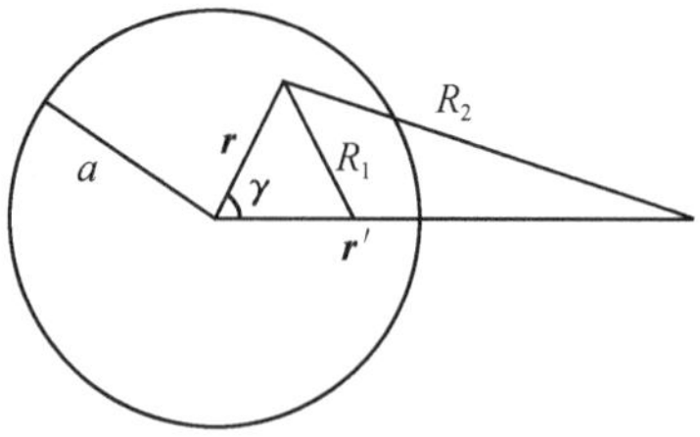

图 4.21 球内格林函数

4.8.3 格林函数的应用

由式(4.117)计算第一类静电边值问题的解时，先要知道待解区域的第一类格林函

数 G，然后求出 G 在边界面上的法向导数$\frac{\partial G}{\partial n'}$的值，再代入式(4.117)，积分后得到区域内的电位值。以下通过例题说明。

例 4.17　已知无限大导体平板由两个相互绝缘的半无限大部分组成，右半部的电位为 V_0，左半部的电位为零，求上半空间的电位(图 4.22)。

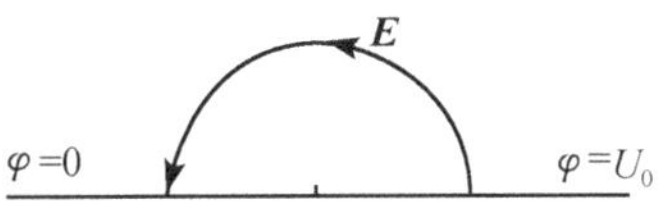

图 4.22

解　此题是拉普拉斯方程的第一类边值问题，即体电荷为零，式(4.117)可简化为

$$\varphi = -\varepsilon \oint_S \varphi(\boldsymbol{r}') \frac{\partial G(\boldsymbol{r},\boldsymbol{r}')}{\partial n'} \mathrm{d}S' \tag{4.130}$$

由式(4.127)，二维半无界空间的格林函数为

$$G(\boldsymbol{r},\boldsymbol{r}') = \frac{1}{2\pi\varepsilon}\ln\frac{R_2}{R_1}$$
$$= \frac{1}{4\pi\varepsilon}\{\ln[(x-x')^2+(y+y')^2] - \ln[(x-x')^2+(y-y')^2]\}$$

其中

$$R_1 = [(x-x')^2+(y-y')^2]^{1/2}, \qquad R_2 = [(x-x')^2+(y+y')^2]^{1/2}$$

应注意，式(4.117)中的面积分在二维问题时，要转化为线积分，且 n' 是界面的外法向。于是，有

$$\frac{\partial G}{\partial n'} = -\frac{\partial G}{\partial y'} = \frac{-1}{4\pi\varepsilon}\left[\frac{2(y+y')}{(x-x')^2+(y+y')^2} - \frac{-2(y-y')}{(x-x')^2+(y-y')^2}\right]$$

$$\left.\frac{\partial G}{\partial n'}\right|_S = \frac{-1}{\pi\varepsilon}\frac{y}{(x-x')^2+y^2}$$

代入式(4.130)，得

$$\varphi(\boldsymbol{r}) = \frac{V_0}{\pi}\int_0^\infty \frac{y}{y^2+(x-x')^2}\mathrm{d}x'$$
$$= \frac{V_0}{\pi}\left(\frac{\pi}{2} + \arctan\frac{x}{y}\right)$$

这一结果，与用复变函数法得到的结果相一致，即电力线沿圆柱坐标的圆周方向，等位线沿着半径方向。

例 4.18　一个间距为 d 的平板电容器，极板间的体电荷密度是 ρ_0(ρ_0为常数)，上、下板的电位分别是 U_0和 0，求格林函数，并求电位。

解　选取如图 4.23 所示的坐标系，电位仅仅是坐标 x 的函数 $\varphi(x)$。可以知道 $\varphi(x)$满足的微分方程及其边界条件为

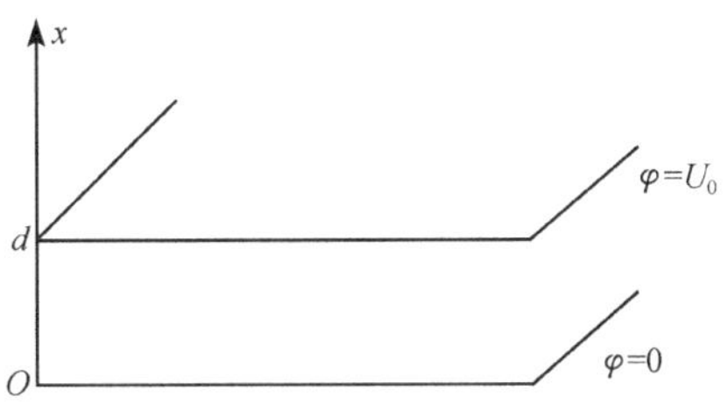

图 4.23

$$\frac{\mathrm{d}^2\varphi(x)}{\mathrm{d}x^2} = -\frac{\rho_0}{\varepsilon_0}, \quad 0 < x < d$$
$$\varphi(0) = U_0$$
$$\varphi(d) = 0$$

以上方程使用直接积分法可方便地求解。但是为了说明格林函数法的计算步骤，这里用格林

函数法求解。先写出和上述方程相应的格林函数满足的微分方程及其边界条件(使用格林函数是单位点源在齐次边界条件下的位函数这一性质，一维点源就是面源，即一维δ函数)如下

$$\frac{\mathrm{d}^2G(x,x')}{\mathrm{d}x^2}=-\frac{\delta(x-x')}{\varepsilon_0},\quad 0<x<d \tag{4.131}$$

$$G(0,x')=0,\quad 0<x'<d$$

$$G(d,x')=0,\quad 0<x'<d$$

对于格林函数G的微分方程，分$x<x'$和$x>x'$两部分积分后，得

$$G(x,x')=C_1x+C_2,\quad 0\leqslant x<x'<d$$

$$G(x,x')=C_3x+C_4,\quad 0<x'<x\leqslant d$$

代入上、下极板G的边界条件，得$C_2=0$，$C_4=-dC_3$，即

$$G(x,x')=C_1x,\quad 0\leqslant x<x'<d$$

$$G(x,x')=-C_3(d-x),\quad 0<x'<x\leqslant d$$

上式中还有两个待定常数要确定。可以使用G在$x=x'$连续，得

$$C_1x'=C_3(x'-d)$$

另外，对方程(4.131)左右积分一次，得

$$\left.\frac{\mathrm{d}G}{\mathrm{d}x}\right|_{x=x'+}-\left.\frac{\mathrm{d}G}{\mathrm{d}x}\right|_{x=x'-}=-\frac{1}{\varepsilon_0}$$

即

$$C_3-C_1=-\frac{1}{\varepsilon_0}$$

解C_1和C_3的联立方程，得

$$C_1=\frac{d-x'}{\varepsilon_0 d},\quad C_3=-\frac{x'}{\varepsilon_0 d}$$

最后得到格林函数为

$$G(x,x')=\begin{cases}\dfrac{d-x'}{\varepsilon_0 d}x, & x<x'\\[2mm] \dfrac{x'}{\varepsilon_0 d}(d-x), & x'<x\end{cases}$$

至于电位的计算，采用电荷密度乘以格林函数，再对源区积分，即对带撇的变量积分，就可以求出来。

例 4.19 已知一个半径为a的圆柱形区域内体电荷密度为零，界面上的电位是

$$\varphi(a,\phi)=\varphi(\phi)$$

用格林函数法求圆柱内部的电位$\varphi(r,\ \phi)$。

解 使用镜像法及格林函数的性质，可以得出，半径为a的圆柱内部静电问题的格林函数为

$$G(\boldsymbol{r},\boldsymbol{r}')=\frac{1}{2\pi\varepsilon}\ln\frac{R_2r'}{R_1a}$$

其中，各量如图 4.24 所示，$r=|\boldsymbol{r}|$，$r'=|\boldsymbol{r}'|$，R_1是$\boldsymbol{r}'$到场点$\boldsymbol{r}$的距离，R_2是$\boldsymbol{r}'$的镜像点$\boldsymbol{r}''$到场点$\boldsymbol{r}$的距离，则

$$R_1=[r^2+r'^2-2rr'\cos\gamma]^{1/2}$$
$$R_2=[r^2+r''^2-2rr''\cos\gamma]^{1/2}$$
$$r''=\frac{a^2}{r},\qquad \gamma=\phi-\phi'$$

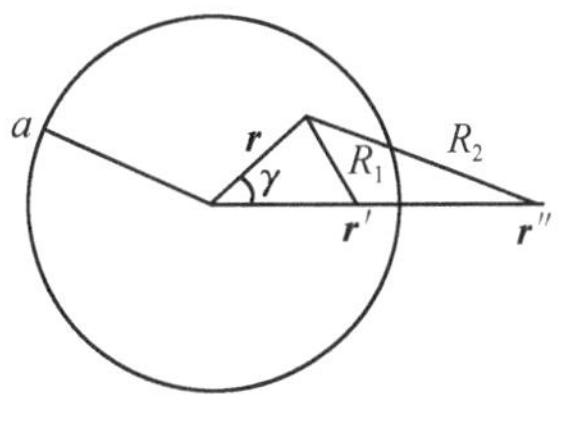

图 4.24 柱内区域格林函数

计算出界面上的 $\partial\varphi/\partial n'$，代入式(4.117)有

$$\varphi=-\varepsilon\oint_S\varphi(r')\frac{\partial G(\boldsymbol{r},\boldsymbol{r}')}{\partial n'}\mathrm{d}S'$$
$$=\frac{1}{2\pi}\int_0^{2\pi}\varphi(\phi')\frac{a^2-r^2}{a^2+r^2-2ar\cos(\phi-\phi')}\mathrm{d}\phi'$$

对于圆柱面上电位的具体形式，代入上式，积分后，可求出圆柱内任意点的电位，即使对于不能得出解析解的情形，也可通过数值积分得出电位分布的数值解。

例 4.20 如果例 4.19 中的圆柱面上的电位为 $\varphi(a,\ \phi)=U_0\cos\phi$，求柱内的电位。

解
$$\varphi(\boldsymbol{r})=\frac{U_0}{2\pi}\int_0^{2\pi}\cos\phi'\frac{a^2-r^2}{a^2+r^2-2ar\cos(\phi-\phi')}\mathrm{d}\phi'$$

先证明恒等式

$$\frac{1-k^2}{1-2k\cos\gamma+k^2}=1+2\sum_{n=1}^{\infty}k^n\cos n\gamma,\qquad |k|<1$$

证明过程如下

$$\frac{1}{2}+\sum_{n=1}^{\infty}k^n\cos n\gamma=\frac{1}{2}+\frac{1}{2}\sum_{n=1}^{\infty}k^n(\mathrm{e}^{\mathrm{j}n\gamma}+\mathrm{e}^{-\mathrm{j}n\gamma})$$
$$=\frac{1}{2}+\frac{1}{2}\sum_{n=1}^{\infty}(k\mathrm{e}^{\mathrm{j}\gamma})^n+\frac{1}{2}\sum_{n=1}^{\infty}(k\mathrm{e}^{-\mathrm{j}\gamma})^n$$
$$=\frac{1}{2}+\frac{1}{2}\frac{k\mathrm{e}^{\mathrm{j}\gamma}}{1-k\mathrm{e}^{\mathrm{j}\gamma}}+\frac{1}{2}\frac{k\mathrm{e}^{-\mathrm{j}\gamma}}{1-k\mathrm{e}^{-\mathrm{j}\gamma}}$$
$$=\frac{1}{2}+\frac{1}{2}\frac{k\cos\gamma+\mathrm{j}k\sin\gamma}{1-k\cos\gamma-\mathrm{j}k\sin\gamma}+\frac{1}{2}\frac{k\cos\gamma-\mathrm{j}k\sin\gamma}{1-k\cos\gamma+\mathrm{j}k\sin\gamma}$$
$$=\frac{1}{2}\left(1+\frac{2k\cos\gamma-2k^2}{1-2k\cos\gamma+k^2}\right)$$
$$=\frac{1}{2}\frac{1-k^2}{1-2k\cos\gamma+k^2}$$

令 $k=\dfrac{r}{a}$，可以得

$$\varphi(\boldsymbol{r})=\frac{U_0}{2\pi}\int_0^{2\pi}\cos\phi'\left[1+2\sum_{n=1}^{\infty}\left(\frac{r}{a}\right)^n\cos n(\phi-\phi')\right]\mathrm{d}\phi'$$
$$=U_0\frac{r}{a}\cos\phi$$

*4.9 有限差分法

前面讨论了求解拉普拉斯方程的解析法，但是对大多实际问题往往边界形状复杂，

很难用解析法求解，为此需使用数值计算法。目前已发展了许多有效的求解边值问题的数值方法。有限差分法是一种较易使用的数值方法。

用有限差分法计算时，选取所求区域有限个离散点，用差分方程代替各个点的偏微分方程。这样得到的任意一个点的差分方程是将该点的电位与其周围几个点相联系的代数方程。对于全部的待求点，就得到一个线性方程组。求解此线性方程组，即可求出待求区域内各点的电位。

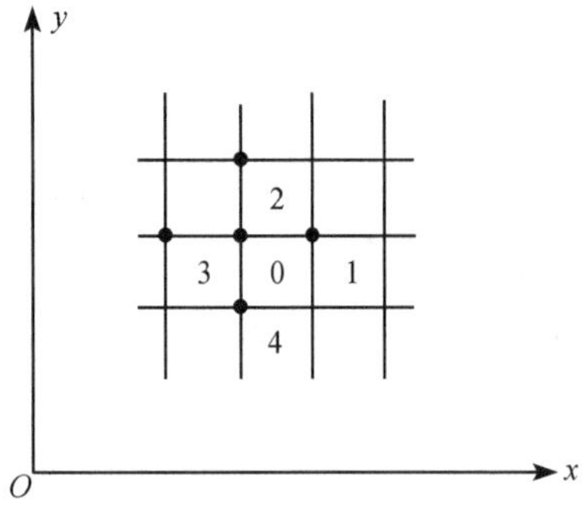

图 4.25 差分网格

本节以二维拉普拉斯方程的第一类边值问题为例，简要说明有限差分法的基本原理。

4.9.1 差分表示式

在 xOy 平面把所求解区域划分为若干相同的小正方形格子，每个格子的边长都为 h，如图 4.25 所示。假设某顶点 O 上的电位是 φ_0，周围四个顶点的电位分别为 φ_1、φ_2、φ_3 和 φ_4。将这几个点电位用泰勒级数展开，就有

$$\varphi_1 = \varphi_0 + \left(\frac{\partial \varphi}{\partial x}\right)_0 h + \frac{1}{2!}\left(\frac{\partial^2 \varphi}{\partial x^2}\right)_0 h^2 + \frac{1}{3!}\left(\frac{\partial^3 \varphi}{\partial x^3}\right)_0 h^3 + \cdots \tag{4.132a}$$

$$\varphi_3 = \varphi_0 - \left(\frac{\partial \varphi}{\partial x}\right)_0 h + \frac{1}{2!}\left(\frac{\partial^2 \varphi}{\partial x^2}\right)_0 h^2 - \frac{1}{3!}\left(\frac{\partial^3 \varphi}{\partial x^3}\right)_0 h^3 + \cdots \tag{4.132b}$$

当 h 很小时，忽略四阶以上的高次项，得

$$\varphi_1 + \varphi_3 = 2\varphi_0 + h^2\left(\frac{\partial^2 \varphi}{\partial x^2}\right)_0 \tag{4.133a}$$

同理，有

$$\varphi_2 + \varphi_4 = 2\varphi_0 + h^2\left(\frac{\partial^2 \varphi}{\partial y^2}\right)_0 \tag{4.133b}$$

将式(4.133a)与式(4.133b)相加，并考虑$\frac{\partial^2 \varphi}{\partial x^2}+\frac{\partial^2 \varphi}{\partial y^2}=0$，得

$$\varphi_0 = \frac{1}{4}(\varphi_1 + \varphi_2 + \varphi_3 + \varphi_4) \tag{4.134}$$

式(4.134)表明任一点的电位等于它周围四个点电位的平均值。显然，h 越小，计算越精确。如果待求 N 个点的电位，就需解含有 N 个方程的线性方程组。我们知道，当线性方程组的未知量个数等于方程个数时，方程组称为正则的方程组(或者叫作恰定的方程组)，这时方程组有唯一解，有限差分法得到的方程组就属于这种情形。当线性方程组的未知量个数多于方程个数时，方程组称为超定的方程组。当线性方程组的未知量个数少于方程个数时，方程组称为不定的方程组。

为了求解方程组，可以使用不同的方法。若点的数目较多，用迭代法较为方便。

4.9.2 差分方程的数值解法

如前所述，平面区域内有多少个结点，就能得到多少个差分方程。当这些结点数目较大时，使用迭代法求解这一差分方程组比较方便。

1. 简单迭代法

如图 4.26 所示，用迭代法解二维电位分布时，将包含边界在内的节点均以双下标 (i, j) 表示，i、j 分别表示沿 x、y 方向的标号。次序是 x 方向从左到右，y 方向从下到上。我们用上标 n 表示某点电位的第 n 次的迭代值。由式(4.134)得出点 (i, j) 第 $n+1$ 次电位的计算公式为

$$\varphi_{i,j}^{n+1} = \frac{1}{4}(\varphi_{i+1,j}^{n} + \varphi_{i,j+1}^{n} + \varphi_{i-1,j}^{n} + \varphi_{i,j-1}^{n}) \tag{4.135}$$

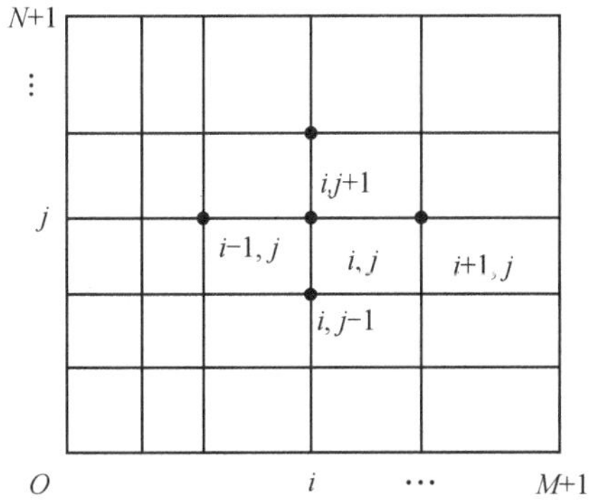

图 4.26 节点序号

式(4.135)也叫简单迭代法，它的收敛速度较慢。

计算时，先任意指定各个节点的电位值，作为零级近似，注意电位在某无源区域的极大、极小值总是出现在边界上。将零级近似值及其边界上的电位值代入式(4.135)求出一级近似值，再由一级近似值求出二级近似值，依此类推，直到连续两次迭代所得电位的差值在允许范围内时，结束迭代。对于相邻两次迭代解之间的误差，通常有两种取法，一种是取最大绝对误差 $\max\limits_{i,j}|\varphi_{i,j}^{k} - \varphi_{i,j}^{k-1}|$，另一种是取算术平均误差 $\frac{1}{N}\sum\limits_{i,j}|\varphi_{i,j}^{k} - \varphi_{i,j}^{k-1}|$，其中，$N$ 是结点总数。

2. 塞德尔迭代法

通常为节约计算时间，对简单迭代法要进行改进，每当算出一个节点的高一次的近似值，就立即用它参与其他节点的差分方程迭代，这种方法叫作塞德尔(Seidel)迭代法，表达式为

$$\varphi_{i,j}^{n+1} = \frac{1}{4}(\varphi_{i+1,j}^{n} + \varphi_{i,j+1}^{n} + \varphi_{i-1,j}^{n+1} + \varphi_{i,j-1}^{n+1}) \tag{4.136}$$

此式也称为异步迭代法。由式(4.136)可以看出，每个点左边和下边的电位值用新的值取代，由于更新值的提前使用，异步迭代法比简单迭代法收敛速度加快一倍左右，存储量也小。

3. 超松弛迭代法

为了加快收敛速度，常采用超松弛迭代法。计算时，将某点的新老电位值之差乘以一个因子 α 以后，再加到该点的老电位值上，作为这一点的新电位值 $\varphi_{i,j}^{n+1}$。超松弛迭代法的表达式为

$$\varphi_{i,j}^{n+1} = \varphi_{ij}^{n} + \frac{\alpha}{4}(\varphi_{i+1,j}^{n} + \varphi_{i,j+1}^{n} + \varphi_{i-1,j}^{n+1} + \varphi_{i,j-1}^{n+1} - 4\varphi_{ij}^{n}) \tag{4.137}$$

其中，α 称为松弛因子，其值介于 1 和 2 之间。当其值为 1 时，超松弛迭代法就蜕变为塞德尔迭代法。

因子 α 的选取一般只能依经验进行。但是对矩形区域，当 M、N 都很大时，可以由如下公式计算最佳收敛因子 α_0

$$\alpha_0 = 2 - \pi\sqrt{\frac{2}{M^2} + \frac{2}{N^2}} \tag{4.138}$$

其中，M、N 分别是沿 x、y 两个方向的内结点数。

对于其他形状的实际区域，最佳收敛因子的表达式很复杂。实际计算中，往往应用其近似值。通常采用以下几种方法处理。第一种方法是将区域等效为近似的矩形区域，再依照上式计算 α_0；第二种方法是编制可以自动选择收敛因子的计算程序，在起始迭代时取收敛因子为 1.5，然后依迭代过程收敛速度的快慢使计算机按程序自动修正收敛因子；第三种方法是起始迭代取收敛因子为 1，以后逐渐增大，并注意观察迭代过程的收敛速度，当速度减小时，停止增加收敛因子的值，而在以后的迭代中，用最后一个收敛因子的值作为最佳值。

例 4.21 设如图 4.27 所示的矩形截面的长导体槽，宽为 $4h$，高为 $3h$，顶板与两侧绝缘，顶板的电位为 10V，其余的电位为零。求槽内各点的电位。

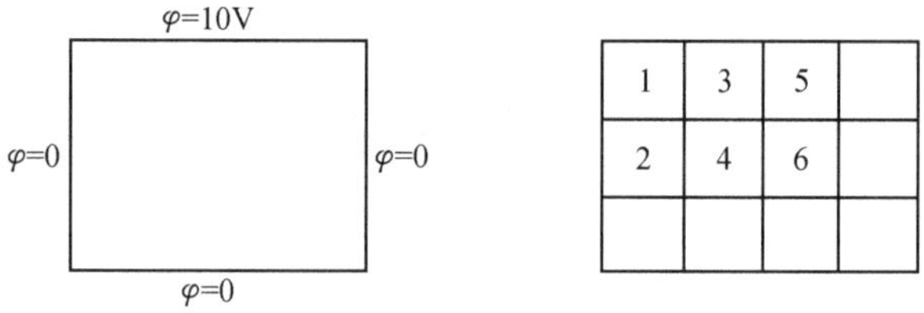

图 4.27

解 将待求的区域分为 12 个边长为 h 的正方形网格，含 6 个内点。得出差分方程组

$$\varphi_1 = \frac{1}{4}(\varphi_2 + \varphi_3 + 10)$$

$$\varphi_2 = \frac{1}{4}(\varphi_1 + \varphi_4)$$

$$\varphi_3 = \frac{1}{4}(\varphi_1 + \varphi_4 + \varphi_5 + 10)$$

$$\varphi_4 = \frac{1}{4}(\varphi_2 + \varphi_3 + \varphi_6)$$

$$\varphi_5 = \frac{1}{4}(\varphi_3 + \varphi_6 + 10)$$

$$\varphi_6 = \frac{1}{4}(\varphi_4 + \varphi_5)$$

解以上的方程组，得

$$\varphi_1 = \frac{670}{161} = 4.1615(\mathrm{V})$$

$$\varphi_2 = \frac{250}{161} \approx 1.5528(\mathrm{V})$$

$$\varphi_3 = \frac{820}{161} \approx 5.0932(\mathrm{V})$$

$$\varphi_4 = \frac{330}{161} \approx 2.0497(\mathrm{V})$$

$$\varphi_5 = \frac{670}{161} = 4.1615(\mathrm{V})$$

$$\varphi_6 = \frac{250}{161} = 1.5528(\mathrm{V})$$

应注意，以上结果是差分方程组的精确解，但并不是待求格点电位的精确值，这是因为差分方程组本身是原偏微分组的近似。以下用迭代法求解。简单迭代法、异步迭代法的结果分别列于表 4.1 和表 4.2。

表 4.1　简单迭代法

	1	2	3	4	5	6
0	0.0	0.0	0.0	0.0	0.0	0.0
1	2.5	0.0	2.5	0.0	2.5	0.0
…	…	…	…	…	…	…
10	4.1435	1.5363	5.0698	2.0242	4.1435	1.5363
11	4.1515	1.5419	5.0778	2.0356	4.1515	1.5419

表 4.2　异步迭代法

	1	2	3	4	5	6
0	0.0	0.0	0.0	0.0	0.0	0.0
1	2.5	0.625	3.125	0.9375	3.2813	1.0547
…	…	…	…	…	…	…
6	4.1475	1.5444	5.0812	2.0425	4.1564	1.5497
7	4.1564	1.5497	5.0888	2.0471	4.1596	1.5517

小　结

(1)静态场求解问题，可以归结为在给定边界条件下求解位函数的泊松方程或拉普拉斯方程的问题，也称为边值型问题。满足给定边界条件的泊松方程或拉普拉斯方程的解是唯一的。

(2)镜像法在待求解区域以外用镜像电荷代替平面、圆柱面或者球面上的感应电荷。它是一种等效方法。镜像法的主要步骤是确定镜像电荷的大小和位置。镜像法用于求解无穷大导体(或介质)面附近的点电荷、线电荷产生的场；位于无穷长圆柱导体附近的平行线电荷产生的场；位于导体球附近的点电荷产生的场。

(3)分离变量法是将一个多元函数表示成几个单变量函数的乘积，从而将偏微分方程分离为几个带分离常数的常微分方程的方法。使用分离变量法求解边值型问题，首先要根据边界形状选取适当的坐标系；然后将偏微分方程在特定的坐标系下分离为几个常微分方程，并得出位函数的通解；最后由边界条件确定通解中的待定常数。

(4)复变函数法是采用解析函数将 z 平面的复杂边界变换为 w 平面的简单形状边界。由于解析函数的实部和虚部的等值线相互正交，可以分别选取实部或者虚部作为电位函数。使用复变函数法求解二维边值型问题的主要步骤是寻找变换函数。通常先研究分析一些解析函数描绘的等值线图形，然后根据实际问题加以选用。

(5)格林函数法将分布场源产生的位函数的计算问题，简化为点源产生的位函数问题，再由点源的解求出分布源的解。点源在给定边界条件下的位函数就是格林函数。求解给定区域的格林函数可以使用镜像法或者其他方法进行。

(6)有限差分法应用差分原理将待求场域的空间离散化，把拉普拉斯方程化为各节点上的有限差分方程，并使用迭代法求解差分方程，从而可以求出节点上的位函数值。

习　题

4.1　一个点电荷 Q 与无穷大导体平面相距为 d，如果把它移动到无穷远处，需要做多少功？

4.2　一个点电荷放在直角导体内部，如习题 4.2 图所示，求出所有镜像电荷的位置和大小。

4.3　证明：一个点电荷 q 和一个带有电荷 Q 的半径为 R 的导体球之间的作用力为

$$F=\frac{q}{4\pi\varepsilon_0}\left[\frac{Q+Rq/D}{D^2}-\frac{DRq}{(D^2-R^2)^2}\right]$$

其中，D 是 q 到球心的距离($D>R$)。

4.4　两个点电荷 $+Q$ 和 $-Q$ 位于一个半径为 a 的接地导体球的直径的延长线上，分别距离球心 D 和 $-D$。

(1)证明：镜像电荷构成一电偶极子，位于球心，偶极矩为 $2a^3Q/D^2$；

(2)令 Q 和 D 分别趋于无穷，同时保持 Q/D^2 不变，计算球外的电场。

4.5　接地无限大导体平板上有一个半径为 a 的半球形突起，在点(0，0，d)处有一个点电荷 q，如习题 4.5 图所示，求导体上方的电位。

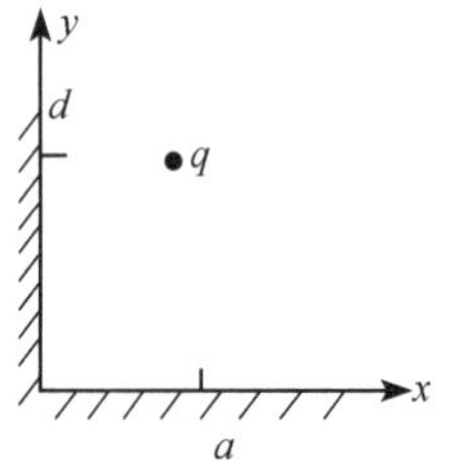

习题 4.2 图

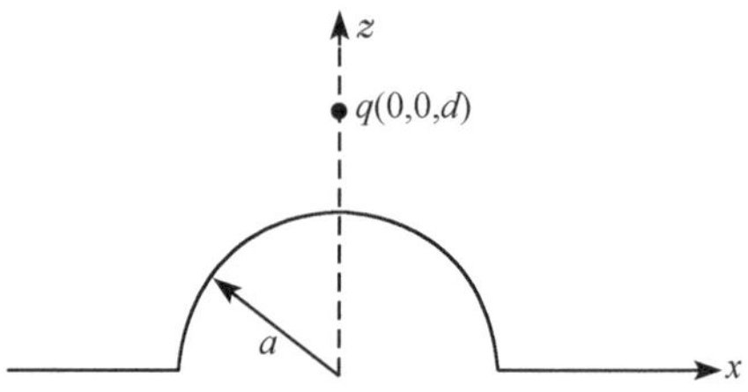

习题 4.5 图

4.6　求截面为矩形的无限长区域($0<x<a$，$0<y<b$)的电位，其四壁的电位为

$$\varphi(x,0)=\varphi(x,b)=0$$

$$\varphi(0,y)=0$$

$$\varphi(a,y)=\begin{cases}V_0 y/b, & 0<y\leqslant b/2\\ V_0(1-y/b), & b/2<y<b\end{cases}$$

4.7　一个截面如习题 4.7 图所示的长槽，向 y 方向无限延伸。两侧的电位是零，槽内 $y\to\infty$，$\varphi\to 0$。底部的电位为

$$\varphi(x,0)=V_0$$

求槽内的电位。

4.8　若 4.7 题的底部的电位为

$$\varphi(x,0)=V_0\sin\frac{3\pi x}{a}$$

重新求槽内的电位。

4.9　一个矩形导体槽由两部分构成，如习题 4.9 图所示，两个导体板的电位分别是 V_0 和 0，求槽内的电位。

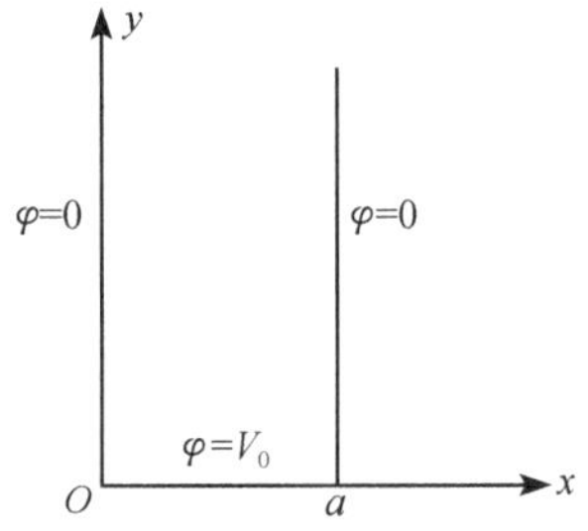

习题 4.7 图

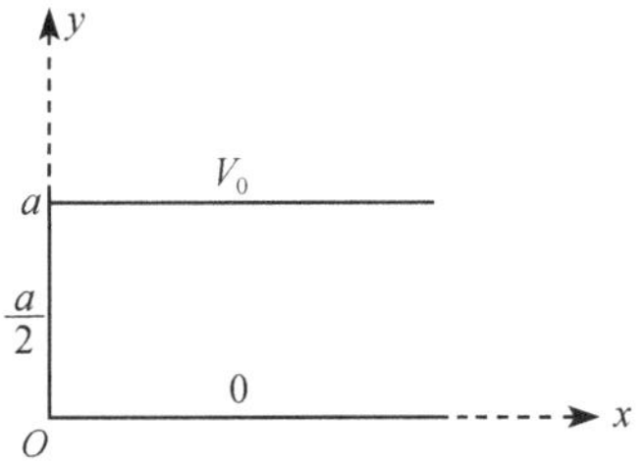

习题 4.9 图

4.10　一个质量为 m，带电量为 q 的小带电体，放置在无限大导体上方，与平面的距离为 h，用镜像法求电荷 q 的值，使带电体受到的静电力恰好与重力平衡。

4.11　将一个半径为 a 的无限长导体管平分成两半，两部分之间互相绝缘，上半部分($0<\phi<\pi$)接电压 V_0，下半部分($\pi<\phi<2\pi$)电位为零。求管内的电位。

4.12　半径为 a 的无穷长的圆柱面上，有密度为 $\rho_S=\rho_{S0}\cos\phi$ 的面电荷，求圆柱面内、外的电位。

4.13　将一个半径为 a 的导体球置于均匀电场 E_0 中，求球外的电位、电场。

4.14　将半径为 a、介电常量为 ε 的无限长介质圆柱放置于均匀电场 $\boldsymbol{E}_0$ 中，设 $\boldsymbol{E}_0$ 沿 x 方向，柱的轴沿 z 轴，柱外为空气。求任意点的电位、电场。

4.15　在均匀电场中，放置一个半径为 a 的介质球，若电场的方向沿 z 轴，求介质球内外的电位、电场(介质球的介电常量为 ε，球外为空气)。

4.16　假设空气中有均匀电场 $\boldsymbol{E}=\boldsymbol{a}_xE_0$，现将一个套有电介质层的接地导体球放入这个电场中。导体球的半径为 a，介质层的厚度为 $b-a$，电介质的介电常量为 ε，求任一点的电位及导体面上的电荷密度。

4.17　已知球面($r=a$)上的电位为 $\varphi=V_0\cos\theta$，求球外的电位。

4.18　求无限长矩形区域 $0<x<a$，$0<y<b$ 第一类边值问题的格林函数(矩形槽的四周电位为零，槽内有一与槽平行的单位线源，求槽内电位，如习题 4.18 图所示)。

4.19　推导无限长圆柱区域内(半径为 a)第一类边值问题的格林函数。

4.20　两个无限大导体平板间距离为 d，其间有体密度 $\rho=\rho_0x/d$ 的电荷，极板的电位如习题 4.20图所示，用格林函数法求极板之间的电位。

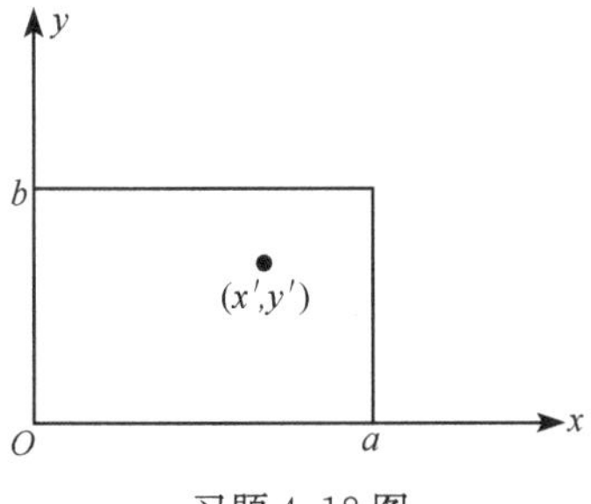

习题 4.18 图

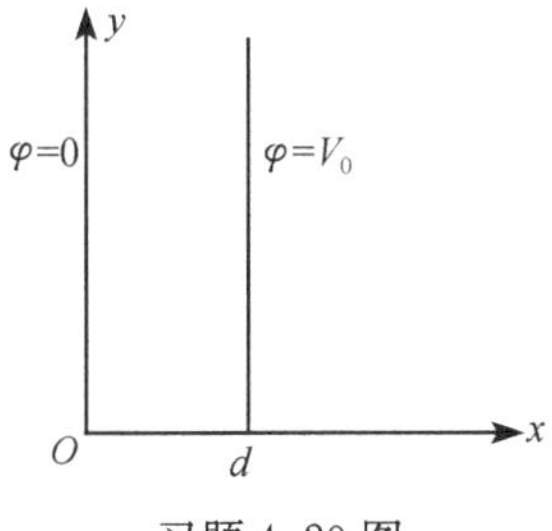

习题 4.20 图

4.21　分析复变函数 $w=z^2$ 能够表示的静电场。

4.22　分析复变函数 $w=\sqrt{z}$ 能够表示的静电场。并用这个变换计算习题 4.22 图所示的半无限大导体平面和带电直导线问题中空气中任意一点的电位。

4.23　分析复变函数 $w=\arccos z$ 能够表示哪些情形的静电场？

4.24　用有限差分法求习题 4.24 图所示区域中各个节点的电位。

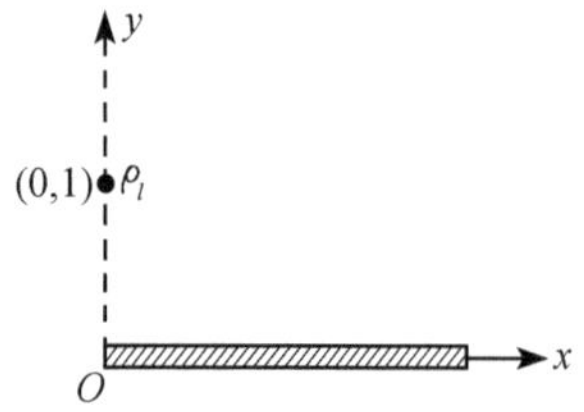

习题 4.22 图

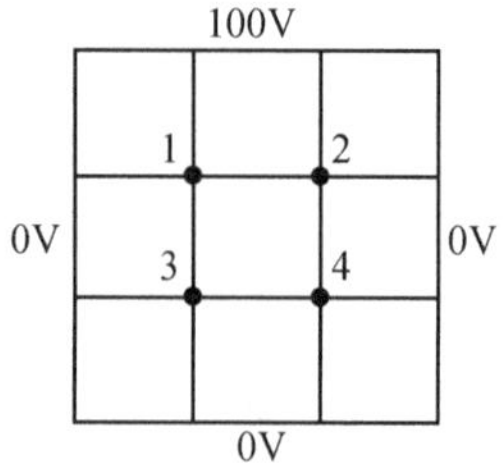

习题 4.24 图

综合性拓展练习题

4.1　计算两个不同半径、轴线间距大于两导体半径之和的平行圆柱形导体的单位长度电容。

4.2　一个半径为 a 的理想导体球置入均匀电场中，其表面电荷如何分布？

4.3　采用解析方法、数值方法和实验方法，处理同一静电问题并进行比较分析。

4.4　保角变换在微波传输线中的应用。

4.5　讨论唯一性定理的几种表述方式。

第 5 章　时变电磁场

研究静态场的过程中，我们得出结论：电荷产生静电场，等速运动的电荷或者恒定电流产生静磁场。静电场是保守场，因为静电场的旋度为零。静磁场是连续的，因为其散度是零。即使不存在静磁场，静电场也能够存在，反之亦然。电场和磁场是独立地存在着的静态场，因而可以分开研究。

本章我们证明时变磁场能够产生时变电场，将时变磁场产生的电场称为感应电场(an induced electric field)，也将强调感应电场不是保守场这一事实。事实上，感应电场沿封闭回路的线积分被称为感应电动势(electro-motive force)。我们也将发现时变电场(a time-varying electric field)产生时变磁场(a time-varying magnetic field)。简单叙述，如果在一个区域中存在时变电场(时变磁场)，那么该区域中也存在时变磁场(时变电场)。时变场中，电场和磁场不再互相独立，时变电场和时变磁场互相激发，互相转化，构成了统一的时变电磁场(time-varying electromagnetic fields)。描述电场与磁场关系的方程组称为麦克斯韦方程(Maxwell's equations)，因为 James Clerk Maxwell 用公式简洁地表达了时变电场与时变磁场的关系。显然，麦克斯韦方程组的公式化，也是高斯、法拉第和安培(Gauss，Faraday，Ampère)著名研究成果的发展。

我们通过阐明作为实验事实的法拉第电磁感应定律，开始我们的研究。因此，本章主要介绍时变电磁场的下列内容。

(1)法拉第电磁感应定律。

(2)位移电流和全电流连续性原理。

(3)描述宏观电磁现象的麦克斯韦方程组。

(4)时变电磁场的边界条件。

(5)电磁场的能量——电磁能量。

(6)正弦电磁场。

(7)波动方程。

(8)时变场中的位函数。

5.1　法拉第电磁感应定律

静态电场和磁场的场源分别是静止的电荷和恒定电流(等速运动的电荷)。它们是相互独立的，二者的基本方程之间并无联系。然而，随时间变化的电场和磁场是相互联系的。1831 年英国科学家法拉第(M. Faraday)最早发现了时变电场和磁场间的这一深刻联系，即时变磁场产生时变电场。如果在磁场中有导线构成的闭合回路 L，当穿过由 L 所限定的曲面 S 的磁通发生变化时，回路中就要产生感应电动势，从而引起感应电流。法拉第定律给出了感应电动势与磁通时变率之间的正比关系。感应电动势的实际方向可由楞次(H. E. Lenz)定律说明：感应电动势在导电回路中引起的感应电流的方向是使

它所产生的磁场阻止回路中磁通的变化。法拉第定律和楞次定律的结合就是法拉第电磁感应定律，其数学表达式为

$$\mathscr{E}=-\frac{\mathrm{d}\Phi}{\mathrm{d}t}=-\frac{\mathrm{d}}{\mathrm{d}t}\int_S \boldsymbol{B}\cdot\mathrm{d}\boldsymbol{S} \tag{5.1}$$

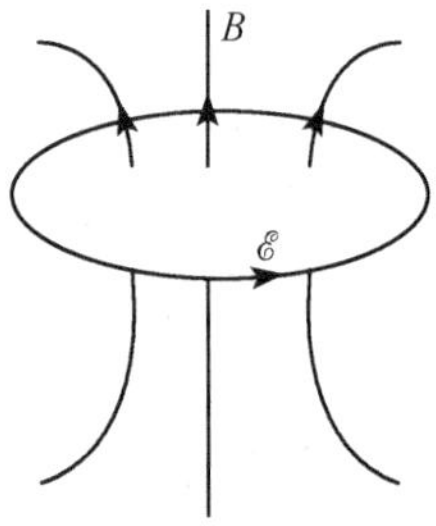

图 5.1　法拉第电磁感应定律

其中，$\mathscr{E}$ 为感应电动势，Φ 为穿过曲面 S 与 L 铰链的磁通，磁通 Φ 的正方向与感应电动势 $\mathscr{E}$ 的正方向成右手螺旋关系，如图 5.1 所示。此外，当回路线圈不止一匝时，式(5.1)中的 Φ 是所谓全磁通(亦称磁链 ψ)。例如，一个 N 匝线圈，可以把它看成是由 N 个一匝线圈串联而成的，其感应电动势为

$$\mathscr{E}=-\frac{\mathrm{d}\psi}{\mathrm{d}t}=-\frac{\mathrm{d}}{\mathrm{d}t}\left(\sum_{i=1}^{N}\Phi_i\right) \tag{5.2}$$

如果定义非保守感应场 $\boldsymbol{E}_{\text{ind}}$沿闭合路径 L 的积分为 L 中的感应电动势，那么式(5.1)可改写成

$$\oint_L \boldsymbol{E}_{\text{ind}}\cdot\mathrm{d}\boldsymbol{l}=-\frac{\mathrm{d}\Phi}{\mathrm{d}t} \tag{5.3}$$

如果空间同时还存在由静止电荷产生的保守电场 $\boldsymbol{E}_{\text{c}}$，则总电场 $\boldsymbol{E}$ 为两者之和，即 $\boldsymbol{E}=\boldsymbol{E}_{\text{c}}+\boldsymbol{E}_{\text{ind}}$。但是

$$\oint_L \boldsymbol{E}\cdot\mathrm{d}\boldsymbol{l}=\oint_L \boldsymbol{E}_{\text{c}}\cdot\mathrm{d}\boldsymbol{l}+\oint_L \boldsymbol{E}_{\text{ind}}\cdot\mathrm{d}\boldsymbol{l}=\oint_L \boldsymbol{E}_{\text{ind}}\cdot\mathrm{d}\boldsymbol{l}$$

所以式(5.3)也可改写成

$$\oint_L \boldsymbol{E}\cdot\mathrm{d}\boldsymbol{l}=-\frac{\mathrm{d}\Phi}{\mathrm{d}t}=-\frac{\mathrm{d}}{\mathrm{d}t}\int_S \boldsymbol{B}\cdot\mathrm{d}\boldsymbol{S} \tag{5.4}$$

由于式(5.4)中没有包含回路本身的特性，所以可将式(5.4)中的 L 看成是任意闭合路径，而不一定是导电回路。式(5.4)就是推广了的法拉第电磁感应定律，它是用场量表示的法拉第电磁感应定律的积分形式，适用于所有情况。引起与闭合回路铰链的磁通发生变化的原因可以是磁感应强度 $\boldsymbol{B}$ 随时间的变化；也可以是闭合回路 L 自身的运动(大小、形状、位置的变化)。

首先考虑静止回路中的感应电动势，所谓静止回路是指回路相对磁场没有机械运动，只是磁场随时间发生变化，于是式(5.4)变为

$$\oint_L \boldsymbol{E}\cdot\mathrm{d}\boldsymbol{l}=-\frac{\mathrm{d}}{\mathrm{d}t}\int_S \boldsymbol{B}\cdot\mathrm{d}\boldsymbol{S}=-\int_S \frac{\partial \boldsymbol{B}}{\partial t}\cdot\mathrm{d}\boldsymbol{S} \tag{5.5}$$

利用矢量斯托克斯(Stokes)定理，式(5.5)可写成

$$\int_S \nabla\times\boldsymbol{E}\cdot\mathrm{d}\boldsymbol{S}=-\int_S \frac{\partial \boldsymbol{B}}{\partial t}\cdot\mathrm{d}\boldsymbol{S} \tag{5.6}$$

式(5.6)对任意面积均成立，所以

$$\nabla\times\boldsymbol{E}=-\frac{\partial \boldsymbol{B}}{\partial t} \tag{5.7}$$

式(5.7)是法拉第电磁感应定律的微分形式，它表明随时间变化的磁场将激发电场。时变电场是一有旋场，随时间变化的磁场是该时变电场的源。通常称该电场为感应电场，以区别于由静止电荷产生的库仑场。感应电场是旋涡场；而库仑场是无旋场即保守场。

接着考察运动系统的感应电动势。不失一般性，设回路相对磁场有机械运动，且磁

感应强度也随时间变化。设回路 L 以速度 $\boldsymbol{v}$ 在 Δt 时间内从 L_a 的位置移到 L_b 的位置，L 由 L_a 的位置运动到 L_b 的位置时扫过的体积 V 的侧面积是 S_c，如图 5.2 所示。穿过该回路的磁通量的变化率为

$$\frac{\mathrm{d}\Phi}{\mathrm{d}t}=\lim_{\Delta t\to 0}\frac{\Delta\Phi}{\Delta t}$$
$$=\lim_{\Delta t\to 0}\frac{1}{\Delta t}\left[\int_{S_b}\boldsymbol{B}(t+\Delta t)\cdot\mathrm{d}\boldsymbol{S}-\int_{S_a}\boldsymbol{B}(t)\cdot\mathrm{d}\boldsymbol{S}\right]\quad(5.8)$$

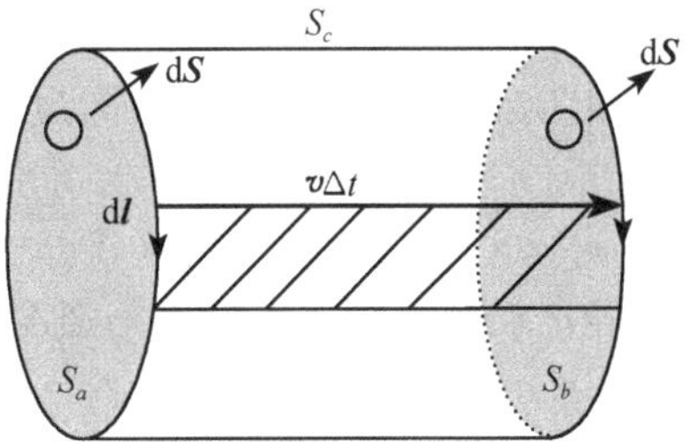

图 5.2　磁场中的运动回路

其中，$\boldsymbol{B}(t+\Delta t)$是在时间 $t+\Delta t$ 时刻由 L_b 包围的曲面 S_b 上的磁感应强度，$\boldsymbol{B}(t)$是在 t 时刻由 L_a 包围的曲面 S_a 上的磁感应强度。

若把静磁场中的磁通连续性原理$\oint_S\boldsymbol{B}\cdot\mathrm{d}\boldsymbol{S}=0$推广到时变场，那么在时刻$t+\Delta t$通过封闭面 $S=S_a+S_b+S_c$ 的磁通量为零，因此

$$\oint_S\boldsymbol{B}(t+\Delta t)\cdot\mathrm{d}\boldsymbol{S}=\int_{S_b}\boldsymbol{B}(t+\Delta t)\cdot\mathrm{d}\boldsymbol{S}-\int_{S_a}\boldsymbol{B}(t+\Delta t)\cdot\mathrm{d}\boldsymbol{S}+\int_{S_c}\boldsymbol{B}(t+\Delta t)\cdot\mathrm{d}\boldsymbol{S}=0\tag{5.9}$$

将 $\boldsymbol{B}(t+\Delta t)$展开成泰勒级数

$$\boldsymbol{B}(t+\Delta t)=\boldsymbol{B}(t)+\frac{\partial\boldsymbol{B}(t)}{\partial t}\Delta t+\cdots\tag{5.10}$$

从而

$$\begin{aligned}\int_{S_a}\boldsymbol{B}(t+\Delta t)\cdot\mathrm{d}\boldsymbol{S}&=\int_{S_a}\boldsymbol{B}(t)\cdot\mathrm{d}\boldsymbol{S}+\Delta t\int_{S_a}\frac{\partial\boldsymbol{B}}{\partial t}\cdot\mathrm{d}\boldsymbol{S}+\cdots\\\int_{S_b}\boldsymbol{B}(t+\Delta t)\cdot\mathrm{d}\boldsymbol{S}&=\int_{S_b}\boldsymbol{B}(t)\cdot\mathrm{d}\boldsymbol{S}+\Delta t\int_{S_b}\frac{\partial\boldsymbol{B}}{\partial t}\cdot\mathrm{d}\boldsymbol{S}+\cdots\end{aligned}\tag{5.11}$$

由于侧面积 S_c 上的面积元 $\mathrm{d}\boldsymbol{S}=\mathrm{d}\boldsymbol{l}\times\boldsymbol{v}\,\Delta t$，所以 $\Delta t\to 0$ 时

$$\begin{aligned}\int_{S_c}\boldsymbol{B}(t+\Delta t)\cdot\mathrm{d}\boldsymbol{S}&=\Delta t\int_{L_a}\boldsymbol{B}(t)\cdot(\mathrm{d}\boldsymbol{l}\times\boldsymbol{v})+\Delta t^2\int_{L_a}\frac{\partial\boldsymbol{B}(t)}{\partial t}\cdot(\mathrm{d}\boldsymbol{l}\times\boldsymbol{v})+\cdots\\&=-\Delta t\int_{L_a}(\boldsymbol{B}\times\boldsymbol{v})\cdot\mathrm{d}\boldsymbol{l}+\Delta t^2\int_{L_a}\frac{\partial\boldsymbol{B}(t)}{\partial t}\cdot(\mathrm{d}\boldsymbol{l}\times\boldsymbol{v})+\cdots\end{aligned}\tag{5.12}$$

将式(5.12)、式(5.11)代入式(5.9)求得

$$\int_{S_b}\boldsymbol{B}(t+\Delta t)\cdot\mathrm{d}\boldsymbol{S}-\int_{S_a}\boldsymbol{B}(t)\cdot\mathrm{d}\boldsymbol{S}=\Delta t\left[\int_{S_a}\frac{\partial\boldsymbol{B}}{\partial t}\cdot\mathrm{d}\boldsymbol{S}+\int_{L_a}(\boldsymbol{B}\times\boldsymbol{v})\cdot\mathrm{d}\boldsymbol{l}\right]+\Delta t\text{ 的高次项}\tag{5.13}$$

因此，L 由 L_a 的位置运动到 L_b 的位置时，穿过该回路的磁通量的时变率为

$$\frac{\mathrm{d}\Phi}{\mathrm{d}t}=\int_S\frac{\partial\boldsymbol{B}}{\partial t}\cdot\mathrm{d}\boldsymbol{S}+\oint_L(\boldsymbol{B}\times\boldsymbol{v})\cdot\mathrm{d}\boldsymbol{l}=\int_S\frac{\partial\boldsymbol{B}}{\partial t}\cdot\mathrm{d}\boldsymbol{S}+\int_S\nabla\times(\boldsymbol{B}\times\boldsymbol{v})\cdot\mathrm{d}\boldsymbol{S}$$

这样运动回路中的感应电动势可表示成

$$\mathscr{E}=-\frac{\mathrm{d}\Phi}{\mathrm{d}t}=\oint_L\boldsymbol{E}'\cdot\mathrm{d}\boldsymbol{l}=-\int_S\frac{\partial\boldsymbol{B}}{\partial t}\cdot\mathrm{d}\boldsymbol{S}+\oint_L(\boldsymbol{v}\times\boldsymbol{B})\cdot\mathrm{d}\boldsymbol{l}\tag{5.14}$$

式(5.14)中 $\boldsymbol{E}'$是和回路一起运动的观察者所看到的场。此式表明运动回路中的感应电

动势由两部分组成，一部分是由时变磁场引起的电动势(称为感生电动势)；另一部分是由回路运动引起的电动势(称为动生电动势)。式(5.14)可改写为

$$\oint_L (\boldsymbol{E}' - \boldsymbol{v} \times \boldsymbol{B}) \cdot \mathrm{d}\boldsymbol{l} = -\int_S \frac{\partial \boldsymbol{B}}{\partial t} \cdot \mathrm{d}\boldsymbol{S} \tag{5.15}$$

设静止观察者所看到的电场强度为 $\boldsymbol{E}$，那么 $\boldsymbol{E} = \boldsymbol{E}' - \boldsymbol{v} \times \boldsymbol{B}$。因此，运动回路中

$$\oint_L \boldsymbol{E} \cdot \mathrm{d}\boldsymbol{l} = -\int_S \frac{\partial \boldsymbol{B}}{\partial t} \cdot \mathrm{d}\boldsymbol{S} \tag{5.16}$$

或

$$\nabla \times \boldsymbol{E} = -\frac{\partial \boldsymbol{B}}{\partial t} \tag{5.17}$$

式(5.16)和式(5.17)分别是法拉第电磁感应定律的积分形式和微分形式。至此我们已经知道电场的源有两种：静止电荷与时变磁场。

5.2 位移电流

法拉第电磁感应定律表明：时变磁场能激发电场。那么，时变电场能不能激发磁场呢？回答是肯定的。法拉第在 1843 年用实验证实的电荷守恒定律在任何时刻都成立，电荷守恒定律的数学描述就是电流连续性方程

$$\oint_S \boldsymbol{J} \cdot \mathrm{d}S = -\frac{\mathrm{d}Q}{\mathrm{d}t} \tag{5.18}$$

其中，$\boldsymbol{J}$ 是电流体密度，它的方向就是它所在点上的正电荷流动的方向，它的大小就是在垂直于电流流动方向的单位面积上，每单位时间内通过的电荷量，单位是 $\mathrm{A/m^2}$。因此，式(5.18)表明：每单位时间内流出包围体积 V 的闭合面 S 的电荷量等于 S 面内每单位时间所减少的电荷量 $-\frac{\mathrm{d}Q}{\mathrm{d}t}$。利用散度定理(也称为高斯公式)，即

$$\int_V \nabla \cdot \boldsymbol{A} \mathrm{d}V = \oint_S \boldsymbol{A} \cdot \mathrm{d}\boldsymbol{S}$$

将式(5.18)用体积分表示，对静止体积有

$$\oint_S \boldsymbol{J} \cdot \mathrm{d}\boldsymbol{S} = \int_V \nabla \cdot \boldsymbol{J} \mathrm{d}V = -\frac{\partial}{\partial t}\int_V \rho \mathrm{d}V = -\int_V \frac{\partial \rho}{\partial t} \mathrm{d}V$$

上式对任意体积 V 均成立，故有

$$\nabla \cdot \boldsymbol{J} = -\frac{\partial \rho}{\partial t} \tag{5.19}$$

式(5.19)是电流连续性方程的微分形式。

静态场中的安培环路定理之积分形式和微分形式为

$$\oint_l \boldsymbol{H} \cdot \mathrm{d}\boldsymbol{l} = \int_S \boldsymbol{J} \cdot \mathrm{d}\boldsymbol{S} \tag{5.20a}$$

和

$$\nabla \times \boldsymbol{H} = \boldsymbol{J} \tag{5.20b}$$

此外，对于任意矢量 $\boldsymbol{A}$，其旋度的散度恒为零，即

$$\nabla \cdot (\nabla \times \boldsymbol{A}) = 0$$

因此，对式(5.20b)两边取散度后得

$$\nabla \cdot (\nabla \times \boldsymbol{H}) = 0 = \nabla \cdot \boldsymbol{J} \tag{5.21}$$

比较式(5.19)和式(5.21)可见，前者和后者相矛盾。麦克斯韦首先注意到了这一矛盾，于 1862 年提出位移电流概念，并认为位移电流和电荷恒速运动形成的电流以同一方式激发磁场。也就是把 $\partial\rho/\partial t$ 加到式(5.21)的右边等式中，以使式(5.21)与式(5.19)相容

$$\nabla \cdot (\nabla \times \boldsymbol{H}) = 0 = \nabla \cdot \boldsymbol{J} + \frac{\partial \rho}{\partial t}$$

在承认

$$\oint_S \boldsymbol{D} \cdot \mathrm{d}\boldsymbol{S} = Q = \int_V \rho \mathrm{d}V, \quad \nabla \cdot \boldsymbol{D} = \rho$$

也适用时变场的前提下，则有

$$\nabla \cdot (\nabla \times \boldsymbol{H}) = \nabla \cdot \boldsymbol{J} + \frac{\partial}{\partial t}(\nabla \cdot \boldsymbol{D}) = \nabla \cdot \left(\boldsymbol{J} + \frac{\partial \boldsymbol{D}}{\partial t}\right)$$

由上式可得

$$\nabla \times \boldsymbol{H} = \boldsymbol{J} + \frac{\partial \boldsymbol{D}}{\partial t} \tag{5.22}$$

式(5.22)与式(5.20b)的不同是引入了因子$\frac{\partial \boldsymbol{D}}{\partial t}$，它的量纲是(库仑/米^2)/秒=安/米^2，即此因子具有电流密度的量纲，故称之为位移电流密度(displacement current density)，以符号 $\boldsymbol{J}_\mathrm{d}$ 表示，即

$$\boldsymbol{J}_\mathrm{d} = \frac{\partial \boldsymbol{D}}{\partial t} \tag{5.23}$$

由于

$$\boldsymbol{D} = \varepsilon_0 \boldsymbol{E} + \boldsymbol{P}$$

所以位移电流

$$\frac{\partial \boldsymbol{D}}{\partial t} = \varepsilon_0 \frac{\partial \boldsymbol{E}}{\partial t} + \frac{\partial \boldsymbol{P}}{\partial t} \tag{5.24}$$

式(5.24)说明，在一般介质中位移电流由两部分构成，一部分是由电场随时间的变化所引起，它在真空中同样存在，它并不代表任何形式的电荷运动，只是在产生磁效应方面和一般意义上的电流等效。另一部分是由于极化强度的变化所引起，可称为极化电流，它代表束缚于原子中的电荷运动。

式(5.22)的重要意义在于，除传导电流外，时变电场也激发磁场，它称为安培-麦克斯韦全电流定律(推广的安培环路定理)。对式(5.22)应用斯托克斯定律，便得到其积分形式

$$\oint_l \boldsymbol{H} \cdot \mathrm{d}\boldsymbol{l} = \int_S \left(\boldsymbol{J} + \frac{\partial \boldsymbol{D}}{\partial t}\right) \cdot \mathrm{d}\boldsymbol{S} \tag{5.25}$$

它表明，磁场强度沿任意闭合路径的积分等于该路径所包围曲面上的全电流。

位移电流的引入扩大了电流的概念。平常所说的电流是电荷做有规则的运动形成的。在导体中，它就是自由电子的定向运动形成的传导电流。设导电介质的电导率为

σ(S/m)，其传导电流密度就是 $\boldsymbol{J}_c=\sigma\boldsymbol{E}$；在真空或气体中，带电粒子的定向运动也形成电流，称为运流电流。设电荷运动速度为 $\boldsymbol{v}$，其运流电流密度为 $\boldsymbol{J}_v=\rho\boldsymbol{v}$。位移电流并不代表电荷的运动，这与传导电流及运流电流不同。传导电流、运流电流和位移电流之和称为全电流，即

$$\boldsymbol{J}_t=\boldsymbol{J}_c+\boldsymbol{J}_v+\boldsymbol{J}_d \tag{5.26}$$

可见式(5.22)中的 $\boldsymbol{J}$ 应包括 $\boldsymbol{J}_c$ 和 $\boldsymbol{J}_v$。但是，$\boldsymbol{J}_c$ 和 $\boldsymbol{J}_v$ 分别存在于不同介质中。对于固态导电介质($\sigma\neq0$)，此时只有传导电流，没有运流电流，所以 $\boldsymbol{J}=\boldsymbol{J}_c$，$\boldsymbol{J}_v=\boldsymbol{0}$。对式(5.22)取散度知

$$\nabla\cdot(\boldsymbol{J}_c+\boldsymbol{J}_v+\boldsymbol{J}_d)=0$$

因而，对任意封闭曲面 S 有

$$\oint_S(\boldsymbol{J}_c+\boldsymbol{J}_v+\boldsymbol{J}_d)\cdot d\boldsymbol{S}=\int_V\nabla\cdot(\boldsymbol{J}_c+\boldsymbol{J}_v+\boldsymbol{J}_d)dV=0$$

即

$$I_c+I_v+I_d=0 \tag{5.27}$$

式(5.27)表明：穿过任意封闭面的各类电流之和为零，这就是全电流连续性原理。将其应用于只有传导电流的回路中，可知节点处传导电流的代数和为零(流出的电流取正号，流入的电流取负号)。这就是基尔霍夫(G. R. Kirchhoff)电流定律：$\sum I=0$。

图 5.3 所示的电路直观地说明了位移电流的概念以及全电流连续性原理，电容器 C 通过导线连接到交流电源 $V_S(t)$，设

$$V_S(t)=V_0\cos\omega t$$

显然导线中的传导电流

$$I_c=\int_{S_C}\boldsymbol{J}_c\cdot d\boldsymbol{S}=\int_{S_C}\sigma\boldsymbol{E}\cdot d\boldsymbol{S}$$

式中，S_C 为导线横截面，$d\boldsymbol{S}$ 的方向为电流流过导线的方向。

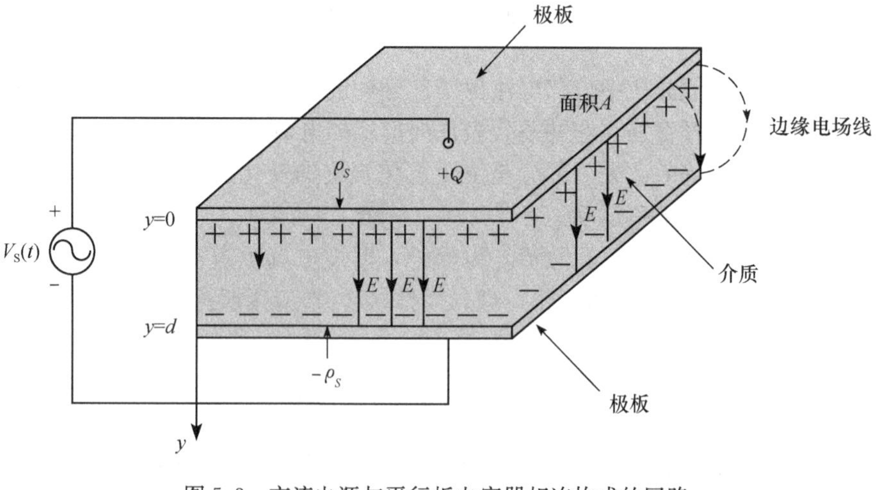

图 5.3　交流电源与平行板电容器相连构成的回路

电容器极板上有电荷 $Q=CV_S$，C 为电容器的电容量。对于平行板电容器，电容 $C=\frac{\varepsilon A}{d}$，其中，$A$ 为极板面积，d 为两平板间距，ε 为两平行极板间填充介质的介电常量，V_S 为电容器两极板间的电压。Q 随时间的变化率即极板上的电流

$$I_q=\frac{dQ}{dt}=C\frac{dV_S}{dt}=C\frac{d}{dt}(V_0\cos\omega t)=-CV_0\omega\sin\omega t$$

这里假定导线的电导率 σ 很大(如理想导体)，这样导线上的电压降可以忽略，极板两端的电压等于源电压。由源、导线、电容器构成的电流回路，其上通过的电流应连续，导线中的电流要等于极板上的电流 I_q，那么电容器中的电流是什么呢？位移电流的引入可解释回路电流连续性的问题。两极板上加电压 V_S 后，在电容器空间所产生的电场

$$\boldsymbol{E}=\boldsymbol{a}_y\frac{V_S}{d}=\boldsymbol{a}_y\frac{V_0}{d}\cos\omega t$$

$\boldsymbol{E}$ 的大小为$\frac{V_S}{d}$，方向在 $\boldsymbol{a}_y$ 方向，总的位移电流 I_d 为

$$\begin{aligned}I_d&=\int_S\boldsymbol{J}_d\cdot d\boldsymbol{S}=\int_S\frac{\partial}{\partial t}\boldsymbol{D}\cdot d\boldsymbol{S}=\int_A\frac{\partial}{\partial t}\left(\boldsymbol{a}_y\frac{\varepsilon V_0}{d}\cos\omega t\right)\cdot(\boldsymbol{a}_y dS)\\&=-\frac{\varepsilon A}{d}V_0\omega\sin\omega t=-CV_0\omega\sin\omega t\end{aligned}$$

因为 $d\boldsymbol{S}$ 方向为极板法线方向，故 $d\boldsymbol{S}=\boldsymbol{a}_y dS$，$C$ 为平行板电容器的电容。显然这个电流 I_d 与极板上的电流 I_q 刚好相等。

例 5.1　计算铜中的位移电流密度和传导电流密度的比值。设铜中的电场为 $E_0\sin\omega t$，铜的电导率 $\sigma=5.8\times10^7$ S/m，$\varepsilon\approx\varepsilon_0$。

解　铜中的传导电流大小为

$$\boldsymbol{J}_c=\sigma\boldsymbol{E}=\sigma\boldsymbol{E}_0\sin\omega t$$

铜中的位移电流大小为

$$\boldsymbol{J}_d=\frac{\partial\boldsymbol{D}}{\partial t}=\varepsilon\frac{\partial\boldsymbol{E}}{\partial t}=\varepsilon_0\boldsymbol{E}_0\omega\cos\omega t$$

因此，位移电流密度与传导电流密度的振幅比值为

$$\frac{J_d}{J_c}=\left|\frac{\boldsymbol{J}_d}{\boldsymbol{J}_c}\right|=\frac{\omega\varepsilon_0}{\sigma}=\frac{2\pi f\frac{1}{36\pi}\times10^{-9}}{5.8\times10^7}=9.6\times10^{-19}f$$

例 5.2　证明通过任意封闭曲面的传导电流和位移电流的总量为零。

解　根据麦克斯韦方程

$$\nabla\times\boldsymbol{H}=\boldsymbol{J}+\frac{\partial\boldsymbol{D}}{\partial t}$$

可知通过任意封闭曲面的传导电流和位移电流为

$$\oint_S\left(\boldsymbol{J}+\frac{\partial\boldsymbol{D}}{\partial t}\right)\cdot d\boldsymbol{S}=\oint_S(\nabla\times\boldsymbol{H})\cdot d\boldsymbol{S}$$

上式右边应用散度定理可以写成

$$\oint_S(\nabla\times\boldsymbol{H})\cdot d\boldsymbol{S}=\int_V\nabla\cdot(\nabla\times\boldsymbol{H})dV=0$$

而左边的面积分为

$$\oint_S \left(\boldsymbol{J}+\frac{\partial \boldsymbol{D}}{\partial t}\right)\cdot \mathrm{d}\boldsymbol{S}=I_{\mathrm{c}}+I_{\mathrm{d}}=I$$

故通过任意封闭曲面的传导电流和位移电流的总量为零。

例 5.3 坐标原点附近区域内，传导电流密度为

$$\boldsymbol{J}=\boldsymbol{a}_r 10 r^{-1.5}\ \mathrm{A/m^2}$$

求：(1)通过半径 $r=1\mathrm{mm}$ 的球面的电流值；

(2)在 $r=1\mathrm{mm}$ 的球面上电荷密度的增加率；

(3)在 $r=1\mathrm{mm}$ 的球内总电荷的增加率。

解 (1)根据电流密度的定义有

$$I=\oint_S \boldsymbol{J}\cdot \mathrm{d}\boldsymbol{S}=\int_0^{2\pi}\int_0^{\pi}10r^{-1.5}\cdot r^2\sin\theta \mathrm{d}\theta \mathrm{d}\varphi\Big|_{r=1\mathrm{mm}}$$

$$=40\pi r^{0.5}\big|_{r=1\mathrm{mm}}=3.9738\ \mathrm{A}$$

(2)因为

$$\nabla\cdot \boldsymbol{J}=\frac{1}{r^2}\frac{\mathrm{d}}{\mathrm{d}r}(r^2\cdot 10r^{-1.5})=5r^{-2.5}$$

由电流连续性方程(5.19)，得到

$$\frac{\partial \rho}{\partial t}\Big|_{r=1\mathrm{mm}}=-\nabla\cdot \boldsymbol{J}\Big|_{r=1\mathrm{mm}}=-1.58\times 10^8\ \mathrm{A/m^3}$$

(3)在 $r=1\mathrm{mm}$ 的球内总电荷的增加率

$$\frac{\mathrm{d}Q}{\mathrm{d}t}=-I=-3.97\ \mathrm{A}$$

例 5.4 在无源的自由空间中，已知磁场强度

$$\boldsymbol{H}=\boldsymbol{a}_y 2.63\times 10^{-5}\cos(3\times 10^9 t-10z)\ \mathrm{A/m}$$

求位移电流密度 $\boldsymbol{J}_{\mathrm{d}}$。

解 无源的自由空间中传导电流为零，即 $\boldsymbol{J}=\boldsymbol{0}$，式(5.22)变为

$$\nabla\times \boldsymbol{H}=\frac{\partial \boldsymbol{D}}{\partial t}$$

所以，得

$$\boldsymbol{J}_{\mathrm{d}}=\frac{\partial \boldsymbol{D}}{\partial t}=\nabla\times \boldsymbol{H}=\begin{vmatrix}\boldsymbol{a}_x & \boldsymbol{a}_y & \boldsymbol{a}_z\\ \dfrac{\partial}{\partial x} & \dfrac{\partial}{\partial y} & \dfrac{\partial}{\partial z}\\ 0 & H_y & 0\end{vmatrix}$$

$$=-\boldsymbol{a}_x\frac{\partial H_y}{\partial z}=-\boldsymbol{a}_x 2.63\times 10^{-4}\sin(3\times 10^9 t-10z)\ \mathrm{A/m^2}$$

5.3 麦克斯韦方程组

麦克斯韦方程组是在对宏观电磁现象的实验规律进行分析总结的基础上，经过扩充和推广而得到的。它揭示了电场与磁场之间，以及电磁场与电荷、电流之间的相互关

系，是一切宏观电磁现象所遵循的普遍规律。它有深刻而丰富的物理含义，是电磁运动规律最简洁的数学语言描述。所以，麦克斯韦方程组是电磁场的基本方程，它在电磁学中的地位等同于力学中的牛顿定律，是我们分析研究电磁问题的基本出发点。

5.3.1 麦克斯韦方程组

依据前两节的分析结果，现在可以写出描述宏观电磁场现象基本特性的一组微分方程及其名称如下

$$\nabla\times\boldsymbol{H}=\boldsymbol{J}+\frac{\partial\boldsymbol{D}}{\partial t}\qquad\text{全电流定律}\tag{5.28a}$$

$$\nabla\times\boldsymbol{E}=-\frac{\partial\boldsymbol{B}}{\partial t}\qquad\text{法拉第电磁感应定律}\tag{5.28b}$$

$$\nabla\cdot\boldsymbol{B}=0\qquad\text{磁通连续性原理}\tag{5.28c}$$

$$\nabla\cdot\boldsymbol{D}=\rho\qquad\text{高斯定理}\tag{5.28d}$$

称其为麦克斯韦方程组的微分形式。它们建立在库仑、安培、法拉第所提供的实验事实和麦克斯韦假设的位移电流概念的基础上，也把任何时刻在空间任一点上的电场和磁场的时空关系与同一时空点的场源联系在一起。方程组(5.28)所对应的积分形式是

$$\oint_l\boldsymbol{H}\cdot\mathrm{d}\boldsymbol{l}=\int_S\left(\boldsymbol{J}+\frac{\partial\boldsymbol{D}}{\partial t}\right)\cdot\mathrm{d}\boldsymbol{S}\tag{5.29a}$$

$$\oint_l\boldsymbol{E}\cdot\mathrm{d}\boldsymbol{l}=-\int_S\frac{\partial\boldsymbol{B}}{\partial t}\cdot\mathrm{d}\boldsymbol{S}\tag{5.29b}$$

$$\oint_S\boldsymbol{B}\cdot\mathrm{d}\boldsymbol{S}=0\tag{5.29c}$$

$$\oint_S\boldsymbol{D}\cdot\mathrm{d}\boldsymbol{S}=\int_V\rho\mathrm{d}V\tag{5.29d}$$

从麦克斯韦方程组可见：

(1)麦克斯韦方程(5.28a)和(5.29a)是修正后的安培环路定理，表明电流和时变电场能激发磁场。麦克斯韦方程(5.28b)和(5.29b)是法拉第电磁感应定律，表明时变磁场产生电场这一重要事实。这两个方程是麦克斯韦方程的核心，说明时变电场和时变磁场互相激发，时变电磁场可以脱离场源独立存在，在空间形成电磁波。麦克斯韦导出了电磁场的波动方程，并发现这种电磁波的传播速度与已测出的光速是一样的。他进而推断，光也是一种电磁波，并预言可能存在与可见光不同的其他电磁波。这一著名预见后来在 1887 年为德国物理学家赫兹(H. R. Hertz)的实验所证实，并导致马可尼(G. Marconi)在 1895 年和波波夫(A. C. Popov)在 1896 年成功地进行了无线电报传送实验，从而开创了人类应用无线电波的新纪元。

(2)麦克斯韦方程(5.28c)、(5.29c)表示磁通连续性，即空间的磁力线既没有起点也没有终点。从物理意义上说，是空间不存在自由磁荷的结果，或者严格地说在人类研究所达到的领域中至今还没有发现自由磁荷。麦克斯韦方程(5.28d)、(5.29d)是电场的高斯定理，现在它对时变电荷与静止电荷都成立。它表明电场是有通量源的场。

(3)时变场中电场的散度和旋度都不为零，所以电力线起始于正电荷终止于负电荷；

而磁场的散度恒为零，旋度不为零，所以磁力线是与电流交链的闭合曲线，并且磁力线与电力线两者还互相交链。但是，在远离场源的无源区域中，电场和磁场的散度都为零，这时电力线和磁力线将自行闭合、相互交链，在空间形成电磁波。

(4)一般情况下，时变电磁场的场矢量和场源既是空间坐标的函数，又是时间的函数。若场矢量不随时间变化(不是时间的函数)，那么方程(5.28)、(5.29)退化为静态场方程。

(5)在线性介质中，麦克斯韦方程组是线性方程组，可以应用叠加原理。

应该指出，麦克斯韦方程组中的四个方程并不都是独立的。如对方程(5.28b)两边取散度有

$$\nabla\cdot(\nabla\times\boldsymbol{E})=\nabla\cdot\left(-\frac{\partial\boldsymbol{B}}{\partial t}\right)$$

由于上式左边恒等于零，所以得

$$\frac{\partial}{\partial t}(\nabla\cdot\boldsymbol{B})=0$$

如果我们假设过去或将来某一时刻，$\nabla\cdot\boldsymbol{B}$ 在空间每一点上都为零，则$\nabla\cdot\boldsymbol{B}$ 在任何时刻处处为零，所以有

$$\nabla\cdot\boldsymbol{B}=0$$

即方程(5.28c)，因此只能认为有三个独立的方程：(5.28a)、(5.28b)、(5.28d)。同理，如果将方程(5.28a)两边取散度，代入方程(5.28d)，那么可以导出

$$\nabla\cdot\boldsymbol{J}=-\frac{\partial\rho}{\partial t}$$

这就是电流连续性方程，由此可见电流连续性方程包含在麦克斯韦方程组中，并且可以认为麦克斯韦方程组中的两个旋度方程(5.28a)、(5.28b)以及电流连续性方程是一组独立方程。我们进一步可以看到，三个独立方程中有两个旋度方程和一个散度方程，其中旋度方程是矢量方程，而每一个矢量方程可以等价为三个标量方程，再加上一个标量的散度方程，则共有七个独立的标量方程。

由麦克斯韦方程组推导出电流连续性方程，一方面表明麦克斯韦方程组的普遍性广泛到电荷守恒定律也被包含在内；另一方面也表明场源 $\boldsymbol{J}$ 和 ρ 是不完全独立的，随意给定的 $\boldsymbol{J}$ 和 ρ 有可能导致麦克斯韦方程组内部矛盾而无解。因此，在实际的工程问题中，尤其是无初值的时谐场情况，常在给定场源 $\boldsymbol{J}$ 条件下求解电磁场，如正弦波的辐射问题。反过来，只给定场源 ρ 则不行，因为给定场源 ρ 用电流连续性方程只能确定$\nabla\cdot\boldsymbol{J}$，而依据矢量场唯一性定理，仅知道 $\boldsymbol{J}$ 的散度并不能唯一确定 $\boldsymbol{J}$，因此也不能唯一地解出电磁场。

5.3.2 麦克斯韦方程的辅助方程——本构关系

麦克斯韦方程组(5.28a)～(5.28d)中，没有限定 $\boldsymbol{E}$、$\boldsymbol{D}$、$\boldsymbol{B}$ 和 $\boldsymbol{H}$ 之间的关系，称为非限定形式。但是，麦克斯韦方程中有 $\boldsymbol{E}$、$\boldsymbol{D}$、$\boldsymbol{B}$、$\boldsymbol{H}$、$\boldsymbol{J}$ 5 个矢量和一个标量 ρ，每个矢量各有 3 个分量，也就是说总共有 16 个标量，而独立的标量方程只有 7 个。因此，仅由方程(5.28a)～(5.28d)还不能完全确定 4 个场矢量 $\boldsymbol{E}$、$\boldsymbol{D}$、$\boldsymbol{B}$ 和 $\boldsymbol{H}$，还需要知道 $\boldsymbol{E}$、

D、**B** 和 **H** 之间的关系。为求解这一组方程，我们必须另外再提供 9 个独立的标量方程。这 9 个标量方程就是描述电磁介质与场矢量之间关系的本构关系(constitutive relationships)，它们作为辅助方程与麦克斯韦方程一起构成一个自身一致的方程组。

一般而言，表征介质宏观电磁特性的本构关系为

$$\begin{aligned} \boldsymbol{D} &= \varepsilon_0 \boldsymbol{E} + \boldsymbol{P} \\ \boldsymbol{B} &= \mu_0 (\boldsymbol{H} + \boldsymbol{M}) \\ \boldsymbol{J} &= \sigma \boldsymbol{E} \end{aligned} \tag{5.30}$$

对于各向同性的线性介质，式(5.30)可以写成

$$\begin{aligned} \boldsymbol{D} &= \varepsilon \boldsymbol{E} \\ \boldsymbol{B} &= \mu \boldsymbol{H} \\ \boldsymbol{J} &= \sigma \boldsymbol{E} \end{aligned} \tag{5.31}$$

其中，ε、μ、σ 是描述介质宏观电磁特性的一组参数，分别称为介质的介电常量、磁导率和电导率。在真空(或)空气中，$\varepsilon=\varepsilon_0$，$\mu=\mu_0$，$\sigma=0$。$\sigma=0$ 的介质称为理想介质，$\sigma\to\infty$的介质称为理想导体，σ 介于两者之间的介质统称为导电介质。有关线性、各向同性、均匀、色散介质的定义如下：若介质参数与场强大小无关，称为线性(linear)介质；若介质参数与场强方向无关，称为各向同性(isotropic)介质；若介质参数与位置无关，称为均匀(homogeneous)介质；若介质参数与场强的频率无关，称为非色散介质，否则称为色散(dispersive)介质。此外，称线性、均匀、各向同性的介质为简单介质。

结合介质的本构关系，我们可以将麦克斯韦方程组写成仅含有两个矢量场(如 **E** 和 **H**)的形式。如在简单介质中有

$$\begin{aligned} &\nabla\times \boldsymbol{E} = -\mu \frac{\partial \boldsymbol{H}}{\partial t} \\ &\nabla\times \boldsymbol{H} = \boldsymbol{J} + \varepsilon \frac{\partial \boldsymbol{E}}{\partial t} \\ &\nabla\cdot(\mu \boldsymbol{H}) = 0 \rightarrow \nabla\cdot(\boldsymbol{H}) = 0 \\ &\nabla\cdot(\varepsilon \boldsymbol{E}) = \rho \rightarrow \nabla\cdot(\boldsymbol{E}) = \rho/\varepsilon \end{aligned}$$

这个包含本构关系在内的方程组称为限定形式的麦克斯韦方程组。

麦克斯韦方程组和本构关系在求解电磁场问题中的作用极为重要，因为它们充分地描绘了电磁场的运动变化规律。一般地，给定了场源 **J** 和 ρ，以及初始条件，结合相应的边界条件，用麦克斯韦方程组和本构关系就可以确定电磁场的运动变化规律。

5.3.3 洛伦兹力

麦克斯韦方程组说明了场源 **J** 和 ρ 如何激发电磁场，即电磁场如何受电流和电荷的作用。然而，在实际的电磁场问题中，电流密度 **J** 和电荷密度 ρ 往往也不能事先给定，它们也受到电磁场的反作用。因此，还需要另外的基本方程来描述这种反作用。这个基本方程就是洛伦兹力公式。

电荷(运动或静止)激发电磁场，电磁场反过来对电荷有作用力。当空间同时存在电场和磁场时，以恒速 v 运动的点电荷 q 所受的力为

$$\boldsymbol{F} = q(\boldsymbol{E} + v \times \boldsymbol{B})$$

如果电荷是连续分布的，其密度为 ρ，则电荷系统所受的电磁场力密度为

$$\boldsymbol{f}=\rho(\boldsymbol{E}+\boldsymbol{v}\times\boldsymbol{B})=\rho\boldsymbol{E}+\boldsymbol{J}\times\boldsymbol{B}$$

上式称为洛伦兹力公式。近代物理学实验证实了洛伦兹力公式对任意运动速度的带电粒子都是适应的。麦克斯韦方程和洛伦兹力公式，正确反映了电磁场的运动规律以及场与带电物质的相互作用规律，构成了经典电磁理论的基础。

5.3.4 麦克斯韦方程组的完备性

电磁体系的运动方程形式为

$$\begin{cases}\nabla\cdot\boldsymbol{D}=\rho\\ \nabla\times\boldsymbol{E}=-\dfrac{\partial\boldsymbol{B}}{\partial t}\\ \nabla\cdot\boldsymbol{B}=0\\ \nabla\times\boldsymbol{H}=J+\dfrac{\partial\boldsymbol{D}}{\partial t}\end{cases}\tag{5.32}$$

若在给定初始条件和边界条件下，体系的电磁运动规律完全由上述方程组唯一确定，可以说此方程组是完备的。现在，只讨论真空中麦克斯韦方程组的完备性，采用反证法来证明。

设在给定初始条件和边界条件下，麦克斯韦方程组存在两组不等价的解，分别记为 $\boldsymbol{E}'$、$\boldsymbol{B}'$ 和 $\boldsymbol{E}''$、$\boldsymbol{B}''$。显然，两组解都满足同一体系的麦克斯韦方程组，即

$$\begin{cases}\nabla\cdot\boldsymbol{E}'=\dfrac{\rho}{\varepsilon_0}\\ \nabla\times\boldsymbol{E}'=-\dfrac{\partial\boldsymbol{B}'}{\partial t}\\ \nabla\cdot\boldsymbol{B}'=0\\ \nabla\times\boldsymbol{B}'=\mu_0\boldsymbol{J}+\mu_0\varepsilon_0\dfrac{\partial\boldsymbol{E}'}{\partial t}\end{cases}\tag{5.33}$$

$$\begin{cases}\nabla\cdot\boldsymbol{E}''=\dfrac{\rho}{\varepsilon_0}\\ \nabla\times\boldsymbol{E}''=-\dfrac{\partial\boldsymbol{B}''}{\partial t}\\ \nabla\cdot\boldsymbol{B}''=0\\ \nabla\times\boldsymbol{B}''=\mu_0\boldsymbol{J}+\mu_0\varepsilon_0\dfrac{\partial\boldsymbol{E}''}{\partial t}\end{cases}\tag{5.34}$$

因为是同一个电磁体系，两组方程中的 ρ、$\boldsymbol{J}$ 都是相同的。此外，两组方程的解都满足同样的初始条件和边界条件，即 $t=0$ 时

$$\begin{cases}\boldsymbol{E}'(\boldsymbol{r},0)=\boldsymbol{E}''(\boldsymbol{r},0)\\ \boldsymbol{B}'(\boldsymbol{r},0)=\boldsymbol{B}''(\boldsymbol{r},0)\end{cases}\tag{5.35}$$

在媒质边界面上

$$\begin{cases}\boldsymbol{E}'\mid_S=\boldsymbol{E}''\mid_S\\ \boldsymbol{B}'\mid_S=\boldsymbol{B}''\mid_S\end{cases}\tag{5.36}$$

令 $\boldsymbol{E}=\boldsymbol{E}'-\boldsymbol{E}''$ 和 $\boldsymbol{B}=\boldsymbol{B}'-\boldsymbol{B}''$，把式(5.33)和式(5.34)两组方程相减则得

$$\begin{cases}\nabla\cdot\boldsymbol{E}=0\\ \nabla\times\boldsymbol{E}=-\dfrac{\partial\boldsymbol{B}}{\partial t}\\ \nabla\cdot\boldsymbol{B}=0\\ \nabla\times\boldsymbol{B}=\mu_0\varepsilon_0\dfrac{\partial\boldsymbol{E}}{\partial t}\end{cases}\tag{5.37}$$

对应新方程组(5.37)的初始条件和边界条件可由式(5.35)和式(5.36)直接获得

$$\begin{cases}\boldsymbol{E}(\boldsymbol{r},0)=\boldsymbol{B}(\boldsymbol{r},0)=\boldsymbol{0}\\ \boldsymbol{E}\,|_S=\boldsymbol{B}\,|_S=\boldsymbol{0}\end{cases}\tag{5.38}$$

因此，$\boldsymbol{E}$ 和 $\boldsymbol{B}$ 是满足齐次方程、齐次边界条件、齐次初始条件的解；或者说，$\boldsymbol{E}$ 和 $\boldsymbol{B}$ 对应的电磁体系是无源、无初始扰动、边界值恒为零的体系。对这样一个体系，来计算如下一个积分

$$I=\frac{\partial}{\partial t}\int_V\left(\frac{1}{2}\varepsilon_0\boldsymbol{E}\cdot\boldsymbol{E}+\frac{1}{2\mu_0}\boldsymbol{B}\cdot\boldsymbol{B}\right)\mathrm{d}v$$

电磁体系的边界不随时间改变，所以利用方程组(5.37)，上述积分可写为

$$\begin{aligned}I&=\int_V\left[\frac{1}{\mu_0}\boldsymbol{E}\cdot(\nabla\times\boldsymbol{B})-\frac{1}{\mu_0}\boldsymbol{B}\cdot(\nabla\times\boldsymbol{E})\right]\mathrm{d}v\\&=\int_V\frac{1}{\mu_0}\nabla\cdot(\boldsymbol{B}\times\boldsymbol{E})\mathrm{d}v\\&=\frac{1}{\mu_0}\oint_s(\boldsymbol{B}\times\boldsymbol{E})\cdot\mathrm{d}\boldsymbol{S}\end{aligned}$$

在边界面上，由式(5.38)知，$\boldsymbol{E}=\boldsymbol{0}$ 和 $\boldsymbol{B}=0$，可见 $I=0$，因此

$$\int_V\left(\frac{1}{2}\varepsilon_0\boldsymbol{E}\cdot\boldsymbol{E}+\frac{1}{2\mu_0}\boldsymbol{B}\cdot\boldsymbol{B}\right)\mathrm{d}v=\text{常数}$$

再由式(5.38)知，$t=0$ 时 $\boldsymbol{E}(\boldsymbol{r},0)=\boldsymbol{B}(\boldsymbol{r},0)=\boldsymbol{0}$，所以上式

$$\int_V\left(\frac{1}{2}\varepsilon_0\boldsymbol{E}\cdot\boldsymbol{E}+\frac{1}{2\mu_0}\boldsymbol{B}\cdot\boldsymbol{B}\right)\mathrm{d}v=0$$

即

$$\frac{1}{2}\int_V\left(\varepsilon_0\boldsymbol{E}\cdot\boldsymbol{E}+\frac{1}{\mu_0}\boldsymbol{B}\cdot\boldsymbol{B}\right)\mathrm{d}v=0$$

上式中的被积函数恒正，所以

$$\boldsymbol{E}=\boldsymbol{0}\quad\text{和}\quad\boldsymbol{B}=\boldsymbol{0}$$

即

$$\boldsymbol{E}'=\boldsymbol{E}''\quad\text{和}\quad\boldsymbol{B}'=\boldsymbol{B}''$$

可见所设的两组解是同解，完备性得证。

例 5.5 证明均匀导电介质内部，不会有永久的自由电荷分布。

解 将 $\boldsymbol{J}=\sigma\boldsymbol{E}$ 代入电流连续性方程，考虑到介质均匀，有

$$\nabla\cdot(\sigma\boldsymbol{E})+\frac{\partial\rho}{\partial t}=\sigma\nabla\cdot(\boldsymbol{E})+\frac{\partial\rho}{\partial t}=0$$

由于

$$\nabla\cdot\boldsymbol{D}=\rho,\quad \nabla\cdot(\varepsilon\boldsymbol{E})=\rho,\quad \varepsilon\nabla\cdot(\boldsymbol{E})=\rho$$

将后式代入前式可得

$$\frac{\partial\rho}{\partial t}+\frac{\sigma}{\varepsilon}\cdot\rho=0$$

所以任意瞬间的电荷密度

$$\rho(t)=\rho_0\mathrm{e}^{-\frac{\sigma}{\varepsilon}\cdot t}=\rho_0\mathrm{e}^{-\frac{t}{\tau}}$$

其中，ρ_0 是 $t=0$ 时的电荷密度。式中的 $\varepsilon/\sigma=\tau$ 具有时间的量纲，称为导电介质的弛豫时间或时常数。它是电荷密度减少到其初始值的 $1/\mathrm{e}$ 所需的时间。由上式可见电荷按指数规律减少，最终流至并分布于导体的外表面。

例 5.6 已知在无源的自由空间中

$$\boldsymbol{E}=\boldsymbol{a}_xE_0\cos(\omega t-\beta z)$$

其中，E_0、β 为常数。求 $\boldsymbol{H}$。

解 所谓无源，就是所研究区域内没有场源：电流和电荷，即 $\rho=0$，$\boldsymbol{J}=\boldsymbol{0}$。将 $\boldsymbol{E}=\boldsymbol{a}_xE_0\cos(\omega t-\beta z)=\boldsymbol{a}_xE_x$ 代入麦克斯韦方程式(5.28b)可得

$$\nabla\times\boldsymbol{E}=\begin{vmatrix}\boldsymbol{a}_x & \boldsymbol{a}_y & \boldsymbol{a}_z\\ \dfrac{\partial}{\partial x} & \dfrac{\partial}{\partial y} & \dfrac{\partial}{\partial z}\\ E_x & 0 & 0\end{vmatrix}=-\mu_0\frac{\partial\boldsymbol{H}}{\partial t}$$

也就是

$$a_yE_0\beta\sin(\omega t-\beta z)=-\mu_0\frac{\partial}{\partial t}(\boldsymbol{a}_xH_x+\boldsymbol{a}_yH_y+\boldsymbol{a}_zH_z)$$

由上式可以写出

$$H_x=0$$
$$H_z=0$$
$$H_y=\frac{E_0\beta}{\mu_0\omega}\cos(\omega t-\beta z)$$

因此

$$\boldsymbol{H}=\boldsymbol{a}_yH_y=\boldsymbol{a}_y\frac{E_0\beta}{\mu_0\omega}\cos(\omega t-\beta z)$$

5.4 时变电磁场的边界条件

麦克斯韦方程的微分形式只适用于场矢量的各个分量处处可微的区域。实际问题所涉及的场域中，往往有几种不同的介质。介质分界面两侧，各介质的电磁参数不同。分界面上有束缚面电荷、面电流，还可能有自由面电荷、面电流。在这些面电荷、面电流的影响下，场矢量越过分界面时可能不连续，这时必须用边界条件来确定分界面上电磁场的特性。边界条件是描述场矢量越过分界面时场量变化规律的一组场方程，它是将麦克斯韦方程的积分形式应用于介质的分界面，当方程中各种积分区域无限缩小且趋于分界面上的一个点时，所得方程的极限形式。

取两种相邻介质分界面的任一横截面，如图 5.4 所示。设 $\boldsymbol{n}$ 是分界面上任意点处的法向单位矢量；$\boldsymbol{F}$ 表示该点的某一场矢量(如 $\boldsymbol{D}$，$\boldsymbol{B}$，…)，它可以分解为沿 $\boldsymbol{n}$ 方向和垂直 $\boldsymbol{n}$ 方向的两个分量。因为矢量恒等式

$$\boldsymbol{n}\times(\boldsymbol{n}\times\boldsymbol{F})=\boldsymbol{n}(\boldsymbol{n}\cdot\boldsymbol{F})-\boldsymbol{F}(\boldsymbol{n}\cdot\boldsymbol{n})$$

所以

$$\boldsymbol{F}=\boldsymbol{n}(\boldsymbol{n}\cdot\boldsymbol{F})-\boldsymbol{n}\times(\boldsymbol{n}\times\boldsymbol{F})\tag{5.39}$$

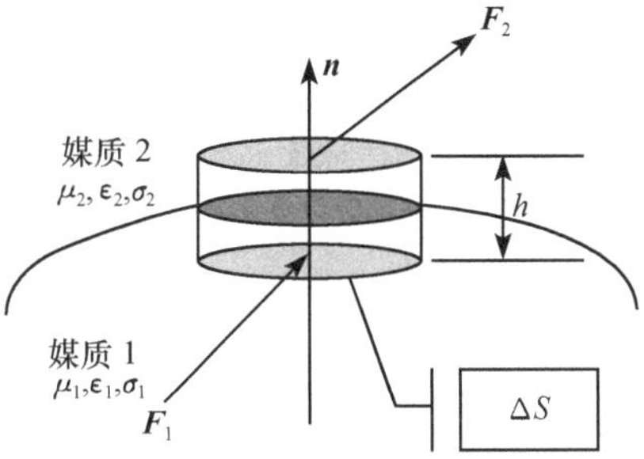

图 5.4　法向分量边界条件

式(5.39)第一项沿 $\boldsymbol{n}$ 方向，称为法向分量；第二项垂直 $\boldsymbol{n}$ 方向、切于分界面，称为切向分量。下面分别讨论场矢量的法向分量和切向分量越过分界面时的变化规律。

5.4.1　一般情况

法向分量的边界条件可由麦克斯韦方程(5.29c)、(5.29d)导出。参看图 5.4，设 $\boldsymbol{n}$ 自介质 1 指向介质 2。在分界面上取一很小的、截面为 ΔS、高为 h 的扁圆柱体封闭面，圆柱体上下底面分别位于分界面两侧且紧切分界面($h\to 0$)。将式(5.29d)用于此圆柱体，计算穿出圆柱体表面的电通量时，考虑到 ΔS 很小，可以认为底面上的电位移矢量是均匀的，并以 $\boldsymbol{D}_1$、$\boldsymbol{D}_2$ 分别表示介质 1 及介质 2 中圆柱体底面上的电位移矢量；同时，因为 $h\to 0$，而电位移矢量 $\boldsymbol{D}$ 有限，所以圆柱体侧面上的积分可以不计。从而得

$$\oint_S \boldsymbol{D}\cdot \mathrm{d}\boldsymbol{S}=D_2\Delta S\boldsymbol{n}+D_1\Delta S(-\boldsymbol{n})=\boldsymbol{n}\cdot(D_2-D_1)\Delta S$$

如果分界面的薄层内有自由电荷，则圆柱面内包围的总电荷

$$Q=\int_V \rho \mathrm{d}v=\lim_{h\to 0}\rho h\Delta S=\rho_S\Delta S$$

由上面两式，得电位移矢量的法向分量边界条件的矢量形式

$$\boldsymbol{n}\cdot(\boldsymbol{D}_2-\boldsymbol{D}_1)=\rho_S\tag{5.40a}$$

或者标量形式

$$D_{2\mathrm{n}}-D_{1\mathrm{n}}=\rho_S\tag{5.40b}$$

若分界面上没有自由面电荷，则有

$$D_{1\mathrm{n}}=D_{2\mathrm{n}}\tag{5.41}$$

然而 $\boldsymbol{D}=\varepsilon\boldsymbol{E}$，所以

$$\varepsilon_1E_{1\mathrm{n}}=\varepsilon_2E_{2\mathrm{n}}\tag{5.42}$$

综上可见，如果分界面上有自由面电荷，那么电位移矢量 $\boldsymbol{D}$ 的法向分量 D_{n} 越过分界面时不连续，有一等于面电荷密度 ρ_S 的突变。如 $\rho_S=0$，则法向分量 D_{n} 连续；但是，分界面两侧的电场强度矢量的法向分量 E_{n} 不连续。

同理将式 $\oint_S \boldsymbol{B}\cdot\mathrm{d}\boldsymbol{S}=0$ 用于图 5.4 的圆柱体，计算穿过圆柱体封闭面的磁通量，可以得到磁感应强度矢量的法向分量的矢量形式的边界条件

$$\boldsymbol{n}\cdot(\boldsymbol{B}_2-\boldsymbol{B}_1)=0\tag{5.43a}$$

或者标量形式的边界条件

$$B_{1n} = B_{2n} \tag{5.43b}$$

由于 $\boldsymbol{B}=\mu\boldsymbol{H}$，所以

$$\mu_1 H_{1n} = \mu_2 H_{2n} \tag{5.44}$$

由式可见，越过分界面时磁感应强度矢量的法向分量 B_n 连续，磁场强度矢量的法向分量 H_n 不连续。

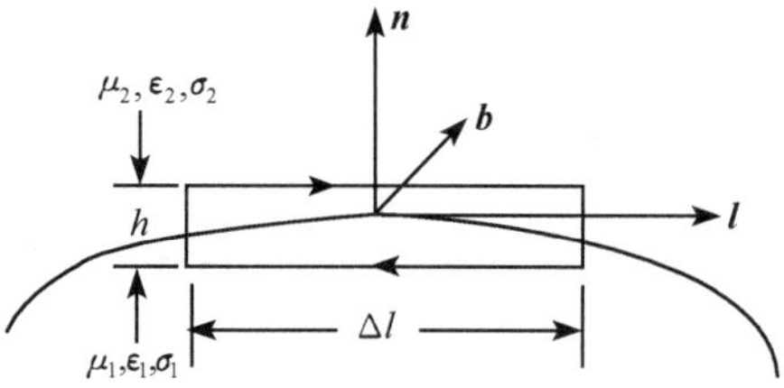

图 5.5　切向分量边界条件

切向分量的边界条件可由麦克斯韦方程(5.29a)、(5.29b)导出。取相邻介质的任一截面，如图 5.5 所示。在分界面上取一无限小的矩形回路，其宽度为 Δl，上下两底边分别位于分界面两侧并且均紧切于分界面，侧边长度 $h\to 0$。设 $\boldsymbol{n}$(由介质 1 指向介质 2)、$\boldsymbol{l}$ 分别是 Δl 中点处分界面的法向单位矢量和切向单位矢量，$\boldsymbol{b}$ 是垂直于 $\boldsymbol{n}$ 且与矩形回路成右手螺旋关系的单位矢量，三者的关系为

$$\boldsymbol{l} = \boldsymbol{b}\times\boldsymbol{n} \tag{5.45}$$

将麦克斯韦方程

$$\oint_l \boldsymbol{H}\cdot \mathrm{d}\boldsymbol{l} = \int_S \left(\boldsymbol{J} + \frac{\partial \boldsymbol{D}}{\partial t}\right)\cdot \mathrm{d}\boldsymbol{S}$$

用于图 5.5 所示的矩形回路。因 $h\to 0$，分界面处磁场强度 $\boldsymbol{H}$ 有限，则 $\boldsymbol{H}$ 在回路侧边上的积分可以不计；同时因 Δl 很小，所以

$$\oint_l \boldsymbol{H}\cdot \mathrm{d}\boldsymbol{l} = \boldsymbol{H}_2\Delta l\boldsymbol{l} + \boldsymbol{H}_1\Delta l(-\boldsymbol{l}) = \Delta l\boldsymbol{l}\cdot(\boldsymbol{H}_2 - \boldsymbol{H}_1)$$

$$= \boldsymbol{b}\times\boldsymbol{n}\cdot(\boldsymbol{H}_2 - \boldsymbol{H}_1)\Delta l = \boldsymbol{b}\cdot\boldsymbol{n}\times(\boldsymbol{H}_2 - \boldsymbol{H}_1)\Delta l$$

其中，$\boldsymbol{H}_1$，$\boldsymbol{H}_2$ 分别表示介质 1 与介质 2 中的磁场强度矢量，并且使用了式(5.45)。因为 $\frac{\partial \boldsymbol{D}}{\partial t}$ 有限，而 $h\to 0$，所以

$$\int_S \frac{\partial \boldsymbol{D}}{\partial t}\cdot \mathrm{d}\boldsymbol{S} = \lim_{h\to 0}\frac{\partial \boldsymbol{D}}{\partial t}\cdot \boldsymbol{b}h\Delta l = 0$$

如果分界面的薄层内有自由电流，则在回路所围的面积上

$$\int_S \boldsymbol{J}\cdot \mathrm{d}\boldsymbol{S} = \lim_{h\to 0}\boldsymbol{J}\cdot\boldsymbol{b}h\Delta l = \boldsymbol{J}_S\cdot\boldsymbol{b}\Delta l$$

综合以上三式得

$$\boldsymbol{b}\cdot\boldsymbol{n}\times(\boldsymbol{H}_2 - \boldsymbol{H}_1)\Delta l = \boldsymbol{J}_S\cdot\boldsymbol{b}\Delta l$$

$\boldsymbol{b}$ 是任意单位矢量，且 $\boldsymbol{n}\times\boldsymbol{H}$ 与 $\boldsymbol{J}_S$ 共面(均切于分界面)，所以

$$\boldsymbol{n}\times(\boldsymbol{H}_2 - \boldsymbol{H}_1) = \boldsymbol{J}_S \tag{5.46a}$$

依据式(5.39)，式(5.46a)可以写成

$$[\boldsymbol{n}\times(\boldsymbol{H}_2 - \boldsymbol{H}_1)]\times\boldsymbol{n} = \boldsymbol{J}_S\times\boldsymbol{n}$$

式(5.46a)的标量形式为

$$H_{2t} - H_{1t} = J_S \tag{5.46b}$$

如果分界面处没有自由面电流，那么

$$H_{2t}=H_{1t}$$

由上式可以获得

$$B_{1t}/\mu_1=B_{2t}/\mu_2$$

综上可见，如果分界面处有自由面电流，那么越过分界面时，磁场强度的切向分量不连续，否则磁场强度的切向分量连续；但是磁感应强度的切向分量不连续。

同理将麦克斯韦方程(5.29b)用于图 5.5，可得电场强度的切向分量的边界条件的矢量形式和标量形式为

$$\boldsymbol{n}\times(\boldsymbol{E}_2-\boldsymbol{E}_1)=0 \tag{5.47a}$$

$$E_{1t}=E_{2t} \tag{5.47b}$$

由式(5.47b)可得

$$D_{1t}/\varepsilon_1=D_{2t}/\varepsilon_2$$

由上可见：电场强度的切向分量越过分界面时连续；电位移的切向分量越过分界面时不连续。

必须指出，对于无初值的时谐场，从切向分量的边界条件和边界上的电流连续性方程可以导出法向分量的边界条件，从这个意义上说，分界面上的边界条件不是独立的。可以证明，在无初值的时谐场情况下，只要电场和磁场强度的切向分量边界条件满足式(5.46a)和式(5.47a)，那么磁感应强度和电位移的法向分量边界条件(5.43a)和(5.40a)必然成立。上面列出的一般形式的时变电磁场边界条件中，自由面电流密度和自由面电荷密度满足边界上的电流连续性方程

$$\nabla_t\cdot\boldsymbol{J}_S+(J_{2n}-J_{1n})=-\frac{\partial\rho_S}{\partial t} \tag{5.48}$$

其中，∇_t表示对与分界面平行的坐标量求二维散度。

5.4.2　两种特殊情况

下面我们讨论两种重要的特殊情况：两种理想介质的边界；理想介质和理想导体的边界。

理想介质是指 $\sigma=0$ 的情况，即无欧姆损耗的简单介质。在两种理想介质的分界面上没有自由面电流和自由面电荷存在，即 $\boldsymbol{J}_S=\boldsymbol{0}$，$\rho_S=0$。从而得相应的边界条件如下：

矢量形式的边界条件为

$$\boldsymbol{n}\times(\boldsymbol{H}_2-\boldsymbol{H}_1)=\boldsymbol{0}$$

$$\boldsymbol{n}\times(\boldsymbol{E}_2-\boldsymbol{E}_1)=\boldsymbol{0}$$

$$\boldsymbol{n}\cdot(\boldsymbol{B}_2-\boldsymbol{B}_1)=0$$

$$\boldsymbol{n}\cdot(\boldsymbol{D}_2-\boldsymbol{D}_1)=0$$

它们相应的标量形式为

$$H_{2t}-H_{1t}=0$$

$$E_{2t}-E_{1t}=0$$

$$B_{2n}-B_{1n}=0$$

$$D_{2n}-D_{1n}=0$$

理想导体是指 $\sigma\to\infty$，所以在理想导体内部不存在电场。此外，在时变条件下，理想导体内部也不存在磁场。故在时变条件下，理想导体内部不存在电磁场，即所有场量为零。设 $\boldsymbol{n}$ 是理想导体的外法向矢量，$\boldsymbol{E}$、$\boldsymbol{H}$、$\boldsymbol{D}$、$\boldsymbol{B}$ 为理想导体外部的电磁场，那么理想导体表面的边界条件为

$$\boldsymbol{n}\times\boldsymbol{H}=\boldsymbol{J}_S$$

$$\boldsymbol{n}\times\boldsymbol{E}=\boldsymbol{0}$$

$$\boldsymbol{n}\cdot\boldsymbol{B}=0$$

$$\boldsymbol{n}\cdot\boldsymbol{D}=\rho_S$$

由此可见：电力线垂直理想导体表面；磁力线平行理想导体表面。

例 5.7 设 $z=0$ 的平面为空气与理想导体的分界面，$z<0$ 一侧为理想导体，分界面处的磁场强度为

$$\boldsymbol{H}(x,y,0,t)=\boldsymbol{a}_x H_0\sin ax\cos(\omega t-ay)$$

试求理想导体表面上的电流分布、电荷分布，以及分界面处的电场强度。

解 根据理想导体分界面上的边界条件，可求得理想导体表面上的电流分布

$$\begin{aligned}\boldsymbol{J}_S=\boldsymbol{n}\times\boldsymbol{H}&=\boldsymbol{a}_z\times\boldsymbol{a}_x H_0\sin ax\cos(\omega t-ay)\\&=\boldsymbol{a}_y H_0\sin ax\cos(\omega t-ay)\end{aligned}$$

由分界面上的电流连续性方程(5.47)有

$$-\frac{\partial\rho_S}{\partial t}=\frac{\partial}{\partial y}[H_0\sin ax\cdot\cos(\omega t-ay)]=aH_0\sin ax\cdot\sin(\omega t-ay)$$

$$\rho_S=\frac{aH_0}{\omega}\sin(ax)\cdot\cos(\omega t-ay)+c(x,y)$$

假设 $t=0$ 时，$\rho_S=0$。由边界条件 $\boldsymbol{n}\cdot\boldsymbol{D}=\rho_S$ 以及 $\boldsymbol{n}$ 的方向可得

$$\boldsymbol{D}(x,y,0,t)=\boldsymbol{a}_z\frac{aH_0}{\omega}\sin(ax)[\cos(\omega t-ay)-\cos ay]$$

$$\boldsymbol{E}(x,y,0,t)=\boldsymbol{a}_z\frac{aH_0}{\omega\varepsilon_0}\sin(ax)[\cos(\omega t-ay)-\cos ay]$$

例 5.8 证明在无初值的时谐场条件下，法向分量的边界条件已含于切向分量的边界条件之中，即只有两个切向分量的边界条件是独立的。因此，在求解时谐电磁场边值问题时，往往只需代入两个切向分量的边界条件就可以解决问题。

解 在分界面两侧的介质中

$$\nabla\times\boldsymbol{E}_1=-\frac{\partial\boldsymbol{B}_1}{\partial t},\quad\nabla\times\boldsymbol{E}_2=-\frac{\partial\boldsymbol{B}_2}{\partial t}$$

将矢性微分算符和场矢量都分解为切向分量和法向分量，即令

$$\boldsymbol{E}=\boldsymbol{E}_{\mathrm{t}}+\boldsymbol{E}_{\mathrm{n}},\quad\nabla=\nabla_{\mathrm{t}}+\nabla_{\mathrm{n}}$$

于是有

$$(\nabla_{\mathrm{t}}+\nabla_{\mathrm{n}})\times(\boldsymbol{E}_{\mathrm{t}}+\boldsymbol{E}_{\mathrm{n}})=-\frac{\partial}{\partial t}(\boldsymbol{B}_{\mathrm{t}}+\boldsymbol{B}_{\mathrm{n}})$$

$$(\nabla_{\mathrm{t}}\times\boldsymbol{E}_{\mathrm{t}})_{\mathrm{n}}+(\nabla_{\mathrm{t}}\times\boldsymbol{E}_{\mathrm{n}})_{\mathrm{t}}+(\nabla_{\mathrm{n}}\times\boldsymbol{E}_{\mathrm{t}})_{\mathrm{t}}+(\nabla_{\mathrm{n}}\times\boldsymbol{E}_{\mathrm{n}})=-\frac{\partial\boldsymbol{B}_{\mathrm{n}}}{\partial t}-\frac{\partial\boldsymbol{B}_{\mathrm{t}}}{\partial t}$$

由上式可见

$$\nabla_t \times \boldsymbol{E}_t = -\frac{\partial \boldsymbol{B}_n}{\partial t}, \quad \nabla_n \times \boldsymbol{E}_n = \boldsymbol{0}, \quad \nabla_n \times \boldsymbol{E}_t + \nabla_t \times \boldsymbol{E}_n = -\frac{\partial \boldsymbol{B}_t}{\partial t}$$

对于介质 1 和介质 2 有

$$\nabla_t \times \boldsymbol{E}_{1t} = -\frac{\partial \boldsymbol{B}_{1n}}{\partial t}, \qquad \nabla_t \times \boldsymbol{E}_{2t} = -\frac{\partial \boldsymbol{B}_{2n}}{\partial t}$$

上面两式相减得

$$\nabla_t \times (\boldsymbol{E}_{1t} - \boldsymbol{E}_{2t}) = -\frac{\partial}{\partial t}(\boldsymbol{B}_{1n} - \boldsymbol{B}_{2n})$$

代入切向分量的边界条件

$$\boldsymbol{n} \times (\boldsymbol{E}_1 - \boldsymbol{E}_2) = \boldsymbol{0}$$

即

$$E_{1t} = E_{2t}$$

有

$$\frac{\partial}{\partial t}(\boldsymbol{B}_{1n} - \boldsymbol{B}_{2n}) = \frac{\partial}{\partial t}[\boldsymbol{n} \cdot (\boldsymbol{B}_1 - \boldsymbol{B}_2)] = 0$$

对于时谐电磁场情况，存在代换

$$\frac{\partial}{\partial t} \to \mathrm{j}\omega$$

于是有

$$\mathrm{j}\omega[\boldsymbol{n} \cdot (\boldsymbol{B}_1 - \boldsymbol{B}_2)] = 0$$

由于 $\omega \neq 0$，故有

$$\boldsymbol{n} \cdot (\boldsymbol{B}_1 - \boldsymbol{B}_2) = 0$$

即

$$B_{1n} = B_{2n}$$

同理，将

$$\nabla \times \boldsymbol{H} = \boldsymbol{J} + \frac{\partial \boldsymbol{D}}{\partial t}$$

中的场量和矢性微分算符分解成切向分量和法向分量，并且展开取其中的法向分量有

$$\nabla_t \times \boldsymbol{H}_t = \frac{\partial \boldsymbol{D}_n}{\partial t} + \boldsymbol{J}_n$$

此式对分界面两侧的介质区域都成立，故有

$$\nabla_t \times \boldsymbol{H}_{1t} = \frac{\partial \boldsymbol{D}_{1n}}{\partial t} + \boldsymbol{J}_{1n}, \qquad \nabla_t \times \boldsymbol{H}_{2t} = \frac{\partial \boldsymbol{D}_{2n}}{\partial t} + \boldsymbol{J}_{2n}$$

将两式相减，并用

$$\boldsymbol{H}_{1t} = (\boldsymbol{n} \times \boldsymbol{H}_1) \times \boldsymbol{n}, \qquad \boldsymbol{H}_{2t} = (\boldsymbol{n} \times \boldsymbol{H}_2) \times \boldsymbol{n}$$

代入得

$$\nabla_t \times [\boldsymbol{n} \times (\boldsymbol{H}_1 - \boldsymbol{H}_2) \times \boldsymbol{n}] = \frac{\partial}{\partial t}(\boldsymbol{D}_{1n} - \boldsymbol{D}_{2n}) + (\boldsymbol{J}_{1n} - \boldsymbol{J}_{2n})$$

再将切向分量的边界条件

$$\boldsymbol{n} \times (\boldsymbol{H}_1 - \boldsymbol{H}_2) = \boldsymbol{J}_S$$

代入得

$$\nabla_t \times (\boldsymbol{J}_S \times \boldsymbol{n}) = \frac{\partial}{\partial t}(\boldsymbol{D}_{1n} - \boldsymbol{D}_{2n}) + (\boldsymbol{J}_{1n} - \boldsymbol{J}_{2n})$$

即

$$\boldsymbol{J}_S(\nabla_t \cdot \boldsymbol{n}) - \boldsymbol{n}(\nabla_t \cdot \boldsymbol{J}_S) - \boldsymbol{n}(\boldsymbol{J}_1 - \boldsymbol{J}_2) = \boldsymbol{n}\frac{\partial}{\partial t}(\boldsymbol{D}_1 - \boldsymbol{D}_2)$$

考虑到

$$\nabla_t \cdot \boldsymbol{n} = 0, \qquad \nabla_t \cdot \boldsymbol{J}_S + (J_{1n} - J_{2n}) = -\frac{\partial \rho_S}{\partial t}\text{(分界面处的电流连续性方程)}$$

因此有

$$\boldsymbol{n} \cdot \frac{\partial \rho_S}{\partial t} = \boldsymbol{n}\frac{\partial}{\partial t}[\boldsymbol{n} \cdot (\boldsymbol{D}_1 - \boldsymbol{D}_2)], \quad \frac{\partial}{\partial t}[\boldsymbol{n} \cdot (\boldsymbol{D}_1 - \boldsymbol{D}_2) - \rho_S] = 0$$

对于时谐电磁场情况，存在代换

$$\frac{\partial}{\partial t} \to \mathrm{j}\omega$$

于是有

$$\mathrm{j}\omega[\boldsymbol{n} \cdot (\boldsymbol{D}_1 - \boldsymbol{D}_2) - \rho_S] = 0$$

由于 $\omega \neq 0$，故有

$$\boldsymbol{n} \cdot (\boldsymbol{D}_1 - \boldsymbol{D}_2) = \rho_S$$

例 5.9 设区域 I ($z<0$)的介质参数 $\varepsilon_{r1}=1$，$\mu_{r1}=1$，$\sigma_1=0$；区域 II($z>0$)的介质参数 $\varepsilon_{r2}=5$，$\mu_{r2}=20$，$\sigma_2=0$。区域 I 中的电场强度

$$\boldsymbol{E}_1 = \boldsymbol{a}_x[60\cos(15 \times 10^8 t - 5z) + 20\cos(15 \times 10^8 t + 5z)]\ \mathrm{V/m}$$

区域 II 中的电场强度

$$\boldsymbol{E}_2 = \boldsymbol{a}_x A \cdot \cos(15 \times 10^8 t - 50z)\mathrm{V/m}$$

试求：

(1)常数 A；

(2)磁场强度 $\boldsymbol{H}_1$ 和 $\boldsymbol{H}_2$；

(3)证明在 $z=0$ 处 $\boldsymbol{H}_1$ 和 $\boldsymbol{H}_2$ 满足边界条件。

解 (1)在无耗介质的分界面 $z=0$ 处，有

$$\begin{aligned}\boldsymbol{E}_1 &= \boldsymbol{a}_x[60 \cdot \cos(15 \times 10^8 t) + 20 \cdot \cos(15 \times 10^8 t)] \\ &= \boldsymbol{a}_x 80 \cdot \cos(15 \times 10^8 t) \\ \boldsymbol{E}_2 &= \boldsymbol{a}_x A \cdot \cos(15 \times 10^8 t)\end{aligned}$$

由于 $\boldsymbol{E}_1$ 和 $\boldsymbol{E}_2$ 恰好为切向电场，根据边界条件式(5.47b)得

$$A = 80\ \mathrm{V/m}$$

(2)根据麦克斯韦方程

$$\nabla \times \boldsymbol{E}_1 = -\mu_1 \frac{\partial \boldsymbol{H}_1}{\partial t}$$

有

$$\frac{\partial \boldsymbol{H}_1}{\partial t} = -\frac{1}{\mu_1}\nabla \times \boldsymbol{E}_1 = \boldsymbol{a}_y \frac{1}{\mu_0}\frac{\partial E_1}{\partial z}$$

$$= \boldsymbol{a}_y \frac{1}{\mu_0}[300 \cdot \sin(15 \times 10^8 t - 5z) - 100 \cdot \sin(15 \times 10^8 t + 5z)]$$

所以

$$\boldsymbol{H}_1 = \boldsymbol{a}_y[0.1592 \cdot \cos(15 \times 10^8 t - 5z) - 0.0531 \cdot \cos(15 \times 10^8 t + 5z)] \text{ A/m}$$

同理

$$\boldsymbol{H}_2 = \boldsymbol{a}_y[0.1061 \cdot \cos(15 \times 10^8 t - 50z)] \text{ A/m}$$

(3)将 $z=0$ 代入(2)中得 $\boldsymbol{H}_1$ 和 $\boldsymbol{H}_2$ 分别为

$$\boldsymbol{H}_1 = \boldsymbol{a}_y[0.106 \cdot \cos(15 \times 10^8 t)]$$

$$\boldsymbol{H}_2 = \boldsymbol{a}_y[0.106 \cdot \cos(15 \times 10^8 t)]$$

这里 $\boldsymbol{H}_1$ 和 $\boldsymbol{H}_2$ 正好是分界面上的切向分量，两者相等。由于分界面上 $\boldsymbol{J}_S=\boldsymbol{0}$，故 $\boldsymbol{H}_1$ 和 $\boldsymbol{H}_2$ 满足边界条件。

5.5　时变电磁场的能量与能流

电磁场是一种物质，并且具有能量。例如，人们日常生活中使用的微波炉正是利用微波所携带的能量给食品加热的。赫兹的辐射实验证明了电磁场是能量的携带者。时变电场、磁场都要随时间变化，空间各点的电场能量密度、磁场能量密度也要随时间变化。所以，电磁能量按一定的分布形式储存于空间，并随着电磁场的运动变化在空间传输，形成电磁能流。表达时变电磁场中能量守恒与转换关系的定理称为坡印亭定理(the Poynting's theorem)，该定理由英国物理学家坡印亭(John Poynting)在 1884 年最初提出，它可由麦克斯韦方程直接导出。

假设电磁场存在于一有耗的导电介质中，介质的电导率为 σ，电场会在此有耗导电介质中引起传导电流 $\boldsymbol{J}=\sigma\boldsymbol{E}$。根据焦耳定律，在体积 V 内由传导电流引起的功率损耗是

$$P = \int_V \boldsymbol{J} \cdot \boldsymbol{E} \mathrm{d}V \tag{5.49}$$

这部分功率损耗表示转化为焦耳热能的能量损失，由能量守恒定律可知，体积 V 内电磁能量必有一相应的减少，或者体积 V 外有相应的能量补充以达到能量平衡。为了定量描述这一能量平衡关系，我们进行如下推导。由麦克斯韦方程(5.28a)得

$$\boldsymbol{J} = \nabla \times \boldsymbol{H} - \frac{\partial \boldsymbol{D}}{\partial t}$$

代入式(5.49)得

$$\int_V \boldsymbol{J} \cdot \boldsymbol{E} \mathrm{d}V = \int_V \left[\boldsymbol{E} \cdot (\nabla \times \boldsymbol{H}) - \boldsymbol{E} \cdot \frac{\partial \boldsymbol{D}}{\partial t}\right] \mathrm{d}V \tag{5.50}$$

利用矢量恒等式

$$\nabla \cdot (\boldsymbol{E} \times \boldsymbol{H}) = \boldsymbol{H} \cdot (\nabla \times \boldsymbol{E}) - \boldsymbol{E} \cdot (\nabla \times \boldsymbol{H})$$

及麦克斯韦方程(5.28b)得

$$\begin{aligned} \boldsymbol{E} \cdot (\nabla \times \boldsymbol{H}) &= \boldsymbol{H} \cdot (\nabla \times \boldsymbol{E}) - \nabla \cdot (\boldsymbol{E} \times \boldsymbol{H}) \\ &= \boldsymbol{H} \cdot \left(-\frac{\partial \boldsymbol{B}}{\partial t}\right) - \nabla \cdot (\boldsymbol{E} \times \boldsymbol{H}) \end{aligned}$$

将上式代如式(5.50)得

$$\int_V \boldsymbol{J}\cdot\boldsymbol{E}\mathrm{d}V=-\int_V\left[\boldsymbol{H}\cdot\frac{\partial\boldsymbol{B}}{\partial t}+\boldsymbol{E}\cdot\frac{\partial\boldsymbol{D}}{\partial t}+\nabla\cdot(\boldsymbol{E}\times\boldsymbol{H})\right]\mathrm{d}V$$

利用散度定理上式可改写为

$$-\oint_S(\boldsymbol{E}\times\boldsymbol{H})\cdot\mathrm{d}\boldsymbol{S}=\int_V\left(\boldsymbol{H}\cdot\frac{\partial\boldsymbol{B}}{\partial t}+\boldsymbol{E}\cdot\frac{\partial\boldsymbol{D}}{\partial t}+\boldsymbol{J}\cdot\boldsymbol{E}\right)\mathrm{d}V \tag{5.51}$$

这就是适合一般介质的坡印亭定理。

利用矢量函数求导公式

$$\frac{\partial}{\partial t}(\boldsymbol{A}\cdot\boldsymbol{B})=\frac{\partial\boldsymbol{A}}{\partial t}\cdot\boldsymbol{B}+\boldsymbol{A}\cdot\frac{\partial\boldsymbol{B}}{\partial t}$$

$$\frac{\partial}{\partial t}(\boldsymbol{A}\cdot\boldsymbol{A})=2\boldsymbol{A}\cdot\frac{\partial\boldsymbol{A}}{\partial t}$$

对于各向同性的线性介质

$$\boldsymbol{D}=\varepsilon\boldsymbol{E},\quad \boldsymbol{B}=\mu\boldsymbol{H},\quad \boldsymbol{J}=\sigma\boldsymbol{E}$$

综上可知

$$\boldsymbol{H}\cdot\frac{\partial\boldsymbol{B}}{\partial t}=\mu\boldsymbol{H}\cdot\frac{\partial\boldsymbol{H}}{\partial t}=\frac{\mu}{2}\frac{\partial}{\partial t}(\boldsymbol{H}\cdot\boldsymbol{H})=\frac{\partial}{\partial t}\left(\frac{1}{2}\boldsymbol{B}\cdot\boldsymbol{H}\right)$$

同理

$$\boldsymbol{E}\cdot\frac{\partial\boldsymbol{D}}{\partial t}=\frac{\partial}{\partial t}\left(\frac{1}{2}\boldsymbol{D}\cdot\boldsymbol{E}\right)$$

将它们代入式(5.51)，并设体积 V 的边界对时间不变，则对时间的微分和对空间的积分可交换次序。所以，对于各向同性的线性介质，坡印亭定理表示如下

$$\begin{aligned}-\oint_S(\boldsymbol{E}\times\boldsymbol{H})\cdot\mathrm{d}\boldsymbol{S}&=\int_V\left[\frac{\partial}{\partial t}\left(\frac{1}{2}\boldsymbol{B}\cdot\boldsymbol{H}\right)+\frac{\partial}{\partial t}\left(\frac{1}{2}\boldsymbol{D}\cdot\boldsymbol{E}\right)+\boldsymbol{J}\cdot\boldsymbol{E}\right]\mathrm{d}V\\&=\frac{\partial}{\partial t}\int_V\left(\frac{1}{2}\boldsymbol{B}\cdot\boldsymbol{H}+\frac{1}{2}\boldsymbol{D}\cdot\boldsymbol{E}\right)\mathrm{d}V+\int_V\boldsymbol{J}\cdot\boldsymbol{E}\mathrm{d}V\end{aligned} \tag{5.52}$$

为了说明(5.52)的物理意义，我们首先假设储存在时变电磁场中的电磁能量密度的表示形式和静态场相同，即 $w=w_e+w_m$，其中，$w_e=\dfrac{1}{2}\boldsymbol{D}\cdot\boldsymbol{E}$ 为电场能量密度，$w_m=\dfrac{1}{2}\boldsymbol{B}\cdot\boldsymbol{H}$ 为磁场能量密度，它们的单位都是 $\mathrm{J/m^3}$。另外，引入一个新矢量

$$\boldsymbol{S}=\boldsymbol{E}\times\boldsymbol{H} \tag{5.53}$$

称为坡印亭矢量，单位是 $\mathrm{W/m^2}$。据此坡印亭定理可以写成

$$-\oint_S\boldsymbol{S}\cdot\mathrm{d}\boldsymbol{S}=\frac{\partial}{\partial t}\int_V(w_e+w_m)\mathrm{d}V+\int_V\boldsymbol{J}\cdot\boldsymbol{E}\mathrm{d}V \tag{5.54}$$

式(5.54)右边第一项表示体积 V 中电磁能量随时间的增加率，第二项表示体积V 中的热损耗功率(单位时间内以热能形式损耗在体积 V 中的能量)；根据能量守恒定律，式(5.54)左边一项 $-\oint_S\boldsymbol{S}\cdot\mathrm{d}\boldsymbol{S}=-\oint_S\boldsymbol{E}\times\boldsymbol{H}\cdot\mathrm{d}\boldsymbol{S}$ 必定代表单位时间内穿过体积V 的表面S 流入体积V 内的电磁能量。因此，面积分$\oint_S\boldsymbol{S}\cdot\mathrm{d}\boldsymbol{S}=\oint_S(\boldsymbol{E}\times\boldsymbol{H})\cdot\mathrm{d}\boldsymbol{S}$ 表示单位时间内流出包

围体积 V 的表面 S 的总电磁能量。由此可见，坡印亭矢量 $\boldsymbol{S}=\boldsymbol{E}\times\boldsymbol{H}$ 可解释为通过 S 面上单位面积的电磁功率，在空间任一点上，坡印亭矢量的方向表示该点功率流的方向，而其数值表示通过与能量流动方向垂直的单位面积的功率，所以坡印亭矢量也称为电磁功率流密度或能流密度矢量。

需要指出，认为坡印亭矢量代表电磁功率流密度的推断并不严格，虽然坡印亭定理肯定了 $\oint_S \boldsymbol{S}\cdot d\boldsymbol{S}$ 具有确定的意义(流出封闭面的总能流)，然而这并不等于说在有电场和磁场的地方，$\boldsymbol{S}=\boldsymbol{E}\times\boldsymbol{H}$ 就一定代表该处有电磁能量的流动。因为在坡印亭定理中，真正表示空间任一点能量密度变化的是 $\nabla\cdot\boldsymbol{S}$ 而不是坡印亭矢量本身。

在静电场和静磁场情况下，由于电流为零：$\boldsymbol{J}=\boldsymbol{0}$ 以及 $\frac{\partial}{\partial t}\left(\frac{1}{2}\boldsymbol{E}\cdot\boldsymbol{D}+\frac{1}{2}\boldsymbol{B}\cdot\boldsymbol{H}\right)=0$，所以坡印亭定理只剩一项 $\oint_S(\boldsymbol{E}\times\boldsymbol{H})\cdot d\boldsymbol{S}=0$，由坡印亭定理可知，此式表示在场中任何一点，单位时间流出包围体积 V 表面的总能量为零，即没有电磁能量流动。由此可见，在静电场和静磁场情况下，$\boldsymbol{S}=\boldsymbol{E}\times\boldsymbol{H}$ 并不代表电磁功率流密度。

在恒定电流的电场和磁场情况下，$\frac{\partial}{\partial t}\left(\frac{1}{2}\boldsymbol{E}\cdot\boldsymbol{D}+\frac{1}{2}\boldsymbol{B}\cdot\boldsymbol{H}\right)=0$，所以由坡印亭定理可知 $\int_V \boldsymbol{J}\cdot\boldsymbol{E}dV=-\oint_S(\boldsymbol{E}\times\boldsymbol{H})\cdot d\boldsymbol{S}$。因此，在恒定电流场中，$\boldsymbol{S}=\boldsymbol{E}\times\boldsymbol{H}$ 可以代表通过单位面积的电磁功率流。它说明，在无源区域内，通过 S 面流入 V 内的电磁功率等于 V 内的损耗功率。

在时变电磁场中，$\boldsymbol{S}=\boldsymbol{E}\times\boldsymbol{H}$ 代表瞬时功率流密度，它通过任意截面积的面积分 $P=\int_S \boldsymbol{E}\times\boldsymbol{H}\cdot d\boldsymbol{S}$ 代表瞬时功率。

应用坡印亭定理可以解释许多电磁现象，下面举例说明。

例 5.10 试求一段半径为 b，电导率为 σ，载有直流电流 I 的长直导线表面的坡印亭矢量，并验证坡印亭定理。

解 如图 5.6 所示，一段长度为 l 的长直导线，其轴线与圆柱坐标系的 z 轴重合，直流电流将均匀分布在导线的横截面上，于是有

$$\boldsymbol{J}=\boldsymbol{a}_z\frac{I}{\pi b^2},\quad \boldsymbol{E}=\frac{\boldsymbol{J}}{\sigma}=\boldsymbol{a}_z\frac{I}{\pi b^2\sigma}$$

在导线表面

$$\boldsymbol{H}=\boldsymbol{a}_\phi\frac{I}{2\pi b}$$

因此，导线表面上的坡印亭矢量

$$\boldsymbol{S}=\boldsymbol{E}\times\boldsymbol{H}=-\boldsymbol{a}_r\frac{I^2}{2\sigma\pi^2 b^3}$$

它的方向处处沿径向的相反方向指向导线的表面。将坡印亭矢量沿导线段表面积分有

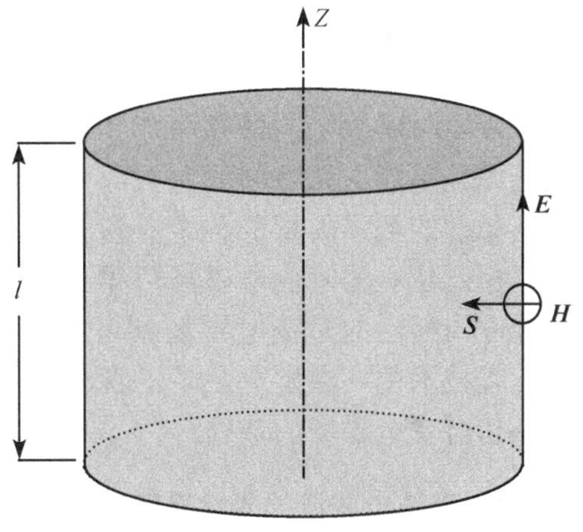

图 5.6 坡印亭定理验证

$$-\oint_S \boldsymbol{S}\cdot \mathrm{d}\boldsymbol{S}=-\oint_S \boldsymbol{S}\cdot \boldsymbol{a}_r \mathrm{d}\boldsymbol{S}=\left(\frac{I^2}{2\sigma\pi^2 b^3}\right)\cdot 2\pi bl = I^2\left(\frac{l}{\sigma\pi b^2}\right)=I^2 R$$

其中，R 为导线段的电阻。上式表明：从导线表面流入的电磁能流等于导线内部欧姆热损耗功率。这验证了坡印亭定理。

例 5.11 设同轴线的内导体半径为 a，外导体内半径为 b，内外导体间为空气，内外导体为理想导体，载有直流电流 I，内外导体间的电压为 U。求同轴线的传输功率和能流密度矢量。

解 分别根据高斯定理和安培环路定理，可以求出同轴线内外导体间的电场和磁场为

$$\boldsymbol{E}=\frac{U}{r\ln\frac{b}{a}}\boldsymbol{a}_r \qquad \boldsymbol{H}=\frac{I}{2\pi r}\boldsymbol{a}_\phi,\quad a<r<b$$

内外导体间任意横截面上的能流密度矢量

$$\boldsymbol{S}=\boldsymbol{E}\times\boldsymbol{H}=\frac{UI}{2\pi r^2\ln\frac{b}{a}}\boldsymbol{a}_z$$

上式说明电磁能量沿 z 轴方向流动，由电源向负载传输。通过同轴线内外导体间任一横截面的功率为

$$P=\int_{S'}\boldsymbol{S}\cdot \mathrm{d}\boldsymbol{S}'=\int_a^b \frac{UI}{2\pi r^2\ln\frac{b}{a}}\cdot 2\pi r\mathrm{d}r = UI$$

这一结果与电路理论中熟知的结果一致。然而这个结果是在不包括导体本身在内的横截面上积分得到的，说明功率全部是从内外导体之间的空间通过的，导体本身并不传输能量，导体的作用只是引导电磁能量，这只能用电磁场的观点来理解，电路理论无法加以解释。

5.6 正弦电磁场

时变电磁场中，场量和场源除了是空间的函数，还是时间的函数。前面讨论的时变电磁场，对随时间是如何变化未加任何限制，适用于任何时间变化规律。但是，其中有一种特殊情况在工程技术中经常遇到，这就是本节要讨论的正弦电磁场。正弦电磁场也称为时谐电磁场(time-harmonic electromagnetic fields)，是指任意点的场矢量的每一坐标分量随时间以相同的频率作正弦或余弦变化。之所以要讨论正弦电磁场，是因为当场源是单频正弦时间函数时，由于麦克斯韦方程组是线性偏微分方程组，所以场源所激励的场强矢量的各个分量，在正弦稳态的条件下，仍是同频率的正弦时间函数，据此建立的时变电磁场可得到显著的简化；根据傅里叶变换理论，任何周期性的或非周期性的时变电磁场都可分解成许多不同频率的正弦电磁场的叠加或积分；在工程技术中，激发电磁场的源多为正弦激励方式。因此，研究正弦电磁场正是研究一切时变电磁场的基础。

5.6.1 正弦电磁场的复数表示法

时变电磁场的任一坐标分量随时间作正弦变化时，其振幅和初相也都是空间坐标的

函数。以电场强度为例，在直角坐标系中

$$\boldsymbol{E}(x,y,z,t)=\boldsymbol{a}_xE_x(x,y,z,t)+\boldsymbol{a}_yE_y(x,y,z,t)+\boldsymbol{a}_zE_z(x,y,z,t)$$

其中电场强度的各个坐标分量为

$$E_x(x,y,z,t)=E_{xm}(x,y,z)\cos[\omega t+\varphi_x(x,y,z)]$$
$$E_y(x,y,z,t)=E_{ym}(x,y,z)\cos[\omega t+\varphi_y(x,y,z)]$$
$$E_z(x,y,z,t)=E_{zm}(x,y,z)\cos[\omega t+\varphi_z(x,y,z)]$$

其中，E_{xm}、E_{ym}、E_{zm}分别为各坐标分量的振幅值；φ_x、φ_y、φ_z 分别为各坐标分量的初相角；ω 是角频率。

与电路理论中的处理相似，利用复数或相量来描述正弦电磁场场量，可使数学运算简化：对时间变量 t 进行降价(把微积分方程变为代数方程)减元(消去各项的共同时间因子 $e^{j\omega t}$)。例如

$$\begin{aligned}E_x(x,y,z,t)&=\mathrm{Re}\{E_{xm}(x,y,z)e^{j[\omega t+\varphi_x(x,y,z)]}\}\\&=\mathrm{Re}[E_{xm}e^{j\varphi_x}\cdot e^{j\omega t}]\\&=\mathrm{Re}[\dot{E}_{xm}\cdot e^{j\omega t}]\end{aligned}\tag{5.55}$$

其中，$\dot{E}_{xm}=E_{xm}\cdot e^{j\varphi_x}$称为复振幅，它仅是空间坐标的函数，与时间 t 完全无关。因为它包含场量的初相位，故也称为相量(phasor)。E_x 为实数，而 $\dot{E}_{xm}$是复数，但是只要将其乘以因子 $e^{j\omega t}$ 并且取实部便可得到前者。这样，如下关系成立

$$E_x(x,y,z,t)\leftrightarrow\dot{E}_{xm}(x,y,z)=E_{xm}(x,y,z)\cdot e^{j\varphi_x(x,y,z)}\tag{5.56}$$

因此，我们也把 $\dot{E}_{xm}=E_{xm}\cdot e^{j\varphi_x}$ 称为 $E_x(x,y,z,t)=E_{xm}(x,y,z)\cos[\omega t+\varphi_x(x,y,z)]$的复数形式。按照式(5.55)，给定函数

$$E_x(x,y,z,t)=E_{xm}(x,y,z)\cos[\omega t+\varphi_x(x,y,z)]$$

有唯一的复数 $\dot{E}_{xm}=E_{xm}\cdot e^{j\varphi_x}$ 与之对应；反之亦然。

由于

$$\begin{aligned}\frac{\partial E_x(x,y,z,t)}{\partial t}&=-E_{xm}(x,y,z)\cdot\omega\cdot\sin[\omega t+\varphi_x(x,y,z)]\\&=\mathrm{Re}[j\omega\cdot\dot{E}_{xm}\cdot e^{j\omega t}]\end{aligned}$$

所以，采用复数表示时，正弦量对时间 t 的偏导数等价于该正弦量的复数形式乘以 $j\omega$，即

$$\frac{\partial E_x(x,y,z,t)}{\partial t}\leftrightarrow j\omega\dot{E}_{xm}(x,y,z)$$

同理，电场强度矢量也可用复数表示为

$$\begin{aligned}\boldsymbol{E}(x,y,z,t)&=\mathrm{Re}[(\boldsymbol{a}_xE_{xm}e^{j\varphi_x}+\boldsymbol{a}_yE_{ym}e^{j\varphi_y}+\boldsymbol{a}_zE_{zm}e^{j\varphi_z})e^{j\omega t}]\\&=\mathrm{Re}[(\boldsymbol{a}_x\dot{E}_{xm}+\boldsymbol{a}_y\dot{E}_{ym}+\boldsymbol{a}_z\dot{E}_{zm})e^{j\omega t}]\\&=\mathrm{Re}[\dot{\boldsymbol{E}}e^{j\omega t}]\end{aligned}\tag{5.57}$$

其中，$\dot{\boldsymbol{E}}=\boldsymbol{a}_x\dot{E}_{xm}+\boldsymbol{a}_y\dot{E}_{ym}+\boldsymbol{a}_z\dot{E}_{zm}$称为电场强度的复振幅矢量或复矢量，它只是空间坐标的函数，与时间 t 无关。这样我们就把时间 t 和空间(x，y，z)的四维(x，y，z，t)矢量函数简化成了空间(x，y，z)的三维函数，即

$$\boldsymbol{E}(x,y,z,t)\leftrightarrow\dot{\boldsymbol{E}}(x,y,z)=\boldsymbol{a}_x\dot{E}_{xm}+\boldsymbol{a}_y\dot{E}_{ym}+\boldsymbol{a}_z\dot{E}_{zm}$$

相反，若要由场量的复数形式获得其瞬时值，只要将其复振幅矢量乘以 $e^{j\omega t}$ 并取实

部，便得到其相应的瞬时值。

$$\boldsymbol{E}(x,y,z,t)=\mathrm{Re}[\dot{\boldsymbol{E}}(x,y,z)\mathrm{e}^{\mathrm{j}\omega t}]$$

例 5.12 将下列用复数形式表示的场矢量变换为瞬时值，或作相反的变换。

(1)$\dot{\boldsymbol{E}}=\boldsymbol{a}_x\dot{E}_0$；

(2)$\dot{\boldsymbol{E}}=\boldsymbol{a}_x\mathrm{j}E_0\mathrm{e}^{-\mathrm{j}kz}$；

(3)$\boldsymbol{E}=\boldsymbol{a}_xE_0\cos(\omega t-kz)+\boldsymbol{a}_y2E_0\sin(\omega t-kz)$。

解

(1)$\boldsymbol{E}(x,y,z,t)=\mathrm{Re}[\boldsymbol{a}_xE_0\mathrm{e}^{\mathrm{j}\varphi_x}\cdot\mathrm{e}^{\mathrm{j}\omega t}]=\boldsymbol{a}_xE_0\cos(\omega t+\varphi_x)$

(2)$\boldsymbol{E}(x,y,z,t)=\mathrm{Re}[\boldsymbol{a}_xE_0\mathrm{e}^{\mathrm{j}\left(\frac{\pi}{2}-kz\right)}\cdot\mathrm{e}^{\mathrm{j}\omega t}]=\boldsymbol{a}_xE_0\cos\left(\omega t-kz+\frac{\pi}{2}\right)$

(3)$\boldsymbol{E}(x,y,z,t)=\mathrm{Re}[\boldsymbol{a}_xE_0\mathrm{e}^{\mathrm{j}(\omega t-kz)}-\boldsymbol{a}_y2E_0\mathrm{e}^{\mathrm{j}\left(\omega t-kz+\frac{\pi}{2}\right)}]$

$\dot{\boldsymbol{E}}(x,y,z)=(\boldsymbol{a}_x-\boldsymbol{a}_y2\mathrm{j})E_0\mathrm{e}^{-\mathrm{j}kz}$

例 5.13 将下列场矢量的复数形式表示为瞬时值形式。

(1)$\boldsymbol{E}=\boldsymbol{a}_zE_0\sin(k_xx)\cdot\sin(k_yy)\cdot\mathrm{e}^{-\mathrm{j}k_zz}$；

(2)$\boldsymbol{E}=\boldsymbol{a}_x\mathrm{j}2E_0\sin\theta\cdot\cos(k_x\cdot\cos\theta)\mathrm{e}^{-\mathrm{j}k_z\sin\theta}$。

解 (1)根据式(5.55)，可得瞬时值形式

$$\begin{aligned}\boldsymbol{E}&=\mathrm{Re}[\boldsymbol{a}_zE_0\sin(k_xx)\cdot\sin(k_yy)\cdot\mathrm{e}^{-\mathrm{j}k_zz}\cdot\mathrm{e}^{\mathrm{j}\omega t}]\\&=\boldsymbol{a}_zE_0\sin(k_xx)\cdot\sin(k_yy)\cdot\cos(\omega t-k_zz)\end{aligned}$$

(2)瞬时值形式

$$\begin{aligned}\boldsymbol{E}&=\mathrm{Re}[\boldsymbol{a}_x2E_0\sin\theta\cdot\cos(k_x\cdot\cos\theta)\mathrm{e}^{-\mathrm{j}k_z\sin\theta}\cdot\mathrm{e}^{\mathrm{j}\frac{\pi}{2}}\cdot\mathrm{e}^{\mathrm{j}\omega t}]\\&=\boldsymbol{a}_x2E_0\sin\theta\cdot\cos(k_x\cdot\cos\theta)\cdot\cos\left(\omega t+\frac{\pi}{2}-k_z\sin\theta\right)\\&=-\boldsymbol{a}_x2E_0\sin\theta\cdot\cos(k_x\cdot\cos\theta)\cdot\sin(\omega t-k_z\sin\theta)\end{aligned}$$

5.6.2 麦克斯韦方程的复数形式

复数运算中，对复数的微分和积分运算是分别对其实部和虚部进行的，并不改变其实部和虚部的性质，故

$$L(\mathrm{Re}\dot{a})=\mathrm{Re}(L\dot{a})$$

其中，L 为实线性算子，如 $\frac{\partial}{\partial t}$，$\nabla$，$\int\cdots\mathrm{d}t$ 等。因此

$$\nabla\times\boldsymbol{H}(\boldsymbol{r},t)=\boldsymbol{J}(\boldsymbol{r},t)+\frac{\partial\boldsymbol{D}(\boldsymbol{r},t)}{\partial t}$$

$$\nabla\times\mathrm{Re}[\dot{\boldsymbol{H}}(\boldsymbol{r})\cdot\mathrm{e}^{\mathrm{j}\omega t}]=\mathrm{Re}[\dot{\boldsymbol{J}}(\boldsymbol{r})\cdot\mathrm{e}^{\mathrm{j}\omega t}]+\frac{\partial}{\partial t}\mathrm{Re}[\dot{\boldsymbol{D}}(\boldsymbol{r})\cdot\mathrm{e}^{\mathrm{j}\omega t}]$$

考虑到复数运算有

$$\begin{aligned}&\mathrm{Re}[\nabla\times\dot{\boldsymbol{H}}\mathrm{e}^{\mathrm{j}\omega t}]=\mathrm{Re}[\dot{\boldsymbol{J}}\mathrm{e}^{\mathrm{j}\omega t}]+\mathrm{Re}[\mathrm{j}\omega\dot{\boldsymbol{D}}\mathrm{e}^{\mathrm{j}\omega t}]\\&\mathrm{Re}[\nabla\times\dot{\boldsymbol{H}}\mathrm{e}^{\mathrm{j}\omega t}-\dot{\boldsymbol{J}}\mathrm{e}^{\mathrm{j}\omega t}-\mathrm{j}\omega\dot{\boldsymbol{D}}\mathrm{e}^{\mathrm{j}\omega t}]=0\\&\mathrm{Re}[(\nabla\times\dot{\boldsymbol{H}}-\dot{\boldsymbol{J}}-\mathrm{j}\omega\dot{\boldsymbol{D}})\mathrm{e}^{\mathrm{j}\omega t}]=0\end{aligned}$$

故对于 t 任意时

$$\nabla\times\dot{\boldsymbol{H}}=\dot{\boldsymbol{J}}+\mathrm{j}\omega\dot{\boldsymbol{D}}\tag{5.58a}$$

同理可得式(5.28b)～式(5.28d)对应的复数形式

$$\nabla\times\dot{\boldsymbol{E}}=-\mathrm{j}\omega\dot{\boldsymbol{B}} \tag{5.58b}$$

$$\nabla\cdot\dot{\boldsymbol{B}}=0 \tag{5.58c}$$

$$\nabla\cdot\dot{\boldsymbol{D}}=\dot{\rho} \tag{5.58d}$$

以及电流连续性方程的复数形式

$$\nabla\cdot\dot{\boldsymbol{J}}=-\mathrm{j}\omega\dot{\rho} \tag{5.59}$$

显然为了把瞬时值表示的麦克斯韦方程的微分形式写成复数形式，只要把场量和场源的瞬时值换成对应复数形式；把微分形式方程中的$\dfrac{\partial}{\partial t}$换成 j$\omega$ 即可。并且不难看出当用复数形式表示后，麦克斯韦方程中的场量和场源由四维(x，y，z，t)函数变成了三维(x，y，z)函数，变量的维数减少了一个，且偏微分方程(对时间 t 的偏微分)变成了代数方程，使问题更便于求解。

麦克斯韦方程的积分形式、各向同性线性介质的本构方程和边界条件等对应的复数形式表示留给读者推导。为了以后书写方便，表示复量的打点符号“·”均省去。

5.6.3　复坡印亭矢量

坡印亭矢量 $\boldsymbol{S}(\boldsymbol{r},t)=\boldsymbol{E}(\boldsymbol{r},t)\times\boldsymbol{H}(\boldsymbol{r},t)$表示瞬时电磁功率流密度，它没有指定电场强度和磁场强度随时间变化的方式。对于正弦电磁场，电场强度和磁场强度的每一坐标分量都随时间作周期性的简谐变化。这时，每一点处的瞬时电磁功率流密度的时间平均值更具有实际意义。下面我们就来讨论这个问题。

对正弦电磁场，当场矢量用复数(in phasor form)表示时

$$\boldsymbol{E}(\boldsymbol{r},t)=\mathrm{Re}[\boldsymbol{E}(\boldsymbol{r})\cdot\mathrm{e}^{\mathrm{j}\omega t}]=\frac{1}{2}[\boldsymbol{E}(\boldsymbol{r})\cdot\mathrm{e}^{\mathrm{j}\omega t}+\boldsymbol{E}^*(\boldsymbol{r})\mathrm{e}^{-\mathrm{j}\omega t}]$$

$$\boldsymbol{H}(\boldsymbol{r},t)=\mathrm{Re}[\boldsymbol{H}(\boldsymbol{r})\cdot\mathrm{e}^{\mathrm{j}\omega t}]=\frac{1}{2}[\boldsymbol{H}(\boldsymbol{r})\cdot\mathrm{e}^{\mathrm{j}\omega t}+\boldsymbol{H}^*(\boldsymbol{r})\mathrm{e}^{-\mathrm{j}\omega t}]$$

从而坡印亭矢量瞬时值可写为

$$\begin{aligned}\boldsymbol{S}(\boldsymbol{r},t)&=\boldsymbol{E}(\boldsymbol{r},t)\times\boldsymbol{H}(\boldsymbol{r},t)=\frac{1}{2}(\boldsymbol{E}\cdot\mathrm{e}^{\mathrm{j}\omega t}+\boldsymbol{E}^*\mathrm{e}^{-\mathrm{j}\omega t})\times\frac{1}{2}(\boldsymbol{H}\cdot\mathrm{e}^{\mathrm{j}\omega t}+\boldsymbol{H}^*\mathrm{e}^{-\mathrm{j}\omega t})\\&=\frac{1}{2}\cdot\frac{1}{2}(\boldsymbol{E}\times\boldsymbol{H}^*+\boldsymbol{E}^*\times\boldsymbol{H})+\frac{1}{2}\cdot\frac{1}{2}(\boldsymbol{E}\times\boldsymbol{H}\cdot\mathrm{e}^{\mathrm{j}2\omega t}+\boldsymbol{E}^*\times\boldsymbol{H}^*\cdot\mathrm{e}^{-\mathrm{j}2\omega t})\\&=\frac{1}{2}\mathrm{Re}[\boldsymbol{E}\times\boldsymbol{H}^*]+\frac{1}{2}\mathrm{Re}[\boldsymbol{E}\times\boldsymbol{H}\cdot\mathrm{e}^{\mathrm{j}2\omega t}]\end{aligned}$$

它在一个周期 $T=\dfrac{2\pi}{\omega}$内的平均值为

$$\boldsymbol{S}_{\mathrm{av}}=\frac{1}{T}\int_0^T\boldsymbol{S}(\boldsymbol{r},t)\mathrm{d}t=\mathrm{Re}\left[\frac{1}{2}\boldsymbol{E}(\boldsymbol{r})\times\boldsymbol{H}^*(\boldsymbol{r})\right]=\mathrm{Re}[\boldsymbol{S}(\boldsymbol{r})]$$

其中

$$\boldsymbol{S}(\boldsymbol{r})=\frac{1}{2}\boldsymbol{E}(\boldsymbol{r})\times\boldsymbol{H}^*(\boldsymbol{r}) \tag{5.60}$$

$\boldsymbol{S}(r)$称为复坡印亭矢量，它与时间 t 无关，表示复功率流密度，其实部为平均功率流密度(有功功率流密度)，虚部为无功功率流密度。特别需要注意的是式中的电场强度和磁场强度是复振幅值而不是有效值；$\boldsymbol{E}^*$、$\boldsymbol{H}^*$ 是 $\boldsymbol{E}$、$\boldsymbol{H}$ 的共轭复数。$\boldsymbol{S}_{\mathrm{av}}$称为平均能流密度矢量或平均坡印亭矢量。

类似地可得到电场能量密度、磁场能量密度和导电损耗功率密度的表示式

$$w_e(r,t)=\frac{1}{2}\boldsymbol{E}(\boldsymbol{r},t)\cdot\boldsymbol{D}(\boldsymbol{r},t)=\frac{1}{4}\mathrm{Re}[\boldsymbol{E}(\boldsymbol{r})\cdot\boldsymbol{D}^*(\boldsymbol{r})]+\frac{1}{4}\mathrm{Re}[\boldsymbol{E}(\boldsymbol{r})\cdot\boldsymbol{D}(\boldsymbol{r})\cdot e^{j2\omega t}] \tag{5.61}$$

$$w_m(r,t)=\frac{1}{2}\boldsymbol{B}(\boldsymbol{r},t)\cdot\boldsymbol{H}(\boldsymbol{r},t)=\frac{1}{4}\mathrm{Re}[\boldsymbol{B}(\boldsymbol{r})\cdot\boldsymbol{H}^*(\boldsymbol{r})]+\frac{1}{4}\mathrm{Re}[\boldsymbol{B}(\boldsymbol{r})\cdot\boldsymbol{H}(\boldsymbol{r})\cdot e^{j2\omega t}] \tag{5.62}$$

$$p(r,t)=\boldsymbol{J}(\boldsymbol{r},t)\cdot\boldsymbol{E}(\boldsymbol{r},t)=\frac{1}{2}\mathrm{Re}[\boldsymbol{J}(\boldsymbol{r})\cdot\boldsymbol{E}^*(\boldsymbol{r})]+\frac{1}{2}\mathrm{Re}[\boldsymbol{J}(\boldsymbol{r})\cdot\boldsymbol{E}(\boldsymbol{r})\cdot e^{j2\omega t}] \tag{5.63}$$

上面各式中，右边第一项是各对应量的时间平均值，它们都仅是空间坐标的函数。单位体积中电场和磁场储能、导电损耗功率密度在一周期 T 内的时间平均值为

$$w_{av,e}=\frac{1}{4}\mathrm{Re}[\boldsymbol{E}(r)\cdot\boldsymbol{D}^*(r)]$$

$$w_{av,m}=\frac{1}{4}\mathrm{Re}[\boldsymbol{B}(r)\cdot\boldsymbol{H}^*(r)]$$

$$p_{av}=\frac{1}{2}\mathrm{Re}[\boldsymbol{J}(r)\cdot\boldsymbol{E}^*(r)]$$

5.6.4 复介电常量与复磁导率

介质在电磁场作用下呈现三种状态：极化、磁化和传导，它们可用一组宏观电磁参数表征，即介电常量(电容率)、磁导率和电导率。在静态场中这些参数都是实常数；而在时变电磁场作用下，反映介质电磁特性的宏观参数与场的时间变化率有关，对正弦电磁场即与频率有关。研究表明：一般情况下(特别在高频场作用下)，描述介质色散特性的宏观参数为复数，其实部和虚部都是频率的函数，且虚部总是大于零的正数，即

$$\varepsilon_c=\varepsilon'(\omega)-j\varepsilon''(\omega),\quad \mu_c=\mu'(\omega)-j\mu''(\omega),\quad \sigma_c=\sigma'(\omega)-j\sigma''(\omega)$$

其中，ε_c、μ_c 分别称为复介电常量和复磁导率；必须指出，金属导体的电导率在直到红外线的整个射频范围内均可看作实数，且与频率无关。这些复数宏观电磁参数表明，同一介质在不同频率的场作用下，可以呈现不同的介质特性。

下面讨论介质的复数电磁参数的虚部所反映的能量损耗。电导率 $\sigma\neq0$ 的介质，电磁波的电场在其中产生的传导电流密度为 $\boldsymbol{J}_c=\sigma\boldsymbol{E}$，从而引起功率损耗，使电磁波的幅度衰减，其单位体积的导电功率损耗时间平均值为

$$p=\frac{1}{2}\mathrm{Re}[\boldsymbol{J}_c\cdot\boldsymbol{E}^*]=\frac{1}{2}\sigma E_m^2$$

如仅考虑介质中复介电常量 $\varepsilon_c=\varepsilon'-j\varepsilon''$ 的虚部所反映的能量损耗，则介质中位移电流密度

$$\boldsymbol{J}_d=j\omega\varepsilon_c\boldsymbol{E}=j\omega(\varepsilon'-j\varepsilon'')\boldsymbol{E}=j\omega\varepsilon'\boldsymbol{E}+\omega\varepsilon''\boldsymbol{E}$$

其中与 $\boldsymbol{E}$ 同相的位移电流分量也引起功率损耗，介质单位体积极化功率损耗的时间平均值可以表示为

$$p=\frac{1}{2}\mathrm{Re}[\boldsymbol{J}_d\cdot\boldsymbol{E}^*]=\frac{1}{2}\mathrm{Re}[j\omega(\varepsilon'-j\varepsilon'')\boldsymbol{E}\cdot\boldsymbol{E}^*]$$

$$= \frac{1}{2}\mathrm{Re}[\omega\varepsilon'' E_{\mathrm{m}}^2 + \mathrm{j}\omega\varepsilon' E_{\mathrm{m}}^2] = \frac{1}{2}\omega\varepsilon'' E_{\mathrm{m}}^2$$

其中，E_{m} 为振幅值，由上可见单位体积的极化损耗功率与 $\varepsilon''(\omega)$ 成正比；同样 $\mu''(\omega)$ 反映介质的磁化损耗，且与磁化损耗功率成正比。

复介电常量和复磁导率的幅角称为损耗角，分别用 δ_ε 和 δ_μ 表示。且把

$$\tan\delta_\varepsilon = \frac{\varepsilon''}{\varepsilon'}, \qquad \tan\delta_\mu = \frac{\mu''}{\mu'}$$

称为损耗角正切。由给定频率上的损耗角正切的大小，可以说明介质在该频率上的损耗大小。

对于具有复介电常量的导电介质，考虑到传导电流 $\boldsymbol{J}=\sigma\boldsymbol{E}$，式(5.28a)变为

$$\begin{aligned}\nabla\times\boldsymbol{H} &= \sigma\boldsymbol{E} + \mathrm{j}\omega(\varepsilon' - \mathrm{j}\varepsilon'')\boldsymbol{E} = (\sigma + \omega\varepsilon'')\boldsymbol{E} + \mathrm{j}\omega\varepsilon'\boldsymbol{E} \\ &= \mathrm{j}\omega\left[\varepsilon' - \mathrm{j}\left(\varepsilon'' + \frac{\sigma}{\omega}\right)\right]\boldsymbol{E} = \mathrm{j}\omega\varepsilon_{\mathrm{c}}\boldsymbol{E}\end{aligned} \tag{5.64}$$

式(5.64)表明，导电介质中的传导电流和位移电流可以用一个等效的位移电流代替；导电介质的电导率和介电常量的总效应可用一个等效复介电常量表示，即

$$\varepsilon_{\mathrm{c}} = \varepsilon' - \mathrm{j}\left(\varepsilon'' + \frac{\sigma}{\omega}\right) \tag{5.65}$$

式(5.65)表明 ε'' 与 $\frac{\sigma}{\omega}$ 的能量损耗作用等效。引入等效复介电常量的概念后，电导率变成等效复介电常量的虚数部分，因此可以把导体也视为一种等效的有耗电介质。引入复介电常量和复磁导率后，有耗介质和理想介质中的麦克斯韦方程组在形式上就完全相同了，因此可以采用同一种方法分析有耗介质和理想介质中的电磁波特性，只需用 ε_{c} 和 μ_{c} 分别代替理想介质情况下的 ε 和 μ。

5.6.5 复坡印亭定理

下面来研究场量用复数表示时坡印亭定理的表示式——复坡印亭定理。利用矢量恒等式

$$\nabla\cdot(\boldsymbol{A}\times\boldsymbol{B}) = \boldsymbol{B}\cdot(\nabla\times\boldsymbol{A}) - \boldsymbol{A}\cdot(\nabla\times\boldsymbol{B})$$

可知

$$\nabla\cdot\left(\frac{1}{2}\boldsymbol{E}\times\boldsymbol{H}^*\right) = \frac{1}{2}\boldsymbol{H}^*\cdot(\nabla\times\boldsymbol{E}) - \frac{1}{2}\boldsymbol{E}\cdot(\nabla\times\boldsymbol{H}^*)$$

将式(5.51a)和式(5.51b)代入上式得

$$\nabla\cdot\left(\frac{1}{2}\boldsymbol{E}\times\boldsymbol{H}^*\right) = \frac{1}{2}\boldsymbol{H}^*\cdot(-\mathrm{j}\omega\boldsymbol{B}) - \frac{1}{2}\boldsymbol{E}\cdot(\boldsymbol{J}^* - \mathrm{j}\omega\boldsymbol{D}^*)$$

整理上式有

$$-\nabla\cdot\left(\frac{1}{2}\boldsymbol{E}\times\boldsymbol{H}^*\right) = \frac{1}{2}\boldsymbol{E}\cdot\boldsymbol{J}^* + \mathrm{j}2\omega\left(\frac{1}{4}\boldsymbol{B}\cdot\boldsymbol{H}^* - \frac{1}{4}\boldsymbol{E}\cdot\boldsymbol{D}^*\right)$$

这个公式表示了作为点函数的功率密度关系。对其两端取体积分，并应用散度定理得

$$-\oint_S \frac{1}{2}\boldsymbol{E}\times\boldsymbol{H}^*\cdot\mathrm{d}\boldsymbol{S} = \mathrm{j}2\omega\int_V\left(\frac{1}{4}\boldsymbol{B}\cdot\boldsymbol{H}^* - \frac{1}{4}\boldsymbol{E}\cdot\boldsymbol{D}^*\right)\mathrm{d}V + \int_V \frac{1}{2}\boldsymbol{E}\cdot\boldsymbol{J}^*\,\mathrm{d}V \tag{5.66}$$

这就是用复矢量表示的坡印亭定理，称为复坡印亭定理。

设宏观电磁参数 σ 为实数，磁导率和介电常量为复数，则有

$$\frac{1}{2}\boldsymbol{E}\cdot\boldsymbol{J}^* = \frac{1}{2}\sigma E^2$$

$$\frac{\mathrm{j}\omega}{2}\boldsymbol{B}\cdot\boldsymbol{H}^* = \frac{\mathrm{j}\omega}{2}(\mu' - \mathrm{j}\mu'')\boldsymbol{H}\cdot\boldsymbol{H}^* = \frac{1}{2}\omega\mu'' H^2 + \frac{1}{2}\mathrm{j}\omega\mu' H^2$$

$$-\frac{\mathrm{j}\omega}{2}\boldsymbol{E}\cdot\boldsymbol{D}^* = -\frac{\mathrm{j}\omega}{2}(\varepsilon' + \mathrm{j}\varepsilon'')\boldsymbol{E}^*\cdot\boldsymbol{E} = \frac{1}{2}\omega\varepsilon'' E^2 - \frac{1}{2}\mathrm{j}\omega\varepsilon' E^2$$

将以上各式代入式(5.66)得

$$\begin{aligned}
&-\oint_S \frac{1}{2}\boldsymbol{E}\times\boldsymbol{H}^*\cdot \mathrm{d}\boldsymbol{S} \\
&= \int_V \left(\frac{1}{2}\sigma E^2 + \frac{1}{2}\omega\varepsilon'' E^2 + \frac{1}{2}\omega\mu'' H^2\right)\mathrm{d}V + \mathrm{j}2\omega\int_V \left(\frac{1}{4}\mu' H^2 - \frac{1}{4}\varepsilon' E^2\right)\mathrm{d}V \\
&= \int_V (p_{\mathrm{av,c}} + p_{\mathrm{av,e}} + p_{\mathrm{av,m}})\mathrm{d}V + \mathrm{j}2\omega\int_V (w_{\mathrm{av,m}} - w_{\mathrm{av,e}})\mathrm{d}V
\end{aligned} \tag{5.67}$$

其中，$p_{\mathrm{av,c}}$、$p_{\mathrm{av,e}}$、$p_{\mathrm{av,m}}$分别是单位体积内的导电损耗功率、极化损耗功率和磁化损耗功率的时间平均值；$w_{\mathrm{av,e}}$和 $w_{\mathrm{av,m}}$分别是电场和磁场能量密度的时间平均值。

例 5.14 已知无源($\rho=0$，$\boldsymbol{J}=0$)的自由空间中，时变电磁场的电场强度复矢量

$$\boldsymbol{E}(z) = \boldsymbol{a}_y E_0 \mathrm{e}^{-\mathrm{j}kz}\ \mathrm{V/m}$$

其中，k，E_0 为常数。求：

(1)磁场强度复矢量；

(2)坡印亭矢量的瞬时值；

(3)平均坡印亭矢量。

解 (1)由$\nabla\times\boldsymbol{E}=-\mathrm{j}\omega\mu_0\boldsymbol{H}$ 得

$$\begin{aligned}
\boldsymbol{H}(z) &= -\frac{1}{\mathrm{j}\omega\mu_0}\nabla\times\boldsymbol{E}(z) = -\frac{1}{\mathrm{j}\omega\mu_0}\boldsymbol{a}_z\frac{\partial}{\partial z}\times(\boldsymbol{a}_y E_0\mathrm{e}^{-\mathrm{j}kz}) \\
&= -\boldsymbol{a}_x\frac{kE_0}{\omega\mu_0}\mathrm{e}^{-\mathrm{j}kz}
\end{aligned}$$

(2)电场、磁场的瞬时值为

$$\boldsymbol{E}(z,t) = \mathrm{Re}[\boldsymbol{E}(z)\cdot\mathrm{e}^{\mathrm{j}\omega t}] = \boldsymbol{a}_y E_0\cos(\omega t - kz)$$

$$\boldsymbol{H}(z,t) = \mathrm{Re}[\boldsymbol{H}(z)\cdot\mathrm{e}^{\mathrm{j}\omega t}] = -\boldsymbol{a}_x\frac{kE_0}{\omega\mu_0}\cos(\omega t - kz)$$

所以，坡印亭矢量的瞬时值为

$$\boldsymbol{S}(z,t) = \boldsymbol{E}(z,t)\times\boldsymbol{H}(z,t) = \boldsymbol{a}_z\frac{kE_0^2}{\omega\mu_0}\cos^2(\omega t - kz)$$

(3)平均坡印亭矢量

$$\begin{aligned}
\boldsymbol{S}_{\mathrm{av}} &= \frac{1}{2}\mathrm{Re}[\boldsymbol{E}(z)\times\boldsymbol{H}^*(z)] = \frac{1}{2}\mathrm{Re}\left[\boldsymbol{a}_y E_0\mathrm{e}^{-\mathrm{j}kz}\times\left(-\boldsymbol{a}_x\frac{kE_0}{\omega\mu_0}\mathrm{e}^{-\mathrm{j}kz}\right)^*\right] \\
&= \frac{1}{2}\mathrm{Re}\left[\boldsymbol{a}_z\frac{kE_0^2}{\omega\mu_0}\right] = \boldsymbol{a}_z\frac{1}{2}\frac{kE_0^2}{\omega\mu_0}
\end{aligned}$$

5.6.6 时变电磁场的唯一性定理

当我们用麦克斯韦方程组求解某一具体电磁场问题时，首先要明确的一个问题是：我们所得到的解是否唯一？在什么条件下所得解是唯一的？这就是时变电磁场的唯一性定理要回答的问题。

时变电磁场解的唯一性定理可表述如下：对于 $t>0$ 的所有时刻，由曲面 S 所围成的闭合域 V 内的电磁场是由 V 内的电磁场 E、H 在 $t=0$ 时刻的初始值，以及 $t\geqslant 0$ 时刻边界面 S 上的切向电场或者切向磁场所唯一确定。

证明时变电磁场的唯一性定理的方法，同静态场的唯一性定理的证明方法一样，仍采用反证法，即设两组解 E_1、H_1 和 E_2、H_2 都是体积 V 中满足麦克斯韦方程组和边界条件的解，在 $t=0$ 时刻它们在 V 内所有点上都相等，但 $t>0$ 的所有时刻它们不相等。设介质是线性介质，则麦克斯韦方程组也是线性的。根据麦克斯韦方程组的线性性质，这两组解的差 $\Delta E=E_2-E_1$，$\Delta H=H_2-H_1$ 也必定是麦克斯韦方程组的解。对于这组差值解，应用坡印亭定理应有

$$-\oint_S (\Delta \boldsymbol{E}\times \Delta \boldsymbol{H})\cdot \boldsymbol{n}\mathrm{d}S=\frac{\partial}{\partial t}\int_V\left(\frac{1}{2}\varepsilon\mid \Delta \boldsymbol{E}\mid^2+\frac{1}{2}\mu\mid \Delta \boldsymbol{H}\mid^2\right)\mathrm{d}V+\int_V \sigma\mid \Delta \boldsymbol{E}\mid^2\mathrm{d}V$$

因为在边界面 S 上，电场的切向分量或者磁场的切向分量已经给定，所以电场 ΔE 的切向分量或者磁场 ΔH 的切向分量必为零，这就是说

$$\boldsymbol{n}\times \Delta \boldsymbol{E}=\boldsymbol{0} \quad \text{或者} \quad \boldsymbol{n}\times \Delta \boldsymbol{H}=\boldsymbol{0}$$

故必有

$$\boldsymbol{n}\cdot(\Delta \boldsymbol{E}\times \Delta \boldsymbol{H})=\Delta \boldsymbol{H}\cdot(\boldsymbol{n}\times \Delta \boldsymbol{E})=\Delta \boldsymbol{E}\cdot(\Delta \boldsymbol{H}\times \boldsymbol{n})=0$$

所以 $\Delta\boldsymbol{E}\times\Delta\boldsymbol{H}$ 在边界面 S 上的法向分量为零，即应用坡印亭定理所得表示式左端的积分为零。因此

$$\frac{\partial}{\partial t}\int_V\left(\frac{1}{2}\varepsilon\mid \Delta \boldsymbol{E}\mid^2+\frac{1}{2}\mu\mid \Delta \boldsymbol{H}\mid^2\right)\mathrm{d}V=-\int_V \sigma\mid \Delta \boldsymbol{E}\mid^2\mathrm{d}V$$

上式的右端总是小于或等于零的，而左端代表能量的积分在 $t>0$ 的所有时刻只能大于或等于零。这样上面的等式要成立，只能是等式两边都为零，也就是差值解 $\Delta E=E_2-E_1$，$\Delta H=H_2-H_1$ 在 $t\geqslant 0$ 时刻恒为零，这意味着区域 V 内的电磁场 E、H 只有唯一的一组解，即不可能有两组不同的解，定理得证。

必须注意，时变电磁场唯一性定理的条件，只是给定电场 E 或者磁场 H 在边界面上的切向分量。这就是说，对于一个被闭合面 S 包围的区域 V，如果闭合面 S 上电场 E 的切向分量给定；或者闭合面 S 上磁场 H 的切向分量给定；或者闭合面 S 上一部分区域给定电场 E 的切向分量，其余区域给定磁场 H 的切向分量，那么在区域 V 内的电磁场 E、H 是唯一确定的。另一方面，为了能由麦克斯韦方程组解出时变电磁场，一般需要同时应用边界面上的电场 E 切向分量和磁场 H 切向分量边界条件。因此，对于时变电磁场，只要满足边界条件就必能保证解的唯一性。

5.7 波动方程

电磁波的存在是麦克斯韦方程组的一个重要结果。1865 年，麦克斯韦从它的方程

组出发推导出了波动方程，并得到了电磁波速度的一般表示式，由此预言电磁波的存在及电磁波与光波的同一性。1887 年赫兹用实验方法产生和检测了电磁波。下面我们从麦克斯韦方程导出波动方程。

考虑介质均匀、线性、各向同性，且研究的区域为无源($\boldsymbol{J}=\boldsymbol{0}$，$\rho=0$)，无导电损耗($\sigma=0$)的情况，这时麦克斯韦方程为

$$\nabla\times\boldsymbol{H}=\varepsilon\frac{\partial\boldsymbol{E}}{\partial t}\tag{5.68a}$$

$$\nabla\times\boldsymbol{E}=-\mu\frac{\partial\boldsymbol{H}}{\partial t}\tag{5.68b}$$

$$\nabla\cdot\boldsymbol{H}=0\tag{5.68c}$$

$$\nabla\cdot\boldsymbol{E}=0\tag{5.68d}$$

对式(5.68b)两边取旋度，并利用矢量恒等式

$$\nabla\times\nabla\times\boldsymbol{E}=\nabla(\nabla\cdot\boldsymbol{E})-\nabla^2\boldsymbol{E}$$

得

$$\nabla\times\nabla\times\boldsymbol{E}=-\mu\nabla\times\frac{\partial\boldsymbol{H}}{\partial t}$$

$$\nabla(\nabla\cdot\boldsymbol{E})-\nabla^2\boldsymbol{E}=-\mu\frac{\partial}{\partial t}(\nabla\times\boldsymbol{H})$$

将式(5.68a)和式(5.68d)代入上式，得

$$\nabla^2\boldsymbol{E}-\mu\frac{\partial}{\partial t}\left(\varepsilon\frac{\partial\boldsymbol{E}}{\partial t}\right)=0$$

整理后有

$$\nabla^2\boldsymbol{E}-\mu\varepsilon\frac{\partial^2\boldsymbol{E}}{\partial t^2}=0\tag{5.69}$$

类似地，可推导出

$$\nabla^2\boldsymbol{H}-\mu\varepsilon\frac{\partial^2\boldsymbol{H}}{\partial t^2}=0\tag{5.70}$$

式(5.69)和式(5.70)是 $\boldsymbol{E}$ 和 $\boldsymbol{H}$ 满足的无源空间的瞬时值矢量齐次波动方程。其中，∇^2 为矢量拉普拉斯算符。无源、无耗区域中的 $\boldsymbol{E}$ 或 $\boldsymbol{H}$ 可以通过解式(5.69)或式(5.70)得到。求解这类矢量方程有两种方法，一种是直接寻求满足该矢量方程的解；另一种是设法将矢量方程分解为标量方程，通过求解标量方程来得到矢量函数的解。例如，在直角坐标系中，由 $\boldsymbol{E}$ 的矢量波动方程可以得到三个标量波动方程

$$\frac{\partial^2E_x}{\partial x^2}+\frac{\partial^2E_x}{\partial y^2}+\frac{\partial^2E_x}{\partial z^2}-\mu\varepsilon\frac{\partial^2E_x}{\partial t^2}=0$$

$$\frac{\partial^2E_y}{\partial x^2}+\frac{\partial^2E_y}{\partial y^2}+\frac{\partial^2E_y}{\partial z^2}-\mu\varepsilon\frac{\partial^2E_y}{\partial t^2}=0$$

$$\frac{\partial^2E_z}{\partial x^2}+\frac{\partial^2E_z}{\partial y^2}+\frac{\partial^2E_z}{\partial z^2}-\mu\varepsilon\frac{\partial^2E_z}{\partial t^2}=0$$

但要注意，只有在直角坐标系中才能得到每个方程中只含有一个未知函数的三个标量波动方程。在其他正交曲线坐标系中，矢量波动方程分解得到的三个标量波动方程都具有复杂的形式。

对于正弦电磁场，可由复数形式的麦克斯韦方程导出复数形式的波动方程

$$\nabla^2 \boldsymbol{E} + k^2 \boldsymbol{E} = 0 \tag{5.71}$$

$$\nabla^2 \boldsymbol{H} + k^2 \boldsymbol{H} = 0 \tag{5.72}$$

其中

$$k = \omega\sqrt{\mu\varepsilon} \tag{5.73}$$

式(5.71)和式(5.72)分别是 $\boldsymbol{E}$ 和 $\boldsymbol{H}$ 满足的无源、无耗空间的复矢量波动方程，又称为矢量齐次亥姆霍兹方程。必须指出，式(5.71)和式(5.72)的解还需要满足散度为零的条件，即必须满足

$$\nabla\cdot \boldsymbol{E} = 0, \quad \nabla\cdot \boldsymbol{H} = 0$$

如果介质是有耗的，即介电常量和磁导率是复数，则 k 也相应地变为复数 $k_c = \omega\sqrt{\mu_c\varepsilon_c}$；对于导电介质，采用式(5.65)中的等效复介电常量 ε_c 代替式(5.73)中的 ε，波动方程形式不变。

波动方程的解表示时变电磁场将以波动形式传播，构成电磁波。波动方程在自由空间的解是一个沿某一特定方向以光速传播的电磁波。研究电磁波的传播问题都可归结为在给定边界条件和初始条件下求波动方程的解。

例 5.15　在无源区求均匀导电介质中电场强度和磁场强度满足的波动方程。

解　考虑到各向同性、线性、均匀的导电介质和无源区域，由麦克斯韦方程有

$$\nabla\times\nabla\times \boldsymbol{E} = \nabla\times\left[-\mu\frac{\partial \boldsymbol{H}}{\partial t}\right]$$

利用矢量恒等式，并且代入式(5.18a)和式(5.18d)得

$$\nabla(\nabla\cdot \boldsymbol{E}) - \nabla^2\boldsymbol{E} = -\mu\frac{\partial}{\partial t}(\nabla\times \boldsymbol{H})$$

$$\nabla(\nabla\cdot \boldsymbol{E}) - \nabla^2\boldsymbol{E} = -\mu\frac{\partial}{\partial t}\left(\sigma\boldsymbol{E} + \varepsilon\frac{\partial \boldsymbol{E}}{\partial t}\right)$$

所以，电场强度 $\boldsymbol{E}$ 满足的波动方程

$$\nabla^2\boldsymbol{E} - \mu\varepsilon\frac{\partial^2 \boldsymbol{E}}{\partial t^2} - \mu\sigma\frac{\partial \boldsymbol{E}}{\partial t} = 0$$

同理可得磁场强度 $\boldsymbol{H}$ 满足的波动方程

$$\nabla^2\boldsymbol{H} - \mu\varepsilon\frac{\partial^2 \boldsymbol{H}}{\partial t^2} - \mu\sigma\frac{\partial \boldsymbol{H}}{\partial t} = 0$$

5.8　时变电磁场的位函数

电磁理论所研究的问题中，有一类问题是根据所给定的场源，求它所产生的电磁场。此时应从麦克斯韦方程组出发。当外加场源不为零时，麦克斯韦方程组的一般形式为式(5.28a)～式(5.28d)，如果将式(5.28a)两边取旋度后，再将式(5.28b)和式(5.28c)代入其相关项可得

$$\nabla^2\boldsymbol{H} - \mu\varepsilon\frac{\partial^2 \boldsymbol{H}}{\partial t^2} = -\nabla\times \boldsymbol{J} \tag{5.74}$$

用类似的方法也可获得

$$\nabla^2 \boldsymbol{E} - \mu\varepsilon \frac{\partial^2 \boldsymbol{E}}{\partial t^2} = \mu \frac{\partial \boldsymbol{J}}{\partial t} + \frac{\nabla \rho}{\varepsilon} \tag{5.75}$$

方程(5.74)和(5.75)称为有源区域的非齐次矢量波动方程。由于外加场源都以复杂形式出现在方程中，所以根据区域中源的分布，直接求解这两个非齐次矢量波动方程是相当困难的。为了使分析得以简化，可以如同静态场那样引入位函数。

因为$\nabla \cdot \boldsymbol{B}=0$，根据矢量恒等式$\nabla \cdot (\nabla \times \boldsymbol{A})=0$，可以令

$$\boldsymbol{B} = \nabla \times \boldsymbol{A} \tag{5.76}$$

代入式(5.28b)得

$$\nabla \times \boldsymbol{E} = -\frac{\partial}{\partial t}(\nabla \times \boldsymbol{A})$$

即

$$\nabla \times \left(\boldsymbol{E} + \frac{\partial \boldsymbol{A}}{\partial t}\right) = \boldsymbol{0}$$

根据矢量恒等式$\nabla \times (\nabla \varphi)=0$，可以令

$$\boldsymbol{E} + \frac{\partial \boldsymbol{A}}{\partial t} = -\nabla \varphi$$

则

$$\boldsymbol{E} = -\nabla \varphi - \frac{\partial \boldsymbol{A}}{\partial t} \tag{5.77}$$

其中，$\boldsymbol{A}$称为矢量磁位，单位为Wb/m(韦/米)；φ称为标量位，单位为V(伏)。如果$\boldsymbol{A}$和φ已知，则可由式(5.76)和式(5.77)确定$\boldsymbol{B}$和$\boldsymbol{E}$。

但是，满足这两式的$\boldsymbol{A}$和φ并不是唯一的。例如，我们取另一组位函数

$$\varphi' = \varphi - \frac{\partial \psi}{\partial t}, \quad \boldsymbol{A}' = \boldsymbol{A} + \nabla \psi$$

则有

$$\nabla \times \boldsymbol{A}' = \boldsymbol{B}, \quad -\nabla \varphi' - \frac{\partial \boldsymbol{A}'}{\partial t} = \boldsymbol{E}$$

根据亥姆霍兹定理，要唯一的确定$\boldsymbol{A}$和φ，还需要知道$\boldsymbol{A}$的散度的值。我们可以任意的规定$\boldsymbol{A}$的散度值，从而得到一组确定的$\boldsymbol{A}$和φ的解，再代入式(5.76)和式(5.77)后得到的电场$\boldsymbol{E}$、磁场$\boldsymbol{H}$均满足的麦克斯韦方程。

可见，由φ'和$\boldsymbol{A}'$所确定的$\boldsymbol{E}$和$\boldsymbol{H}$，与采取φ和$\boldsymbol{A}$确定的$\boldsymbol{E}$和$\boldsymbol{H}$一样。这种改变辅助位函数而维持场函数不变的情况，称为“规范不变性”。规范不变性说明可以有很多组φ和$\boldsymbol{A}$可供选择，可以对φ和$\boldsymbol{A}$加一些附加规范条件，以选出一组符合特定规范的φ和$\boldsymbol{A}$使方程简化。洛伦兹规范条件就是这样一种条件。事实上，根据不同的情况，还可以选取不同的规范，如在静态场中，曾选取$\nabla \cdot \boldsymbol{A}=0$，这就是所谓的库伦规范条件。

下面推导时变电磁场中，矢量磁位$\boldsymbol{A}$和标量位φ在均匀介质中满足的波动方程。把式(5.76)和式(5.77)代入式(5.28d)和式(5.28a)得

$$\nabla \cdot \boldsymbol{E} = \nabla \cdot \left(-\nabla \varphi - \frac{\partial \boldsymbol{A}}{\partial t}\right) = \frac{\rho}{\varepsilon}$$

$$\nabla^2 \varphi + \frac{\partial}{\partial t}(\nabla \cdot \boldsymbol{A}) = -\frac{\rho}{\varepsilon} \tag{5.78}$$

及

$$\nabla\times\boldsymbol{H}=\frac{1}{\mu}\nabla\times(\nabla\times\boldsymbol{A})=\boldsymbol{J}+\varepsilon\frac{\partial\boldsymbol{E}}{\partial t}=\boldsymbol{J}+\varepsilon\frac{\partial}{\partial t}\left(-\nabla\varphi-\frac{\partial\boldsymbol{A}}{\partial t}\right)$$

整理后有

$$\nabla^2\boldsymbol{A}-\mu\varepsilon\frac{\partial^2\boldsymbol{A}}{\partial t^2}=-\mu\boldsymbol{J}+\nabla\left(\nabla\cdot\boldsymbol{A}+\mu\varepsilon\frac{\partial\varphi}{\partial t}\right)\tag{5.79}$$

于是我们得到了用位函数表示的两个方程：式(5.78)和式(5.79)，但是这两个方程都包含有 $\boldsymbol{A}$ 和 φ，是联立方程。如果适当的选择 $\nabla\cdot\boldsymbol{A}$ 的值，就可以使这两个方程进一步简化为分别只含有一个位函数的方程。为此我们选择

$$\nabla\cdot\boldsymbol{A}=-\mu\varepsilon\frac{\partial\varphi}{\partial t}\tag{5.80}$$

式(5.80)称为洛伦兹条件或洛伦兹规范。可以证明洛伦兹条件符合电流连续性方程。将其代入式(5.78)和式(5.79)得到

$$\nabla^2\varphi-\mu\varepsilon\frac{\partial^2\varphi}{\partial t^2}=-\frac{\rho}{\varepsilon}\tag{5.81}$$

$$\nabla^2\boldsymbol{A}-\mu\varepsilon\frac{\partial^2\boldsymbol{A}}{\partial t^2}=-\mu\boldsymbol{J}\tag{5.82}$$

这两个彼此相似而独立的线性二阶微分方程在数学形式上称为达郎贝尔方程。且式(5.81)和式(5.82)分别显示 $\boldsymbol{A}$ 的源是 $\boldsymbol{J}$，而 φ 的源是 ρ。洛伦兹条件是人为地采用的散度值。如果不采用洛伦兹条件而采用另外的 $\nabla\cdot\boldsymbol{A}$ 的值，得到的 $\boldsymbol{A}$ 和 φ 的方程将不同于式(5.81)和式(5.82)，并得到另一组 $\boldsymbol{A}$ 和 φ 的解，但最后得到的 $\boldsymbol{B}$ 和 $\boldsymbol{E}$ 是相同的。

对于正弦电磁场，上面的公式可以用复数表示为

$$\boldsymbol{B}=\nabla\times\boldsymbol{A}\tag{5.83}$$

$$\boldsymbol{E}=-\nabla\varphi-\mathrm{j}\omega\boldsymbol{A}\tag{5.84}$$

洛伦兹条件变为

$$\nabla\cdot\boldsymbol{A}=-\mathrm{j}\omega\cdot\mu\varepsilon\varphi\tag{5.85}$$

而 $\boldsymbol{A}$ 和 φ 的方程变为

$$\nabla^2\boldsymbol{A}+k^2\boldsymbol{A}=-\mu\boldsymbol{J}\tag{5.86}$$

$$\nabla^2\varphi+k^2\varphi=-\frac{\rho}{\varepsilon}\tag{5.87}$$

其中，$k^2=\omega^2\mu\varepsilon$。由此可见，采用位函数使原来求解电磁场量 $\boldsymbol{B}$ 和 $\boldsymbol{E}$ 的六个标量分量变为求解 $\boldsymbol{A}$ 和 φ 的四个标量分量。而且，因标量位 φ 可以由洛伦兹条件求得

$$\varphi=\frac{\nabla\cdot\boldsymbol{A}}{-\mathrm{j}\omega\mu\varepsilon}\tag{5.88}$$

这样只须求解 $\boldsymbol{A}$ 的三个标量分量，使场量的计算大为简化。而在无源区域中，还可以进一步简化。

最后要指出，描述电磁场的位函数不仅限于这一种，还有其他一些辅助位函数，不同的位函数都与相应的物理模型有关，请读者参阅其他文献。

例 5.16　已知时变电磁场中矢量磁位 $\boldsymbol{A}=\boldsymbol{a}_x A_{\mathrm{m}}\sin(\omega t-kz)$，其中，$A_{\mathrm{m}}$、$k$ 是常数。

求电场强度、磁场强度和坡印亭矢量。

解 由式(5.76)得到

$$\boldsymbol{B}=\nabla\times\boldsymbol{A}=\boldsymbol{a}_y\frac{\partial A_x}{\partial z}=-\boldsymbol{a}_y kA_{\mathrm{m}}\cos(\omega t-kz)$$

$$\boldsymbol{H}=-\boldsymbol{a}_y\frac{k}{\mu}A_{\mathrm{m}}\cos(\omega t-kz)$$

由洛伦兹条件(5.80)有

$$\mu\varepsilon\frac{\partial\varphi}{\partial t}=-\nabla\cdot\boldsymbol{A}=0,\quad 从而\quad \varphi=c$$

对于时谐场，洛伦兹条件转化为

$$\nabla\cdot\boldsymbol{A}=-\mathrm{j}\omega\cdot\mu\varepsilon\varphi$$

而此题中

$$\nabla\cdot\boldsymbol{A}=\frac{\partial}{\partial x}[A_{\mathrm{m}}\sin(\omega t-kz)]=0$$

从而有

$$\mathrm{j}\mu\varepsilon\omega\varphi=-\nabla\cdot\boldsymbol{A}=0$$

但由于 $\omega\mu\varepsilon\neq 0$，故有

$$\varphi=0$$

再由式(5.77)得到

$$\boldsymbol{E}=-\nabla\varphi-\frac{\partial\boldsymbol{A}}{\partial t}=-\boldsymbol{a}_x\omega A_{\mathrm{m}}\cos(\omega t-kz)$$

坡印亭矢量的瞬时值

$$\begin{aligned}\boldsymbol{S}(t)&=\boldsymbol{E}(t)\times\boldsymbol{H}(t)\\&=[-\boldsymbol{a}_x\omega A_{\mathrm{m}}\cos(\omega t-kz)]\times\left[-\boldsymbol{a}_y\frac{k}{\mu}A_{\mathrm{m}}\cos(\omega t-kz)\right]\\&=\boldsymbol{a}_z\frac{\omega k}{\mu}A_{\mathrm{m}}^2\cos^2(\omega t-kz)\end{aligned}$$

小　　结

(1)法拉第电磁感应定律表明时变磁场产生电场的规律。对于磁场中任意的闭合回路

$$\mathscr{E}=-\frac{\mathrm{d}\Phi}{\mathrm{d}t},\quad 即\quad \oint_l\boldsymbol{E}\cdot\mathrm{d}\boldsymbol{l}=-\int_S\frac{\partial\boldsymbol{B}}{\partial t}\cdot\mathrm{d}\boldsymbol{S}$$

其对应的微分形式为

$$\nabla\times\boldsymbol{E}=-\frac{\partial\boldsymbol{B}}{\partial t}$$

对于运动介质

$$\mathscr{E}=\oint_l\boldsymbol{E}'\cdot\mathrm{d}\boldsymbol{l}=\int_S-\frac{\partial\boldsymbol{B}}{\partial t}\cdot\mathrm{d}\boldsymbol{S}+\oint_l\boldsymbol{v}\times\boldsymbol{B}\cdot\mathrm{d}t$$

其对应的微分形式为

$$\nabla\times(\boldsymbol{E}'-\boldsymbol{v}\times\boldsymbol{B})=-\frac{\partial\boldsymbol{B}}{\partial t}$$

(2)电位移 $\boldsymbol{D}$ 的时变率为位移电流密度，即 $\boldsymbol{J}_{\mathrm{d}}=\frac{\partial \boldsymbol{D}}{\partial t}$。安培定律中引入位移电流，表现时变电场产生磁场

$$\oint_l \boldsymbol{H}\cdot \mathrm{d}\boldsymbol{l}=\int_S\left(\boldsymbol{J}+\frac{\partial \boldsymbol{D}}{\partial t}\right)\cdot \mathrm{d}\boldsymbol{S}$$

其对应的微分形式为

$$\nabla\times \boldsymbol{H}=\boldsymbol{J}+\frac{\partial \boldsymbol{D}}{\partial t}$$

可见，包括位移电流在内的全电流是连续的。

(3)麦克斯韦方程组、电流连续性原理和洛伦兹力公式共同构成经典电磁理论的基础。麦克斯韦方程组如下：

微分形式	积分形式
$\nabla\times \boldsymbol{H}-\boldsymbol{J}+\frac{\partial \boldsymbol{D}}{\partial t}$	$\oint_l \boldsymbol{H}\cdot \mathrm{d}\boldsymbol{l}-\int_S\left(\boldsymbol{J}+\frac{\partial \boldsymbol{D}}{\partial t}\right)\cdot \mathrm{d}\boldsymbol{S}$
$\nabla\times \boldsymbol{E}=-\frac{\partial \boldsymbol{B}}{\partial t}$	$\oint_l \boldsymbol{E}\cdot \mathrm{d}\boldsymbol{l}=-\int_S \frac{\partial \boldsymbol{B}}{\partial t}\cdot \mathrm{d}\boldsymbol{S}$
$\nabla\cdot \boldsymbol{B}=0$	$\oint_S \boldsymbol{B}\cdot \mathrm{d}\boldsymbol{S}=0$
$\nabla\cdot \boldsymbol{D}=\rho$	$\oint_S \boldsymbol{D}\cdot \mathrm{d}\boldsymbol{S}=q$

线性、各向同性介质中，场量间的关系由三个辅助方程

$$\boldsymbol{D}=\varepsilon \boldsymbol{E},\quad \boldsymbol{B}=\mu \boldsymbol{H},\quad \boldsymbol{J}=\sigma \boldsymbol{E}$$

表示，称为本构关系。电磁参量 ε、μ、σ 与位置无关的介质为均匀介质；反之为非均匀介质。对于各向异性介质，这些电磁参量为张量；非线性介质的电磁参量与场强相关。只有代入本构关系，麦克斯韦方程才是可以求解的。

(4)在时变场情况下，由于 $\frac{\partial \boldsymbol{B}}{\partial t}$ 和 $\frac{\partial \boldsymbol{D}}{\partial t}$ 有限，两种介质分界面上电磁场的边界条件，形式与静态场的边界条件完全相同。

法向分量的边界条件

$$\boldsymbol{n}\cdot(\boldsymbol{D}_2-\boldsymbol{D}_1)=\rho_S,\quad \boldsymbol{n}\cdot(\boldsymbol{B}_2-\boldsymbol{B}_1)=0$$

切向分量的边界条件

$$\boldsymbol{n}\times(\boldsymbol{H}_2-\boldsymbol{H}_1)=\boldsymbol{J}_S,\quad \boldsymbol{n}\times(\boldsymbol{E}_2-\boldsymbol{E}_1)=\boldsymbol{0}$$

对于 $\rho_S=0$，$\boldsymbol{J}_S=\boldsymbol{0}$ 的分界面，只需要切向分量的边界条件。

理想导体($\sigma=\infty$)表面上，若 $\boldsymbol{n}$ 为理想导体的外法向单位矢量，则上列各式中带下标 1 的场量为零。

(5)电磁场的能量转化和守恒定律称为坡印亭定理：每秒体积中电磁能量的增加量等于从包围体积的闭合面进入体积的功率。其数学表达式为

$$-\oint_S \boldsymbol{E}\times\boldsymbol{H}\cdot \mathrm{d}\boldsymbol{S}=\frac{\partial}{\partial t}\int_V (w_{\mathrm{m}}+w_{\mathrm{e}})\mathrm{d}V+\int_V(\boldsymbol{J}\cdot\boldsymbol{E})\mathrm{d}V$$

坡印亭矢量(能流矢量)

$$\boldsymbol{S} = \boldsymbol{E} \times \boldsymbol{H}$$

表示沿能流方向、穿过垂直于 $\boldsymbol{S}$ 的单位面积的功率的矢量，即功率流密度。

(6)正弦电磁场是电磁场矢量的每个分量都随时间以相同的频率作正弦变化的电磁场，也称为时谐电磁场。用振幅的复数表示矢量场的每一分量。复矢量是一个矢量的三个分量的复数的组合，是一个简化书写的记号。复矢量仅与空间坐标有关。

坡印亭矢量的时间平均值

$$\boldsymbol{S}_{\text{av}} = \frac{1}{T}\int_0^T \boldsymbol{S}\mathrm{d}t = \mathrm{Re}\left[\frac{1}{2}\boldsymbol{E} \times \boldsymbol{H}^*\right]$$

其中，$\left[\frac{1}{2}\boldsymbol{E}\times\boldsymbol{H}^*\right]$称为复坡印亭矢量。

有耗电介质用复电容率 $\varepsilon_c=\varepsilon'(\omega)-\mathrm{j}\varepsilon''(\omega)$表示，$\varepsilon''$与极化损耗对应；有耗磁介质用复磁导率 $\mu_c=\mu'(\omega)-\mathrm{j}\mu''(\omega)$表示，$\mu''$与磁化损耗对应；等效复电容率为 $\varepsilon_c=\varepsilon'-\mathrm{j}\left(\varepsilon''+\frac{\sigma}{\omega}\right)$，将电导率用等效复电容率的虚部表示，$\sigma$ 与导电损耗对应。

(7)均匀、线性、各向同性的无耗介质，无源区域($\boldsymbol{J}=\boldsymbol{0}$，$\rho=0$)中的电场强度矢量 $\boldsymbol{E}$ 和磁场强度矢量 $\boldsymbol{H}$ 的波动方程为

$$\nabla^2\boldsymbol{E} - \mu\varepsilon\frac{\partial^2\boldsymbol{E}}{\partial t^2} = 0$$

$$\nabla^2\boldsymbol{H} - \mu\varepsilon\frac{\partial^2\boldsymbol{H}}{\partial t^2} = 0$$

(8)为了简化分析，引入电磁位(矢量磁位 $\boldsymbol{A}$ 和标量电位 φ)，它们的定义为

$$\boldsymbol{B} = \nabla\times\boldsymbol{A}, \quad \boldsymbol{E} = -\nabla\varphi - \frac{\partial\boldsymbol{A}}{\partial t}$$

选择洛伦兹条件

$$\nabla\cdot\boldsymbol{A} = -\mu\varepsilon\frac{\partial\varphi}{\partial t}$$

可得矢量磁位 $\boldsymbol{A}$ 和标量电位 φ 满足微分方程

$$\nabla^2\varphi - \mu\varepsilon\frac{\partial^2\varphi}{\partial t^2} = -\frac{\rho}{\varepsilon}$$

$$\nabla^2\boldsymbol{A} - \mu\varepsilon\frac{\partial^2\boldsymbol{A}}{\partial t^2} = -\mu\boldsymbol{J}$$

实际上只要求出 $\boldsymbol{A}$，就可以由洛伦兹条件和矢量磁位 $\boldsymbol{A}$、标量电位 φ 的定义确定 $\boldsymbol{E}$ 和 $\boldsymbol{B}$。

习　题

5.1　单极发电机为一个在均匀磁场 $\boldsymbol{B}$ 中绕轴旋转的金属圆盘，圆盘的半径为 a，角速度为 ω，圆盘与磁场垂直，求感应电动势。

5.2　一个电荷 Q，以恒定速度 $v(v\ll c)$沿半径为 a 的圆形平面 S 的轴线向此平面移动，当两者相距为 d 时，求通过 S 的位移电流。

5.3　假设电场是正弦变化的，海水的电导率为 4S/m，$\varepsilon_r=81$，求当 $f=1\text{MHz}$ 时，确定位移电流与传导电流模的比值。

5.4　一圆柱形电容器，内导体半径为 a，外导体内半径为 b，长度为 l，电极间介质的介电常数

为 ε。当外加低频电压 $u=U_m\sin\omega t$ 时，求介质中的位移电流密度及穿过半径为 $r(a<r<b)$ 的圆柱面的位移电流。证明此位移电流等于电容器引线中的传导电流。

5.5　已知空气介质的无源区域中，电场强度 $\boldsymbol{E}=\boldsymbol{a}_x 100\mathrm{e}^{-\alpha z}\cos(\omega t-\beta z)$，其中，$\alpha$、$\beta$ 为常数，求磁场强度。

5.6　证明麦克斯韦方程组包含了电荷守恒定律。

5.7　证明介质分界面上没有自由面电荷和自由面电流（$\rho_S=0$，$\boldsymbol{J}_S=\boldsymbol{0}$）时，分界面上只有两个切向分量的边界条件是独立的，法向分量的边界条件已经包含在切向分量的边界条件中。

5.8　两导体平板（$z=0$ 和 $z=d$）之间的空气中传输的电磁波，其电场强度矢量

$$\boldsymbol{E}=\boldsymbol{a}_y E_0\sin\left(\frac{\pi}{d}z\right)\cos(\omega t-k_x x)$$

其中，k_x 为常数。试求：

(1) 磁场强度矢量 $\boldsymbol{H}$；

(2) 两导体表面上的面电流密度 $\boldsymbol{J}_S$。

5.9　假设真空中的磁感应强度

$$\boldsymbol{B}=\boldsymbol{a}_y 10^{-2}\cos(6\pi\times10^8 t)\cos(2\pi z)\,\mathrm{T}$$

试求位移电流密度。

5.10　在理想导电壁（$\sigma=\infty$）限定的区域（$0\leqslant x\leqslant a$）内存在一个如下的电磁场：

$$E_y=H_0\mu\omega\frac{a}{\pi}\sin\left(\frac{\pi x}{a}\right)\sin(kz-\omega t)$$

$$H_x=H_0 k\frac{a}{\pi}\sin\left(\frac{\pi x}{a}\right)\sin(kz-\omega t)$$

$$H_z=H_0\cos\left(\frac{\pi x}{a}\right)\cos(kz-\omega t)$$

这个电磁场满足的边界条件如何？导电壁上的电流密度的值如何？

5.11　一段由理想导体构成的同轴线，内导体半径为 a，外导体内半径为 b，长度为 L，同轴线两端用理想导体板短路。已知在 $a\leqslant r\leqslant b$，$0\leqslant z\leqslant L$ 区域内的电磁场为

$$\boldsymbol{E}=\boldsymbol{a}_r\frac{A}{r}\sin kz,\qquad \boldsymbol{H}=\boldsymbol{a}_\theta\frac{B}{r}\cos kz$$

(1) 确定 A、B 之间的关系；

(2) 确定 k；

(3) 求 $r=a$ 及 $r=b$ 面上的 ρ_S，$\boldsymbol{J}_S$。

5.12　一根半径为 a 的长直圆柱导体上通过直流电流 I。假设导体的电导率 σ 为有限值，求导体表面附近的坡印亭矢量，计算长度为 L 的导体所损耗的功率。

5.13　将下列场矢量的瞬时值与复数值相互表示：

(1) $\boldsymbol{E}(t)=\boldsymbol{a}_x E_{ym}\cos(\omega t-kx+\alpha)+\boldsymbol{a}_z E_{zm}\sin(\omega t-kx+\alpha)$；

(2) $\boldsymbol{H}(t)=\boldsymbol{a}_x H_0 k\left(\frac{a}{\pi}\right)\sin\left(\frac{\pi x}{a}\right)\sin(kz-\omega t)+\boldsymbol{a}_z H_0\cos\left(\frac{\pi x}{a}\right)\cos(kz-\omega t)$；

(3) $E_{zm}=E_0\sin(k_x x)\sin(k_y y)\mathrm{e}^{-\mathrm{j}k_z z}$；

(4) $E_{xm}=2\mathrm{j}E_0\sin(\theta)\cos(k_x\cos\theta)\mathrm{e}^{-\mathrm{j}kz\sin\theta}$。

5.14　一振幅为 50V/m，频率为 1GHz 的电场存在于相对介电常量为 2.5，损耗角正切为 0.001 的有耗电介质中，求每立方米介质中消耗的平均功率。

5.15　已知无源自由空间中的电场强度矢量 $\boldsymbol{E}=\boldsymbol{a}_y E_m\sin(\omega t-kz)$：

(1) 由麦克斯韦方程求磁场强度 $\boldsymbol{H}$；

(2) 证明 ω/k 等于光速；

(3) 求坡印亭矢量的时间平均值。

5.16　已知真空中电场强度

$$\boldsymbol{E}(t)=\boldsymbol{a}_x E_0 \cos k_0(z-ct)+\boldsymbol{a}_y E_0 \sin k_0(z-ct)$$

其中，$k_0=2\pi/\lambda_0=\omega/c$。试求：

(1)磁场强度和坡印亭矢量的瞬时值；

(2)对于给定的 z 值(如 $z=0$)，试确定 $\boldsymbol{E}$ 随时间变化的轨迹；

(3)磁场能量密度、电场能量密度和坡印亭矢量的时间平均值。

5.17 设真空中同时存在两个正弦电磁场，其电场强度分别为

$$\boldsymbol{E}_1=\boldsymbol{a}_x E_{10}\mathrm{e}^{-\mathrm{j}k_1 z}, \qquad \boldsymbol{E}_2=\boldsymbol{a}_y E_{20}\mathrm{e}^{-\mathrm{j}k_2 z}$$

试证明总的平均功率流密度等于两个正弦电磁场的平均功率流密度之和。

5.18 证明真空中无源区域的

(1)麦克斯韦方程组；

(2)坡印亭矢量；

(3)能量密度在下列变换

$$\boldsymbol{E}'=\boldsymbol{E}\cos\theta+c\boldsymbol{B}\sin\theta$$

$$\boldsymbol{B}'=-\frac{\boldsymbol{E}}{c}\sin\theta+\boldsymbol{B}\cos\theta$$

下不变。其中，$c=1/\sqrt{\mu_0\varepsilon_0}$，$\theta$ 为任意的恒定角度。

5.19 证明均匀、线性、各向同性的导电介质中，无源区域的正弦电磁场满足波动方程

$$\nabla^2\boldsymbol{E}-\mathrm{j}\omega\mu\sigma\boldsymbol{E}+\omega^2\mu\varepsilon\boldsymbol{E}=0$$

$$\nabla^2\boldsymbol{H}-\mathrm{j}\omega\mu\sigma\boldsymbol{H}+\omega^2\mu\varepsilon\boldsymbol{H}=0$$

5.20 证明有源区域内电场强度矢量 $\boldsymbol{E}$ 和磁场强度矢量 $\boldsymbol{H}$ 满足有源波动方程

$$\nabla^2\boldsymbol{E}-\mu\varepsilon\frac{\partial^2\boldsymbol{E}}{\partial t^2}=\frac{1}{\varepsilon}\nabla\rho+\mu\frac{\partial\boldsymbol{J}}{\partial t}$$

$$\nabla^2\boldsymbol{H}-\mu\varepsilon\frac{\partial^2\boldsymbol{H}}{\partial t^2}=-\nabla\times\boldsymbol{J}$$

5.21 在麦克斯韦方程中，若忽略$\frac{\partial\boldsymbol{D}}{\partial t}$或$\frac{\partial\boldsymbol{B}}{\partial t}$，证明矢量磁位和标量电位满足泊松方程

$$\nabla^2\boldsymbol{A}=-\mu\boldsymbol{J}, \quad \nabla^2\varphi=-\frac{\rho}{\varepsilon}$$

5.22 证明洛伦兹条件和电流连续方程是等效的。

5.23 试证在下列变换

$$\boldsymbol{E}'=\boldsymbol{E}\cos\theta+c\boldsymbol{B}\sin\theta$$

$$\boldsymbol{B}'=-\frac{\boldsymbol{E}}{c}\sin\theta+\boldsymbol{B}\cos\theta$$

总能量密度$\frac{1}{2}\varepsilon_0 E^2+\frac{1}{2}\mu_0 H^2$ 也具有不变性。其中，$c=1/\sqrt{\mu_0\varepsilon_0}$，$\theta$ 为任意的恒定角度。

综合性拓展练习题

5.1 麦克斯韦的主要科学贡献和学习方法。

5.2 微波炉的工作原理、发展历程、国家标准，如何进行设计能够把微波能量均匀地分布在烹调腔内？

5.3 设无源、无界、简单介质中(真空)，时谐场矢量沿直角坐标轴极化，证明电磁波的传播速度为光速。

5.4 研究时变电磁场能量与能流现象的工程应用实例，表述其中的物理内涵。

5.5 无线充电技术及发展趋势。

第 6 章　平面电磁波

第 5 章我们从麦克斯韦方程组出发，导出了波动方程。这些方程在一定的边界条件和初始条件下的解，表示电磁场在给定条件下的空间分布和随时间的变化规律——电磁波。本章我们介绍波动方程的均匀平面波解，并讨论均匀平面电磁波在不同介质中的传播特性。其主要内容如下。

(1)无耗介质中的平面电磁波。

(2)导电介质中的平面电磁波。

(3)等离子体中的平面电磁波。

(4)电磁波的极化。

(5)电磁波的色散和群速。

(6)平面电磁波的反射和折射。

电磁波是自然界许多波动现象中的一种，它具有波动的一般规律，但也有其特殊的性质。电磁波根据其空间等相位面的形状分类为：平面电磁波、柱面电磁波和球面电磁波。平面电磁波是指电磁波的场矢量的等相位面是与电磁波传播方向垂直的无限大平面，它是矢量波动方程的一个特解。严格地说，理想的平面电磁波是不存在的，因为只有无限大的波源才能激励出这样的波。但是如果场点离波源足够远的话，那么空间曲面的很小一部分就十分接近平面。在这一小范围内，波的传播特性也近似为平面波。例如，在远离发射天线的接收点附近的电磁波，可以近似地看成平面电磁波。平面电磁波中，均匀平面电磁波又是最简单的电磁波。所谓均匀平面电磁波是指等相位面为无限大平面，且等相位面上各点的场强大小相等、方向相同的电磁波，即沿某方向传播的平面电磁波的场量除随时间变化外，只与波传播方向的坐标有关，而与其他坐标无关。

实际存在的电磁波(球面电磁波、柱面电磁波)均可以分解成许多均匀平面电磁波；均匀平面电磁波也是麦克斯韦方程最简单的解和许多实际波动问题的近似。因此，均匀平面电磁波是研究电磁波的基础，有着十分重要的理论意义和实际价值。

6.1　无耗介质中的平面电磁波

无耗介质意味着描述介质电磁特性的电磁参数满足条件：$\sigma=0$，ε、μ 为实常数。无源意味着无外加场源，即 $\rho=0$，$\boldsymbol{J}=\boldsymbol{0}$。

6.1.1　无耗介质中齐次波动方程的均匀平面波解

设无源、无界空间充满无耗的简单介质，那么电场强度 $\boldsymbol{E}$ 和磁场强度 $\boldsymbol{H}$ 满足式(5.69)和式(5.70)的波动方程，它们常写成

$$\nabla^2\boldsymbol{E}-\frac{1}{v^2}\frac{\partial^2\boldsymbol{E}}{\partial t^2}=0 \tag{6.1}$$

$$\nabla^2 \boldsymbol{H} - \frac{1}{v^2}\frac{\partial^2 \boldsymbol{H}}{\partial t^2} = 0 \tag{6.2}$$

其中，$v = \frac{1}{\sqrt{\mu\varepsilon}}$。

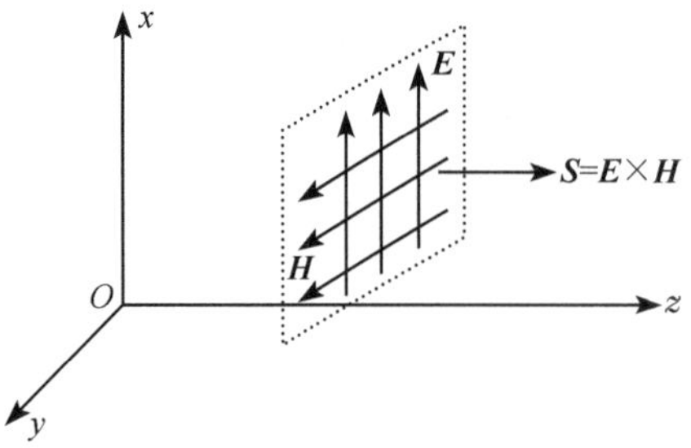

图 6.1　均匀平面电磁波的传播

直角坐标系中，假设均匀平面电磁波沿 z 轴方向传播，如图 6.1 所示，则因场矢量在 xOy 平面(等相位面)内各点无变化，故有

$$\frac{\partial \boldsymbol{E}}{\partial x} = 0,\quad \frac{\partial \boldsymbol{E}}{\partial y} = 0,\quad \frac{\partial \boldsymbol{H}}{\partial x} = 0,\quad \frac{\partial \boldsymbol{H}}{\partial y} = 0 \tag{6.3}$$

因此，电场强度 $\boldsymbol{E}$ 和磁场强度 $\boldsymbol{H}$ 只是直角坐标 z 和时间 t 的函数。此时波动方程式(6.1)和式(6.2)是关于直角坐标 z 的一维波动方程。将 $\boldsymbol{E} = \boldsymbol{E}(z,t)$ 和 $\boldsymbol{H} = \boldsymbol{H}(z,t)$ 分别代入无源区域，无耗的线性、各向同性、均匀媒质限定的麦克斯韦方程组，并在直角坐标系中展开，可得下列方程组

$$-\frac{\partial H_y}{\partial z} = \varepsilon\frac{\partial E_x}{\partial t}, \frac{\partial H_x}{\partial z} = \varepsilon\frac{\partial E_y}{\partial t}, 0 = \varepsilon\frac{\partial E_z}{\partial t}$$

$$\frac{\partial E_y}{\partial z} = \mu\frac{\partial H_x}{\partial t}, \frac{\partial E_x}{\partial z} = -\mu\frac{\partial H_y}{\partial t}, 0 = \mu\frac{\partial H_z}{\partial t}$$

由

$$0 = \varepsilon\frac{\partial E_z}{\partial t}\quad 和\quad 0 = \mu\frac{\partial H_z}{\partial t}$$

可以看出，$E_z(z,t)$ 和 $H_z(z,t)$ 是与时间无关的恒定分量。在波动问题中，常量没有意义，故可取 $E_z(z,t) = 0$ 和 $H_z(z,t) = 0$ 。综上可见

$$\boldsymbol{E} = \boldsymbol{a}_x E_x(z,t) + \boldsymbol{a}_y E_y(z,t)$$

类似的分析可得

$$\boldsymbol{H} = \boldsymbol{a}_x H_x(z,t) + \boldsymbol{a}_y H_y(z,t)$$

如第 5 章所述，我们只需求式(6.1)的解，相应的磁场强度 $\boldsymbol{H}$ 可以直接由麦克斯韦方程得出。由于矢量波动方程(6.1)在直角坐标系中对应于三个形式相同的标量波动方程，所以根据叠加原理，可以分别讨论 $E_x(z, t)$和$E_y(z, t)$。若以 $E_x(z, t)$为例［假设电场强度 $\boldsymbol{E}$ 只有 $E_x(z, t)$分量］，则矢量波动方程(6.1)变为标量波动方程

$$\frac{\partial^2 E_x(z,t)}{\partial z^2} - \frac{1}{v^2}\frac{\partial^2 E_x(z,t)}{\partial t^2} = 0 \tag{6.4}$$

此方程的通解为

$$E_x(z,t) = f_1(z - vt) + f_2(z + vt) \tag{6.5}$$

其中，$f_1(z-vt)$和 $f_2(z+vt)$是$(z-vt)$和$(z+vt)$的任意函数。可以证明 $f_1(z-vt)$和 $f_2(z+vt)$是式(6.4)的两个特解。

现在让我们说明特解 $E_x(z, t) = f_1(z - vt)$的物理意义。在某特定时刻 $t = t_1$，$f_1(z-vt_1)$是 z 的函数，如图 6.2(a)所示。当时间 t_1 增大到 t_2 时，相应的 $f_1(z-vt_2)$仍是 z 的函数，其形状与图 6.2(a)相同，但向右移动了 $v(t_2-t_1)$的距离，如图 6.2(b)

所示。这说明 $f_1(z-vt)$ 是一个以速度 v 向 $+z$ 方向传播的波。同样的分析可知，$E_x=f_2(z+vt)$ 表示一个以速度 v 向 $-z$ 方向传播的波。

在无界介质中，一般没有反射波存在，只有单一行进方向的波。如果假设均匀平面电磁波沿 $+z$ 方向传播，电场强度只有 $E_x(z,t)$ 分量，则波动方程(6.4)的解是

$$E_x(z,t)=f(z-vt)$$

由麦克斯韦方程(5.28b)可得

$$\nabla\times\boldsymbol{E}=\begin{vmatrix}\boldsymbol{a}_x & \boldsymbol{a}_y & \boldsymbol{a}_z\\ \dfrac{\partial}{\partial x} & \dfrac{\partial}{\partial y} & \dfrac{\partial}{\partial z}\\ E_x(z,t) & 0 & 0\end{vmatrix}=-\frac{\partial\boldsymbol{B}}{\partial t}$$

即

$$\boldsymbol{a}_y\frac{\partial E_x}{\partial z}=-\mu\frac{\partial\boldsymbol{H}}{\partial t}\qquad(6.6)$$

显然，磁场强度 $\boldsymbol{H}$ 只有 $H_y(z,t)$ 分量。磁场强度 $\boldsymbol{H}$ 的矢量波动方程(6.2)简化为标量波动方程

$$\frac{\partial^2 H_y}{\partial z^2}-\frac{1}{v^2}\frac{\partial^2 H_y}{\partial t^2}=0\qquad(6.7)$$

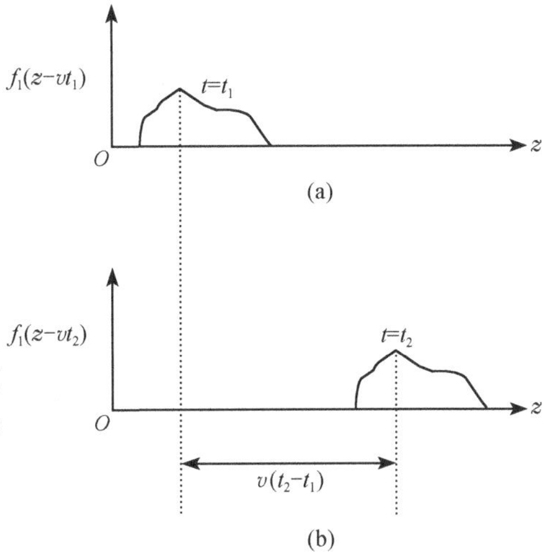

图 6.2 向 $+z$ 方向传播的波

类似电场强度的讨论，对于沿 $+z$ 方向传播的均匀平面电磁波，方程(6.7)的特解应写成

$$H_y(z,t)=g(z-vt)$$

于是可写出沿 $+z$ 方向传播的均匀平面电磁波的电场强度和磁场强度的表达式

$$\boldsymbol{E}(z,t)=\boldsymbol{a}_xE_x(z,t)=\boldsymbol{a}_xf(z-vt)\qquad(6.8\text{a})$$

$$\boldsymbol{H}(z,t)=\boldsymbol{a}_yH_y(z,t)=\boldsymbol{a}_yg(z-vt)\qquad(6.8\text{b})$$

式(6.8a)和式(6.8b)表明均匀平面电磁波的电场强度矢量和磁场强度矢量均与传播方向垂直，没有传播方向的分量，也就是说，对传播方向而言，电磁场只有横向分量，没有纵向分量，这种电磁波称为横电磁波(transverse electro-magnetic wave)，或称为 TEM 波。TEM 波的电场强度、磁场强度和传播方向三者构成右手正交系，如图 6.1 所示。

对于正弦电磁场，无源、无界、无耗的简单介质中的波动方程是式(5.71)和式(5.72)。在直角坐标系中，假设均匀平面波沿 z 方向传播，电场强度只有 x 方向的坐标分量 $E_x(z)$，则波动方程(5.71)可以简化为

$$\frac{\mathrm{d}^2E_x(z)}{\mathrm{d}z^2}+k^2E_x(z)=0\qquad(6.9)$$

式(6.9)的解为

$$E_x(z)=E_0^+\mathrm{e}^{-\mathrm{j}kz}+E_0^-\mathrm{e}^{+\mathrm{j}kz}\qquad(6.10)$$

将式(6.10)代入麦克斯韦方程 $\nabla\times\boldsymbol{E}=-\mathrm{j}\omega\mu\boldsymbol{H}$ 得到均匀平面波的磁场强度

$$\boldsymbol{H}=\frac{\mathrm{j}}{\omega\mu}\nabla\times\boldsymbol{E}=\frac{\mathrm{j}}{\omega\mu}\begin{vmatrix}\boldsymbol{a}_x & \boldsymbol{a}_y & \boldsymbol{a}_z\\ \dfrac{\partial}{\partial x} & \dfrac{\partial}{\partial y} & \dfrac{\partial}{\partial z}\\ E_x(z) & 0 & 0\end{vmatrix}=\frac{\mathrm{j}}{\omega\mu}\boldsymbol{a}_y\frac{\partial E_x}{\partial z}$$

$$
\begin{aligned}
\boldsymbol{H} &= \frac{\mathrm{j}}{\omega\mu}\boldsymbol{a}_y[(-\mathrm{j}k)E_0^+\mathrm{e}^{-\mathrm{j}kz}+(\mathrm{j}k)E_0^-\mathrm{e}^{+\mathrm{j}kz}] \\
&= \frac{\mathrm{j}}{\omega\mu}\boldsymbol{a}_y(-\mathrm{j}k)(E_0^+\mathrm{e}^{-\mathrm{j}kz}-E_0^-\mathrm{e}^{+\mathrm{j}kz}) \\
&= \boldsymbol{a}_y\frac{1}{\eta}(E_0^+\mathrm{e}^{-\mathrm{j}kz}-E_0^-\mathrm{e}^{+\mathrm{j}kz}) \\
&= \boldsymbol{a}_y(H_0^+\mathrm{e}^{-\mathrm{j}kz}+H_0^-\mathrm{e}^{+\mathrm{j}kz})
\end{aligned}
\tag{6.11}
$$

其中

$$
\eta=\frac{E_0^+}{H_0^+}=-\frac{E_0^-}{H_0^-}=\frac{\omega\mu}{k}=\sqrt{\frac{\mu}{\varepsilon}} \tag{6.12}
$$

η 具有阻抗的量纲，单位为欧(Ω)，它的值与介质参数有关，因此它被称为介质的波阻抗(或本征阻抗)。真空中的介电常量和磁导率为

$$
\mu_0=4\pi\times10^{-7}\,\mathrm{H/m},\qquad \varepsilon_0=\frac{1}{36\pi}\times10^{-9}\,\mathrm{F/m}
$$

将它们代入式(6.12)得电磁波在真空中的本征阻抗

$$
\eta_0=\sqrt{\frac{\mu_0}{\varepsilon_0}}=120\pi\approx377(\Omega)
$$

6.1.2 均匀平面波的传播特性

假设均匀平面波沿 $+z$ 方向传播，电场强度只有 x 方向的坐标分量 $E_x(z)$，由于无界介质中不存在反射波，所以正弦均匀平面电磁波的复场量可以表示为

$$
\boldsymbol{E}=\boldsymbol{a}_xE_x=\boldsymbol{a}_xE_0\mathrm{e}^{-\mathrm{j}kz} \tag{6.13a}
$$

$$
\boldsymbol{H}=\boldsymbol{a}_yH_y=\boldsymbol{a}_y\frac{E_0}{\eta}\mathrm{e}^{-\mathrm{j}kz}=\boldsymbol{a}_yH_0\mathrm{e}^{-\mathrm{j}kz} \tag{6.13b}
$$

其中，$E_0=E_{0\mathrm{m}}\mathrm{e}^{\mathrm{j}\varphi_0}$ 为 $z=0$ 处的复振幅。式(6.13)所对应的瞬时值表达式为

$$
\boldsymbol{E}(z,t)=\mathrm{Re}[\boldsymbol{a}_xE_0\mathrm{e}^{\mathrm{j}(\omega t-kz)}]=\boldsymbol{a}_xE_{0\mathrm{m}}\cos(\omega t-kz+\varphi_0) \tag{6.14a}
$$

$$
\begin{aligned}
\boldsymbol{H}(z,t) &= \mathrm{Re}\left[\boldsymbol{a}_y\frac{E_0}{\eta}\mathrm{e}^{\mathrm{j}(\omega t-kz)}\right]=\boldsymbol{a}_y\frac{E_{0\mathrm{m}}}{\eta}\cos(\omega t-kz+\varphi_0) \\
&= \boldsymbol{a}_yH_{0\mathrm{m}}\cos(\omega t-kz+\varphi_0)
\end{aligned}
\tag{6.14b}
$$

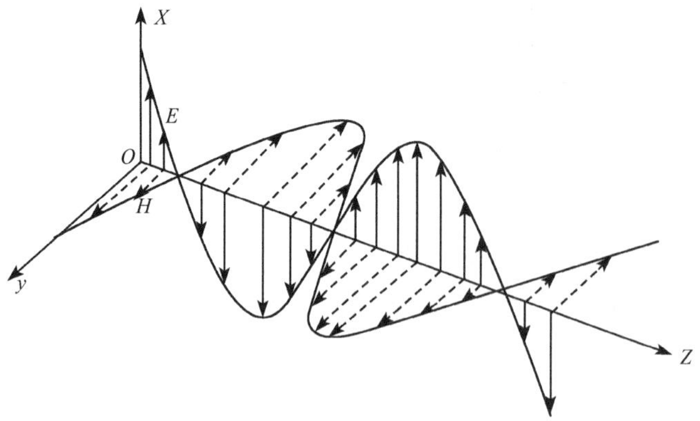

图 6.3 理想介质中均匀平面电磁波的电场和磁场空间分布

其中，$E_{0\mathrm{m}}$ 是实常数，表示电场强度的振幅值；ωt 称为时间相位；kz 称为空间相位。式(6.14a)和式(6.14b)表明，正弦均匀平面电磁波的电场和磁场在空间上互相垂直，在时间上是同相的，它们的振幅之间有一定的比值，此比值取决于介质的介电常量和磁导率。图 6.3 表示在 $t=0$ 时刻电场强度矢量和磁场强度矢量在空间

沿 $+z$ 轴的分布(初始相位 $\varphi_0=0$)。

由式(6.14a)可见，正弦均匀平面电磁波的等相位面方程为

$$\omega t - kz = \text{const.}(\text{常数})$$

平面电磁波的等相位面行进的速度称为相速，以 v_p 表示。根据相速的定义和等相位面方程有

$$v_p = \frac{dz}{dt} = \frac{\omega}{k} = \frac{1}{\sqrt{\mu\varepsilon}} \tag{6.15}$$

其中，v_p 实际上是沿波振面的法向等相位面移动的速度。

空间相位 kz 变化 2π 所经过的距离称为波长，以 λ 表示。按此定义有 $k\lambda=2\pi$，所以

$$\lambda = \frac{2\pi}{k} \tag{6.16}$$

此式表明波长除了和频率有关，还和介质参数有关。因此，同一频率的电磁波，在不同介质中的波长是不相同的。式(6.16)还可以写成

$$k = \frac{2\pi}{\lambda} \tag{6.17}$$

k 称为波数，因为空间相位 kz 变化 2π 相当于一个全波，k 表示单位长度内所具有的全波数目的 2π 倍；k 也被称为电磁波的相位常数，因为它表示传播方向上波行进单位距离时相位变化的大小。

时间相位 ωt 变化 2π 所经历的时间称为周期，以 T 表示。而一秒内相位变化 2π 的次数称为频率，以 f 表示。由 $\omega T=2\pi$ 得

$$f = \frac{1}{T} = \frac{\omega}{2\pi} \tag{6.18}$$

由式(6.15)和式(6.17)可知

$$v_p = \lambda f \tag{6.19}$$

由上可见，电磁波的频率描述的是相位随时间的变化特性，而波长描述的是相位随空间的变化特性。

下面我们讨论均匀平面电磁波的能量关系。由式(6.13a)和式(6.13b)知，复坡印亭矢量为

$$\boldsymbol{S} = \frac{1}{2}\boldsymbol{E}\times\boldsymbol{H}^* = \frac{1}{2}\boldsymbol{a}_x E_0 e^{-jkz} \times \boldsymbol{a}_y \frac{E_0^*}{\eta} e^{jkz} = \boldsymbol{a}_z \frac{E_{0m}^2}{2\eta}$$

从而得坡印亭矢量的时间平均值

$$\boldsymbol{S}_{av} = \text{Re}[\boldsymbol{S}] = \boldsymbol{a}_z \frac{E_{0m}^2}{2\eta}$$

平均功率密度为常数，表明与传播方向垂直的所有平面上，每单位面积通过的平均功率都相同，电磁波在传播过程中没有能量损失(沿传播方向电磁波无衰减)。因此理想介质中的均匀平面电磁波是等振幅波。

电场能量密度和磁场能量密度的瞬时值为

$$w_e(t) = \frac{1}{2}\boldsymbol{D}\cdot\boldsymbol{E} = \frac{1}{2}\varepsilon E^2 = \frac{1}{2}\varepsilon E_{0m}^2\cos^2(\omega t - kz + \varphi_0)$$

$$w_m(t)=\frac{1}{2}\mu H^2(t)=\frac{1}{2}\mu H_{0m}^2\cos^2(\omega t-kz+\varphi_0)$$
$$=\frac{1}{2}\mu\cdot\frac{E_{0m}^2}{\mu/\varepsilon}\cdot\cos^2(\omega t-kz+\varphi_0)=w_e(t)$$

可见，任一时刻电场能量密度和磁场能量密度相等，各为总电磁能量的一半。电磁能量的时间平均值为

$$w_{av,e}=\frac{1}{4}\varepsilon E_{0m}^2,\quad w_{av,m}=\frac{1}{4}\mu H_{0m}^2=w_e,\quad w_{av}=w_{av,e}+w_{av,m}=\frac{1}{2}\varepsilon E_{0m}^2$$

我们知道，有电磁波的传播，就有电磁能流。电磁波的电磁能量传播速度，简称能速，用$\boldsymbol{v}_e$表示。定义为

$$\boldsymbol{v}_e=\boldsymbol{S}_{av}/w_{av}$$

其方向为电磁能流的方向。均匀平面电磁波的能速可表示为

$$\boldsymbol{v}_e=\boldsymbol{a}_z v_e=\boldsymbol{a}_z\left(\frac{E_{0m}^2}{2\eta}\right)\bigg/\left(\frac{1}{2}\varepsilon E_{0m}^2\right)=\boldsymbol{a}_z\frac{1}{\sqrt{\mu\varepsilon}}=\boldsymbol{a}_z v_p=\boldsymbol{v}_p$$

上式表明均匀平面电磁波的能量传播速度等于其相速。

6.1.3 向任意方向传播的均匀平面波

在直角坐标系 $O\text{-}xyz$ 中，我们仍然假设无界介质中，均匀平面波沿 $+z$ 方向传播，电场强度只有 x 方向的坐标分量 $E_x(z)$，那么正弦均匀平面电磁波的复场量还可以表示为

$$\boldsymbol{E}=\boldsymbol{a}_x E_0\mathrm{e}^{-\mathrm{j}kz}=\boldsymbol{E}_0\mathrm{e}^{-\mathrm{j}kz}$$

利用矢量恒等式

$$\nabla\times(\phi\boldsymbol{A})=\phi\nabla\times\boldsymbol{A}+\nabla\phi\times\boldsymbol{A},\qquad \nabla\cdot(\phi\boldsymbol{A})=\phi\nabla\cdot\boldsymbol{A}+\nabla\phi\cdot\boldsymbol{A}$$

将以上两式代入麦克斯韦方程

$$\nabla\times\boldsymbol{E}=-\mathrm{j}\omega\mu\boldsymbol{H},\qquad \nabla\cdot\boldsymbol{E}=0$$

可以得到

$$\boldsymbol{H}=\frac{\mathrm{j}}{\omega\mu}\nabla\times(\boldsymbol{E}_0\mathrm{e}^{-\mathrm{j}kz})=\frac{\mathrm{j}}{\omega\mu}[\mathrm{e}^{-\mathrm{j}kz}\nabla\times\boldsymbol{E}_0+\nabla\mathrm{e}^{-\mathrm{j}kz}\times\boldsymbol{E}_0]$$
$$=\frac{\mathrm{j}}{\omega\mu}[\mathrm{e}^{-\mathrm{j}kz}(-\mathrm{j}k)\boldsymbol{a}_z\times\boldsymbol{E}_0]=\frac{\mathrm{j}}{\omega\mu}(-\mathrm{j}k)\boldsymbol{a}_z\times\boldsymbol{E}_0\mathrm{e}^{-\mathrm{j}kz}$$
$$=\frac{k}{\omega\mu}\boldsymbol{a}_z\times\boldsymbol{E}$$

和

$$\nabla\cdot(\boldsymbol{E}_0\mathrm{e}^{-\mathrm{j}kz})=\mathrm{e}^{-\mathrm{j}kz}\nabla\cdot\boldsymbol{E}_0+\nabla\mathrm{e}^{-\mathrm{j}kz}\cdot\boldsymbol{E}_0=(-\mathrm{j}k)\boldsymbol{a}_z\cdot\boldsymbol{E}_0\mathrm{e}^{-\mathrm{j}kz}=0$$

由上式得

$$\boldsymbol{a}_z\cdot\boldsymbol{E}=0$$

综上所述，把它们写在一起就是

$$\boldsymbol{E}=\boldsymbol{E}_0\mathrm{e}^{-\mathrm{j}kz},\quad \boldsymbol{H}=\frac{k}{\omega\mu}\boldsymbol{a}_z\times\boldsymbol{E},\quad \boldsymbol{a}_z\cdot\boldsymbol{E}=0 \tag{6.20}$$

如果开始时我们选择直角坐标系$O\text{-}x'y'z'$，那么正弦均匀平面电磁波的复场量可以

表示为

$$\boldsymbol{E}=\boldsymbol{E}_0\mathrm{e}^{-\mathrm{j}kz'},\quad \boldsymbol{H}=\frac{k}{\omega\mu}\boldsymbol{a}'_z\times\boldsymbol{E},\quad \boldsymbol{a}'_z\cdot\boldsymbol{E}=0 \tag{6.21}$$

这是向 $\boldsymbol{a}'_z$方向传播的波。将直角坐标系$O\text{-}x'y'z'$任意旋转后得新的直角坐标系$O\text{-}xyz$，如图 6.4 所示。在直角坐标系 $O\text{-}xyz$ 中，式(6.21)就是向任意方向$\boldsymbol{a}'_z$(或记为 $\boldsymbol{k}$)传播的均匀平面电磁波。如以 $\boldsymbol{r}$ 表示等相位面 z' = 常数上任一点的矢径，则有 $z'=\boldsymbol{r}\cdot\boldsymbol{a}'_z$。在直角坐标系$O\text{-}xyz$中有

$$\boldsymbol{r}=\boldsymbol{a}_x x+\boldsymbol{a}_y y+\boldsymbol{a}_z z,\qquad \boldsymbol{a}'_z=\boldsymbol{a}_x\cos\alpha+\boldsymbol{a}_y\cos\beta+\boldsymbol{a}_z\cos\gamma$$

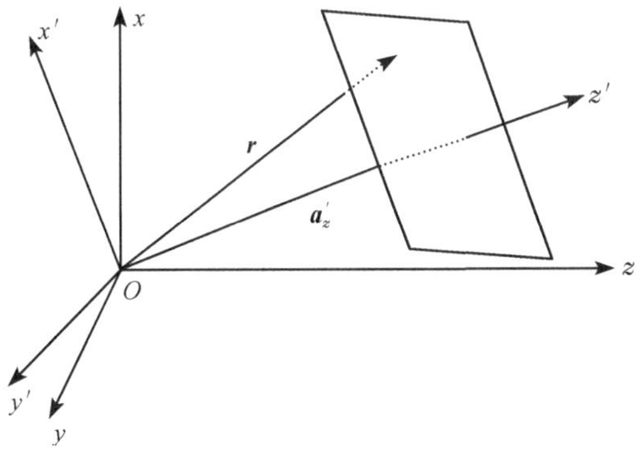

图 6.4 向 $\boldsymbol{k}$ 方向传播的均匀平面波

其中，$\cos\alpha$、$\cos\beta$、$\cos\gamma$ 是$\boldsymbol{a}'_z$在直角坐标系$O\text{-}xyz$ 中的方向余弦。这样式(6.21)中的相位因子

$$kz'=k\boldsymbol{a}'_z\cdot\boldsymbol{r}=(\boldsymbol{a}_x\cos\alpha+\boldsymbol{a}_y\cos\beta+\boldsymbol{a}_z\cos\gamma)k\cdot\boldsymbol{r}=\boldsymbol{k}\cdot\boldsymbol{r}=k_x x+k_y y+k_z z$$

其中，$\boldsymbol{k}=k\boldsymbol{a}'_z=k\boldsymbol{a}_k=\boldsymbol{a}_x k_x+\boldsymbol{a}_y k_y+\boldsymbol{a}_z k_z$ 称为传播矢量(波矢量)，其方向是波的传播方向，模是波数。然而，坐标系旋转时，矢量 $\boldsymbol{E}_0$ 并不改变，只是在不同坐标系中其分量不同。因此，式(6.21)可以写为

$$\boldsymbol{E}=\boldsymbol{E}_0\mathrm{e}^{-\mathrm{j}\boldsymbol{k}\cdot\boldsymbol{r}},\quad \boldsymbol{H}=\frac{k}{\omega\mu}\boldsymbol{a}_k\times\boldsymbol{E}=\frac{1}{\eta}\boldsymbol{a}_k\times\boldsymbol{E},\quad \boldsymbol{a}_k\cdot\boldsymbol{E}=0$$

其中，$\boldsymbol{a}_k$ 是平面电磁波传播方向的单位矢量。

类似地，无耗介质中均匀平面电磁波的另一种表示形式为

$$\boldsymbol{H}=\boldsymbol{H}_0\mathrm{e}^{-\mathrm{j}\boldsymbol{k}\cdot\boldsymbol{r}},\quad \boldsymbol{E}=-\frac{k}{\omega\varepsilon}\boldsymbol{a}_k\times\boldsymbol{H}=-\eta\boldsymbol{a}_k\times\boldsymbol{H},\quad \boldsymbol{a}_k\cdot\boldsymbol{H}=0$$

例 6.1 已知无界理想介质($\varepsilon=9\varepsilon_0$，$\mu=\mu_0$，$\sigma=0$)中正弦均匀平面电磁波的频率 $f=10^8\,\mathrm{Hz}$，电场强度

$$\boldsymbol{E}=\boldsymbol{a}_x 4\mathrm{e}^{-\mathrm{j}kz}+\boldsymbol{a}_y 3\mathrm{e}^{-\mathrm{j}kz+\mathrm{j}\frac{\pi}{3}}\ \mathrm{V/m}$$

试求：

(1)均匀平面电磁波的相速度 v_p、波长 λ、相移常数 k 和波阻抗 η；

(2)写出电场强度和磁场强度的瞬时值表达式；

(3)与电磁波传播方向垂直的单位面积上通过的平均功率。

解 (1)

$$v_\mathrm{p}=\frac{1}{\sqrt{\mu\varepsilon}}=\frac{c}{\sqrt{\mu_\mathrm{r}\varepsilon_\mathrm{r}}}=\frac{3\times10^8}{\sqrt{9}}=10^8\,(\mathrm{m/s})$$

$$\lambda=\frac{v_p}{f}=1(\mathrm{m})$$

$$k=\omega\sqrt{\mu\varepsilon}=\frac{\omega}{v_p}=2\pi(\mathrm{rad/m})$$

$$\eta=\sqrt{\frac{\mu}{\varepsilon}}=\eta_0\sqrt{\frac{\mu_r}{\varepsilon_r}}=120\pi\sqrt{\frac{1}{9}}=40\pi(\Omega)$$

(2)
$$\boldsymbol{H}=\frac{\mathrm{j}}{\omega\mu}\nabla\times\boldsymbol{E}=\frac{1}{\eta}(\boldsymbol{a}_y4\mathrm{e}^{-\mathrm{j}kz}-\boldsymbol{a}_x3\mathrm{e}^{-\mathrm{j}kz+\mathrm{j}\frac{\pi}{3}})\mathrm{A/m}$$

电场强度和磁场强度的瞬时值为

$$\begin{aligned}\boldsymbol{E}(t)&=\mathrm{Re}[\boldsymbol{E}\cdot\mathrm{e}^{\mathrm{j}\omega t}]\\&=\boldsymbol{a}_x4\cos(2\pi\times10^8t-2\pi z)+\boldsymbol{a}_y3\cos\left(2\pi\times10^8t-2\pi z+\frac{\pi}{3}\right)\mathrm{V/m}\end{aligned}$$

$$\begin{aligned}\boldsymbol{H}(t)&=\mathrm{Re}[\boldsymbol{H}\cdot\mathrm{e}^{\mathrm{j}\omega t}]\\&=-\boldsymbol{a}_x\frac{3}{40\pi}\cos\left(2\pi\times10^8t-2\pi z+\frac{\pi}{3}\right)+\boldsymbol{a}_y\frac{1}{10\pi}\cos(2\pi\times10^8t-2\pi z)\mathrm{A/m}\end{aligned}$$

(3)复坡印亭矢量

$$\begin{aligned}\boldsymbol{S}=\frac{1}{2}\boldsymbol{E}\times\boldsymbol{H}^*&=\frac{1}{2}[\boldsymbol{a}_x4\mathrm{e}^{-\mathrm{j}kz}+\boldsymbol{a}_y3\mathrm{e}^{-\mathrm{j}\left(kz-\frac{\pi}{3}\right)}]\\&\quad\times\left[-\boldsymbol{a}_x\frac{3}{40\pi}\mathrm{e}^{\mathrm{j}\left(kz-\frac{\pi}{3}\right)}+\boldsymbol{a}_y\frac{1}{10\pi}\mathrm{e}^{\mathrm{j}kz}\right]\\&=\boldsymbol{a}_z\frac{5}{16\pi}\mathrm{W/m^2}\end{aligned}$$

坡印亭矢量的时间平均值

$$\boldsymbol{S}_{av}=\mathrm{Re}[\boldsymbol{S}]=\boldsymbol{a}_z\frac{5}{16\pi}\mathrm{W/m^2}$$

与电磁波传播方向垂直的单位面积上通过的平均功率

$$P_{av}=\int_S\boldsymbol{S}_{av}\cdot\mathrm{d}\boldsymbol{S}=\frac{5}{16\pi}\mathrm{W}$$

6.2 导电介质中的平面电磁波

在第 5 章我们引入了复电容率、复磁导率和等效复电容率的概念，以表征有耗介质的极化、磁化和导电损耗。这一节我们以均匀平面电磁波在导电介质($\sigma\neq0$，ε、μ 为实常数)中的传播特性为例，介绍有耗介质中的平面电磁波。

6.2.1 导电介质中平面电磁波的传播特性

无源、无界的导电介质中麦克斯韦方程组为

$$\nabla\times\boldsymbol{H}=\sigma\boldsymbol{E}+\mathrm{j}\omega\varepsilon\boldsymbol{E}\tag{6.22a}$$

$$\nabla\times\boldsymbol{E}=-\mathrm{j}\omega\mu\boldsymbol{H}\tag{6.22b}$$

$$\nabla\cdot\boldsymbol{H}=0\tag{6.22c}$$

$$\nabla\cdot\boldsymbol{E}=0\tag{6.22d}$$

式(6.22a)可以写为

$$\nabla\times\boldsymbol{H}=\mathrm{j}\omega\left(\varepsilon-\mathrm{j}\frac{\sigma}{\omega}\right)\boldsymbol{E}=\mathrm{j}\omega\varepsilon_{\mathrm{c}}\boldsymbol{E} \tag{6.23}$$

其中

$$\varepsilon_{\mathrm{c}}=\varepsilon-\mathrm{j}\frac{\sigma}{\omega}=\varepsilon\left(1-\mathrm{j}\frac{\sigma}{\omega\varepsilon}\right) \tag{6.24}$$

称为导电介质的复介电常量，它是一个等效的复数介电常量。由此可见，引入等效复介电常量后，导电介质(有耗介质)中的麦克斯韦方程组和无耗介质中的麦克斯韦方程组具有完全相同的形式。因此，就电磁波在其中的传播而言，可以把导电介质等效地看作一种介质，其等效介电常量为复数。从麦克斯韦方程(6.23)和方程(6.22b)～方程(6.22d)出发，类似式(5.71)和式(5.72)的推导，可以导出波动方程

$$\nabla^2\boldsymbol{E}+\gamma^2\boldsymbol{E}=0 \tag{6.25}$$

$$\nabla^2\boldsymbol{H}+\gamma^2\boldsymbol{H}=0 \tag{6.26}$$

其中，$\gamma^2=\omega^2\mu\varepsilon_{\mathrm{c}}$。

直角坐标系中，对于沿$+z$方向传播的均匀平面电磁波，如果假定电场强度只有x分量E_x，那么式(6.25)的一个解是

$$\boldsymbol{E}=\boldsymbol{a}_xE_0\mathrm{e}^{-\mathrm{j}\gamma z} \tag{6.27}$$

其中，令$\gamma=\beta-\mathrm{j}\alpha$，则$\boldsymbol{E}=\boldsymbol{a}_xE_0\mathrm{e}^{-\mathrm{j}(\beta-\mathrm{j}\alpha)z}=\boldsymbol{a}_xE_0\mathrm{e}^{-\alpha z}\mathrm{e}^{-\mathrm{j}\beta z}$。显然电场强度的复振幅以因子$\mathrm{e}^{-\alpha z}$随$z$的增大而减小，表明$\alpha$为每单位距离衰减程度的常数，称为电磁波的衰减常数。β表示每单位距离落后的相位，称为相位常数。$\gamma=\beta-\mathrm{j}\alpha$称为传播常数。因此，电场强度的瞬时值可以表示成

$$\boldsymbol{E}(z,t)=\boldsymbol{a}_xE_{\mathrm{m}}\mathrm{e}^{-\alpha z}\cos(\omega t-\beta z+\varphi_0) \tag{6.28}$$

其中，E_{m}、φ_0分别表示电场强度的振幅值和初相角，即$E_0=E_{\mathrm{m}}\mathrm{e}^{\mathrm{j}\varphi_0}$。

因为

$$\gamma^2=\omega^2\mu\varepsilon_{\mathrm{c}}$$

所以

$$(\beta-\mathrm{j}\alpha)^2=\omega^2\mu\left(\varepsilon-\mathrm{j}\frac{\sigma}{\omega}\right)$$

故有

$$\beta^2-\alpha^2-\mathrm{j}2\alpha\beta=\omega^2\mu\varepsilon-\mathrm{j}\omega\mu\sigma$$

从而有

$$\beta^2-\alpha^2=\omega^2\mu\varepsilon$$

$$2\alpha\beta=\omega\mu\sigma$$

由以上两方程解得

$$\alpha=\omega\sqrt{\frac{\mu\varepsilon}{2}\left(\sqrt{1+\left(\frac{\sigma}{\omega\varepsilon}\right)^2}-1\right)} \tag{6.29a}$$

$$\beta=\omega\sqrt{\frac{\mu\varepsilon}{2}\left(\sqrt{1+\left(\frac{\sigma}{\omega\varepsilon}\right)^2}+1\right)} \tag{6.29b}$$

将式(6.27)代入式(6.22b)可得磁场强度

$$\boldsymbol{H}=\frac{\mathrm{j}}{\omega\mu}\nabla\times\boldsymbol{E}=\boldsymbol{a}_y\frac{E_0}{\eta_c}\mathrm{e}^{-\mathrm{j}\gamma z}=\boldsymbol{a}_y\frac{E_0}{\eta_c}\mathrm{e}^{-\alpha z}\mathrm{e}^{-\mathrm{j}\beta z} \tag{6.30}$$

其中

$$\eta_c=\sqrt{\frac{\mu}{\varepsilon-\mathrm{j}\dfrac{\sigma}{\omega}}}=\sqrt{\frac{\mu}{\varepsilon}}\left(1-\mathrm{j}\frac{\sigma}{\omega\varepsilon}\right)^{-1/2}=|\eta_c|\cdot\mathrm{e}^{\mathrm{j}\theta} \tag{6.31}$$

称为导电介质的波阻抗，它是一个复数。式(6.31)中

$$|\eta_c|=\sqrt{\frac{\mu}{\varepsilon}}\left[1+\left(\frac{\sigma}{\omega\varepsilon}\right)^2\right]^{-\frac{1}{4}}<\sqrt{\frac{\mu}{\varepsilon}} \tag{6.32a}$$

$$\theta=\frac{1}{2}\arctan\left(\frac{\sigma}{\omega\varepsilon}\right)=0\sim\frac{\pi}{4} \tag{6.32b}$$

从式(6.32a)和式(6.32b)可以看到，导电介质的本征阻抗是一个复数，其模小于理想介质的本征阻抗，幅角在 $0\sim\pi/4$ 变化，具有感性相角。这意味着电场强度和磁场强度在空间上虽然仍互相垂直，但在时间上有相位差，二者不再同相，电场强度相位超前磁场强度相位。这样磁场强度可以写为

$$\boldsymbol{H}=\boldsymbol{a}_y\frac{E_0}{\eta_c}\mathrm{e}^{-\mathrm{j}\gamma z}=\boldsymbol{a}_y\frac{E_0}{\eta_c}\mathrm{e}^{-\alpha z}\mathrm{e}^{-\mathrm{j}\beta z}=\boldsymbol{a}_y\frac{E_0}{|\eta_c|}\mathrm{e}^{-\alpha z}\mathrm{e}^{-\mathrm{j}\beta z}\cdot\mathrm{e}^{-\mathrm{j}\theta} \tag{6.33}$$

其对应的瞬时值为

$$\boldsymbol{H}(z,t)=\boldsymbol{a}_y\frac{E_m}{|\eta_c|}\cdot\mathrm{e}^{-\alpha z}\cos(\omega t-\beta z+\varphi_0-\theta) \tag{6.34}$$

磁场强度的相位比电场强度相位滞后 θ，电导率 σ 愈大则滞后愈多。其振幅也随 z 的增加按指数衰减，如图 6.5 所示。

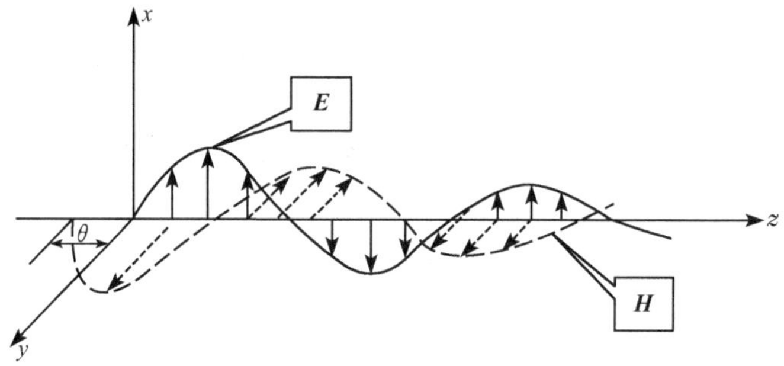

图 6.5　导电介质中平面电磁波的电磁场

导电介质中均匀平面电磁波的相速为

$$v_p=\frac{\mathrm{d}z}{\mathrm{d}t}=\frac{\omega}{\beta}=\frac{1}{\sqrt{\mu\varepsilon}}\left[\frac{2}{\sqrt{1+\left(\dfrac{\sigma}{\omega\varepsilon}\right)^2}+1}\right]^{1/2}<\frac{1}{\sqrt{\mu\varepsilon}} \tag{6.35}$$

而波长

$$\lambda=\frac{2\pi}{\beta}=\frac{v_p}{f}$$

由此可见，均匀平面电磁波在导电介质中传播时，波的相速和波长比介电常量和磁导率

相同的理想介质的情况慢和短，且σ越大，相速越慢、波长越短。此外，相速和波长还随频率而变化，频率低，则相速慢。这样，携带信号的电磁波其不同的频率分量将以不同的相速传播。经过一段距离后，它们的相位关系将发生变化，从而导致信号失真。这种现象称为色散，所以导电介质是色散介质。

磁场强度矢量与电场强度矢量互相垂直，并都垂直于传播方向。因此，导电介质中的平面波是横电磁波。导电介质中的坡印亭矢量的瞬时值、时间平均值和复坡印亭矢量分别依次为

$$\begin{aligned}\boldsymbol{S}(z,t) &= \boldsymbol{E}(z,t)\times\boldsymbol{H}(z,t)\\ &= \boldsymbol{a}_z\frac{1}{2}\frac{E_{\mathrm{m}}^2}{|\eta_{\mathrm{c}}|}\mathrm{e}^{-2\alpha z}[\cos\theta+\cos(2\omega t-2\beta z+2\varphi_0-\theta)]\end{aligned}$$

$$\boldsymbol{S}_{\mathrm{av}}=\boldsymbol{a}_z\frac{1}{2}\frac{E_{\mathrm{m}}^2}{|\eta_{\mathrm{c}}|}\mathrm{e}^{-2\alpha z}\cos\theta$$

$$\boldsymbol{S}=\frac{1}{2}\boldsymbol{E}\times\boldsymbol{H}^*=\boldsymbol{a}_z\frac{E_{\mathrm{m}}^2}{2|\eta_{\mathrm{c}}|}\mathrm{e}^{-2\alpha z}\mathrm{e}^{\mathrm{j}\theta}$$

导电介质中平均电能密度和平均磁能密度分别依次如下

$$w_{\mathrm{av,e}}=\frac{1}{4}\varepsilon|\boldsymbol{E}|^2=\frac{1}{4}\varepsilon E_{\mathrm{m}}^2\mathrm{e}^{-2\alpha z}$$

$$w_{\mathrm{av,m}}=\frac{1}{4}\mu|\boldsymbol{H}|^2=\frac{1}{4}\mu\frac{E_{\mathrm{m}}^2}{|\eta_{\mathrm{c}}|^2}\mathrm{e}^{-2\alpha z}=\frac{1}{4}\varepsilon E_{\mathrm{m}}^2\mathrm{e}^{-2\alpha z}\cdot\sqrt{1+\left(\frac{\sigma}{\omega\varepsilon}\right)^2}$$

显然，在导电介质中，平均磁能密度大于平均电能密度。总的平均能量密度为

$$\begin{aligned}w_{\mathrm{av}}=w_{\mathrm{av,e}}+w_{\mathrm{av,m}}&=\frac{1}{4}\varepsilon E_{\mathrm{m}}^2\mathrm{e}^{-2\alpha z}+\frac{1}{4}\varepsilon E_{\mathrm{m}}^2\mathrm{e}^{-2\alpha z}\cdot\sqrt{1+\left(\frac{\sigma}{\omega\varepsilon}\right)^2}\\ &=\frac{1}{4}\varepsilon E_{\mathrm{m}}^2\mathrm{e}^{-2\alpha z}\left[1+\sqrt{1+\left(\frac{\sigma}{\omega\varepsilon}\right)^2}\right]\end{aligned}$$

能量传播速度为

$$v_{\mathrm{e}}=\frac{|\boldsymbol{S}_{\mathrm{av}}|}{w_{\mathrm{av}}}=\frac{1}{\sqrt{\mu\varepsilon}}\left[\frac{2}{1+\sqrt{1+\left(\frac{\sigma}{\omega\varepsilon}\right)^2}}\right]^{1/2}=v_{\mathrm{p}}$$

可见，导电介质中均匀平面电磁波的能速与相速相等。

6.2.2 集肤深度和表面电阻

通常，按$\sigma/\omega\varepsilon$比值(导电介质中传导电流密度振幅与位移电流密度振幅之比$|\sigma\boldsymbol{E}|/|\mathrm{j}\omega\varepsilon\boldsymbol{E}|$)把介质分为三类：

电介质：$\frac{\sigma}{\omega\varepsilon}\ll1$，　不良导体：$\frac{\sigma}{\omega\varepsilon}\approx1$，　良导体：$\frac{\sigma}{\omega\varepsilon}\gg1$

值得注意的是，介质属于电介质还是良导体，不仅与介质参数有关，而且与频率有关。

电介质(低损耗介质)中，例如，聚四氟乙烯、聚苯乙烯、聚乙烯和石英等材料，在高频和超高频范围内均有$\frac{\sigma}{\omega\varepsilon}<10^{-2}$。因此，电介质中均匀平面电磁波的相关参数可以近似为

$$\alpha \approx \frac{\sigma}{2}\sqrt{\frac{\mu}{\varepsilon}},\quad \beta \approx \omega\sqrt{\mu\varepsilon},\quad \eta \approx \sqrt{\frac{\mu}{\varepsilon}}$$

可见此时相移常数和波阻抗近似与理想介质相同，衰减常数与频率无关，正比于电导率。因此均匀平面电磁波在低损耗介质中的传播特性，除了由微弱的损耗引起的振幅衰减外，与理想介质中均匀平面电磁波的传播特性几乎相同。

良导体中，有关表达式可以用泰勒级数简化并近似表达为

$$\alpha = \beta = \sqrt{\frac{\omega\mu\sigma}{2}},\quad v_{\mathrm{p}} = \sqrt{\frac{2\omega}{\mu\sigma}},\quad \lambda = 2\pi\sqrt{\frac{2}{\omega\mu\sigma}}$$

$$\eta_{\mathrm{c}} = \sqrt{\frac{\omega\mu}{2\sigma}}(1+\mathrm{j}) = \sqrt{\frac{\omega\mu}{\sigma}}\mathrm{e}^{\mathrm{j}\frac{\pi}{4}}$$

由此可见，高频电磁波传入良导体后，由于良导体的电导率一般在 10^7(S/m)量级，所以，电磁波在良导体中衰减极快。电磁波往往在微米量级的距离内就衰减的近于零了。因此高频电磁场只能存在于良导体表面的一个薄层内，这种现象称为集肤效应(skin effect)。电磁波场强振幅衰减到表面处的 1/e 的深度，称为集肤深度(穿透深度)，以 δ 表示。

因为

$$E_0\mathrm{e}^{-\alpha\delta} = E_0\frac{1}{\mathrm{e}}$$

所以

$$\delta = \frac{1}{\alpha} = \sqrt{\frac{2}{\omega\mu\sigma}} = \sqrt{\frac{1}{\pi f\mu\sigma}}\,(\mathrm{m}) \tag{6.36}$$

式(6.36)表明：导电性能越好(电导率越大)，工作频率越高，则集肤深度越小。如银的电导率 $\sigma=6.15\times10^7\,\mathrm{S/m}$，磁导率 $\mu_0=4\pi\times10^{-7}\,\mathrm{H/m}$，由式(6.36)得

$$\delta = \sqrt{\frac{2}{2\pi f\times4\pi\times6.15}} = \frac{0.0642}{\sqrt{f}}(\mathrm{m})$$

当频率 $f=3\mathrm{GHz}$ 时，银的集肤深度 $\delta=1.17\times10^{-6}\,\mathrm{m}=1.17\mu\mathrm{m}$。因此，虽然微波器件通常用黄铜制成，但只要在其导电层的表面上涂以若干微米的银，就能保证表面电流主要在银层通过。由于良导体的集肤深度非常小，电磁波大部分能量集中于良导体表面的薄层内，所以金属片对无线电波都有很好的屏蔽作用，如中频变压器的屏蔽铝罩，晶体管的金属外壳，都很好地起了隔离外部电磁场对其内部影响的作用。

良导体中均匀平面电磁波的电磁场分量和电流密度为

$$E_x = E_0\mathrm{e}^{-(1+\mathrm{j})\alpha z}$$

$$H_y = \frac{E_x}{\eta_{\mathrm{c}}} = H_0\mathrm{e}^{-(1+\mathrm{j})\alpha z},\quad H_0 = \frac{E_0}{\eta_{\mathrm{c}}} = E_0\sqrt{\frac{\sigma}{\omega\mu}}\mathrm{e}^{-\mathrm{j}\pi/4}$$

$$J_x = \sigma E_x = J_0\mathrm{e}^{-(1+\mathrm{j})\alpha z},\quad J_0 = \sigma E_0$$

H_0 和 J_0 是导体表面($z=0$)处的磁场强度复振幅和电流密度复振幅。复坡印亭矢量(复功率流密度矢量)为

$$\boldsymbol{S} = \frac{1}{2}\boldsymbol{E}\times\boldsymbol{H}^* = \boldsymbol{a}_z\frac{1}{2}E_xH_y^* = \boldsymbol{a}_z\frac{1}{2}E_0^2\mathrm{e}^{-2\alpha z}\sqrt{\frac{\sigma}{2\omega\mu}}(1+\mathrm{j})$$

在 $z>0$ 处平均功率流密度为

$$\boldsymbol{S}_{av} = \mathrm{Re}[\boldsymbol{S}] = \boldsymbol{a}_z \frac{1}{2} E_0^2 \mathrm{e}^{-2\alpha z} \sqrt{\frac{\sigma}{2\omega\mu}}$$

从而 $z=0$ 处平均功率流密度为

$$\boldsymbol{S}_{av} \big|_{z=0} = \boldsymbol{a}_z \frac{1}{2} E_0^2 \sqrt{\frac{\sigma}{2\omega\mu}} \tag{6.37}$$

式(6.37)表示导体表面每单位面积所吸收的平均功率，也就是单位面积导体内传导电流的热损耗功率

$$P_\sigma = \frac{1}{2}\int_V \sigma |\boldsymbol{E}|^2 \mathrm{d}V = \frac{1}{2}\int_0^\infty \sigma |E_0|^2 \mathrm{e}^{-2\alpha z} \mathrm{d}z = \frac{\sigma}{4\alpha}|E_0|^2 = \frac{1}{2}|E_0|^2 \sqrt{\frac{\sigma}{2\omega\mu}} \tag{6.38}$$

可见，传入导体的电磁波实功率全部转化为热损耗功率。

导体表面处切向电场强度 E_x 与切向磁场强度 H_y 之比定义为导体的表面阻抗，即

$$Z_S = \frac{E_x}{H_y}\bigg|_{z=0} = \frac{E_0}{H_0} = \eta_c = (1+\mathrm{j})\sqrt{\frac{\omega\mu}{2\sigma}} = R_S + \mathrm{j}X_S$$

可见，导体的表面阻抗等于其波阻抗。R_S 和 X_S 分别称为表面电阻和表面电抗，并有

$$R_S = X_S = \sqrt{\frac{\omega\mu}{2\sigma}} = \frac{1}{\sigma\delta} = \frac{l}{\sigma(\delta w)}\bigg|_{l=w=1}$$

这意味着，表面电阻相当于单位长度、单位宽度、而厚度为 δ 的导体块的直流电阻，如图 6.6 所示。

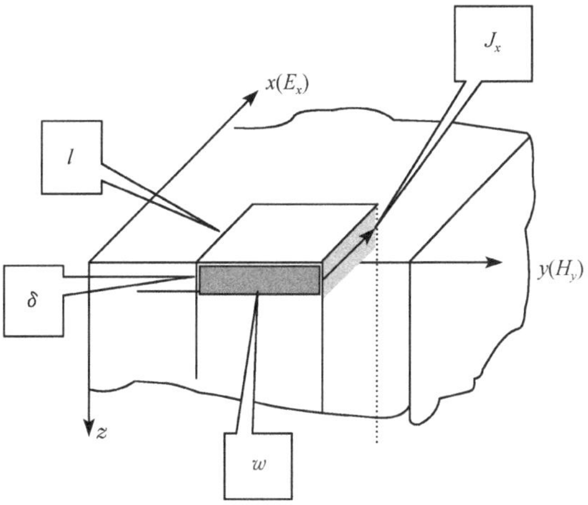

图 6.6　平面导体

流过单位宽度平面导体的总电流(z 由 $0\sim\infty$)为

$$J_S = \int_0^\infty J_x \mathrm{d}z = \int_0^\infty \sigma E_0 \mathrm{e}^{-(1+\mathrm{j})\alpha z} \mathrm{d}z = \frac{\sigma E_0}{(1+\mathrm{j})\alpha} = \frac{\sigma\delta}{1+\mathrm{j}} E_0 = H_0$$

从电路的观点看，此电流通过表面电阻所损耗的功率为

$$P_\sigma = \frac{1}{2}|J_S|^2 R_S = \frac{1}{2}|H_0|^2 R_S = \frac{1}{2}\frac{\sigma\delta}{2}|E_0|^2 = \frac{1}{2}|E_0|^2\sqrt{\frac{\sigma}{2\omega\mu}} \tag{6.39}$$

此结果与式(6.38)和式(6.37)相同。这就是说，设想面电流 J_S 均匀地集中在导体表面 δ 厚度内，此时导体的表面电阻所吸收的功率就等于电磁波垂直传入导体所耗散的热损

耗功率。这样，我们可以方便地利用式(6.39)，由表面电阻求得导体的损耗功率。

R_S 是平面导体单位长度单位宽度上的电阻，因而也称为表面电阻率。对于有限面积的导体，用 R_S 乘以长度 l，再除以宽度 w 就得出其总电阻。由 R_S 的表达式可见 $R_S \propto \sqrt{f}$，因此高频时导体的电阻远大于低频或直流时的电阻。这是由于集肤效应使高频电流在导体上所流过的截面积减少了，从而使电阻增大。

例 6.2 海水的电磁参数是 $\varepsilon_r=81$，$\mu_r=1$，$\sigma=4\text{S/m}$。频率为 3kHz 和 30MHz 的电磁波在紧切海平面下侧的电场强度为 1V/m。求：

(1)电场强度衰减为 $1\mu\text{V/m}$ 处的深度。应选择哪个频率进行潜水艇的水下通信?

(2)计算频率 3kHz 的电磁波从海平面下侧向海水中传播的平均功率流密度。

解 (1)当 $f=3\text{kHz}$ 时，因为 $\frac{\sigma}{\omega\varepsilon}=\frac{4\times 36\pi\times 10^9}{2\pi\times 3\times 10^3\times 80}\gg 1$，所以海水对此频率传播的电磁波呈现为良导体，故

$$\alpha=\sqrt{\frac{\omega\mu\sigma}{2}}=\sqrt{\frac{2\pi\times 3\times 10^3\times 4\pi\times 10^{-7}\times 4}{2}}=0.218$$

$$l=\frac{1}{\alpha}\ln\frac{|E_0|}{|E|}=\frac{1}{\alpha}\ln 10^6=\frac{13.8}{\alpha}=63.3\text{ m}$$

当 $f=30\text{MHz}$ 时，因为 $\frac{\sigma}{\omega\varepsilon}=\frac{4\times 36\pi\times 10^9}{2\pi\times 3\times 10^7\times 80}=30$，所以海水对此频率传播的电磁波呈现为不良导体，故

$$\alpha=\omega\sqrt{\frac{\mu\varepsilon}{2}\left(\sqrt{1+\left(\frac{\sigma}{\omega\varepsilon}\right)^2}-1\right)}=2\pi\times 3\times 10^6\sqrt{\frac{4\pi\times 10^{-7}\times 80}{2\times 36\pi\times 10^9}\times 29}=21.4$$

$$l=\frac{13.8}{\alpha}=0.645\text{ m}$$

由此可见，选高频 30MHz 的电磁波衰减较大，应采用低频 3kHz 的电磁波。在具体的工程应用中，具体低频电磁波频率的选择还要全面考虑其他因素。

(2)平均功率密度为

$$|\boldsymbol{S}_{\text{av}}|=P_\sigma=\frac{1}{2}E_0^2\sqrt{\frac{\sigma}{2\omega\mu}}=\frac{\sigma}{4\alpha}E_0^2=\frac{4}{4\times 0.218}\approx 4.6\ (\text{W/m}^2)$$

例 6.3 微波炉利用磁控管输出的 2.45GHz 的微波加热食品。在该频率上，牛排的等效复介电常量为 $\varepsilon'=40\varepsilon_0$，$\tan\delta_e=0.3$，求：

(1)微波传入牛排的集肤深度 δ，在牛排内 8mm 处的微波场强是表面处的百分之几?

(2)微波炉中盛牛排的盘子是用发泡聚苯乙烯制成的，其等效复介电常量和损耗角正切为 $\varepsilon'=1.03\varepsilon_0$，$\tan\delta_e=0.3\times 10^{-4}$。说明为何用微波加热时牛排被烧熟而盘子并没有被烧毁。

解 (1)根据牛排的损耗角正切知，牛排为不良导体，因此由式(6.29a)得

$$\delta=\frac{1}{\alpha}=\frac{1}{\omega}\sqrt{\frac{2}{\mu\varepsilon}}\left[\sqrt{1+\left(\frac{\sigma}{\omega\varepsilon}\right)^2}-1\right]^{-1/2}=0.0208\text{ m}=20.8\text{ mm}$$

$$\frac{|E|}{|E_0|}=e^{-z/\delta}=e^{-8/20.8}=68\%$$

可见微波加热与其他加热方法相比的一个优点是，微波能对食品内部进行加热。此外，由于微波场分布在三维空间中，所以加热均匀且快。

(2)发泡聚苯乙烯是低耗介质，所以其集肤深度为

$$\delta=\frac{1}{\alpha}=\frac{2}{\sigma}\sqrt{\frac{\varepsilon}{\mu}}=\frac{2}{\omega\left(\dfrac{\sigma}{\omega\varepsilon}\right)}\sqrt{\frac{1}{\mu\varepsilon}}$$

$$=\frac{2\times3\times10^{8}}{2\pi\times2.45\times10^{9}\times(0.3\times10^{-4})\times\sqrt{1.03}}=1.28\times10^{3}\ (\mathrm{m})$$

可见其集肤深度很大，这意味着微波在其中传播的热损耗极小，所以盘子不会被烧毁。

例 6.4　证明均匀平面电磁波在良导体中传播时，每波长内场强的衰减约为 55dB。

证　良导体中衰减常数和相移常数相等。因为良导体满足条件

$$\frac{\sigma}{\omega\varepsilon}\gg1$$

所以，相移常数等于衰减常数，即

$$\alpha=\beta=\sqrt{\frac{\omega\mu\sigma}{2}}$$

设均匀平面电磁波的电场强度复矢量为

$$\boldsymbol{E}=\boldsymbol{E}_0\mathrm{e}^{-\alpha z}\mathrm{e}^{-\mathrm{j}\beta z}$$

那么 $z=\lambda$ 处的电场强度振幅与 $z=0$ 的电场强度振幅比是

$$\left|\frac{\boldsymbol{E}}{\boldsymbol{E}_0}\right|=\mathrm{e}^{-\alpha z}\Big|_{z=\lambda}=\mathrm{e}^{-\alpha\lambda}=\mathrm{e}^{-\beta\cdot\frac{2\pi}{\beta}}=\mathrm{e}^{-2\pi}$$

即

$$20\log\left|\frac{\boldsymbol{E}}{\boldsymbol{E}_0}\right|_{z=\lambda}=20\log\mathrm{e}^{-2\pi}=-54.575\ \mathrm{dB}$$

例 6.5　已知海水的电磁参量为 $\sigma=51(\Omega\cdot\mathrm{m})^{-1}$，$\mu_r=1$，$\varepsilon_r=81$，作为良导体欲使 90%以上的电磁能量(仅靠海水表面下部)进入 1m 以下的深度，电磁波的频率应如何选择?

解　对于所给海水，当其视为良导体时，设其中传播的均匀平面电磁波为

$$\boldsymbol{E}=\boldsymbol{a}_xE_0\mathrm{e}^{-(1+\mathrm{j})\alpha z},\quad \boldsymbol{H}=\boldsymbol{a}_y\frac{E_0}{\eta_c}\mathrm{e}^{-(1+\mathrm{j})\alpha z}$$

其中，良导体海水的波阻抗为

$$\eta_c=\sqrt{\frac{\omega\mu}{2\sigma}}(1+\mathrm{j})=\sqrt{\frac{\omega\mu}{\sigma}}\mathrm{e}^{\mathrm{j}\frac{\pi}{4}}$$

因此沿 $+z$ 方向进入海水的平均电磁功率流密度为

$$\boldsymbol{S}_{\mathrm{av}}=\mathrm{Re}[\boldsymbol{S}]=\mathrm{Re}\left[\boldsymbol{a}_z\frac{1}{2}E_0^2\mathrm{e}^{-2\alpha z}\sqrt{\frac{\sigma}{2\omega\mu}}(1+\mathrm{j})\right]=\boldsymbol{a}_z\frac{1}{2}E_0^2\mathrm{e}^{-2\alpha z}\sqrt{\frac{\sigma}{2\omega\mu}}$$

故海水表面下部 $z=1$ 处的平均电磁功率流密度与海水表面下部 $z=0$ 处的平均电磁功率流密度之比为

$$\frac{\boldsymbol{S}_{\mathrm{av}}\big|_{z=1}}{\boldsymbol{S}_{\mathrm{av}}\big|_{z=0}}=\mathrm{e}^{-2\alpha z}$$

依题意

$$\frac{\boldsymbol{S}_{\mathrm{av}}\big|_{z=1}}{\boldsymbol{S}_{\mathrm{av}}\big|_{z=0}}=\mathrm{e}^{-2\alpha z}=0.9$$

考虑到良导体中衰减常数与相移常数有如下关系

$$\alpha=\beta=\sqrt{\frac{\omega\mu\sigma}{2}}$$

从而

$$f<\frac{1}{\pi\mu\sigma}\left(\frac{\ln 0.9}{-2l}\right)^2\bigg|_{l=1}=\frac{1}{\pi\times 4\pi\times 10^{-7}\times 51}\left(\frac{\ln 0.9}{-2\times 1}\right)^2=13.78\ (\mathrm{Hz})$$

6.3 电磁波的极化

6.3.1 极化的概念

如前所述，无界介质中的均匀平面电磁波是 TEM 波。TEM 波的电场强度矢量和磁场强度矢量均在垂直于传播方向的平面内。假设电磁波沿 $+z$ 方向传播，则电场强度矢量和磁场强度矢量均在 $z=$常数的平面内。讨论均匀平面电磁波的传播特性时，已假设在直角坐标系中，电场强度矢量只有 E_x 分量，因此在垂直传播方向的等相位面上，电场强度矢量随时间在一条直线上变化，其矢端轨迹是一条直线，这种波称为线极化波。在一般情况下，对于沿 $+z$ 方向传播的均匀平面电磁波，电场强度矢量 $\boldsymbol{E}$ 有频率和传播方向均相同的两个分量 E_x 和 E_y，电场强度矢量的表达式为

$$\begin{aligned}\boldsymbol{E}&=\boldsymbol{a}_xE_x+\boldsymbol{a}_yE_y\\&=(\boldsymbol{a}_xE_{0x}+\boldsymbol{a}_yE_{0y})\mathrm{e}^{-\mathrm{j}kz}\\&=(\boldsymbol{a}_xE_{x\mathrm{m}}\mathrm{e}^{\mathrm{j}\phi_x}+\boldsymbol{a}_yE_{y\mathrm{m}}\mathrm{e}^{\mathrm{j}\phi_y})\mathrm{e}^{-\mathrm{j}kz}\end{aligned}\tag{6.40}$$

电场强度矢量的两个分量的瞬时值为

$$\begin{aligned}E_x&=E_{x\mathrm{m}}\cos(\omega t-kz+\phi_x)\\E_y&=E_{y\mathrm{m}}\cos(\omega t-kz+\phi_y)\end{aligned}\tag{6.41}$$

此时它们的合成场矢量 $\boldsymbol{E}$ 在等相位面上随时间变化的矢端轨迹有可能不再是一条直线。为了说明合成场矢量 $\boldsymbol{E}$ 在空间任一固定点上随时间的变化规律，我们引入电磁波的极化概念。

因为电场强度、磁场强度和传播方向三者之间的关系是确定的，所以一般用电场强度矢量 $\boldsymbol{E}$ 的矢端在空间固定点上随时间的变化所描述的轨迹来表示电磁波的极化。因此，所谓极化是指空间任一固定点上电磁波的电场强度矢量的空间取向随时间变化的方式，以 $\boldsymbol{E}$ 的矢端轨迹来描述。如果 $\boldsymbol{E}$ 的矢端轨迹是直线，电磁波称为线极化波；$\boldsymbol{E}$ 的矢端轨迹是圆，电磁波称为圆极化波；$\boldsymbol{E}$ 的矢端轨迹是椭圆；电磁波称为椭圆极化波。显然，对于均匀平面电磁波而言，空间所有点上，电磁波的极化方式都是相同的。下面分析式(6.41)所示的平面电磁波的两个分量取不同振幅和相位时，平面电磁波的极化形式。

6.3.2 平面电磁波的极化形式

1. 线极化

设 E_x 和 E_y 同相，即 $\phi_x=\phi_y=\phi_0$。为了讨论方便，在空间任取一固定点 $z=0$，则式(6.41)变为

$$E_x = E_{xm}\cos(\omega t + \phi_0), \qquad E_y = E_{ym}\cos(\omega t + \phi_0)$$

合成电磁波的电场强度矢量的模为

$$E = \sqrt{E_x^2 + E_y^2} = \sqrt{E_{xm}^2 + E_{ym}^2}\cos(\omega t + \phi_0) \tag{6.42}$$

合成电磁波的电场强度矢量与 x 轴正向夹角 α 的正切为

$$\tan\alpha = \frac{E_y}{E_x} = \frac{E_{ym}}{E_{xm}} = \text{常数} \tag{6.43a}$$

它表明矢量 $\boldsymbol{E}$ 与 x 轴正向夹角 α 保持不变，如图 6.7(a)所示。合成电磁波的电场强度矢量的模随时间作正弦变化，其矢端轨迹是一条直线，故称为线极化(linear polarization)。

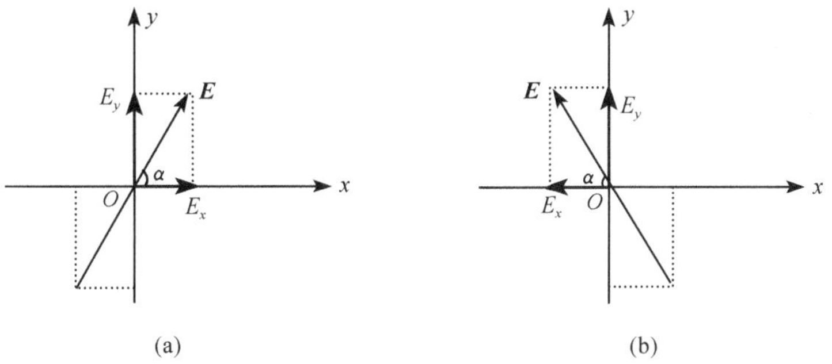

图 6.7 线极化波

同样的方法可以证明，$\phi_x-\phi_y=\pi$ 时，合成电磁波的电场强度矢量与 x 轴正向的夹角 α 的正切

$$\tan\alpha = \frac{E_y}{E_x} = -\frac{E_{ym}}{E_{xm}} = \text{常数} \tag{6.43b}$$

这时平面电磁波的合成电场强度矢量 $\boldsymbol{E}$ 的矢端轨迹是位于二、四象限的一条直线，故也称为线极化，如图 6.7(b)所示。

2. 圆极化

设 $E_{xm}=E_{ym}=E_{m}$，$\phi_x-\phi_y=\pm\frac{\pi}{2}$，$z=0$，那么式(6.41)变为

$$E_x = E_{m}\cos(\omega t + \phi_x)$$

$$E_y = E_{m}\cos\left(\omega t + \phi_x \mp \frac{\pi}{2}\right) = \pm E_{m}\sin(\omega t + \phi_x)$$

消去 t，得

$$\left(\frac{E_x}{E_m}\right)^2+\left(\frac{E_y}{E_m}\right)^2=1$$

此方程是圆方程。电磁波的两正交电场强度分量的合成电场强度矢量 $\boldsymbol{E}$ 的模和幅角分别依次为

$$E=\sqrt{E_x^2+E_y^2}=E_m \tag{6.44a}$$

$$\alpha=\arctan\left[\frac{\pm\sin(\omega t+\phi_x)}{\cos(\omega t+\phi_x)}\right]=\pm(\omega t+\phi_x) \tag{6.44b}$$

由式(6.44a)和式(6.44b)可见，电磁波的合成电场强度矢量的大小不随时间变化，而其与 x 轴正向夹角 α 将随时间变化。因此合成电场强度矢量的矢端轨迹为圆，故称为圆极化(circular polarization)。

如果 $\alpha=+(\omega t+\phi_x)$，则矢量 $\boldsymbol{E}$ 将以角频率 ω 在 xOy 平面上沿逆时针方向做等角速旋转。如果 $\alpha=-(\omega t+\phi_x)$，则矢量 $\boldsymbol{E}$ 将以角频率 ω 在 xOy 平面上沿顺时针方向做等角速旋转。所以圆极化波有左旋和右旋之分，规定如下：将大拇指指向电磁波的传播方向，其余四指指向电场强度矢量 $\boldsymbol{E}$ 矢端的旋转方向，符合右手螺旋关系的称为右旋圆极化波；符合左手螺旋关系的称为左旋圆极化波，如图 6.8 所示。

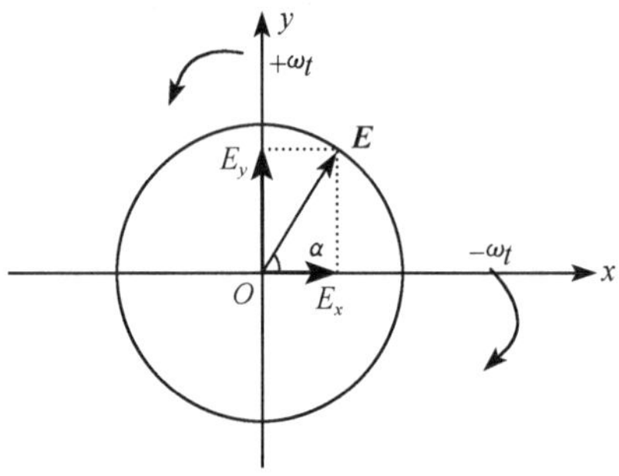

图 6.8 圆极化波

应该指出，一般情况下，$\alpha=\pm(\omega t+\phi_x-kz)$。所以如果在固定时刻，观察合成电场强度矢量的矢端轨迹沿传播方向随空间坐标 z 的变化，那么它的大小和方向在垂直于传播方向的平面上的投影与固定空间坐标 z 而电场强度矢量的矢端轨迹随时间 t 变化的方式相同，但是两者的旋向相反。

3. 椭圆极化

更一般的情况是 E_x 和 E_y 及 ϕ_x 和 ϕ_y 之间为任意关系。在 $z=0$ 处，消去式(6.41)中的 t，得

$$\left(\frac{E_x}{E_{xm}}\right)^2-2\frac{E_x}{E_{xm}}\frac{E_y}{E_{ym}}\cos(\phi)+\left(\frac{E_y}{E_{ym}}\right)^2=\sin^2\phi \tag{6.45}$$

其中，$\phi=\phi_x-\phi_y$。式(6.45)是以 E_x 和 E_y 为变量的椭圆方程。因为方程中不含一次项，故椭圆中心在直角坐标系原点。当 $\phi=\phi_x-\phi_y=\pm\frac{\pi}{2}$ 时椭圆的长短轴与坐标轴一致，而 $\phi=\phi_x-\phi_y\neq\pm\frac{\pi}{2}$ 时则不一致，如图 6.9 所示。由图可见，在空间固定点上，合成电场强度矢量 $\boldsymbol{E}$ 不断改变其大小和方向，其矢端轨迹为椭圆，故称为椭圆极化(elliptical polarization)。显然，线极化和圆极化可看作椭圆极化的特例。和圆极化波一样，椭圆极化波也有左旋椭圆极化波和右旋椭圆极化波之

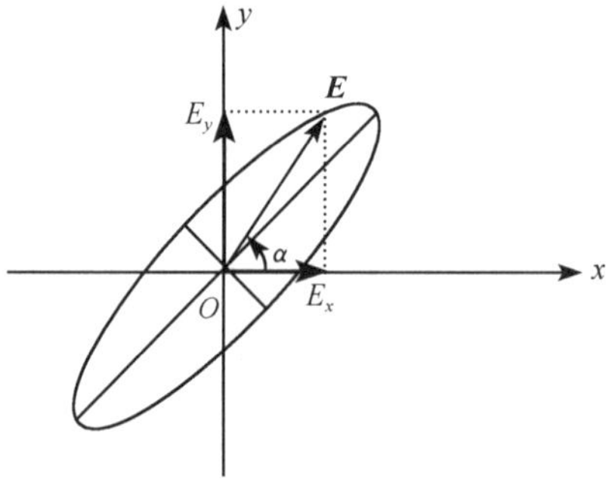

图 6.9 椭圆极化

分。由于矢量 $\boldsymbol{E}$ 与 x 轴正向的夹角 α 为

$$\alpha = \arctan\frac{E_{y\mathrm{m}}\cos(\omega t + \phi_y)}{E_{x\mathrm{m}}\cos(\omega t + \phi_x)}$$

因此，矢量 $\boldsymbol{E}$ 的旋转角速度为

$$\frac{\mathrm{d}\alpha}{\mathrm{d}t} = \frac{E_{x\mathrm{m}}E_{y\mathrm{m}}\omega\sin(\phi_x - \phi_y)}{E_{x\mathrm{m}}^2\cos^2(\omega t + \phi_x) + E_{y\mathrm{m}}^2\cos^2(\omega t + \phi_y)}$$

可见，$0<\phi_x-\phi_y<\pi$ 时，$\frac{\mathrm{d}\alpha}{\mathrm{d}t}>0$，故为右旋椭圆极化；反之，$-\pi<\phi_x-\phi_y<0$ 时，$\frac{\mathrm{d}\alpha}{\mathrm{d}t}<0$，故为左旋椭圆极化。此外，矢量 $\boldsymbol{E}$ 的旋转角速度不再是常数，而是时间的函数。

由上面的讨论可知，平面电磁波可以是线极化波、圆极化波或椭圆极化波。无论何种极化波，都可以用两个极化方向相互垂直的线极化波叠加而成；反之亦然。

6.3.3 电磁波极化特性的工程应用

电磁波的极化描述电磁波运动的空间性质，因此讨论电磁波的极化有着重要的意义。一个与地面平行放置的线天线的远区场是电场强度矢量平行于地面的线极化波，称为水平极化。例如，电视信号的发射通常采用水平极化方式，因此，电视接受天线应调整到与地面平行的位置，使电视接受天线的极化状态与入射电磁波的极化状态匹配，以获得最佳接受效果。细心的读者也许注意到电视共用天线的架设已经应用了这个原理。相反地，一个线天线如与地面垂直放置，其远区电场强度矢量与地面垂直，称为垂直极化。例如，调幅电台发射的远区电磁波的电场强度矢量是与地面垂直的垂直极化波。因此，听众要获得最佳收听效果，就应将收音机的天线调整到与入射电场强度矢量平行的位置，即与地面垂直，此时收音机天线的极化状态与入射电磁波的极化状态匹配。

很多情况下，系统必须利用圆极化才能进行正常工作。一个线极化波可以分解为两个振幅相等、旋向相反的圆极化波，所以，不同取向的线极化波都可由圆极化天线收到。因此，现代战争中都采用圆极化天线进行电子侦察和实施电磁干扰。例如，火箭等飞行器在飞行过程中，其状态和位置在不断地改变，因此火箭上的天线的极化状态也在不断地改变，此时如用线极化的发射信号来遥控火箭，在某些情况下则会出现火箭上的线极化天线接收不到地面控制信号，而造成失控，如改用圆极化的发射和接收，则就不会出现这种情况。卫星通信系统中，卫星上的天线和地面站的天线均采用圆极化进行工作。

例 6.6 证明任一线极化波总可以分解为两个振幅相等旋向相反的圆极化波的叠加。

解 假设线极化波沿 $+z$ 方向传播，不失一般性，取 x 轴平行于电场强度矢量 $\boldsymbol{E}$，则

$$\boldsymbol{E}(z) = \boldsymbol{a}_x E_0 \mathrm{e}^{-\mathrm{j}kz} = \boldsymbol{a}_x E_0 \mathrm{e}^{-\mathrm{j}kz} + \frac{1}{2}\mathrm{j}\boldsymbol{a}_y E_0 \mathrm{e}^{-\mathrm{j}kz} - \frac{1}{2}\mathrm{j}\boldsymbol{a}_y E_0 \mathrm{e}^{-\mathrm{j}kz}$$

$$= \frac{E_0}{2}(\boldsymbol{a}_x + \mathrm{j}\boldsymbol{a}_y)\mathrm{e}^{-\mathrm{j}kz} + \frac{E_0}{2}(\boldsymbol{a}_x - \mathrm{j}\boldsymbol{a}_y)\mathrm{e}^{-\mathrm{j}kz}$$

上式右边第一项为一左旋圆极化波，第二项为一右旋圆极化波，而且两者振幅相等，均为 $E_0/\sqrt{2}$。

例 6.7 判断下列平面电磁波的极化形式：

(1)$\boldsymbol{E}=E_0(-\boldsymbol{a}_x+\mathrm{j}\boldsymbol{a}_y)\mathrm{e}^{-\mathrm{j}kz}$；

(2)$\boldsymbol{E}=E_0(\mathrm{j}\boldsymbol{a}_x-2\mathrm{j}\boldsymbol{a}_y)\mathrm{e}^{+\mathrm{j}kz}$；

(3)$\boldsymbol{E}=E_0(\boldsymbol{a}_x+3\mathrm{j}\boldsymbol{a}_z)\mathrm{e}^{-\mathrm{j}ky}$；

(4)$\boldsymbol{E}=E_0(3\boldsymbol{a}_x+4\boldsymbol{a}_y-5\mathrm{j}\boldsymbol{a}_z)\mathrm{e}^{-\mathrm{j}k(8x-6y)}$。

解 (1)$\boldsymbol{E}=\mathrm{j}E_0(\mathrm{j}\boldsymbol{a}_x+\boldsymbol{a}_y)\mathrm{e}^{-\mathrm{j}kz}$，$E_x$ 和 E_y 振幅相等，且 E_x 相位超前 E_y 相位 $\pi/2$，电磁波沿 $+z$ 方向传播，故为右旋圆极化波。

(2)$\boldsymbol{E}=\mathrm{j}E_0(\boldsymbol{a}_x-2\boldsymbol{a}_y)\mathrm{e}^{\mathrm{j}kz}$，$E_x$ 和 E_y 相位差为 π，故为在二、四象限的线极化波。

(3)$E_{z\mathrm{m}}\neq E_{x\mathrm{m}}$，$E_z$ 相位超前 E_x 相位 $\pi/2$，电磁波沿 $+y$ 方向传播，故为右旋椭圆极化波。

(4)$\boldsymbol{E}=5E_0\left[\left(\frac{3}{5}\boldsymbol{a}_x+\frac{4}{5}\boldsymbol{a}_y\right)-\mathrm{j}a_z\right]\cdot\mathrm{e}^{-\mathrm{j}10k\left(\frac{4}{5}\boldsymbol{a}_x-\frac{3}{5}\boldsymbol{a}_y\right)\cdot\boldsymbol{r}}=5E_0[\boldsymbol{a}_{xy}-\mathrm{j}\boldsymbol{a}_z]\cdot\mathrm{e}^{-\mathrm{j}10k\boldsymbol{a}_n\cdot\boldsymbol{r}}$。

在垂直于 $\boldsymbol{a}_n$ 的平面内将 $\boldsymbol{E}$ 分解为 $\boldsymbol{a}_{xy}$ 和 $\boldsymbol{a}_z$ 两个方向的分量，则这两个分量互相垂直，振幅相等，且 $\boldsymbol{a}_{xy}$ 相位超前 $\boldsymbol{a}_z$ 相位 $\pi/2$，$\boldsymbol{a}_{xy}\times\boldsymbol{a}_z=\boldsymbol{a}_n$，故为右旋圆极化波。

例 6.8 电磁波在真空中传播，其电场强度矢量的复数表达式为

$$\boldsymbol{E}=(\boldsymbol{a}_x-\mathrm{j}\boldsymbol{a}_y)10^{-4}\mathrm{e}^{-\mathrm{j}20\pi z}(\mathrm{V/m})$$

试求：(1)工作频率 f；

(2)磁场强度矢量的复数表达式；

(3)坡印亭矢量的瞬时值和时间平均值；

(4)此电磁波是何种极化，旋向如何？

解 (1)真空中传播的均匀平面电磁波的电场强度矢量的复数表达式为

$$\boldsymbol{E}=(\boldsymbol{a}_x-\mathrm{j}\boldsymbol{a}_y)10^{-4}\mathrm{e}^{-\mathrm{j}20\pi z}(\mathrm{V/m})$$

所以有

$$k=20\pi,\quad v=\frac{1}{\sqrt{\mu_0\varepsilon_0}}=3\times10^8,\quad k=\frac{2\pi}{\lambda},\quad \lambda f=v$$

$$f=\frac{v}{\lambda}=3\times10^9\ \mathrm{Hz}$$

电场强度矢量的瞬时值为

$$\boldsymbol{E}=10^{-4}[\boldsymbol{a}_x\cos(\omega t-kz)+\boldsymbol{a}_y\sin(\omega t-kz)]$$

(2)磁场强度复矢量为

$$\boldsymbol{H}=\frac{1}{\eta_0}\boldsymbol{a}_z\times\boldsymbol{E}=\frac{1}{\eta_0}(\boldsymbol{a}_y+\mathrm{j}\boldsymbol{a}_x)\cdot10^{-4}\mathrm{e}^{-\mathrm{j}20\pi z}$$

$$\eta_0=\sqrt{\frac{\mu_0}{\varepsilon_0}}=120\pi$$

磁场强度的瞬时值是

$$\begin{aligned}\boldsymbol{H}(z,t)&=\mathrm{Re}[\boldsymbol{H}(z)\cdot\mathrm{e}^{\mathrm{j}\omega t}]\\&=\frac{10^{-4}}{\eta_0}[\boldsymbol{a}_y\cos(\omega t-kz)-\boldsymbol{a}_x\sin(\omega t-kz)]\end{aligned}$$

(3)坡印亭矢量的瞬时值和时间平均值为

$$\begin{aligned}\boldsymbol{S}(z,t)&=\boldsymbol{E}(z,t)\times\boldsymbol{H}(z,t)\\&=\frac{10^{-8}}{\eta_0}[\boldsymbol{a}_z\cos^2(\omega t-kz)+\boldsymbol{a}_z\sin^2(\omega t-kz)]\end{aligned}$$

$$\boldsymbol{S}_{\mathrm{av}}=\mathrm{Re}\left[\frac{1}{2}\boldsymbol{E}(z)\times\boldsymbol{H}^{*}(z)\right]=\boldsymbol{a}_z\frac{1}{2}\cdot\frac{10^{-8}}{\eta_0}\cdot(1+1)=\boldsymbol{a}_z\frac{10^{-8}}{\eta_0}$$

(4)此均匀平面电磁波的电场强度矢量在 x 方向和 y 方向的分量振幅相等，且 x 方向的分量比 y 方向的分量相位超前 $\pi/2$，故为右旋圆极化波。

6.4 色散、相速和群速

色散的名称来源于光学。当一束阳光射在三棱镜上时，在三棱镜的另一边就可看到红、橙、黄、绿、蓝、靛、紫七色光散开的图像。这就是光谱段电磁波的色散现象，这是由于不同频率的光在同一介质中具有不同的折射率，也即具有不同的相速度所致。“介质的色散”是指介质的参数与频率有关，而“波的色散”是指波的相速与频率有关。一个任意波形的信号总可以看成是由许多时谐波叠加而成，每一时谐波传播的相速是由介质参数 ε、μ 和 σ 确定。若介质的参数 ε、μ 和 σ 与频率有关，则是色散介质，在其中传播的电磁波必然要发生色散。要深入研究介质的色散特性，就必须研究介质的原子理论和极化的微观过程，下面我们介绍由洛伦兹给出的简单的色散介质模型和由此导出的色散关系。

6.4.1 介质的色散

根据洛伦兹给出的色散介质模型，一个分子是由若干重离子(如原子核)和围绕它们旋转的一些轻离子(如电子)组成。在非极性分子中，电子的电荷和原子核的电荷不仅总量相等，而且正电荷中心与负电荷中心也重合，因而不呈现电偶极矩。但是，在外电场的作用下，非极性分子的电子和核都将产生位移，正负电荷中心不再重合，形成一电偶极矩。而且，由于原子核的质量远大于电子的质量，相对于电子的位移而言，原子核可视为不动。由前面的分析可知，每一个电子当对平横位置产生一位移后，就贡献一个电偶极矩 $\boldsymbol{p}=e\boldsymbol{r}$，其中，$e$ 是电子的电荷，$\boldsymbol{r}$ 是电子在外场作用下离开它平衡位置的位移。因此，我们先来求电子的位移与频率的关系。每个电子在外场作用下所受到的作用力为

$$\boldsymbol{F}=e(\boldsymbol{E}+v\times\boldsymbol{B}) \tag{6.46a}$$

其中，v 是电子运动的速度，因为时变场中，电场强度 $\boldsymbol{E}$ 与磁感应强度 $\boldsymbol{B}$ 之间存在关系 $|\boldsymbol{B}|\propto|\boldsymbol{E}|/c$，其中，$c$ 为光速，所以洛伦兹力公式中磁场的贡献可以忽略。要严格地算出电子在电场力作用下所产生的位移是一个复杂的量子力学问题。现在我们作如下的近似处理，即假定电子是被一个弹性恢复力

$$\boldsymbol{F}_1=-m\omega_0^2\boldsymbol{r} \tag{6.46b}$$

束缚在它的平衡位置上，其中，m 是电子的质量，ω_0 是绕平衡点振动的振动频率。另外，还存在阻尼力

$$\boldsymbol{F}_2=-m\gamma\frac{\mathrm{d}\boldsymbol{r}}{\mathrm{d}t} \tag{6.46c}$$

其中，γ 为阻尼常数。因此，电子在外电场作用下的运动规律满足方程

$$m\left(\frac{\mathrm{d}^2\boldsymbol{r}}{\mathrm{d}t^2}+\gamma\frac{\mathrm{d}\boldsymbol{r}}{\mathrm{d}t}+\omega_0^2\boldsymbol{r}\right)=e\boldsymbol{E} \tag{6.46d}$$

设电场为时谐场，即 $\boldsymbol{E}=\mathrm{Re}[\boldsymbol{E}_{\mathrm{m}}\mathrm{e}^{\mathrm{j}\omega t}]$，假定方程(6.46d)的解的形式为

$$\boldsymbol{r} = \mathrm{Re}[\boldsymbol{r}_{\mathrm{m}} \mathrm{e}^{\mathrm{j}\omega t}] \tag{6.46e}$$

将式(6.46e)代入式(6.46d)后，可求得

$$\boldsymbol{r}_{\mathrm{m}} = \frac{e}{m} \frac{\boldsymbol{E}_{\mathrm{m}}}{(\omega_0^2 - \omega^2) + \mathrm{j}\omega\gamma} \tag{6.46f}$$

因而极化强度

$$\boldsymbol{P}_{\mathrm{m}} = Ne\boldsymbol{r}_{\mathrm{m}} = \frac{Ne^2}{m} \frac{\boldsymbol{E}_{\mathrm{m}}}{(\omega_0^2 - \omega^2) + \mathrm{j}\omega\gamma} \tag{6.46g}$$

其中，N 为单位体积中的电子数。由于 $\boldsymbol{P}_{\mathrm{m}} = \varepsilon_0 \chi_{\mathrm{e}} \boldsymbol{E}_{\mathrm{m}}$，所以极化率 χ_{e} 为

$$\chi_{\mathrm{e}} = \frac{Ne^2}{m\varepsilon_0} \frac{1}{(\omega_0^2 - \omega^2) + \mathrm{j}\omega\gamma} \tag{6.46h}$$

相对介电常量

$$\varepsilon_{\mathrm{r}} = 1 + \chi_{\mathrm{e}} = \frac{Ne^2}{m\varepsilon_0} \frac{1}{(\omega_0^2 - \omega^2) + \mathrm{j}\omega\gamma} \tag{6.46i}$$

将其分解成实部和虚部得

$$\varepsilon_{\mathrm{r}}' = 1 + \frac{Ne^2}{m\varepsilon_0} \frac{\omega_0^2 - \omega^2}{(\omega_0^2 - \omega^2) + \omega^2\gamma^2} \tag{6.46j}$$

$$\varepsilon_{\mathrm{r}}'' = -\frac{Ne^2}{m\varepsilon_0} \frac{\omega\gamma}{(\omega_0^2 - \omega^2)^2 + \omega^2\gamma^2} \tag{6.46k}$$

从复介电常量的概念可知，相对介电常量的实部决定了波的传播速度，而虚部决定了波的衰减特性。从式(6.46j)可以看出，$\varepsilon_{\mathrm{r}}'$与频率 ω 有关，即介质具有色散特性。图 6.10 画出了 $\varepsilon_{\mathrm{r}}'$随 ω 的变化曲线，从图中可以看出，除去在 ω_0 附近很窄的一段区域内 $\varepsilon_{\mathrm{r}}'$随频率升高而减小外，在其他区域 $\varepsilon_{\mathrm{r}}'$随频率升高而加大。$\varepsilon_{\mathrm{r}}'$随频率升高而增加称为正常色散，$\varepsilon_{\mathrm{r}}'$随频率升高而减小称为反常色散。因为自由原子的吸收频率 ω_0 几乎全部落在紫外光谱区内，所以从无线电的射频波谱直到紫外光谱区内，一般介质的折射率$\sqrt{\varepsilon_{\mathrm{r}}'}$总是大于 1 的。从图中给出的介电常量的虚部随频率的变化曲线可见，在反常色散区介电常量的虚部很大，它表示能量被带电离子吸收很多，损耗很大，因此介电常量的虚部随频率的变化曲线称为介质的吸收曲线。

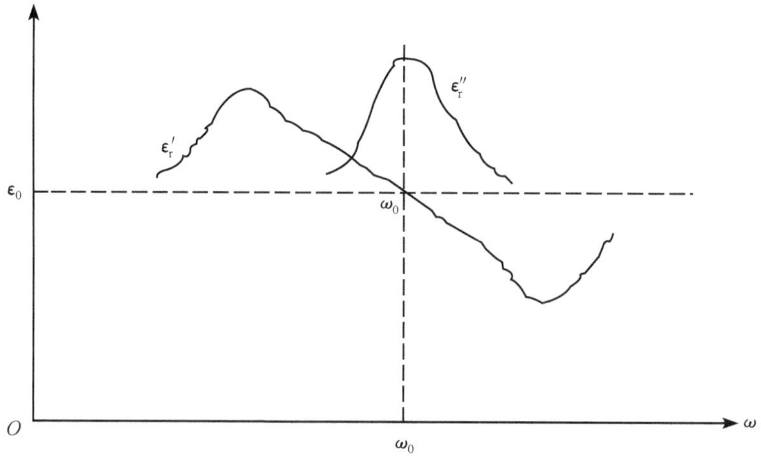

图 6.10　相对介电常量随频率的变化曲线

6.4.2　导体的色散

导体的色散分析可基于下述的粗糙模型。在导体的晶格上有固定的正离子，而在其周围则有运动的自由电子，它们处于平衡状态中。当有外电场作用时，可引起自由电子向外电场方向的漂移，但这种漂移受到晶格上正离子的反复碰撞和阻挡，使漂移电子的动量转移到晶格点上变成了正离子的热振动，同时电子的运动也受到了阻尼。这种阻尼作用与电子的速度成正比，用$-mq\dfrac{\mathrm{d}\boldsymbol{r}}{\mathrm{d}t}$表示($q$为阻尼系数)。因此电子的平均运动满足方程

$$m\frac{\mathrm{d}^2\boldsymbol{r}}{\mathrm{d}t^2}+mq\frac{\mathrm{d}\boldsymbol{r}}{\mathrm{d}t}=e\boldsymbol{E} \tag{6.46l}$$

对于时谐场$\boldsymbol{E}=\mathrm{Re}[\boldsymbol{E}_\mathrm{m}\mathrm{e}^{\mathrm{j}\omega t}]$，式(6.46l)的两个稳态解为

$$r'_\mathrm{m}=\frac{e}{m}\frac{E_\mathrm{m}}{q+\mathrm{j}\omega} \tag{6.46m}$$

$$\boldsymbol{r}_\mathrm{m}=\frac{-\mathrm{j}e}{m\omega}\frac{\boldsymbol{E}_\mathrm{m}}{q+\mathrm{j}\omega} \tag{6.46n}$$

设单位体积内自由电子的总数为N，则电流密度$\boldsymbol{J}_\mathrm{m}$为

$$\boldsymbol{J}_\mathrm{m}=Ne\boldsymbol{r}'_\mathrm{m}=\frac{Ne^2}{m}\frac{\boldsymbol{E}_\mathrm{m}}{q+\mathrm{j}\omega} \tag{6.46o}$$

根据电导率的定义$\sigma=\boldsymbol{J}_m/\boldsymbol{E}_\mathrm{m}$得

$$\sigma=\frac{Ne^2/m}{q+\mathrm{j}\omega} \tag{6.46p}$$

由于金属原子的电子的谐振频率远落在紫外光谱以外，所以导体的介电常量可以认为是ε_0，即导体复介电常量为

$$\varepsilon_\mathrm{c}=\varepsilon_0-\mathrm{j}\frac{\sigma}{\varepsilon}=\varepsilon_0-\mathrm{j}\frac{Ne^2}{m\varepsilon(q+\mathrm{j}\omega)} \tag{6.46q}$$

通过分析可知，金属导体的自由电子的惯性一直到接近红外波段都可以忽略，即式(6.46l)中的$m\dfrac{\mathrm{d}^2\boldsymbol{r}}{\mathrm{d}t^2}$可以忽略，这时

$$\sigma=\frac{Ne^2}{mq} \tag{6.46r}$$

即电导率变成实数并且与频率无关。当频率高于红外波段(波长短于25×10^{-3}cm)，电导率必须按式(6.46p)计算。

6.4.3　相速与群速

波的相速度只取决于介质的参数ε和$\mu(\sigma=0)$，对于理想介质$\beta=\omega\sqrt{\mu\varepsilon}$，$\beta$与$\omega$成正比，因此相速度$v_\mathrm{p}$与频率$\omega$无关，理想介质是非色散介质。如果上述条件得不到满足，则相速度v_p与频率ω有关，这种介质称为色散介质。如当频率足够高时，介电常量ε是频率ω的函数，从而使β为ω的复杂函数，在这种情况下v_p与频率ω有关，介质成为色散介质。另外我们知道导电介质也是色散介质，导电介质的β也是ω的复杂函数，v_p与频率ω有关。良导体中的相速为

$$v_{\mathrm{p}}=\frac{\omega}{\beta}=\sqrt{\frac{2\omega}{\mu\sigma}}$$

这时的相速度是频率的函数。这种波的相速度随频率而变的现象就称为波的色散。

前几节讨论了以 $\cos(\omega t-\beta z)$表示其相位变化的均匀平面电磁波，这种在时间、空间上无限延伸的单一频率的电磁波称为单色波。一个单一频率的正弦电磁波不能传递任何信息，并且理想的单频正弦电磁波实际上也是不存在的。实际工程中的电磁波在时间和空间上是有限的，它由不同频率的正弦波(谐波)叠加而成，称为非单色波。非单色波在传播过程中，由于各谐波分量的相速度不同而使其相对相位关系发生变化，从而引起波形(信号)的畸变。携带信息的都是具有一定带宽的已调制非单色波，因此调制波传播的速度才是信号传递的速度。在色散介质中，不同频率分量的单色波各以不同的相速传播。那么，由不同频率的单色波叠加而成的电磁波信号在介质中是以什么速度传播的呢？为了阐明此概念，我们来讨论一个简单情况。假定色散介质中同时存在着两个电场强度方向相同、振幅相同、频率不同，向 z 方向传播的正弦线极化电磁波，它们的角频率和相位常数分别依次为

$$\omega_0+\Delta\omega \quad 和 \quad \omega_0-\Delta\omega$$

和

$$\beta_0+\Delta\beta \quad 和 \quad \beta_0-\Delta\beta$$

且有

$$\Delta\omega\ll\omega_0, \qquad \Delta\beta\ll\beta_0$$

电场强度表达式为

$$E_1=E_0\cos\left[(\omega_0+\Delta\omega)t-(\beta_0+\Delta\beta)z\right]$$
$$E_2=E_0\cos\left[(\omega_0-\Delta\omega)t-(\beta_0-\Delta\beta)z\right]$$

合成电磁波的场强表达式为

$$\begin{aligned}E(t)&=E_0\cos[(\omega_0+\Delta\omega)t-(\beta_0+\Delta\beta)z]\\&\quad+E_0\cos[(\omega_0-\Delta\omega)t-(\beta_0-\Delta\beta)z]\\&=2E_0\cos(t\Delta\omega-z\Delta\beta)\cos(\omega_0 t-\beta_0 z)\end{aligned} \tag{6.46s}$$

可以将式(4.46s)看成角频率是 ω_0，而振幅按 $\cos(\Delta\omega\cdot t-\Delta\beta\cdot z)$缓慢变化地向 z 方向传播的行波。图 6.11 表示固定时刻此合成波随 z 的分布(这里 $f_0=1\mathrm{MHz}$，$\Delta f=100\mathrm{kHz}$，$E_0=1\mathrm{V/m}$)，可见这是按一定周期排列的波群。随着时间的推移，波群向正 z 方向运动。合成波的振幅随时间按余弦变化，是一调幅波，调制的频率为 $\Delta\omega$，这个按余弦变化的调制波称为包络波(图中的虚线)。群速(group velocity) v_{g} 的定义是包络波上某一恒定相位点推进的速度。令调制波的相位为常数，即

$$t\Delta\omega-z\Delta\beta=\text{const.}$$

由此得

$$v_{\mathrm{g}}=\frac{\mathrm{d}z}{\mathrm{d}t}=\frac{\Delta\omega}{\Delta\beta}$$

当 $\Delta\omega\to0$ 时，上式可写成

$$v_{\mathrm{g}}=\frac{\mathrm{d}\omega}{\mathrm{d}\beta}\ (\mathrm{m/s}) \tag{6.46t}$$

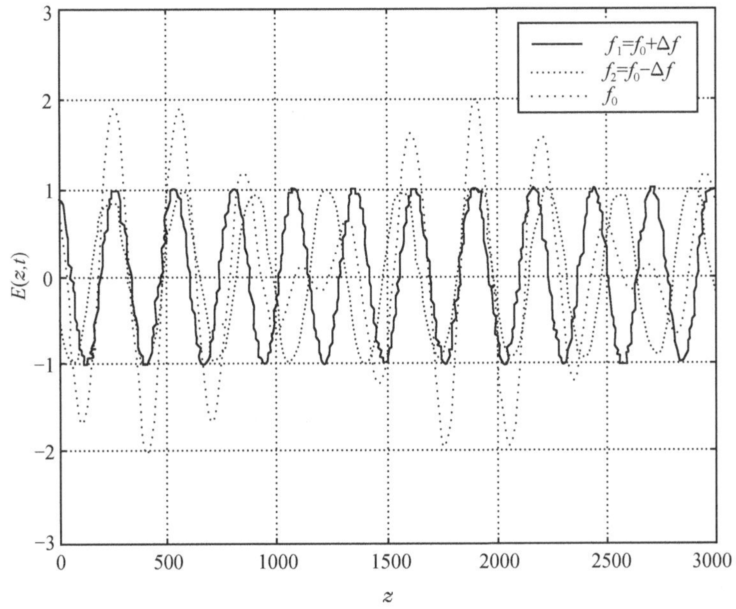

图 6.11 相速与群速

由于群速是波的包络上一个点的传播速度，只有当包络的形状不随波的传播而变化时，它才有意义。若信号频谱很宽，则信号包络在传播过程中将发生畸变。因此，只有对窄频带信号，群速才有意义。

6.4.4 群速与相速的关系

在一般情况下，信号是由任意形状的波包(或脉冲)构成，根据傅里叶分析可知，对于频率为 ω 的单色正弦波，它的电场或磁场的某一分量 $\psi(t)$ 可以表示成

$$\psi(t)=\frac{1}{2\pi}\int_{-\infty}^{+\infty}\psi_0(\omega)\mathrm{e}^{\mathrm{j}\omega t}\mathrm{d}\omega \tag{6.47a}$$

其中

$$\psi_0(\omega)=\int_{-\infty}^{+\infty}\psi(t)\mathrm{e}^{-\mathrm{j}\omega t}\mathrm{d}t \tag{6.47b}$$

若每一频率分量的相速是不同的，其相移常数 $\beta(\omega)$ 也是不同的(这种波称为色散波)，这样信号在传播过程中就可能发生畸变。设信号的带宽足够窄，中心频率为 ω_0，即

$$\psi(t)=\frac{1}{2\pi}\int_{\omega_0-\Delta\omega}^{\omega_0+\Delta\omega}\psi_0(\omega)\mathrm{e}^{\mathrm{j}\omega t}\mathrm{d}\omega \tag{6.47c}$$

沿 z 方向传播一段距离 z 后，相函数 $\psi_0(\omega)$ 变成了 $\psi_z(\omega)$，且

$$\psi_z(\omega)=\psi_0(\omega)\mathrm{e}^{-\mathrm{j}\beta(\omega)z} \tag{6.47d}$$

将 $\beta(\omega)$ 在 ω_0 附近展开成泰勒级数并只取前两项，得

$$\beta(\omega)\approx\beta(\omega_0)+\left.\frac{\mathrm{d}\beta}{\mathrm{d}\omega}\right|_{\omega=\omega_0} \tag{6.47e}$$

将式(6.47e)代入式(6.47d)，并取其傅里叶逆变换，可求得 z 出的信号为

$$\psi(z,t)=\frac{1}{2\pi}\int_{\omega_0-\Delta\omega}^{\omega_0+\Delta\omega}\psi_0(\omega)\mathrm{e}^{-\mathrm{j}(k_0z+\omega t_z)}\mathrm{e}^{\mathrm{j}\omega t}\mathrm{d}\omega$$

$$= e^{j(\omega_0 t - k_0 z)} \frac{1}{2\pi}\int_{\omega_0-\Delta\omega}^{\omega_0+\Delta\omega} \psi_0(\omega' + \omega_0) e^{j\omega'(t-t_z)} d\omega'$$

$$= e^{j(\omega_0 t - k_0 z)} \frac{1}{2\pi}\int_{-\Delta\omega}^{+\Delta\omega} \psi_0(\omega' + \omega_0) e^{j\omega'(t-t_z)} d\omega' \tag{6.47f}$$

包络的等相位面方程为

$$\omega'(t - t_z) = 常数 = \omega\left(t - \left.\frac{d\beta}{d\omega}\right|_{z_\omega=\omega_0}\right)$$

因此，群速度

$$v_g = \frac{dz}{dt} = \left.\frac{d\omega}{d\beta}\right|_{\omega=\omega_0} \tag{6.47g}$$

对于非色散波，在介质无色散的情况下 $\beta=\omega\sqrt{\mu\varepsilon}$，而 ε、μ 与频率无关，因此

$$v_g = \left.\frac{d\omega}{d\beta}\right|_{\omega=\omega_0} = \frac{1}{\sqrt{\mu\varepsilon}} = \frac{\omega}{\beta} = v_p \tag{6.47h}$$

即群速和相速相等。

在色散介质中

$$v_g = \left.\frac{d\omega}{d\beta}\right|_{\omega=\omega_0} = \left.\frac{d(v_p\beta)}{d\beta}\right|_{\omega=\omega_0} = v_p + \beta\left.\frac{dv_p}{d\beta}\right|_{\omega=\omega_0} = v_p + \left.\frac{\omega_0}{v_p}\frac{dv_p}{d\omega}v_g\right|_{\omega=\omega_0}$$

从而得

$$v_g = v_p \bigg/ \left.\left(1 - \frac{\omega_0}{v_p}\frac{dv_p}{d\omega}\right)\right|_{\omega=\omega_0} \tag{6.48}$$

可见，当 $dv_p/d\omega=0$，则 $v_g=v_p$，这是无色散情况，群速等于相速。当$dv_p/d\omega\neq0$，即相速是频率的函数时，$v_g\neq v_p$。这时又分为以下两种情况。

(1) $\frac{dv_p}{d\omega}<0$，则 $v_g<v_p$，这类色散称为正常色散。

(2) $\frac{dv_p}{d\omega}>0$，则 $v_g>v_p$，这类色散称为非正常色散。

导体的色散就是非正常色散。这里“非正常”一词并没有特别的含义，只是表示它与正常色散的类型不同而已。

6.5 均匀平面电磁波向平面分界面的垂直入射

到目前为止，已经讨论了均匀平面电磁波在无界简单介质中的传播规律。但是，实际上介质只占据有限的区域，因此必须考虑电磁波传播路径上不同介质分界面的效应。为分析方便，仅考虑不同介质分界面为无限大平面的情况。一般地说，电磁波在传播过程中遇到两种(或多种)不同波阻抗的介质分界面时，在介质分界面上将有一部分电磁能量被反射回来，形成反射波；另一部分电磁能量可能透过分界面继续传播，形成透射波。

下面几节，将要研究的问题是在已知入射波的频率、振幅、极化、传播方向和两种介质特性的条件下，确定反射波和透射波，进而研究不同介质中合成电磁波的传播规律和特性。任意极化的入射波，总可以分解为两个相互垂直的线极化波，所

以只讨论线极化均匀平面电磁波向无限大不同介质分界面垂直入射和斜入射时的反射和透射问题。

6.5.1　平面电磁波向理想导体的垂直入射

从较简单的垂直入射开始研究平面电磁波的反射和透射。如图 6.12 所示，I 区为无耗介质，II 区为理想导体，它们具有无限大的平面分界面($z=0$ 的无限大平面)。设均匀平面电磁波沿 $\boldsymbol{a}_z$ 方向垂直投射到分界面上。

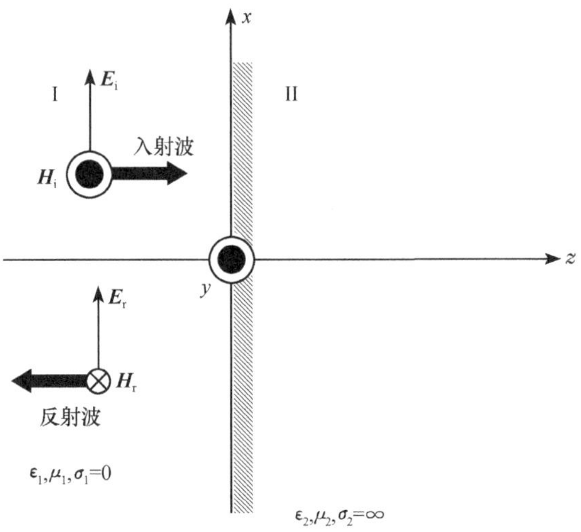

图 6.12　垂直入射到理想导体上的平面电磁波

设入射电磁波的电场和磁场分别依次为

$$\boldsymbol{E}_i = \boldsymbol{a}_x E_{io} e^{-jk_1 z} \tag{6.49a}$$

$$\boldsymbol{H}_i = \boldsymbol{a}_y \frac{1}{\eta_1} E_{io} e^{-jk_1 z} \tag{6.49b}$$

其中，E_{io}为 $z=0$ 处入射波(incident wave)的振幅，k_1 和 η_1 为介质 1 的相位常数和波阻抗。且有

$$k_1 = \omega\sqrt{\mu_1\varepsilon_1}, \qquad \eta_1 = \sqrt{\frac{\mu_1}{\varepsilon_1}}$$

介质 2 为理想导体，其中的电场和磁场均为零，即 $\boldsymbol{E}_2=0$ 和 $\boldsymbol{H}_2=0$。因此，电磁波不能透过理想导体表面，而是被分界面全部反射后，在介质 1 中形成反射波 $\boldsymbol{E}_r$ 和 $\boldsymbol{H}_r$。为使分界面上的切向边界条件，在分界面上任意点、任何时刻均可能满足，设反射波与入射波有相同的频率和极化，且沿 $-\boldsymbol{a}_z$ 方向传播。于是反射波(reflected wave)的电场和磁场可分别依次写为

$$\boldsymbol{E}_r = \boldsymbol{a}_x E_{ro} e^{jk_1 z} \tag{6.50a}$$

$$\boldsymbol{H}_r = -\boldsymbol{a}_y \frac{1}{\eta_1} E_{ro} e^{jk_1 z} \tag{6.50b}$$

其中，E_{ro}为 $z=0$ 处反射波的振幅。

因此，介质 1 中总的合成电磁场为

$$\boldsymbol{E}_1=\boldsymbol{E}_{\mathrm{i}}+\boldsymbol{E}_{\mathrm{r}}=\boldsymbol{a}_x(E_{\mathrm{io}}\mathrm{e}^{-\mathrm{j}k_1z}+E_{\mathrm{ro}}\mathrm{e}^{\mathrm{j}k_1z}) \tag{6.51a}$$

$$\boldsymbol{H}_1=\boldsymbol{H}_{\mathrm{i}}+\boldsymbol{H}_{\mathrm{r}}=\boldsymbol{a}_y\frac{1}{\eta_1}(E_{\mathrm{io}}\mathrm{e}^{-\mathrm{j}k_1z}-E_{\mathrm{ro}}\mathrm{e}^{\mathrm{j}k_1z}) \tag{6.51b}$$

分界面 $z=0$ 两侧，电场强度 $\boldsymbol{E}$ 的切向分量连续，即

$$\boldsymbol{a}_z\times(\boldsymbol{E}_2-\boldsymbol{E}_1)=\boldsymbol{0}$$

所以

$$\boldsymbol{E}_1(0)=\boldsymbol{a}_x(E_{\mathrm{io}}+E_{\mathrm{ro}})=\boldsymbol{E}_2(0)=\boldsymbol{0}$$

于是分界面上的反射系数 Γ，即分界面上反射波电场强度与入射波电场强度之比为

$$\Gamma=\frac{E_{\mathrm{ro}}}{E_{\mathrm{io}}}=-1 \tag{6.52}$$

将式(6.52)代入式(6.51)，得到 I 区的合成电场和磁场

$$\boldsymbol{E}_1=\boldsymbol{a}_xE_{\mathrm{io}}(\mathrm{e}^{-\mathrm{j}k_1z}-\mathrm{e}^{\mathrm{j}k_1z})=-\boldsymbol{a}_x2\mathrm{j}E_{\mathrm{io}}\cdot\sin(k_1z) \tag{6.53a}$$

$$\boldsymbol{H}_1=\boldsymbol{a}_y\frac{1}{\eta_1}E_{\mathrm{io}}(\mathrm{e}^{-\mathrm{j}k_1z}+\mathrm{e}^{\mathrm{j}k_1z})=\boldsymbol{a}_y2\frac{E_{\mathrm{io}}}{\eta_1}\cdot\cos(k_1z) \tag{6.53b}$$

它们对应的瞬时值为

$$\boldsymbol{E}_1(z,t)=\mathrm{Re}[\boldsymbol{E}_1\cdot\mathrm{e}^{\mathrm{j}\omega t}]=\boldsymbol{a}_x2E_{\mathrm{io}}\sin(k_1z)\cdot\sin(\omega t) \tag{6.54a}$$

$$\boldsymbol{H}_1(z,t)=\mathrm{Re}[\boldsymbol{H}_1\cdot\mathrm{e}^{\mathrm{j}\omega t}]=\boldsymbol{a}_y2\frac{E_{\mathrm{io}}}{\eta_1}\cdot\cos(k_1z)\cdot\cos(\omega t) \tag{6.54b}$$

由于 II 区中无电磁场，在理想导体表面两侧的磁场切向分量不连续，所以分界面上存在面电流。根据磁场切向分量的边界条件 $\boldsymbol{n}\times(\boldsymbol{H}_2-\boldsymbol{H}_1)=\boldsymbol{J}_S$，得面电流密度为

$$\boldsymbol{J}_S=\boldsymbol{a}_z\times\left(0-\boldsymbol{a}_y2\frac{E_{\mathrm{io}}}{\eta_1}\cdot\cos(k_1z)\right)\bigg|_{z=0}=\boldsymbol{a}_x\frac{2E_{\mathrm{io}}}{\eta_1}$$

下面讨论 I 区中合成电磁波的时空特性。由式(6.54)可见，任意时刻 t，I 区的合成电场 $\boldsymbol{E}_1$ 和磁场 $\boldsymbol{H}_1$ 都在距理想导体表面的某些固定位置处存在零值和最大值，即

$$\left.\begin{aligned}&\boldsymbol{E}_1(z,t)=0\text{ 的值}\\&\boldsymbol{H}_1(z,t)\text{ 的最大值}\end{aligned}\right\}\text{发生在 } k_1z=-n\pi\quad\text{或}\quad z=-n\cdot\frac{\lambda}{2},\quad n=0,1,2,\cdots$$

$$\left.\begin{aligned}&\boldsymbol{H}_1(z,t)=0\text{ 的值}\\&\boldsymbol{E}_1(z,t)\text{ 的最大值}\end{aligned}\right\}\text{发生在 } k_1z=-(2n+1)\frac{\pi}{2}\quad\text{或}\quad z=-(2n+1)\cdot\frac{\lambda}{4},\quad n=0,1,2,\cdots$$

这些最大值的位置不随时间变化，称为波腹点；同样这些零值的位置也不随时间变化，称为波节点。这可用图 6.13 来说明。图中电场强度振幅 $E_{\mathrm{io}}=5$，给出了时间 t 等于 0、$T/8$、$T/4$、$5T/8$、$3T/4$ 时，$E_1(z,t)$与 z 的关系。从图中我们看到，空间各点的电场都随时间按 $\sin\omega t$ 作简谐变化，但其波腹点处电场振幅总是最大，波节点处电场总是零，而且这种状态并不随时间沿 z 移动。这种波腹点和波节点位置都固定不动的电磁波称为驻波。这说明两个振幅相等、传播方向相反的行波合成的结果是驻波。驻波电场波腹点和波节点都每隔 $\lambda_1/4$ 交替出现。两个相邻波节点之间的距离为 $\lambda_1/2$。

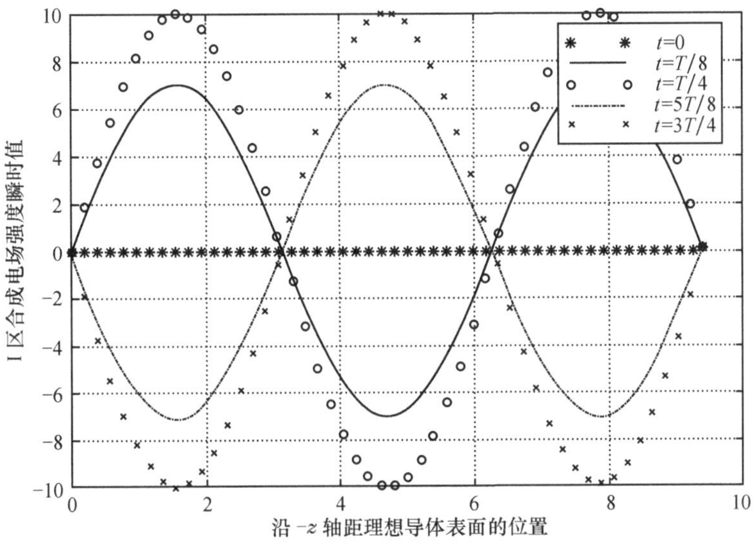

图 6.13 不同瞬间的驻波电场

由式(6.54b)知，磁场振幅也是驻波分布，但磁场的波腹点对应于电场的波节点，而磁场的波节点对应于电场的波腹点。理想导体表面处($z=0$)是电场的波节点，磁场的波腹点。

驻波不传输能量，其坡印亭矢量的时间平均值为

$$\boldsymbol{S}_{\mathrm{av},1}=\mathrm{Re}\left[\frac{1}{2}\boldsymbol{E}_1\times\boldsymbol{H}_1^*\right]=\mathrm{Re}\left[-\boldsymbol{a}_z\mathrm{j}\frac{4E_{\mathrm{io}}^2}{2\eta_1}\sin k_1z\cdot\cos k_1z\right]=\boldsymbol{0} \tag{6.55a}$$

可见没有单向流动的实功率，而只有虚功率。由式(6.54)得其坡印亭矢量的瞬时值为

$$\boldsymbol{S}(z,t)=\boldsymbol{E}(z,t)\times\boldsymbol{H}(z,t)=\boldsymbol{a}_z\frac{E_{\mathrm{io}}^2}{\eta_1}\sin 2k_1z\cdot\sin 2\omega t \tag{6.55b}$$

式(6.55b)表明，瞬时功率流随时间按周期变化，但是仅在两个波节点之间进行电场能量和磁场能量的交换，并不发生电磁能量的单向传输。

6.5.2 平面电磁波向理想介质的垂直入射

设区域 I 和区域 II 中的介质都是理想介质，则当 x 方向极化、沿 z 轴正向传播的均匀平面电磁波由区域 I 向无限大分界平面($z=0$)垂直入射时，因介质参数不同(波阻抗不连续)，到达分界面上的一部分入射波被分界面反射，形成沿 z 轴负向传播的反射波；另一部分入射波透过分界面进入区域 II 传播，形成沿 z 轴正向传播的透射波(transmitted wave)。由于分界面两侧电场强度的切向分量连续，所以反射波和透射波的电场强度矢量也只有 x 分量，即反射波和透射波沿 x 方向极化，如图 6.14 所示。

入射波的电场和磁场表达式与式(6.49a)和式(6.49b)相同，反射波的电场和磁场表达式与式(6.50a)和式(6.50b)相同，区域 I 中的合成电磁波的电场和磁场表达式与式(6.51a)和式(6.51b)相同。区域 II 中只有透射波，其电场和磁场分别依次为

$$\boldsymbol{E}_{\mathrm{t}}=\boldsymbol{a}_xE_{\mathrm{to}}\mathrm{e}^{-\mathrm{j}k_2z} \tag{6.56a}$$

$$\boldsymbol{H}_{\mathrm{t}}=\boldsymbol{a}_y\frac{1}{\eta_2}E_{\mathrm{to}}\mathrm{e}^{-\mathrm{j}k_2z} \tag{6.56b}$$

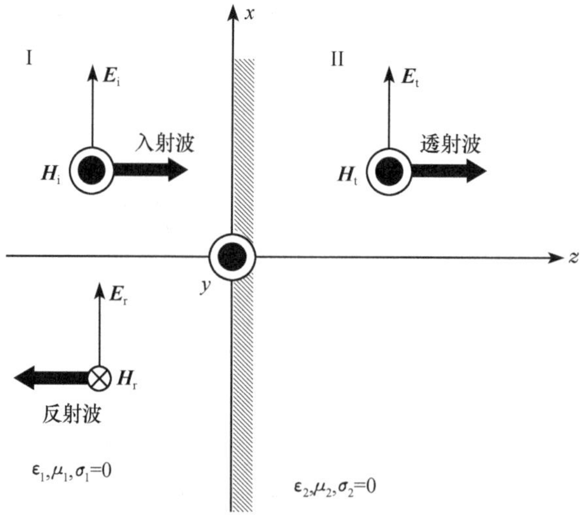

图 6.14　垂直入射到理想介质上的平面电磁波

其中，E_{to}为 $z=0$ 处透射波的振幅，k_2 和 η_2 为介质 2 的相位常数和波阻抗。且有

$$k_2=\omega\sqrt{\mu_2\varepsilon_2},\qquad \eta_2=\sqrt{\frac{\mu_2}{\varepsilon_2}}$$

接着利用分界面上电场和磁场所满足的边界条件 $E_{1t}=E_{2t}$，$H_{1t}=H_{2t}$(理想介质的分界面上不存在传导面电流)，确定分界面处反射波振幅、透射波振幅与入射波振幅的关系。由式(6.51a)及式(6.56a)，考虑到 $z=0$ 处分界面电场强度切向分量连续的边界条件 $E_{1t}=E_{2t}$可得

$$E_{io}+E_{ro}=E_{to} \tag{6.57a}$$

由式(6.51b)及式(6.56b)，考虑到 $z=0$ 处分界面磁场强度切向分量连续的边界条件 $H_{1t}=H_{2t}$可得

$$\frac{1}{\eta_1}(E_{io}-E_{ro})=\frac{1}{\eta_2}E_{to} \tag{6.57b}$$

联立求解式(6.57a)和式(6.57b)得分界面上的反射系数 Γ：分界面上反射波电场强度与入射波电场强度之比，即

$$\Gamma=\frac{E_{ro}}{E_{io}}=\frac{\eta_2-\eta_1}{\eta_2+\eta_1} \tag{6.58a}$$

和分界面上的透射系数 T：分界面上透射波电场强度与入射波电场强度之比，即

$$T=\frac{E_{to}}{E_{io}}=\frac{2\eta_2}{\eta_2+\eta_1} \tag{6.58b}$$

由式(6.58a)和式(6.58b)知，分界面上的透射系数 T 和反射系数 Γ 都是无量纲的量。反射系数 Γ 既可以为正数，也可以为负数，这取决于区域 I 和区域 II 的波阻抗 η_1 和 η_2。透射系数 T 始终为正数。反射系数和透射系数的关系为

$$1+\Gamma=T \tag{6.58c}$$

如果介质 2 为理想导体，则其波阻抗 $\eta_2=0$，由式(6.58a)和式(6.58b)得反射系数

$\Gamma=-1$，透射系数 $T=0$。此时，入射波被理想导体表面全部反射，并在介质1中形成驻波。

最后，我们讨论分界面两侧区域Ⅰ和区域Ⅱ(非理想导体)中合成电磁波的特性。区域Ⅰ($z<0$)中任意点的合成电场强度可表示为

$$\begin{aligned}\boldsymbol{E}_1 &= \boldsymbol{E}_i + \boldsymbol{E}_r = \boldsymbol{a}_x E_{io}(e^{-jk_1 z} + \Gamma e^{jk_1 z}) \\ &= \boldsymbol{a}_x E_{io} \cdot e^{-jk_1 z}(1 + \Gamma e^{j2k_1 z}) \\ &= \boldsymbol{a}_x E_{io}[(1+\Gamma)\cdot e^{-jk_1 z} + \Gamma\cdot(e^{jk_1 z} - e^{-jk_1 z})] \\ &= \boldsymbol{a}_x E_{io}[(1+\Gamma)\cdot e^{-jk_1 z} + j2\Gamma\cdot \sin k_1 z] \\ &= \boldsymbol{a}_x E_{io}(T\cdot e^{-jk_1 z} + j2\Gamma\cdot\sin k_1 z)\end{aligned} \tag{6.59a}$$

磁场强度可表示为

$$\begin{aligned}\boldsymbol{H}_1 &= \boldsymbol{H}_i + \boldsymbol{H}_r = \boldsymbol{a}_y \frac{1}{\eta_1} E_{io}(e^{-jk_1 z} - \Gamma e^{jk_1 z}) \\ &= \boldsymbol{a}_y \frac{1}{\eta_1} E_{io}\cdot e^{-jk_1 z}(1 - \Gamma e^{j2k_1 z}) \\ &= \boldsymbol{a}_y \frac{1}{\eta_1} E_{io}[(1+\Gamma)\cdot e^{-jk_1 z} - 2\Gamma\cdot\cos k_1 z]\end{aligned} \tag{6.59b}$$

从式(6.59a)和式(6.59b)可以看出，式中第一项是沿 z 方向传播的行波，第二项是驻波。这种既有行波成分，又有驻波成分的电磁波称为行驻波。因为有行波成分存在，所以行驻波的电场强度和磁场强度在离分界面的某些固定位置处的最小值不再为零，但仍然有最大值和最小值存在。根据式(6.59a)和式(6.59b)知，区域Ⅰ中电场强度和磁场强度的模为(设 $E_{io}=E_m$ 为实数)

$$|\boldsymbol{E}_1| = E_1 = E_m[1+\Gamma^2 \pm 2|\Gamma|\cdot\cos(2k_1 z)]^{1/2} \tag{6.60a}$$

$$|\boldsymbol{H}_1| = H_1 = \frac{1}{\eta_1}\cdot E_m[1+\Gamma^2 \mp 2|\Gamma|\cdot\cos(2k_1 z)]^{1/2} \tag{6.60b}$$

式(6.60a)和式(6.60b)是 z 的周期函数，周期为 $\lambda_1/2$。括号中的上、下符号分别依次对应于 $\Gamma>0(\eta_2>\eta_1)$ 和 $\Gamma<0(\eta_2<\eta_1)$ 两种情况。

(1) $\Gamma>0(\eta_2>\eta_1)$。

当

$$2k_1 z = -2n\pi,\quad n=0,1,2,\cdots$$
$$z = -n\cdot\lambda_1/2$$

时，有

$$E_1 = E_{max} = E_m(1+|\Gamma|) \tag{6.61a}$$

$$H_1 = H_{min} = \frac{1}{\eta_1}E_m(1-|\Gamma|) \tag{6.61b}$$

即在分界面或离分界面为半波长整数倍处为电场波腹点、磁场波节点。而当

$$z = -(2n+1)\cdot\lambda_1/4,\quad n=0,1,2,\cdots$$

时，又有

$$E_1 = E_{min} = E_m(1-|\Gamma|) \tag{6.62a}$$

$$H_1 = H_{max} = \frac{1}{\eta_1}E_m(1+|\Gamma|) \tag{6.62b}$$

即在离分界面为四分之一波长 $\lambda_1/4$ 的奇数倍处为电场波节点、磁场波腹点。

(2)$\Gamma<0(\eta_2<\eta_1)$。

此时，电场、磁场的波腹点、波节点位置相反，即电场的波腹点对应于$\Gamma>0(\eta_2>\eta_1)$时的电场波节点；磁场的波腹点对应于$\Gamma>0(\eta_2>\eta_1)$时的磁场的波节点。电场的波节点对应于$\Gamma>0(\eta_2>\eta_1)$时的波腹点；磁场的波节点对应于$\Gamma>0(\eta_2>\eta_1)$时的磁场的波腹点。

比较式(6.60a)和式(6.60b)知，磁场强度的模和电场强度的模的最大值和最小值位置正好互换。

为了反映行驻波状态的驻波成分大小，定义行驻波电场(磁场)的最大值与最小值之比为驻波比，即VSWR(voltage standing wave ratio)

$$S=\frac{E_{\max}}{E_{\min}}=\frac{1+|\Gamma|}{1-|\Gamma|} \tag{6.63}$$

因为$\Gamma=-1\sim1$，所以$S=1\sim\infty$。当$|\Gamma|=0$，$S=1$时，为行波状态，区域I中无反射波，因此全部入射波功率都透入区域II。

区域II中的电磁波仅有透射波，将透射系数引入式(6.56)后，其电场和磁场可以表示为

$$\boldsymbol{E}_2=\boldsymbol{E}_{\mathrm{t}}=\boldsymbol{a}_x T\cdot E_{\mathrm{io}}\mathrm{e}^{-\mathrm{j}k_2 z} \tag{6.64a}$$

$$\boldsymbol{H}_2=\boldsymbol{H}_{\mathrm{t}}=\boldsymbol{a}_y\frac{1}{\eta_2}\cdot T\cdot E_{\mathrm{io}}\mathrm{e}^{-\mathrm{j}k_2 z} \tag{6.64b}$$

显然，区域II中的电磁波为向z方向传播的行波。

我们再来讨论电磁能量关系。区域I中，入射波向z方向传输的平均功率密度矢量为

$$\boldsymbol{S}_{\mathrm{av,i}}=\mathrm{Re}\left[\frac{1}{2}\boldsymbol{E}_{\mathrm{i}}\times\boldsymbol{H}_{\mathrm{i}}^*\right]=\boldsymbol{a}_z\frac{1}{2}\cdot\frac{E_{\mathrm{io}}^2}{\eta_1} \tag{6.65a}$$

反射波向$-z$方向传输的平均功率密度矢量为

$$\boldsymbol{S}_{\mathrm{av,r}}=\mathrm{Re}\left[\frac{1}{2}\boldsymbol{E}_{\mathrm{r}}\times\boldsymbol{H}_{\mathrm{r}}^*\right]=-\boldsymbol{a}_z\frac{1}{2}\cdot\frac{|\Gamma|^2E_{\mathrm{io}}^2}{\eta_1}=-|\Gamma|^2\cdot\boldsymbol{S}_{\mathrm{av,i}} \tag{6.65b}$$

区域I中合成场向z方向传输的平均功率密度矢量为

$$\boldsymbol{S}_{\mathrm{av,1}}=\mathrm{Re}\left[\frac{1}{2}\boldsymbol{E}_1\times\boldsymbol{H}_1^*\right]=\boldsymbol{a}_z\frac{1}{2}\cdot\frac{E_{\mathrm{io}}^2}{\eta_1}(1-|\Gamma|^2)=\boldsymbol{S}_{\mathrm{av,i}}\cdot(1-|\Gamma|^2) \tag{6.65c}$$

即区域I中向z方向传输的平均功率密度实际上等于入射波传输的功率减去反射波沿相反方向传输的功率。

区域II中向z方向传输的平均功率密度矢量为

$$\boldsymbol{S}_{\mathrm{av,2}}=\boldsymbol{S}_{\mathrm{av,t}}=\mathrm{Re}\left[\frac{1}{2}\boldsymbol{E}_{\mathrm{t}}\times\boldsymbol{H}_{\mathrm{t}}^*\right]=\boldsymbol{a}_z\frac{1}{2}\cdot\frac{|T|^2E_{\mathrm{io}}^2}{\eta_2}=\frac{\eta_1}{\eta_2}\cdot|T|^2\boldsymbol{S}_{\mathrm{av,i}} \tag{6.65d}$$

并且有

$$\boldsymbol{S}_{\mathrm{av,1}}=\boldsymbol{S}_{\mathrm{av,i}}\cdot(1-|\Gamma|^2)=\frac{\eta_1}{\eta_2}\cdot|T|^2\boldsymbol{S}_{\mathrm{av,i}}=\boldsymbol{S}_{\mathrm{av,2}} \tag{6.65e}$$

即区域I中的入射波功率等于区域I中的反射波功率和区域II中的透射波功率之和，这符合能量守恒定律。

必须指出，如果介质1和介质2为有耗介质(如导电介质)，只要用式(6.24)表示的

等效复介电常量 ε_c 代替实介电常量 ε，本节公式同样适用。

例 6.9　右旋圆极化波由空气向理想介质平面($z=0$)垂直入射，坐标与图 6.14 相同，介质的电磁参数为 $\varepsilon_2=9\varepsilon_0$，$\varepsilon_1=\varepsilon_0$，$\mu_1=\mu_2=\mu_0$。试求反射波、透射波的电场强度及相对平均功率密度；它们各是何种极化波？

解　设入射波电场强度矢量为

$$\boldsymbol{E}_{\mathrm{i}}=\frac{1}{\sqrt{2}}(\boldsymbol{a}_x-\mathrm{j}\boldsymbol{a}_y)E_0\mathrm{e}^{-\mathrm{j}k_1z},\qquad k_1=\omega\sqrt{\mu_0\varepsilon_0}$$

则反射波和透射波的电场强度矢量分别依次为

$$\boldsymbol{E}_{\mathrm{r}}=\Gamma\cdot\frac{1}{\sqrt{2}}(\boldsymbol{a}_x-\mathrm{j}\boldsymbol{a}_y)E_0\mathrm{e}^{+\mathrm{j}k_1z}$$

$$\boldsymbol{E}_{\mathrm{t}}=T\cdot\frac{1}{\sqrt{2}}(\boldsymbol{a}_x-\mathrm{j}\boldsymbol{a}_y)E_0\mathrm{e}^{-\mathrm{j}k_2z},\qquad k_2=\omega\sqrt{\mu_2\varepsilon_2}=3\omega\sqrt{\mu_0\varepsilon_0}$$

其中，反射系数和透射系数为

$$\Gamma=\frac{\eta_2-\eta_1}{\eta_2+\eta_1}=-0.5,\qquad T=\frac{2\eta_2}{\eta_2+\eta_1}=0.5$$

入射波、反射波和透射波都可以看成是两个振幅相等、旋向相反、互相正交的线极化波的合成，每一线极化波的平均功率密度关系与式(6.65a)～式(6.65e)相同，所以相对平均功率密度为

$$\left|\frac{\boldsymbol{S}_{\mathrm{av,r}}}{\boldsymbol{S}_{\mathrm{av,i}}}\right|=|\Gamma|^2=0.5^2=25\%$$

$$\left|\frac{\boldsymbol{S}_{\mathrm{av,t}}}{\boldsymbol{S}_{\mathrm{av,i}}}\right|=1-|\Gamma|^2=1-0.25=75\%$$

因为反射系数和透射系数都是实数，所以根据反射波和透射波电场强度矢量的表示式可知，反射波是左旋圆极化波，透射波是右旋圆极化波。

例 6.10　频率为 $f=300\text{MHz}$ 的线极化均匀平面电磁波，其电场强度振幅值为 2V/m，从空气垂直入射到 $\varepsilon_r=4$，$\mu_r=1$ 的理想介质平面上。求：

(1)反射系数、透射系数、驻波比；

(2)入射波、反射波和透射波的电场和磁场；

(3)入射功率、反射功率和透射功率。

解　设入射波为 x 方向的线极化波，沿 z 方向传播，如图 6.14。

(1)据题意波阻抗为

$$\eta_1=\sqrt{\frac{\mu_0}{\varepsilon_0}}=120\pi,\qquad \eta_2=\sqrt{\frac{\mu_0}{\varepsilon}}=\sqrt{\frac{\mu_0}{4\varepsilon_0}}=60\pi$$

因此，反射系数、透射系数和驻波比为

$$\Gamma=\frac{\eta_2-\eta_1}{\eta_2+\eta_1}=-\frac{1}{3},\qquad T=\frac{2\eta_2}{\eta_2+\eta_1}=\frac{2}{3},\qquad S=\frac{1+|\Gamma|}{1-|\Gamma|}=2$$

(2)入射波、反射波和透射波的电场和磁场为

$$f=300\,\text{MHz},\qquad \lambda_1=\frac{c}{f}=1\,\text{m},\qquad \lambda_2=\frac{v_2}{f}=\frac{c}{\sqrt{\varepsilon_r}\cdot f}=0.5\,\text{m}$$

$$k_1 = \frac{2\pi}{\lambda_1} = 2\pi, \qquad k_2 = \frac{2\pi}{\lambda_2} = 4\pi$$

$$\boldsymbol{E}_{\mathrm{i}} = \boldsymbol{a}_x E_{\mathrm{io}} \mathrm{e}^{-\mathrm{j}k_1 z} = \boldsymbol{a}_x 2\mathrm{e}^{-\mathrm{j}2\pi z}, \qquad \boldsymbol{H}_{\mathrm{i}} = \boldsymbol{a}_y \frac{1}{\eta_1} E_{\mathrm{io}} \mathrm{e}^{-\mathrm{j}k_1 z} = \boldsymbol{a}_y \frac{1}{60\pi} \mathrm{e}^{-\mathrm{j}2\pi z}$$

$$\boldsymbol{E}_{\mathrm{r}} = \boldsymbol{a}_x \Gamma E_{\mathrm{io}} \mathrm{e}^{\mathrm{j}k_1 z} = -\boldsymbol{a}_x \frac{2}{3} \mathrm{e}^{\mathrm{j}2\pi z}, \qquad \boldsymbol{H}_{\mathrm{r}} = -\boldsymbol{a}_y \frac{\Gamma E_{\mathrm{io}} \mathrm{e}^{\mathrm{j}k_1 z}}{\eta_1} = +\boldsymbol{a}_y \frac{1}{180\pi} \mathrm{e}^{\mathrm{j}2\pi z}$$

$$\boldsymbol{E}_{\mathrm{t}} = \boldsymbol{a}_x T E_{\mathrm{io}} \mathrm{e}^{-\mathrm{j}k_2 z} = \boldsymbol{a}_x \frac{4}{3} \mathrm{e}^{-\mathrm{j}4\pi z}, \qquad \boldsymbol{H}_{\mathrm{t}} = \boldsymbol{a}_y \frac{T E_{\mathrm{io}} \mathrm{e}^{-\mathrm{j}k_2 z}}{\eta_2} = \boldsymbol{a}_y \frac{1}{45\pi} \mathrm{e}^{-\mathrm{j}4\pi z}$$

(3)入射波、反射波、透射波的平均功率密度为

$$\boldsymbol{S}_{\mathrm{av,i}} = \boldsymbol{a}_z \frac{E_{\mathrm{io}}^2}{2\eta_1} = \boldsymbol{a}_z \frac{1}{60\pi}\ \mathrm{W/m^2}$$

$$\boldsymbol{S}_{\mathrm{av,r}} = -\boldsymbol{a}_z \frac{E_{\mathrm{ro}}^2}{2\eta_1} = -\boldsymbol{a}_z \frac{|\Gamma E_{\mathrm{io}}|^2}{2\eta_1} = -\boldsymbol{a}_z \frac{1}{540\pi}\ \mathrm{W/m^2}$$

$$\boldsymbol{S}_{\mathrm{av,t}} = \boldsymbol{a}_z \frac{E_{\mathrm{to}}^2}{2\eta_2} = \boldsymbol{a}_z \frac{|T E_{\mathrm{io}}|^2}{2\eta_2} = \boldsymbol{a}_z \frac{2}{135\pi}\ \mathrm{W/m^2}$$

显然

$$|\boldsymbol{S}_{\mathrm{av,i}}| - |\boldsymbol{S}_{\mathrm{av,r}}| = |\boldsymbol{S}_{\mathrm{av,i}}|(1 - |\Gamma|^2) = |\boldsymbol{S}_{\mathrm{av,t}}|$$

6.6 均匀平面电磁波向多层介质分界面的垂直入射

解决许多实际问题时，常常利用电磁波在多层介质中的反射和透射特性来实现某种特定功能。例如，飞行器的外表面涂敷有耗或无耗吸波材料，使雷达发射的电磁波到达飞行器处不会产生反射波，这样雷达也就发现不了飞行器。这种不便雷达观测到的飞行器就称为隐身飞行器，如隐身飞机；照相机的镜头涂敷一层或多层薄膜可以降低“红眼”现象；雷达天线罩是避免雷达装置受恶劣气候影响的一种半圆形覆盖物，理论上要求这种覆盖物对回波不产生反射。要达到上述目的，关键的问题是如何选择适当的介质材料及其厚度。

6.6.1 多层介质中的电磁波及其边界条件

为简单起见，我们仅考虑只有三个介质区域的情况，如图 6.15 所示。三个区域中的介质电磁参数分别依次为 ε_1，μ_1；ε_2，μ_2；ε_3，μ_3。介质 2 具有有限厚度，它在 $z=0$ 与介质 1 交界，在 $z=d$ 与介质 3 交界。现假设介质 1 中有 x 方向线极化的均匀平面电磁波沿 $+z$ 轴方向传播，当此入射波到达 $z=0$ 的第一个平面交界面时将产生反射和透射，该透射波进入介质 2，在介质 2 中一部分波将在两个分界面($z=0$，$z=d$)之间来回反射，另一部分将分别透入介质 1 和介质 3。透入介质 1 的这部分波与入射波在 $z=0$ 分界面上的第一次反射波的叠加为介质 1 中的反射波；透入介质 3 中的这一部分波为介质 3 中的透射波。而在介质 2 中来回反射的波，我们可以将它分为沿 $+z$ 轴方向传播的波(具有传播因子 $\mathrm{e}^{-\mathrm{j}k_2 z}$)和沿 $-z$ 轴方向传播的波(具有传播因子 $\mathrm{e}^{\mathrm{j}k_2 z}$)。一般地说，对于多层介质，除最后一层外，每层介质中都存在各自的入射波和反射波，最后一层则只有透射波。于是我们可以写出各个区域中的电场和磁场：

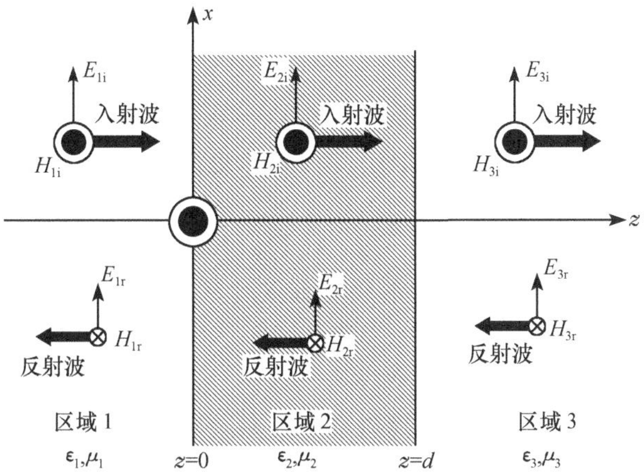

图 6.15 垂直入射到多层介质中的均匀平面电磁波

区域 1 中的入射波

$$\boldsymbol{E}_{1i}=\boldsymbol{a}_x E_{1io}\mathrm{e}^{-\mathrm{j}k_1 z} \tag{6.66a}$$

$$\boldsymbol{H}_{1i}=\boldsymbol{a}_y \frac{E_{1io}}{\eta_1}\mathrm{e}^{-\mathrm{j}k_1 z} \tag{6.66b}$$

区域 1 中的反射波

$$\boldsymbol{E}_{1r}=\boldsymbol{a}_x E_{1ro}\mathrm{e}^{\mathrm{j}k_1 z} \tag{6.67a}$$

$$\boldsymbol{H}_{1r}=-\boldsymbol{a}_y \frac{E_{1ro}}{\eta_1}\mathrm{e}^{\mathrm{j}k_1 z} \tag{6.67b}$$

区域 1($z\leqslant 0$)中的合成电磁波

$$\boldsymbol{E}_1=\boldsymbol{E}_{1i}+\boldsymbol{E}_{1r}=\boldsymbol{a}_x(E_{1io}\mathrm{e}^{-\mathrm{j}k_1 z}+E_{1ro}\mathrm{e}^{\mathrm{j}k_1 z}) \tag{6.68a}$$

$$\boldsymbol{H}_1=\boldsymbol{H}_{1i}+\boldsymbol{H}_{1r}=\boldsymbol{a}_y \frac{1}{\eta_1}(E_{1io}\mathrm{e}^{-\mathrm{j}k_1 z}-E_{1ro}\mathrm{e}^{\mathrm{j}k_1 z}) \tag{6.68b}$$

区域 2($0\leqslant z\leqslant d$)中的合成电磁波

$$\boldsymbol{E}_2=\boldsymbol{E}_{2i}+\boldsymbol{E}_{2r}=\boldsymbol{a}_x[E_{2io}\mathrm{e}^{-\mathrm{j}k_2(z-d)}+E_{2ro}\mathrm{e}^{\mathrm{j}k_2(z-d)}] \tag{6.69a}$$

$$\boldsymbol{H}_2=\boldsymbol{H}_{2i}+\boldsymbol{H}_{2r}=\boldsymbol{a}_y \frac{1}{\eta_2}[E_{2io}\mathrm{e}^{-\mathrm{j}k_2(z-d)}-E_{2ro}\mathrm{e}^{\mathrm{j}k_2(z-d)}] \tag{6.69b}$$

区域 3($z\geqslant d$)中的合成电磁波

$$\boldsymbol{E}_3=\boldsymbol{a}_x E_{3io}\mathrm{e}^{-\mathrm{j}k_3(z-d)} \tag{6.70a}$$

$$\boldsymbol{H}_3=\boldsymbol{a}_y \frac{1}{\eta_3}E_{3io}\mathrm{e}^{-\mathrm{j}k_3(z-d)} \tag{6.70b}$$

以上各式中，E_{1io}是区域 1 中入射波电场的复振幅，假设是已知量。E_{1ro}、E_{2io}、E_{2ro}、E_{3io}是四个未知量。为了求得这四个未知量，需要利用 $z=0$ 和 $z=d$ 处介质分界面上电场和磁场的切向分量都必须连续的边界条件

$$E_{1t}=E_{2t},\qquad H_{1t}=H_{2t}\qquad (z=0)$$

$$E_{2t}=E_{3t},\qquad H_{2t}=H_{3t}\qquad (z=d)$$

因为有四个边界条件，所以能够求出四个未知量。

6.6.2 等效波阻抗

为了便于讨论多层介质的反射问题，现引入等效波阻抗的概念：介质中平行于分界面的任意平面上的总电场与总磁场之比，定义为该处的等效波阻抗 $Z(z)$，即

$$Z(z)=\frac{\text{总}\ E_x(z)}{\text{总}\ H_y(z)} \tag{6.71}$$

此时我们已经假设 x 方向极化的均匀平面电磁波沿 z 方向传播。

1. 无界介质中的等效波阻抗

假设无界介质中，x 方向极化的均匀平面电磁波沿 $+z$ 方向传播，那么介质中任意位置处的等效波阻抗为

$$Z(z)=\frac{E_x(z)}{H_y(z)}=\frac{E_0\mathrm{e}^{-\mathrm{j}kz}}{(E_0\mathrm{e}^{-\mathrm{j}kz}/\eta)}=\eta$$

x 方向极化的均匀平面电磁波沿 $-z$ 方向传播时，等效波阻抗为

$$Z(z)=\frac{E_x(z)}{H_y(z)}=\frac{E_o\mathrm{e}^{\mathrm{j}kz}}{(E_o\mathrm{e}^{\mathrm{j}kz}/-\eta)}=\eta$$

可见无界介质中，等效波阻抗在数值上等于波阻抗。

2. 半无界介质中的等效波阻抗

如图 6.15 所示，根据式(6.71)的定义，且考虑到式(6.68a)和式(6.68b)，可知介质 1 中离平面分界面为 z 处的等效波阻抗为

$$Z_1(z)=\frac{E_{1x}(z)}{H_{1y}(z)}=\eta_1\frac{\mathrm{e}^{-\mathrm{j}k_1z}+\Gamma\mathrm{e}^{\mathrm{j}k_1z}}{\mathrm{e}^{-\mathrm{j}k_1z}-\Gamma\mathrm{e}^{\mathrm{j}k_1z}} \tag{6.72a}$$

由于介质 1 中，z 为负值，因此离平面分界面($z=0$)的距离为 l 的某一位置$z=-l$ 处的等效波阻抗为

$$Z_1(-l)=\frac{E_{1x}(-l)}{H_{1y}(-l)}=\eta_1\frac{\mathrm{e}^{\mathrm{j}k_1l}+\Gamma\mathrm{e}^{-\mathrm{j}k_1l}}{\mathrm{e}^{\mathrm{j}k_1l}-\Gamma\mathrm{e}^{-\mathrm{j}k_1l}} \tag{6.72b}$$

将式(6.58a)定义的反射系数代入式(6.72b)得

$$Z_1(-l)=\eta_1\frac{\eta_2\cos k_1l+\mathrm{j}\eta_1\sin k_1l}{\eta_1\cos k_1l+\mathrm{j}\eta_2\sin k_1l}=\eta_1\frac{\eta_2+\mathrm{j}\eta_1\tan k_1l}{\eta_1+\mathrm{j}\eta_2\tan k_1l} \tag{6.72c}$$

如果 $\eta_2=\eta_1$，那么由式(6.72c)知：$Z_1(-l)=\eta_1$。这表明空间仅存在同一种介质，因此没有反射波，等效波阻抗等于介质的波阻抗；如果区域 2 中的介质是理想导体，即 $\eta_2=0$，$\Gamma=-1$，那么式(6.72c)简化为

$$Z_1(-l)=\mathrm{j}\eta_1\tan k_1l \tag{6.73}$$

3. 有界介质中的等效波阻抗

若空间存在三层介质，如图 6.15 所示。利用边界条件，在 $z=0$ 的边界上，由式(6.68a)、式(6.69a)、式(6.68b)和式(6.69b)得

$$E_{1\mathrm{io}}+E_{1\mathrm{ro}}=E_{2\mathrm{io}}\mathrm{e}^{\mathrm{j}k_2d}+E_{2\mathrm{ro}}\mathrm{e}^{-\mathrm{j}k_2d} \tag{6.74a}$$

$$\frac{1}{\eta_1}(E_{1io}-E_{1ro})=\frac{1}{\eta_2}(E_{2io}e^{jk_2d}-E_{2ro}e^{-jk_2d}) \tag{6.74b}$$

在 $z=d$ 的边界上，由式(6.69a)、式(6.69b)、式(6.70a)和式(6.70b)得

$$E_{2io}+E_{2ro}=E_{3io} \tag{6.74c}$$

$$\frac{1}{\eta_2}(E_{2io}-E_{2ro})=\frac{1}{\eta_3}E_{3io} \tag{6.74d}$$

联立求解式(6.74c)和式(6.74d)得 $z=d$ 分界面处的反射系数

$$\Gamma=\frac{E_{2ro}}{E_{2io}}=\frac{\eta_3-\eta_2}{\eta_3+\eta_2} \tag{6.75}$$

联立求解式(6.74a)和式(6.74b)，且考虑到式(6.75)得 $z=0$ 分界面处的反射系数

$$\Gamma_0=\frac{E_{1ro}}{E_{1io}}=\frac{Z_2(0)-\eta_1}{Z_2(0)+\eta_1} \tag{6.76}$$

其中，$Z_2(0)$表示区域 2 中 $z=0$ 处的等效波阻抗

$$Z_2(0)=\eta_2\frac{\eta_3+j\eta_2\tan k_2d}{\eta_2+j\eta_3\tan k_2d} \tag{6.77}$$

比较式(6.58a)和式(6.76)可见，Γ 与 Γ_0 的区别，仅在于以 $Z_2(0)$代替了 η_2。即对于区域 1 中的波来说，它在 $z=0$ 处遇到了介质不连续性，而这种介质不连续性可以等效为在 $z=0$ 处具有波阻抗为 $Z_2(0)$的半无限大介质。因此，区域 1 中的入射波到达 $z=0$ 的分界面时，其反射系数为式(6.76)。换句话说，引入等效波阻抗 $Z_2(0)$后，对区域 1 的入射波来说，区域 2 和后续区域的效应相当于在 $z=0$ 处接一个波阻抗为$Z_2(0)$的介质。

考虑到 $z=0$ 和 $z=d$ 分界面处反射系数的定义，由式(6.74a)及式(6.74c)知，区域 2 和区域 3 中的入射波电场振幅为

$$E_{2io}=\frac{1+\Gamma_0}{1+\Gamma e^{-j2k_2d}}\cdot E_{1io}e^{-jk_2d} \tag{6.78a}$$

$$E_{3io}=\frac{2\eta_3}{\eta_3+\eta_2}\cdot E_{2io} \tag{6.78b}$$

可见，根据各个区域的介质电磁参数计算出各分界面处的反射系数后，利用式(6.75)、式(6.76)、式(6.78a)和式(6.78b)可以计算出各个区域中的合成电磁波。

6.6.3 介质 1 中无反射的条件

如图 6.15 所示，要使区域 1 的介质 1 中没有反射波存在，入射波能量全部透入介质 3(介质 2 为无耗介质)，那么 $z=0$ 分界面处的反射系数 Γ_0 必须等于零。由式(6.76)和式(6.77)知，此时

$$Z_2(0)=\eta_1=\eta_2\frac{\eta_3\cos(k_2d)+j\eta_2\sin(k_2d)}{\eta_2\cos(k_2d)+j\eta_3\sin(k_2d)}$$

或

$$\eta_1(\eta_2\cos k_2d+j\eta_3\sin k_2d)=\eta_2(\eta_3\cos k_2d+j\eta_2\sin k_2d) \tag{6.79}$$

使式中实部、虚部分别相等，有

$$\eta_1\cos k_2d=\eta_3\cos k_2d \tag{6.80a}$$

和

$$\eta_1\eta_3\sin k_2 d = \eta_2^2 \sin k_2 d \tag{6.80b}$$

下面分两种情况讨论：

(1)如果 $\eta_1=\eta_3\neq\eta_2$，那么要使式(6.80a)和式(6.80b)同时满足，则要求

$$\sin k_2 d = 0,\quad 或\quad d = n\frac{\lambda_2}{2},\qquad n=0,1,2,\cdots \tag{6.81a}$$

所以，对于给定的工作频率，介质 2 的夹层厚度 d 应为介质 2 中半波长的整数倍，介质 1 中无反射。最短夹层厚度 d 应为介质 2 中的半波长。

(2)如果 $\eta_1\neq\eta_3$，那么要求

$$\cos k_2 d = 0,\quad 或\quad d=(2n+1)\frac{\lambda_2}{4},\qquad n=0,1,2,\cdots \tag{6.81b}$$

且 $\eta_2=\sqrt{\eta_1\cdot\eta_3}$。所以，当介质 1 和介质 3 的波阻抗不相等时，若介质 2 的波阻抗等于介质 1 和介质 3 的波阻抗的几何平均值，且介质 2 的夹层厚度 d 应为介质 2 中四分之一波长的奇数倍，则介质 1 中无反射波。

例 6.11 为了保护天线，在天线的外面用一理想介质材料制作一天线罩。天线辐射的电磁波频率为 4GHz，近似地看作均匀平面电磁波，此电磁波垂直入射到天线罩理想介质板上。天线罩的电磁参数为 $\varepsilon_r=2.25$，$\mu_r=1$。求天线罩理想介质板厚度为多少时，介质板上无反射?

解 因为

$$f=4\times10^9,\qquad \lambda_0=\frac{c}{f}=\frac{3\times10^8}{4\times10^9}=0.075\ (\mathrm{m})$$

所以，理想介质板中的电磁波波长

$$\lambda=\frac{\lambda_0}{\sqrt{\varepsilon_r}}=\frac{0.075}{\sqrt{2.25}}=0.05\ (\mathrm{m})$$

天线罩两侧为空气，故天线罩的最小厚度应为

$$d=\frac{\lambda}{2}=2.5\ \mathrm{cm}$$

6.7 均匀平面电磁波向平面分界面的斜入射

6.7.1 均匀平面电磁波向理想介质分界面的斜入射

1. 相位匹配条件和斯涅耳定律

均匀平面电磁波向理想介质分界面 $z=0$ 斜入射时，将产生反射波和透射波，如图 6.16 所示。

设入射波、反射波和透射波的传播矢量分别依次为

$$\begin{aligned}\boldsymbol{k}_i &= \boldsymbol{a}_{ki}k_1 = k_1(\boldsymbol{a}_x\cos\alpha_i+\boldsymbol{a}_y\cos\beta_i+\boldsymbol{a}_z\cos\gamma_i)\\ &= \boldsymbol{a}_x k_{ix}+\boldsymbol{a}_y k_{iy}+\boldsymbol{a}_z k_{iz}\end{aligned} \tag{6.82a}$$

$$\begin{aligned}\boldsymbol{k}_r &= \boldsymbol{a}_{kr}k_1 = k_1(\boldsymbol{a}_x\cos\alpha_r+\boldsymbol{a}_y\cos\beta_r+\boldsymbol{a}_z\cos\gamma_r)\\ &= \boldsymbol{a}_x k_{rx}+\boldsymbol{a}_y k_{ry}+\boldsymbol{a}_z k_{rz}\end{aligned} \tag{6.82b}$$

$$\boldsymbol{k}_{\mathrm{t}}=\boldsymbol{a}_{k\mathrm{t}}k_2=k_2(\boldsymbol{a}_x\cos\alpha_{\mathrm{t}}+\boldsymbol{a}_y\cos\beta_{\mathrm{t}}+\boldsymbol{a}_z\cos\gamma_{\mathrm{t}})$$
$$=\boldsymbol{a}_x k_{\mathrm{t}x}+\boldsymbol{a}_y k_{\mathrm{t}y}+\boldsymbol{a}_z k_{\mathrm{t}z} \tag{6.82c}$$

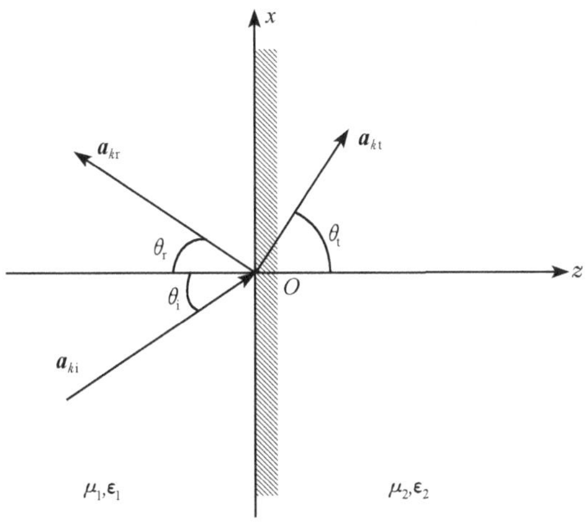

图 6.16　入射线、反射线、透射线

其中，$\boldsymbol{a}_{k\mathrm{i}}$、$\boldsymbol{a}_{k\mathrm{r}}$、$\boldsymbol{a}_{k\mathrm{t}}$分别是入射波、反射波、透射波传播方向上的单位矢量。由 6.1.3 节，即向任意方向传播的均匀平面波知，入射波、反射波、透射波的电场强度复矢量可写为

$$\boldsymbol{E}_{\mathrm{i}}=\boldsymbol{E}_{\mathrm{io}}\mathrm{e}^{-\mathrm{j}\boldsymbol{k}_{\mathrm{i}}\boldsymbol{r}} \tag{6.83a}$$

$$\boldsymbol{E}_{\mathrm{r}}=\boldsymbol{E}_{\mathrm{ro}}\mathrm{e}^{-\mathrm{j}\boldsymbol{k}_{\mathrm{r}}\cdot\boldsymbol{r}} \tag{6.83b}$$

$$\boldsymbol{E}_{\mathrm{t}}=\boldsymbol{E}_{\mathrm{to}}\mathrm{e}^{-\mathrm{j}\boldsymbol{k}_{\mathrm{t}}\cdot\boldsymbol{r}} \tag{6.83c}$$

下面由入射波和边界条件确定反射波、透射波的传播方向。因为分界面$z=0$两侧电场强度的切向分量应连续，故有

$$E_{\mathrm{io}}^{\mathrm{t}}\mathrm{e}^{-\mathrm{j}(k_{\mathrm{i}x}x+k_{\mathrm{i}y}y)}+E_{\mathrm{ro}}^{\mathrm{t}}\mathrm{e}^{-\mathrm{j}(k_{\mathrm{r}x}x+k_{\mathrm{r}y}y)}=E_{\mathrm{to}}^{\mathrm{t}}\mathrm{e}^{-\mathrm{j}(k_{\mathrm{t}x}x+k_{\mathrm{t}y}y)} \tag{6.84}$$

其中，上标 t 表示切向分量。此式对分界面上任意点都成立，因而有

$$E_{\mathrm{io}}^{\mathrm{t}}+E_{\mathrm{ro}}^{\mathrm{t}}=E_{\mathrm{to}}^{\mathrm{t}} \tag{6.85a}$$

$$k_{\mathrm{i}x}x+k_{\mathrm{i}y}y=k_{\mathrm{r}x}x+k_{\mathrm{r}y}y=k_{\mathrm{t}x}x+k_{\mathrm{t}y}y \tag{6.85b}$$

式(6.85b)对不同的 x、y 均成立，故必有

$$k_{\mathrm{i}x}=k_{\mathrm{r}x}=k_{\mathrm{t}x},\qquad k_{\mathrm{i}y}=k_{\mathrm{r}y}=k_{\mathrm{t}y} \tag{6.86}$$

式(6.86)表明入射波传播矢量、反射波传播矢量和透射波传播矢量沿介质分界面的切向分量相等，这一结论称为相位匹配条件。

我们把入射波的传播矢量 $\boldsymbol{a}_{k\mathrm{i}}$与分界面的法线所构成的平面称为入射面，如图 6.16 中 $y=0$ 的平面。入射波的传播矢量 $\boldsymbol{a}_{k\mathrm{i}}$与法线之间的夹角 θ_{i} 称为入射角，反射波的传播矢量 $\boldsymbol{a}_{k\mathrm{r}}$、透射波的传播矢量 $\boldsymbol{a}_{k\mathrm{t}}$与法线之间的夹角 θ_{r} 和 θ_{t} 分别称为反射角和透射角。若取入射面为 $y=0$ 的平面，即入射线位于 xOz 面内，应用式(6.86)得

$$k_1\cos\alpha_{\mathrm{i}}=k_1\cos\alpha_{\mathrm{r}}=k_2\cos\alpha_{\mathrm{t}} \tag{6.87a}$$

$$0=k_1\cos\beta_{\mathrm{r}}=k_2\cos\beta_{\mathrm{t}} \tag{6.87b}$$

由式(6.87b)知

$$\beta_{\mathrm{r}}=\beta_{\mathrm{t}}=\frac{\pi}{2}$$

上式说明反射线和透射线也位于入射面内。于是有(参看图 6.16)

$$\alpha_i=\frac{\pi}{2}-\theta_i,\qquad \alpha_r=\frac{\pi}{2}-\theta_r,\qquad \alpha_t=\frac{\pi}{2}-\theta_t$$

将以上各式代入式(6.87a)得

$$k_1\sin\theta_i=k_1\sin\theta_r=k_2\sin\theta_t \tag{6.88}$$

由式(6.88)的第一等式得

$$\theta_i=\theta_r \tag{6.89}$$

此式表明入射角等于反射角，被称为反射定律。由式(6.88)的第二等式得

$$\frac{\sin\theta_t}{\sin\theta_i}=\frac{k_1}{k_2}=\frac{\sqrt{\mu_1\varepsilon_1}}{\sqrt{\mu_2\varepsilon_2}} \tag{6.90}$$

对于非磁性介质，$\mu_1=\mu_2=\mu_0$，式(6.90)简化为

$$\frac{\sin\theta_t}{\sin\theta_i}=\sqrt{\frac{\varepsilon_1}{\varepsilon_2}}=\frac{n_1}{n_2} \tag{6.91}$$

其中，$n=\sqrt{\varepsilon_r}$称为介质的折射率。式(6.91)称为斯涅耳(Snell)折射定律。由上面的讨论可见，已知入射波及介质特性，就可以确定反射波、透射波的传播方向。

2. 反射系数和透射系数

斜入射的均匀平面电磁波，不论何种极化方式，都可以分解为两个正交的线极化波，一个极化方向与入射面垂直，称为垂直极化波；另一个极化方向在入射面内，称为平行极化波。即

$$\boldsymbol{E}=\boldsymbol{E}_\perp+\boldsymbol{E}_{/\!/}$$

因此，只要分别求得这两个分量的反射波与透射波，通过叠加，就可以获得电场强度矢量任意取向的入射波导致的反射波和透射波。

(1)垂直极化波。取如图 6.17 所示的坐标系，使分界面为 $z=0$，入射面为 xOz 平面($y=0$)。在此坐标系中，入射波电磁场为

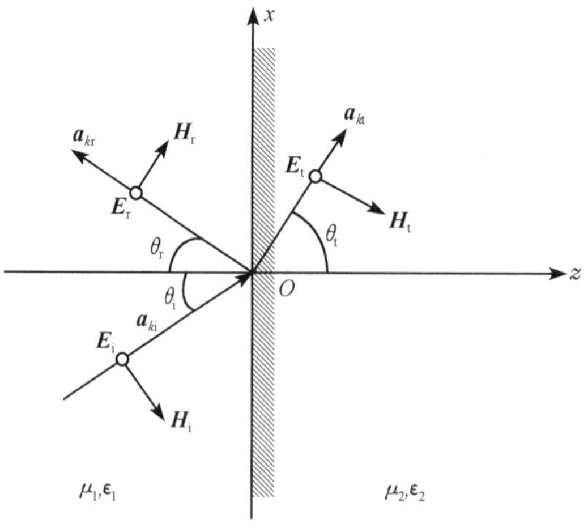

图 6.17 垂直极化的入射波、反射波和透射波

$$\boldsymbol{E}_{\mathrm{i}}=\boldsymbol{a}_y E_{\mathrm{io}} \mathrm{e}^{-\mathrm{j} k_1\left(x \sin \theta_{\mathrm{i}}+z \cos \theta_{\mathrm{i}}\right)} \tag{6.92a}$$

$$\boldsymbol{H}_{\mathrm{i}}=\left(-\boldsymbol{a}_x \cos \theta_{\mathrm{i}}+\boldsymbol{a}_z \sin \theta_{\mathrm{i}}\right) \frac{E_{\mathrm{io}}}{\eta_1} \cdot \mathrm{e}^{-\mathrm{j} k_1\left(x \sin \theta_{\mathrm{i}}+z \cos \theta_{\mathrm{i}}\right)} \tag{6.92b}$$

考虑到反射定律，反射波电磁场为

$$\boldsymbol{E}_{\mathrm{r}}=\boldsymbol{a}_y E_{\mathrm{ro}} \mathrm{e}^{-\mathrm{j} k_1\left(x \sin \theta_{\mathrm{i}}-z \cos \theta_{\mathrm{i}}\right)} \tag{6.93a}$$

$$\boldsymbol{H}_{\mathrm{r}}=\left(\boldsymbol{a}_x \cos \theta_{\mathrm{i}}+\boldsymbol{a}_z \sin \theta_{\mathrm{i}}\right) \frac{E_{\mathrm{ro}}}{\eta_1} \cdot \mathrm{e}^{-\mathrm{j} k_1\left(x \sin \theta_{\mathrm{i}}-z \cos \theta_{\mathrm{i}}\right)} \tag{6.93b}$$

透射波的电磁场为

$$\boldsymbol{E}_{\mathrm{t}}=\boldsymbol{a}_y E_{\mathrm{to}} \mathrm{e}^{-\mathrm{j} k_2\left(x \sin \theta_{\mathrm{t}}+z \cos \theta_{\mathrm{t}}\right)} \tag{6.94a}$$

$$\boldsymbol{H}_{\mathrm{t}}=\left(-\boldsymbol{a}_x \cos \theta_{\mathrm{t}}+\boldsymbol{a}_z \sin \theta_{\mathrm{t}}\right) \frac{E_{\mathrm{to}}}{\eta_2} \cdot \mathrm{e}^{-\mathrm{j} k_2\left(x \sin \theta_{\mathrm{t}}+z \cos \theta_{\mathrm{t}}\right)} \tag{6.94b}$$

根据分界面 $z=0$ 处电场强度切向分量和磁场强度切向分量在分界面两侧必须连续的边界条件，及式(6.92a)、式(6.92b)、式(6.93a)、式(6.93b)、式(6.94a)和式(6.94b)有

$$\left(E_{\mathrm{io}}+E_{\mathrm{ro}}\right) \mathrm{e}^{-\mathrm{j} k_1 x \sin \theta_{\mathrm{i}}}=E_{\mathrm{to}} \mathrm{e}^{-\mathrm{j} k_2 x \sin \theta_{\mathrm{t}}} \tag{6.95a}$$

$$\left(-E_{\mathrm{io}}+E_{\mathrm{ro}}\right) \frac{1}{\eta_1} \cos \theta_{\mathrm{i}} \cdot \mathrm{e}^{-\mathrm{j} k_1 x \sin \theta_{\mathrm{i}}}=-\frac{1}{\eta_2} \cos \theta_{\mathrm{t}} \cdot E_{\mathrm{to}} \mathrm{e}^{-\mathrm{j} k_2 x \sin \theta_{\mathrm{t}}} \tag{6.95b}$$

考虑到折射定律 $k_1 \sin\theta_{\mathrm{i}}=k_2 \sin\theta_{\mathrm{t}}$，式(6.95)简化为

$$E_{\mathrm{io}}+E_{\mathrm{ro}}=E_{\mathrm{to}} \tag{6.96a}$$

$$\left(-E_{\mathrm{io}}+E_{\mathrm{ro}}\right) \frac{\cos \theta_{\mathrm{i}}}{\eta_1}=-\frac{\cos \theta_{\mathrm{t}}}{\eta_2} E_{\mathrm{to}} \tag{6.96b}$$

解之得

$$\Gamma_{\perp}=\frac{E_{\mathrm{ro}}}{E_{\mathrm{io}}}=\frac{\eta_2 \cos \theta_{\mathrm{i}}-\eta_1 \cos \theta_{\mathrm{t}}}{\eta_2 \cos \theta_{\mathrm{i}}+\eta_1 \cos \theta_{\mathrm{t}}} \tag{6.97a}$$

$$T_{\perp}=\frac{E_{\mathrm{to}}}{E_{\mathrm{io}}}=\frac{2 \eta_2 \cos \theta_{\mathrm{i}}}{\eta_2 \cos \theta_{\mathrm{i}}+\eta_1 \cos \theta_{\mathrm{t}}} \tag{6.97b}$$

$\Gamma_{\perp}$ 和 $T_{\perp}$ 分别依次是 $\boldsymbol{E}_{\mathrm{i}}$ 垂直入射面时的反射系数和透射系数，即分界面处反射波电场及透射波电场与入射波电场之比。换句话说，此时电场只有平行于分界面的 y 分量，故 $\Gamma_{\perp}$ 和 $T_{\perp}$ 也是电场切向分量之比。

若以 E_{io}除式(6.96a)，则有

$$1+\Gamma_{\perp}=T_{\perp} \tag{6.98}$$

对于非磁性介质，$\mu_1=\mu_2=\mu_0$，式(6.97a)简化为

$$\Gamma_{\perp}=\frac{n_1 \cos \theta_{\mathrm{i}}-n_2 \cos \theta_{\mathrm{t}}}{n_1 \cos \theta_{\mathrm{i}}+n_2 \cos \theta_{\mathrm{t}}}=-\frac{\sin \left(\theta_{\mathrm{i}}-\theta_{\mathrm{t}}\right)}{\sin \left(\theta_{\mathrm{i}}+\theta_{\mathrm{t}}\right)}$$

$$=\frac{\cos \theta_{\mathrm{i}}-\sqrt{\dfrac{\varepsilon_2}{\varepsilon_1}-\sin ^2 \theta_{\mathrm{i}}}}{\cos \theta_{\mathrm{i}}+\sqrt{\dfrac{\varepsilon_2}{\varepsilon_1}-\sin ^2 \theta_{\mathrm{i}}}} \tag{6.99a}$$

式(6.97b)简化为

$$T_{\perp}=\frac{2 n_1 \cos \theta_{\mathrm{i}}}{n_1 \cos \theta_{\mathrm{i}}+n_2 \cos \theta_{\mathrm{t}}}=\frac{2 \cos \theta_{\mathrm{i}} \cdot \sin \theta_{\mathrm{t}}}{\sin \left(\theta_{\mathrm{i}}+\theta_{\mathrm{t}}\right)}$$

$$=\frac{2\cos\theta_i}{\cos\theta_i+\sqrt{\frac{\varepsilon_2}{\varepsilon_1}-\sin^2\theta_i}} \tag{6.99b}$$

上述反射系数和透射系数公式称为垂直极化波的菲涅耳(A. J. Fresnel，法国)公式。由此可见，垂直入射时，$\theta_i=\theta_t=0$，式(6.97a)和式(6.97b)分别依次简化为式(6.58a)和式(6.58b)。透射系数总是正值；当 $\varepsilon_1>\varepsilon_2$ 时，由折射定律知：$\theta_i<\theta_t$，反射系数是正值；反之，当 $\varepsilon_1<\varepsilon_2$ 时，反射系数是负值。

(2)平行极化波。取如图 6.18 所示的坐标系，使分界面为 $z=0$，入射面为 xOz 平面($y=0$)。此时入射波电磁场

$$\boldsymbol{E}_i=(\boldsymbol{a}_x\cos\theta_i-\boldsymbol{a}_z\sin\theta_i)E_{io}e^{-jk_1(x\sin\theta_i+z\cos\theta_i)} \tag{6.100a}$$

$$\boldsymbol{H}_i=\boldsymbol{a}_y\frac{1}{\eta_1}E_{io}e^{-jk_1(x\sin\theta_i+z\cos\theta_i)} \tag{6.100b}$$

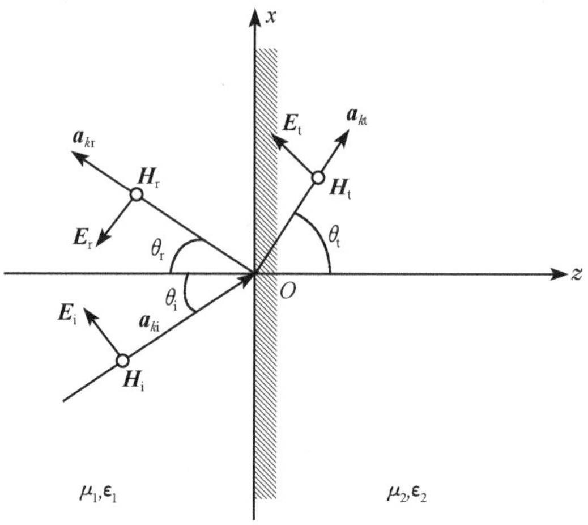

图 6.18 平行极化的入射波、反射波和透射波

反射波电磁场(已经考虑了反射定律)

$$\boldsymbol{E}_r=-(\boldsymbol{a}_x\cos\theta_i+\boldsymbol{a}_z\sin\theta_i)E_{ro}e^{-jk_1(x\sin\theta_i-z\cos\theta_i)} \tag{6.101a}$$

$$\boldsymbol{H}_r=\boldsymbol{a}_y\frac{1}{\eta_1}E_{ro}e^{-jk_1(x\sin\theta_i-z\cos\theta_i)} \tag{6.101b}$$

透射波电磁场

$$\boldsymbol{E}_t=(\boldsymbol{a}_x\cos\theta_t-\boldsymbol{a}_z\sin\theta_t)E_{to}e^{-jk_2(x\sin\theta_t+z\cos\theta_t)} \tag{6.102a}$$

$$\boldsymbol{H}_t=\boldsymbol{a}_y\frac{1}{\eta_2}E_{to}e^{-jk_2(x\sin\theta_t+z\cos\theta_t)} \tag{6.102b}$$

应用分界面 $z=0$ 处场量的边界条件和折射定律有

$$E_{io}\cos\theta_i-E_{ro}\cos\theta_i=E_{to}\cos\theta_t \tag{6.103a}$$

$$\frac{1}{\eta_1}(E_{io}+E_{ro})=\frac{1}{\eta_2}E_{to} \tag{6.103b}$$

解之得反射系数、透射系数

$$\Gamma_{/\!/}=\frac{E_{ro}}{E_{io}}=\frac{\eta_1\cos\theta_i-\eta_2\cos\theta_t}{\eta_1\cos\theta_i+\eta_2\cos\theta_t} \tag{6.104a}$$

$$T_{/\!/}=\frac{E_{to}}{E_{io}}=\frac{2\eta_2\cos\theta_i}{\eta_1\cos\theta_i+\eta_2\cos\theta_t} \tag{6.104b}$$

$\Gamma_{/\!/}$ 和 $T_{/\!/}$ 是 $\boldsymbol{E}_i$ 平行入射面时，分界面处的反射波电场及透射波电场与入射波电场之比。与 $\Gamma_\perp$ 和 $T_\perp$ 不同的是，它们不等于对应电场强度切向分量之比。以 E_{io} 除式(6.103b)得

$$1+\Gamma_{/\!/}=\frac{\eta_1}{\eta_2}T_{/\!/} \tag{6.105}$$

如果 $\theta_i=0$，那么 $\theta_r=\theta_t=0$，故

$$\Gamma_{/\!/}=-\frac{\eta_2-\eta_1}{\eta_2+\eta_1}$$

上式和垂直入射时导出的反射系数差一个负号，这是由于图 6.18 所示的电场正方向，在 $\theta_i=0$ 时，$\boldsymbol{E}_{io}$ 与 $\boldsymbol{E}_{ro}$ 方向相反。

对于非磁性介质，$\mu_1=\mu_2=\mu_0$，式(6.104a)简化为

$$\Gamma_{/\!/}=\frac{n_2\cos\theta_i-n_1\cos\theta_t}{n_2\cos\theta_i+n_1\cos\theta_t}=\frac{\tan(\theta_i-\theta_t)}{\tan(\theta_i+\theta_t)}$$

即

$$\Gamma_{/\!/}=\frac{\dfrac{\varepsilon_2}{\varepsilon_1}\cos\theta_i-\sqrt{\dfrac{\varepsilon_2}{\varepsilon_1}-\sin^2\theta_i}}{\dfrac{\varepsilon_2}{\varepsilon_1}\cos\theta_i+\sqrt{\dfrac{\varepsilon_2}{\varepsilon_1}-\sin^2\theta_i}} \tag{6.106a}$$

式(6.104b)简化为

$$T_{/\!/}=\frac{2n_1\cos\theta_i}{n_2\cos\theta_i+n_1\cos\theta_t}=\frac{2\cos\theta_i\sin\theta_t}{\sin(\theta_i+\theta_t)\cdot\cos(\theta_i-\theta_t)}$$

即

$$T_{/\!/}=\frac{2\sqrt{\dfrac{\varepsilon_2}{\varepsilon_1}}\cos\theta_i}{\dfrac{\varepsilon_2}{\varepsilon_1}\cos\theta_i+\sqrt{\dfrac{\varepsilon_2}{\varepsilon_1}-\sin^2\theta_i}} \tag{6.106b}$$

由此可见，透射系数 $T_{/\!/}$ 总是正值；反射系数 $\Gamma_{/\!/}$ 则可正可负。

值得注意，上述有关垂直极化和平行极化的公式有许多重要应用，并且，若把介电常量 ε 换成复介电常量，这些公式也可以推广到有耗介质。

3. 介质 1 中的合成电磁波

我们以垂直极化波为例，讨论斜入射情况下，介质 1 中的合成电磁场。将入射波和反射波叠加，就可以获得介质 1 中的合成电磁波。由式(6.92a)、式(6.93a)和式(6.97a)可得

$$\begin{aligned}\boldsymbol{E}_1&=\boldsymbol{E}_i+\boldsymbol{E}_r\\&=\boldsymbol{a}_yE_{io}(e^{-jk_1z\cos\theta_i}+\Gamma_\perp e^{jk_1z\cos\theta_i})\cdot e^{-jk_1x\sin\theta_i}\end{aligned} \tag{6.107a}$$

同样，由式(6.92b)、式(6.93b)和式(6.97b)可得

$$\boldsymbol{H}_1=\frac{1}{\eta_1}E_{io}\begin{bmatrix}-\boldsymbol{a}_x\cos\theta_i\cdot(e^{-jk_1z\cos\theta_i}-\Gamma_\perp e^{jk_1z\cos\theta_i})\\+\boldsymbol{a}_z\sin\theta_i\cdot(e^{-jk_1z\cos\theta_i}+\Gamma_\perp e^{jk_1z\cos\theta_i})\end{bmatrix}\cdot e^{-jk_1x\sin\theta_i} \tag{6.107b}$$

其中，因子 $e^{-j(k_1\sin\theta_i)x}=e^{-jk_xx}$ 表明，$\boldsymbol{E}_1$ 和 $\boldsymbol{H}_1$ 是向 x 方向传播的行波，相移常数

$$k_x = k_1\sin\theta_i$$

相速度为

$$v_{px} = \frac{\omega}{k_x} = \frac{\omega}{k_1\sin\theta_i}$$

沿 z 方向，电磁场的每一分量都是传播方向相反、幅度不相等的两个行波之和，电磁场沿 z 方向的分布为行驻波。它们的相移常数、相速度和相应的波长为

$$k_z = k_1\cos\theta_i,\qquad v_{pz} = \frac{\omega}{k_z} = \frac{\omega}{k_1\cos\theta_i},\qquad \lambda_z = \frac{2\pi}{k_1\cos\theta_i}$$

由于 $\boldsymbol{E}_1$ 仅有垂直于传播方向 x 的分量，而 $\boldsymbol{H}_1$ 有传播方向的分量 H_x，所以介质 1 中的合成电磁场是沿 x 方向传播的 TE 波。

对平行极化波进行与上述类似分析知，介质 1 中的合成电磁波与式(6.107a)和式(6.107b)所示结论相似；沿 x、z 方向的相移常数、相速度和相应的波长与上述 TE 波相同。但是，平行极化波是沿 x 方向传播的 TM 波。

6.7.2 均匀平面电磁波向理想导体的斜入射

图 6.17 和图 6.18 中，只要将介质 2 看成理想导体，我们就获得了均匀平面电磁波向理想导体斜入射的两种基本形式：垂直极化和平行极化。理想导体的波阻抗 $\eta_2=0$，故令式(6.97a)、式(6.97b)中 $\eta_2=0$，得垂直极化的反射系数和透射系数

$$\Gamma_\perp = -1,\qquad T_\perp = 0 \tag{6.108a}$$

及令式(6.104a)、式(6.104b)中 $\eta_2=0$，得平行极化的反射系数和透射系数

$$\Gamma_{/\!/} = 1,\qquad T_{/\!/} = 0 \tag{6.108b}$$

由此可见，同垂直入射时一样，斜入射电磁波也不能透入理想导体。

1. 垂直极化

将式(6.108a)代入式(6.107a)和式(6.107b)，便得经区域 2 的理想导体表面反射后，介质 1($z<0$)中的合成电磁波

$$\boldsymbol{E}_1 = -\boldsymbol{a}_y 2jE_{io}\sin[(k_1\cos\theta_i)\cdot z]\cdot e^{-j(k_1\sin\theta_i)x} = \boldsymbol{a}_yE_y \tag{6.109a}$$

$$\begin{aligned}\boldsymbol{H}_1 = &-\frac{1}{\eta_1}2E_{io}\{\boldsymbol{a}_x\cos\theta_i\cdot\cos[(k_1\cos\theta_i)z]\\ &+\boldsymbol{a}_z j\sin\theta_i\cdot\sin[(k_1\cos\theta_i)z]\}\cdot e^{-j(k_1\sin\theta_i)x} = \boldsymbol{a}_xH_x+\boldsymbol{a}_zH_z\end{aligned} \tag{6.109b}$$

可以看出，介质 1 中的合成电磁波具有下列性质。

(1)合成电磁波是沿 x 方向传播的 TE 波，相速度为

$$v_{px} = \frac{\omega}{k_1\sin\theta_i} = \frac{1}{\sqrt{\mu_1\varepsilon_1}\cdot\sin\theta_i}$$

(2)合成电磁波的振幅与 z 有关，所以为非均匀平面电磁波，即合成电磁波沿 z 方向的分布是驻波。电场强度的波节点位置离分界面($z=0$)的距离，可以由式(6.109a)求得

$$z = -\frac{n}{2}\left(\frac{\lambda_1}{\cos\theta_i}\right),\qquad n = 0,1,2,\cdots \tag{6.110}$$

这也是 $\boldsymbol{H}_1$ 的 z 分量 H_z 的波节点，$\boldsymbol{H}_1$ 的 x 分量 H_x 的波腹点。

如果在 E_y、H_z 的波节点，即 $z=-n\lambda_1/2\cos\theta_i$ 处，放置理想导体片，则因原来的场满足理想导体表面的边界条件：$E_t=0$，$H_n=0$，所以理想导体片的放置不会影响场分布。换句话说，在两块平行的理想导体板之间也可以存在如式(6.109)所示的TE波。可见，电磁波可以在理想导体限定的区域中沿导体表面传播，这时把两块理想导体板称为平行板波导，而在波导中传播的波称为导行电磁波或导波。

(3)坡印亭矢量有两个分量。

由式(6.109)可见，坡印亭矢量有 x、z 两个分量，它们的时间平均值为

$$\boldsymbol{S}_{\mathrm{av},z}=\mathrm{Re}\left[\frac{1}{2}\boldsymbol{a}_yE_y\times\boldsymbol{a}_xH_x^*\right]=-\boldsymbol{a}_z0=\boldsymbol{0}$$

$$\boldsymbol{S}_{\mathrm{av},x}=\mathrm{Re}\left[\frac{1}{2}\boldsymbol{a}_yE_y\times\boldsymbol{a}_zH_z^*\right]=\boldsymbol{a}_x\frac{1}{\eta_1}2|E_{\mathrm{io}}|^2\sin\theta_i\cdot\sin^2[(k_1\cos\theta_i)\cdot z]$$

2. 平行极化

若 $\boldsymbol{E}_i$ 平行入射面斜入射到理想导体表面，类似于上面垂直极化的分析，我们获知介质1中的合成电磁波是沿 x 方向传播的TM波，垂直理想导体表面的 z 方向，合成电磁波仍然是驻波。

例6.12　如果定义功率反射系数、功率透射系数为

$$\Gamma_p=\frac{|\boldsymbol{S}_{\mathrm{av,r}}\cdot\boldsymbol{a}_z|}{\boldsymbol{S}_{\mathrm{av,i}}\cdot\boldsymbol{a}_z},\qquad T_p=\frac{\boldsymbol{S}_{\mathrm{av,t}}\cdot\boldsymbol{a}_z}{\boldsymbol{S}_{\mathrm{av,i}}\cdot\boldsymbol{a}_z}$$

证明：$\Gamma_p+T_p=1$。即在垂直分界面的方向，入射波、反射波、透射波的平均功率密度满足能量守恒关系。

解　不论 $\boldsymbol{E}_i$ 垂直入射面还是平行入射面，均有

$$\boldsymbol{S}_{\mathrm{av,i}}=\frac{1}{2}\mathrm{Re}[\boldsymbol{E}_{\mathrm{io}}\times\boldsymbol{H}_{\mathrm{io}}^*]=\frac{1}{2\eta_1}\mathrm{Re}[\boldsymbol{E}_{\mathrm{io}}\times(\boldsymbol{a}_{k\mathrm{i}}\times\boldsymbol{E}_{\mathrm{io}}^*)]=\frac{1}{2\eta_1}\boldsymbol{a}_{k\mathrm{i}}(\boldsymbol{E}_{\mathrm{io}}\cdot\boldsymbol{E}_{\mathrm{io}}^*)$$

其中已经考虑了 $\boldsymbol{a}_{k\mathrm{i}}\cdot\boldsymbol{E}_{\mathrm{io}}=0$。类似地有(垂直极化和水平极化的反射系数和透射系数统一用 Γ 和 T 表示)

$$\boldsymbol{S}_{\mathrm{av,r}}=\frac{1}{2\eta_1}\boldsymbol{a}_{k\mathrm{r}}(\boldsymbol{E}_{\mathrm{ro}}\cdot\boldsymbol{E}_{\mathrm{ro}}^*)=\boldsymbol{a}_{k\mathrm{r}}\,|\Gamma|^2\frac{1}{2\eta_1}(\boldsymbol{E}_{\mathrm{io}}\cdot\boldsymbol{E}_{\mathrm{io}}^*)$$

和

$$\boldsymbol{S}_{\mathrm{av,t}}=\frac{1}{2\eta_2}\boldsymbol{a}_{k\mathrm{t}}(\boldsymbol{E}_{\mathrm{to}}\cdot\boldsymbol{E}_{\mathrm{to}}^*)=\boldsymbol{a}_{k\mathrm{t}}|T|^2\frac{\eta_1}{\eta_2}\frac{1}{2\eta_1}(\boldsymbol{E}_{\mathrm{io}}\cdot\boldsymbol{E}_{\mathrm{io}}^*)$$

将以上三式代入功率反射系数和功率透射系数的定义，并且考虑到

$$\boldsymbol{a}_{k\mathrm{i}}=\boldsymbol{a}_x\sin\theta_i+\boldsymbol{a}_z\cos\theta_i$$
$$\boldsymbol{a}_{k\mathrm{r}}=\boldsymbol{a}_x\sin\theta_i-\boldsymbol{a}_z\cos\theta_i$$
$$\boldsymbol{a}_{k\mathrm{t}}=\boldsymbol{a}_x\sin\theta_t+\boldsymbol{a}_z\cos\theta_t$$

有

$$\Gamma_p=|\Gamma|^2\tag{6.111}$$

和

$$T_p = \frac{\eta_1 \cos\theta_t}{\eta_2 \cos\theta_i} |T|^2 \tag{6.112}$$

将垂直极化或平行极化的反射系数和透射系数代入式(6.111)和式(6.112)均可得

$$\Gamma_p + T_p = 1$$

6.8 均匀平面电磁波的全透射与全反射

6.7节我们分析了均匀平面电磁波向平面分界面的斜入射。由分析的结论可知，对于非磁性介质，不论垂直极化还是平行极化的斜入射，透射系数总是正值，而反射系数既可以是正值也可以是负值。因此，如果反射系数为零，那么斜入射电磁波将全部透入介质2；如果反射系数的模为1，那么斜入射电磁波将被分界面全部反射。下面以均匀平面电磁波自空气斜入射于聚苯乙烯($\varepsilon_r=2.7$，$\mu_r=1$)为例，计算垂直极化和平行极化斜入射时的功率反射系数、功率透射系数(定义参看例6.12)，计算结果如图6.19所示。由图可见，垂直极化斜入射时，功率反射系数和功率透射系数均不为零；但是，对于平行极化斜入射，当$\theta_i=58.68°$时，功率反射系数为零，功率透射系数为1，故平行极化斜入射的电磁波全部透入介质2，即垂直于分界面的入射功率全部透入介质2；介质1中无反射波。一般地，什么条件下会产生全透射和全反射？这就是我们将要讨论的问题。

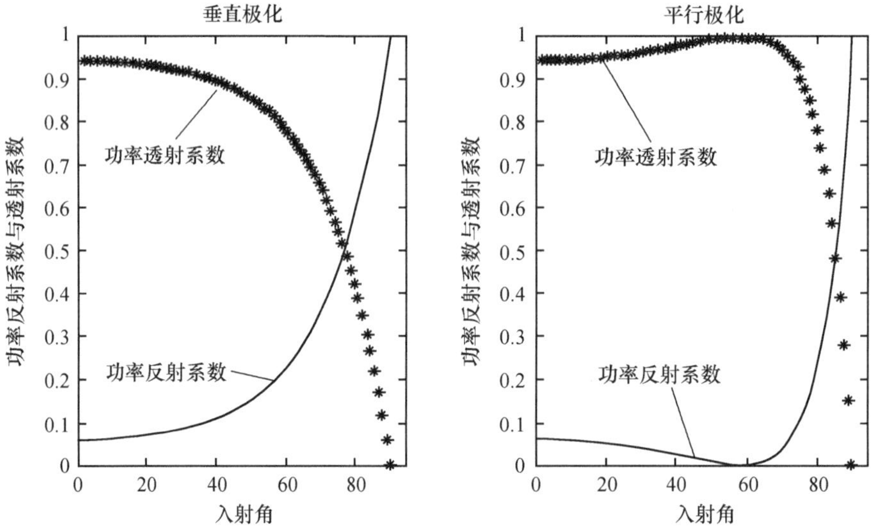

图6.19 斜入射的功率反射系数与透射系数

6.8.1 全透射

由平行极化斜入射的反射系数公式(6.106a)知，要使$\Gamma_{/\!/}=0$，必有

$$\frac{\varepsilon_2}{\varepsilon_1}\cos\theta_i = \sqrt{\frac{\varepsilon_2}{\varepsilon_1} - \sin^2\theta_i}$$

解上式得

$$\theta_i = \arcsin\sqrt{\frac{\varepsilon_2}{\varepsilon_2+\varepsilon_1}} = \theta_B \tag{6.113}$$

此角度称为布儒斯特角(Brewster angle)，记为 θ_B。由式(6.106a)知，此时

$$\theta_B + \theta_t = \frac{\pi}{2}$$

从而

$$\sqrt{\frac{\varepsilon_2}{\varepsilon_1}} = \frac{\sin\theta_B}{\sin\theta_t} = \frac{\sin\theta_B}{\sin\left(\frac{\pi}{2}-\theta_B\right)} = \tan\theta_B \quad 或 \quad \theta_B = \arctan\sqrt{\frac{\varepsilon_2}{\varepsilon_1}} \tag{6.114}$$

考虑垂直极化的斜入射，其反射系数公式(6.99a)表明，$\Gamma_\perp=0$ 发生于

$$\cos\theta_i = \sqrt{\frac{\varepsilon_2}{\varepsilon_1} - \sin^2\theta_i}$$

上式成立时要求 $\varepsilon_2=\varepsilon_1$。因此，当 $\varepsilon_2\neq\varepsilon_1$ 时，以任何入射角向两种不同非磁性介质分界面垂直极化斜入射，都不会发生全透射。图 6.19 也表明了这一结论。

综上可见，对于非磁性介质，产生全透射的条件是：①均匀平面电磁波平行极化斜入射；②入射角等于布儒斯特角，即 $\theta_i=\theta_B$。所以任意极化的电磁波以布儒斯特角斜入射到两非磁性介质的分界面时，入射波中 $\boldsymbol{E}_i$ 平行于入射面的部分将全部透入介质 2，仅垂直入射面的另一部分入射波被分界面反射，故反射波是 $\boldsymbol{E}_i$ 垂直入射面的线极化波。显然，如果圆极化波以布儒斯特角斜入射时，其反射波为线极化波，光学中通常利用这种原理来实现极化滤波。

6.8.2　全反射

均匀平面电磁波斜入射时的反射系数、透射系数不仅与介质特性有关，而且依赖于入射波的极化形式和入射角。在一定条件下会产生全反射现象。当反射系数的模 $|\Gamma|=1$ 时，功率反射系数 $\Gamma_p=|\Gamma|^2=1$，此时垂直于分界面的平均功率全部被反射回介质 1，这种现象称为全反射。

对于非磁性介质，由平行极化斜入射和垂直极化斜入射的反射系数公式(6.106a)和式(6.99a)知，只要

$$\frac{\varepsilon_2}{\varepsilon_1} = \sin^2\theta_i, \quad 即 \quad \theta_i = \arcsin\sqrt{\frac{\varepsilon_2}{\varepsilon_1}} = \theta_c \tag{6.115}$$

则无论是平行极化斜入射，还是垂直极化斜入射，均有 $\Gamma_\perp=\Gamma_{/\!/}=1$；并且，当入射角继续增大时，即 $\theta_c<\theta_i\leqslant 90^\circ$，反射系数成为复数而其模仍为 1，即 $|\Gamma_\perp|=|\Gamma_{/\!/}|=1$。公式(6.115)所确定的角度称为临界角(critical angle)，记为 θ_c。值得注意，公式(6.115)成立时必然要求 $\varepsilon_2<\varepsilon_1$。

综上可见，对于非磁性介质，斜入射的均匀平面电磁波产生全反射的条件是：①入射波自介质 1 向介质 2 斜入射，且 $\varepsilon_2<\varepsilon_1$；②入射角等于或大于临界角，即 $\theta_c\leqslant\theta_i\leqslant 90^\circ$。

当 $\theta_i=\theta_c$ 时，由折射定律

$$\sin\theta_t = \sqrt{\frac{\varepsilon_1}{\varepsilon_2}} \cdot \sin\theta_i$$

知 $\theta_t = \pi/2$；当 $\theta_i > \theta_c$ 时，由折射定律知

$$\sin\theta_t = \sqrt{\frac{\varepsilon_1}{\varepsilon_2}} \cdot \sin\theta_i > \sqrt{\frac{\varepsilon_1}{\varepsilon_2}} \cdot \sin\theta_c = 1 \tag{6.116}$$

显然不存在 θ_t 的实数解。此时有

$$\cos\theta_t = \pm\sqrt{1-\sin^2\theta_t} = \pm \mathrm{j}\sqrt{\sin^2\theta_t - 1} = \pm \mathrm{j}\sqrt{\left(\sqrt{\frac{\varepsilon_1}{\varepsilon_2}} \cdot \sin\theta_i\right)^2 - 1} \tag{6.117}$$

为虚数，令 $\cos\theta_t = -\mathrm{j}\alpha$，则发生全反射时的反射系数与透射系数公式可重写为

$$\Gamma_\perp = \frac{n_1\cos\theta_i + \mathrm{j}n_2\alpha}{n_1\cos\theta_i - \mathrm{j}n_2\alpha} \tag{6.118a}$$

$$T_\perp = \frac{2n_1\cos\theta_i}{n_1\cos\theta_i - \mathrm{j}n_2\alpha} \tag{6.118b}$$

$$\Gamma_{/\!/} = \frac{n_2\cos\theta_i + \mathrm{j}n_1\alpha}{n_2\cos\theta_i - \mathrm{j}n_1\alpha} \tag{6.118c}$$

$$T_{/\!/} = \frac{2n_1\cos\theta_i}{n_2\cos\theta_i - \mathrm{j}n_1\alpha} \tag{6.118d}$$

由式(6.118a)～式(6.118d)可以看出，发生全反射后，$|\Gamma_\perp| = |\Gamma_{/\!/}| = 1$；但是，$|T_\perp| \neq 0$，$|T_{/\!/}| \neq 0$，故介质2(透射区)中还存在透射波，这与理想导体表面的全反射是不同的。

发生全反射后，介质2中的透射波电场强度为

$$\begin{aligned}
\boldsymbol{E}_2 = \boldsymbol{E}_t &= \boldsymbol{E}_{to}\mathrm{e}^{-\mathrm{j}\boldsymbol{k}_t\cdot\boldsymbol{r}} = \boldsymbol{E}_{to}\mathrm{e}^{-\mathrm{j}k_2\boldsymbol{a}_{kt}\cdot\boldsymbol{r}} \\
&= \boldsymbol{E}_{to}\mathrm{e}^{-\mathrm{j}k_2(x\sin\theta_t + z\cos\theta_t)} \\
&= \boldsymbol{E}_{to}\mathrm{e}^{-\mathrm{j}k_2\left[\left(\frac{n_1}{n_2}\sin\theta_i\right)x - \mathrm{j}\alpha z\right]} \\
&= \boldsymbol{E}_{to}\mathrm{e}^{-k_2\alpha z} \cdot \mathrm{e}^{-\mathrm{j}k_2\left(\frac{n_1}{n_2}\sin\theta_i\right)x} \\
&= \boldsymbol{E}_{to}\mathrm{e}^{-k_2\alpha z} \cdot \mathrm{e}^{-\mathrm{j}\beta x}
\end{aligned} \tag{6.119}$$

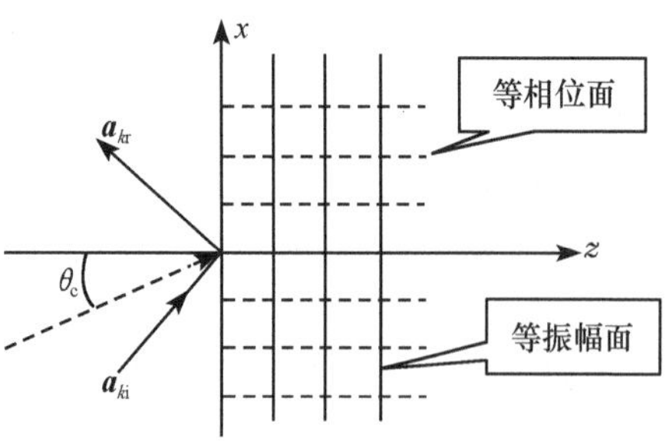

图 6.20　全反射时透射波的等相位面及等振幅面

由式(6.119)可见，介质2中的透射波是沿 x 方向传播的，其振幅沿 x 方向不变，而沿与之垂直的 z 方向衰减。因其等振幅面(z=常数)与其等相位面(x=常数)互相垂直，但等相位面上波的振幅值是不均匀的，所以这是一种非均匀平面波，如图6.20所示。当 $\theta_i = \theta_c$ 时，$\alpha = 0$；当 $\theta_i > \theta_c$ 时，$\alpha > 0$。θ_i 愈大，$k_2\alpha$ 愈大，透射波沿 z 方向衰减愈快。若衰减常数 $k_2\alpha$ 足够大，则透射波只能集中于分界面附近，沿分界面传播，因此把这种电磁波称为表面波。对于平行极化

波，这种表面波的电磁场分量 $E_x\neq0$，$H_x=0$，沿传播方向 x 没有磁场分量，称为 TM 波；对于垂直极化波，表面波的电磁场分量 $E_x=0$，$H_x\neq0$，沿传播方向 x 没有电场分量，称为 TE 波。这种表面波的相速度为

$$v_{px}=\frac{\omega}{\beta}=\frac{\omega}{\omega\sqrt{\mu_0\varepsilon_0}\cdot\sqrt{\varepsilon_{r1}}\cdot\sin\theta_i}=\frac{c}{\sqrt{\varepsilon_{r1}}\cdot\sin\theta_i}$$

因全反射条件下，$\theta_c\leqslant\theta_i\leqslant90°$，故

$$\frac{\omega}{k_2}>\frac{\omega}{\beta}>\frac{\omega}{k_1}$$

由上式可见，透射波的相速度比平面波在介质 2 中的相速度小，而比平面波在介质 1 中的相速度大。介质 2 中的相速度最大时就是自由空间的光速，因此这种透射波的相速度总小于光速，从而也称为慢波。

发生全反射后，介质 2 中透射波的平均功率流密度(坡印亭矢量的时间平均值)

$$\begin{aligned}\boldsymbol{S}_{av,t}&=\frac{1}{2}\mathrm{Re}[\boldsymbol{E}_t\times\boldsymbol{H}_t^*]\\&=\frac{1}{2}\mathrm{Re}\left[\boldsymbol{E}_{to}e^{-k_2\alpha z}\cdot e^{-j\beta x}\times\left(\frac{\boldsymbol{a}_{kt}}{\eta_2}\times\boldsymbol{E}_{to}e^{-k_2\alpha z}\cdot e^{-j\beta x}\right)^*\right]\\&=\frac{1}{2}\mathrm{Re}\left[|T|^2\frac{|E_{io}|^2}{\eta_2}\cdot e^{-2k_2\alpha z}(\boldsymbol{a}_x\sin\theta_t+\boldsymbol{a}_z\cos\theta_t)^*\right]\\&=\frac{1}{2}\mathrm{Re}\left[|T|^2\frac{|E_{io}|^2}{\eta_2}\cdot e^{-2k_2\alpha z}(\boldsymbol{a}_x\sin\theta_t-\boldsymbol{a}_z j\alpha)\right]\end{aligned}$$

可见，介质 2 中沿分界面法向 z，透射波的平均功率流密度为零，即无实功率传输；沿分界面切向 x 透射波的平均功率流密度为

$$\boldsymbol{S}_{av,t}\cdot\boldsymbol{a}_x=\frac{1}{2}|T|^2\frac{|E_{io}|^2}{\eta_2}\cdot e^{-2k_2\alpha z}\sin\theta_t$$

介质 2 中的透射波随 z 按指数衰减，但与欧姆损耗引起的衰减不同，沿 z 方向没有能量损耗。

必须指出，上述结论成立的前提是 $\mu_1=\mu_2$。若 $\mu_1\neq\mu_2$，$\varepsilon_1=\varepsilon_2$ 或 $\mu_1\neq\mu_2$，$\varepsilon_1\neq\varepsilon_2$ 时，虽然也会发生全反射及全透射，但布儒斯特角及临界角的数值与上述结论数值不同，且当 $\mu_1\neq\mu_2$，$\varepsilon_1=\varepsilon_2$ 时，只有垂直极化波才会发生全透射现象；当 $\mu_1\neq\mu_2$，$\varepsilon_1\neq\varepsilon_2$ 时，两种极化波均会发生全透射现象，读者可以自己证明这些结论。

例 6.13 真空中波长为 1.5μm 的远红外电磁波以 75°的入射角从 $\varepsilon_r=1.5$，$\mu_r=1$ 的介质斜入射到空气中，求空气界面上的电场强度与距离空气界面一个波长处的电场强度之比。

解 由式(6.115)知，临界角为

$$\theta_c=\arcsin\sqrt{\frac{\varepsilon_2}{\varepsilon_1}}=\arcsin\sqrt{\frac{1}{1.5}}=54.74°$$

因为入射角大于临界角，斜入射电磁波发生全反射。

由式(6.117)和式(6.119)知

$$\cos\theta_t=-j\sqrt{\left(\sqrt{\frac{\varepsilon_1}{\varepsilon_2}}\cdot\sin\theta_i\right)^2-1}=-j0.633$$

$$k_2\alpha = k_2 \times 0.633 = \frac{2\pi}{\lambda_2} \times 0.633$$

从而

$$\frac{E(\lambda_2)}{E(0)} = e^{-k_2\alpha \cdot \lambda_2} = e^{-2\pi\times 0.633} = 0.0188$$

例 6.14 图 6.21 表示光纤(optical fiber)的剖面，其中，光纤芯线的折射率为 n_1，包层的折射率为 n_2，且 $n_1>n_2$。这里采用平面波的反、折射理论来分析光纤传输光通信信号的基本原理。设光束从折射率为 n_0 的介质斜入射进入光纤，若在芯线与包层的分界面上发生全反射，则可使光束按图 6.21 所示的方式沿光纤轴向传播。现给定 n_1 和 n_2，试确定能在光纤中产生全反射的进入角 ϕ。

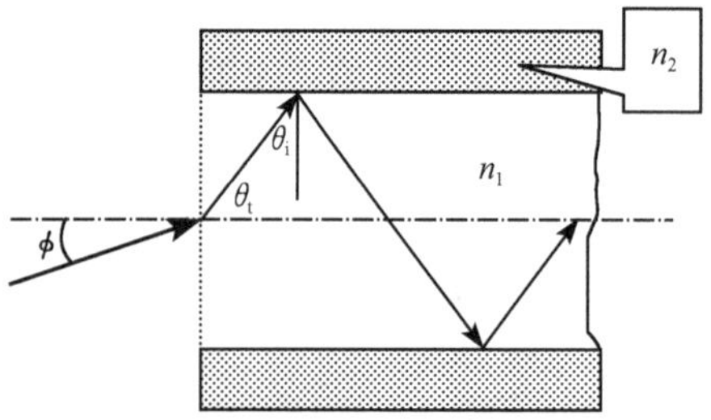

图 6.21　光纤示意图

解　光纤中产生全反射的进入角 ϕ 可由全反射条件和图 6.21 所示的各角度之间的关系求出

$$\theta_i = \frac{\pi}{2} - \theta_t \geqslant \theta_c = \arcsin\left(\frac{n_2}{n_1}\right)$$

所以

$$\theta_t \leqslant \frac{\pi}{2} - \theta_c$$

由折射定律知

$$\sin\phi = \left(\frac{n_1}{n_0}\right)\sin\theta_t \leqslant \left(\frac{n_1}{n_0}\right)\cdot \sin\left(\frac{\pi}{2} - \theta_c\right)$$

$$= \left(\frac{n_1}{n_0}\right)\cdot \cos\theta_c = \left(\frac{n_1}{n_0}\right)\cdot \left[1 - \left(\frac{n_2}{n_1}\right)^2\right]^{1/2}$$

若 $n_0=1$，即光束从空气进入光纤，则有

$$\sin\phi \leqslant \sqrt{n_1^2 - n_2^2}$$

假设 $n_1=1.5$，$n_2=1.48$，则有

$$\phi \leqslant 14.13$$

所以，在上述条件下，只要光束进入角小于 14.13°，光束即可被光纤“俘获”，由多重全反射而在其中传播。

*6.9　等离子体中的电磁波

媒质中除了前面所讨论的各向同性媒质(其参量 ε，μ 和 σ 均为标量)外，还存在另一类称为各向异性的媒质，如等离子体、铁氧体磁性材料及其他类型的各向异性晶体，它们的参量不再是标量，而是张量。电磁波在各向异性媒质中传播时具有许多独特的规律，运用这些规律可以实现各种特殊的功能，因此掌握和应用这些规律很有实际意义。下面讨论电磁波在等离子体和铁氧体这两类各向异性媒质中的传播特性。

所谓等离子体，是指由电子、离子和中性粒子组成的电离气体，且带负电的电子和带正电的离子具有相等的电量。气体放电管内的气体可视为等离子体。大气层上部距地球表面 50～1000km 的区域内，由于太阳的紫外线辐射使气体发生电离，形成了可视为等离子体的电离层，电离层的高度和电离强度随一天中的不同时间、季节和太阳黑子周期等因素变化。此外，高速飞行物的周围气体也会被电离形成等离子体，即所谓的“等离子体鞘套”，影响飞行器的无线通信性能。

等离子体的存在，一定会影响电磁波的传播特性。为考虑这一影响，采用如下的方法：因为等离子体是由一些带电的粒子组成的，在高频外场的作用下，离子和电子都将运动而形成电流，这个运流电流也是场源，即用运流电流来取代等离子体对电磁波传播的影响。

6.9.1 等离子体的等效介电常量

等离子体中，由于离子的质量比电子要大得多，因此在高频外场的作用下，较之电子的运动，离子的运动可以忽略。为简单起见，近似认为离子是不动的。所以在外场的作用下，电子运动形成的运流电流密度是

$$\boldsymbol{J}_v = -N|e|\boldsymbol{v} \tag{6.120}$$

其中，e 是电子电荷，N 是等离子体中每单位体积中的电子数目，$\boldsymbol{v}$ 是电子在外场作用下运动的平均速度。$\boldsymbol{J}_v$ 也是场源，因此当场量随时间正弦变化时，安培环路定律的微分形式(写成矩阵形式)应是

$$\begin{bmatrix} \nabla\times\boldsymbol{H}_{\mathrm{m}}|_x \\ \nabla\times\boldsymbol{H}_{\mathrm{m}}|_y \\ \nabla\times\boldsymbol{H}_{\mathrm{m}}|_z \end{bmatrix} = \begin{bmatrix} J_{vx\mathrm{m}} \\ J_{vy\mathrm{m}} \\ J_{vz\mathrm{m}} \end{bmatrix} + \mathrm{j}\omega\varepsilon_0 \begin{bmatrix} E_{x\mathrm{m}} \\ E_{y\mathrm{m}} \\ E_{z\mathrm{m}} \end{bmatrix} = -N|e| \begin{bmatrix} v_{x\mathrm{m}} \\ v_{y\mathrm{m}} \\ v_{z\mathrm{m}} \end{bmatrix} + \mathrm{j}\omega\varepsilon_0 \begin{bmatrix} E_{x\mathrm{m}} \\ E_{y\mathrm{m}} \\ E_{z\mathrm{m}} \end{bmatrix}$$

$$= \mathrm{j}\omega[\varepsilon] \begin{bmatrix} E_{x\mathrm{m}} \\ E_{y\mathrm{m}} \\ E_{z\mathrm{m}} \end{bmatrix} \tag{6.121}$$

其中，$\nabla\times\boldsymbol{H}_{\mathrm{m}}|_x$，$\nabla\times\boldsymbol{H}_{\mathrm{m}}|_y$，$\nabla\times\boldsymbol{H}_{\mathrm{m}}|_z$ 分别表示 $\nabla\times\boldsymbol{H}_{\mathrm{m}}$ 的 x，y 和 z 方向的分量；$[\varepsilon]$ 是等离子体的等效介电常量，它是一个二阶张量，可表示成一个方阵

$$[\varepsilon] = \begin{bmatrix} \varepsilon_{11} & \varepsilon_{12} & \varepsilon_{13} \\ \varepsilon_{21} & \varepsilon_{22} & \varepsilon_{23} \\ \varepsilon_{31} & \varepsilon_{32} & \varepsilon_{33} \end{bmatrix} \tag{6.122}$$

因此又称为等离子体的张量介电常量。从式(6.121)可以看出，欲求 $[\varepsilon]$ 中的各元素，必须先求出电子运动的平均速度 $\boldsymbol{v}$ 与高频场 $\boldsymbol{E}$ 之间的关系。为了使讨论的结果具有一般性，设沿电磁波的传播方向(正 $\boldsymbol{a}_z$ 方向)加了一恒定电磁场，则作用在电子上的洛伦兹力是

$$\boldsymbol{F} = -|e|[\boldsymbol{E} + \boldsymbol{v}\times(\boldsymbol{B}+\boldsymbol{B}_0)] \tag{6.123}$$

按牛顿第二定律有

$$\boldsymbol{F} = m\frac{\mathrm{d}\boldsymbol{v}}{\mathrm{d}t} = -|e|[\boldsymbol{E} + \boldsymbol{v}\times(\boldsymbol{B}+\boldsymbol{B}_0)] \tag{6.124}$$

考虑到相对于高频电场而言，高频磁场对电子的运动影响很小。因此，忽略高频磁场的影响，当场量随时间作正弦变化时，式(6.124)变成

$$\mathrm{j}\omega m\,\boldsymbol{v}_{\mathrm{m}} = -|e|[\boldsymbol{E}_{\mathrm{m}} + B_0 v_{y\mathrm{m}}\boldsymbol{a}_x - B_0 v_{x\mathrm{m}}\boldsymbol{a}_y] \tag{6.125}$$

令式(6.125)中两边对应的分量相等，求得

$$\mathrm{j}\omega m v_{x\mathrm{m}} = -\frac{|e|}{m}E_{x\mathrm{m}} - \omega_c v_{y\mathrm{m}} \tag{6.126}$$

$$\mathrm{j}\omega m v_{y\mathrm{m}} = -\frac{|e|}{m}E_{y\mathrm{m}} + \omega_c v_{x\mathrm{m}} \tag{6.127}$$

$$\mathrm{j}\omega m v_{z\mathrm{m}} = -\frac{|e|}{m}E_{z\mathrm{m}} \tag{6.128}$$

其中，$\omega_c = \frac{|e|}{m}B_0$ 称为电子的回旋角频率，m 是电子的质量。式(6.126)～式(6.128)联立求解可得电子运动的平均速度的各个分量为

$$v_{x\mathrm{m}} = \frac{|e|}{m}\frac{-\mathrm{j}\omega E_{x\mathrm{m}} + \omega_c E_{y\mathrm{m}}}{\omega_c^2 - \omega^2} \tag{6.129}$$

$$v_{y\mathrm{m}} = \frac{|e|}{m}\frac{-\mathrm{j}\omega E_{y\mathrm{m}} - \omega_c E_{x\mathrm{m}}}{\omega_c^2 - \omega^2} \tag{6.130}$$

$$v_{z\mathrm{m}} = -\frac{|e|E_{z\mathrm{m}}}{\mathrm{j}\omega m} \tag{6.131}$$

当 $\omega=\omega_c$ 时，v_x 和 v_y 有极点，说明当频率 ω 接近 ω_c 时，电子速度增长很快，因而电子与周围中性分子或离子的碰撞次数明显增加，电磁波的能量损耗大大增加，将 $v_{x\mathrm{m}}$，$v_{y\mathrm{m}}$和 $v_{z\mathrm{m}}$的表示式代入式(6.121)，并比较等式两边矩阵各行元素中 $E_{x\mathrm{m}}$，$E_{y\mathrm{m}}$和 $E_{z\mathrm{m}}$的系数，求得

$$[\varepsilon] = \begin{bmatrix} \varepsilon_1 & \mathrm{j}\varepsilon_2 & 0 \\ -\mathrm{j}\varepsilon_2 & \varepsilon_1 & 0 \\ 0 & 0 & \varepsilon_3 \end{bmatrix} \tag{6.132}$$

其中

$$\varepsilon_1 = \varepsilon_0\left(1 + \frac{\omega_\mathrm{p}^2}{\omega_\mathrm{c}^2 - \omega^2}\right), \quad \varepsilon_2 = \frac{\omega_\mathrm{p}^2\left(\frac{\omega_\mathrm{c}}{\omega}\right)\varepsilon_0}{\omega_\mathrm{c}^2 - \omega^2}$$

$$\varepsilon_3 = \varepsilon_0\left(1 - \frac{\omega_\mathrm{p}^2}{\omega^2}\right), \quad \omega_\mathrm{p}^2 = \frac{Ne^2}{m\varepsilon_0}$$

ω_p 称为等离子体的角频率。在这种情况下，电位移矢量 $\boldsymbol{D}$ 与电场强度矢量 $\boldsymbol{E}$ 之间的关系为

$$\begin{bmatrix} D_{x\mathrm{m}} \\ D_{y\mathrm{m}} \\ D_{z\mathrm{m}} \end{bmatrix} = \begin{bmatrix} \varepsilon_1 & \mathrm{j}\varepsilon_2 & 0 \\ -\mathrm{j}\varepsilon_2 & \varepsilon_1 & 0 \\ 0 & 0 & \varepsilon_3 \end{bmatrix} \begin{bmatrix} E_{x\mathrm{m}} \\ E_{y\mathrm{m}} \\ E_{z\mathrm{m}} \end{bmatrix} \tag{6.133}$$

式(6.133)表明 $\boldsymbol{D}$ 和 $\boldsymbol{E}$ 的方向不再相同，D_x 分量不仅与 E_x 有关，而且与 E_y 有关。因此，沿波的传播方向加有恒定磁场 $\boldsymbol{B}_0$ 的等离子体对电磁波呈各向异性的特性。

当外加恒定磁场 $\boldsymbol{B}_0=0$ 时，电子的回旋角频率 $\omega_c=0$，而

$$\varepsilon_1 = \varepsilon_3 = \varepsilon_0\left(1 - \frac{\omega_\mathrm{p}^2}{\omega^2}\right) = \varepsilon$$

$$\varepsilon_2 = 0$$

即等离子体的等效介电常量变成一个标量，这时等离子体是各向同性的。所以，等离子

体对电磁波呈各向异性是由外加了一恒定磁场 $\boldsymbol{B}_0$ 引起的。

6.9.2 等离子体中均匀平面电磁波的传播特性

设电磁波沿正 z 方向传播，同时沿传播方向外加了一恒定磁场 $\boldsymbol{B}_0=B_0\boldsymbol{a}_z$，则在等离子体内传播的均匀平面电磁波有如下特点。

1. 等离子体内传播的均匀平面波仍是横电磁波(TEM 波)

由于等离子体中的电场和磁场满足场方程

$$\nabla\times\boldsymbol{E}_{\mathrm{m}}=-\mathrm{j}\omega\mu_0\boldsymbol{H}_{\mathrm{m}} \tag{6.134}$$

和

$$\begin{bmatrix}\nabla\times\boldsymbol{H}_{\mathrm{m}}\mid_x\\\nabla\times\boldsymbol{H}_{\mathrm{m}}\mid_y\\\nabla\times\boldsymbol{H}_{\mathrm{m}}\mid_z\end{bmatrix}=\mathrm{j}\omega\begin{bmatrix}\varepsilon_1&\mathrm{j}\varepsilon_2&0\\-\mathrm{j}\varepsilon_2&\varepsilon_1&0\\0&0&\varepsilon_3\end{bmatrix}\begin{bmatrix}E_{x\mathrm{m}}\\E_{y\mathrm{m}}\\E_{z\mathrm{m}}\end{bmatrix} \tag{6.135}$$

又因为均匀平面波的等幅、等相面是垂直于传播方向的平面，即$\frac{\partial}{\partial x}=\frac{\partial}{\partial y}=0$，所以比较方程(6.134)和式(6.135)两边的 z 分量求得

$$E_{z\mathrm{m}}=0,\quad H_{z\mathrm{m}}=0 \tag{6.136}$$

式(6.136)表明沿 z 方向传播的电磁波没有纵向分量，即等离子体中传播的均匀平面波仍是 TEM 波。

2. 等离子体中可以传播右旋和左旋的圆极化均匀平面波，但传播常数不一样

将式(6.134)两边取旋度并考虑到式(6.135)求得

$$\nabla\times\nabla\times\boldsymbol{E}_{\mathrm{m}}=\nabla(\nabla\cdot\boldsymbol{E}_{\mathrm{m}})-\nabla^2\boldsymbol{E}_{\mathrm{m}}=-\mathrm{j}\omega\mu_0\nabla\times\boldsymbol{H}_{\mathrm{m}}$$

即

$$\begin{bmatrix}\{\nabla(\nabla\cdot\boldsymbol{E}_{\mathrm{m}})-\nabla^2\boldsymbol{E}_{\mathrm{m}}\}x\\\{\nabla(\nabla\cdot\boldsymbol{E}_{\mathrm{m}})-\nabla^2\boldsymbol{E}_{\mathrm{m}}\}y\\\{\nabla(\nabla\cdot\boldsymbol{E}_{\mathrm{m}})-\nabla^2\boldsymbol{E}_{\mathrm{m}}\}z\end{bmatrix}=\omega^2\mu_0\begin{bmatrix}\varepsilon_1&\mathrm{j}\varepsilon_2&0\\-\mathrm{j}\varepsilon_2&\varepsilon_1&0\\0&0&\varepsilon_3\end{bmatrix}\begin{bmatrix}E_{x\mathrm{m}}\\E_{y\mathrm{m}}\\E_{z\mathrm{m}}\end{bmatrix} \tag{6.137}$$

式(6.137)中等号两边矩阵中对应的元素应相等，即有

$$\nabla^2E_{x\mathrm{m}}-\frac{\partial}{\partial x}(\nabla\cdot\boldsymbol{E}_{\mathrm{m}})+\omega^2\mu_0[\varepsilon_1E_{x\mathrm{m}}+\mathrm{j}\varepsilon_2E_{y\mathrm{m}}]=0 \tag{6.138}$$

$$\nabla^2E_{y\mathrm{m}}-\frac{\partial}{\partial y}(\nabla\cdot\boldsymbol{E}_{\mathrm{m}})+\omega^2\mu_0[-\mathrm{j}\varepsilon_2E_{x\mathrm{m}}+\varepsilon_1E_{y\mathrm{m}}]=0 \tag{6.139}$$

因为$\frac{\partial}{\partial x}=\frac{\partial}{\partial y}=0$，所以式(6.138)和式(6.139)可以进一步简化为

$$\frac{\partial^2E_{x\mathrm{m}}}{\partial z^2}+\omega^2\mu_0(\varepsilon_1E_{x\mathrm{m}}+\mathrm{j}\varepsilon_2E_{y\mathrm{m}})=0 \tag{6.140}$$

$$\frac{\partial^2E_{y\mathrm{m}}}{\partial z^2}+\omega^2\mu_0(-\mathrm{j}\varepsilon_2E_{x\mathrm{m}}+\varepsilon_1E_{y\mathrm{m}})=0 \tag{6.141}$$

设式(6.140)和式(6.141)的解为

$$E_{x\mathrm{m}}=E_{x\mathrm{m}}\mathrm{e}^{\mathrm{j}\phi_x}\mathrm{e}^{-\mathrm{j}kz} \tag{6.142}$$

$$E_{ym}=E_{ym}e^{j\phi_y}e^{-jkz} \tag{6.143}$$

代入式(6.140)和式(6.141)后有

$$(-k^2+\omega^2\mu_0\varepsilon_1)E_{xm}+j\omega^2\mu_0\varepsilon_2E_{ym}=0 \tag{6.144}$$

$$-j\omega^2\mu_0\varepsilon_2E_{xm}+(-k^2+\omega^2\mu_0\varepsilon_1)E_{ym}=0 \tag{6.145}$$

式(6.144)和式(6.145)是关于 E_{xm}和 E_{ym}的一组联立方程，欲使 E_{xm}和 E_{ym}具有非零解，则它们的系数行列式必须等于零，即

$$\begin{vmatrix} -k^2+\omega^2\mu_0\varepsilon_1 & j\omega^2\mu_0\varepsilon_2 \\ -j\omega^2\mu_0\varepsilon_2 & -k^2+\omega^2\mu_0\varepsilon_1 \end{vmatrix}=0 \tag{6.146}$$

亦即

$$k^2-\omega^2\mu_0\varepsilon_1=\pm\omega^2\mu_0\varepsilon_2 \tag{6.147}$$

式(6.147)说明式(6.144)和式(6.145)的联立方程存在两组解，第一组为 $E_{xm}=jE_{ym}$，表示右旋圆极化波，它的传播常数为

$$k_r=\omega\sqrt{\mu_0(\varepsilon_1+\varepsilon_2)} \tag{6.148}$$

相速度为

$$v_r=\frac{\omega}{k_r}=\frac{1}{\sqrt{\mu_0(\varepsilon_1+\varepsilon_2)}}=\frac{c}{\sqrt{1+\dfrac{\omega_p^2}{\omega(\omega_c-\omega)}}} \tag{6.149}$$

其中，$c=\dfrac{1}{\sqrt{\varepsilon_0\mu_0}}$是真空中的光速。第二组解为 $E_{xm}=-jE_{ym}$，表示左旋圆极化波，它的传播常数为

$$k_l=\omega\sqrt{\mu_0(\varepsilon_1-\varepsilon_2)} \tag{6.150}$$

相速度为

$$v_l=\frac{\omega}{k_l}=\frac{1}{\sqrt{\mu_0(\varepsilon_1-\varepsilon_2)}}=\frac{c}{\sqrt{1-\dfrac{\omega_p^2}{\omega(\omega_c+\omega)}}} \tag{6.151}$$

因此，在沿传播方向加有恒定磁场 $\boldsymbol{B}_0$ 的等离子体中，有两组圆极化均匀平面波可以传播，一组是右旋圆极化波，一组是左旋圆极化波，它们的传播常数不一样，因而相速度也不一样。

3. 圆极化均匀平面电磁波的传播频率有一定范围

当频率为 ω 的电磁波的相速度变成虚数时，表明该频率的电磁波不能在等离子体中传播。对于右旋圆极化波，只有当

$$1+\frac{\omega_p^2}{\omega(\omega_c-\omega)}>0 \tag{6.152}$$

时，相速度 v_r 才为实数，电磁波才能传播。解不等式(6.152)求得

$$\frac{(\omega-\omega_1)(\omega-\omega_2)}{\omega(\omega-\omega_c)}>0 \tag{6.153}$$

$$\omega_{1,2}=\frac{\omega_c\mp\sqrt{\omega_c^2+4\omega_p^2}}{2} \tag{6.154}$$

因为 $\omega_1<0$，所以 $\omega>\omega_2$ 或 $0<\omega<\omega_c$ 时不等式(6.152)成立，v_r 为实数，即角频率$\omega>\omega_2$ 或 $0<\omega<\omega_c$ 的右旋圆极化均匀平面波才能在等离子体中传播。完全类似的分析可知，只有当 $\omega>\omega_4$ 时，左旋圆极化均匀平面波才能在等离子体中传播，其中

$$\omega_4=\frac{-\omega_c+\sqrt{\omega_c^2+4\omega_p^2}}{2} \tag{6.155}$$

4. *存在法拉第旋转效应*

一个直线极化波可以分解成两个等幅的向相反方向旋转的圆极化波。设线极化波为

$$\boldsymbol{E}_m=E_0e^{j\phi}\boldsymbol{a}_x$$

则它可分解成两个圆极化波之和，即

$$\boldsymbol{E}_m=\boldsymbol{E}_{m1}+\boldsymbol{E}_{m2}$$

式中

$$\boldsymbol{E}_{m1}=\frac{E_0}{2}e^{j\phi}(\boldsymbol{a}_x+j\boldsymbol{a}_y)$$

$$\boldsymbol{E}_{m2}=\frac{E_0}{2}e^{j\phi}(\boldsymbol{a}_x-j\boldsymbol{a}_y)$$

其中，$\boldsymbol{E}_{m1}$是左旋圆极化波，$\boldsymbol{E}_{m2}$是右旋圆极化波。在各向同性的媒质中，左旋和右旋圆极化波的传播常数是一样的，因此在 z 等于常数的任一平面上，合成波即是一沿 x 方向的线极化波。但在各向异性媒质中，右旋和左旋圆极化波的传播常数不一样，因而它们的相速度也不一样，因此随着波的向前传播，线极化波的极化面(电场强度和传播方向决定的平面)发生旋转，即电磁波的极化方向在沿传播方向加有恒定磁场的等离子体中，绕前进方向 z 轴不断旋转，这种效应称为法拉第旋转效应(图 6.22)，法拉第旋转是不同旋向的圆极化波以不同相速传播的必然结果。

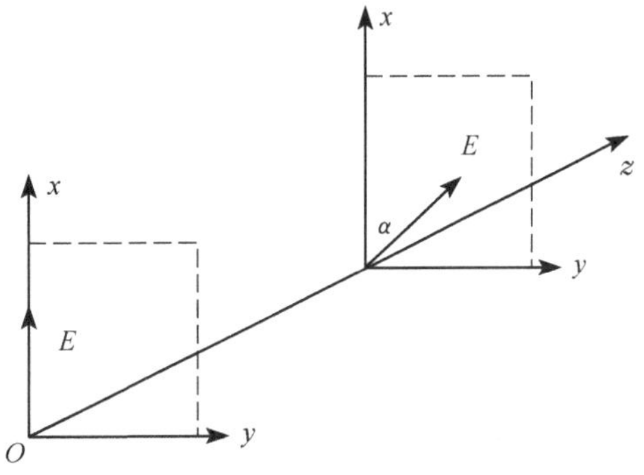

图 6.22　法拉第旋转效应

例 6.15　在 $z=0$ 的平面上投进一个线极化均匀平面波，设它沿 z 方向传播，电场矢量 $\boldsymbol{E}$ 取 $\boldsymbol{a}_x$ 方向。证明该波在等离子体(等离子体中电子密度较小，外加一个沿 z 轴方向的恒定磁场)中传播时仍是一个线极化均匀平面波，并求其传播常数，说明极化平面如何改变。

解　设在 $z=0$ 的平面上，投进的线极化均匀平面波为

$$\boldsymbol{E}_m\big|_{z=0}=E_0e^{j\phi_0}\boldsymbol{a}_x \tag{6.156}$$

将 $\boldsymbol{E}_m$ 分解成左旋和右旋圆极化均匀平面波之和，即有

$$\boldsymbol{E}_m\big|_{z=0}=E_0e^{j\phi_0}\boldsymbol{a}_x=\boldsymbol{E}_{m1}\big|_{z=0}+\boldsymbol{E}_{m2}\big|_{z=0} \tag{6.157}$$

其中

$$\boldsymbol{E}_{m1}\big|_{z=0}=\frac{E_0}{2}e^{j\phi_0}(\boldsymbol{a}_x+j\boldsymbol{a}_y)$$

$$\boldsymbol{E}_{\mathrm{m2}}\big|_{z=0}=\frac{E_0}{2}\mathrm{e}^{\mathrm{j}\phi_0}(\boldsymbol{a}_x-\mathrm{j}\boldsymbol{a}_y)$$

$\boldsymbol{E}_{\mathrm{m1}}|_{z=0}$是左旋圆极化波，$\boldsymbol{E}_{\mathrm{m2}}|_{z=0}$是右旋圆极化波。因为外加有磁场 $\boldsymbol{B}_0=B_0\boldsymbol{a}_z$，因此左旋和右旋圆极化均匀平面波的传播常数不一样，在 $z=z_1$ 的平面上，左旋和右旋圆极化波分别为

$$\boldsymbol{E}_{\mathrm{m1}}=\frac{E_0}{2}\mathrm{e}^{\mathrm{j}\phi_0}\mathrm{e}^{-\mathrm{j}k_l z_1}(\boldsymbol{a}_x+\mathrm{j}\boldsymbol{a}_y) \tag{6.158}$$

$$\boldsymbol{E}_{\mathrm{m2}}=\frac{E_0}{2}\mathrm{e}^{\mathrm{j}\phi_0}\mathrm{e}^{-\mathrm{j}k_r z_1}(\boldsymbol{a}_x-\mathrm{j}\boldsymbol{a}_y) \tag{6.159}$$

在 $z=z_1$ 的平面上，两个圆极化波合成的结果为

$$\boldsymbol{E}_{\mathrm{m}}=\frac{E_0}{2}\mathrm{e}^{\mathrm{j}\varphi\phi_0}\left[(\mathrm{e}^{-\mathrm{j}k_1 z_1}+\mathrm{e}^{-\mathrm{j}k_{\mathrm{r}} z_1})\boldsymbol{a}_x+\mathrm{j}(\mathrm{e}^{-\mathrm{j}k_1 z_1}-\mathrm{e}^{-\mathrm{j}k_{\mathrm{r}} z_1})\boldsymbol{a}_y\right] \tag{6.160}$$

合成波的瞬时值为

$$\begin{aligned}\boldsymbol{E}(t,z)=&E_0\cos\left(\frac{k_1-k_{\mathrm{r}}}{2}\right)z_1\cos\left(\omega t-\frac{k_1+k_{\mathrm{r}}}{2}z_1+\phi_0\right)\boldsymbol{a}_x\\&+E_0\sin\left(\frac{k_1-k_{\mathrm{r}}}{2}\right)z_1\cos\left(\omega t-\frac{k_1+k_{\mathrm{r}}}{2}z_1+\phi_0\right)\boldsymbol{a}_y\end{aligned} \tag{6.161}$$

合成波的模为

$$|\boldsymbol{E}(t,z)|=E_0\cos\left(\omega t-\frac{k_1+k_{\mathrm{r}}}{2}z_1+\phi_0\right) \tag{6.162}$$

极化平面与 x 轴的夹角为 α，且

$$\tan\alpha=\frac{E_y(t,z_1)}{E_x(t,z_1)}=\tan\left(\frac{k_1-k_{\mathrm{r}}}{2}z_1\right) \tag{6.163}$$

所以

$$\alpha=\frac{k_1-k_{\mathrm{r}}}{2}z_1 \tag{6.164}$$

当恒定磁场很弱，等离子体的电子密度很小，而电磁波的频率较高时，即 $\omega\gg\omega_c$ 和 $\omega\gg\omega_p$ 时，左旋圆极化波的传播常数 k_1 大于右旋圆极化波的传播常数 k_{r}，因此 $\alpha>0$。所以该线极化波在等离子体中传播时仍是一线极化波，因为 z 等于常数时 $\boldsymbol{E}(t,z)$随时间作简谐振荡(参看式(6.161))，但 $\boldsymbol{E}$ 与 x 轴的夹角不随时间变化，一个周期内电场矢量端点的轨迹是一直线，这个波的传播常数是$\frac{k_1+k_{\mathrm{r}}}{2}$，随传播距离的增加，极化平面与 x 轴的夹角 α 越来越大，单位距离中旋转的角度为$\frac{k_1-k_{\mathrm{r}}}{2}$。

*6.10 铁氧体中的电磁波

铁氧体在微波技术中得到了广泛的应用，利用它的各向异性的特性可做成许多非互易元件，如隔离器和环行器等。铁氧体是一种铁磁材料，由于它的电阻率很高($10^3\sim10^7\,\Omega\cdot\mathrm{m}$)，即电导率 σ 很低，因此高频电磁场在其中传播时损耗很小。

6.10.1　铁氧体的各向异性的特性

铁氧体是一种铁磁材料，它是由磁畴组成的。所谓磁畴，是指电子自旋磁矩的方向互相平行的一块区域。虽然物质的原子中，电子有自旋，也有绕核的轨道运动，两者都将产生磁矩，但是电子作轨道运动所产生的磁矩方向总是不一致而互相抵消的，所以可以认为磁畴的磁化强度只是由电子的自旋磁矩构成的。但相邻磁畴的磁化强度的方向是随机的，因此无外场时，它不显磁性；当有外场时，整个磁畴集体取向，因为具有很强的磁性。

由于铁氧体具有各向异性的特性，因此它的磁导率不再是一个标量，而是一个张量 $[\mu]$，现在来导出 $[\mu]$ 的各元素。

1. 自旋电子在恒定外场 $\boldsymbol{B}_0$ 中作进动

首先研究自旋电子在恒定外场作用下的运动规律。为简单起见，讨论一下电子自旋的情况。

将电子的自旋看成一个小电流环，它具有磁矩 $\boldsymbol{m}$，另一方面，电子具有质量 m_e，自旋时就有动量矩 $\boldsymbol{J}$，$\boldsymbol{J}$ 与 $\boldsymbol{m}$ 的关系是

$$\boldsymbol{m} = \gamma \boldsymbol{J} \tag{6.165}$$

其中，$\gamma = -\frac{|e|}{m_e}$。假定这一个自旋电子还处在一个恒定的外磁场 $\boldsymbol{B}_0$ 中，则外场 $\boldsymbol{B}_0$ 对自旋磁矩 $\boldsymbol{m}$ 的作用力矩是

$$\boldsymbol{T} = \boldsymbol{m} \times \boldsymbol{B}_0 \tag{6.166}$$

根据理论力学中的拉莫尔定理，有

$$\frac{\mathrm{d}\boldsymbol{J}}{\mathrm{d}t} = \boldsymbol{m} \times \boldsymbol{B}_0 \tag{6.167}$$

将式(6.165)代入式(6.167)后求得

$$\frac{\mathrm{d}\boldsymbol{m}}{\mathrm{d}t} = \gamma(\boldsymbol{m} \times \boldsymbol{B}_0) = \gamma\mu_0(\boldsymbol{m} \times \boldsymbol{H}_0) \tag{6.168}$$

我们研究宏观的情况，取单位体积中的平均磁矩即磁化强度 $\boldsymbol{M}$ 代替单个电子的磁矩 $\boldsymbol{m}$，则

$$\frac{\mathrm{d}\boldsymbol{M}}{\mathrm{d}t} = \gamma\mu_0(\boldsymbol{M} \times \boldsymbol{H}_0) \tag{6.169}$$

将式(6.169)写成三个标量方程，并设外加磁场 $\boldsymbol{B}_0$ 与 z 轴方向一致，即 $\boldsymbol{B} = B\boldsymbol{a}_z$，则有

$$\frac{\mathrm{d}M_x}{\mathrm{d}t} = -|\gamma|\mu_0 H_0 M_y \tag{6.170}$$

$$\frac{\mathrm{d}M_y}{\mathrm{d}t} = |\gamma|\mu_0 H_0 M_x \tag{6.171}$$

$$\frac{\mathrm{d}M_z}{\mathrm{d}t} = 0 \tag{6.172}$$

微分方程(6.170)～方程(6.172)的解是

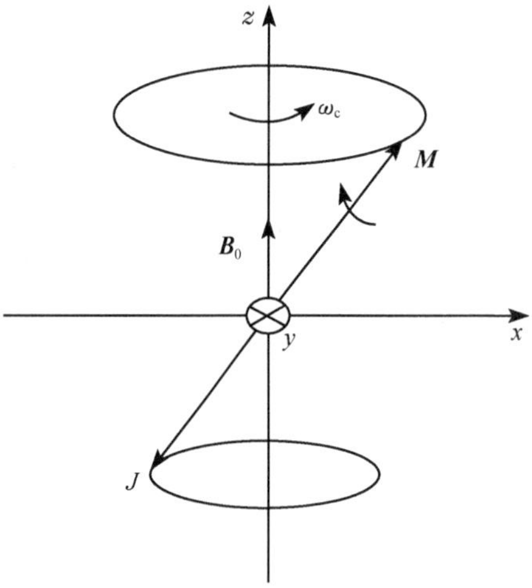

图 6.23 $\boldsymbol{M}$绕$\boldsymbol{B}_0$ 作右旋进动

$$M_x = M_1 \sin\omega_c t \tag{6.173}$$

$$M_y = -M_1 \cos\omega_c t \tag{6.174}$$

$$M_z = 常数 \tag{6.175}$$

其中，$\omega_c = |\gamma|\mu_0 H_0$，式(6.173)～式(6.175)表明自旋电子的平均磁矩 $\boldsymbol{M}$ 以角速度 ω_c 绕 $\boldsymbol{B}_0$ 旋转，并且 $\boldsymbol{M}$ 与 $\boldsymbol{B}_0$ 的夹角保持不变(M_z=常数)，力学上称这种运动为进动。因为 M_x 领先 M_y，所以 $\boldsymbol{M}$ 绕 $\boldsymbol{B}_0$ 作右旋进动，如图 6.23 所示。

上面的分析没有考虑铁氧体中的各种损耗，但实际上存在各种损耗，磁矩 $\boldsymbol{M}$ 的进动将受到衰减逐渐停止，最后 $\boldsymbol{M}$ 与 $\boldsymbol{B}_0$ 取一致的方向，这种情况称铁氧体达到了饱和磁化，以 $\boldsymbol{M}_0$ 表示饱和磁化时的磁化强度。

2. 铁氧体的张量磁导率 $[\mu]$

在线性、各向同性的媒质中，磁感应强度 $\boldsymbol{B}$ 与磁场强度 $\boldsymbol{H}$ 的关系是

$$\boldsymbol{B} = \mu_0(\boldsymbol{H} + \boldsymbol{M}) = \mu\boldsymbol{H} \tag{6.176}$$

其中，μ 是一个标量。在各向异性的铁氧体中，对高频场有

$$\begin{bmatrix} b_x \\ b_y \\ b_z \end{bmatrix} = \mu_0 \begin{bmatrix} h_x + m'_x \\ h_y + m'_y \\ h_z + m'_z \end{bmatrix} = [\mu] \begin{bmatrix} h_x \\ h_y \\ h_z \end{bmatrix} \tag{6.177}$$

其中，$\boldsymbol{b} = b_x\boldsymbol{a}_x + b_y\boldsymbol{a}_y + b_z\boldsymbol{a}_z$ 是高频的磁感应强度，而 $\boldsymbol{h} = h_x\boldsymbol{a}_x + h_y\boldsymbol{a}_y + h_z\boldsymbol{a}_z$ 是高频的磁场强度，$\boldsymbol{m}' = m'_x\boldsymbol{a}_x + m'_y\boldsymbol{a}_y + m'_z\boldsymbol{a}_z$ 是高频的磁化强度，$[\mu]$ 是铁氧体的张量磁导率，它可表示成一个方阵。从式(6.177)可知，要求出 $[\mu]$ 的各元素，必须求出 $\boldsymbol{m}'$ 与 $\boldsymbol{h}$ 的关系。

设铁氧体中除了使其达到饱和磁化的恒定磁场强度 $\boldsymbol{H}_0$ 以外，还有一个微小的(相对于 $\boldsymbol{H}_0$ 而言)频率为 ω 的交变磁场 $\boldsymbol{h}$，则铁氧体中的总磁场为

$$\boldsymbol{H} = \boldsymbol{H}_0 + \boldsymbol{h}(t) = h_x\boldsymbol{a}_x + h_y\boldsymbol{a}_y + (H_0 + h)\boldsymbol{a}_z \tag{6.178}$$

对应的磁化强度

$$\boldsymbol{M} = \boldsymbol{M}_0 + \boldsymbol{m}' = m'_x\boldsymbol{a}_x + m'_y\boldsymbol{a}_y + (M_0 + m')\boldsymbol{a}_z \tag{6.179}$$

其中，$\boldsymbol{m}'$是交变场 $\boldsymbol{h}$ 产生的磁化强度，$\boldsymbol{M}_0$ 是恒定磁场 $\boldsymbol{H}_0$ 产生的磁化强度，据拉莫尔定理，有

$$\frac{\mathrm{d}\boldsymbol{M}}{\mathrm{d}t} = \gamma\mu_0(\boldsymbol{M} \times \boldsymbol{H}) \tag{6.180}$$

设$|\boldsymbol{h}| \ll |\boldsymbol{H}_0|$，$|\boldsymbol{m}'| \ll |\boldsymbol{M}_0|$，即仅限于讨论小信号工作状态，则当高频场随时间按正弦变化并且忽略二阶小量后，式(6.180)可以写成三个标量方程，即

$$\mathrm{j}\omega m'_{x\mathrm{m}} = \gamma\mu_0[H_0 m'_{y\mathrm{m}} - M_0 h_{y\mathrm{m}}] \tag{6.181}$$

$$\mathrm{j}\omega m'_{y\mathrm{m}} = \gamma\mu_0[M_0 h_{x\mathrm{m}} - M_0 m'_{x\mathrm{m}}] \tag{6.182}$$

$$\mathrm{j}\omega m'_{z\mathrm{m}} = 0 \tag{6.183}$$

联立求解式(6.181)～式(6.183)得

$$m'_{xm}=\frac{(\mu_0^2\gamma^2M_0H_0)h_{xm}-(j\omega\mu_0\gamma M_0)h_{ym}}{\mu_0^2\gamma^2H_0^2-\omega^2} \tag{6.184}$$

$$m'_{ym}=\frac{(\mu_0^2\gamma^2M_0H_0)h_{ym}+(j\omega\mu_0\gamma M_0)h_{xm}}{\mu_0^2\gamma^2H_0^2-\omega^2} \tag{6.185}$$

$$m'_{zm}=0 \tag{6.186}$$

交变磁场强度 $\boldsymbol{h}$ 对应的磁感应强度为 $\boldsymbol{b}$，将式(6.177)中的各量写成复数幅度的形式，并将 m'_{xm}，m'_{ym} 和 m'_{zm} 的表示式(6.184)或式(6.185)代入，可求得

$$\begin{bmatrix} b_{xm} \\ b_{ym} \\ b_{zm} \end{bmatrix}=\mu_0\begin{bmatrix} h_{xm}+m'_{xm} \\ h_{ym}+m'_{ym} \\ h_{zm}+m'_{zm} \end{bmatrix}=\begin{bmatrix} \mu_1 & j\mu_2 & 0 \\ -j\mu_2 & \mu_1 & 0 \\ 0 & 0 & \mu_3 \end{bmatrix}\begin{bmatrix} h_{xm} \\ h_{ym} \\ h_{zm} \end{bmatrix} \tag{6.187}$$

其中

$$[\mu]=\begin{bmatrix} \mu_1 & j\mu_2 & 0 \\ -j\mu_2 & \mu_1 & 0 \\ 0 & 0 & \mu_3 \end{bmatrix} \tag{6.188}$$

是铁氧体的张量磁导率，它的各元素是

$$\mu_1=\mu_0\left(1+\frac{\omega_c\omega_m}{\omega_c^2-\omega^2}\right),\quad \mu_2=\mu_0\frac{\omega\omega_m}{\omega_c^2-\omega^2},\quad \mu_3=\mu_0$$

其中

$$\omega_m=\frac{|e|}{m_e}\mu_0M_0,\quad \omega_c=\frac{|e|}{m_e}B_0$$

式(6.188)表明在恒定磁场作用下的铁氧体对高频磁场的磁导率是一个张量，即在恒定磁场作用下的铁氧体对高频磁场呈现各向异性的特性，x 方向的磁感应强度 b_x 不仅与 h_x 有关，而且与 h_y 有关。

6.10.2 铁氧体中均匀平面波的传播特性

类似于分析电磁波在等离子体中的传播特性，可以研究电磁波在铁氧体中的传播特性，这里不再重复，归纳起来其特点如下。

(1)铁氧体内传播的均匀平面波仍是 TEM 波。

(2)铁氧体内可以传播右旋和左旋的圆极化均匀平面波，但传播常数不一样，因而相速度不一样。左旋圆极化均匀平面波的传播常数和相速度是 k_l 和 v_l，而右旋的为 k_r 和 v_r，它们与铁氧体的参数之间的关系是

$$k_l=\omega\sqrt{\varepsilon\mu_0}\sqrt{1+\frac{\omega_m}{\omega_c+\omega}} \tag{6.189}$$

$$v_l=\frac{\omega}{k_l}=\frac{1}{\sqrt{\varepsilon\mu_0}\sqrt{1+\frac{\omega_m}{\omega_c+\omega}}} \tag{6.190}$$

$$k_r=\omega\sqrt{\varepsilon\mu_0}\sqrt{1+\frac{\omega_m}{\omega_c-\omega}} \tag{6.191}$$

$$v_r = \frac{\omega}{k_r} = \frac{1}{\sqrt{\varepsilon\mu_0}\sqrt{1+\frac{\omega_m}{\omega_c - \omega}}} \tag{6.192}$$

(3)右旋圆极化均匀平面电磁波的传播频率有一定的范围。只有 $\omega<\omega_c$ 或 $\omega>\omega_c+\omega_m$ 时，右旋圆极化均匀平面波才能在铁氧体中传播。

(4)存在法拉第旋转效应。

*6.11 非均匀平面波

在 6.1.3 节中给出了沿任意方向传播的均匀平面波表示式

$$\psi = \psi_0 e^{-j\boldsymbol{k}\cdot\boldsymbol{r}}$$

式中，$\boldsymbol{k}$ 为传播向量，在直角坐标系中它可以分解为

$$\boldsymbol{k} = k_x\boldsymbol{a}_x + k_y\boldsymbol{a}_y + k_z\boldsymbol{a}_z \tag{6.193}$$

并有

$$k_x^2 + k_y^2 + k_z^2 = k^2$$

在无耗媒质中，传播常数 $\boldsymbol{k}$ 是实数，在一般情况下满足上式的 k_x，k_y，k_z 也是实数。但是也有这样的可能性，满足式(6.193)的三个分量不是实数而是一组复数，即

$$k_x = k'_x - jk''_x,\quad k_y = k'_y - jk''_y,\quad k_z = k'_z - jk''_z \tag{6.194}$$

此时

$$\psi = \psi_0 e^{-j(k'_x x + k'_y y + k'_z z) - (k''_x x + k''_y y + k''_z z)} \tag{6.195}$$

它仍满足波动方程，所以仍是一种可能存在的解，但现在这种波的振幅不再是常数，而是变化的，它的等相位面方程为

$$k'_x x + k'_y y + k'_z z = C_1 \tag{6.196}$$

而等振幅面方程为

$$k''_x x + k''_y y + k''_z z = C_2 \tag{6.197}$$

为了解这两者之间的关系，可将式(6.194)代入式(6.193)，并令虚部为零，得

$$k'_x k''_x + k'_y k''_y + k'_z k''_z = 0 \tag{6.198}$$

这说明，对于 k 为实数的无耗媒质，上述这种波的等相位面与等振幅面不仅不再重合，而且是相互正交的，对于这种等振幅面与等相位面不一致的平面波就称之为非均匀平面波。这种非均匀平面波在实际应用中是存在的。例如，当一个均匀平面波从光密介质向光疏介质投射并发生全反射时，在光疏介质中就能观察到这种非均匀平面波。当将一个球面波分解为平面波时，也会发现这种非均匀平面波。当然，若媒质有耗，$\boldsymbol{k}$ 为复数时，式(6.198)不再成立，此时等振幅面与等相位面不再正交，但仍不重合，仍为非均匀平面波。

举一个具体的例子来说明这种非均匀平面波的特性。适当选择坐标系的方向，使 $k'_y = k''_y = 0$(令 y 轴与 k 垂直)，并令

$$k_x = k\sin\theta,\quad k_z = k\cos\theta \tag{6.199}$$

由于 k_x，k_z 是复数，所以角 θ 也应是复数。假如令 $\theta = \frac{\pi}{2} + j\alpha$，$\alpha$ 为实数，则有

$$k_x = k\text{ch}\alpha, \quad k_z = -\text{j}k\text{sh}\alpha$$

代入式(6.195)，得

$$\psi = \psi_0 \text{e}^{-\text{j}k\text{ch}\alpha x - k\,\text{sh}\alpha z} \tag{6.200}$$

上式表明，这是一个向 x 方向传播，而沿 z 方向呈指数衰减的波，等相位面与等振幅面不再重合，所以是一个非均匀平面波。此波的传播速度

$$v_x = \frac{\omega}{k_x} = \frac{v}{\text{ch}\alpha} \tag{6.201}$$

式中

$$v = \frac{\omega}{k} = \frac{1}{\sqrt{\varepsilon\mu}}$$

为同一媒质中的光速。由于 $\text{ch}\alpha>1$，所以此非均匀平面波是一种相速小于同一媒质中光速的慢波。

小　结

(1)均匀平面电磁波在无界理想介质中传播时，电场强度矢量和磁场强度矢量的振幅不变，它们在时间上同相，在空间上互相垂直，并与电磁波传播方向三者构成右手螺旋关系。这种均匀平面电磁波可以表示为

$$\boldsymbol{E} = \boldsymbol{E}_0 \text{e}^{-\text{j}\boldsymbol{k}\cdot\boldsymbol{r}}$$

$$\boldsymbol{H} = \frac{1}{\eta}\boldsymbol{a}_k \times \boldsymbol{E}$$

$$\boldsymbol{a}_k \cdot \boldsymbol{E} = 0$$

或

$$\boldsymbol{H} = \boldsymbol{H}_0 \text{e}^{-\text{j}\boldsymbol{k}\cdot\boldsymbol{r}}$$

$$\boldsymbol{E} = -\eta\boldsymbol{a}_k \times \boldsymbol{H}$$

$$\boldsymbol{a}_k \cdot \boldsymbol{H} = 0$$

其中，$\eta=\sqrt{\dfrac{\mu}{\varepsilon}}$，$\boldsymbol{k}=k\boldsymbol{a}_k=\omega\sqrt{\mu\varepsilon}\,\boldsymbol{a}_k$

(2)均匀平面电磁波在导电介质中传播时，电场强度矢量和磁场强度矢量在空间上仍互相垂直，且与电磁波传播方向三者构成右手螺旋关系；但是，电场和磁场的振幅按指数函数衰减，它们在时间上不再同相。此外，电磁波的波长变短，相速减慢。这种电磁波可以表示为

$$\boldsymbol{E} = \boldsymbol{a}_x E_\text{m} \text{e}^{-\alpha z}\cos(\omega t - \beta z + \varphi_0)$$

$$\boldsymbol{H} = \boldsymbol{a}_y \frac{1}{|\eta_\text{c}|} E_\text{m} \text{e}^{-\alpha z}\cos(\omega t - \beta z + \varphi_0 - \theta)$$

$$\eta_\text{c} = \sqrt{\frac{\mu}{\varepsilon - j\dfrac{\sigma}{\omega}}} = |\eta_\text{c}|\,\text{e}^{\text{j}\theta}$$

其中

$$\alpha = \omega\sqrt{\frac{\mu\varepsilon}{2}\left[\sqrt{1+\left(\frac{\sigma}{\omega\varepsilon}\right)^2} - 1\right]}, \qquad \beta = \alpha = \omega\sqrt{\frac{\mu\varepsilon}{2}\left[\sqrt{1+\left(\frac{\sigma}{\omega\varepsilon}\right)^2} + 1\right]}$$

(3)空间固定点上电磁波的电场强度矢量的空间取向随时间变化的方式称为极化方式。当构成电场强度矢量的两个相互垂直的分量的相位相同或相位相差 180°时，电场强度矢量的极化方式为线极化；当这两个相互垂直的分量的相位相差 90°时，电场强度矢量的极化方式为圆极化；当这两个相互垂直的分量的振幅和相位均为任意时，电场强度矢量的极化方式为椭圆极化。

(4)在正弦电磁场作用下，介质的电磁特性通常与频率有关。这种电磁参量与频率有关的介质称为色散介质。电磁波的相速度随频率而变的现象称为色散。相速是单色波等相位面变化的速度，而群速才是电磁信号传播的速度。

(5)平面电磁波从一种介质入射到另一种介质时，在分界面上一部分能量被反射回来，另一部分能量被传输进入第二种介质。无限大平面分界面产生的反射波和透射波也是平面波。反射波和透射波场量的振幅和相位取决于分界面两侧介质的电磁参量、入射波的极化和入射角的大小。

对于非磁性介质，入射波自介电常量大的介质向介电常量小的介质入射时，若入射角大于或者等于临界角 θ_c，则可以发生全反射。此外，对于平行极化的斜入射，也可以在某一入射角没有反射，即发生全透射，这个入射角称为布儒斯特角。

电磁波垂直入射到分界平面时，在分界面上发生反射，并在入射波所在区域形成合成的行驻波或驻波。

习　题

6.1　理想介质中平面电磁波的电场强度矢量为

$$\boldsymbol{E}(t)=\boldsymbol{a}_x 5\cos 2\pi(10^8 t-z)\,(\mathrm{V/m})$$

试求：(1)介质及自由空间中的波长；

(2)已知介质 $\mu=\mu_0$，$\varepsilon=\varepsilon_0\varepsilon_r$，确定介质的 ε_r；

(3)磁场强度矢量的瞬时表达式。

6.2　电磁波在真空中传播，其电场强度矢量的复数表达式为

$$\boldsymbol{E}(t)=(\boldsymbol{a}_x-\mathrm{j}\boldsymbol{a}_y)10^{-4}\mathrm{e}^{-\mathrm{j}20\pi z}\,(\mathrm{V/m})$$

试求：(1)工作频率 f；

(2)磁场强度矢量的复数表达式；

(3)坡印亭矢量的瞬时值和时间平均值。

6.3　假设真空中有一均匀平面电磁波，它的电场强度矢量为

$$\boldsymbol{E}=\boldsymbol{a}_x 4\cos(6\pi\times 10^8 t-2\pi z)+\boldsymbol{a}_y 3\cos\left(6\pi\times 10^8 t-2\pi z-\frac{\pi}{3}\right)(\mathrm{V/m})$$

求对应磁场强度矢量和功率流密度的时间平均值。

6.4　理想介质中，有一均匀平面电磁波沿 z 方向传播，其频率 $\omega=2\pi\times 10^9\,\mathrm{rad/s}$。当 $t=0$ 时，在 $z=0$ 处，电场强度的振幅 $E_0=2\mathrm{mV/m}$，介质的 $\varepsilon_r=4$，$\mu_r=1$。求当 $t=1\mu\mathrm{s}$ 时，在 $z=62\mathrm{m}$ 处的电场强度矢量、磁场强度矢量和坡印亭矢量。

6.5　已知空气中均匀平面电磁波的磁场强度复矢量为

$$\boldsymbol{H}=(-\boldsymbol{a}_x A+\boldsymbol{a}_y 2\sqrt{6}+\boldsymbol{a}_z 4)\mathrm{e}^{-\mathrm{j}\pi(4x+3z)}\,(\mu\mathrm{A/m})$$

试求：(1)波长、传播方向的单位矢量及传播方向与 z 轴的夹角；

(2)常数 A；

(3)电场强度复矢量。

6.6　设无界理想介质中，有电场强度复矢量

$$\boldsymbol{E}_1 = \boldsymbol{a}_z E_{01} \mathrm{e}^{-\mathrm{j}kz}, \qquad \boldsymbol{E}_2 = \boldsymbol{a}_z E_{02} \mathrm{e}^{\mathrm{j}kz}$$

(1)验证 $\boldsymbol{E}_1$、$\boldsymbol{E}_2$ 是否满足波动方程$\nabla^2 \boldsymbol{E} + k^2 \boldsymbol{E} = \boldsymbol{0}$；

(2)由 $\boldsymbol{E}_1$、$\boldsymbol{E}_2$ 求磁场强度复矢量，并说明 $\boldsymbol{E}_1$、$\boldsymbol{E}_2$ 是否表示电磁波。

6.7　理想介质中平面波的电场强度矢量为

$$\boldsymbol{E} = \boldsymbol{a}_z 100\cos(2\pi \times 10^6 t - 2\pi \times 10^2 x)(\mu\mathrm{V/m})$$

试求：(1)磁感应强度；

(2)如果介质的 $\mu_r = 1$，求 ε_r。

6.8　假设真空中一均匀平面电磁波的电场强度复矢量为

$$\boldsymbol{E} = 3(\boldsymbol{a}_x - \sqrt{2}\boldsymbol{a}_y)\mathrm{e}^{-\mathrm{j}\frac{\pi}{6}(2x + \sqrt{2}y - \sqrt{3}z)}(\mathrm{V/m})$$

试求：(1)电场强度的振幅、波矢量和波长；

(2)电场强度矢量和磁场强度矢量的瞬时表达式。

6.9　为了抑制无线电干扰室内电子设备，通常采用厚度为 5 个趋肤深度的一层铜皮($\mu = \mu_0$，$\varepsilon = \varepsilon_0$，$\sigma = 5.8 \times 10^7\,\mathrm{S/m}$)包裹该室。若要求屏蔽的频率是 10kHz～100MHz，铜皮的厚度应是多少？

6.10　频率为 540MHz 的广播信号通过一导电介质($\varepsilon_r = 2.1$，$\mu_r = 1$，$\sigma/\omega\varepsilon = 0.2$)，试求：

(1)衰减常数和相移常数；

(2)相速和波长；

(3)波阻抗。

6.11　如果要求电子仪器的铝外壳($\sigma = 3.54 \times 10^7\,\mathrm{S/m}$，$\mu_r = 1$)至少为 5 个趋肤深度，为防止 20kHz～200MHz 的无线电干扰，铝外壳应取多厚？

6.12　在导电介质中，如存在自由电荷，其密度将随时间按指数律衰减($\rho = \rho_0 \mathrm{e}^{-\frac{\sigma}{\varepsilon}t}$)。

(1)确定良导体中 t 等于周期 T 时，电荷密度与初始值之比；

(2)什么频率限上铜不能再被看作良导体？

6.13　证明椭圆极化波 $\boldsymbol{E} = (\boldsymbol{a}_x E_1 + \mathrm{j}\boldsymbol{a}_y E_2)\mathrm{e}^{-\mathrm{j}kz}$ 可以分解为两个不等幅的，旋向相反的圆极化波。

6.14　已知平面波的电场强度

$$\boldsymbol{E} = [\boldsymbol{a}_x(2 + \mathrm{j}3) + \boldsymbol{a}_y 4 + \boldsymbol{a}_z 3]\mathrm{e}^{\mathrm{j}(1.8y - 2.4z)}(\mathrm{V/m})$$

(1)试确定其传播方向和极化状态；

(2)是否横电磁波？

6.15　假设真空中平面电磁波的波矢量

$$\boldsymbol{k} = \frac{\pi}{2\sqrt{2}}(\boldsymbol{a}_x + \boldsymbol{a}_y)(\mathrm{rad/m})$$

其电场强度的振幅 $E_m = 3\sqrt{3}\,\mathrm{V/m}$，极化于 z 轴方向。试求：

(1)电场强度的瞬时表达式；

(2)对应的磁场强度矢量。

6.16　真空中沿 z 方向传播的均匀平面电磁波的电场强度复矢量 $\boldsymbol{E} = \boldsymbol{E}_0 \mathrm{e}^{-\mathrm{j}kz}$，式中 $\boldsymbol{E}_0 = \boldsymbol{E}_r + \mathrm{j}\boldsymbol{E}_i$，且 $E_r = 2E_i = b$，b 为实常数。又 $\boldsymbol{E}_r$ 在 x 方向，$\boldsymbol{E}_i$ 与 x 轴正方向的夹角为 60°，试求电场强度和磁场强度的瞬时值，并说明波的极化形式。

6.17　证明任意圆极化波的坡印亭矢量瞬时值是个常数。

6.18　真空中一平面电磁波的电场强度矢量为

$$\boldsymbol{E} = \sqrt{2}(\boldsymbol{a}_x + \mathrm{j}\boldsymbol{a}_y)\mathrm{e}^{-\mathrm{j}\frac{\pi}{2}z}(\mathrm{V/m})$$

(1)试确定此电磁波是何种极化？旋向如何？

(2)写出对应的磁场强度矢量。

6.19 判断下列平面电磁波的极化方式，并指出其旋向。

(1)$\boldsymbol{E}=\boldsymbol{a}_x E_0\sin(\omega t-kz)+\boldsymbol{a}_y E_0\cos(\omega t-kz)$；

(2)$\boldsymbol{E}=\boldsymbol{a}_x E_0\sin(\omega t-kz)+\boldsymbol{a}_y 2E_0\sin(\omega t-kz)$；

(3)$\boldsymbol{E}=\boldsymbol{a}_x E_0\sin\left(\omega t-kz+\frac{\pi}{4}\right)+\boldsymbol{a}_y E_0\cos\left(\omega t-kz-\frac{\pi}{4}\right)$；

(4)$\boldsymbol{E}=\boldsymbol{a}_x E_0\sin\left(\omega t-kz-\frac{\pi}{4}\right)+\boldsymbol{a}_y E_0\cos(\omega t-kz)$。

6.20 证明两个传播方向及频率相同的圆极化波叠加时，若它们的旋向相同，则合成波仍是同一旋向的圆极化波；若它们的旋向相反，则合成波是椭圆极化波，其旋向与振幅大的圆极化波相同。

6.21 相速、群速和能速之间有什么关系？群速存在的条件是什么？

6.22 空气中电场为$\boldsymbol{E}=(\boldsymbol{a}_x E_{xm}+\mathrm{j}\boldsymbol{a}_y E_{ym})\mathrm{e}^{-\mathrm{j}kz}$的均匀平面电磁波垂直投射到理想导体表面($z=0$)，其中，$E_{xm}$、$E_{ym}$是实常数，求反射波的极化状态及导体表面的面电流密度。

6.23 设有两种无耗非磁性介质，均匀平面电磁波自介质1垂直投射到其界面。如果：①反射波电场振幅为入射波的1/3；②反射波的平均功率密度的大小为入射波的1/3；③介质1中的合成电场的最小值为最大值的1/3，且界面处为电场波节。试分别确定n_1/n_2。

6.24 若以$\boldsymbol{S}_{\mathrm{av,i}}$、$\boldsymbol{S}_{\mathrm{av,r}}$、$\boldsymbol{S}_{\mathrm{av,t}}$分别表示分界面处入射波、反射波和透射波的平均功率密度，定义垂直入射时的功率反射系数、功率透射系数(波自无耗介质向有耗介质垂直入射)分别依次为$\Gamma_{\mathrm{p}}=\frac{|\boldsymbol{S}_{\mathrm{av,r}}|}{|\boldsymbol{S}_{\mathrm{av,i}}|}$和$T_{\mathrm{p}}=\frac{|\boldsymbol{S}_{\mathrm{av,t}}|}{|\boldsymbol{S}_{\mathrm{av,i}}|}$。试证明：$\Gamma_{\mathrm{p}}+T_{\mathrm{p}}=1$。

6.25 频率为10GHz的机载雷达有一个$\varepsilon_{\mathrm{r}}=2.25$，$\mu_{\mathrm{r}}=1$的介质板构成的天线罩。假设其介质损耗可以忽略不计，为使它对垂直入射到其上的电磁波不产生反射，该板应取多厚？

6.26 在$\varepsilon_{\mathrm{r3}}=5$，$\mu_{\mathrm{r3}}=1$的玻璃上涂一层薄膜消除红外线($\lambda_0=0.75\mu\mathrm{m}$)的反射，假设玻璃和薄膜可视为理想介质。试确定介质薄膜的厚度和相对介电常量。

6.27 一圆极化均匀平面电磁波自介质1向介质2斜入射，若已知$\mu_1=\mu_2$，则

(1)分析$\varepsilon_1<\varepsilon_2$和$\varepsilon_1>\varepsilon_2$两种情况下反射波和透射波的极化；

(2)当$\varepsilon_2=4\varepsilon_1$时，欲使反射波为线极化波，入射角应为多大？

6.28 圆极化平面电磁波自折射率为3的介质斜入射到折射率为1的介质。若发生全透射且反射波为一线极化波，求入射波的极化方向(入射角$\theta_{\mathrm{i}}=60°$)。

6.29 均匀平面电磁波自空气入射到理想导体表面($z=0$)。已知入射波电场

$$\boldsymbol{E}_{\mathrm{i}}=5(\boldsymbol{a}_x+\boldsymbol{a}_z\sqrt{3})\mathrm{e}^{\mathrm{j}6(\sqrt{3}x-z)}\ (\mathrm{V/m})$$

试求：(1)反射波电场和磁场；

(2)理想导体表面的面电荷密度和面电流密度。

6.30 空气中沿$\boldsymbol{a}_z$方向传播的均匀平面电磁波的电场复振幅为

$$\boldsymbol{E}_{\mathrm{i}}=(\boldsymbol{E}_{\mathrm{a}}+\mathrm{j}\boldsymbol{E}_{\mathrm{b}})\mathrm{e}^{-\mathrm{j}kz}$$

其中，$\boldsymbol{E}_{\mathrm{a}}$和$\boldsymbol{E}_{\mathrm{b}}$是没有$z$分量的实常矢。设$z=0$为理想导体表面。

(1)求反射波的电场复振幅$\boldsymbol{E}_{\mathrm{r}}$和磁场复振幅$\boldsymbol{H}_{\mathrm{r}}$。

(2)证明入射波的瞬时电场矢量$\boldsymbol{E}_{\mathrm{i}}(z,t)$和瞬时磁场矢量$\boldsymbol{H}_{\mathrm{i}}(z,t)$总是正交的，反射波的瞬时电场$\boldsymbol{E}_{\mathrm{r}}(z,t)$和瞬时磁场矢量$\boldsymbol{H}_{\mathrm{r}}(z,t)$也总是正交的。

(3)入射波和反射波的合成波$\boldsymbol{E}(z,t)$和$\boldsymbol{H}(z,t)$也总是正交的吗？

6.31 真空中均匀平面电磁波的电场强度为

$$\boldsymbol{E}=[\boldsymbol{a}_x(-1+\mathrm{j}2)+\boldsymbol{a}_y(-2-\mathrm{j})]\mathrm{e}^{\mathrm{j}z}$$

(1)此电磁波是什么极化波？

(2)求其对应的$\boldsymbol{H}$和波长λ。

6.32 均匀平面电磁波的电场为

$$\boldsymbol{E}=(\mathrm{j}\boldsymbol{a}_x+\mathrm{j}2\boldsymbol{a}_y+\sqrt{5}\boldsymbol{a}_z)\mathrm{e}^{\mathrm{j}(2x-y)}$$

此电磁波是什么极化波?

6.33 均匀平面电磁波从波阻抗为 η_1 的理想介质垂直投射到波阻抗为 η_2 的理想介质中。证明：(1) $\eta_2>\eta_1$ 时，电场驻波比 $\rho=\frac{\eta_2}{\eta_1}$；

(2) $\eta_1>\eta_2$ 时，电场驻波比 $\rho=\frac{\eta_1}{\eta_2}$。

6.34 有效值为 1V/m 的圆极化均匀平面波，从空气以 $\theta_i=\pi/6$ 的入射角投射到 $\varepsilon_r=4$，$\mu_r=1$ 的理想介质中，求反射波和透射波。

6.35 对于非磁性介质，试证明：$\theta_t+\theta_B=\frac{\pi}{2}$。

6.36 频率 $f=30\text{GHz}$ 的均匀平面波从 $z<0$ 的空气中垂直投射到 $z>0$ 的介质($\varepsilon_r=4$，$\mu_r=1$)中，求空气中的驻波比。如果要使空气中无反射波，可在介质上覆盖另一种非磁性介质材料，求此介质材料的介电常量 ε_r 及其厚度。

综合性拓展练习题

6.1 设计计算机程序绘制无耗、无界、无源简单煤质中的均匀平面电磁波传播的三维分布图(动态、静态均可)。

6.2 设计计算机程序绘制良导体中均匀平面电磁波传播的三维分布图(动态、静态均可)，以及场强随集肤深度的变化规律。

6.3 编制计算机程序，动态演示电磁波的极化形式。对于均匀平面电磁波，当两个正交线极化波的振幅与初相角满足不同条件时，合成电磁波的电场强度矢量的模随时间变化的矢端轨迹。

6.4 当一束阳光射在三棱镜上时，在三棱镜的另一边就可看到红、橙、黄、绿、蓝、靛、紫七色光散开的图像，这就是光谱段电磁波的色散现象。研究这一现象的物理机理，并采用合适方法表达。

6.5 以常用金属体(如铜、铝)为研究目标，讨论其表面电阻，并计算绘制电磁波(电流密度)在其中传播时的衰减值及其变化规律。

6.6 编制程序，以演示均匀平面电磁波的垂直入射(向理想导体的垂直入射和向理想介质的垂直入射)。

6.7 适于入射角度和双极化改变的低敏感材料技术研究。重点研究电磁波入射角度和极化与低敏感材料相互作用的微观机理及影响效应，开展仿真计算及建模，进行仿真计算与实物测量差异分析与研究，实现在多频段/宽角度/双极化改变的先进探测条件下的良好响应效果。

第 7 章　电磁波的辐射

第 6 章我们讨论了电磁波在无界空间的传播以及电磁波在不同介质分界面上的反射和折射问题，但未考虑电磁波是如何产生的，这正是本章需要解决的课题。理论和实践都已证明，时变电磁场的能量可以脱离场源，以电磁波的形式在空间向远处传播而不再返回场源，这种现象称为电磁波的辐射。电子系统中辐射或接收电磁波的装置称为天线，它是无线电通信、导航、雷达、测控、遥感、射电天文、电子对抗及信息战等各种民用和军用系统必不可少的组成部分之一。

空间电磁波的场源是天线上的时变电流或电荷。严格地说，天线上的电流和由此电流激发的电磁场是相互作用的。天线电流激发电磁场，电磁场反过来作用于天线，影响天线电流的分布，所以求解天线辐射问题本质上就是求解一个边值问题，即根据天线满足的边界条件来解麦克斯韦方程组。然而，这种方法往往在数学上遇到很大的困难，有时甚至无法求解，因此实际上都是采用近似解法：把它处理成一个分布型问题，即先近似得出天线上的场源分布，再根据场源分布(或等效场源分布)来求外场。

天线的型式可大致分为线天线与面天线两大类。前者多半是在电流元上积分来求解，而后者则多半是求解口径绕射的问题。

本章的主要内容如下。

(1)非齐次波动方程的解——滞后位。

(2)电基本振子的辐射场。

(3)对偶原理与磁基本阵子的辐射场。

(4)天线电参数。

(5)对称线天线和天线阵的概念。

(6)面天线的辐射场。

(7)互易定理。

7.1　滞　后　位

在第 5 章中，我们已经引入了标量电位 φ 和矢量磁位 $\boldsymbol{A}$。对于时谐场，它们与电荷源 ρ 和电流源 $\boldsymbol{J}$ 之间的关系为

$$\nabla^2\mathbf{A}+k^2\mathbf{A}=-\mu\boldsymbol{J} \tag{7.1a}$$

$$\nabla^2\varphi+k^2\varphi=-\frac{\rho}{\varepsilon} \tag{7.1b}$$

其中，$k^2=\omega^2\mu\varepsilon$。式(7.1a)和式(7.1b)称为非齐次亥姆霍兹方程。时谐场中，电荷源 ρ 和电流源 $\boldsymbol{J}$ 之间以电流连续性方程

$$\nabla\cdot\boldsymbol{J}=-\mathrm{j}\omega\rho$$

联系起来。而标量电位 φ 和矢量磁位 $\boldsymbol{A}$ 之间也存在一定的关系，这一关系就是洛伦兹条件

$$\nabla\cdot\boldsymbol{A}=-\mathrm{j}\omega\mu\varepsilon\varphi$$

电磁场与标量电位 φ 和矢量磁位 $\boldsymbol{A}$ 之间的关系式为

$$\boldsymbol{B}=\nabla\times\boldsymbol{A} \tag{7.2a}$$

$$\boldsymbol{E}=-\mathrm{j}\omega\left[\frac{\nabla(\nabla\cdot\boldsymbol{A})}{k^2}+\boldsymbol{A}\right] \tag{7.2b}$$

可见只要解出式(7.1a)中的 $\boldsymbol{A}$，即可由式(7.2a)和式(7.2b)求出 $\boldsymbol{B}$ 和 $\boldsymbol{E}$。

7.1.1 亥姆霍兹积分及辐射条件

现在让我们来解式(7.1a)和式(7.1b)中的矢量磁位 $\boldsymbol{A}$ 和标量电位 φ。由于这两个方程具有相同的形式，所以我们只需求出一个方程的解即可。下面我们来求式(7.1b)中的标量电位 φ。对于式(7.1a)，可以在直角坐标系中将矢量磁位 $\boldsymbol{A}$ 分解为三个分量，得到三个与式(7.1b)形式完全相同的标量方程，然后直接套用标量电位 φ 的解来求得。

我们将采用格林定理

$$\int_V(u\nabla^2 w-w\nabla^2 u)\mathrm{d}V=\oint_S(u\nabla w-w\nabla u)\cdot\mathrm{d}\boldsymbol{S} \tag{7.3}$$

求式(7.1b)中的标量电位 φ，并且导出辐射条件。这里 u 和 w 是任意标量函数，且要求 u 和 w 以及它们的一阶和二阶导数在 V 内连续。

容易验证标量函数

$$\psi=\frac{\mathrm{e}^{-\mathrm{j}kR}}{R} \tag{7.4}$$

满足齐次亥姆霍兹方程

$$\nabla^2\psi+k^2\psi=0 \tag{7.5}$$

令格林定理中的 u 代表标量电位 φ：$u=\varphi$，φ 满足式(5.80)，即

$$\nabla^2\varphi(\boldsymbol{r}')+k^2\varphi(\boldsymbol{r}')=-\frac{\rho(\boldsymbol{r}')}{\varepsilon} \tag{7.6}$$

再令 $w=\psi$，且 $R=|\boldsymbol{r}-\boldsymbol{r}'|$，如图7.1所示。$\boldsymbol{r}$ 是场点，$\boldsymbol{r}'$ 是源点，亦即格林定理中的积分变点。

再将 φ 和 ψ 代入格林定理积分时，需暂时排除 ψ 的奇点 $R=0(\boldsymbol{r}=\boldsymbol{r}')$，因为 ψ 在 P 点不连续，从而不满足格林定理对被积函数的要求。为此以 P 点为球心，作半径为 a 的小球，其表面为 S_2，体积为 V_2，如图7.1所示。于是积分在体积 $V_1=V-V_2$ 及其表面 $S_1=S+S_2$ 上进行

$$\begin{aligned}&\int_{V_1}[\varphi(\boldsymbol{r}')\nabla^2\psi-\psi\nabla^2\varphi(\boldsymbol{r}')]\mathrm{d}V'\\&=\oint_S\left[\varphi(\boldsymbol{r}')\frac{\partial\psi}{\partial n}-\psi\frac{\partial\varphi(\boldsymbol{r}')}{\partial n}\right]\cdot\mathrm{d}S'+\oint_{S_2}\left[\varphi(\boldsymbol{r}')\frac{\partial\psi}{\partial n}-\psi\frac{\partial\varphi(\boldsymbol{r}')}{\partial n}\right]\cdot\mathrm{d}S'\end{aligned} \tag{7.7}$$

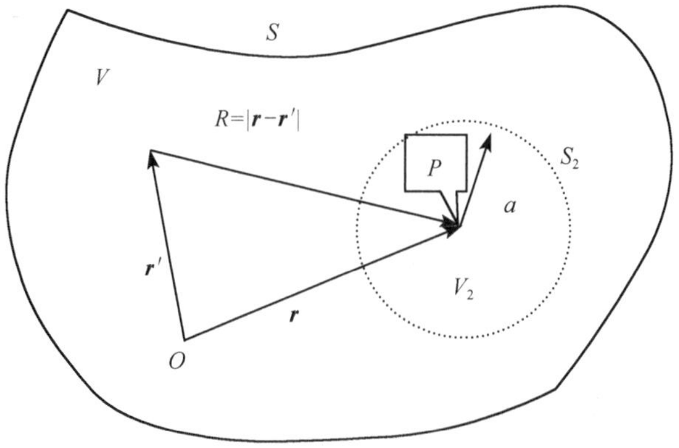

图 7.1　求解式(7.6)用图

在 S_2 上积分时，外法线方向指向小球球心 P 点，于是 $\partial/\partial n=-\partial/\partial R$；面元 $\mathrm{d}S'=a^2\mathrm{d}\Omega'$，$\mathrm{d}\Omega'$ 是 $\mathrm{d}S'$ 对 P 点所张的立体角元。这样

$$\oint_{S_2}\left[-\varphi(\boldsymbol{r}')\frac{\partial}{\partial R}\left(\frac{\mathrm{e}^{-\mathrm{j}kR}}{R}\right)+\frac{\mathrm{e}^{-\mathrm{j}kR}}{R}\frac{\partial\varphi(\boldsymbol{r}')}{\partial R}\right]_{R=a}a^2\mathrm{d}\Omega'$$

$$=\oint_{S_2}\left[\varphi(\boldsymbol{r}')\left(\frac{1}{R^2}+\frac{\mathrm{j}k}{R}\right)\mathrm{e}^{-\mathrm{j}kR}+\frac{\mathrm{e}^{-\mathrm{j}kR}}{R}\frac{\partial\varphi(\boldsymbol{r}')}{\partial R}\right]_{R=a}a^2\mathrm{d}\Omega'$$

令 $a\to0$，小球面 S_2 收缩成点 P。考虑到 $\partial\varphi/\partial R$ 有限，上式中的积分只剩下被积函数是 $\varphi(\boldsymbol{r}')\cdot\mathrm{e}^{-\mathrm{j}kR}/R^2$ 的一项不等于零。此时小球面 S_2 上的 $\varphi(\boldsymbol{r}')$ 可以用小球心处的 $\varphi(\boldsymbol{r})$ 代替

$$\lim_{a\to0}\oint_{S_2}\left[\varphi(\boldsymbol{r}')\frac{\mathrm{e}^{-\mathrm{j}kR}}{R^2}\right]_{R=a}a^2\mathrm{d}\Omega'=\varphi(\boldsymbol{r})\oint_{S_2}\mathrm{d}\Omega'=4\pi\varphi(\boldsymbol{r})$$

将上式代入式(7.7)，并且在其体积分中考虑到式(7.5)和式(7.6)得

$$\varphi(\boldsymbol{r})=\frac{1}{4\pi\varepsilon}\int_V\frac{\rho(\boldsymbol{r}')}{R}\mathrm{e}^{-\mathrm{j}kR}\mathrm{d}V'+\frac{1}{4\pi}\oint_S\left[\frac{\partial\varphi(\boldsymbol{r}')}{\partial n}\frac{\mathrm{e}^{-\mathrm{j}kR}}{R}-\varphi(\boldsymbol{r}')\frac{\partial}{\partial n}\left(\frac{\mathrm{e}^{-\mathrm{j}kR}}{R}\right)\right]\mathrm{d}S' \tag{7.8}$$

矢量磁位 $\mathbf{A}$ 的每个直角坐标分量均可用形如式(7.8)的积分表示，于是

$$\mathbf{A}(\boldsymbol{r})=\frac{\mu}{4\pi}\int_V\frac{\boldsymbol{J}(\boldsymbol{r}')}{R}\mathrm{e}^{-\mathrm{j}kR}\mathrm{d}V'+\frac{1}{4\pi}\oint_S\left[\frac{\partial\mathbf{A}(\boldsymbol{r}')}{\partial n}\frac{\mathrm{e}^{-\mathrm{j}kR}}{R}-\mathbf{A}(\boldsymbol{r}')\frac{\partial}{\partial n}\left(\frac{\mathrm{e}^{-\mathrm{j}kR}}{R}\right)\right]\mathrm{d}S' \tag{7.9}$$

由此可见，场源分布已知时，可由式(7.8)或式(7.9)求出位函数。其中，体积分是 V 中场源的贡献；面积分是 V 外场源的贡献。上述结论首先由亥姆霍兹得出，故称为亥姆霍兹积分。

考虑无限空间的电磁问题时，取以 R 为半径的球面作为 S，$\mathrm{d}S'=R^2\mathrm{d}\Omega'$，式(7.8)中的面积分可以写成

$$\oint_S R\left(\frac{\partial\varphi}{\partial R}+\mathrm{j}k\varphi\right)\cdot\mathrm{e}^{-\mathrm{j}kR}\mathrm{d}\Omega'+\oint_S\varphi\cdot\mathrm{e}^{-\mathrm{j}kR}\mathrm{d}\Omega' \tag{7.10}$$

而要排除在无限远处的场源(设无限远处的场源为零)，就必须使式(7.10)为零。为此，

要求 $R\to\infty$ 时

$$\lim_{R\to\infty} R\varphi \quad \text{有限} \tag{7.11a}$$

在这个限制条件下，式(7.10)的第二项积分等于零，即要求在远离场源处标量电位 φ 至少按 R^{-1} 减少；第一项积分在满足

$$\lim_{R\to\infty} R\left(\frac{\partial\varphi}{\partial R}+\mathrm{j}k\varphi\right)=0 \tag{7.11b}$$

时也等于零。式(7.11b)称为辐射条件。同理，对于矢量磁位亦有类似条件。

7.1.2 滞后位

标量电位 φ 满足辐射条件：式(7.11b)时，排除无限远处的场源，式(7.8)中的面积分一项为零，标量电位 $\varphi(\boldsymbol{r})$ 仅表示向外传播的电磁波，即

$$\varphi(\boldsymbol{r})=\frac{1}{4\pi\varepsilon}\int_V \frac{\rho(\boldsymbol{r}')\mathrm{e}^{-\mathrm{j}kR}}{R}\mathrm{d}V' \tag{7.12a}$$

如果我们把 $k=\omega/v$ 代入式(7.12a)，并重新引入时间因子 $\mathrm{e}^{\mathrm{j}\omega t}$，则得

$$\varphi(\boldsymbol{r},t)=\frac{1}{4\pi\varepsilon}\int_V \frac{\rho(\boldsymbol{r}')}{R}\mathrm{e}^{\mathrm{j}\omega\left(t-\frac{R}{v}\right)}\mathrm{d}V' \tag{7.12b}$$

矢量磁位 $\boldsymbol{A}$ 可分解为三个直角坐标分量，它们的解也具有式(7.12a)和式(7.12b)的类似形式。因此

$$\boldsymbol{A}(\boldsymbol{r})=\frac{\mu}{4\pi}\int_V \frac{\boldsymbol{J}(\boldsymbol{r}')}{R}\mathrm{e}^{-\mathrm{j}kR}\mathrm{d}V' \tag{7.13a}$$

引入时间因子 $\mathrm{e}^{\mathrm{j}\omega t}$ 后则有

$$\boldsymbol{A}(\boldsymbol{r},t)=\frac{\mu}{4\pi}\int_V \frac{\boldsymbol{J}(\boldsymbol{r}')}{R}\mathrm{e}^{\mathrm{j}\omega\left(t-\frac{R}{v}\right)}\mathrm{d}V' \tag{7.13b}$$

这就是式(7.1a)的解。利用式(7.13b)可求解线天线电流在空间激发的电磁波。

现在我们来讨论式(7.12b)和式(7.13b)的物理含义。首先注意到，当 $\omega=0$ 时，式(7.12b)和式(7.13b)都分别依次还原到静态场的解

$$\varphi(\boldsymbol{r})=\frac{1}{4\pi\varepsilon}\int_V \frac{\rho(\boldsymbol{r}')}{R}\mathrm{d}V'$$

和

$$\boldsymbol{A}(\boldsymbol{r})=\frac{\mu}{4\pi}\int_V \frac{\boldsymbol{J}(\boldsymbol{r}')}{R}\mathrm{d}V'$$

其次，在时变场中时间因子 $\mathrm{e}^{\mathrm{j}\omega\left(t-\frac{R}{v}\right)}$ 表明，对离开源点距离为 R 的场点，某一时刻 t 的标量电位 φ 和矢量磁位 $\boldsymbol{A}$ 并不是由时刻 t 的场源(电荷或电流)所决定，而是由略早时刻 $t-R/v$ 的场源(电荷或电流)所决定。换句话说，场点位函数的变化滞后于场源的变化，滞后的时间 R/v 就是电磁波传播距离 R 所需要的时间。基于这种位函数的滞后，我们把式(7.12b)和式(7.13b)的标量电位 φ 和矢量磁位 $\boldsymbol{A}$ 均称为滞后位。

如果时间 R/v 足够小，以致在所讨论区域内可以忽略，即忽略传播效应，则此区域内的场就是似稳场，电路理论正是建立在似稳场的基础上的。

7.2 电基本振子的辐射场

电基本振子是一段载有高频电流的短导线，其长度远小于工作波长($dl \ll \lambda$)，且导线上各点电流的振幅相等，相位相同。虽然实际分布在线天线上各处的电流的大小和相位不同，但实际天线上的电流分布可以看成是由许多首尾相连的不同电基本振子的电流分布所组成，因此电基本振子也称为电流元。电流元辐射场的分析计算是线天线工程计算的基础。

根据电流连续性原理，电流元的两端必须同时积聚大小相等、符号相反的时谐电荷 Q，以使

$$i(t) = \partial Q(t)/\partial t = I_{\mathrm{m}}\cos(\omega t + \phi)$$

用复量表示，则有

$$Q = I/\mathrm{j}\omega \qquad (I = I_{\mathrm{m}}\mathrm{e}^{\mathrm{j}\phi})$$

为了分析简便，后面的讨论中假定电流初相角 $\phi=0$。为此，其实际结构是在两端各加载一个大金属球，如图 7.2(a)所示。这也就是早期赫兹试验所用的形式，所以又称为赫兹电偶极子(Hertzian dipole)。普通的短对称振子，由于其两端的电流分布近于零(相当于开路端)，沿线电流不是均匀分布的，而是呈三角形分布，如图 7.2(b)所示。

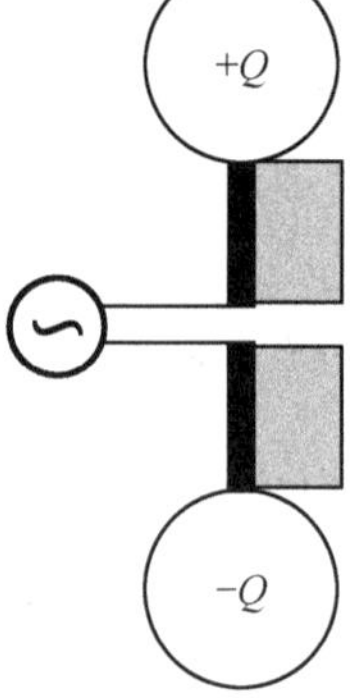

(a) 赫兹电偶极子

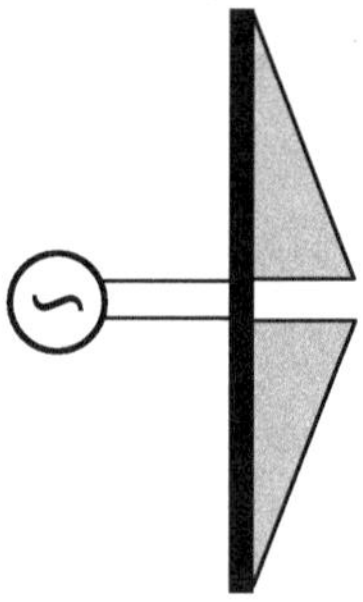

(b) 短对称振子

图 7.2 电流元与短对称振子

7.2.1 电基本振子的电磁场计算

我们采用间接法来求电基本振子的电磁场，即先由式(7.13a)求出电基本振子的矢量磁位 $\boldsymbol{A}(\boldsymbol{r})$，再将其代入式(7.2a)确定磁感应强度 $\boldsymbol{B}(\boldsymbol{r})$，最后把磁感应强度 $\boldsymbol{B}(\boldsymbol{r})$ 代入麦克斯韦第一方程求出电场强度 $\boldsymbol{E}(\boldsymbol{r})$。假设电基本振子沿 z 轴方向，且置于坐标原点，如图 7.3 所示。取短导线的长度为 dl，横截面积为 ΔS，因为短导线仅占有一个很小的体积 $dV = dl \cdot \Delta S$，故有

$$\boldsymbol{J}(\boldsymbol{r}')\mathrm{d}V' = \frac{I}{S} \cdot S\mathrm{d}l\boldsymbol{a}_z = I\mathrm{d}l\boldsymbol{a}_z \tag{7.14}$$

又短导线放置于坐标原点，$\mathrm{d}l$ 很小，因此可取 $\boldsymbol{r}'=0$，从而有 $R=|\boldsymbol{r}-\boldsymbol{r}'|\approx r$。考虑到上述理由，根据式(7.13a)可求出电基本振子在场点 P 产生的矢量磁位

$$\boldsymbol{A}(\boldsymbol{r})=\frac{\mu}{4\pi}\int_l \frac{I\mathrm{d}l\boldsymbol{a}_z}{R}\mathrm{e}^{-\mathrm{j}kR}=\boldsymbol{a}_z\frac{\mu}{4\pi}\cdot\frac{I\mathrm{d}l}{r}\mathrm{e}^{-\mathrm{j}kr}=\boldsymbol{a}_zA_z \tag{7.15}$$

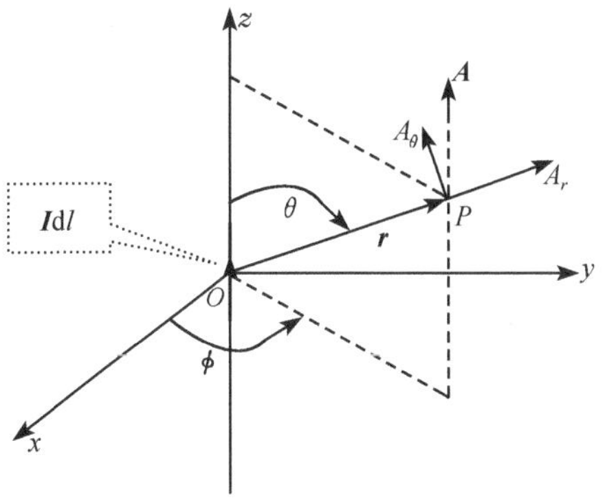

图 7.3 电基本振子

为了采用球坐标系，我们将式(7.15)表示的矢量磁位 $\boldsymbol{A}(\boldsymbol{r})$ 进行坐标变换，得

$$\boldsymbol{A}=\boldsymbol{a}_rA_r+\boldsymbol{a}_\theta A_\theta+\boldsymbol{a}_\phi A_\phi=\boldsymbol{a}_rA_z\cos\theta-\boldsymbol{a}_\theta A_z\sin\theta \tag{7.16}$$

将式(7.16)代入式(7.1)可求出电基本振子在场点 P 产生的磁场

$$\boldsymbol{H}(\boldsymbol{r})=\frac{1}{\mu}\nabla\times\boldsymbol{A}=\frac{1}{\mu\cdot r^2\sin\theta}\begin{vmatrix}\boldsymbol{a}_r & r\boldsymbol{a}_\theta & r\sin\theta\boldsymbol{a}_\phi\\ \dfrac{\partial}{\partial r} & \dfrac{\partial}{\partial\theta} & \dfrac{\partial}{\partial\phi}\\ A_z\cos\theta & -rA_z\sin\theta & 0\end{vmatrix}$$

由此可解得

$$H_r=0 \tag{7.17a}$$

$$H_\theta=0 \tag{7.17b}$$

$$H_\phi=\frac{k^2I\mathrm{d}l\sin\theta}{4\pi}\left[\frac{\mathrm{j}}{kr}+\frac{1}{(kr)^2}\right]\mathrm{e}^{-\mathrm{j}kr} \tag{7.17c}$$

将式(7.17a)～式(7.17c)代入无源区中的麦克斯韦方程

$$\nabla\times\boldsymbol{H}=\mathrm{j}\omega\varepsilon\boldsymbol{E}$$

可得电场强度的三个分量

$$E_r=\frac{2I\mathrm{d}lk^3\cos\theta}{4\pi\omega\varepsilon}\left[\frac{1}{(kr)^2}-\frac{\mathrm{j}}{(kr)^3}\right]\mathrm{e}^{-\mathrm{j}kr} \tag{7.18a}$$

$$E_\theta=\frac{I\mathrm{d}lk^3\sin\theta}{4\pi\omega\varepsilon}\left[\frac{\mathrm{j}}{kr}+\frac{1}{(kr)^2}-\frac{\mathrm{j}}{(kr)^3}\right]\mathrm{e}^{-\mathrm{j}kr} \tag{7.18b}$$

$$E_\phi=0 \tag{7.18c}$$

由上可见，$\boldsymbol{E}$ 和 $\boldsymbol{H}$ 互相垂直，$\boldsymbol{E}$ 在过振子的平面(子午面)内，而 $\boldsymbol{H}$ 则在与赤道平面平行的平面内；磁场强度只有一个分量 H_ϕ，而电场强度有两个分量 E_r 和 E_θ。无论哪个分量都随距离 r 的增加而减小。只是它们的成分(不同项)有的随 r 减小的快，有的则减小得慢；因此，在距源点的近区和远区，占优势的成分是不同的。

7.2.2 电基本振子的电磁场分析

1. 近区场

当 $kr\ll 1$ 时，$r\ll\lambda/2\pi$，即场点 P 与源点的距离 r 远小于波长 λ 的区域称为近区。近区中

$$\frac{1}{kr} \ll \frac{1}{(kr)^2} \ll \frac{1}{(kr)^3}, \quad e^{-jkr} \approx 1$$

故在式(7.17a)～式(7.17c)和式(7.18a)～式(7.18c)中，起主要作用的是 $1/kr$ 的高次幂项，保留这一高次幂项得

$$E_r = -j \frac{Idl\cos\theta}{2\pi\omega\varepsilon r^3} = \frac{2p}{4\pi\varepsilon r^3}\cos\theta \tag{7.19a}$$

$$E_\theta = -j \frac{Idl\sin\theta}{4\pi\omega\varepsilon r^3} = \frac{p}{4\pi\varepsilon r^3}\sin\theta \tag{7.19b}$$

$$H_\phi = \frac{Idl\sin\theta}{4\pi r^2} \tag{7.19c}$$

其中，$p=Q\mathrm{d}l$ 是电偶极矩的复振幅。因为已经把载流短导线看成一个振荡电偶极子，其上下两端的电荷与电流的关系是 $I=j\omega Q$。

从以上结果可以看出，近区中，电基本振子(时变电偶极子)的电场复振幅与静态场的“静”电偶极子的电场表达式相同；磁场表达式则与静磁场中用毕奥-萨伐尔定律计算电流元 $I\mathrm{d}l$ 所得的公式相同。显然电基本振子的近区场与静态场有相同的性质，因此称为似稳场(准静态场)。此外，近区中电场与磁场有π/2的相位差，因此平均坡印亭矢量为零。也就是说，电基本振子的近区场没有电磁能量向外辐射，电磁能量仅被束缚在电基本振子附近，故近区场又称为束缚场或感应场。

应该指出，这些结论是在满足 $kr \ll 1$ 的条件下，忽略了$\frac{1}{kr}$、$\frac{1}{(kr)^2}$项后得出的，是一个近似的结果。实际上，正是这些被忽略的项构成了远区场中电磁波的辐射功率。

2. 远区场

当 $kr \gg 1$ 时，$r \gg \lambda/2\pi$，即场点 P 与源点的距离 r 远大于波长 λ 的区域称为远区。远区中

$$\frac{1}{kr} \gg \frac{1}{(kr)^2} \gg \frac{1}{(kr)^3}$$

故在式(7.17a)～式(7.17c)和式(7.18a)～式(7.18c)中，起主要作用的是含$1/kr$的低次幂项，且相位因子 e^{-jkr} 必须考虑。因此，远区电磁场表达式简化为

$$E_\theta = j\frac{Idlk^2\sin\theta}{4\pi\varepsilon\omega r}e^{-jkr} = j\frac{Idl}{2\lambda r}\eta\sin\theta \cdot e^{-jkr} \tag{7.20a}$$

$$H_\phi = j\frac{Idlk\sin\theta}{4\pi r}e^{-jkr} = j\frac{Idl}{2\lambda r}\sin\theta \cdot e^{-jkr} \tag{7.20b}$$

从式(7.20b)可以看出，电场与磁场在时间上同相，因此平均坡印亭矢量不等于零。这表明有电磁能量向外辐射，辐射方向是半径方向，故把远区场称为辐射场。

从式(7.20a)、式(7.20b)中可得出电基本振子远区场有以下特点。

(1)场的方向：电场只有 E_θ 分量；磁场只有 H_ϕ 分量。其复坡印亭矢量为

$$\boldsymbol{S} = \frac{1}{2}\boldsymbol{E} \times \boldsymbol{H}^* = \boldsymbol{a}_r \frac{1}{2}E_\theta H_\phi^* = \boldsymbol{a}_r \frac{1}{2}\frac{|E_\theta|^2}{\eta}$$

可见，$\boldsymbol{E}$、$\boldsymbol{H}$ 互相垂直，并都与传播方向 $\boldsymbol{a}_r$ 相垂直。因此，电基本振子的远区场是横电磁波(TEM 波)。

(2)场的相位：无论 E_θ 或 H_ϕ，其空间相位因子都是 $-kr$，即其空间相位随离源点的距离 r 增大而滞后，等相位面是 r 为常数的球面，所以，远区辐射场是球面波。由于等相位面上任意点的 $\boldsymbol{E}$、$\boldsymbol{H}$ 振幅不相同，所以又是非均匀球面波。$E_\theta/H_\phi=\eta$ 是一常数，等于介质的波阻抗。

(3)场的振幅：远区场的振幅与 r 成反比；与 I、$\mathrm{d}l/\lambda$ 成正比。值得注意，场的振幅与电长度 $\mathrm{d}l/\lambda$ 有关，而不是仅与几何尺寸 $\mathrm{d}l$ 有关。

(4)场的方向性：远区场的振幅还正比于 $\sin\theta$，在垂直于天线轴的方向($\theta=90°$)，辐射场最大；沿着天线轴的方向($\theta=0°$)，辐射场为零。这说明电基本振子的辐射具有方向性。这种方向性也是天线的一个主要特性。

下面我们着手计算电基本振子的辐射功率和辐射电阻。如果以电基本振子天线为球心，用一个半径为 r 的球面把它包围起来，那么从电基本振子天线辐射出来的电磁能量必然全部通过这个球面，故平均坡印亭矢量在此球面上的积分值就是电基本振子天线辐射出来的功率 P_r。因为电基本振子天线在远区任意点的平均坡印亭矢量为

$$\begin{aligned}\boldsymbol{S}_\mathrm{av}&=\mathrm{Re}\left[\frac{1}{2}\boldsymbol{E}\times\boldsymbol{H}^*\right]=\mathrm{Re}\left[\boldsymbol{a}_r\,\frac{1}{2}E_\theta\cdot H_\phi^*\right]\\&=\boldsymbol{a}_r\,\frac{1}{2}\frac{|E_\theta|^2}{\eta}=\boldsymbol{a}_r\,\frac{1}{2}\eta|H_\phi|^2\\&=\boldsymbol{a}_r\,\frac{1}{2}\eta\cdot\left(\frac{I\mathrm{d}l}{2\lambda r}\sin\theta\right)^2\end{aligned}\tag{7.21}$$

所以，辐射功率为

$$\begin{aligned}P_\mathrm{r}&=\oint_S\boldsymbol{S}_\mathrm{av}\cdot\mathrm{d}\boldsymbol{S}=\int_0^{2\pi}\int_0^{\pi}\frac{1}{2}\eta\left(\frac{I\mathrm{d}l}{2\lambda r}\sin\theta\right)^2\cdot r^2\sin\theta\,\mathrm{d}\theta\,\mathrm{d}\phi\\&=\frac{\eta}{2}\left(\frac{I\mathrm{d}l}{2\lambda}\right)^2 2\pi\int_0^{\pi}\sin^3\theta\,\mathrm{d}\theta=\frac{\eta}{2}\left(\frac{I\mathrm{d}l}{2\lambda}\right)^2 2\pi\cdot\frac{4}{3}\\&=\frac{1}{3}\eta\pi\left(\frac{I\mathrm{d}l}{\lambda}\right)^2\end{aligned}\tag{7.22a}$$

以空气中的波阻抗 $\eta=\eta_0=\sqrt{\dfrac{\mu_0}{\varepsilon_0}}=120\pi$ 代入，可得

$$P_\mathrm{r}=40\pi^2\left(\frac{I\mathrm{d}l}{\lambda_0}\right)^2\tag{7.22b}$$

其中，I 的单位为A(安培)且是复振幅值，辐射功率 P_r 的单位为W(瓦)，空气中的波长 λ_0 的单位为m(米)。

电基本振子辐射出去的电磁能量既然不能返回波源，因此，对波源而言也是一种损耗。利用电路理论的概念，引入一个等效电阻，设此电阻消耗的功率等于辐射功率，则有

$$P_\mathrm{r}=\frac{1}{2}|I|^2R_\mathrm{r}$$

其中，R_r 称为辐射电阻。由式(7.22b)可得电基本振子的辐射电阻为

$$R_\mathrm{r}=\frac{2P_\mathrm{r}}{|I|^2}=80\pi^2\left(\frac{\mathrm{d}l}{\lambda_0}\right)^2\tag{7.23}$$

显然，辐射电阻可以衡量天线的辐射能力，它仅仅取决于天线的结构和工作波长，是天线的一个重要参数。

例 7.1 已知电基本振子的辐射功率 P_r，求远区中任意点 $P(r,\theta,\phi)$的电场强度的振幅值。

解 利用 $k=\frac{2\pi}{\lambda}$，$I=I_m e^{j\phi}$及式(7.20a)，远区辐射场的电场强度振幅为

$$E_m=\frac{I_m dl}{2\lambda_0 r}\eta_0\sin\theta$$

由式(7.22b)有 $I_m dl/\lambda_0=\sqrt{P_r/40\pi^2}$，代入上式得

$$E_m=3\sqrt{10P_r}\,\frac{\sin\theta}{r}$$

例 7.2 计算长度 $dl=0.1\lambda_0$ 的电基本振子当电流振幅值为 2mA 时的辐射电阻和辐射功率。

解 由式(7.23)知辐射电阻

$$R_r=80\pi^2\left(\frac{dl}{\lambda_0}\right)^2=80\pi^2(0.1)^2=7.8957\ (\Omega)$$

辐射功率为

$$P_r=\frac{1}{2}|I|^2R_r=\frac{1}{2}\times(2\times10^{-3})^2\times7.8957=15.791\ (\mu\text{W})$$

7.3 对偶原理与磁基本阵子的辐射场

7.3.1 磁基本阵子的辐射场

磁基本阵子是一个半径为 $a(a\ll\lambda)$的细导线小圆环，载有高频均匀时谐电流 $i=I_m\cos(\omega t+\phi)$，其复振幅为 $I=I_m e^{j\phi}$，如图 7.4 所示。细导线小圆环的周长远小于波长时，可以认为流过圆环的时谐电流的振幅和相位处处相同，所以磁基本阵子也被称为磁偶极子。现在采用与 7.2 节求解电偶极子类似的方法，求解磁偶极子的电磁场。

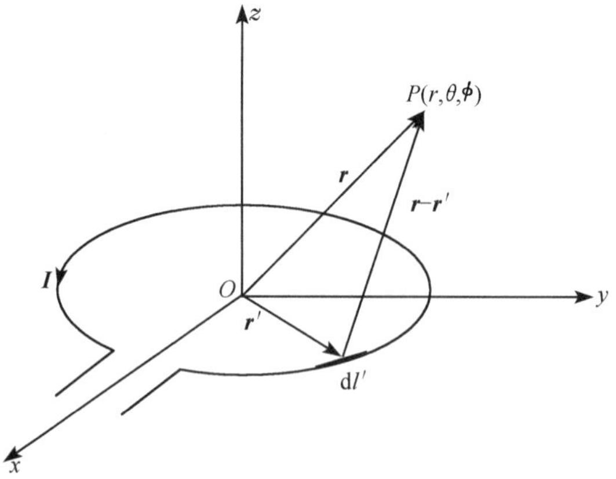

图 7.4 磁基本振子

取图7.4所示的球坐标系，由式(7.13a)，并将其中的$\boldsymbol{J}(\boldsymbol{r}')\mathrm{d}V'$改为$I\mathrm{d}\boldsymbol{l}'$($\mathrm{d}l'\boldsymbol{a}_l=\mathrm{d}\boldsymbol{l}'$)，有

$$\boldsymbol{A}(\boldsymbol{r})=\frac{\mu I}{4\pi}\oint_l\frac{\mathrm{e}^{-\mathrm{j}kR}}{R}\mathrm{d}l'\boldsymbol{a}_l=\frac{\mu I}{4\pi}\oint_l\frac{\mathrm{e}^{-\mathrm{j}k|\boldsymbol{r}-\boldsymbol{r}'|}}{|\boldsymbol{r}-\boldsymbol{r}'|}\mathrm{d}l'\boldsymbol{a}_l \tag{7.24}$$

式中积分严格计算比较困难，但因$r'=a\ll\lambda$，所以其中的指数因子可以近似为

$$\begin{aligned}\mathrm{e}^{-\mathrm{j}k|\boldsymbol{r}-\boldsymbol{r}'|}&=\mathrm{e}^{-\mathrm{j}kR}=\mathrm{e}^{-\mathrm{j}k(R-r+r)}=\mathrm{e}^{-\mathrm{j}kr}\cdot\mathrm{e}^{-\mathrm{j}k(R-r)}\\&\approx\mathrm{e}^{-\mathrm{j}kr}[1-\mathrm{j}k(R-r)]\end{aligned}$$

其中已经考虑了

$$\mathrm{e}^{-\mathrm{j}k(R-r)}=1-\mathrm{j}k(R-r)-\frac{1}{2}k^2(R-r)^2+\cdots,\quad|-\mathrm{j}k(R-r)|\leqslant1$$

并忽略了高次幂项。将上式代入式(7.24)可得矢量磁位的近似表达式

$$\boldsymbol{A}(r)=\frac{\mu I}{4\pi}\oint_l\frac{1}{R}(1+\mathrm{j}kr-\mathrm{j}kR)\cdot\mathrm{e}^{-\mathrm{j}kr}\mathrm{d}l'\boldsymbol{a}_l$$

其中，积分是对带“′”的坐标变量(源点)进行的，r(场点坐标)是常量，所以上式可改写成

$$\boldsymbol{A}(r)=(1+\mathrm{j}kr)\mathrm{e}^{-\mathrm{j}kr}\left(\frac{\mu I}{4\pi}\oint_l\frac{\mathrm{d}l'\boldsymbol{a}_l}{|\boldsymbol{r}-\boldsymbol{r}'|}\right)-\frac{\mathrm{j}k\mu I}{4\pi}\mathrm{e}^{-\mathrm{j}kr}\oint_l\mathrm{d}l'\boldsymbol{a}_l \tag{7.25}$$

显然，式中第二项的线积分是零。第一项方括号中的因子与“静”磁偶极子(恒定电流环)的矢量磁位表达式相同，现将对此因子的运算结果

$$\frac{\mu I}{4\pi}\oint_l\frac{\mathrm{d}l'\boldsymbol{a}_l}{|\boldsymbol{r}-\boldsymbol{r}'|}\approx\boldsymbol{a}_\phi\frac{\mu SI}{4\pi r^2}\sin\theta=\frac{\mu\boldsymbol{m}\times\boldsymbol{r}}{4\pi r^3}$$

用于式(7.25)，只要注意到对现在讨论的“时变”磁偶极子，该式中的$\boldsymbol{m}=\boldsymbol{a}_z\pi a^2I=\boldsymbol{a}_zSI$是复矢量。于是有

$$\boldsymbol{A}(r)=\boldsymbol{a}_\phi\frac{\mu IS}{4\pi r^2}(1+\mathrm{j}kr)\sin\theta\cdot\mathrm{e}^{-\mathrm{j}kr} \tag{7.26}$$

将式(7.26)代入$\boldsymbol{H}=\mu^{-1}\nabla\times\boldsymbol{A}$可得磁基本阵子的磁场为

$$H_r=\frac{IS}{2\pi}\cos\theta\left(\frac{1}{r^3}+\frac{\mathrm{j}k}{r^2}\right)\mathrm{e}^{-\mathrm{j}kr} \tag{7.27a}$$

$$H_\theta=\frac{IS}{4\pi}\sin\theta\left(\frac{1}{r^3}+\frac{\mathrm{j}k}{r^2}-\frac{k^2}{r}\right)\mathrm{e}^{-\mathrm{j}kr} \tag{7.27b}$$

$$H_\phi=0 \tag{7.27c}$$

再由$\boldsymbol{E}=(\mathrm{j}\omega\varepsilon)^{-1}\nabla\times\boldsymbol{H}$，可得磁基本阵子的电场为

$$E_r=0 \tag{7.28a}$$

$$E_\theta=0 \tag{7.28b}$$

$$E_\phi=-\mathrm{j}\frac{ISk}{4\pi}\eta\sin\theta\left(\frac{\mathrm{j}k}{r}+\frac{1}{r^2}\right)\mathrm{e}^{-\mathrm{j}kr} \tag{7.28c}$$

由以上诸式可见，电场强度矢量与磁场强度矢量互相垂直，这一点和电基本振子的电磁场相同；但是，$\boldsymbol{E}$、$\boldsymbol{H}$的取向互换，即$\boldsymbol{E}$在与赤道面平行的平面内，而$\boldsymbol{H}$则在子午面内，这与电基本振子的电磁场取向比较，正好相反。

磁基本阵子的电磁场也可以分成近区场和远区场来研究。不难看出，前面对电基本

振子电磁场性质的讨论也适应于磁基本阵子。对远区($kr \gg 1$)，只保留 $\boldsymbol{E}$、$\boldsymbol{H}$ 表达式中含 $1/kr$ 的项，可由式(7.27a)～式(7.27c)和式(7.28a)～式(7.28c)得到磁基本振子的远区辐射场

$$H_\theta = -\frac{ISk^2}{4\pi r}\sin\theta \cdot e^{-jkr} = -\frac{\pi IS}{\lambda^2 r}\sin\theta \cdot e^{-jkr} \tag{7.29a}$$

$$E_\phi = \frac{ISk^2}{4\pi r}\eta\sin\theta \cdot e^{-jkr} = \frac{\pi IS}{\lambda^2 r}\eta\sin\theta \cdot e^{-jkr} = -\eta H_\theta \tag{7.29b}$$

可以看出，磁基本阵子的远区辐射场具有以下特点。

(1)磁基本阵子的辐射场也是 TEM 非均匀球面波。

(2)$E_\phi/(-H_\theta)=\eta$。

(3)电磁场与 $1/r$ 成正比。

(4)与电基本振子的远区场比较，只是 $\boldsymbol{E}$、$\boldsymbol{H}$ 的取向互换，远区场的性质相同。磁基本阵子的平均坡印亭矢量可由式(7.29a)和式(7.29b)获得

$$\begin{aligned}\boldsymbol{S}_{av} &= \mathrm{Re}\left[\frac{1}{2}E_\phi \boldsymbol{a}_\phi \times H_\theta^* \boldsymbol{a}_\theta\right] = \mathrm{Re}\left[-\boldsymbol{a}_r \frac{1}{2}E_\phi \cdot H_\theta^*\right] \\ &= \boldsymbol{a}_r \frac{1}{2}\eta\left(\frac{\pi IS}{\lambda^2 r}\right)^2 \sin^2\theta\end{aligned}$$

辐射功率为

$$\begin{aligned}P_r &= \oint_S \boldsymbol{S}_{av} \cdot d\boldsymbol{S} = \int_0^{2\pi}\int_0^{\pi} \frac{1}{2}\eta\left(\frac{\pi IS}{\lambda^2 r}\right)^2 \sin^2\theta \cdot r^2 \sin\theta \, d\theta \, d\phi \\ &= \frac{\eta}{2}\left(\frac{\pi IS}{\lambda^2}\right)^2 \cdot \frac{8\pi}{3} = \frac{4}{3}\eta\pi \cdot \left(\frac{\pi IS}{\lambda^2}\right)^2\end{aligned} \tag{7.30a}$$

以空气的波阻抗代入式(7.30a)，有

$$P_r = 160\pi^2 \cdot \left(\frac{\pi IS}{\lambda_0^2}\right)^2 = 160\pi^6 \cdot \left(\frac{a}{\lambda_0}\right)^4 I^2 \tag{7.30b}$$

辐射电阻为

$$R_r = \frac{2P_r}{|I|^2} = 320\pi^6 \cdot \left(\frac{a}{\lambda_0}\right)^4 \tag{7.31}$$

例 7.3 将周长为 $0.1\lambda_0$ 的细导线绕成圆环，以构造磁基本振子，求此磁基本振子的辐射电阻。

解 由式(7.31)知，磁基本振子的辐射电阻为

$$\begin{aligned}R_r &= 320\pi^6 \cdot \left(\frac{a}{\lambda_0}\right)^4 = 320\pi^6 \cdot \left(\frac{1}{2\pi} \times 0.1\right)^4 \\ &= 1.9739 \times 10^{-2}(\Omega)\end{aligned}$$

将此结果与例 7.2 比较可见：长度为此磁基本阵子周长的电基本振子的辐射电阻远比磁基本阵子的辐射电阻大，即电基本振子的辐射能力大于磁基本阵子的辐射能力。

例 7.4 沿 z 轴放置大小为 $I_1 l_1$ 的电基本振子，在 xOy 平面上放置大小为 $I_2 S_2$ 的磁基本阵子，它们的取向和所载电流频率相同，中心位于坐标原点，求它们辐射的电场强度。

解 由式(7.20a)和式(7.29b)知，电基本振子和磁基本阵子在空间任意点产生的合

成辐射场为

$$\boldsymbol{E}=\boldsymbol{E}_1+\boldsymbol{E}_2=\boldsymbol{a}_\theta E_\theta+\boldsymbol{a}_\phi E_\phi=\left(\boldsymbol{a}_\theta \mathrm{j}\frac{I_1 l_1}{2\lambda}+\boldsymbol{a}_\phi\frac{\pi I_2 S_2}{\lambda^2}\right)\eta\sin\theta\cdot\frac{\mathrm{e}^{-\mathrm{j}kr}}{r}$$

这是一椭圆极化波。当$\frac{I_1 l_1}{2\lambda}=\frac{\pi I_2 S_2}{\lambda^2}$时是右旋圆极化波。可见这一组合形式，能够构造一幅产生圆极化波的天线。

7.3.2 对偶原理

我们知道，稳态电磁场中，电场的源是静止的电荷，磁场的源是恒定电流。那么是否存在静止的磁荷产生磁场，恒定的磁流产生电场呢？迄今为止我们还不能肯定自然界中是否存在磁荷和磁流。电流及电荷是产生电磁场的唯一的源。但是，如果我们在理论上引入假想的磁荷与磁流概念，将一部分原本是由电荷和电流产生的电磁场用能够产生同样电磁场的等效磁荷和等效磁流来代替，即将“电源”换成“磁源”，有时可以大大简化计算工作量。稳态电磁场具有这种特性，时变电磁场也具有这种特性。

引入假想的磁荷与磁流概念之后，磁荷与磁流也产生电磁场，因此麦克斯韦方程组可修改为

$$\nabla\times\boldsymbol{H}=\boldsymbol{J}+\mathrm{j}\omega\varepsilon\boldsymbol{E} \tag{7.32a}$$

$$\nabla\times\boldsymbol{E}=-\boldsymbol{J}_\mathrm{m}-\mathrm{j}\omega\mu\boldsymbol{H} \tag{7.32b}$$

$$\nabla\cdot\boldsymbol{D}=\rho \tag{7.32c}$$

$$\nabla\cdot\boldsymbol{B}=\rho_\mathrm{m} \tag{7.32d}$$

称为广义麦克斯韦方程组。式中下标 m 表示磁量；$\boldsymbol{J}_\mathrm{m}$ 是磁流密度，其量纲为 $\mathrm{V/m^2}$；ρ_m 是磁荷密度，其量纲为 $\mathrm{Wb/m^2}$。式(7.32a)的等号右边用正号，表示电流与磁场之间有右手螺旋关系；式(7.32b)的等号右边用负号，表示磁流与电场之间有左手螺旋关系。

在无界的简单介质中，如果存在“电源”$\boldsymbol{J}$、ρ，它们产生的电磁场用 $\boldsymbol{E}_\mathrm{e}$、$\boldsymbol{H}_\mathrm{e}$ 表示，则其满足的麦克斯韦方程组为

$$\nabla\times\boldsymbol{H}_\mathrm{e}=\boldsymbol{J}+\mathrm{j}\omega\varepsilon\boldsymbol{E}_\mathrm{e} \tag{7.33a}$$

$$\nabla\times\boldsymbol{E}_\mathrm{e}=-\mathrm{j}\omega\mu\boldsymbol{H}_\mathrm{e} \tag{7.33b}$$

$$\nabla\cdot\boldsymbol{D}_\mathrm{e}=\rho \tag{7.33c}$$

$$\nabla\cdot\boldsymbol{B}_\mathrm{e}=0 \tag{7.33d}$$

如果存在“磁源”$\boldsymbol{J}_\mathrm{m}$、$\rho_\mathrm{m}$，它们产生的电磁场用 $\boldsymbol{E}_\mathrm{m}$、$\boldsymbol{H}_\mathrm{m}$ 表示，则其满足的麦克斯韦方程组为

$$\nabla\times\boldsymbol{H}_\mathrm{m}=\mathrm{j}\omega\varepsilon\boldsymbol{E}_\mathrm{m} \tag{7.34a}$$

$$\nabla\times\boldsymbol{E}_\mathrm{m}=-\boldsymbol{J}_\mathrm{m}-\mathrm{j}\omega\mu\boldsymbol{H}_\mathrm{m} \tag{7.34b}$$

$$\nabla\cdot\boldsymbol{D}_\mathrm{m}=0 \tag{7.34c}$$

$$\nabla\cdot\boldsymbol{B}_\mathrm{m}=\rho_\mathrm{m} \tag{7.34d}$$

由上可见，如果对式(7.33a)～式(7.33d)作以下变量代换

$$\boldsymbol{H}_\mathrm{e}\to-\boldsymbol{E}_\mathrm{m},\quad \boldsymbol{E}_\mathrm{e}\to\boldsymbol{H}_\mathrm{m},\quad \varepsilon\to\mu,\quad \mu\to\varepsilon,\quad \rho\to\rho_\mathrm{m},\quad \boldsymbol{J}\to\boldsymbol{J}_\mathrm{m} \tag{7.35}$$

就可得到式(7.34a)～式(7.34d)。这种对应关系称为电磁场的对偶原理。

如果有两个问题，第一个问题满足麦克斯韦方程(7.33a)～(7.33d)和相应的边界条件，第二个问题满足麦克斯韦方程(7.34a)～(7.34d)和相应边界条件，那么应用电磁场的对偶原理，只要按式(7.35)作对偶量代换，即可由第一个问题的解得到第二个问题的解，反之亦然。

例 7.5 应用对偶原理，求磁基本阵子的远区辐射场。

解 引入假想的磁荷与磁流概念之后，载流细导线小圆环可等效为相距 dl，两端磁荷分别为 $+q_m$ 和 $-q_m$ 的磁偶极子，其磁偶极矩(此处磁矩的定义与第三章对磁矩的定义稍有不同)

$$\boldsymbol{p}_m = q_m d\boldsymbol{l} = \boldsymbol{a}_z q_m dl = \boldsymbol{a}_z \mu IS$$

由此可得磁基本阵子的磁流

$$i_m = \frac{dq_m}{dt} = \frac{\mu S}{dl}\frac{di}{dt} = \frac{\mu S}{dl}\frac{d}{dt}[I_m\cos(\omega t + \phi)]$$

其对应的磁流复量为

$$I^m = j\omega\frac{\mu S}{dl}I \quad (I = I_m e^{-j\phi})$$

如果定义磁偶极子对应的磁流元为 $I^m dl$，那么它与电流环的关系为

$$I^m dl = j\omega\mu SI = jk\eta IS = j\frac{2\pi}{\lambda}\eta IS \tag{7.36}$$

或

$$IS = -j\frac{\lambda}{2\pi\eta}I^m dl$$

上式代入式(7.29a)和式(7.29b)，可将磁偶极子产生的远区场重写为

$$E_\phi = -j\frac{I^m dl}{2\lambda r}\sin\theta \cdot e^{-jkr} \tag{7.37a}$$

$$H_\theta = j\frac{I^m dl}{2\lambda r\eta}\sin\theta \cdot e^{-jkr} \tag{7.37b}$$

也可以根据对偶原理，将式(7.20a)和式(7.20b)经过式(7.35)的变换得到式(7.37a)和式(7.37b)。

7.4 天线的电参数

天线的作用是辐射(发射)和接收电磁波。为了评价一幅天线的技术性能优劣，必须规定一些能够表征天线性能的参数。根据互易原理(后面将要介绍)，同一副天线用作辐射和接收时，其特性参数是相同的，只是具体含义有所不同。为叙述方便起见，下面均以发射天线来定义各个电参数。

7.4.1 辐射方向图

1. 方向性函数和方向图

任何实际天线的辐射都具有方向性。离开天线一定距离处，描述天线辐射的电磁场

强度在空间的相对分布情况的数学表示式，称为天线的方向性函数；把方向性函数用图形表示出来，就是方向图。因为天线的辐射场分布于整个空间，所以天线的方向图通常是三维的立体方向图。在球坐标系中，场强随 θ 和 ϕ 两个坐标变量变化。虽然现在利用电子计算机可以绘制很复杂的天线的立体方向图，但是常用的仍是所谓“主平面”上的方向图。因为有了这样两个主平面上的方向图，整个立体的方向性也就可以想象了。对于线天线，主平面指包含天线导线轴的平面(称为 E 面)和垂直于天线导线轴的平面(称为 H 面)；对于面大线，主平面指与大线口面上电场矢量相平行的平面(E 面)和与天线口面上磁场矢量相平行的平面(H 面)。这两个平面上的方向图分别称为 E 面方向图和 H 面方向图。

为便于绘制方向图，定义场强振幅的归一化方向性函数为

$$F(\theta,\phi)=\frac{|E(\theta,\phi)|}{|E_{\max}|} \tag{7.38}$$

其中，$|E_{\max}|$ 是 $|E(\theta,\phi)|$ 的最大值。

例 7.6　绘制电基本振子的方向图。

解　根据式(7.38)的方向性函数定义和电基本振子远区辐射场的表示式(7.20a)知，电基本振子的方向性函数为

$$F(\theta,\phi)=|\sin\theta|$$

由此方向性函数绘制的 E 面方向图、H 面方向图和立体方向图如图 7.5 所示。

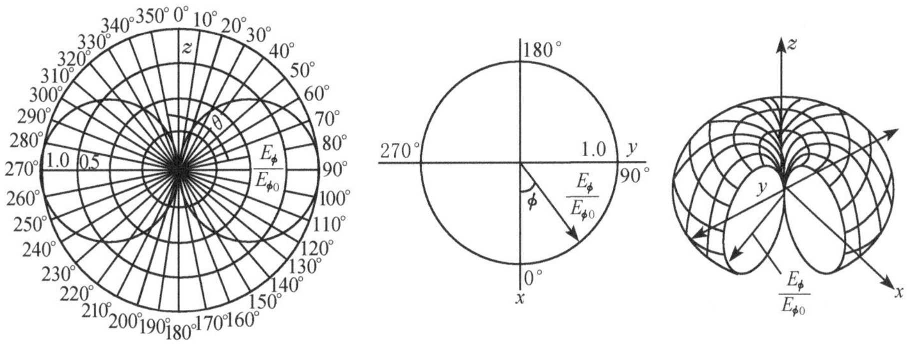

(a)E 面方向图　(b)H 面方向图　(c) 立体方向图

图 7.5　电基本振子的方向图

实际天线的方向图通常要比图 7.5 复杂，方向图可能包含多个波瓣，分别称为主瓣、副瓣和后瓣，如图 7.6 所示，此图表示某天线的极坐标形式方向图。

主瓣就是包含有最大辐射方向的波瓣，除主瓣外的其他波瓣都统称为副瓣。位于主瓣正后方的波瓣(副瓣)另称为后瓣。为了对各种天线的方向图进行定量比较，通常提出以下电参数。

(1)主瓣宽度。主瓣最大辐射方向两侧的两个半功率点(功率密度下降为最大值的一半，或场强下降为最大值的 $1/\sqrt{2}$)的矢径之间的夹角，称为主瓣宽度，记为 $2\theta_{0.5}$。主瓣宽度愈小，说明天线辐射的电磁能量愈集中，定向性愈好。图 7.5 表示的电基本振子的主瓣宽度为 90°。主瓣宽度也称为半功率角。

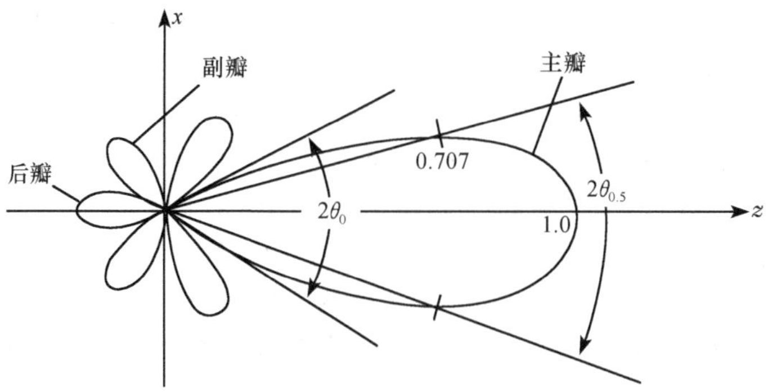

图 7.6　天线方向图的波瓣

(2)副瓣电平。副瓣最大辐射方向上的功率密度 S_1 与主瓣最大辐射方向上的功率密度 S_0 之比的对数值，称为副瓣电平，即

$$P_{\mathrm{sub}}(\mathrm{dB}) = 10\lg\frac{S_1}{S_0}$$

方向图的副瓣是指不需要辐射的区域，所以其电平应尽可能地低。一般地，离主瓣较远的副瓣电平要比离主瓣较近的副瓣电平低。因此，副瓣电平是指第一副瓣(离主瓣最近的电平最高)的电平。

(3)前后向抑制比。后瓣最大辐射方向上的功率密度 S_a 与主瓣最大辐射方向上的功率密度 S_0 之比的对数值，称为前后向抑制比，即

$$P_{\mathrm{ab}}(\mathrm{dB}) = 10\lg\frac{S_a}{S_0}$$

2. 方向性系数

为了定量地描述天线方向性的强弱，或比较不同天线的方向性，定义天线在最大辐射方向上远区某点的功率密度与辐射功率相同的理想无方向性天线在同一点的功率密度之比为天线的方向性系数，表示为

$$D = \frac{S_{\max}}{S_0}\bigg|_{P_r\text{相同},r\text{相同}} \tag{7.39a}$$

或

$$D = \frac{|E_{\max}|^2}{|E_0|^2}\bigg|_{P_r\text{相同},r\text{相同}} \tag{7.39b}$$

方向性系数也可以定义为在天线最大辐射方向上某点产生相等的电场强度的条件下，理想的无方向性天线的辐射功率 P_{ro} 与某天线的辐射功率 P_r 之比值，即

$$D = \frac{P_{ro}}{P_r}\bigg|_{\text{相等电场强度}} \tag{7.40}$$

根据上述定义，可导出天线方向性系数的计算公式。对于被研究的天线，其辐射功率等于在半径为 r 的球面上对功率密度进行面积分

$$P_r = \oint_S \boldsymbol{S}_{\mathrm{av}}\cdot \mathrm{d}\boldsymbol{S} = \frac{1}{2}\oint_S \frac{|E(\theta,\phi)|^2}{\eta_0}\mathrm{d}S$$

$$= \frac{|E_{\max}|^2 \cdot r^2}{240\pi}\int_0^{2\pi}\int_0^{\pi} F^2(\theta,\phi)\sin\theta\,\mathrm{d}\theta\,\mathrm{d}\phi \tag{7.41}$$

对于理想的无方向性天线，因其在空间各个方向上具有相同的辐射，故其辐射功率为

$$P_{ro} = 4\pi r^2 S_0 = 4\pi r^2 \cdot \frac{1}{2} \cdot \frac{|E_0|^2}{120\pi} = \frac{|E_0|^2 r^2}{60} \tag{7.42}$$

由式(7.41)和式(7.42)，再考虑条件——辐射功率相同，即 $P_r = P_{ro}$，则根据式(7.39b)得

$$D = \left.\frac{|E_{\max}|^2}{|E_0|^2}\right|_{P_r\text{相同},r\text{相同}} = \frac{4\pi}{\int_0^{2\pi}\int_0^{\pi} F^2(\theta,\phi)\sin\theta\,\mathrm{d}\theta\,\mathrm{d}\phi} \tag{7.43}$$

若 $F(\theta,\ \phi)=F(\theta)$，即天线方向图轴对称(与 ϕ 无关)时，则

$$D = \frac{2}{\int_0^{\pi} F^2(\theta)\sin\theta\,\mathrm{d}\theta} \tag{7.44}$$

显然，对于理想的无方向性天线，其方向性函数为 $F(\theta,\ \phi)=1$，故其方向性系数为 1。因为有方向性的天线的辐射功率主要集中在其最大辐射方向附近，因此在其最大辐射方向上某点与具有相同电场强度的理想无方向性天线比较，它所需要的辐射功率一定比理想无方向性天线的辐射功率小，即 $P_r < P_{ro}$。因此，天线的方向性系数总大于 1。方向性愈强，D 值愈大。

不同天线都以理想无方向性天线作为标准进行比较，因此能比较出不同天线最大辐射的相对大小，即方向性系数能比较不同天线方向性的强弱。式(7.39a)中

$$S_{\max} = \frac{1}{2}\frac{|E_{\max}|^2}{120\pi}, \quad S_0 = \frac{P_{ro}}{4\pi r^2}$$

故

$$D = \frac{\frac{1}{2}\frac{|E_{\max}|^2}{120\pi}}{\frac{P_{ro}}{4\pi r^2}} = \frac{|E_{\max}|^2 r^2}{60 P_{ro}}$$

因此

$$|E_{\max}| = \frac{\sqrt{60 P_{ro} D}}{r} \tag{7.45a}$$

对于理想的无方向性天线，因其方向性系数 $D=1$，故有

$$|E_{\max}| = \frac{\sqrt{60 P_{ro}}}{r} \tag{7.45b}$$

其中，$|E_{\max}|$ 表示天线最大辐射方向上电场强度的复振幅的模。

比较式(7.45a)和式(7.45b)，可以看出方向性系数的物理意义如下：某天线的方向性系数，表征该天线在其最大辐射方向上比起无方向性天线来说把辐射功率增大了 D 倍。如为了在空间一定距离的 M 点产生一定的场强，若使用无方向性天线，需要馈给无方向性天线 10W 的辐射功率；但是若使用方向性系数 $D=10$ 的有方向性天线，并将有方向性天线对准 M 点，就只需 1W 的辐射功率。

例 7.7 计算电基本振子的方向性系数。

解 电基本振子的方向性函数 $F(\theta, \phi)=\sin\theta$，故其方向性系数为

$$D = \frac{4\pi}{\int_0^{2\pi}\int_0^{\pi}\sin^2\theta \cdot \sin\theta \mathrm{d}\theta \mathrm{d}\phi} = 1.5$$

7.4.2 辐射效率

天线的辐射效率(radiation efficiency)表征天线能否有效地转换能量，定义为天线的辐射功率与输入到天线上的功率(输入功率)之比

$$e_r = \frac{P_r}{P_{in}} = \frac{P_r}{P_r + P_L}$$

其中，P_L 表示天线的总损耗功率。通常，发射天线的损耗功率包括：天线导体中的热损耗、介质材料的损耗、天线附近物体的感应损耗等。

如果把天线向外辐射的功率看作是被某个电阻 R_r 所吸收，该电阻称为辐射电阻。与此相似，也把总损耗功率看作是被某个损耗电阻 R_L 所吸收，则有

$$P_r = \frac{1}{2}I^2R_r, \quad P_L = \frac{1}{2}I^2R_L$$

故天线的辐射效率可表示为

$$e_r = \frac{P_r}{P_{in}} = \frac{P_r}{P_r + P_L} = \frac{R_r}{R_r + R_L} \tag{7.46}$$

可见，要提高天线效率，应尽可能地提高辐射电阻和降低损耗电阻。

对于频率很低的长、中波天线，由于波长很长，而天线的电长度 l/λ 较小，故其辐射功率较低，天线辐射效率也较低。但是，大多数超高频微波天线的损耗都很小，辐射效率可接近 1。

7.4.3 增益系数

方向性系数表征天线辐射能量的集中程度，辐射效率则表征在转换能量上的效能。将两者结合起来，就可得到表征天线总效能的一个指标——增益系数，其定义为天线在其最大辐射方向上远区某点的功率密度与输入功率相同的无方向性天线在同一点产生的功率密度之比。表示为

$$G = \left.\frac{S_{max}}{S_0}\right|_{P_{in}\text{相同}} \tag{7.47a}$$

或

$$G = \left.\frac{|E_{max}|^2}{|E_0|^2}\right|_{P_{in}\text{相同}} \tag{7.47b}$$

增益系数也可定义为：在天线最大辐射方向上某点产生相等电场强度的条件下，理想的无方向性天线所需要的输入功率 P_{ino} 与某天线所需要的输入功率 P_{in} 之比，即

$$G = \left.\frac{P_{ino}}{P_{in}}\right|_{E\text{相同}} \tag{7.48}$$

比较式(7.48)和式(7.40)可见，增益系数和方向性系数的计算式是相似的，差别在于增益系数是用输入功率计算，而方向性系数是用辐射功率计算。考虑到辐射效率

的定义关系 $P_r = e_r P_{in}$，以及理想无方向性天线的效率 e_{ro} 一般被认为是 1，故

$$G = \left.\frac{P_{ino}}{P_{in}}\right|_{E相同} = \left.\frac{P_{ro}/e_{ro}}{P_r/e_r}\right|_{E相同} = e_r D \tag{7.49}$$

由此可见，只有当天线的 D 值大，辐射效率 e_r 也高时，天线的增益才较高。增益系数比较全面地表征了天线的性能。通常用分贝来表示增益系数，即令

$$G(\mathrm{dB}) = 10\lg G$$

7.4.4 输入阻抗

天线与馈线相连接，欲使天线能从馈线获取最大功率，就必须使天线和馈线良好匹配，即要使天线的输入阻抗与馈线的特性阻抗相等。所谓天线的输入阻抗，是指天线输入端的高频电压与输入端的高频电流之比，可表示为

$$Z_{in} = \frac{U_{in}}{I_{in}} = R_{in} + \mathrm{j}X_{in} \tag{7.50}$$

7.4.5 极化形式

天线的极化特性是以天线辐射的电磁波在最大辐射方向上电场强度矢量的空间取向来定义的，分为线极化、圆极化和椭圆极化。线极化又分为水平极化和垂直极化；圆极化又分左旋圆极化和右旋圆极化。

7.5 对称线天线和天线阵的概念

辐射体由横截面半径远小于波长的金属导线构成的天线，称为线天线。线天线广泛应用于通信、广播、雷达等领域，其内容非常丰富。这里仅就线天线中的对称振子天线进行讨论。

介绍对称阵子线天线的远区辐射电磁场之前，先介绍电磁场的叠加定理。如果在我们研究的区域内及边界上，介质的 ε、μ、σ 都与场强无关，即我们处理的是线性介质，那么麦克斯韦方程所描述的系统就是线性系统；根据线性系统的叠加原理，若 $\boldsymbol{E}_i$、$\boldsymbol{H}_i$、$\boldsymbol{D}_i$、$\boldsymbol{B}_i$(其中，$i=1\sim n$)是给定边界条件下麦克斯韦方程的解，则 $\sum_{i=1}^{n}\boldsymbol{E}_i$、$\sum_{i=1}^{n}\boldsymbol{H}_i$、$\sum_{i=1}^{n}\boldsymbol{D}_i$、$\sum_{i=1}^{n}\boldsymbol{B}_i$ 必是麦克斯韦方程在同一边界条件下的解，这就是叠加定理。

7.5.1 对称振子天线

1. 对称振子的电流分布和远区场

对称振子是最基本的线天线形式，如图 7.7 所示。它是一对等长度的直导线，其内端与馈线相接。一臂长度为 l，全长为 $2l$，圆柱导体的半径为 a。这种结构可以看成是一段终端开路的双线传输线的两根导线张开 180°的张角所形成。

对称振子是应用非常广泛的一种基本天线，它既可单独使用，也可作为阵列天线的组成单元，还可作为某些微波天线的馈源。这种看起来非常简单的结构，即使认为导线

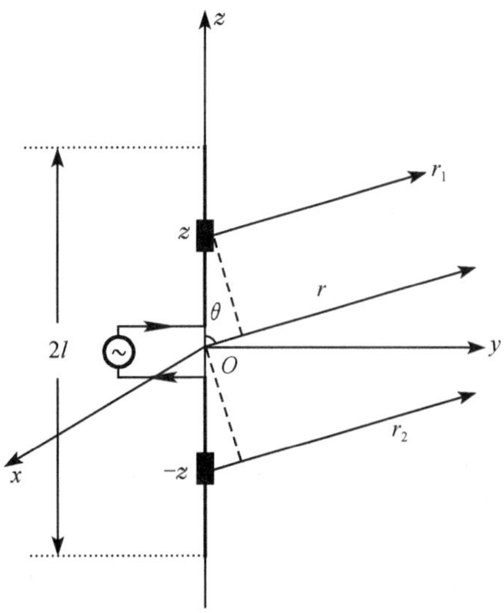

图 7.7 臂长为 l 的对称振子

是理想导体，要确定导线上的正确电流分布，也是极其困难的电磁场边值问题。所以，作为工程近似，通常假定电流沿导线按正弦分布。当导线直径约为 0.01λ 或更小时，这种假设是对电流实际分布的很好近似。

如图 7.7 所示，设对称振子沿 z 轴放置，振子中心位于坐标原点，则振子上的电流分布为

$$I(z)=I_m\sin[k(l-|z|)] \tag{7.51}$$

其中，I_m 为电流驻波的波腹电流，即电流最大值；k 为对称振子上电流传输的相移常数，在此它就等于自由空间的相移常数，即 $k=2\pi/\lambda$。

有了电流分布，便可以利用叠加原理来求出对称振子的远区场。由于对称振子天线的长度可与波长相比拟，因而沿天线分布的电流不再是振幅和相位处处相同的均匀电流。此时尽管不能把整个天线看作电基本振子，但可以把对称振子分解成许多小电流元，每个长度为 dz 的小电流元 Idz 就是一个电基本振子，其远区辐射电场强度可由式(7.20a)给出

$$\boldsymbol{E}=\boldsymbol{a}_\theta E_\theta=\boldsymbol{a}_\theta \mathrm{j}\,\frac{I\mathrm{d}z}{2\lambda r}\eta\sin\theta\,\mathrm{e}^{-\mathrm{j}kr}$$

其中，r 为小电流元 Idz 与场点间的距离。将这些互不相同的小电流元 Idz 在空间同一点产生的辐射场叠加，就获得了对称振子的辐射场。

为便于计算，我们在振子两臂上点 $|z|$ 处各取小电流元 Idz，如图 7.7 所示。考虑远区场，因 $r\gg l$，故可以认为各小电流元 Idz 到场点的射线平行。在自由空间中，由式(7.20a)知，振子上、下臂上的小电流元的远区场分别是

$$\mathrm{d}E_{\theta1}=\mathrm{j}\,\frac{60\pi I(z)\mathrm{d}z}{\lambda_0 r_1}\sin\theta\mathrm{e}^{-\mathrm{j}kr_1} \tag{7.52a}$$

$$\mathrm{d}E_{\theta2}=\mathrm{j}\,\frac{60\pi I(z)\mathrm{d}z}{\lambda_0 r_2}\sin\theta\mathrm{e}^{-\mathrm{j}kr_2} \tag{7.52b}$$

在平行射线近似下，d$E_{\theta1}$、d$E_{\theta2}$的方向相同；且分母中的 r_1、r_2 均可用 r 代替，即可忽略对称振子上各小电流元 Idz 到场点距离不同对远区场振幅的影响。但是，决定远区场的相位因子中的 r_1、r_2 却必须用更精确的近似值。因为场点虽然很远，但对称振子天线上的各小电流元 Idz 到场点的距离差可达若干波长，因此与波长相比是不能忽略的，它将引起显著的相位差。由图 7.7 可见

$$\begin{aligned} r_1&=r-|z|\cos\theta \\ r_2&=r+|z|\cos\theta \end{aligned} \tag{7.53}$$

于是两个小电流元的远区辐射场之和为

$$\begin{aligned}\mathrm{d}E_\theta&=\mathrm{d}E_{\theta1}+\mathrm{d}E_{\theta2}\\ &=\mathrm{j}\,\frac{60\pi I(z)\mathrm{d}z}{\lambda_0 r}\sin\theta\cdot[\mathrm{e}^{-\mathrm{j}k(r-|z|\cos\theta)}+\mathrm{e}^{-\mathrm{j}k(r+|z|\cos\theta)}]\end{aligned}$$

$$= \mathrm{j}\frac{120\pi I_{\mathrm{m}}\sin[k(l-|z|)]\mathrm{d}z}{\lambda_0 r}\sin\theta\cdot\cos(k|z|\cos\theta)\cdot \mathrm{e}^{-\mathrm{j}kr} \tag{7.54}$$

将 $\mathrm{d}E_\theta$ 从 0 到 l 对 z 积分，便得对称振子的辐射场

$$E_\theta = \mathrm{j}\frac{60 I_{\mathrm{m}}}{r}\left[\frac{\cos(kl\cos\theta)-\cos kl}{\sin\theta}\right]\mathrm{e}^{-\mathrm{j}kr} \tag{7.55}$$

其远区磁场与电场的关系仍为

$$H_\phi = E_\theta/120\pi$$

可见，对称振子的辐射场是一个球面波，其等相位面是以振子中心为球心、半径为常数的球面。电场只有 E_θ 分量，磁场只有 H_ϕ，是横电磁波。在不同的 θ 方向上有不同的辐射场强值，即其具有方向性。

对称振子最常见的长度是 $l=\lambda/4$，即振子全长 $2l=\lambda/2$，称为半波振子。其远区辐射场为

$$E_\theta = \mathrm{j}\frac{60 I_{\mathrm{m}}}{r}\frac{\cos\left(\dfrac{\pi}{2}\cos\theta\right)}{\sin\theta}\mathrm{e}^{-\mathrm{j}kr} \tag{7.56}$$

$$H_\phi = \frac{E_\theta}{\eta_0}$$

2. 对称振子的电参数

(1)对称振子的方向图。通常取式(7.55)中与方向有关的因子作为对称振子的方向性函数，称为未归一化的方向性函数

$$f(\theta,\phi) = \frac{|E(\theta,\phi)|}{60 I_{\mathrm{m}}/r} = \frac{\cos(kl\cos\theta)-\cos kl}{\sin\theta} \tag{7.57a}$$

由其可得出按式(7.38)定义的归一化方向性函数

$$F(\theta,\phi) = \frac{f(\theta,\phi)}{f_{\max}} \tag{7.57b}$$

其中，$f_{\max}$是 $f(\theta,\ \phi)$的最大值。对于半波振子，有

$$f(\theta,\phi) = F(\theta,\phi) = \frac{\cos\left(\dfrac{\pi}{2}\cos\theta\right)}{\sin\theta} \tag{7.57c}$$

由式(7.57a)可见，方向性函数仅与 θ 有关，而与 ϕ 无关。即 H 面的方向图是圆，与对称振子的电长度无关；E 面方向图总是关于 $\theta=\pi/2$ 的平面对称，且方向图形状随电长度 $2l/\lambda$ 变化。图 7.8 画出了四种不同电长度的对称振子的 E 面方向图。

从图 7.8 可见，当 $2l/\lambda\leqslant 1$ 时，方向图呈“8”字形，最大辐射方向在 $\theta=90°$方向上，且随电长度的增加，方向图变尖锐；当 $2l/\lambda>1$ 时，对称振子上出现反向电流，方向图上除主瓣外，还出现副瓣。当电长度继续增加，达到 $2l/\lambda=2$ 时，原来的主瓣消失，方向图变成同样大小的四个波瓣。方向图形状的变化与对称振子上电流分布密切相关。

半波振子的 E 面方向图如图 7.8(a)所示，在 $\theta=\pi/2$ 时有最大辐射，在$\theta=0°$时没有辐射。

(2)对称振子的辐射功率和辐射电阻。对称振子的辐射功率，通常用平均坡印亭矢

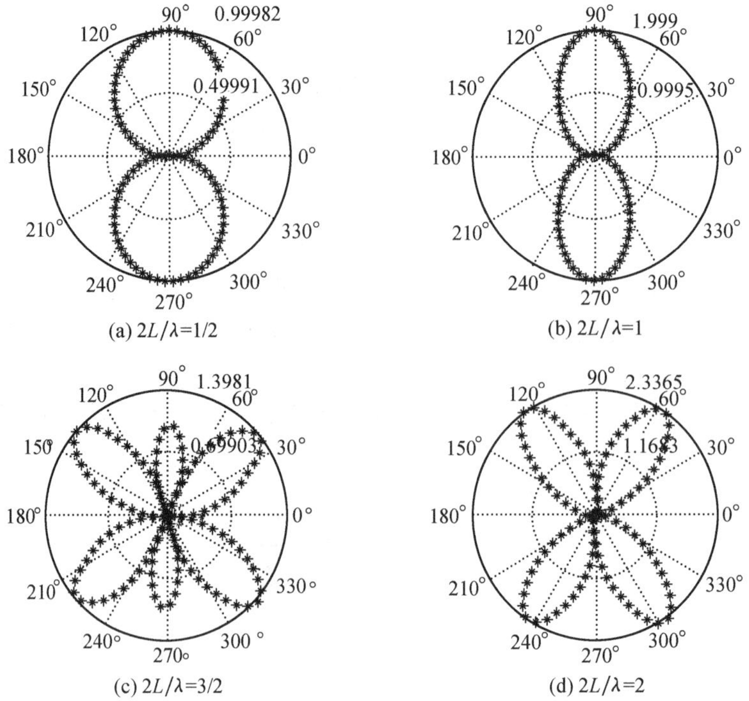

(a) $2L/\lambda=1/2$　(b) $2L/\lambda=1$

(c) $2L/\lambda=3/2$　(d) $2L/\lambda=2$

图 7.8　对称振子的 E 面方向图

量在一个中心位于对称振子中心、半径足够大(远区)，并且包围对称振子天线的球面上的积分来表示

$$P_r=\oint_S \boldsymbol{S}_{av}\cdot d\boldsymbol{S}=\int_0^{2\pi}\int_0^{\pi}\frac{|E_\theta|^2}{2\eta_0}r^2\sin\theta\, d\theta\, d\phi$$

$$=30I_m^2\int_0^{\pi}\frac{[\cos(kl\cos\theta)-\cos kl]^2}{\sin\theta}d\theta \tag{7.58}$$

半波振子的辐射功率为

$$P_r=30I_m^2\int_0^{\pi}\frac{\left[\cos\left(\frac{\pi}{2}\cos\theta\right)\right]^2}{\sin\theta}d\theta=30I_m^2\times 1.2188=36.564I_m^2\ \text{W}$$

由于对称振子天线的辐射功率与辐射电阻的关系为

$$P_r=\frac{1}{2}I_m^2R_r$$

因此辐射电阻为

$$R_r=\frac{2P_r}{I_m^2}=60\int_0^{\pi}\frac{[\cos(kl\cos\theta)-\cos kl]^2}{\sin\theta}d\theta \tag{7.59}$$

此式积分可以用正弦积分和余弦积分表示，但更直接的计算是作数值积分。

半波振子的辐射电阻

$$R_r=\frac{2P_r}{I_m^2}=73.128\ \Omega$$

对于半波振子，由式(7.57c)和式(7.43)得其的方向性系数

$$D=\frac{4\pi}{\int_0^{2\pi}\int_0^{\pi}F^2(\theta,\phi)\sin\theta\mathrm{d}\theta\mathrm{d}\phi}=\frac{4\pi}{\int_0^{2\pi}\int_0^{\pi}\left[\frac{\cos\left(\frac{\pi}{2}\cos\theta\right)}{\sin\theta}\right]^2\sin\theta\mathrm{d}\theta\mathrm{d}\phi}$$

$$=\frac{2}{\int_0^{\pi}\frac{\cos^2\left(\frac{\pi}{2}\cos\theta\right)}{\sin\theta}\mathrm{d}\theta}=\frac{2}{1.2188}=1.641$$

7.5.2 天线阵的概念

天线阵或阵列天线(array antenna)是以一定规律排列的相同天线的组合。组成天线阵的独立单元称为阵元或天线单元，如果阵元排列在一直线上或一平面上，则称为直线阵或平面阵。下面简单介绍 N 元均匀直线阵，以便掌握分析方法及基本概念。

如果 N 元阵中相邻阵元间的间距相等，各个阵元上的电流振幅也相等，电流相位则按等差级数递增或递减，那么称此直线阵为 N 元均匀直线阵，如图 7.9 所示。

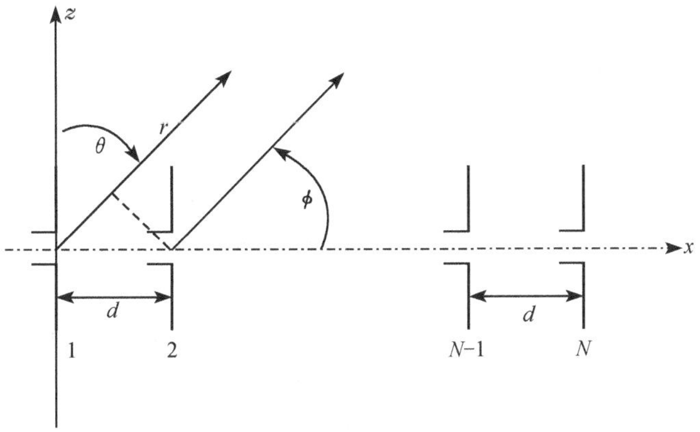

图 7.9 N 元均匀直线阵

设相邻阵元的间距为 d，各阵元上电流的振幅为 1，但相位自第一个阵元起依次超前一个相角 β，即

$$I_i=1\mathrm{e}^{\mathrm{j}(i-1)\beta},\quad i=1,2,\cdots,N$$

由图 7.9 可见，各阵元在场点产生的辐射场存在相位差，阵元 2 的辐射场比阵元 1 的辐射场超前相位 $\psi=kd\cos\phi+\beta$；同样阵元 3 的辐射场比阵元 2 的辐射场超前相位 ψ，而比阵元 1 的辐射场超前相位 2ψ，依此类推。因此，天线阵在场点产生的总电场强度为

$$E=E_1+E_2+\cdots+E_N=E_1[1+\mathrm{e}^{\mathrm{j}\psi}+\mathrm{e}^{\mathrm{j}2\psi}+\cdots+\mathrm{e}^{\mathrm{j}(N-1)\psi}]\tag{7.60}$$

其中，E_1，E_2，…，E_N 分别为阵元 1，2，…，N 在场点所产生的远区辐射场。

利用等比级数求和公式，式(7.60)可以写成

$$|E|=|E_1|\left|\frac{1-\mathrm{e}^{\mathrm{j}N\psi}}{1-\mathrm{e}^{\mathrm{j}\psi}}\right|=|E_1|\left|\frac{\sin\frac{N\psi}{2}}{\sin\frac{\psi}{2}}\right|=|E_1|f_N(\psi)$$

其中

$$f_N(\psi)=\left|\frac{\sin\dfrac{N\psi}{2}}{\sin\dfrac{\psi}{2}}\right| \tag{7.61}$$

如果天线阵的每个阵元都是相同的半波振子，那么由式(7.56)可知

$$\begin{aligned}|E_1|&=\frac{60|I_m|}{r}\frac{\cos\left(\dfrac{\pi}{2}\cos\theta\right)}{\sin\theta}\\&=\frac{60|I_m|}{r}\frac{\cos\left(\dfrac{\pi}{2}\sin\phi\right)}{\cos\phi}\\&=\frac{60|I_m|}{r}f_1(\phi)\end{aligned}$$

其中

$$f_1(\phi)=\frac{\cos\left(\dfrac{\pi}{2}\sin\phi\right)}{\cos\phi}$$

为半波振子的方向性函数。于是 N 元均匀直线阵的方向性函数为

$$F(\phi)=f_1(\phi)\cdot f_N(\psi) \tag{7.62}$$

其中，$f_N(\psi)$称为天线阵的阵函数(阵因子方向性函数)，它仅与阵元在天线阵中的排列、激励电流的振幅和相位有关，而与阵元本身的结构尺寸和取向无关；$f_1(\phi)$是阵元的方向性函数，称为阵元因子，它取决于阵元本身的结构尺寸和取向，与天线阵的排列方式无关。

从式(7.62)可以看出，天线阵的方向性函数等于阵元天线的方向性函数乘以天线阵的阵函数，这就是方向性相乘原理(方向图乘积定理)。

天线阵的阵函数为最大值的条件可由 $\mathrm{d}f_N(\psi)/\mathrm{d}\psi=0$ 求得

$$\frac{\mathrm{d}f_N(\psi)}{\mathrm{d}\psi}=\frac{\mathrm{d}}{\mathrm{d}\psi}\left(\frac{\sin\dfrac{N\psi}{2}}{\sin\dfrac{\psi}{2}}\right)=\frac{\dfrac{N}{2}\sin\dfrac{\psi}{2}\cos\dfrac{N\psi}{2}-\dfrac{1}{2}\cos\dfrac{\psi}{2}\sin\dfrac{N\psi}{2}}{\sin^2\dfrac{\psi}{2}}=0$$

由此可得

$$\tan\frac{N\psi}{2}=N\tan\frac{\psi}{2}$$

此式仅当 $\psi=0$ 时成立，所以阵函数出现最大值的条件是

$$\psi=0 \tag{7.63}$$

以上 N 元均匀直线阵的方向性函数是对 E 面而言的。不难看出，在图 7.10 所示的 H 面内天线阵的阵函数仍为

$$f_N(\psi)=\left|\frac{\sin\dfrac{N\psi}{2}}{\sin\dfrac{\psi}{2}}\right|$$

但是，每个阵元在 H 面内却是无方向性的，相当于一个点元，所以在 H 面内天线阵的

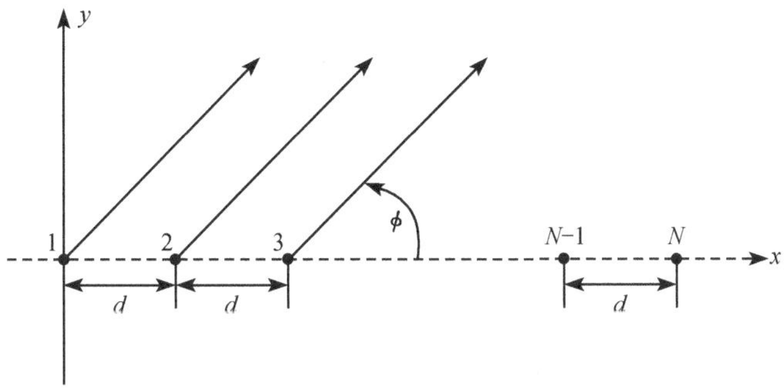

图 7.10 N 元均匀直线阵

方向性函数就是阵函数，即

$$F'(\phi)=f_N(\psi)=\left|\frac{\sin\dfrac{N\psi}{2}}{\sin\dfrac{\psi}{2}}\right| \tag{7.64}$$

由式(7.64)可知，当各个阵元的激励电流同相时，$\beta=0$，$\psi=kd\cos\phi$，最大辐射条件 $\psi=0$ 对应于

$$\phi=(2m+1)\frac{\pi}{2},\quad m=0,1,2,\cdots$$

换句话说，在 $\phi=\pi/2$ 和 $\phi=3\pi/2$ 的方向上，亦即在与天线阵轴线垂直的方向上，天线阵存在最大的辐射。这种各个阵元激励电流同相的均匀直线阵，由于在天线阵轴线两侧有最大的辐射，所以将其称为侧射式天线阵。图 7.11 画出了四元侧射式天线阵的方向图。

当 $\beta\neq0$ 时，最大辐射条件 $\psi=0$ 对应于

$$\cos\phi=\cos\phi_m=-\frac{\beta}{kd}$$

此式表明天线阵的最大辐射方向 ϕ_m 取决于相邻阵元之间的电流相位差 β。改变 β，就可以改变天线阵的最大辐射方向，这就是相控阵天线的工作原理。当 $\beta=-kd$ 时，最大辐射方向 $\phi_m=0$，所以天线阵的最大辐射方向在其轴线方向上。这种均匀直线阵称为端射式天线阵。图 7.12 画出了八阵元端射式天线阵的方向图。

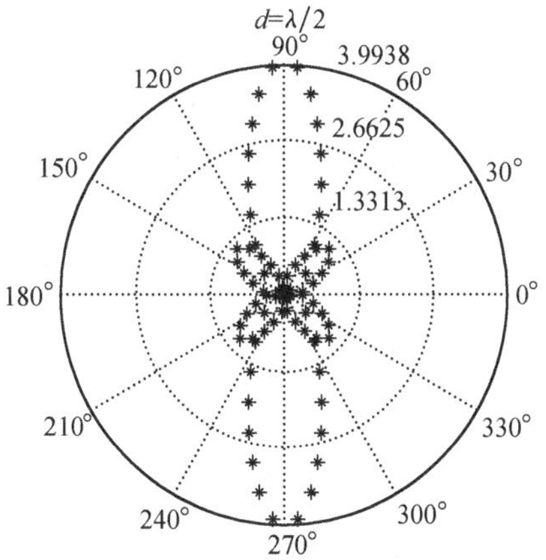

图 7.11 四阵元侧射式天线阵的方向图

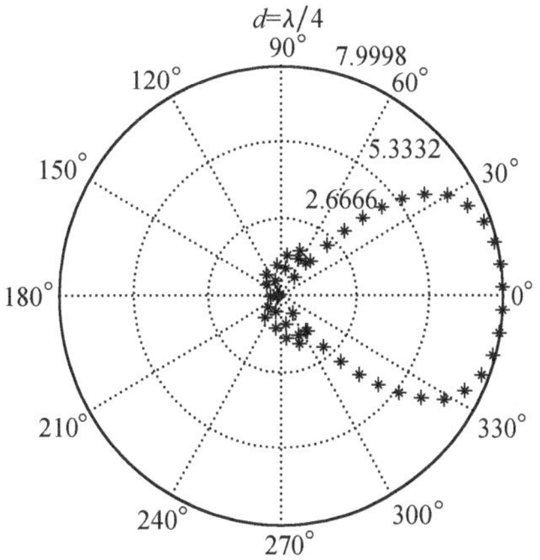

图 7.12 八阵元端射式天线阵的方向图

7.6 面天线的辐射场

长波、中波、短波和超短波波段通常采用线天线，但在微波波段一般不采用线天线，而是采用面天线，也称为口径天线。因为在微波波段波长很短(通常波长小于 1m，大于 1mm)，如果采用线天线，则在天线的加工、安装和调试上都会遇到许多困难，有时甚至难于实现；另一方面，微波天线具有类似光学系统的特性。面天线广泛应用于微波中继通信、卫星通信、卫星电视广播以及雷达、导航等无线电系统中。

喇叭天线、抛物面天线和透镜天线是几种常用的面天线。面天线通常由初级辐射器和辐射口面两部分组成。初级辐射器又称为馈源，用作初级辐射器的有终端开口的波导、喇叭天线、对称振子等，初级辐射器的作用是把馈线中传输的电磁能量转换为由辐射口面向外辐射的电磁能量。辐射口面的作用是把从初级辐射器获得的电磁能量按所要求的方向性向空间辐射出去。

严格求解面天线的辐射场，就要根据天线的边界条件求解麦克斯韦方程组，这在数学处理上相当复杂。工程上往往采用以下两种近似方法求解。

1. *感应电流法*

这种方法是先求出天线的金属导体面在初级辐射器照射下产生的感应面电流分布，然后计算此电流在外部空间产生的辐射场。

2. *口面场法*

这种方法包括两部分，先作一个包围天线的封闭面，求出此封闭面上的场(称为解内场问题)；然后根据惠更斯原理，利用该封闭面上的场求出空间的辐射场(称为解外场问题)。由于金属封闭面上无电磁场，故实际上只需考虑封闭面的开口部分的辐射作用，即口面场的辐射。

7.6.1 基尔霍夫公式

惠更斯原理指出，包围波源的闭合面(波阵面)上任一点的场均可认为是二次波源，它们产生球面子波，闭合面外任一点的场可由闭合面上的场(二次波源)的叠加决定。

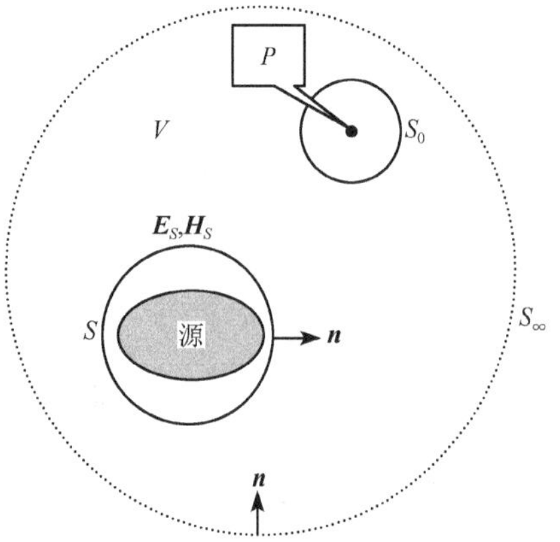

图 7.13 惠更斯原理

基尔霍夫公式是上述思想的数学表述。设闭合面 S 中的源在闭合面 S 上产生的场为 $\boldsymbol{E}_S$ 及 $\boldsymbol{H}_S$，在闭合面外任一点 P 产生的场为 $\boldsymbol{E}_P$ 及 $\boldsymbol{H}_P$，如图 7.13 所示。下面推导由 $\boldsymbol{E}_S$、$\boldsymbol{H}_S$ 计算 $\boldsymbol{E}_P$、$\boldsymbol{H}_P$ 的公式——基尔霍夫公式。

取无限大闭合面 S_∞ 包围空间场域，如图 7.13 所示。设 S 与 S_∞ 包围的空间区域 V 是无源区。ψ 是一个标量函数，它可表示标量位、矢量位或矢量场的任一直角坐标分量，并满足齐次亥姆霍兹方程

$$\nabla^2\psi + k^2\psi = 0 \tag{7.65}$$

其中，$k^2=\omega^2\mu\varepsilon$。为方便起见，取 P 点为坐标原点($r=0$)。现引入另一标量函数$G(r)$，它满足方程

$$\nabla^2 G(r) + k^2 G(r) = -\delta(r) \tag{7.66}$$

可以证明，方程(7.66)的解为

$$G(r) = \frac{\mathrm{e}^{-\mathrm{j}kr}}{4\pi r} \tag{7.67}$$

标量函数 $G(r)$称为标量格林函数，其物理意义为在 $r=0$ 处的点源在距源点 r 处产生的标量场。

由上可见，ψ 在 V 中具有二阶连续偏导数，$G(r)$在 V 中除 P 点外也具有二阶连续偏导数。以 P 点为球心作半径为 a 的球面 S_0，它包围的空间区域为 V_0。在空间区域 $V\text{-}V_0$ 中，标量函数 ψ 和 $G(r)$均具有二阶连续偏导数，因此它们满足格林定理(7.3)，即

$$\int_{V-V_0}(\psi\nabla^2 G - G\nabla^2\psi)\mathrm{d}V = -\oint_{S+S_0+S_\infty}\left(\psi\frac{\partial G}{\partial n} - G\frac{\partial\psi}{\partial n}\right)\mathrm{d}S \tag{7.68}$$

右边取负号是因为单位矢量 $\boldsymbol{n}$ 的方向为空间区域 $V\text{-}V_0$ 的内法线矢量。$V\text{-}V_0$ 的空间区域为 ψ 和 $G(r)$的无源区，因此式(7.68)左边的被积函数为

$$\psi\nabla^2 G - G\nabla^2\psi = \psi(-k^2 G) - G(-k^2\psi) = 0$$

故，式(7.68)左边的体积分为零。而右边的面积分可分为三个面积分之和。已知场分量的振幅至少与距离 r 的一次方成反比，即 $G(r)$与 $1/r$ 成正比，所以当 $r\to\infty$时，$\frac{\partial}{\partial n}\to-\frac{\partial}{\partial r}$。因此面积分中的被积函数在 $r\to\infty$时至少与 r 的三次方成反比，又由于 S_∞与 r^2 成正比。故当 $r\to\infty$时，S_∞的面积分为零。S_0 面上的面积分为

$$\begin{aligned}\oint_{S_0}\left(\psi\frac{\partial G}{\partial n} - G\frac{\partial\psi}{\partial n}\right)\mathrm{d}S &= \oint_{S_0}\left(\psi\frac{\partial G}{\partial r} - G\frac{\partial\psi}{\partial r}\right)\mathrm{d}S \\ &= \left.\frac{\partial G}{\partial r}\right|_{r=a}\oint_{S_0}\psi\,\mathrm{d}S - G\,|_{r=a}\oint_{S_0}\frac{\partial\psi}{\partial r}\mathrm{d}S \end{aligned}\tag{7.69}$$

其中，第二项的面积分为

$$\oint_{S_0}\frac{\partial\psi}{\partial r}\mathrm{d}S = \oint_{S_0}\frac{\partial\psi}{\partial n}\mathrm{d}S = \oint_{S_0}\nabla\psi\cdot\mathrm{d}\boldsymbol{S} = \int_{V_0}\nabla^2\psi\,\mathrm{d}V = -\int_{V_0}k^2\psi\,\mathrm{d}V$$

当 $a\to0$ 时，$V_0\to0$，式(7.69)第二项的极限为零，第一项的极限为$-\psi(P)$。

于是，由式(7.68)可得 P 点的标量场为

$$\psi_P = \oint_S\left(\psi\frac{\partial G}{\partial n} - G\frac{\partial\psi}{\partial n}\right)\mathrm{d}S \tag{7.70}$$

当 P 点在 $\boldsymbol{r}'$点处时，格林函数 $G=\frac{\mathrm{e}^{-\mathrm{j}k|\boldsymbol{r}-\boldsymbol{r}'|}}{4\pi|\boldsymbol{r}-\boldsymbol{r}'|}$，闭合面 S 外任一点 r 处

$$\psi_P(\boldsymbol{r}) = \frac{1}{4\pi}\oint_S\left[\psi(\boldsymbol{r}')\frac{\partial}{\partial n}\left(\frac{\mathrm{e}^{-\mathrm{j}k|\boldsymbol{r}-\boldsymbol{r}'|}}{|\boldsymbol{r}-\boldsymbol{r}'|}\right) - \frac{\mathrm{e}^{-\mathrm{j}k|\boldsymbol{r}-\boldsymbol{r}'|}}{|\boldsymbol{r}-\boldsymbol{r}'|}\frac{\partial}{\partial n}\psi(\boldsymbol{r}')\right]\mathrm{d}S \tag{7.71}$$

其中，$\boldsymbol{r}'$点在闭合面 S 上。式(7.71)被称为基尔霍夫公式，它是惠更斯原理的数学形式。事实上，式(7.71)只是所有源均在 S 之外时式(7.8)的特例。

电磁场的任一直角坐标分量都满足式(7.71)，所以三个直角坐标分量合成为矢量后，可得矢量基尔霍夫公式为

$$\boldsymbol{E}_P(\boldsymbol{r})=\frac{1}{4\pi}\oint_S\left[\boldsymbol{E}_S(\boldsymbol{r}')\frac{\partial}{\partial n}\left(\frac{\mathrm{e}^{-\mathrm{j}k|\boldsymbol{r}-\boldsymbol{r}'|}}{|\boldsymbol{r}-\boldsymbol{r}'|}\right)-\frac{\mathrm{e}^{-\mathrm{j}k|\boldsymbol{r}-\boldsymbol{r}'|}}{|\boldsymbol{r}-\boldsymbol{r}'|}\frac{\partial}{\partial n}\boldsymbol{E}_S(\boldsymbol{r}')\right]\mathrm{d}S \tag{7.72a}$$

$$\boldsymbol{H}_P(\boldsymbol{r})=\frac{1}{4\pi}\oint_S\left[\boldsymbol{H}_S(\boldsymbol{r}')\frac{\partial}{\partial n}\left(\frac{\mathrm{e}^{-\mathrm{j}k|\boldsymbol{r}-\boldsymbol{r}'|}}{|\boldsymbol{r}-\boldsymbol{r}'|}\right)-\frac{\mathrm{e}^{-\mathrm{j}k|\boldsymbol{r}-\boldsymbol{r}'|}}{|\boldsymbol{r}-\boldsymbol{r}'|}\frac{\partial}{\partial n}\boldsymbol{H}_S(\boldsymbol{r}')\right]\mathrm{d}S \tag{7.72b}$$

其中，$\boldsymbol{r}$ 为场点位置矢量，场点在闭合面 S 外；$\boldsymbol{r}'$ 为闭合面 S 上的任意点的位置矢量，$\boldsymbol{E}_S$、$\boldsymbol{H}_S$ 为闭合面 S 上的电磁场。由式(7.72a)和式(7.72b)可见，只要已知闭合面 S 上的电磁场，就可以通过面积分求出闭合面外任一点的电磁场。

7.6.2 口径面的辐射场

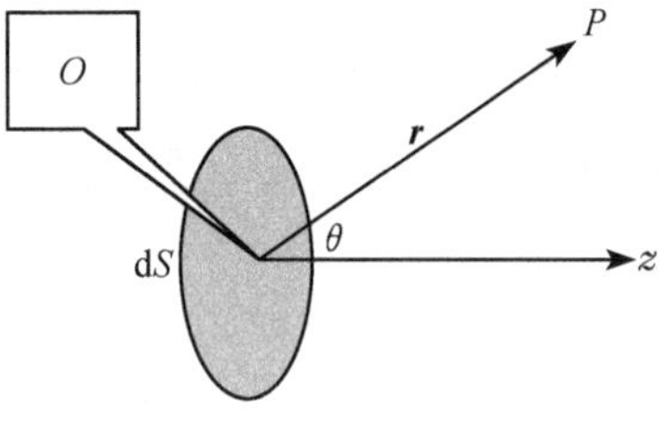

图 7.14 惠更斯元

设一天线的口径面上电磁场的某一直角坐标分量 ψ_S 已知，在口径面上取一面元 dS，如图 7.14 所示，将其称为惠更斯元。合适地选择坐标系，使惠更斯元 dS 位于坐标原点，其法线沿 z 轴。

设惠更斯元上场的传播方向为 z 方向，那么惠更斯元上的场可以表示为

$$\psi_S=\psi_{S_0}\mathrm{e}^{-\mathrm{j}kz} \tag{7.73}$$

这样

$$\left.\frac{\partial\psi}{\partial n}\right|_{z=0}=\left.\frac{\partial\psi}{\partial z}\right|_{z=0}=-\mathrm{j}k\psi_{S_0} \tag{7.74}$$

$$\frac{\partial}{\partial n}\left(\frac{\mathrm{e}^{-\mathrm{j}kr}}{r}\right)=\frac{\partial}{\partial z}\left(\frac{\mathrm{e}^{-\mathrm{j}kr}}{r}\right)=\boldsymbol{a}_z\cdot\nabla\left(\frac{\mathrm{e}^{-\mathrm{j}kr}}{r}\right)=\cos\theta\left[\frac{\mathrm{e}^{-\mathrm{j}kr}}{r}\left(\mathrm{j}k+\frac{1}{r}\right)\right]$$

对于远区场

$$\frac{\partial}{\partial n}\left(\frac{\mathrm{e}^{-\mathrm{j}kr}}{r}\right)\approx\mathrm{j}k\frac{\mathrm{e}^{-\mathrm{j}kr}}{r}\cos\theta \tag{7.75}$$

其中，θ 为 $\boldsymbol{r}$ 与 z 轴的夹角。将以上结果代入式(7.71)可得惠更斯元的远区辐射场为

$$\psi_P(\boldsymbol{r})=\mathrm{j}\frac{\psi_{S_0}\mathrm{d}S}{2\lambda r}(1+\cos\theta)\mathrm{e}^{-\mathrm{j}kr} \tag{7.76}$$

由式(7.76)可得到位于 $\boldsymbol{r}'$ 处的惠更斯元在 $\boldsymbol{r}$ 点产生的场为

$$\psi_P(\boldsymbol{r})=\mathrm{j}\frac{\psi_{S_0}(\boldsymbol{r}')\mathrm{d}S'}{2\lambda|\boldsymbol{r}-\boldsymbol{r}'|}(1+\cos\theta')\mathrm{e}^{-\mathrm{j}k|\boldsymbol{r}-\boldsymbol{r}'|} \tag{7.77}$$

其中，θ' 为 $\boldsymbol{r}-\boldsymbol{r}'$ 与 dS' 的法线间的夹角。式(7.77)对整个口径面积分，可得口径面 S 上的场在 $\boldsymbol{r}$ 点产生的辐射场为

$$\psi_P(\boldsymbol{r})=\frac{\mathrm{j}}{2\lambda}\int_S\frac{\psi_{S_0}(\boldsymbol{r}')\mathrm{d}S'}{|\boldsymbol{r}-\boldsymbol{r}'|}(1+\cos\theta')\mathrm{e}^{-\mathrm{j}k|\boldsymbol{r}-\boldsymbol{r}'|}\,\mathrm{d}S' \tag{7.78}$$

必须注意，基尔霍夫公式中的积分面必须是闭合面。如果采用它计算面天线的有限口径面的辐射场，将会引入误差。这种误差在口径的轴线上是很小的，偏离轴线误差将很快增大。

例 7.8　设一无限大金属平面位于$z=0$坐标平面，其上开有口径为$2a\times 2b$的矩形孔。现在让我们来求一均匀平面波从$-z$向$+z$方向垂直投射到这块金属板上通过矩形口径时，均匀同相矩形口径面的远区辐射场。

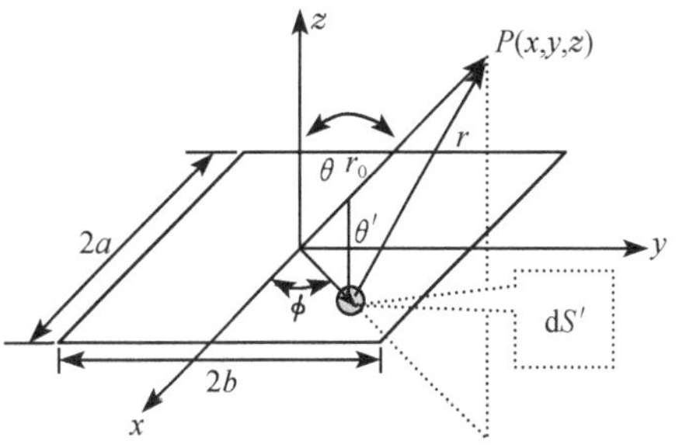

图 7.15　均匀同相矩形口径面的远区辐射场

解　设口径面位于$z=0$平面，如图 7.15 所示。口径场的某一直角坐标分量为

$$E_S = E_{S_0}\mathrm{e}^{-\mathrm{j}kz}$$

其中，E_{S_0}是常数。

利用式(7.78)可得

$$E_P = \mathrm{j}\frac{E_{S_0}}{2\lambda}\int_{-b}^{b}\int_{-a}^{a}\frac{\mathrm{e}^{-\mathrm{j}kr}}{r}(1+\cos\theta')\mathrm{d}x'\mathrm{d}y' \tag{7.79}$$

其中，r为口径面上$(x', y', 0)$点到场点$P(x, y, z)$的距离

$$\begin{aligned} r &= \sqrt{(x-x')^2+(y-y')^2+z} \\ &= \sqrt{x^2+y^2+z^2-2xx'-2yy'+x'^2+y'^2} \\ &= \sqrt{r_0^2-2xx'-2yy'+x'^2+y'^2} \\ &= r_0\sqrt{1-\frac{2}{r_0^2}(xx'+yy')+\left(\frac{x'}{r_0}\right)^2+\left(\frac{y'}{r_0}\right)^2} \end{aligned}$$

其中，$r_0=\sqrt{x^2+y^2+z^2}$是坐标原点到场点P的距离。对于远区，$r_0\gg x'$，$r_0\gg y'$，上式可以近似为

$$r = r_0 - \frac{xx'+yy'}{r_0}$$

当$r_0\gg a$，$r_0\gg b$时，可以近似取$\theta\approx\theta'$，$\frac{1}{r}\approx\frac{1}{r_0}$。如果场点采用球坐标表示，即取$x=r_0\sin\theta\cos\phi$，$y=r_0\sin\theta\sin\phi$，那么将以上关系代入式(7.79)

$$\begin{aligned} E_P(r_0,\theta,\phi) &= \mathrm{j}\frac{E_{S_0}\mathrm{e}^{-\mathrm{j}kr_0}}{2\lambda r_0}(1+\cos\theta)\int_{-a}^{a}\mathrm{d}x'\int_{-b}^{b}\mathrm{e}^{\mathrm{j}k\sin\theta(x'\cos\phi+y'\sin\phi)}\mathrm{d}y' \\ &= \mathrm{j}\frac{2abE_{S_0}}{\lambda r_0}(1+\cos\theta)\frac{\sin(ka\sin\theta\cos\phi)}{ka\sin\theta\cos\phi}\frac{\sin(kb\sin\theta\cos\phi)}{kb\sin\theta\cos\phi}\mathrm{e}^{-\mathrm{j}kr_0} \end{aligned}$$

由上式可知，均匀同相矩形口径场的方向性函数为

$$F(\theta,\phi) = (1+\cos\theta)\frac{\sin(ka\sin\theta\cos\phi)}{ka\sin\theta\cos\phi}\frac{\sin(kb\sin\theta\cos\phi)}{kb\sin\theta\cos\phi} \tag{7.80}$$

由上可见，最大辐射方向在$\theta=0$处，此时

$$E_P = E_{P_{\max}} = \mathrm{j}\frac{4abE_{S_0}}{\lambda r_0}\mathrm{e}^{-\mathrm{j}kr_0} \tag{7.81}$$

通过口径面的入射波的平均坡印亭矢量为$\boldsymbol{S}_{\mathrm{av}}=\boldsymbol{a}_z|E_{S_0}|^2/2\eta$。因为口径面上场量分布是均匀的，所以通过口径面的总辐射功率为

$$P=|\boldsymbol{S}_{av}|4ab=\frac{4ab|E_{S_0}|^2}{2\eta}$$

另一方面，产生与式(7.80)相等电场的点源天线的总辐射功率为

$$P_0=4\pi r_0^2\frac{|E_{P_{max}}|^2}{2\eta}=\frac{32\pi a^2b^2|E_{S_0}|^2}{\eta\lambda^2}$$

将以上两式代入计算天线方向性系数的公式(7.40)中，可得均匀激励的矩形口径面的方向性系数为

$$D=\frac{P_0}{P}\bigg|_{\text{相等电场强度}}=\frac{16\pi ab}{\lambda^2}=\frac{4\pi}{\lambda^2}S$$

其中，$S=4ab$ 代表口径的面积。上式是由口径面面积 S 和工作波长 λ 计算均匀同相激励口径面方向性系数的通用公式。

7.7 互易定理

互易定理是电磁场理论的基本定理之一，有许多应用。它联系着两个场源及场源在空间区域和封闭面上产生的场。互易定理为证明电路理论中的线性网络参数的互易关系提供了理论基础；利用互易定理还可以证明同一副天线具有相同的收发特性。

假设空间区域 V_1 中的电流源 J_1 产生的电磁场为 E_1 和 H_1，空间区域 V_2 中的电流源 J_2 产生的电磁场为 E_2 和 H_2，两电流源振荡在同一频率上，且空间区域 V_1 和 V_2 及它们之外的空间区域 V_3 中的介质是线性的，根据矢量恒等式

$$\nabla\cdot(\boldsymbol{A}\times\boldsymbol{B})=\boldsymbol{B}\cdot(\nabla\times\boldsymbol{A})-\boldsymbol{A}\cdot(\nabla\times\boldsymbol{B})$$

有

$$\nabla\cdot(\boldsymbol{E}_1\times\boldsymbol{H}_2)=\boldsymbol{H}_2\cdot(\nabla\times\boldsymbol{E}_1)-\boldsymbol{E}_1\cdot(\nabla\times\boldsymbol{H}_2)\tag{7.82}$$

代入麦克斯韦方程

$$\nabla\times\boldsymbol{E}=-\mathrm{j}\omega\mu\boldsymbol{H},\quad \nabla\times\boldsymbol{H}=\boldsymbol{J}+\mathrm{j}\omega\varepsilon\boldsymbol{E}$$

得

$$\begin{aligned}\nabla\cdot(\boldsymbol{E}_1\times\boldsymbol{H}_2)&=\boldsymbol{H}_2\cdot(-\mathrm{j}\omega\mu\boldsymbol{H}_1)-\boldsymbol{E}_1\cdot(\boldsymbol{J}_2+\mathrm{j}\omega\varepsilon\boldsymbol{E}_2)\\&=-\mathrm{j}\omega(\mu\boldsymbol{H}_1\cdot\boldsymbol{H}_2+\varepsilon\boldsymbol{E}_1\cdot\boldsymbol{E}_2)-\boldsymbol{E}_1\cdot\boldsymbol{J}_2\end{aligned}\tag{7.83}$$

同理，将式(7.83)的下标1、2对调，可写出

$$\begin{aligned}\nabla\cdot(\boldsymbol{E}_2\times\boldsymbol{H}_1)&=\boldsymbol{H}_1\cdot(-\mathrm{j}\omega\mu\boldsymbol{H}_2)-\boldsymbol{E}_2\cdot(\boldsymbol{J}_1+\mathrm{j}\omega\varepsilon\boldsymbol{E}_1)\\&=-\mathrm{j}\omega(\mu\boldsymbol{H}_2\cdot\boldsymbol{H}_1+\varepsilon\boldsymbol{E}_2\cdot\boldsymbol{E}_1)-\boldsymbol{E}_2\cdot\boldsymbol{J}_1\end{aligned}\tag{7.84}$$

将式(7.83)减去式(7.84)可得

$$\nabla\cdot[(\boldsymbol{E}_1\times\boldsymbol{H}_2)-(\boldsymbol{E}_2\times\boldsymbol{H}_1)]=\boldsymbol{E}_2\cdot\boldsymbol{J}_1-\boldsymbol{E}_1\cdot\boldsymbol{J}_2\tag{7.85}$$

将式(7.85)两边对体积 V 积分，并根据散度定理把左边的体积分写成面积分，可得

$$\oint_S[(\boldsymbol{E}_1\times\boldsymbol{H}_2)-(\boldsymbol{E}_2\times\boldsymbol{H}_1)]\cdot\boldsymbol{n}\,\mathrm{d}S=\int_V(\boldsymbol{E}_2\cdot\boldsymbol{J}_1-\boldsymbol{E}_1\cdot\boldsymbol{J}_2)\,\mathrm{d}V\tag{7.86}$$

其中，S 为包围空间区域 V 的封闭面，$\boldsymbol{n}$ 为 S 的外法向单位矢量。式(7.86)是洛伦兹互易定理(Lorentz reciprocity theorem)的积分形式，也就是互易定理的一般表示式。由此式可导出若干特殊情况下的简化形式。

1. 洛伦兹互易定理

设两个电流源 J_1 和 J_2 均在空间区域 V 外，则空间区域 V 内为无源空间，因而式(7.86)右端的体积分等于零，故其左边的封闭面积分也等于零，即

$$\oint_S [(\boldsymbol{E}_1 \times \boldsymbol{H}_2) - (\boldsymbol{E}_2 \times \boldsymbol{H}_1)] \cdot \boldsymbol{n} \mathrm{d}S = 0 \tag{7.87}$$

是洛伦兹互易定理的简化形式。

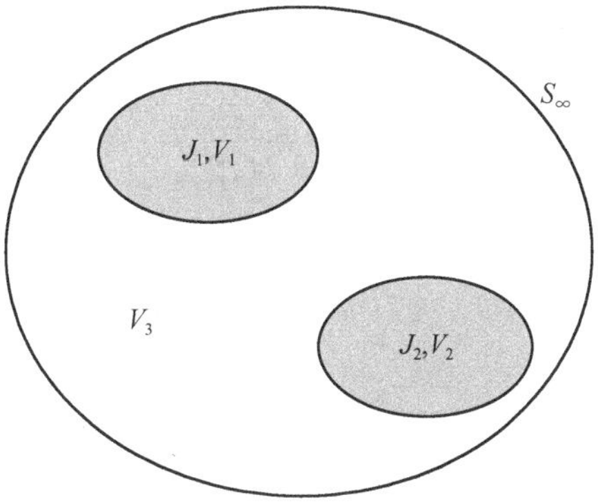

图 7.16　卡森互易定理用图

2. 卡森互易定理

当 V 表示整个空间区域时，S 为无限大的封闭面 S_∞，且设两个电流源 J_1 和 J_2 均在空间区域 V 内，如图 7.16 所示。

由于空间区域 V_1 中的电流源 J_1 产生电磁场 E_1 和 H_1，以及空间区域 V_2 中的电流源 J_2 产生电磁场 E_2 和 H_2，且在包围 V 的无限大的封闭面 S_∞ 上电磁场趋于零，所以式(7.86)左边的面积分等于零。从而得

$$\int_V (\boldsymbol{E}_2 \cdot \boldsymbol{J}_1 - \boldsymbol{E}_1 \cdot \boldsymbol{J}_2) \mathrm{d}V = \int_{V_1+V_2+V_3} (\boldsymbol{E}_2 \cdot \boldsymbol{J}_1 - \boldsymbol{E}_1 \cdot \boldsymbol{J}_2) \mathrm{d}V = 0$$

即当两个电流源均在 V 时，仍然有下式成立，即

$$\int_V (\boldsymbol{E}_2 \cdot \boldsymbol{J}_1 - \boldsymbol{E}_1 \cdot \boldsymbol{J}_2) \mathrm{d}V = 0 \tag{7.88}$$

注意到空间区域 V_3 为无源区，因此

$$\int_{V_3} (\boldsymbol{E}_2 \cdot \boldsymbol{J}_1 - \boldsymbol{E}_1 \cdot \boldsymbol{J}_2) \mathrm{d}V = 0$$

综上可见

$$\int_{V_1} \boldsymbol{E}_2 \cdot \boldsymbol{J}_1 \mathrm{d}V = \int_{V_2} \boldsymbol{E}_1 \cdot \boldsymbol{J}_2 \mathrm{d}V \tag{7.89}$$

这是最有用的互易定理形式，称为卡森(J. R. Carson)形式的互易定理。它反映了两个场源与其场之间的互易关系。这种互易性源自线性介质中麦克斯韦方程的线性性质。

一个天线用作发射和用作接收时，其方向图、增益和输入阻抗都是相同的。下面我们应用卡森互易定理来说明收、发天线方向图的互易性。

如图 7.17 所示，在图 7.17(a)情况下，设天线 1 的输入端以电压源 U_1 激励，其上电流为 I_{11}，天线 2 输入端短路，其上电流为 I_{21}，电流 I_{11} 和 $I_{21}(J_1)$ 在空间产生的电磁场为 E_1 和 H_1。在图 7.17(b)情况下，将激励源与短路对换，即设天线 2 的输入端以电压源 U_2 激励，其上电流为 I_{22}，天线 1 输入端短路，其上电流为 I_{12}，电流 I_{22} 和 $I_{12}(J_2)$ 在空间产生的电磁场为 E_2 和 H_2。由卡森互易定理知，两种情况下的源与场的关系为

$$\int_{V_1} \boldsymbol{E}_2 \cdot \boldsymbol{J}_1 \mathrm{d}V = \int_{V_2} \boldsymbol{E}_1 \cdot \boldsymbol{J}_2 \mathrm{d}V$$

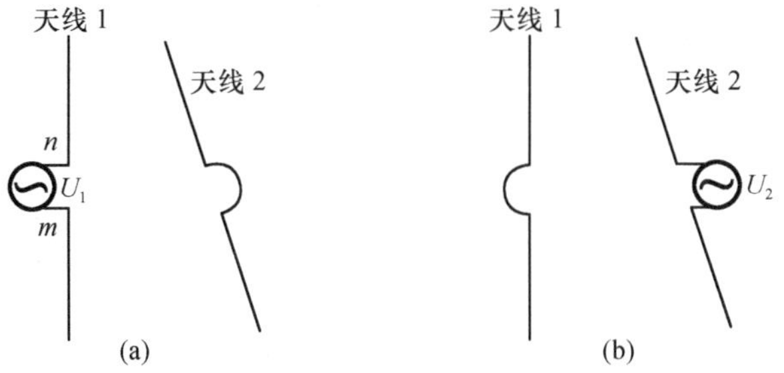

图 7.17　天线互易性的说明图

当天线为细导线时，对于线电流，$\boldsymbol{J}\mathrm{d}V = I\mathrm{d}\boldsymbol{l}$，从而上式变为

$$\int_{l_1+l_2} I_2 \boldsymbol{E}_1 \mathrm{d}\boldsymbol{l} = \int_{l_1+l_2} I_1 \boldsymbol{E}_2 \mathrm{d}\boldsymbol{l}$$

即

$$\int_{l_1} I_{12} \boldsymbol{E}_1 \mathrm{d}\boldsymbol{l}_1 + \int_{l_2} I_{22} \boldsymbol{E}_1 \mathrm{d}\boldsymbol{l}_2 = \int_{l_1} I_{11} \boldsymbol{E}_2 \mathrm{d}\boldsymbol{l}_1 + \int_{l_2} I_{21} \boldsymbol{E}_2 \mathrm{d}\boldsymbol{l}_2$$

如果天线为理想导体，其上电场切向分量为零，则上式左边第二项积分和右边第一项积分为零；在 l_1 上除输入端 mn 处 $\int_n^m \boldsymbol{E}_1 \mathrm{d}\boldsymbol{l}_1 = U_1$ 外电场切向分量仍为零，在 mn 段有由天线 2 上电压 U_2 产生的短路电流 $I_2 = I_{12}$。因此上式左边应等于 $I_{12}U_1$。同理该式右边等于 $I_{21}U_2$。于是

$$I_{12}U_1 = I_{21}U_2$$

令天线 1 对天线 2 的互导纳为 $Y_{12} = I_{12}/U_2$；天线 2 对天线 1 的互导纳为 $Y_{21} = I_{21}/U_1$。则上式可写为

$$Y_{12} = Y_{21} \tag{7.90}$$

如果天线 1 用作发射天线，天线 2 用作接收天线，则当天线 2 在以天线 1 为中心的球面上移动时，天线 2 上测得的短路电流 I_{21} 的大小应正比于天线 1 的发射方向性函数，于是

$$I_{21}(\theta,\phi) = Y_{21}U_1 = K_1 f_{发}(\theta,\phi)$$

同理，天线 2 用作发射天线，天线 1 用作接收天线时，天线 1 上测得的短路电流 I_{12} 的大小应正比于天线 1 的接收方向性函数，于是

$$I_{12}(\theta,\phi) = Y_{12}U_2 = K_2 f_{收}(\theta,\phi)$$

考虑到式(7.90)，且取 $U_1 = U_2$，则由上式可见

$$f_{发}(\theta,\phi) = f_{收}(\theta,\phi)$$

上式表明天线 1 用作发射天线与用作接收天线时的方向性函数相同，也就是说天线的发射方向图与接收方向图相同。

此外，还可由互易定理证明同一天线用作发射和接收时，尚有其他相同的性质。这将在后续课程中介绍。

7.8 天线的有效面积

一般地说，天线既可用来发射电磁波，也可用来接收电磁波。当天线用于接收时，接收天线能从来波中获取多大的功率是人们关心的一个主要问题。接收天线的一个重要参量就是有效面积，它表示接收天线吸收到达的电磁波的能力。定义天线最大可接收功率(实功率)P_{RM}与来波的实功率流密度 S_i 有如下关系

$$P_{RM} = A_e S_i \tag{7.91}$$

其中，比例系数 A_e具有面积的量纲，因而称为有效面积(effective area)。

图 7.18 中所示为接收天线的等效电路，U_r为接收电动势，$Z_{in}=R_{in}+jX_{in}$为接收天线的内阻抗，$Z_L=R_L+jX_L$为接收天线所接负载阻抗。当接收天线的内阻抗与接收天线所接负载阻抗共轭匹配时，即 $Z_L=Z_{in}^*$，负载获得最大接收功率

$$I_{in} = \frac{U_r}{Z_{in}+Z_L} = \frac{U_r}{2R_{in}}$$

$$P_{RM} = \frac{1}{2} I_{in}^2 R_L = \frac{1}{2} \frac{U_r^2}{4R_{in}^2} R_{in} = \frac{U_r^2}{8R_{in}}$$

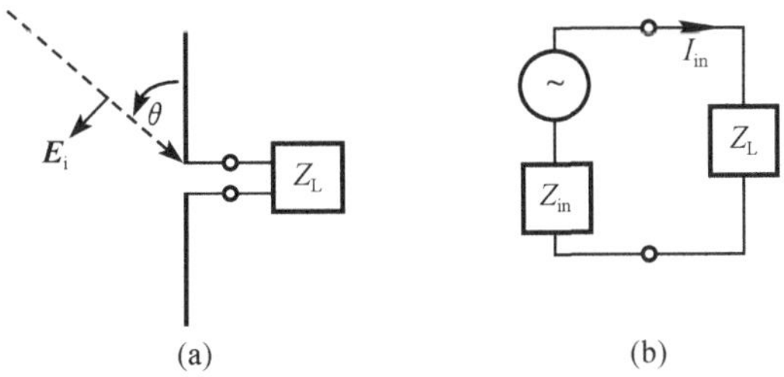

图 7.18 接收天线的等效电路

从而得

$$A_e = \frac{P_{RM}}{S_i} = \frac{U_r^2}{8R_{in}\cdot S_i} \tag{7.92}$$

对于长为 l 的电基本阵子(电流元)，当来波电场强度为 E_i时，接收天线所感应的最大接收电动势为

$$U_r = E_i l\sin\theta = E_i l$$

式中已经考虑了电基本阵子的最大接收方向，即最大接收电动势的值对应于$\theta=90°$。再计其(利用互易定理可以证明，天线作发射用和作接收用时输入阻抗相同)

$$R_{in} = R_r = 80\pi^2 (l/\lambda)^2$$

从而得到

$$A_e = \frac{(E_i l)^2}{8\times 80\pi^2 (l/\lambda)^2 \times (E_i^2/240\pi)} = \frac{3}{8\pi}\lambda^2 \tag{7.93}$$

设电基本阵子的辐射效率 $\eta_r=1$，那么对于电基本阵子

$$G = D\eta_r = 3/2 \tag{7.94}$$

比较式(7.93)和式(7.94)可得天线增益与天线有效面积的关系如下

$$\frac{G}{A_e}=\frac{\frac{3}{2}}{\frac{3}{8\pi}\lambda^2}=\frac{4\pi}{\lambda^2} \tag{7.95}$$

虽然式(7.95)是以电基本阵子为例导出的，但是可以证明，这一关系对任何天线都成立。设天线在与其最大接收方向垂直的截面上的几何面积为 A，那么定义该几何面积与天线有效面积 A_e 间的关系如下

$$A_e=A\cdot e_a \tag{7.96}$$

其中，e_a 称为天线效率。由式(7.95)和式(7.96)得

$$G=\frac{4\pi}{\lambda^2}A_e=\frac{4\pi}{\lambda^2}A\cdot e_a \tag{7.97}$$

这一关系表明，天线的电有效面积 A_e/λ^2 愈大，则天线的增益愈高。如果保持天线效率 e_a不变，则天线几何面积愈大，天线增益愈高。

7.9 传输方程

天线通过馈线系统(传输系统)和发射机或者接收机相连。发射电磁波时天线从发射机得到功率并将其辐射至空间，因此，发射天线相对于发射机是一个负载。接收时，天线把从空间收集到的电磁能量输送给接收机，故接收天线相对于接收机则是一个信号源。下面我们来研究图 7.19 所示的无线电通信线路的功率传输关系。

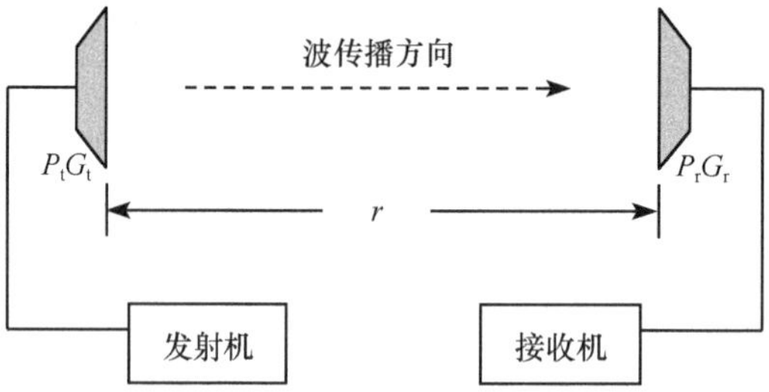

图 7.19 无线电通信线路示意图

设发射机传输给发射天线的功率(天线的输入功率)为 P_t，若发射天线把这个功率均匀地、无方向地辐射出去，则在离发射天线距离为 r 的地方，其平均功率密度 S_0 为

$$S_0=\frac{P_t}{4\pi r^2} \tag{7.98}$$

如果发射天线的增益为 G_t，则根据增益的定义可知，同一距离最大方向上的功率密度为

$$S_{max}=G\cdot S_0=\frac{G_tP_t}{4\pi r^2} \tag{7.99}$$

即发射天线最大辐射方向指向相距为 r 的接收天线时，发射天线在接收天线处产生的功率密度。

设接收天线增益为 G_r，其最大接收方向也指向发射天线，因而它能收到的最大接收功率为(考虑了天线有效面积的定义)

$$P_{\mathrm{RM}} = A_{\mathrm{e}} S_{\max} = \frac{G_{\mathrm{r}}}{\frac{4\pi}{\lambda^2}} \frac{G_{\mathrm{t}} P_{\mathrm{t}}}{4\pi r^2} = \left(\frac{\lambda}{4\pi r}\right)^2 P_{\mathrm{t}} G_{\mathrm{t}} G_{\mathrm{r}} \tag{7.100}$$

式(7.100)称为弗里斯(Friis)传输方程。

工程实践中，通常采用分贝来表示式(7.100)，即

$$\begin{aligned} P_{\mathrm{RM}}(\mathrm{dBm}) = & P_{\mathrm{t}}(\mathrm{dBm}) + G_{\mathrm{t}}(\mathrm{dB}) + G_{\mathrm{r}}(\mathrm{dB}) \\ & - 20\lg r(\mathrm{km}) - 20\lg f(\mathrm{MHz}) - 32.44 \end{aligned}$$

其中，$P(\mathrm{dBm})$是相对于 1mW 的功率分贝数

$$P(\mathrm{dBm}) = 10\lg \frac{P(\mathrm{mW})}{1\mathrm{mW}}$$

例 7.9　设图 7.19 中发射天线和接收天线都是半波振子，工作频率为 200MHz。若发射天线输入功率为 1kW，则在 $r=500\mathrm{km}$ 处的接收天线所能收到的最大功率多大?

解　根据题意有

$$\lambda = \frac{c}{f} = \frac{3 \times 10^8}{2 \times 10^8} = 1.5$$

由式(7.100)得

$$\begin{aligned} P_{\mathrm{RM}} = & \left(\frac{\lambda}{4\pi r}\right)^2 P_{\mathrm{t}} G_{\mathrm{t}} G_{\mathrm{r}} = \left(\frac{1.5}{4\pi \times 5 \times 10^5}\right)^2 \times 10^3 \times (1.64)^2 \\ = & 1.53 \times 10^{-10}(\mathrm{W}) \end{aligned}$$

小　　结

(1)时变电荷和电流产生时变电磁场，电磁场能量可以脱离波源向远处传播，这种现象称为电磁辐射。引入标量电位和矢量磁位，我们获得了由时变电荷和电流确定标量电位 φ 和矢量磁位 $\boldsymbol{A}$ 的表达式

$$\varphi(\boldsymbol{r},t) = \frac{1}{4\pi\varepsilon}\int_V \frac{\rho(\boldsymbol{r}')}{R} \mathrm{e}^{-\mathrm{j}\omega\left(t-\frac{R}{v}\right)} \mathrm{d}V'$$

$$\boldsymbol{A}(\boldsymbol{r},t) = \frac{\mu}{4\pi}\int_V \frac{\boldsymbol{J}(\boldsymbol{r}')}{R} \mathrm{e}^{\mathrm{j}\omega\left(t-\frac{R}{v}\right)} \mathrm{d}V'$$

利用上式可求解天线电流在空间激发的电磁波。基于这种位函数的滞后，我们把标量电位 φ 和矢量磁位 $\boldsymbol{A}$ 均称为滞后位，它们的值是由时间提前的源决定的，滞后的时间是电磁波传播所需要的时间。

如果时间 R/v 足够小，以致在所讨论区域内可以忽略，即忽略传播效应，则此区域内的场就是似稳场。电路理论正是建立在似稳场的基础上的。

(2)利用滞后位可以计算电基本振子的辐射场，由此可绘制出它的方向图，推导其辐射功率、辐射电阻、方向性系数和增益等参量。

(3)采用与求电基本振子辐射场相类似的方法，推导出了磁基本振子的辐射场。电、磁基本振子的辐射场均为 TEM 非均匀球面波。电磁场的对偶原理提供了解决电磁对偶问题的另一种方法，利用对偶原理确定磁基本振子的辐射场更简单。

(4)辐射和接收电磁能量的装置称为天线。为了评价一幅天线的技术性能优劣，必须规定一些能够表征天线性能的参数。这些参数主要是方向性函数和方向图、方向性系

数；辐射效率、增益系数、输入阻抗和极化形式等。

(5)辐射体由横截面半径远小于波长的金属导线构成的天线，称为线天线。线天线是由许许多多电基本振子组成。由各个电基本振子产生的辐射场的叠加，可以求出线天线的辐射场，叠加必须考虑各个电基本振子产生的辐射场之间在空间和时间上的相互关系，进而确定表征其性能的各参数。

天线阵或阵列天线是以一定规律排列的相同天线的组合。组成天线阵的独立单元称为阵元或天线单元，如果阵元排列在一直线上或一平面上，则称为直线阵或平面阵，可以利用叠加原理求出天线阵的方向图。由相同形式和相同取向的天线单元组成的天线阵，它的方向图是天线单元的方向图乘上阵因子。

(6)微波波段一般不采用线天线，而是采用面天线，也称为口径天线。喇叭天线、抛物面天线和透镜天线是几种常用的面天线。面天线通常由初级辐射器和辐射口面两部分组成。初级辐射器又称为馈源，用作初级辐射器的有终端开口的波导、喇叭天线、对称振子等，初级辐射器的作用是把馈线中传输的电磁能量转换为由辐射口面向外辐射的电磁能量。辐射口面的作用是把从初级辐射器获得的电磁能量按所要求的方向性向空间辐射出去。

根据基尔霍夫公式，用一闭合面把辐射源包围起来，闭合面外任意一点的场，可以由此闭合面上的场量和它的法向导数的分别来求解。许多面天线的辐射问题可以利用这一公式得到解决。

(7)互易定理是电磁场理论的基本定理之一，有许多应用。它联系着两个场源及场源在空间区域和封闭面上产生的场。互易定理为证明电路理论中的线性网络参数的互易关系提供了理论基础；利用互易定理还可以证明同一副天线具有相同的收发特性。

习　题

7.1　距离电偶极子多远的地方，其电磁场公式中与 r 成反比的项等于与 r^2 成反比的项？

7.2　假设一电偶极子在垂直于它的方向上距离 100km 处所产生的电磁强度的振幅等于 100μV/m，试求电偶极子所辐射的功率。

7.3　计算一长度等于 0.1λ 的电偶极子的辐射电阻。

7.4　假设坐标原点上有电矩为 $\boldsymbol{p}=\boldsymbol{a}_z p$ 的电偶极子和磁矩为 $\boldsymbol{m}=\boldsymbol{a}_z m$ 的磁偶极子天线。问什么条件下两天线所辐射的电磁波在远区相叠加为一圆极化电磁波？

7.5　推导磁偶极子天线的辐射功率公式。

7.6　试计算电偶极子和半波阵子的方向性系数。

7.7　已知某天线的辐射功率为 100W，方向性系数为 $D=3$。求：

(1)$r=10$km 处，最大辐射方向上的电场强度振幅；

(2)若保持辐射功率不变，要使 $r=20$km 处的场强等于原来 $r=10$km 处的场强，应选取方向性系数 D 等于多少的天线？

7.8　设电基本阵子的轴线沿东西方向放置，在远方有一移动接收电台在正南方向而接收到最大的电场强度。当接收电台沿电基本阵子为中心的圆周在地面上移动时，电场强度将逐渐减少。试问当电场强度减少到最大值的 $1/\sqrt{2}$ 时，接收电台的位置偏离正南方向多少度？

7.9　两个半波阵子天线平行放置，相距 $\lambda/2$。若要求它们的最大辐射方向在偏离天线阵轴线 $\pm 60°$ 的方向上，问两个半波振子天线馈电电流相位差应为多少？

7.10　大小分别为 $I_1 l_1$、$I_2 S_2$ 的电基本振子和磁基本振子同频率、同方向，并放置在同一点，求辐射电场。

7.11　计算矩形均匀同相口径天线的方向性系数及增益。

7.12　利用互易定理证明紧靠理想导体表面上的切向电流元无辐射场。

7.13　无限大理想导体平面上方距平面 h 处垂直放置一半波振子天线，求远区辐射场及其方向因子。

综合性拓展练习题

7.1　推导并绘制一个半波长正交偶极子天线方向图(2D、3D)和三个半波长正交偶极子天线方向图(2D、3D)。

7.2　探求天线的有效面积在电磁散射方面的应用实例。

7.3　研究传输方程的雷达工程应用。

7.4　了解新型高功率微波武器的发展与研究现状。

7.5　寻求拥挤电磁环境下的宽带软件无线电技术。

*第 8 章　导行电磁波

电磁波除了在无限空间传播外，还可以在某种特定结构的内部或周围传输，这些结构起着引导电磁波传输的作用，这种电磁波称为导行电磁波(简称导波)，引导电磁波传输的结构称为导波结构。导波结构可以由金属材料构成，也可以由介质材料构成，还可以由金属和介质共同构成。在此主要讨论在其轴线方向上、截面形状、截面面积以及所填充介质均不变的均匀导波结构。无限长的平行双导线、同轴线、金属波导、介质波导以及微带传输线等都是常用的导波结构。

在不同的导波结构上可以传输不同模式的电磁波。所谓不同模式的电磁波就是在垂直于电磁波传输方向的横截面上具有不同的场分布，每一种场分布称为一种模式。不同模式的电磁波本质上是满足特定边界条件的亥姆霍兹方程的一个解。我们可以据此得到在各种导波结构中各种模式电磁波的场分布和传输规律，进而对导波结构提出合理的设计要求。

本章主要讨论由金属材料构成的封闭导波结构，包括矩形波导、圆柱形波导和同轴线的模式、场结构和传播特性。

8.1　均匀导波结构的一般理论

假设导波结构的轴线与 z 轴重合，且电磁波沿 $+z$ 方向传输。任意截面形状导波结构中的电磁场都是满足导波结构边界条件的麦克斯韦方程组的解。由麦克斯韦方程组可以导出电场 $\boldsymbol{E}$ 和磁场 $\boldsymbol{H}$ 分别满足矢量亥姆霍兹方程，因为共有 6 个场分量，要直接求解，需解 6 个标量亥姆霍兹方程。但是，由于 $\boldsymbol{E}$ 和 $\boldsymbol{H}$ 各分量间由两个旋度方程相联系，彼此并非完全独立。可以把两个纵向分量 E_z 和 H_z 选作独立变量，应用导波结构的边界条件求出电场和磁场的纵向分量，再根据电场和磁场横向分量与纵向分量的关系求出全部的横向分量。这种求解方法称为纵向场法，其优点是只需求解关于 E_z 和 H_z 的两个标量亥姆霍兹方程。

8.1.1　纵向场分量与横向场分量间的关系

在导波结构中，电磁场满足无源区域的麦克斯韦方程组

$$\nabla\times\boldsymbol{H}=\mathrm{j}\omega\varepsilon\boldsymbol{E} \tag{8.1a}$$

$$\nabla\times\boldsymbol{E}=-\mathrm{j}\omega\mu\boldsymbol{H} \tag{8.1b}$$

$$\nabla\cdot\boldsymbol{H}=0 \tag{8.1c}$$

$$\nabla\cdot\boldsymbol{E}=0 \tag{8.1d}$$

采用广义柱坐标系(u，v，z)，其中，u 和 v 为横截面内的横向坐标，z 为纵向坐标，电场和磁场可以分解为横向分量和纵向分量，并表示为

$$\boldsymbol{E}(u,v,z)=\boldsymbol{E}_{\mathrm{t}}(u,v,z)+\boldsymbol{E}_z(u,v,z)=\boldsymbol{E}_{\mathrm{t}}(u,v,z)+\boldsymbol{a}_zE_z(u,v,z)$$

$$\boldsymbol{H}(u,v,z)=\boldsymbol{H}_{\mathrm{t}}(u,v,z)+\boldsymbol{H}_z(u,v,z)=\boldsymbol{H}_{\mathrm{t}}(u,v,z)+\boldsymbol{a}_zH_z(u,v,z)$$

其中，$\boldsymbol{E}_z(u,v,z)=\boldsymbol{a}_zE_z(u,v,z)$和$\boldsymbol{H}_z(u,v,z)=\boldsymbol{a}_zH_z(u,v,z)$分别表示电场和磁场的纵向分量；$\boldsymbol{E}_{\mathrm{t}}(u,v,z)=\boldsymbol{a}_uE_u(u,v,z)+\boldsymbol{a}_vE_v(u,v,z)$和$\boldsymbol{H}_{\mathrm{t}}(u,v,z)=\boldsymbol{a}_uH_u(u,v,z)+\boldsymbol{a}_vH_v(u,v,z)$分别表示电场和磁场的横向分量；$\boldsymbol{a}_u$、$\boldsymbol{a}_v$、$\boldsymbol{a}_z$ 分别表示坐标 u、v、z 方向的单位矢量。

将上式代入式(8.1a)和式(8.1b)可得

$$\nabla_{\mathrm{t}}\times\boldsymbol{H}_{\mathrm{t}}=\mathrm{j}\omega\varepsilon\boldsymbol{a}_zE_z \tag{8.2a}$$

$$\nabla_{\mathrm{t}}\times(\boldsymbol{a}_zH_z)+\boldsymbol{a}_z\times\frac{\partial\boldsymbol{H}_{\mathrm{t}}}{\partial z}=\mathrm{j}\omega\varepsilon\boldsymbol{E}_{\mathrm{t}} \tag{8.2b}$$

$$\nabla_{\mathrm{t}}\times\boldsymbol{E}_{\mathrm{t}}=-\mathrm{j}\omega\mu\boldsymbol{a}_zH_z \tag{8.2c}$$

$$\nabla_{\mathrm{t}}\times(\boldsymbol{a}_zE_z)+\boldsymbol{a}_z\times\frac{\partial\boldsymbol{E}_{\mathrm{t}}}{\partial z}=-\mathrm{j}\omega\mu\boldsymbol{H}_{\mathrm{t}} \tag{8.2d}$$

其中，$\nabla_{\mathrm{t}}=\boldsymbol{a}_u\dfrac{1}{h_1}\dfrac{\partial}{\partial u}+\boldsymbol{a}_v\dfrac{1}{h_2}\dfrac{\partial}{\partial v}$是横向微分算子，$h_1$、$h_2$ 称为拉梅系数，在不同的坐标系中取不同的值。在直角坐标系中，$h_1=h_2=1$；在圆柱坐标系中，$h_1=1$，$h_2=r$。

式(8.2b)两边同时以 $\boldsymbol{a}_z\dfrac{\partial}{\partial z}$叉乘得

$$-\boldsymbol{a}_z\times\left(\boldsymbol{a}_z\times\nabla_{\mathrm{t}}\frac{\partial H_z}{\partial z}\right)+\boldsymbol{a}_z\times\left(\boldsymbol{a}_z\times\frac{\partial^2\boldsymbol{H}_{\mathrm{t}}}{\partial z^2}\right)=\mathrm{j}\omega\varepsilon\boldsymbol{a}_z\times\frac{\partial\boldsymbol{E}_{\mathrm{t}}}{\partial z}$$

应用矢量公式

$$\boldsymbol{A}\times(\boldsymbol{B}\times\boldsymbol{C})=\boldsymbol{B}(\boldsymbol{A}\cdot\boldsymbol{C})-\boldsymbol{C}(\boldsymbol{A}\cdot\boldsymbol{B})$$

$$\nabla_{\mathrm{t}}\frac{\partial H_z}{\partial z}-\frac{\partial^2\boldsymbol{H}_{\mathrm{t}}}{\partial z^2}=\mathrm{j}\omega\varepsilon\boldsymbol{a}_z\times\frac{\partial\boldsymbol{E}_{\mathrm{t}}}{\partial z}$$

将式(8.2d)代入得

$$\nabla_{\mathrm{t}}\frac{\partial H_z}{\partial z}-\frac{\partial^2\boldsymbol{H}_{\mathrm{t}}}{\partial z^2}=\mathrm{j}\omega\varepsilon\boldsymbol{a}_z\times\nabla_{\mathrm{t}}E_z+k^2\boldsymbol{H}_{\mathrm{t}}$$

其中，$k=\omega\sqrt{\mu\varepsilon}$为自由空间中的波数。

考虑到波沿 z 轴正向传播，则场随 z 的变化因子为 $\mathrm{e}^{-\gamma z}$，其中，γ 为传播常数，且 $\gamma=\alpha+\mathrm{j}\beta$，其中，$\alpha$ 为衰减常数，β 为相移常数。因此，$\dfrac{\partial}{\partial z}=-\gamma$，于是上式可表示为

$$(k^2+\gamma^2)\boldsymbol{H}_{\mathrm{t}}=-\mathrm{j}\omega\varepsilon\boldsymbol{a}_z\times\nabla_{\mathrm{t}}E_z-\gamma\nabla_{\mathrm{t}}H_z \tag{8.3a}$$

同理由式(8.2a)、式(8.2c)可得

$$(k^2+\gamma^2)\boldsymbol{E}_{\mathrm{t}}=\mathrm{j}\omega\mu\boldsymbol{a}_z\times\nabla_{\mathrm{t}}H_z-\gamma\nabla_{\mathrm{t}}E_z \tag{8.3b}$$

由式(8.1a)和式(8.1b)两边取旋度并利用矢量公式

$$\nabla\times\nabla\times\boldsymbol{A}=\nabla(\nabla\cdot\boldsymbol{A})-\nabla^2\boldsymbol{A}$$

并将式(8.1c)和式(8.1d)分别代入，可得磁场与电场分别满足矢量亥姆霍兹方程

$$\nabla_{\mathrm{t}}^2\boldsymbol{H}+(k^2+\gamma^2)\boldsymbol{H}=0 \tag{8.4a}$$

$$\nabla_{\mathrm{t}}^2\boldsymbol{E}+(k^2+\gamma^2)\boldsymbol{E}=0 \tag{8.4b}$$

通常令 $k_{\mathrm{c}}^2=k^2+\gamma^2$，则纵向场分量满足标量亥姆霍兹方程

$$\nabla_{\mathrm{t}}^2H_z+k_{\mathrm{c}}^2H_z=0 \tag{8.5a}$$

$$\nabla_t^2 E_z + k_c^2 E_z = 0 \tag{8.5b}$$

式(8.5)是纵向场分量 E_z 和 H_z 所满足的导波波动方程，简称为导波方程。由式(8.5)结合具体导波结构的边界条件便可求得 E_z 和/或 H_z，然后根据横向场分量和纵向场分量的关系式(8.3)求出横向场分量，则 $\boldsymbol{E}$ 和 $\boldsymbol{H}$ 就可以完全确定了。

式(8.3)可具体地表示为

$$E_u = -\frac{1}{k_c^2}\left(\frac{\gamma}{h_1}\frac{\partial E_z}{\partial u} + \frac{j\omega\mu}{h_2}\frac{\partial H_z}{\partial v}\right) \tag{8.6a}$$

$$E_v = -\frac{1}{k_c^2}\left(\frac{\gamma}{h_2}\frac{\partial E_z}{\partial v} - \frac{j\omega\mu}{h_1}\frac{\partial H_z}{\partial u}\right) \tag{8.6b}$$

$$H_u = -\frac{1}{k_c^2}\left(\frac{\gamma}{h_1}\frac{\partial H_z}{\partial u} - \frac{j\omega\varepsilon}{h_2}\frac{\partial E_z}{\partial v}\right) \tag{8.6c}$$

$$H_v = -\frac{1}{k_c^2}\left(\frac{\gamma}{h_2}\frac{\partial H_z}{\partial v} + \frac{j\omega\varepsilon}{h_1}\frac{\partial E_z}{\partial u}\right) \tag{8.6d}$$

8.1.2 导波模式分类

所谓模式是指能够单独在导波系统中存在的电磁场结构形式，也称波型。按其是否存在纵向场分量 E_z 和 H_z，可以分为三类。

1. 横电磁模(TEM 模)

此传输模式没有电磁场的纵向场量，即 $E_z = H_z = 0$，由式(8.3)可知，要使 $\boldsymbol{E}_t$ 和 $\boldsymbol{H}_t$ 不为零，必须有 $k_c = \sqrt{k^2+\gamma^2} = 0$，即 $\gamma = j\beta = jk = j\omega\sqrt{\mu\varepsilon}$。

此时导波场的求解不能用上述纵向场法。将 k_c、E_z、H_z 为零代入式(8.2)和式(8.4)，可得

$$\nabla_t \times \boldsymbol{E}_t = 0, \qquad \nabla_t^2 \boldsymbol{E}_t = 0 \tag{8.7a}$$

$$\nabla_t \times \boldsymbol{H}_t = 0, \qquad \nabla_t^2 \boldsymbol{H}_t = 0 \tag{8.7b}$$

这表明：横电磁波在导波系统横截面上的场分布与相同条件下静态场的分布形式一样，其场的求解可以用二维静态场问题的方法。这也同时说明只有能够维持静态场的导波系统，才能传输 TEM 模。因此 TEM 模只能存在于多导体传输系统中，如同轴线、双导线上能够传输 TEM 模，而空心金属波导不能传输 TEM 模。

此外，由 $\nabla \times \boldsymbol{E} = -j\omega\mu\boldsymbol{H}$，有

$$(\nabla_t - jk\boldsymbol{a}_z) \times (\boldsymbol{E}_t + \boldsymbol{a}_z E_z) = -j\omega\mu(\boldsymbol{H}_t + \boldsymbol{a}_z H_z)$$

因为 $E_z = H_z = 0$，所以

$$\boldsymbol{H}_t = \frac{k}{\omega\mu}\boldsymbol{a}_z \times \boldsymbol{E}_t = \frac{1}{\sqrt{\mu/\varepsilon}}\boldsymbol{a}_z \times \boldsymbol{E}_t = \frac{1}{\eta}\boldsymbol{a}_z \times \boldsymbol{E}_t \tag{8.8}$$

其中，$\dfrac{E_t}{H_t} = \sqrt{\dfrac{\mu}{\varepsilon}} = \eta$。

而由 $\beta = \omega\sqrt{\mu\varepsilon}$ 得，TEM 模的相速为

$$v_p = \frac{\omega}{\beta} = \frac{1}{\sqrt{\mu\varepsilon}}$$

这些结果表明，$\boldsymbol{E}_{\mathrm{t}}$ 和 $\boldsymbol{H}_{\mathrm{t}}$ 之间的关系与无界空间均匀平面波 $\boldsymbol{E}$ 和 $\boldsymbol{H}$ 之间的关系完全相同，$\boldsymbol{E}_{\mathrm{t}}$、$\boldsymbol{H}_{\mathrm{t}}$ 和 $\boldsymbol{a}_z$ 三者相互垂直。这说明导波系统中 TEM 模与填充相同介质的无界空间均匀平面波具有相同的性质，只取决于所填充的介质特性，而与导波结构的形式无关。

2. 横电模(TE 模)或磁模(H 模)

TE 模是 $E_z=0$ 而 $H_z\neq 0$ 的模式，由于电场只有垂直于传输方向的分量，而没有沿传输方向的纵向分量，故称为横电模，所有的场分量均可由纵向磁场分量 H_z 求出。

3. 横磁模(TM 模)或电模(E 模)

TM 模是 $H_z=0$ 而 $E_z\neq 0$ 的模式，由于磁场只有垂直于传输方向的分量，而没有沿传输方向的纵向分量，故称为横磁模，所有的场分量均可由纵向电场分量 E_z 求出。

空心金属波导管中只能传输 TE 模和 TM 模，它们是规则金属波导中麦克斯韦方程的两套独立解，故又统称为波导模。

4. 混合模

在某些场合，单独的 TE 模或 TM 模不能满足问题的边界条件，只有它们的线性组合可以存在于导波系统中，因此总场是 TE 模和 TM 模的组合，这时的波称为混合波，它的电场和磁场纵向分量均不为零。这类模式存在于开放式波导中，且在波导表面附近的空间沿轴线传播，故又称为表面波。按照组合中 E 模占优势还是 H 模占优势又分为 EH 模和 HE 模。

从式(8.5)求解纵向场分量通常用分离变量法，分离常数需根据具体导波结构的边界条件确定。对于由理想导体构成的导波系统，根据理想导体表面的边界条件：$\boldsymbol{n}\cdot\boldsymbol{H}=0$，$\boldsymbol{n}\times\boldsymbol{E}=\boldsymbol{0}$，并考虑到式(8.3)可得

$$E_z=0 \qquad \text{TM 模}$$

$$\frac{\partial H_z}{\partial n}=0 \qquad \text{TE 模}$$

而对于 TEM 模，由于电场和磁场都没有纵向分量，故应直接利用 $\boldsymbol{n}\times\boldsymbol{E}_{\mathrm{t}}=\boldsymbol{0}$。

8.1.3 导波的纵向传输特性

1. 截止频率和传输条件

导波的各场量随 z 的变化因子可一般地表示为 $\mathrm{e}^{-\gamma z}$(沿 $+z$ 轴方向传输)，导波的纵向传输特性是由传播常数 $\gamma=\alpha+\mathrm{j}\beta$ 决定的。满足关系式

$$\gamma^2=k_{\mathrm{c}}^2-k^2 \tag{8.9}$$

其中，$k=\omega\sqrt{\mu\varepsilon}$ 是随频率变化的实数，而 k_{c} 是仅取决于导波系统横截面形状、尺寸及模式的实数。随着工作频率的不同，γ 的取值可能有下述三种情况：

(1)$\gamma^2<0$，即 $\gamma=\mathrm{j}\beta$。此时导行波的场为

$$\boldsymbol{E}=\mathrm{Re}[\boldsymbol{E}(u,v)\mathrm{e}^{\mathrm{j}(\omega t-\beta z)}]$$

这是沿 $+z$ 轴方向无衰减传输的行波，故称此时的工作状态为传输状态。

(2)$\gamma^2>0$，即 $\gamma=\alpha$。此时导行波的场为

$$E=\mathrm{Re}[E(u,v)\mathrm{e}^{-\alpha z}\mathrm{e}^{\mathrm{j}\omega t}]$$

可见波是沿 z 轴以指数规律衰减的，传播很小的距离就很快衰减为 0，不能在导波系统中传播，故称此时的工作状态为截止状态。

(3)$\gamma=0$。这是介于传输与截止之间的一种状态，称其为临界状态，它是电磁波能否在导波系统中传输的分界点。这时 $k_c=k$，对应的频率(f_c)和波长(λ_c)分别称为截止频率和截止波长，并且有

$$f_c=\frac{k_c}{2\pi\sqrt{\mu\varepsilon}},\quad \lambda_c=\frac{v}{f_c}=\frac{2\pi}{k_c},\quad k_c=\frac{2\pi}{\lambda_c}$$

其中，$v=1/\sqrt{\mu\varepsilon}$ 为无限介质中电磁波的相速，而 k_c 称为截止波数。

这样导波系统传输 TE 模和 TM 模的条件为 $k>k_c$，即

$$f>f_c \quad 或 \quad \lambda<\lambda_c$$

截止条件为 $k<k_c$，即

$$f<f_c \quad 或 \quad \lambda>\lambda_c$$

可见，对 TE 模和 TM 模而言，导波系统具有高通滤波的特性。

对于 TEM 模，由于 $k_c=0$，即 $f_c=0$ 或 $\lambda_c=\infty$，因此在任何频率下，TEM 都能满足 $f>f_c=0$ 的传输条件，均是传输状态。也就是说 TEM 模不存在截止频率。

2. 波导波长

导波结构中在同一时刻沿传播方向相位改变 2π 经过的长度称为波导波长，一般(除传输 TEM 模外)不同于无限空间的波长，记为 λ_g，这样，根据定义可得

$$\lambda_g=\frac{2\pi}{\beta} \tag{8.10a}$$

在传输状态下，$\gamma=\mathrm{j}\beta$，代入式(8.9)得

$$\beta=\sqrt{k^2-k_c^2}=k\sqrt{1-\frac{k_c^2}{k^2}} \tag{8.10b}$$

将 $k_c=\dfrac{2\pi}{\lambda_c}$，$k=\dfrac{2\pi}{\lambda}$代入式(8.10b)得

$$\beta=k\sqrt{1-(\lambda/\lambda_c)^2}=\frac{2\pi}{\lambda}\sqrt{1-(\lambda/\lambda_c)^2} \tag{8.10c}$$

所以可得

$$\lambda_g=\frac{\lambda}{\sqrt{1-(\lambda/\lambda_c)^2}} \tag{8.10d}$$

其中，$\lambda=\lambda_0/\sqrt{\mu_r\varepsilon_r}$，$\lambda_0$ 为真空中的工作波长，μ_r、ε_r 分别为所填充介质的相对磁导率和相对介电常量。

式(8.10d)给出了 λ_g、λ 和 λ_c 三者之间的关系。λ_c 是由导波系统的截面形状、尺寸和模式决定的，可以根据具体导波系统的结构求出。

对于 TEM 模而言，$\lambda_c=\infty$，由式(8.10d)可得

$$\lambda_g=\lambda \tag{8.10e}$$

因此，TEM 模的波导波长等于填充相同介质的无限空间中的波长。

3. 相速、群速和色散

(1)相速。单一频率的波在导波系统中等相位面随时间推进的速度称为相速。根据此定义，有 $v_p=\dfrac{\omega}{\beta}$。将式(8.10c)代入可得 TE 和 TM 波相速的公式

$$v_p=\frac{v}{\sqrt{1-(\lambda/\lambda_c)^2}}>v \tag{8.11a}$$

其中，$v=\lambda f=\dfrac{1}{\sqrt{\mu\varepsilon}}$为填充相同介质的无限空间中的相速。

对于 TEM 模，$\beta=k=\omega\sqrt{\mu\varepsilon}$，有

$$v_p=v$$

显然，TE 模和 TM 模的相速大于介质中的相速。

(2)群速。群速是指一群具有相近频率的波群在传输过程中的“共同”速度，或者说是已调波包络的速度。从物理概念上来看，这种速度就是能量的传播速度，其一般公式为

$$v_g=\frac{d\omega}{d\beta}$$

将 $\beta=\sqrt{k^2-k_c^2}=\sqrt{\omega^2\mu\varepsilon-k_c^2}$代入上式可得

$$v_g=\frac{k\sqrt{1-(k_c/k)^2}}{\omega\mu\varepsilon}=\frac{\sqrt{1-(\lambda/\lambda_c)^2}}{\sqrt{\mu\varepsilon}}=v\sqrt{1-(\lambda/\lambda_c)^2}<v \tag{8.11b}$$

对于 TEM 模，由于 $k_c=0$，有

$$v_g=\frac{1}{\sqrt{\mu\varepsilon}}=v=v_p$$

可见，对任何模式，群速均小于或等于介质中的相速。

(3)色散。由式(8.11a)和式(8.11b)可知，TE 模和 TM 模的相速和群速都是随频率(波长)而变化的，这种现象称为“色散”。因此 TE 模和 TM 模称为“色散”波，而 TEM 模的相速和群速相等，且与频率无关，称为“非色散”波。

4. 波阻抗

任一传输模式沿传输方向成右手螺旋关系的横向电场与横向磁场之比称为该模式的波阻抗。即

$$Z_c=\frac{E_u}{H_v}=-\frac{E_v}{H_u} \tag{8.12}$$

则由式(8.6)可得 TE 模和 TM 模的波阻抗为

$$Z_{cTE}=\frac{j\omega\mu}{\gamma}=\frac{\omega\mu}{\beta}=\frac{k\sqrt{\mu/\varepsilon}}{k\sqrt{1-(\lambda/\lambda_c)^2}}=\frac{\eta}{\sqrt{1-(\lambda/\lambda_c)^2}} \tag{8.13a}$$

$$Z_{cTM}=\frac{\gamma}{j\omega\varepsilon}=\frac{\beta}{\omega\varepsilon}=\frac{k\sqrt{1-(\lambda/\lambda_c)^2}}{k\sqrt{\varepsilon/\mu}}=\eta\sqrt{1-(\lambda/\lambda_c)^2} \tag{8.13b}$$

其中，$\eta=\sqrt{\mu/\varepsilon}$为无限介质中的波阻抗。

对于 TEM 模，由式(8.8)知

$$Z_{\mathrm{cTEM}}=\eta \tag{8.13c}$$

5. 传输功率

某一导波模式沿无耗规则导行系统$+z$方向传输的平均功率为

$$\begin{aligned}P&=\mathrm{Re}\int_S\frac{1}{2}(\boldsymbol{E}\times\boldsymbol{H}^*)\cdot\mathrm{d}S=\mathrm{Re}\int_S\frac{1}{2}(\boldsymbol{E}_{\mathrm{t}}\times\boldsymbol{H}_{\mathrm{t}}^*)\cdot\boldsymbol{a}_z\mathrm{d}S\\&=\frac{1}{2|Z_{\mathrm{c}}|}\int_S|\boldsymbol{E}_{\mathrm{t}}|^2\mathrm{d}S=\frac{|Z_{\mathrm{c}}|}{2}\int_S|\boldsymbol{H}_{\mathrm{t}}|^2\mathrm{d}S\end{aligned} \tag{8.14}$$

其中，Z_{c}为该模式的波阻抗。

8.2 矩形波导

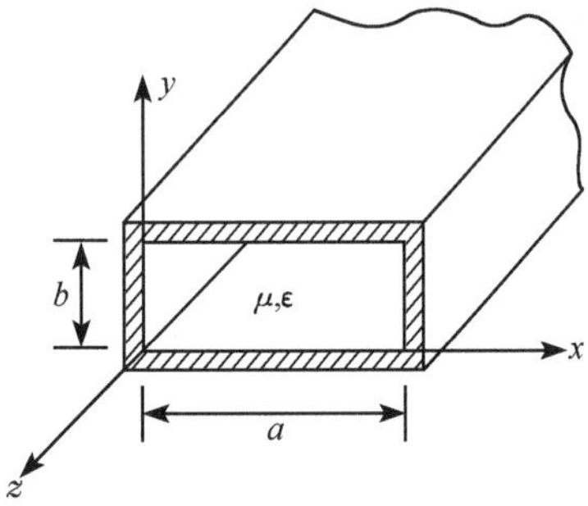

图 8.1 矩形波导

下面根据 8.1 节的统一理论对几种典型的导波结构进行具体的分析。矩形波导是横截面为矩形的管状空心导体结构，如图 8.1 所示。a、b分别是矩形波导内壁宽边和窄边尺寸。矩形波导是使用最多的导波结构之一。本节首先分析矩形波导中的模式及其场结构，然后讨论电磁波在矩形波导中的传播特性。

8.2.1 矩形波导中的模式及其场表达式

采用直角坐标系(x，y，z)，则式(8.5)可写成

$$\frac{\partial^2 H_z}{\partial x^2}+\frac{\partial^2 H_z}{\partial y^2}=-k_{\mathrm{c}}^2H_z \tag{8.15}$$

$$\frac{\partial^2 E_z}{\partial x^2}+\frac{\partial^2 E_z}{\partial y^2}=-k_{\mathrm{c}}^2E_z \tag{8.16}$$

首先考虑方程(8.15)，应用分离变量法，令

$$H_z(x,y,z)=X(x)Y(y)\mathrm{e}^{-\mathrm{j}\beta z} \tag{8.17}$$

代入式(8.15)得到

$$\frac{X''}{X}+\frac{Y''}{Y}=-k_{\mathrm{c}}^2 \tag{8.18}$$

其中，X''和Y''分别是X对x、Y对y的二阶导数。

由于式(8.18)左边两项分别只是x和y的函数，要想对于任意的x、y它们的和始终等于常数，则该两项必须分别等于常数。令

$$\frac{X''}{X}=-k_x^2\quad 或\quad X''+k_x^2X=0 \tag{8.19}$$

和

$$\frac{Y''}{Y}=-k_y^2\quad 或\quad Y''+k_y^2Y=0 \tag{8.20}$$

显然应有

$$k_x^2 + k_y^2 = k_c^2 \tag{8.21}$$

式(8.19)和式(8.20)的解分别为

$$X(x) = a_1\cos(k_x x) + a_2\sin(k_x x) \tag{8.22}$$

$$Y(x) = b_1\cos(k_y y) + b_2\sin(k_y y) \tag{8.23}$$

因此式(8.15)的每个特解可表示为

$$H_z = [a_1\cos(k_x x) + a_2\sin(k_x x)]\cdot[b_1\cos(k_y y) + b_2\sin(k_y y)] \tag{8.24}$$

同理可得式(8.16)的每个特解为

$$E_z = [c_1\cos(k_x x) + c_2\sin(k_x x)]\cdot[d_1\cos(k_y y) + d_2\sin(k_y y)] \tag{8.25}$$

在直角坐标系中，式(8.6)可写成

$$\left.\begin{aligned}
E_x &= -\frac{1}{k_c^2}\left[\mathrm{j}\beta\frac{\partial E_z}{\partial x} + \mathrm{j}\omega\mu\frac{\partial H_z}{\partial y}\right]\\
E_y &= -\frac{1}{k_c^2}\left[\mathrm{j}\beta\frac{\partial E_z}{\partial y} - \mathrm{j}\omega\mu\frac{\partial H_z}{\partial x}\right]\\
H_x &= -\frac{1}{k_c^2}\left[\mathrm{j}\beta\frac{\partial H_z}{\partial x} - \mathrm{j}\omega\varepsilon\frac{\partial E_z}{\partial y}\right]\\
H_y &= -\frac{1}{k_c^2}\left[\mathrm{j}\beta\frac{\partial H_z}{\partial y} + \mathrm{j}\omega\varepsilon\frac{\partial E_z}{\partial x}\right]
\end{aligned}\right\} \tag{8.26}$$

有了 E_z 和 H_z，就可以利用式(8.26)求横向场分量。下面分别对 TE 模和 TM 模两种情况讨论。

1. TE 模

由于 $E_z=0$，$H_z\neq 0$，式(8.26)变成

$$\left.\begin{aligned}
E_x &= -\frac{\mathrm{j}\omega\mu}{k_c^2}\frac{\partial H_z}{\partial y}\\
E_y &= \frac{\mathrm{j}\omega\mu}{k_c^2}\frac{\partial H_z}{\partial x}\\
H_x &= -\frac{\mathrm{j}\beta}{k_c^2}\frac{\partial H_z}{\partial x}\\
H_y &= -\frac{\mathrm{j}\beta}{k_c^2}\frac{\partial H_z}{\partial y}
\end{aligned}\right\} \tag{8.27}$$

波导内壁上边界条件为

$$E_y\Big|_{\substack{x=0\\x=a}} = 0 \quad 即 \quad \frac{\partial H_z}{\partial x}\Big|_{\substack{x=0\\x=a}} = 0,\quad E_x\Big|_{\substack{y=0\\y=b}} = 0 \quad 即 \quad \frac{\partial H_z}{\partial y}\Big|_{\substack{y=0\\y=b}} = 0$$

由式(8.24)得

$$\frac{\partial H_z}{\partial x} = [-a_1k_x\sin(k_x x) + a_2k_x\cos(k_x x)]\cdot[b_1\cos(k_y y) + b_2\sin(k_y y)]\mathrm{e}^{-\mathrm{j}\beta z}$$

$$\frac{\partial H_z}{\partial y} = [a_1\cos(k_x x) + a_2\sin(k_x x)]\cdot[-b_1k_y\sin(k_y y) + b_2k_y\cos(k_y y)]\mathrm{e}^{-\mathrm{j}\beta z}$$

由 $x=0$ 时 $\partial H_z/\partial x=0$，对区间 $0<y<b$ 的任意 y 应有

$$a_2k_x\cdot[b_1\cos(k_yy)+b_2\sin(k_yy)]=0$$

所以

$$a_2=0$$

又由于 $x=a$ 时 $\partial H_z/\partial x=0$，对任意的 y 应有

$$-a_1k_x\sin(k_xa)\cdot[b_1\cos(k_yy)+b_2\sin(k_yy)]=0$$

则得到

$$k_xa=m\pi \quad 或 \quad k_x=\frac{m\pi}{a},\quad m=0,1,2,\cdots$$

同理，由 $y=0$ 和 $y=b$ 处 $\partial H_z/\partial y=0$ 可得

$$b_2=0$$

$$k_yb=n\pi \quad 或 \quad k_y=\frac{n\pi}{b},\quad n=0,1,2,\cdots$$

最后得到 H_z 的任一特解为

$$H_z=H_{mn}\cos\left(\frac{m\pi}{a}x\right)\cos\left(\frac{n\pi}{b}y\right)e^{-j\beta_{mn}z} \tag{8.28}$$

其中，$H_{mn}=a_1b_1$ 为任意常数，m、n 可取任意整数。代入式(8.27)，可得所有场分量如下：

$$\left.\begin{aligned}
E_x&=\frac{j\omega\mu}{k_c^2}\frac{n\pi}{b}H_{mn}\cos\left(\frac{m\pi}{a}x\right)\sin\left(\frac{n\pi}{b}y\right)e^{-j\beta_{mn}z}\\
E_y&=\frac{-j\omega\mu}{k_c^2}\frac{m\pi}{a}H_{mn}\sin\left(\frac{m\pi}{a}x\right)\cos\left(\frac{n\pi}{b}y\right)e^{-j\beta_{mn}z}\\
E_z&=0\\
H_x&=\frac{j\beta}{k_c^2}\frac{m\pi}{a}H_{mn}\sin\left(\frac{m\pi}{a}x\right)\cos\left(\frac{n\pi}{b}y\right)e^{-j\beta_{mn}z}\\
H_y&=\frac{j\beta}{k_c^2}\frac{n\pi}{b}H_{mn}\cos\left(\frac{m\pi}{a}x\right)\sin\left(\frac{n\pi}{b}y\right)e^{-j\beta_{mn}z}\\
H_z&=H_{mn}\cos\left(\frac{m\pi}{a}x\right)\cos\left(\frac{n\pi}{b}y\right)e^{-j\beta_{mn}z}
\end{aligned}\right\} \tag{8.29}$$

其中

$$k_c^2=k_x^2+k_y^2=\left(\frac{m\pi}{a}\right)^2+\left(\frac{n\pi}{b}\right)^2 \tag{8.30}$$

$$\beta_{mn}=\sqrt{k^2-k_c^2}=\sqrt{k^2-\left[\left(\frac{m\pi}{a}\right)^2+\left(\frac{n\pi}{b}\right)^2\right]} \tag{8.31}$$

可见，矩形波导中的 TE 模有无穷多个，每一个 m、n 的组合对应着一个 TE 模，记为 TE_{mn} 模。注意并不存在 m、n 同时取 0 的 TE_{00} 模，因为此时所有的场分量都将为 0。因此，最低次(截止波数最小，即截止频率最低)的 TE 模是 TE_{10} 模或 TE_{01} 模，视 a、b 的相对大小而定。

2. TM 模

此时 $H_z=0$，$E_z\neq0$。与 TE 模场分量的求解过程完全相同，可得 TM 模的场分量为

$$
\left.\begin{aligned}
E_x &= \frac{-\mathrm{j}\beta}{k_c^2}\frac{m\pi}{a}E_{mn}\cos\left(\frac{m\pi}{a}x\right)\sin\left(\frac{n\pi}{b}y\right)\mathrm{e}^{-\mathrm{j}\beta_{mn}z}\\
E_y &= \frac{-\mathrm{j}\beta}{k_c^2}\frac{n\pi}{b}E_{mn}\sin\left(\frac{m\pi}{a}x\right)\cos\left(\frac{n\pi}{b}y\right)\mathrm{e}^{-\mathrm{j}\beta_{mn}z}\\
E_z &= E_{mn}\sin\left(\frac{m\pi}{a}x\right)\sin\left(\frac{n\pi}{b}y\right)\mathrm{e}^{-\mathrm{j}\beta_{mn}z}\\
H_x &= \frac{\mathrm{j}\omega\varepsilon}{k_c^2}\frac{n\pi}{b}E_{mn}\sin\left(\frac{m\pi}{a}x\right)\cos\left(\frac{n\pi}{b}y\right)\mathrm{e}^{-\mathrm{j}\beta_{mn}z}\\
H_y &= \frac{-\mathrm{j}\omega\varepsilon}{k_c^2}\frac{m\pi}{a}E_{mn}\cos\left(\frac{m\pi}{a}x\right)\sin\left(\frac{n\pi}{b}y\right)\mathrm{e}^{-\mathrm{j}\beta_{mn}z}\\
H_z &= 0
\end{aligned}\right\}\tag{8.32}
$$

对于 TM 模，式(8.30)和式(8.31)的关系仍然成立。与 TE 模一样，矩形波导中的 TM 模也有无穷多个，记为 TM_{mn} 模。注意 m、n 都不能取 0，否则所有的场分量都将为 0。所以，最低次的 TM 模是 TM_{11} 模。

任一个 TE 模或 TM 模都是导波方程满足边界条件的一个解，因此都可以存在于矩形波导中。不仅如此，它们的任何线形组合也满足导波方程和边界条件，故也可以存在。反过来说，矩形波导中任何一种实际存在的波都可以看作这些基本模式的某种组合。

根据 8.1 节得到的一般公式，对矩形波导中 TE_{mn} 模和 TM_{mn} 模有

截止频率　$f_c=\dfrac{k_c}{2\pi\sqrt{\mu\varepsilon}}=\dfrac{v}{2\pi}\sqrt{(m\pi/a)^2+(n\pi/b)^2}=\dfrac{v}{2}\sqrt{(m/a)^2+(n/b)^2}$

截止波长　$\lambda_c=\dfrac{v}{f_c}=\dfrac{2}{\sqrt{(m/a)^2+(n/b)^2}}$

相速　$v_p=\dfrac{\omega}{\dfrac{2\pi}{\lambda}\sqrt{1-(\lambda/\lambda_c)^2}}=\dfrac{v}{\sqrt{1-(\lambda/\lambda_c)^2}}=\dfrac{v}{\sqrt{1-(f_c/f)^2}}$

波导波长　$\lambda_g=\dfrac{\lambda}{\sqrt{1-(\lambda/\lambda_c)^2}}=\dfrac{\lambda}{\sqrt{1-(f_c/f)^2}}$

波导中不同的模式具有相同的截止波长(或截止频率)的现象称为波导模式的简并现象。在矩形波导中，除 TE_{m0} 模和 TE_{0n} 模外，都一定有简并模，由上面的分析知，TE_{mn} 模和 TM_{mn} 模(m、$n\neq0$)是相互简并的。

波导中截止波长最长(截止频率最低)的模称为波导的主模(或基模)，其他的模则称为高次模。显然，矩形波导的主模是 TE_{10} 模(如果 $a>b$)，其截止波长为 $2a$。

不同模式的截止波长是不同的，而当波导尺寸和信号频率一定时，只有满足 $\lambda<\lambda_c$ 的那些模才能传播。例如，对于 BJ-100 型的矩形波导，可以得到如图 8.2 的截止波长分布图。由图可以看出，在一个较大的波长范围内，波导中只能传输 TE_{10} 模，可以实现单模工作。

8.2.2 矩形波导模式的场结构

所谓场结构是指电力线和磁力线的形状和分布情况，对直观地了解各模式的性态很有帮助。

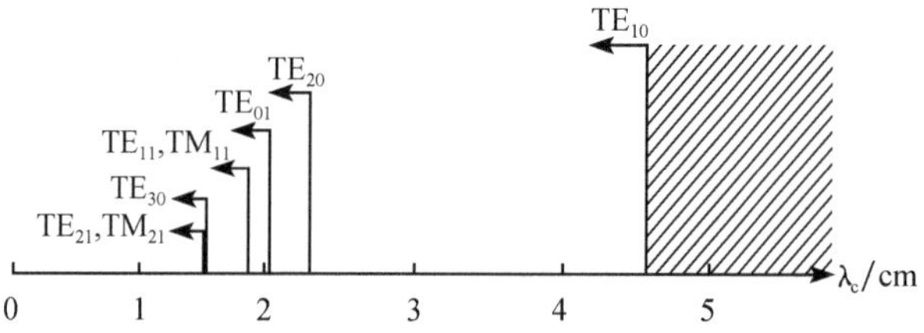

图 8.2 矩形波导中模式的截止波长分布图

电场和磁场的矢量线方程分别为

$$\frac{\mathrm{d}x}{E_x}=\frac{\mathrm{d}y}{E_y}=\frac{\mathrm{d}z}{E_z}$$

$$\frac{\mathrm{d}x}{H_x}=\frac{\mathrm{d}y}{H_y}=\frac{\mathrm{d}z}{H_z}$$

根据各场分量的表达式和上述方程可以严格地画出电力线和磁力线，但这通常是比较麻烦的，在实际中，常常是由场分量的表达式粗略地画出电力线和磁力线。

1. TE 模的场结构

对于 TE 模，由于 $E_z=0$，$H_z\neq 0$，所以电力线仅分布在横截面内，而磁力线却是空间闭合曲线。

首先考虑最低次的 TE_{10} 模的场结构。由式(8.29)可得其场分量为

$$\left.\begin{aligned}
E_y&=\frac{-\mathrm{j}\omega\mu}{k_c^2}\frac{\pi}{a}H_{10}\sin\left(\frac{\pi}{a}x\right)\mathrm{e}^{-\mathrm{j}\beta_{10}z}\\
H_x&=\frac{\mathrm{j}\beta}{k_c^2}\frac{\pi}{a}H_{10}\sin\left(\frac{\pi}{a}x\right)\mathrm{e}^{-\mathrm{j}\beta_{10}z}\\
H_z&=H_{10}\cos\left(\frac{\pi}{a}x\right)\mathrm{e}^{-\mathrm{j}\beta_{10}z}\\
E_x&=E_z=H_y=0
\end{aligned}\right\}\tag{8.33}$$

瞬时值为

$$\left.\begin{aligned}
E_y&=\frac{\omega\mu}{k_c^2}\frac{\pi}{a}H_{10}\sin\left(\frac{\pi}{a}x\right)\sin(\omega t-\beta_{10}z)\\
H_x&=-\frac{\beta}{k_c^2}\frac{\pi}{a}H_{10}\sin\left(\frac{\pi}{a}x\right)\sin(\omega t-\beta_{10}z)\\
H_z&=H_{10}\cos\left(\frac{\pi}{a}x\right)\cos(\omega t-\beta_{10}z)\\
E_x&=E_z=H_y=0
\end{aligned}\right\}\tag{8.34}$$

可见，矩形波导 TE_{10} 模只有 E_y、H_x 和 H_z 三个分量，且均与 y 无关。这表明电磁场沿 y 方向无变化。E_y 沿 x 方向呈正弦变化，在 $0\sim a$ 内有半个驻波分布，在 $x=0$ 和 $x=a$ 处为 0，在 $x=a/2$ 处最大，如图 8.3(a)、(b)所示。E_y 沿 z 方向按正弦规律变化，如图 8.3(c)所示。

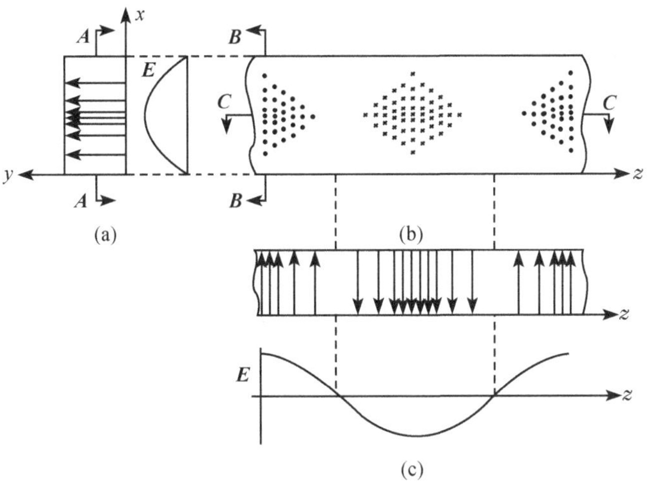

图 8.3　TE$_{10}$模的电场结构

TE$_{10}$模的磁场有 H_x 和 H_z 两个分量。H_x 沿 x 方向呈正弦变化，在 $0\sim a$ 内有半个驻波分布，在 $x=0$ 和 $x=a$ 处为 0，在 $x=a/2$ 处最大；H_z 沿 x 方向呈余弦变化，在 $0\sim a$ 内有半个驻波分布，在 $x=0$ 和 $x=a$ 处最大，在 $x=a/2$ 处为 0，如图 8.4(a)所示。H_x 沿 z 方向按正弦规律变化，H_z 沿 z 方向按余弦规律变化，H_x 和 H_z 在 xz 平面内形成闭合曲线，如图 8.4(b)所示。E_y 和 H_x 沿 z 方向同相，而 H_z 与它们存在 90°相位差。图 8.5 是 TE$_{10}$模的电磁场立体结构图。

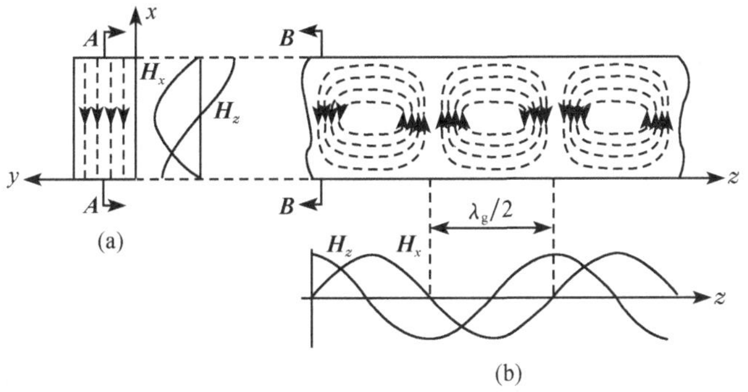

图 8.4　TE$_{10}$模的磁场结构

由式(8.29)和 TE$_{10}$模的场结构可以看出，m 和 n 分别是场沿 a 边和 b 边分布的半驻波数。TE$_{10}$模的场沿 a 边有半个驻波分布，沿 b 边无变化。TE$_{m0}$模的场与 TE$_{10}$模相似，也只有 E_y、H_x 和 H_z 三个分量，且与 y 无关，差别仅在于 x 方向的分布，沿 a 边有 m 个半驻波分布，或者说有 m 个 TE$_{10}$模的基本结构单元(两个相邻的基本单元的场相位相反)，沿 b 边无变化。

TE$_{0n}$模的场只有 E_x、H_y 和 H_z 三个分量，且与 x 无关，沿 b 边有 n 个半驻波分布，沿 a 边无变化，与 TE$_{m0}$模的差异只是场的极化面旋转了 90°。

从上述讨论可以看出，下标 m、n 的意义分别是电磁场沿 a 边和沿 b 边变化的半驻波数。$m=0$ 表示沿 a 边无变化，$n=0$ 表示沿 b 边无变化。m 和 n 都不为 0 的 TE$_{mn}$ 模的场结构更为复杂，其中以 TE$_{11}$模最为简单。其场沿 a 边和 b 边都有半个驻波分布。m

和 n 都大于 1 的 TE_{mn} 模的场结构则沿 a 边和 b 边分别有 m 个和 n 个 TE_{11} 模的基本结构单元，不过此时的场都具有五个场分量。可见只要掌握了 TE_{10} 模、TE_{01} 模和 TE_{11} 模的场结构，就不难画出任意 TE_{mn} 模的场结构。图 8.6 给出了几种较低阶 TE 模的场结构。

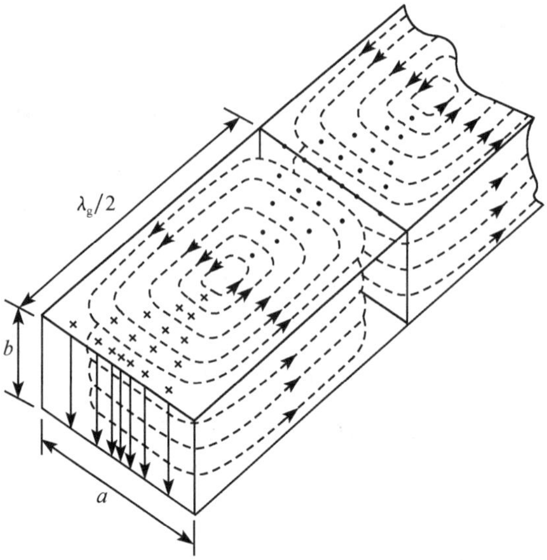

图 8.5　TE_{10} 模的电磁场结构

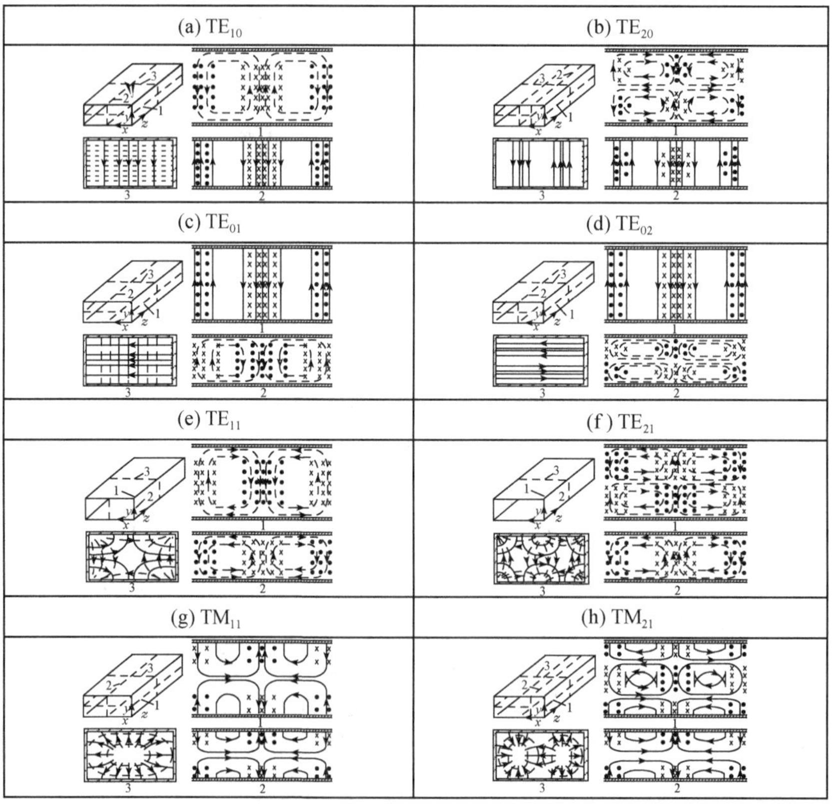

图 8.6　矩形波导中部分 TE 和 TM 模的场结构

2. TM 模的场结构

最简单的 TM 模是 TM_{11} 模，其场沿 a 边和 b 边都有半个驻波分布。m 和 n 都大于 1 的 TM_{mn} 模的场结构则是沿 a 边和 b 边分别有 m 个和 n 个 TM_{11} 模的基本结构单元，只要掌握了 TM_{11} 模的场结构，任意 TM_{mn} 模的场结构便可很容易得到。图 8.6 同时给出了几种较低阶 TM 模的场结构。

有必要指出，并非所有的 TE_{mn} 模和 TM_{mn} 模都能在波导中同时传播，波导中存在哪些模，由信号频率、波导尺寸与激励情况决定。

8.2.3　矩形波导的壁电流

当微波在波导中传播时，其高频电磁场将在波导壁上产生感应电流，因为波导壁是良导体，在微波频段它的集肤深度极小，所以壁电流可以认为是内壁上的面电流。由导体表面的边界条件，面电流密度为

$$\boldsymbol{J}_S = \boldsymbol{n} \times \boldsymbol{H}_t \tag{8.35}$$

其中，$\boldsymbol{n}$ 是波导内壁外法线方向的单位矢量，$\boldsymbol{H}_t$ 是内壁处的切向磁场，如图 8.7 所示。

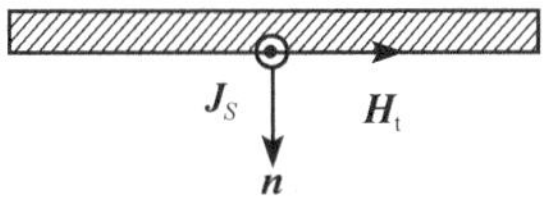

图 8.7　波导内壁的面电流

当传输主模 TE_{10} 模时，由式(8.33)和式(8.35)可得在波导的下壁($y=0$，$\boldsymbol{n}=\boldsymbol{a}_y$)和上壁($y=b$，$\boldsymbol{n}=-\boldsymbol{a}_y$)的电流密度分别为

$$\begin{aligned}\boldsymbol{J}_S\big|_{y=0} &= \boldsymbol{a}_y \times (\boldsymbol{a}_x H_x + \boldsymbol{a}_z H_z) = \boldsymbol{a}_x H_z - \boldsymbol{a}_z H_x \\ &= \left[H_{10}\cos\left(\frac{\pi}{a}x\right)\boldsymbol{a}_x - \mathrm{j}\frac{\beta a}{\pi}H_{10}\sin\left(\frac{\pi}{a}x\right)\boldsymbol{a}_z\right]\mathrm{e}^{-\mathrm{j}\beta z}\end{aligned} \tag{8.36a}$$

$$\begin{aligned}\boldsymbol{J}_S\big|_{y=b} &= -\boldsymbol{a}_y \times (\boldsymbol{a}_x H_x + \boldsymbol{a}_z H_z) = -\boldsymbol{a}_x H_z + \boldsymbol{a}_z H_x \\ &= \left[-H_{10}\cos\left(\frac{\pi}{a}x\right)\boldsymbol{a}_x + \mathrm{j}\frac{\beta a}{\pi}H_{10}\sin\left(\frac{\pi}{a}x\right)\boldsymbol{a}_z\right]\mathrm{e}^{-\mathrm{j}\beta z}\end{aligned} \tag{8.36b}$$

左侧壁($x=0$，$\boldsymbol{n}=\boldsymbol{a}_x$)和右侧壁($x=a$，$\boldsymbol{n}=-\boldsymbol{a}_x$)的电流密度分别为

$$\boldsymbol{J}_S\big|_{x=0} = \boldsymbol{a}_x \times \boldsymbol{a}_z H_z = -\boldsymbol{a}_y H_z = -H_{10}\boldsymbol{a}_y \mathrm{e}^{-\mathrm{j}\beta z} \tag{8.36c}$$

$$\boldsymbol{J}_S\big|_{x=a} = -\boldsymbol{a}_x \times \boldsymbol{a}_z H_z = \boldsymbol{a}_y H_z = H_{10}\boldsymbol{a}_y \mathrm{e}^{-\mathrm{j}\beta z} \tag{8.36d}$$

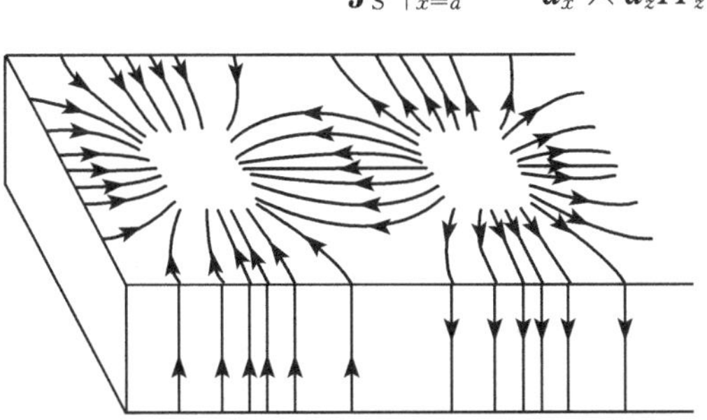
图 8.8　TE_{10} 模的壁电流分布

可见，当矩形波导传输 TE_{10} 模时，在左右侧壁上电流密度只有 J_y 分量，且大小相等、方向相反；在上壁和下壁上，电流密度有 J_x 和 J_z 两个分量，大小相等、方向相反，如图 8.8 所示。

了解波导壁电流分布对设计波导元件非常有益。当需要在波导壁上开槽而又希望不影响传输模式的传输性能时，就不应该切断该模式的壁电流通路。如传输 TE_{10} 模时应在波导宽边中心($x=a/2$)处开槽，将不会改变波导内的场分布。反之，为了开槽产生强辐射，槽缝应切断电流线，如在波导窄边的开纵向槽可以构成缝隙天线。

8.2.4 矩形波导的传输功率和功率容量

矩形波导中各模式的传输功率可由式(8.14)计算求得。对 TE_{mn} 模有

$$P=\frac{ab\omega\mu\beta_{mn}}{2\varepsilon_{0m}\varepsilon_{0n}k_{cmn}^{2}}H_{mn}^{2} \tag{8.37}$$

其中

$$\varepsilon_{0i}=\begin{cases}1, & i=0\\ 2, & i\neq 0\end{cases}$$

对 TM_{mn} 模有

$$P=\frac{ab\omega\mu\beta_{mn}}{8k_{cmn}^{2}}E_{mn}^{2} \tag{8.38}$$

由式(8.37)得 TE_{10} 模的传输功率为

$$P=\frac{ab\omega\mu\beta_{10}}{4k_{c10}^{2}}H_{10}^{2}=\frac{ab}{4\eta}\sqrt{1-\left(\frac{\lambda}{2a}\right)^{2}}\left(\frac{\omega\mu a}{\pi}H_{10}\right)^{2} \tag{8.39a}$$

因为在宽壁中心 $|E_y|$ 达到最大值 $|E_0|=\frac{\omega\mu a}{\pi}|H_{10}|$，可利用波导中电场的最大值表示 TE_{10} 模的传输功率为

$$P=\frac{ab}{4\eta}\sqrt{1-\left(\frac{\lambda}{2a}\right)^{2}}\,|E_0|^{2} \tag{8.39b}$$

由于当波导中某处的电场达到或超过所填充介质的击穿场强 E_{br} 时，介质将发生击穿，导致波导不能正常工作，从而限制了波导的最大传输功率。当波导中的最大电场 $|E_0|$ 等于介质的击穿场强时，对应的传输功率就称为波导的功率容量 P_{br}。故由式(8.39b)可得 TE_{10} 模的功率容量为

$$P_{br}=\frac{ab}{4\eta}\sqrt{1-\left(\frac{\lambda}{2a}\right)^{2}}E_{br}^{2} \tag{8.40a}$$

对于空气填充波导，$\eta=\sqrt{\mu/\varepsilon}=120\pi$，$E_{br}=30\text{kV/cm}$，则

$$P_{br}\approx 0.6ab\sqrt{1-\left(\frac{\lambda}{2a}\right)^{2}}\ (\text{MW}) \tag{8.40b}$$

其中，a、b 和 λ 的单位为 cm，所得功率单位为兆瓦。

8.3 圆 波 导

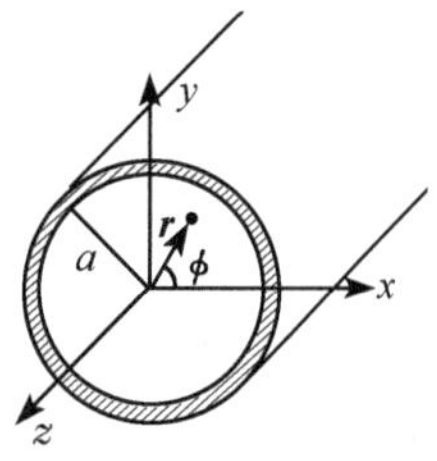

图 8.9 圆波导及其坐标系

圆波导是横截面为圆形的金属波导，如图 8.9 所示。圆波导具有较小的损耗和双极化特性，常用于天线馈线和圆柱形谐振腔。其分析方法基本上与矩形波导相同，但适合于采用圆柱坐标系(r，ϕ，z)。

8.3.1 传输模式与场分量

与矩形波导一样，圆波导不能传输 TEM 模而只能传输

TE 模和 TM 模。在圆柱坐标系中，度量系数为 $h_1=1$，$h_2=r$，$h_3=1$，式(8.6)变为

$$\left.\begin{aligned} E_r &= -\frac{1}{k_c^2}\left(\mathrm{j}\beta\frac{\partial E_z}{\partial r}+\frac{\mathrm{j}\omega\mu}{r}\frac{\partial H_z}{\partial \phi}\right)\\ E_\phi &= -\frac{1}{k_c^2}\left(\frac{\mathrm{j}\beta}{r}\frac{\partial E_z}{\partial \phi}-\mathrm{j}\omega\mu\frac{\partial H_z}{\partial r}\right)\\ H_r &= -\frac{1}{k_c^2}\left(\mathrm{j}\beta\frac{\partial H_z}{\partial r}-\frac{\mathrm{j}\omega\varepsilon}{r}\frac{\partial E_z}{\partial \phi}\right)\\ H_\phi &= -\frac{1}{k_c^2}\left(\frac{\mathrm{j}\beta}{r}\frac{\partial H_z}{\partial \phi}+\mathrm{j}\omega\varepsilon\frac{\partial E_z}{\partial u}\right) \end{aligned}\right\} \tag{8.41}$$

对 TM 模和 TE 模，纵向场分量分别满足标量亥姆霍兹方程

$$\frac{\partial^2 E_z}{\partial r^2}+\frac{1}{r}\frac{\partial E_z}{\partial r}+\frac{1}{r^2}\frac{\partial^2 E_z}{\partial \phi^2}=-k_c^2E_z \tag{8.42}$$

$$\frac{\partial^2 H_z}{\partial r^2}+\frac{1}{r}\frac{\partial H_z}{\partial r}+\frac{1}{r^2}\frac{\partial^2 H_z}{\partial \phi^2}=-k_c^2H_z \tag{8.43}$$

下面用分离变量法分别求解 TE 模和 TM 模的场分量。

1. TE 模的场分量

由于此时 $E_z=0$，只需求解 H_z。令

$$H_z(r,\phi,z)=R(r)\varphi(\phi)\mathrm{e}^{-\mathrm{j}\beta z}$$

代入式(8.43)得

$$\frac{r^2}{R}\frac{\mathrm{d}^2R}{\mathrm{d}r^2}+\frac{r}{R}\frac{\mathrm{d}R}{\mathrm{d}r}+k_c^2r^2=-\frac{1}{\varphi}\frac{\mathrm{d}^2\varphi}{\mathrm{d}\phi^2}$$

上式左边仅为 r 的函数，右边仅为 ϕ 的函数，要想此式成立，它们必须等于一个共同的常数。令此常数为 m^2，则得两个常微分方程

$$\frac{\mathrm{d}^2\varphi}{\mathrm{d}\phi^2}+m^2\phi=0 \tag{8.44}$$

$$r^2\frac{\mathrm{d}^2R}{\mathrm{d}r^2}+r\frac{\mathrm{d}R}{\mathrm{d}r}+(k_c^2r^2-m^2)R=0 \tag{8.45}$$

式(8.44)的解为

$$\varphi(\phi)=B_1\cos m\phi+B_2\sin m\phi=B\begin{cases}\cos m\phi\\ \sin m\phi\end{cases} \tag{8.46}$$

式中的两项的差别仅在于极化面相差 $\pi/2$，即使两项同时存在，也可以写成 $\cos(m\phi+\psi)$ 的形式，通过建立坐标系时选择 ϕ 起始点 ψ 总可以表示成只有 $\cos m\phi(\psi=0)$ 或只有 $\sin m\phi$ 的($\psi=\pi/2$)形式。由于相差 2π 的两点实际上是同一点，而任一点上的场一定是单值的，所以 φ 必须是以 2π 为周期的函数，即

$$\cos m\phi=\cos[m(\phi+2\pi)]=\cos(m\phi+m\cdot 2\pi)$$

或

$$\sin m\phi=\sin[m(\phi+2\pi)]=\sin(m\phi+m\cdot 2\pi)$$

可见 m 必须为整数，即 $m=0$，1，2，…

方程(8.45)是贝塞尔方程，其通解为

$$R = A_1 \mathrm{J}_m(k_c r) + A_2 \mathrm{N}_m(k_c r) \tag{8.47}$$

其中，$\mathrm{J}_m(x)$为 m 阶第一类贝塞尔函数，$\mathrm{N}_m(x)$为 m 阶第二类贝塞尔函数(或称纽曼函数)。它们的变化曲线如图 8.10 所示。

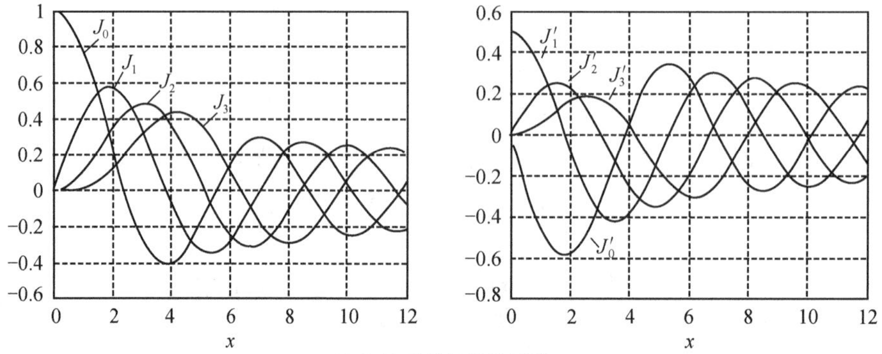

(a) $\mathrm{J}_m(x)$ 及其导数的图形

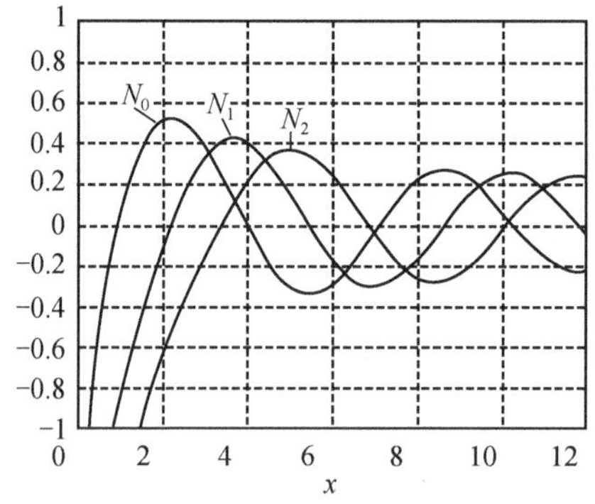

(b) $\mathrm{N}_m(x)$ 的图形

图 8.10　贝塞尔函数的图形

圆波导的边界条件要求：①当 $0 \leqslant r \leqslant a$ 时，H_z 应为有限值；②在波导内壁上 $r=a$ 处，$E_\phi = E_z = 0$。

因为 $r \to 0$ 时，$\mathrm{N}_m(k_c r) \to -\infty$，根据条件①，必须有 $A_2=0$。至于条件②，由于 TE 模已自然满足了 $E_z=0$，所以只需考虑 $E_\phi=0$，根据式(8.41)，应有

$$\left.\frac{\partial H_z}{\partial r}\right|_{r=a} = A_1 k_c \mathrm{J}'_m(k_c a) B \begin{cases} \cos m\phi \\ \sin m\phi \end{cases} \mathrm{e}^{-\mathrm{j}\beta z} = 0$$

对任意的 ϕ 都成立，这就要求 $\mathrm{J}'_m(k_c a)=0$。令 $\mathrm{J}'_m(x)$的第 n 个根为 u'_{mn}，可得

$$k_c a = u'_{mn} \quad 或 \quad k_c = \frac{u'_{mn}}{a}, \quad n = 1,2,\cdots \tag{8.48}$$

这样我们就得到了 H_z 的解为

$$H_z = H_{mn} \mathrm{J}_m\left(\frac{u'_{mn}}{a} r\right) \begin{cases} \cos m\phi \\ \sin m\phi \end{cases} \mathrm{e}^{-\mathrm{j}\beta_{mn} z}$$

其中，$H_{mn} = A_1 B$，根据式(8.41)可得 TE 模的所有场分量为

$$\left.\begin{aligned}
E_r &= -\frac{j\omega\mu m}{k_{cmn}^2 \cdot r} H_{mn} J_m\left(\frac{u'_{mn}}{a}r\right)\begin{Bmatrix}-\sin m\phi\\ \cos m\phi\end{Bmatrix} e^{-j\beta_{mn}z}\\
E_\phi &= \frac{j\omega\mu}{k_{cmn}} H_{mn} J'_m\left(\frac{u'_{mn}}{a}r\right)\begin{Bmatrix}\cos m\phi\\ \sin m\phi\end{Bmatrix} e^{-j\beta_{mn}z}\\
E_z &= 0\\
H_r &= -\frac{j\beta_{mn}}{k_{cmn}} H_{mn} J'_m\left(\frac{u'_{mn}}{a}r\right)\begin{Bmatrix}\cos m\phi\\ \sin m\phi\end{Bmatrix} e^{-j\beta_{mn}z}\\
H_\phi &= -\frac{j\beta_{mn} m}{k_{cmn}^2 \cdot r} H_{mn} J_m\left(\frac{u'_{mn}}{a}r\right)\begin{Bmatrix}-\sin m\phi\\ \cos m\phi\end{Bmatrix} e^{-j\beta_{mn}z}\\
H_z &= H_{mn} J_m\left(\frac{u'_{mn}}{a}r\right)\begin{Bmatrix}\cos m\phi\\ \sin m\phi\end{Bmatrix} e^{-j\beta_{mn}z}
\end{aligned}\right\} \quad (m=0\sim\infty, n=1\sim\infty) \tag{8.49}$$

其中

$$\beta_{mn} = \sqrt{k^2 - k_{cmn}^2} = \sqrt{\omega^2\mu\varepsilon - (u'_{mn}/a)^2} \tag{8.50}$$

可见圆波导中的 TE 模有无穷多个，以 TE_{mn} 表示，m 表示场沿圆周变化的驻波数，n 表示场沿半径变化的半驻波数或最大值个数。

由式(8.48)可得 TE_{mn} 模的截止波长为

$$\lambda_c = \frac{2\pi}{k_{cmn}} = \frac{2\pi a}{u'_{mn}} \tag{8.51}$$

表 8.1 列出了部分 u'_{mn} 的值与空气填充波导中对应的 TE 模的截止波长。

表 8.1 u'_{mn} 的值与对应的 TE 模的截止波长

波型	u'_{mn}	λ_c	波型	u'_{mn}	λ_c
TE_{11}	1.841	3.413a	TE_{22}	6.705	0.937a
TE_{21}	3.054	2.057a	TE_{02}	7.016	0.896a
TE_{01}	3.832	1.640a	TE_{13}	8.536	0.736a
TE_{31}	4.201	1.496a	TE_{03}	10.173	0.618a
TE_{12}	5.332	1.178a			

2. TM 模的场分量

此时 $H_z=0$，$E_z\neq 0$。利用与 TE 模相同的方法可以求出

$$E_z = [C_1 J_m(k_c r) + C_2 N_m(k_c r)] D\begin{Bmatrix}\cos m\phi\\ \sin m\phi\end{Bmatrix} e^{-j\beta z}$$

边界条件要求：①当 $0\leqslant r\leqslant a$ 时，E_z 应为有限值；②在波导内壁上 $r=a$ 处，$E_\phi=E_z=0$。

根据条件①，必须有 $C_2=0$。根据条件②，由式(8.41)，应有 $J_m(k_c a)=0$。令 u_{mn} 表示 $J_m(x)$ 的第 n 个根，则

$$k_c a = u_{mn} \quad 或 \quad k_c = \frac{u_{mn}}{a}, \quad n=1,2,\cdots \tag{8.52}$$

这样我们就得到了 E_z 的解为

$$E_z = E_{mn} J_m\left(\frac{u_{mn}}{a}r\right)\begin{Bmatrix}\cos m\phi\\ \sin m\phi\end{Bmatrix} e^{-j\beta_{mn}z}$$

其中，$E_{mn}=C_1D$，进而可得 TM 模所有场分量为

$$\left.\begin{aligned}
E_r &= -\frac{j\beta_{mn}}{k_{cmn}}E_{mn}J'_m\left(\frac{u_{mn}}{a}r\right)\begin{Bmatrix}\cos m\phi\\ \sin m\phi\end{Bmatrix}e^{-j\beta_{mn}z}\\
E_\phi &= -\frac{j\beta_{mn}m}{k_{cmn}^2\cdot r}E_{mn}J_m\left(\frac{u_{mn}}{a}r\right)\begin{Bmatrix}-\sin m\phi\\ \cos m\phi\end{Bmatrix}e^{-j\beta_{mn}z}\\
E_z &= E_{mn}J_m\left(\frac{u_{mn}}{a}r\right)\begin{Bmatrix}\cos m\phi\\ \sin m\phi\end{Bmatrix}e^{-j\beta_{mn}z}\\
H_r &= \frac{j\omega\varepsilon m}{k_{cmn}^2\cdot r}E_{mn}J_m\left(\frac{u_{mn}}{a}r\right)\begin{Bmatrix}-\sin m\phi\\ \cos m\phi\end{Bmatrix}e^{-j\beta_{mn}z}\\
H_\phi &= -\frac{j\omega\varepsilon}{k_{cmn}}E_{mn}J'_m\left(\frac{u_{mn}}{a}r\right)\begin{Bmatrix}\cos m\phi\\ \sin m\phi\end{Bmatrix}e^{-j\beta_{mn}z}\\
H_z &= 0
\end{aligned}\right\}\quad (m=0\sim\infty, n=1\sim\infty) \tag{8.53}$$

其中

$$\beta_{mn}=\sqrt{k^2-k_{cmn}^2}=\sqrt{\omega^2\mu\varepsilon-(u_{mn}/a)^2} \tag{8.54}$$

可见圆波导中的 TM 模也有无穷多个，以 TM_{mn} 表示，m、n 的意义同 TE 模。

由式(8.52)可得 TM_{mn} 模的截止波长为

$$\lambda_c=\frac{2\pi}{k_{cmn}}=\frac{2\pi a}{u_{mn}} \tag{8.55}$$

表 8.2 是部分 u_{mn} 的值与空气填充波导中对应的 TM 模的截止波长。

表 8.2 u_{mn} 的值与对应的 TM 模的截止波长

波型	u_{mn}	λ_c	波型	u_{mn}	λ_c
TM_{01}	2.405	2.613a	TM_{12}	7.016	0.896a
TM_{11}	3.832	1.640a	TM_{22}	8.417	0.746a
TM_{21}	5.135	1.223a	TM_{03}	8.650	0.726a
TM_{02}	5.520	1.138a	TM_{13}	10.173	0.618a

比较表 8.1 和表 8.2 可以发现，圆波导中的主模是 TE_{11} 模，其截止波长最长。图 8.11 给出了圆波导模式截止波长的分布图。由图可见，当 $2.613a<\lambda<3.413a$ 时，圆波导中只能传输 TE_{11} 模，可以实现单模传输。

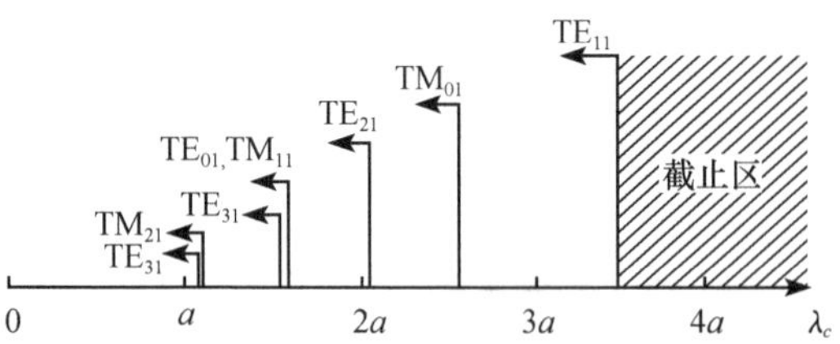

图 8.11 圆波导中模式的截止波长分布图

圆波导也存在简并现象，一种是 TE_{0n} 模和 TM_{1n} 模具有相同的截止波长，是相互简并的，这种简并称为模式简并。圆波导还存在一种特有的简并现象，即所谓极化简并。从 TE 模和 TM 模的场分量表达式可以看出，对同一模式，其场沿 ϕ 方向存在 $\cos m\phi$ 和 $\sin m\phi$ 两种可能，这两种分布除了场的极化面旋转了 90°之外，所有的其他特性完全

相同，当然具有相同的截止波长。因为 $m=0$ 时场与 ϕ 无关，所以 TE_{0n} 模和 TM_{0n} 模不存在极化简并，而其他模式均存在此现象。极化简并在实际中通常很难避免，因为波导加工中不可能保证是一个正圆，若稍有椭圆度，则传输的场就会分裂成沿长轴和短轴极化的两个模。另外，波导中总难免出现不均匀性，如内壁的局部突起等，都会导致模的极化简并。极化简并对于波在波导中的传输是有害的，但有时又需要利用这种现象构成一些特殊的微波元件，如单腔双模滤波器等。

8.3.2　圆波导的传输功率与功率容量

圆波导各模式的传输功率同样可由式(8.14)计算。对 TE_{mn} 模有

$$P=\frac{\omega\mu\beta_{mn}}{2k_{cmn}^2}H_{mn}^2\int_0^a\int_0^{2\pi}[J_m(k_c r)]^2\begin{Bmatrix}\cos^2 m\phi\\ \sin^2 m\phi\end{Bmatrix}r\mathrm{d}r\mathrm{d}\phi$$

$$=\frac{\pi a^2\omega\mu\beta_{mn}}{2\varepsilon_{0m}k_{cmn}^2}H_{mn}^2\{[J_m(k_c a)]^2-J_{m-1}(k_c a)J_{m+1}(k_c a)\}\tag{8.56}$$

其中，推导利用了贝塞尔函数的积分公式

$$\int[J_m(k_c r)]^2 r\mathrm{d}r=\frac{r^2}{2}\{[J_m(k_c r)]^2-J_{m-1}(k_c r)J_{m+1}(k_c r)\}$$

利用贝塞尔函数的递推公式同时考虑到对 TE 模有 $J'_m(k_c a)=0$，可得

$$J_{m-1}(k_c a)=\frac{m}{k_c a}J_m(k_c a)+J'_m(k_c a)=\frac{m}{k_c a}J_m(k_c a)$$

$$J_{m+1}(k_c a)=\frac{m}{k_c a}J_m(k_c a)-J'_m(k_c a)=\frac{m}{k_c a}J_m(k_c a)$$

将此二式代入式(8.56)得

$$P=\frac{\pi\omega\mu\beta_{mn}}{2\varepsilon_{0m}k_{cmn}^4}H_{mn}^2[(k_c a)^2-m^2][J_m(k_c a)]^2\tag{8.57}$$

类似地，可得 TM 模的传输功率为

$$P=\frac{\pi a^2\omega\varepsilon\beta_{mn}}{2\varepsilon_{0m}k_{cmn}^2}E_{mn}^2[J'_m(k_c a)]^2\tag{8.58}$$

其中

$$\varepsilon_{0i}=\begin{cases}1, & i=0\\ 2, & i\neq 0\end{cases}$$

下面考虑圆波导主模 TE_{11} 模的功率容量。电场在 $r=0$ 处取得最大值 $|E_{\max}|=|E_r|_{r=0}=\frac{\omega\mu}{2k_c}H_{11}$，由式(8.57)得 TE_{11} 模的传输功率为

$$P=\frac{\pi\omega\mu\beta_{11}}{2k_{c11}^4}H_{11}^2(1.841^2-1)[J_1(1.841)]^2$$

临近击穿时 $H_{11}=\frac{2k_c}{\omega\mu}E_{br}$，所以

$$P_{br}=\frac{\pi\beta_{11}}{\omega\mu k_{c11}^2}\times 2.3893[J_1(1.841)]^2E_{br}^2$$

$$=\frac{\pi\beta_{11}a^2}{\omega\mu\times 1.841^2}\times 2.3893\times 0.5819^2E_{br}^2=0.2387\,\frac{\pi\beta_{11}a^2}{\omega\mu}E_{br}^2\tag{8.59}$$

8.3.3 圆波导的三个主要模式

圆波导中实际应用较多的模是 TE_{11}、TM_{01} 和 TE_{01} 三个。利用这三个模场结构和管壁电流分布的特点可以构成一些特殊用途的波导元件。下面分别对它们加以讨论。

1. TE_{11} 模

TE_{11} 模是圆波导的主模，其截止波长 $\lambda_c = 3.41a$。将 $m=1$，$n=1$ 代入式(8.49)可以得到 TE_{11} 模场分量为

$$\left.\begin{aligned}
E_r &= -\frac{\mathrm{j}\omega\mu a^2}{(1.841)^2 r} H_{11} \mathrm{J}_1\left(\frac{1.841}{a}r\right)\begin{matrix}\sin\phi\\ \cos\phi\end{matrix}\, \mathrm{e}^{-\mathrm{j}\beta z}\\
E_\phi &= \frac{\mathrm{j}\omega\mu a}{1.841} H_{11} \mathrm{J}_1'\left(\frac{1.841}{a}r\right)\begin{matrix}\cos\phi\\ \sin\phi\end{matrix}\, \mathrm{e}^{-\mathrm{j}\beta z}\\
E_z &= 0\\
H_r &= -\frac{\mathrm{j}\beta a}{1.841} H_{11} \mathrm{J}_1'\left(\frac{1.841}{a}r\right)\begin{matrix}\cos\phi\\ \sin\phi\end{matrix}\, \mathrm{e}^{-\mathrm{j}\beta z}\\
H_\phi &= -\frac{\mathrm{j}\beta a^2}{(1.841)^2 r} H_{11} \mathrm{J}_1\left(\frac{1.841}{a}r\right)\begin{matrix}\cos\phi\\ \sin\phi\end{matrix}\, \mathrm{e}^{-\mathrm{j}\beta z}\\
H_z &= H_{11} \mathrm{J}_1\left(\frac{1.841}{a}r\right)\begin{matrix}\cos\phi\\ \sin\phi\end{matrix}\, \mathrm{e}^{-\mathrm{j}\beta z}
\end{aligned}\right\} \tag{8.60}$$

可见 TE_{11} 模有五个场分量，其场结构如图 8.12 所示。由图可见，其场结构与矩形波导主模 TE_{10} 模的场结构相似，因此很容易由矩形波导 TE_{10} 模来过渡变换成圆波导的 TE_{11} 模，如图 8.13 所示。

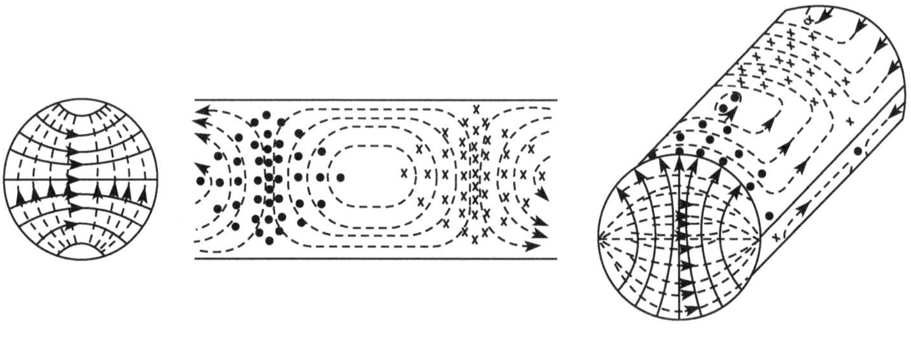

图 8.12 圆波导 TE_{11} 模的场结构

虽然 TE_{11} 模是圆波导的主模，但它存在极化简并，会使模的极化面发生旋转，分裂成极化简并模，如图 8.14 所示。所以不宜采用 TE_{11} 模来传输微波能量。这也就是实用中不用圆波导而采用矩形波导作传输系统的基本原因。

然而，利用 TE_{11} 模的极化简并却可以构成一些特殊的波导元器件，如极化衰减器、极化变换器、铁氧体环行器等。

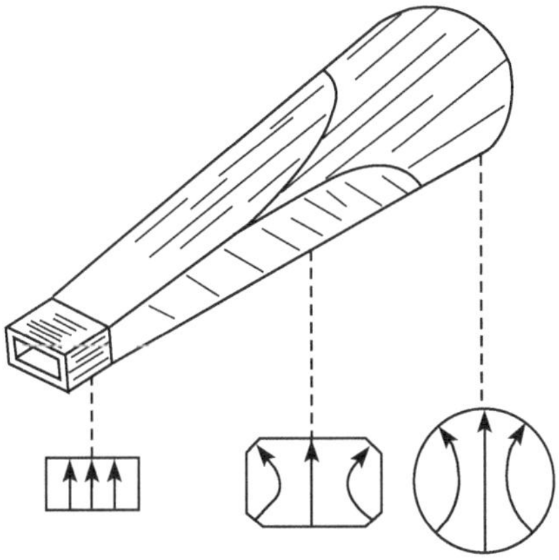

图 8.13　由矩形波导 TE_{10} 模向圆波导 TE_{11} 模的过渡

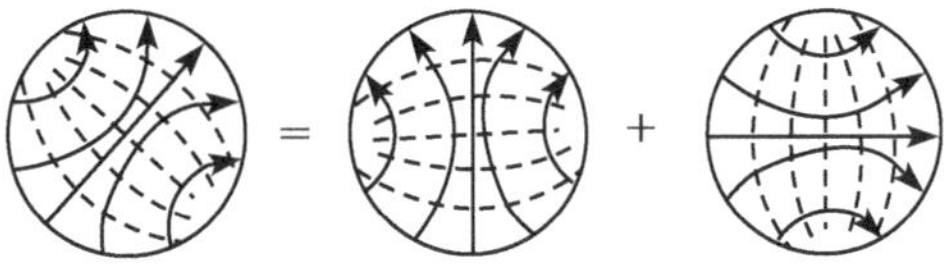

图 8.14　圆波导 TE_{11} 模的极化简并

2. TE_{01} 模

TE_{01} 模是圆波导的高次模。将 $m=0$，$n=1$ 代入式(8.49)可以得其场分量为

$$\left.\begin{aligned}
E_\phi &= -\frac{j\omega\mu a}{3.832}H_{01}J_1\left(\frac{3.832}{a}r\right)e^{-j\beta z}\\
H_r &= \frac{j\beta a}{3.832}H_{01}J_1\left(\frac{3.832}{a}r\right)e^{-j\beta z}\\
H_z &= H_{01}J_0\left(\frac{3.832}{a}r\right)e^{-j\beta z}\\
E_r &= E_z = H_\phi = 0
\end{aligned}\right\}\tag{8.61}$$

其截止波长为 $\lambda_c=1.64a$。

TE_{01} 模的场结构如图 8.15 所示。由图可见，其场结构有如下特点：①电场和磁场均沿 ϕ 方向无变化，具有轴对称性；②电场只有 E_ϕ 分量，电力线都是横截面内的同心圆，且在波导中心和波导壁附近为零；③在管壁附近只有 H_z 分量，因此只有 J_ϕ 分量管壁电流，如图 8.16 所示。

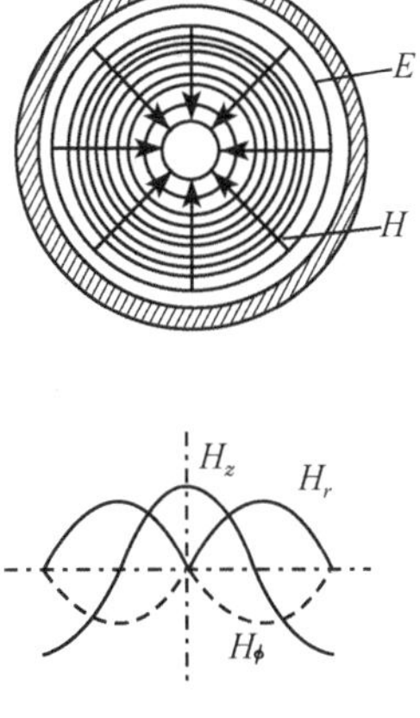

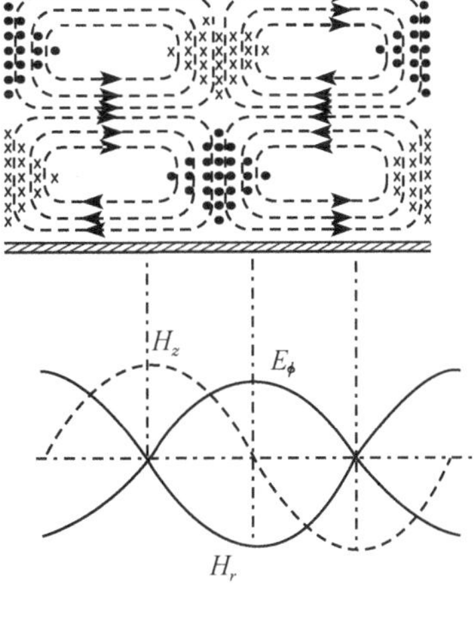

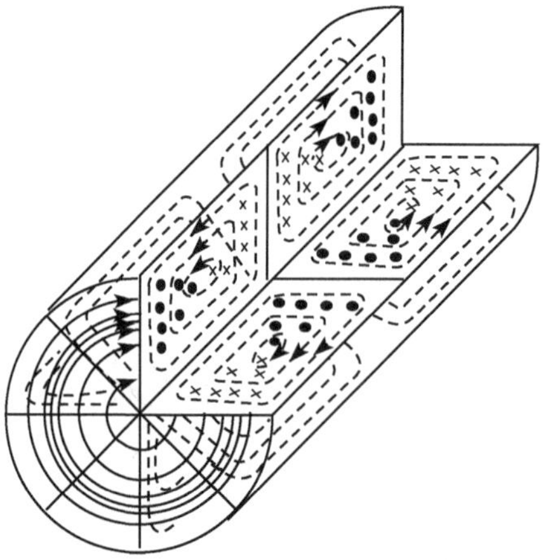

图 8.15 圆波导 TE_{01} 模的场结构

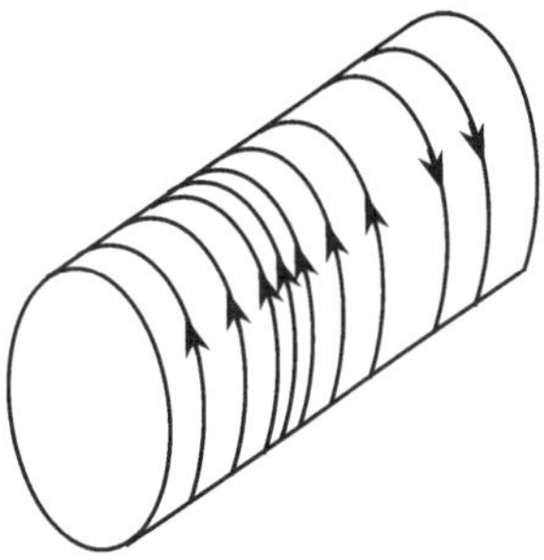

图 8.16 圆波导 TE_{01} 模的管壁电流

TE_{01} 模有个突出的特点，那就是它没有纵向管壁电流，由下面 8.4 节的分析将会发现，当传输功率一定时，随着频率的升高，其功率损耗反而单调下降。这一特点使 TE_{01} 模适于用作高 Q 谐振腔的工作模式和远距离毫米波波导传输。但 TE_{01} 模不是主模，因此在使用时需要设法抑制其他模。

3. TM_{01} 模

TM_{01} 模是圆波导中的最低型横磁模，并且不存在简并，截止波长为 $2.62a$。将 $m=0$，$n=1$ 代入式(8.53)，可以得到 TM_{01} 模场分量为

$$\left.\begin{aligned}
E_r &= \frac{\mathrm{j}\beta a}{2.405}E_{01}\mathrm{J}_1\left(\frac{2.405}{a}r\right)\mathrm{e}^{-\mathrm{j}\beta z}\\
E_z &= E_{01}\mathrm{J}_0\left(\frac{2.405}{a}r\right)\mathrm{e}^{-\mathrm{j}\beta z}\\
H_\phi &= \frac{\mathrm{j}\omega\varepsilon a}{2.405}E_{01}\mathrm{J}_1\left(\frac{2.405}{a}r\right)\mathrm{e}^{-\mathrm{j}\beta z}\\
E_\phi &= H_r = H_z = 0
\end{aligned}\right\} \tag{8.62}$$

其场结构如图 8.17 所示。由图可见，其场结构特点是：①电磁场沿 ϕ 方向不变化，

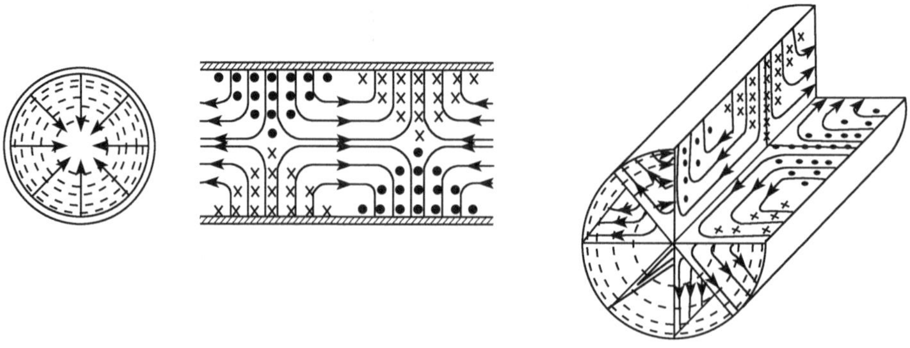

图 8.17 圆波导 TM_{01} 模的场结构

场分布具有轴对称性；②电场在中心线附近最强；③磁场只有 H_ϕ 分量，因而管壁电流只有纵向分量。

TM_{01}模的壁电流为：$J_z=-H_\phi\mid_{r=a}$。

由于 TM_{01}模场结构具有对称性，且只有纵向电流，所以它适于作微波天线与馈线波导系统连接的旋转接头。

8.4 规则波导的损耗

在前面分析波导中的波型和传输特性时，未考虑波导的损耗。实际使用的金属波导总是存在损耗的。一般包括波导壁的导体损耗和所填充介质的损耗。损耗的存在，传播常数为复数 $\gamma=\alpha+j\beta$，因此当波在波导中传输时，其电磁场振幅将按指数规律 $e^{-\alpha z}$ 逐渐衰减。故波从 $z=0$ 传播到任意 z 时，功率关系为

$$P(z)=P_0e^{-2\alpha z} \tag{8.63}$$

其中，$P(z)$为 z 处的传输功率，P_0 为 $z=0$ 处的传输功率。显然，传播单位长度($z=$1m)的损耗功率为

$$P_1=P_0(1-e^{-2\alpha})\approx 2\alpha P_0 \tag{8.64}$$

由此得衰减常数

$$\alpha=\frac{1}{2}\frac{P_1}{P_0} \tag{8.65}$$

由于衰减由导体损耗和介质损耗共同构成，所以

$$\alpha=\alpha_c+\alpha_d \tag{8.66}$$

其中，α_c 为导体衰减常数，α_d 为介质衰减常数。

导体损耗是由管壁电流引起的热损耗。单位长度内的导体损耗功率为

$$P_1=\frac{1}{2}R_S\oint_l|\boldsymbol{J}|^2dl=\frac{1}{2}R_S\oint_l|\boldsymbol{H}_t|^2dl \tag{8.67}$$

其中，$R_S=\frac{1}{\sigma\delta}$为波导壁的单位宽度的表面电阻，且 s 为导体的电导率，$\delta=\sqrt{\frac{2}{\omega\mu\sigma}}$为集肤深度，积分路径 l 为波导横截面的内壁围线。$\boldsymbol{H}_t$ 为波导内壁处的磁场切向分量。

$z=0$ 处波导横截面内的传输功率为

$$P_0=\frac{1}{2}\mathrm{Re}(Z_w)\int_S|\boldsymbol{H}_T|^2dS \tag{8.68}$$

其中，Z_w为所传输模式的波阻抗，$\boldsymbol{H}_T$为磁场的横向分量。将式(8.67)、式(8.68)代入式(8.65)得导体衰减常数为

$$\alpha_c=\frac{R_S}{2\mathrm{Re}(Z_w)}\frac{\oint_l|\boldsymbol{H}_t|^2dl}{\int_S|\boldsymbol{H}_T|^2dS} \tag{8.69}$$

表 8.3 给出了几种常用金属的电导率、集肤深度以及表面电阻值。

表 8.3　常用金属材料的特性

材料	$\sigma/(\mathrm{S/m})$	δ/m	R_S/Ω
银	6.17×10^7	$0.0641/\sqrt{f}$	$2.52\times10^{-7}\sqrt{f}$
紫铜	5.80×10^7	$0.0661/\sqrt{f}$	$2.61\times10^{-7}\sqrt{f}$
金	4.10×10^7	$0.0786/\sqrt{f}$	$3.10\times10^{-7}\sqrt{f}$
铝	3.82×10^7	$0.0814/\sqrt{f}$	$3.22\times10^{-7}\sqrt{f}$
黄铜	1.57×10^7	$0.1270/\sqrt{f}$	$5.01\times10^{-7}\sqrt{f}$

将矩形波导 TE_{mn} 模和 TM_{mn} 模的表达式分别代入式(8.69)可得它们的导体衰减常数分别为

$$\alpha_{c\mathrm{TE}_{mn}}=\frac{2R_S}{\eta b\sqrt{1-(\lambda/\lambda_c)^2}}\left\{\frac{\frac{b}{a}\left(\frac{b}{a}m^2+n^2\right)}{\left(\frac{b}{a}\right)^2m^2+n^2}\left[\frac{\varepsilon_{0n}}{2}-(\lambda/\lambda_c)^2\right]+\left(1+\frac{b}{a}\right)(\lambda/\lambda_c)^2\right\}(\mathrm{Np/m}) \tag{8.70}$$

其中

$$\varepsilon_{0n}=\begin{cases}1, & n=0\\ 2, & n\neq 0\end{cases}$$

$$\alpha_{c\mathrm{TM}_{mn}}=\frac{2R_S}{\eta b\sqrt{1-(\lambda/\lambda_c)^2}}\frac{\left(\frac{b}{a}\right)^3m^2+n^2}{\left(\frac{b}{a}\right)^2m^2+n^2}\ (\mathrm{Np/m}) \tag{8.71}$$

同样可得圆波导 TE_{mn} 模和 TM_{mn} 模的导体衰减常数分别为

$$\alpha_{c\mathrm{TE}_{mn}}=\frac{R_S}{\eta a\sqrt{1-(\lambda/\lambda_c)^2}}\left[(\lambda/\lambda_c)^2+\frac{m^2}{u'^2_{mn}-m^2}\right](\mathrm{Np/m}) \tag{8.72}$$

$$\alpha_{c\mathrm{TM}_{mn}}=\frac{R_S}{\eta a\sqrt{1-(\lambda/\lambda_c)^2}}\ (\mathrm{Np/m}) \tag{8.73}$$

图 8.18 和图 8.19 分别给出了由黄铜制成矩形波导和圆波导几种模式的导体衰减常数曲线。

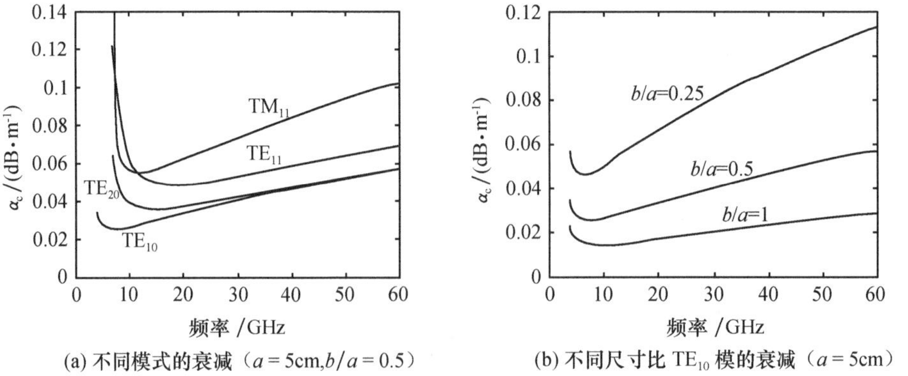

(a) 不同模式的衰减（$a=5\mathrm{cm}, b/a=0.5$）　(b) 不同尺寸比 TE_{10} 模的衰减（$a=5\mathrm{cm}$）

图 8.18　矩形波导的导体衰减系数

可见矩形波导 TE_{10} 模具有最小的衰减，且随尺寸比 b/a 的增加而减小；圆波导 TE_{01} 模具有最小的衰减，且随频率的升高逐渐减小。

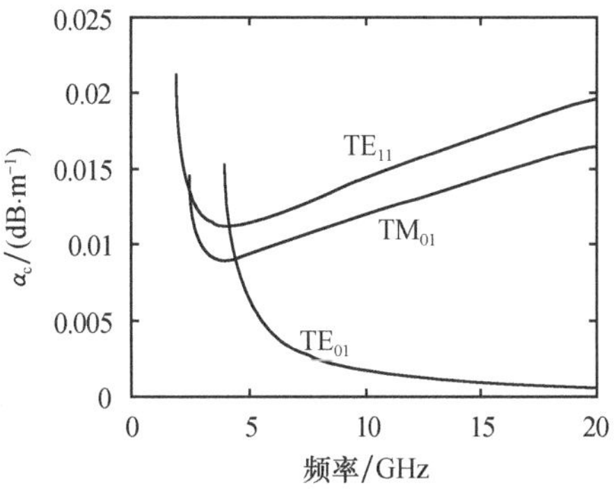

图 8.19　圆波导常用模式的导体衰减系数

当介质存在损耗时(电导率 $\sigma\neq 0$)，其介电常量为复数

$$\tilde{\varepsilon}=\varepsilon\left(1+\mathrm{j}\frac{\sigma}{\omega\varepsilon}\right)$$

于是波导的纵向传播常数变为

$$\begin{aligned}\gamma&=\sqrt{k_c^2-k^2}=\mathrm{j}\omega\sqrt{\mu\varepsilon}\sqrt{1-\mathrm{j}\frac{\sigma}{\omega\varepsilon}-(\lambda/\lambda_c)^2}\\&=\mathrm{j}\omega\sqrt{\mu\varepsilon}\sqrt{1-(\lambda/\lambda_c)^2}\sqrt{1-\mathrm{j}\frac{\sigma/\omega\varepsilon}{1-(\lambda/\lambda_c)^2}}\\&\approx\mathrm{j}\omega\sqrt{\mu\varepsilon}\sqrt{1-(\lambda/\lambda_c)^2}\left\{1-\mathrm{j}\frac{\sigma/\omega\varepsilon}{2[1-(\lambda/\lambda_c)^2]}\right\}\\&=\alpha_d+\mathrm{j}\beta\end{aligned}$$

其实部 α_d 就是介质衰减常数，即

$$\alpha_d=\frac{\sigma\eta}{2\sqrt{1-(\lambda/\lambda_c)^2}}=\frac{\pi\tan\delta}{\lambda\sqrt{1-(\lambda/\lambda_c)^2}}\ (\mathrm{Np/m})\tag{8.74}$$

其中，$\tan\delta=\dfrac{\sigma}{\omega\varepsilon}$称为介质的损耗角正切。式(8.74)对任何模式都是适用的。在厘米波段，介质损耗与导体损耗相比一般可以忽略不计，但到毫米波段，就必须加以考虑。

8.5　同轴线及其高次模

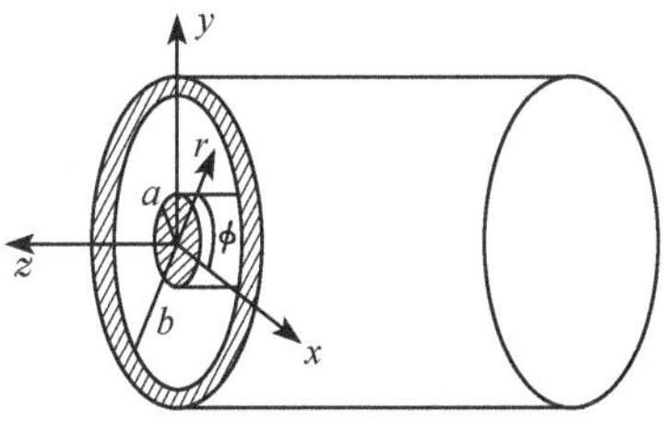

图 8.20　同轴线及其坐标系

如图 8.20 所示由两个轴线与 z 轴重合的圆柱导体构成的传输线称为同轴线，a、b 分别为内导体外半径和外导体内半径。同轴线常用于 2500MHz 以下微波波段作传输线或制作宽频带微波元器件。

同轴线的主模是 TEM 模，TE 模和 TM 模为其高次模。通常同轴线都是以 TEM 模工作。本节从分析同轴线中的三种波形出发，分析同轴线的传输特性，进而讨论其尺寸选择。

8.5.1　同轴线的主模——TEM 模

同轴线是一种双导体传输系统，可以传输 TEM 模。

根据 8.1 节的分析，TEM 模在同轴线横截面上的场分布与静电场的分布相同。其求解可用位函数方法。以电场为例，横截面内的电场为电位 φ 的梯度

$$\boldsymbol{E}=-\nabla\varphi(r,\phi)\mathrm{e}^{-\mathrm{j}\beta z}=\boldsymbol{E}_t(r,\phi)\mathrm{e}^{-\mathrm{j}\beta z}\tag{8.75}$$

其中，$\boldsymbol{E}_{\mathrm{t}}(r, \phi)$表示同轴线横截面上的电场，仅为$r$、$f$的函数。对于TEM模，$k=\beta$，所以$k_c^2=k^2-\beta^2=0$。故电场强度满足

$$\frac{1}{r}\frac{\partial}{\partial r}\left(r\frac{\partial \boldsymbol{E}}{\partial r}\right)+\frac{1}{r^2}\frac{\partial^2 \boldsymbol{E}}{\partial \phi^2}=0 \tag{8.76}$$

将式(8.76)代入式(8.75)，得到电位φ的方程

$$\frac{1}{r}\frac{\partial}{\partial r}\left(r\frac{\partial \varphi}{\partial r}\right)+\frac{1}{r^2}\frac{\partial^2 \varphi}{\partial \phi^2}=0 \tag{8.77}$$

因为同轴线结构具有轴对称性，并且有

$$\frac{\partial \varphi}{\partial \phi}=0$$

于是式(8.77)变为

$$\frac{1}{r}\frac{\partial}{\partial r}\left(r\frac{\partial \varphi}{\partial r}\right)=0 \tag{8.78}$$

其解为

$$\varphi=-A\ln r+B \tag{8.79}$$

将式(8.79)代入式(8.75)，得到

$$\begin{aligned} E&=-\nabla\varphi \mathrm{e}^{-\mathrm{j}\beta z}=-\left(\boldsymbol{a}_r\frac{\partial \varphi}{\partial r}+\boldsymbol{a}_\phi\frac{1}{r}\frac{\partial \varphi}{\partial \phi}+\boldsymbol{a}_z\frac{\partial \varphi}{\partial z}\right)\mathrm{e}^{-\mathrm{j}\beta z} \\ &=-\boldsymbol{a}_r\frac{\partial \varphi}{\partial r}\mathrm{e}^{-\mathrm{j}\beta z}=\boldsymbol{a}_r\frac{A}{r}\mathrm{e}^{-\mathrm{j}\beta z} \end{aligned} \tag{8.80}$$

这表示同轴线传输TEM模时，电场只有E_r分量。式(8.80)中的常数A可以利用边界条件确定。设$z=0$时$r=a$处的电场为E_0，代入式(8.80)，求得

$$A=E_0 a$$

故得电场为

$$E_r=E_0\frac{a}{r}\mathrm{e}^{-\mathrm{j}\beta z} \tag{8.81}$$

磁力线必须与电力线垂直，所以磁场只有H_ϕ分量。可以求得

$$H_\phi=\frac{1}{\mathrm{j}\omega\mu}\left(\frac{\partial E_z}{\partial r}+\mathrm{j}\beta E_r\right)=\frac{\beta}{\omega\mu}E_r=\frac{E_r}{\eta}=\frac{E_0 a}{\eta r}\mathrm{e}^{-\mathrm{j}\beta z} \tag{8.82}$$

其中，$\eta=\sqrt{\mu/\varepsilon}$为介质的波阻抗。

图8.21表示同轴线传输TEM模时的电磁场分布。由图8.21和式(8.81)、式(8.82)可见，愈靠近内导体表面，电磁场愈强。因此内导体的表面电流密度较外导体内表面的表面电流密度大。所以同轴线的热损耗主要发生在截面尺寸较小的内导体上。

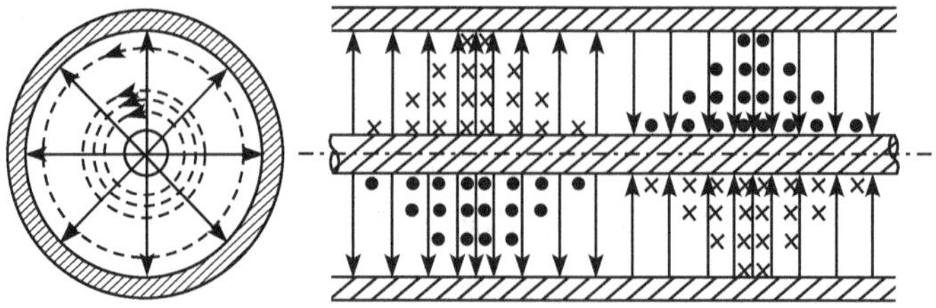

图8.21　同轴线TEM模的场结构

同轴线内导体上的轴向电流

$$I=\oint_l H_\phi \mathrm{d}l=\int_0^{2\pi} H_\phi r\mathrm{d}\phi=2\pi a H_\phi\big|_{r=a}=\frac{2\pi E_0 a}{\eta}\mathrm{e}^{-\mathrm{j}\beta z} \tag{8.83}$$

内外导体之间的电压

$$U=\int_a^b E_r \mathrm{d}r=E_0 a\ln\frac{b}{a}\mathrm{e}^{-\mathrm{j}\beta z} \tag{8.84}$$

于是得到特性阻抗

$$Z_0=\frac{U}{I}=\frac{60}{\sqrt{\varepsilon_\mathrm{r}}}\ln\frac{b}{a}\ \Omega \tag{8.85}$$

图 8.22 表示同轴线特性阻抗与尺寸的关系曲线。

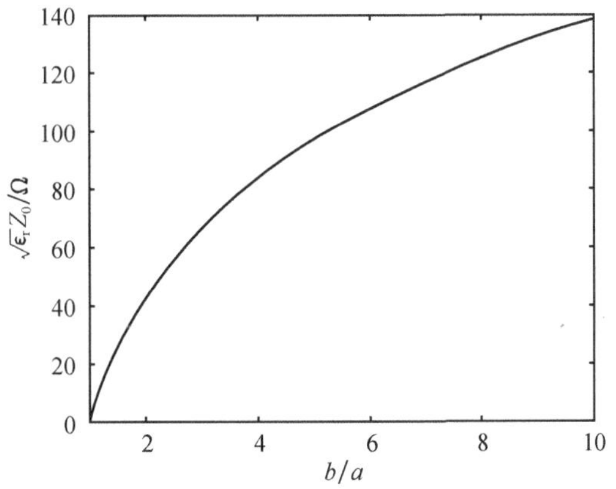

图 8.22　同轴线的特性阻抗

同轴线传输 TEM 模时的功率容量

$$P_{\mathrm{br}}=\frac{1}{2}\frac{|U_{\mathrm{br}}|^2}{Z_0}=\sqrt{\varepsilon_\mathrm{r}}\ \frac{a^2}{120}E_{\mathrm{br}}^2\ln\frac{b}{a} \tag{8.86}$$

其中，E_{br}为介质的击穿强度。空气的击穿强度约为 30kV/cm。例如，内外导体半径分别为 3.5mm 和 8mm 的空气同轴线，其功率容量求得为 700kW。

8.5.2　同轴线的高次模

当同轴线截面尺寸与信号波长可相比拟时，同轴线内部将出现高次模——TE 模和 TM 模。实用中的同轴线都是以 TEM 模工作的。我们分析同轴线中可能出现的高次模的目的在于了解高次模的场结构，确定其截止波长，以便在给定工作频率时选择合适的尺寸，保证同轴线内只传输 TEM 模，或者采取措施抑制高次模的产生。

1. TM 模

分析同轴线中 TM 模的方法与分析圆波导中的 TM 模的方法相似。TM 模的横向场分量可由 E_z 求得，而 E_z 则可由方程(8.42)求得为

$$E_z=[A_1\mathrm{J}_m(k_\mathrm{c}r)+A_2\mathrm{N}_m(k_\mathrm{c}r)]B\begin{Bmatrix}\cos m\phi\\ \sin m\phi\end{Bmatrix}\mathrm{e}^{-\mathrm{j}\beta z} \tag{8.87}$$

与圆波导不同之处在于，对于同轴线，$r=0$ 不属于波的传播区域，故第二类贝塞尔函数应保留。

边界条件要求在 $r=a$ 和 b 处，$E_z=0$，于是得到

$$A_1 J_m(k_c a) + A_2 N_m(k_c a) = 0$$

和

$$A_1 J_m(k_c b) + A_2 N_m(k_c b) = 0$$

因此得到决定 TM 模特征值 k_c 的特征方程

$$\frac{J_m(k_c a)}{J_m(k_c b)} = \frac{N_m(k_c a)}{N_m(k_c b)} \tag{8.88}$$

式(8.88)是个超越方程，其解有无穷多个，每个解的根决定一个 k_c 值，即确定一个截止波长 λ_c。但式(8.88)无解析解，下面我们来求其近似解。对于 $k_c a$ 和 $k_c b$ 值很大的情况，贝塞尔函数可以用三角函数近似表示为

$$J_m(k_c a) \approx \sqrt{\frac{2}{k_c a \pi}} \cos\left(k_c a - \frac{2m+1}{4}\pi\right)$$

$$N_m(k_c a) \approx \sqrt{\frac{2}{k_c a \pi}} \sin\left(k_c a - \frac{2m+1}{4}\pi\right)$$

$$J_m(k_c b) \approx \sqrt{\frac{2}{k_c b \pi}} \cos\left(k_c b - \frac{2m+1}{4}\pi\right)$$

$$N_m(k_c b) \approx \sqrt{\frac{2}{k_c b \pi}} \sin\left(k_c b - \frac{2m+1}{4}\pi\right)$$

代入式(8.88)，并消去共同因子后得到

$$\frac{\sin\left(k_c a - \frac{2m+1}{4}\pi\right)}{\cos\left(k_c a - \frac{2m+1}{4}\pi\right)} \approx \frac{\sin\left(k_c b - \frac{2m+1}{4}\pi\right)}{\cos\left(k_c b - \frac{2m+1}{4}\pi\right)} \tag{8.89}$$

令

$$x = k_c b - \frac{2m+1}{4}\pi \quad 和 \quad y = k_c a - \frac{2m+1}{4}\pi$$

则得

$$\sin x \cos y - \cos x \sin y \approx 0$$

即

$$\sin(x-y) = \sin k_c (b-a) \approx 0$$

由此可得

$$k_c \approx \frac{n\pi}{b-a}, \quad n = 1,2,3,\cdots \tag{8.90}$$

因此得到同轴线中 TM_{mn} 的截止波长近似为

$$\lambda_{cTM} \approx \frac{2}{n}(b-a), \quad n = 1,2,3,\cdots \tag{8.91}$$

最低型 TM_{01} 模的截止波长近似为

$$\lambda_{cTM_{01}} \approx 2(b-a) \tag{8.92}$$

由式(8.91)可以看出，同轴线中 TM 型高次模的截止波长近似与 m 无关。这就意味

着，如果在同轴线内出现 TM_{01} 模，就可能同时出现 TM_{11} 模，TM_{21} 模，TM_{31} 模，… 这是我们所不希望的，因此在设计和使用同轴线时，应设法避免 TM 型模的出现。

2. TE 模

分析同轴线中 TE 模的方法与圆波导中的 TE 模的方法相似。此时 $E_z=0$，H_z 则可由式(8.43)解得为

$$H_z = [A_3 J_m(k_c r) + A_4 N_m(k_c r)] C \begin{cases} \cos m\phi \\ \sin m\phi \end{cases} e^{-j\beta z} \tag{8.93}$$

边界条件要求在 $r=a$ 和 b 处，$\partial H_z/\partial n=0$，于是得到

$$A_3 J'_m(k_c a) + A_4 N'_m(k_c a) = 0$$

和

$$A_3 J'_m(k_c b) + A_4 N'_m(k_c b) = 0$$

由此得到决定 TE 模特征值 k_c 的特征方程

$$\frac{J'_m(k_c a)}{J'_m(k_c b)} = \frac{N'_m(k_c a)}{N'_m(k_c b)} \tag{8.94}$$

式(8.94)也是超越方程，无解析解。用上述近似方法可以求得 $m\neq 0$，$n=1$ 的 TE_{m1} 模的截止波长近似为

$$\lambda_{cTE_{m1}} \approx \frac{\pi(b+a)}{m}, \quad m=1,2,3,\cdots \tag{8.95}$$

最低型 TE_{11} 模的截止波长则为

$$\lambda_{cTE_{11}} \approx \pi(b+a) \tag{8.96}$$

对于 $m=0$ 的情况，式(8.94)变为

$$\frac{J'_0(k_c a)}{J'_0(k_c b)} = \frac{N'_0(k_c a)}{N'_0(k_c b)}$$

根据 $J'_0=-J_1$，$N'_0=-N_1$，则得

$$\frac{J_1(k_c a)}{J_1(k_c b)} = \frac{N_1(k_c a)}{N_1(k_c b)}$$

此式与决定 $m=1$ 的 TM_{1n} 模 k_c 值的式(8.88)相同。因此 TE_{01} 的截止波长近似为

$$\lambda_{cTE_{01}} \approx 2(b-a) \tag{8.97}$$

由式(8.92)、式(8.96)和式(8.97)可以看出，TE_{11} 模是同轴线中的最低型高次模。因此，设计同轴线尺寸时，只要保证能抑制 TE_{11} 模就行了。图 8.23表示同轴线模式的截止波长分布图。图 8.24 表示 TE_{11}、TM_{01} 和 TE_{01} 模的场分布。

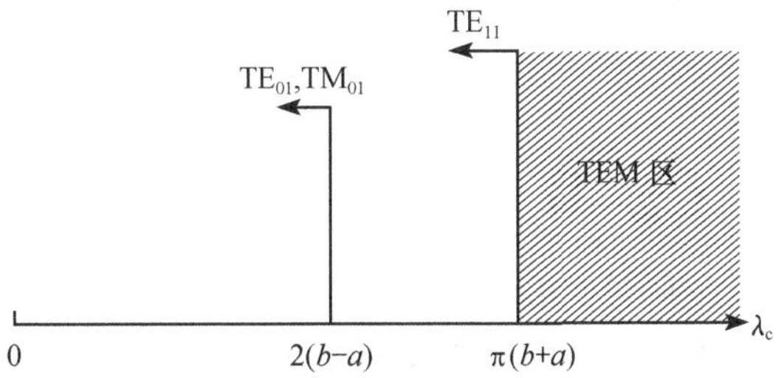

图 8.23　同轴线模式的截止波长分布图

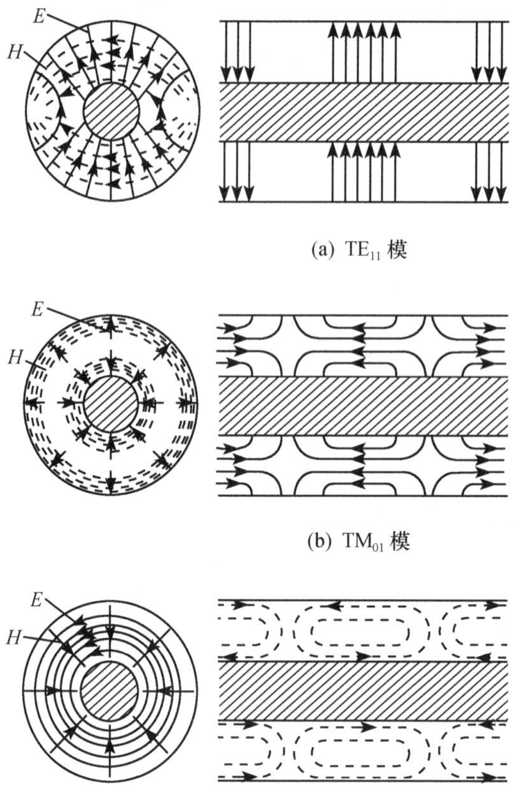

(a) TE_{11} 模

(b) TM_{01} 模

(c) TE_{01} 模

图 8.24　同轴线模式的场结构

8.5.3　同轴线的尺寸选择

尺寸选择的原则是：①保证在给定工作频带内只传输 TEM 模；②满足功率容量要求，即传输功率尽量大；③损耗最小。

为保证只传输 TEM 模，必须满足条件

$$\lambda_{min} \geqslant \pi(b+a)$$

因此得到

$$(b+a) \leqslant \frac{\lambda_{min}}{\pi} \tag{8.98}$$

为保证传输功率最大，在满足式(8.98)条件下，限定 b 值，改变 a，则传输功率也将改变。功率容量最大的条件是 $\mathrm{d}P_{br}/\mathrm{d}a=0$。以式(8.86)代入求得

$$\frac{b}{a} = 1.649 \tag{8.99}$$

其相应的空气同轴线特性阻抗为 30Ω。

传输 TEM 模时，空气同轴线的导体衰减可由式(8.69)求得，此时应同时考虑内导体和外导体，即分子应为内导体和外导体的环路积分之和。代入 TEM 模的场表达式得

$$\alpha_c = \frac{R_S}{2\pi b} \frac{1+\dfrac{b}{a}}{\left(120\ln\dfrac{b}{a}\right)} \ (\text{Np/m}) \tag{8.100}$$

衰减最小的条件是 $d\alpha_c/da=0$。将式(8.100)代入，求得

$$\frac{b}{a} = 3.591 \tag{8.101}$$

其相应的空气同轴线特性阻抗为 76.71Ω。

计算表明，b/a 在一个比较宽的范围内变化时，衰减因数最小值基本不变，即当 b/a 从 3.2 变到 4.1 时，衰减因数最小值变化小于 0.5%，b/a 为 5.2 和 b/a 为 2.6 相比，衰减因数最小值仅增加 5%。

如果对衰减最小和功率最大都有要求，则一般折中地取

$$\frac{b}{a} = 2.303 \tag{8.102}$$

其相应的空气同轴线特性阻抗为 50Ω。

小　　结

(1)本章主要讨论了规则金属波导的理论，包括波形的分类、波形的场结构以及轴向传输特性。

(2)不同的导波装置可以传输不同模式的电磁波。TEM 波模式只能存在于多导体传输系统中，在波导中不能传输波 TEM 波，只能传输 TE 波或 TM 波。

(3)波导中波的传输必须满足如下条件

$$\lambda < \lambda_c \quad 或 \quad f > f_c$$

即工作波长小于截至波长或者说工作频率大于截止频率的模才能传输。工作波长一定时某模式的 λ_c 或 f_c 决定该模式能否在波导中存在。TEM 波不存在截止频率，即任何频率的 TEM 波都能在多导体的导波结构中传输。

(4)表示波导传输特性的主要参数及其公式如下：

截止频率和截止波长

$$f_c = \frac{k_c}{2\pi\sqrt{\mu\varepsilon}},\quad \lambda_c = \frac{v}{f_c} = \frac{2\pi}{k_c}$$

相速度和群速度

$$v_p = \frac{v}{\sqrt{1-\left(\dfrac{\lambda}{\lambda_c}\right)^2}},\quad v_g = \sqrt{1-\left(\frac{\lambda}{\lambda_c}\right)^2}\, v$$

波导波长

$$\lambda_g = \frac{2\pi}{\beta} = \frac{\lambda}{\sqrt{1-\left(\dfrac{\lambda}{\lambda_c}\right)^2}}$$

波阻抗

TEM 波、TM 波及 TE 波的波阻抗分别为

$$Z_{\mathrm{TEM}}=\eta=\sqrt{\frac{\mu}{\varepsilon}},\quad Z_{\mathrm{TM}}=\frac{\beta}{\omega\varepsilon}=\eta\sqrt{1-\left(\frac{\lambda}{\lambda_c}\right)^2},\quad Z_{\mathrm{TE}}=\frac{\omega\varepsilon}{p}=\frac{\eta}{\sqrt{1-\left(\frac{\lambda}{\lambda_c}\right)^2}}$$

上述各式中 λ 为介质中的工作波长；v 为介质中的光速；η 为介质的波阻抗。

(5)矩形波导的主模是 TE_{10} 模，圆波导的常用模式有 TE_{11} 模、TE_{01} 模和 TM_{01} 模，其中，TE_{11} 模是其主模。但 TE_{11} 模存在极化简并现象，使其应用受到限制。

(6)矩形波导 TE_{10} 模具有最小的衰减，且随尺寸比 b/a 的增加而减小；圆波导 TE_{01} 模具有最小的衰减，且随频率的升高逐渐减小。

(7)同轴线主要用于 TEM 模的传输，TEM 模是其主模，TE 模和 TM 模是高次模，应设法加以抑制。为保证 TEM 模单模传输，同轴线的横截面尺寸必须使最小工作波长满足

$$\lambda_{\min}<\pi(b+a)$$

(8)填充相对介电常量为 ε_r 的介质的同轴线的特性阻抗 Z_0 为

$$Z_0=\frac{60}{\sqrt{\varepsilon_r}}\ln\frac{b}{a}$$

习　题

8.1　何谓工作波长、截止波长和波导波长？它们之间的关系是什么？

8.2　为什么只有 $\lambda<\lambda_c$ 的波长能在波导中传输？

8.3　何谓波导的色散特性？波导为什么存在色散特性？

8.4　两块无限大金属板相距为 a，已知其中沿 z 方向传播的电磁场纵向分量为

$$H_z=H_{zm}(A\cos k_x x+B\sin k_x x)\mathrm{e}^{-\mathrm{j}\beta z}$$
$$E_z=0$$

(1)求其余各场分量，说明该系统传播什么波，其截止波长为多少？

(2)画出金属板上传导电流分布。

8.5　矩形波导中波型指数 m 和 n 的物理意义如何？矩形波导中波型的场结构规律是怎样的？

8.6　如用 BJ-32 矩形波导($a\times b=72.14\mathrm{mm}\times 34.04\mathrm{mm}$)作为馈线，

(1)当工作波长为 6cm 时，波导中能传输哪些波型？

(2)今测得波导中传输 TE_{10} 模时两波节点的距离为 10.9cm，求 λ_g 和 λ。

(3)在波导中传输 TE_{10} 模时，$\lambda_0=10\mathrm{cm}$，求 v_p、v_g、λ_c 和 λ_g。

8.7　用 BJ-100 矩形波导($a\times b=22.86\mathrm{cm}\times 10.16\mathrm{mm}$)传输电磁波时，已知其工作频率为 10GHz。

(1)求 λ_c、λ_g 和 β；

(2)若波导宽边尺寸增大一倍，问上述参数将如何变化？

(3)若波导窄边尺寸增大一倍，问上述参数将如何变化？

(4)若波导尺寸不变，工作频率为 15GHz，上述参数又将如何变化？

8.8　圆柱型波导中的波型指数 m 和 n 的意义如何？为什么不存在 $n=0$ 的波型？圆波导中波型场结构的规律如何？

8.9　圆波导中 TE_{11}、TE_{01} 和 TM_{01} 模的特点是什么？有何应用？

8.10　何谓波导的简并？矩形波导和圆形波导中简并有何异同？

8.11　一空气填充的圆波导中传输 TE_{01} 模，已知 $\lambda/\lambda_c=0.9$，$f_0=5GHz$。

(1)求 λ_g 和 β；

(2)若波导半径扩大一倍，β 将如何变化？

8.12　在矩形波导中传输 TE_{10} 模，求填充介质(介电常量位 ε)时的截止波长和波导波长。在圆形波导中传输最低模式时，若波导填充介质(介电常量位 ε)时，λ_c 和 λ_g 将如何变化？

8.13　空气圆波导的直径为 5cm，求

(1)TE_{11}、TM_{01}、TE_{01} 模的截止波长；

(2)当工作波长分别是 7cm、6cm、3cm 时，波导中能存在哪些模？

(3)求 λ_0 为 7cm 时主模的波导波长。

8.14　试计算 BJ-32 波导在工作频率 3000MHz 时传输 TE_{10} 模的衰减常数。设波导填充 $\varepsilon_r=2.25$ 的介质，其 $\tan\delta=0.0007$，求总的衰减常数。

8.15　空气同轴线的尺寸为 $a=1cm$，$b=4cm$，

(1)计算 TE_{11}、TM_{01}、TE_{01} 三个高次模的截止波长；

(2)若工作波长为 10cm，求 TEM 和 TE_{11} 模的相速度。

8.16　求 BJ-100 波导在频率为 10GHz 时的极限功率和衰减常数(设波导材料为黄铜)。

8.17　某发射机工作波长范围为 10～20cm，用同轴线作馈线，要求损耗最小，试设计同轴线尺寸。

8.18　空气同轴线的尺寸为 $a=1cm$，$b=4cm$，为保证只传输 TEM 模，工作波长至少应为多少？

8.19　某雷达采用矩形波导作馈线，传输 TE_{10} 模，要求在最大波长和最小波长时传输功率相差不到一倍，试计算 λ_{max}、λ_{min} 和波导尺寸。

8.20　有一频率为 14GHz 的信号，用直径 5.16cm 的紫铜圆波导传输 100m，要求衰减小于 1dB，问应选择何种工作模式？

综合性拓展练习题

8.1　导波结构在微波毫米波通信系统中的应用实例。

8.2　介质波导的工作机理及其应用。

8.3　如何采用矩形波导构成八路合成固态放大器。

8.4　设计一款同轴线-微带线变换器应用于微波集成电路。

8.5　雷达或通信系统需要旋转天线以扫描或跟踪目标，可以利用圆波导构成旋转关节并传输信号，表达旋转关节的工作原理？

*第 9 章　电磁场数值方法简介

求解电磁场的各种问题，归根结底就是求解场量所满足的方程在特定边界条件下的解。只有当方程比较简单而区域又很规则(如矩形、圆等)时，才可能用解析方法求出其准确解来。工程技术中所遇到的大多数问题，往往不是由于方程比较复杂就是由于区域不很规则，以至无法求出其准确解。这时，有效的做法就是求出一些点上的数值近似解。只要近似程度满足实际需求，问题就算获得了解决。实际上，在一些复杂问题的推导过程中，不免要作一些简化，由于方程或边界条件或多或少的近似性，所谓准确解其实也是近似的。

电磁场量所满足的方程通常可以表示成微分方程的形式或积分方程的形式，据此可以将求解电磁场问题的数值方法划分为微分方程法和积分方程法。在常用的各种数值方法中，有限差分法、有限元法和时域有限差分法是微分方程法的典型代表，而矩量法则是最常用的积分方程法。

本章将对这些常用的数值方法加以简单介绍。

9.1　有限差分法

有限差分法对于解决任何偏微分方程都是一种可行的方法，因为所有的电磁场问题都可以表示成标量或矢量偏微分方程，所以可以利用有限差分法解决各种介质中电磁场的空间分布。有限差分法把要解决的区域划分为有限个离散点，并将偏微分方程用一组差分方程代替。因此，这种方法是不准确的、是近似的。但是，如果我们把离散点取得足够密，就能够把误差减小到可以接受的程度。

9.1.1　差分方程的导出

有限差分法最关键的一步就是在每个离散点上将微分方程中涉及的各阶导数用该点的差商近似表示。众所周知，函数的导数是函数的增量与自变量增量之比的极限，即

$$
\begin{aligned}
u'(x) &= \lim_{\Delta x \to 0} \frac{u(x+\Delta x)-u(x)}{\Delta x} \\
&= \lim_{\Delta x \to 0} \frac{u(x)-u(x-\Delta x)}{\Delta x} \\
u''(x) &= \lim_{\Delta x \to 0} \frac{u'(x+\Delta x)-u'(x)}{\Delta x} \\
&= \lim_{\Delta x \to 0} \frac{1}{\Delta x}\left[\frac{u(x+\Delta x)-u(x)}{\Delta x}-\frac{u(x)-u(x-\Delta x)}{\Delta x}\right] \\
&= \lim_{\Delta x \to 0} \frac{u(x+\Delta x)-2u(x)+u(x-\Delta x)}{(\Delta x)^2}
\end{aligned}
$$

当 Δx 很小时，$u'(x)$ 可以近似地用差商 $\frac{u(x+\Delta x)-u(x)}{\Delta x}$ 或 $\frac{u(x)-u(x-\Delta x)}{\Delta x}$ 代替，

$u''(x)$可近似地用二阶差商$\dfrac{u(x+\Delta x)-2u(x)+u(x-\Delta x)}{(\Delta x)^2}$代替。从而一个微分方程可近似地用一个差分方程来代替。虽然大多数电磁场问题是随三维空间坐标(x, y, z)变化的三维问题，但为说明问题方便，这里仅就只随(x, y)变化的二维问题进行说明，所得结论也适合于三维问题。例如，二维偏微分方程

$$\frac{\partial^2 u}{\partial x^2}+\frac{\partial^2 u}{\partial y^2}=f(x,y) \tag{9.1}$$

可以用方程

$$\frac{u(x+\Delta x,y)-2u(x,y)+u(x-\Delta x,y)}{(\Delta x)^2}+\frac{u(x,y+\Delta y)-2u(x,y)+u(x,y-\Delta y)}{(\Delta y)^2}=f(x,y) \tag{9.2}$$

近似地代替。这种近似代替所产生的误差可作如下估计：

对于充分光滑的函数 $u=u(x, y)$，利用泰勒公式展开，可得

$$\begin{aligned}&u(x+\Delta x,y)-2u(x,y)+u(x-\Delta x,y)\\
&=\left[u(x,y)+\frac{\partial u(x,y)}{\partial x}\Delta x+\frac{1}{2!}\frac{\partial^2 u(x,y)}{\partial x^2}(\Delta x)^2+\frac{1}{3!}\frac{\partial^3 u(x,y)}{\partial x^3}(\Delta x)^3\right.\\
&\quad\left.+\frac{1}{4!}\frac{\partial^4 u(x,y)}{\partial x^4}(\Delta x)^4+\cdots\right]+\left[u(x,y)-\frac{\partial u(x,y)}{\partial x}\Delta x+\frac{1}{2!}\frac{\partial^2 u(x,y)}{\partial x^2}(\Delta x)^2\right.\\
&\quad\left.-\frac{1}{3!}\frac{\partial^3 u(x,y)}{\partial x^3}(\Delta x)^3+\frac{1}{4!}\frac{\partial^4 u(x,y)}{\partial x^4}(\Delta x)^4+\cdots\right]-2u(x,y)\\
&=\frac{\partial^2 u(x,y)}{\partial x^2}(\Delta x)^2+\frac{1}{4!}\left[\frac{\partial^4 u(x,y)}{\partial x^4}+\frac{\partial^4 u(x,y)}{\partial x^4}\right](\Delta x)^4+\cdots\end{aligned}$$

于是有

$$\frac{u(x+\Delta x,y)-2u(x,y)+u(x-\Delta x,y)}{(\Delta x)^2}=\frac{\partial^2 u(x,y)}{\partial x^2}+O((\Delta x)^2)$$

同理有

$$\frac{u(x,y+\Delta y)-2u(x,y)+u(x,y-\Delta y)}{(\Delta y)^2}=\frac{\partial^2 u(x,y)}{\partial y^2}+O((\Delta y)^2)$$

因此用式(9.2)近似代替二维偏微分方程(9.1)，其截断误差为$(\Delta x)^2+(\Delta y)^2$ 的数量级。如果 $\Delta x=\Delta y=h$，则截断误差为 h^2 数量级。

我们的目的是根据边界条件来确定区域内的 $u(x, y)$，首先，作平行于坐标轴的两族直线

$$x_i=x_0+ih_x$$
$$y_j=y_0+jh_y$$

这两族直线将区域分割成有限数目的网格，网格的边长 h_x、h_y 称为步长，点(x_i, y_j)称为网格的节点，如图 9.1 所示。

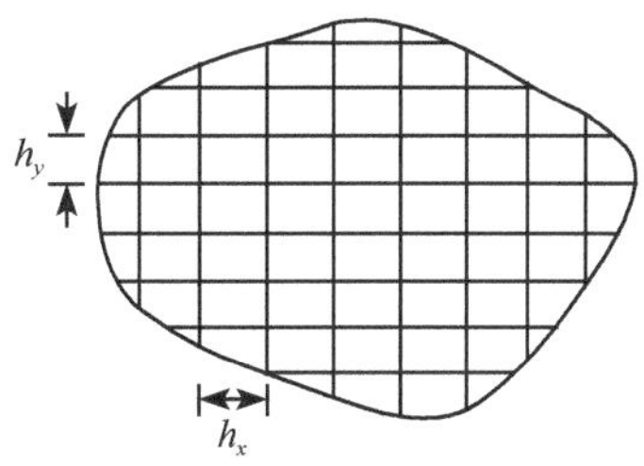

图 9.1　待求区域网格划分

当 h_x、h_y 足够小时，在计算区域内部任一节点$(x_i,$

y_j)处，方程(9.2)可表示为

$$\frac{u(x_i+h_x,y_j)-2u(x_i,y_j)+u(x_i-h_x,y_j)}{h_x^2}+\frac{u(x_i,y_j+h_y)-2u(x_i,y_j)+u(x_i,y_j-h_y)}{h_y^2}=f(x_i,y_j) \tag{9.3}$$

这就是偏微分方程(9.1)在节点(x_i，y_j)处的差分方程，其他类型的偏微分方程的差分方程可以类似地导出。

9.1.2 边界条件的处理

边界条件在电磁场问题的求解中起着至关重要的作用，因为不同电磁场问题可以满足相同的偏微分方程，它们之所以有不同的解就是因为满足的边界条件不同。电磁场问题的边界条件一般可分为三类(图 9.2)：第一类是限定待求的场量 u 在区域的边界 G 上等于已知函数，即$u|_G=g(x, y)$，这种边界条件称为第一类边界条件；第二类是在边界 G 上限定 u 沿边界外法线方向的方向导数等于已知函数，即$\left.\frac{\partial u}{\partial n}\right|_G=g(x, y)$，称为第二类边界条件；第三类是在边界 G 的一部分上限定 u 等于已知函数，另一部分上限定外法线方向的方向导数等于已知函数，即$u|_{G_1}=g_1(x, y)$，$\left.\frac{\partial u}{\partial n}\right|_{G_2}=g_2(x, y)$，称为第三类边界条件。

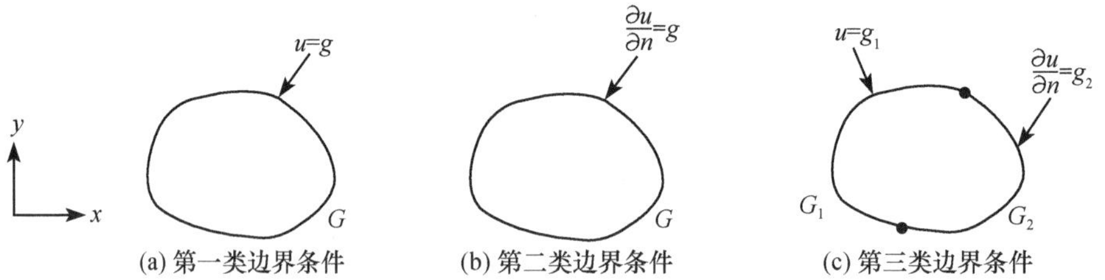

图 9.2 边界条件的分类

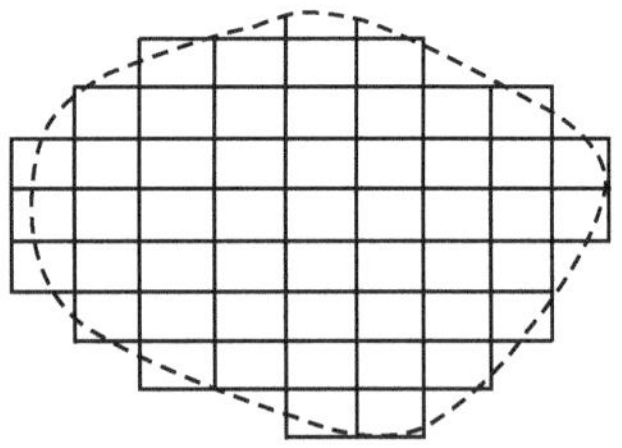

图 9.3 近似区域与边界

以 G_h 表示由最靠近原边界 G 的那些网格节点连成的封闭折线，如图 9.3 中实线所示，G_h 就是原边界 G 的近似边界，G_h 所包围的所有网格的区域是一个与原区域近似的区域。

有限差分法就是以 G_h 代替 G，以近似区域代替原区域，然后在近似区域内部(不包括边界 G_h)所有节点上求出差分方程(9.3)解的近似值。

为求得近似解，还需将原问题中的边界条件化成差分方程的边界条件，即确定出解在 G_h 上各节点处的近似值。首先说明第一类边界条件在 G_h 上的表示方法。

对于 G_h 上的任一节点(x_i，y_j)，在 G 上都能找到一点(x_i^*，y_j^*)，使得(x_i^*，y_j^*)与(x_i，y_j)之间的距离最短。由于(x_i^*，y_j^*)在 G 上，所以函数 $g(x, y)$在该点的值 $g(x_i^*, y_j^*)$为已知，我们可取

$$u\big|_{(x_i,y_j)\in G_h} = g(x_i^*, y_j^*) \tag{9.4}$$

这样在 G_h 的每一节点上就给出了解的近似值。

下面考虑如果边界条件不是第一类的而是第二类或第三类边界条件，如何处理网格边界节点(属于 G_h 的节点)上解的值。

我们以第二类边界条件

$$\left.\frac{\partial u}{\partial n}\right|_G = g(x,y) \tag{9.5}$$

为例，说明如何对其进行处理。

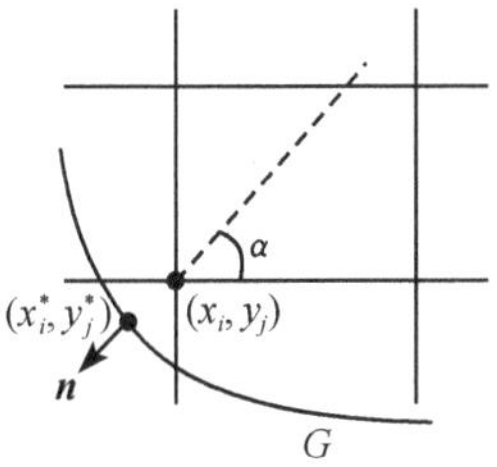

图 9.4　第二类边界条件的处理

通过 G_h 上任一节点(x_i, y_j)作边界 G 的外法线，此法线与 G 相交于(x_i^*, y_j^*)点，如图 9.4，以该点处的外法向单位矢量作为在 G_h 上点(x_i, y_j)点的 $\boldsymbol{n}$，设矢量 $\boldsymbol{n}$ 与 x 轴的夹角为 α，则

$$\left.\frac{\partial u}{\partial n}\right|_{(x_i,y_j)} = \left(\frac{\partial u}{\partial x}\boldsymbol{a}_x + \frac{\partial u}{\partial y}\boldsymbol{a}_y\right)\cdot\boldsymbol{n}$$

$$= -\frac{\partial u}{\partial x}\cos\alpha - \frac{\partial u}{\partial y}\sin\alpha \tag{9.6}$$

将偏导数 $\frac{\partial u}{\partial x}$ 及 $\frac{\partial u}{\partial y}$ 分别用差商 $\frac{u(x_i+h_x,y_j)-u(x_i,y_j)}{h_x}$ 及 $\frac{u(x_i,y_j+h_y)-u(x_i,y_j)}{h_y}$ 来代替，并以 $g(x_i^*, y_j^*)$来代替 $g(x_i, y_j)$，则由式(9.6)得

$$\frac{u(x_i,y_j)-u(x_i+h_x,y_j)}{h_x}\cos\alpha + \frac{u(x_i,y_j)-u(x_i,y_j+h_y)}{h_y}\sin\alpha = g(x_i^*, y_j^*)$$

或者

$$u(x_i,y_j) = \frac{h_x\sin\alpha\, u(x_i,y_j+h_y) + h_y\cos\alpha\, u(x_i+h_x,y_j) + h_x h_y g(x_i^*, y_j^*)}{h_x\sin\alpha + h_y\cos\alpha} \tag{9.7}$$

这样就得到了 G_h 上与第二类边界条件(9.5)相对应的离散边界条件。至于第三类边界条件，在 G_1 和 G_2 上，可分别仿照式(9.4)和式(9.7)处理。

具体求解时，若为第一类边界条件，则边界节点上的近似结果由式(9.4)给出，不必计算，内部节点近似值由各内部节点的差分方程联立求出；若为第二类边界条件，则边界节点和内部节点上的近似解由式(9.3)和式(9.7)联立计算；若为第三类边界条件，一部分边界节点的近似结果不需计算，直接由式(9.4)给出，而另一部分边界节点以及内部节点上的解则需由式(9.3)和式(9.7)联立求得。

9.1.3　差分方程的求解

下面通过一个具体的例子说明有限差分法的求解过程。

在给定如图 9.5 所示边界条件的情况下确定区域内的静电场电位分布。

根据电磁场理论，电位在区域内满足二维拉普拉斯方程 $\frac{\partial^2 V}{\partial x^2}+\frac{\partial^2 V}{\partial y^2}$。另外注意到，在边界 $x=0$，$0<y<3$、$y=0$，$0<x<3$ 以及 $x=3$，$0<y<3$ 上的电位为常数 $V=0$；在边界 $y=0$，$0<x<3$ 上电位也为常数 $V=100\text{V}$，即限定了待求函数在边界上的值，所以该问题的边界条件是第一类边界条件。

为了利用有限差分法确定电位的分布，我们把区域离散成边长为 $h_x=h_y=h=1$ 的方形网格，如图 9.6。这里只为了说明有限差分法的求解过程，网格划分得比较粗，若从提高计算精度的角度考虑，网格应取得更小一些。有了这些给定的网格，有限差分法的任务就是确定点(1，1)，(1，2)，(2，1)，(2，2)的电位。点(1，3)和点(2，3)的电位已经给出为 100V，点(0，0)，(0，1)，(0，2)，(0，3)，(1，0)，(2，0)，(3，0)，(3，1)，(3，2)和(3，3)的电位全为零。为书写简便，令 $V_1=V(1,2)$，$V_2=V(2,2)$，$V_3=V(1,1)$，$V_4=V(2,1)$。

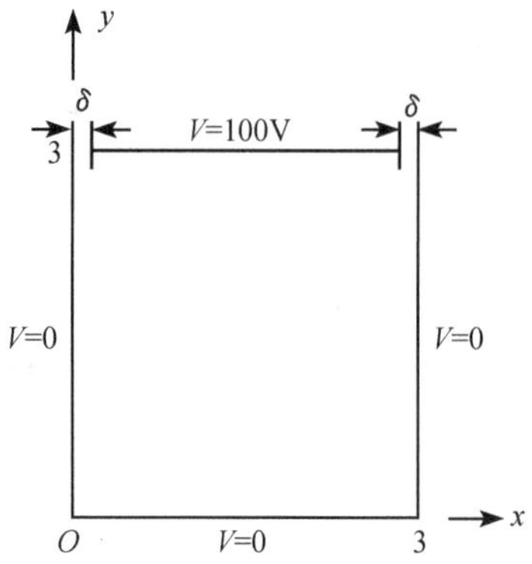

图 9.5　电位边值问题模型

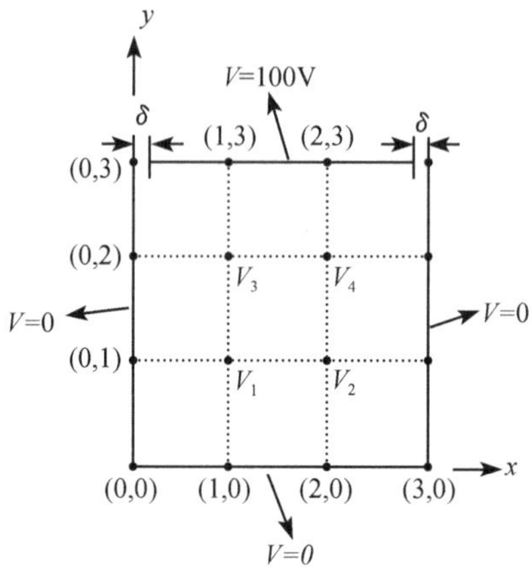

图 9.6　图 9.5 的网格划分

拉普拉斯方程是方程(9.2)在 $f(x,y)=0$ 时的特例，各节点处的差分方程可由式(9.3)得到。

$$
\begin{aligned}
&[V_2-2V_1+V(0,1)]/h^2+[V_3-2V_1+V(1,0)]/h^2=0\\
&[V(3,1)-2V_2+V_1]/h^2+[V_4-2V_2+V(2,0)]/h^2=0\\
&[V_4-2V_3+V(0,2)]/h^2+[V(1,3)-2V_3+V_1]/h^2=0\\
&[V(3,2)-2V_4+V_3]/h^2+[V(2,3)-2V_4+V_2]/h^2=0
\end{aligned}
$$

或

$$V_1=\frac{1}{4}(V_2+0+V_3+0)$$

$$V_2=\frac{1}{4}(0+V_1+V_4+0)$$

$$V_3=\frac{1}{4}(V_4+0+100+V_1)$$

$$V_4=\frac{1}{4}(0+V_3+100+V_2)$$

整理可得

$$
\begin{aligned}
4V_1-V_2-V_3&=0\\
-V_1+4V_2-V_4&=0\\
-V_1+4V_3-V_4&=100\\
-V_2-V_3+4V_4&=100
\end{aligned}
$$

写出矩阵形式为

$$\begin{bmatrix} 4 & -1 & -1 & 0 \\ -1 & 4 & 0 & -1 \\ -1 & 0 & 4 & -1 \\ 0 & -1 & -1 & 4 \end{bmatrix}\begin{bmatrix} V_1 \\ V_2 \\ V_3 \\ V_4 \end{bmatrix}=\begin{bmatrix} 0 \\ 0 \\ 100 \\ 100 \end{bmatrix} \tag{9.8}$$

可简洁地表示为

$$\boldsymbol{AV}=\boldsymbol{b}$$

因此，可以得到待求得电位向量 $\boldsymbol{V}=\boldsymbol{A}^{-1}\boldsymbol{b}$。结果为 $V_1=12.5\text{V}$，$V_2=12.5\text{V}$，$V_3=37.5\text{V}$，$V_4=37.5\text{V}$。

当计算区域较大而网格的尺寸很小时，网格节点的数量将非常庞大，方程组(9.8)含有大量的未知数，直接求解的方法往往受到电子计算机存储量的限制而难以实施，这时可以采用迭代法求解。这里以拉普拉斯方程为例加以说明，以 $V_{i,j}$ 表示内部节点$(x_i，y_j)$上的值，如图 9.7所示，差分方程为

$$[V_{i+1,j}-2V_{i,j}+V_{i-1,j}]/h_x^2+[V_{i,j+1}-2V_{i,j}+V_{i,j-1}]/h_y^2=0$$

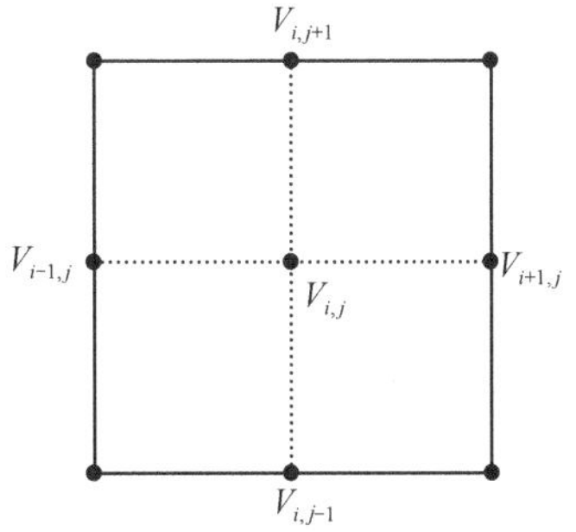

图 9.7　迭代法示意图

或

$$V_{i,j}=\frac{h_x^2(V_{i,j+1}+V_{i,j-1})+h_y^2(V_{i+1,j}+V_{i-1,j})}{2(h_x^2+h_y^2)} \tag{9.9}$$

最简单的迭代方式是同步迭代法，即首先任意给定在网格区域内节点$(x_i，y_j)$上的数值作为解的零次近似 $\{V_{i,j}^{(0)}\}$，把这组数值代入式(9.9)的右端得到

$$V_{i,j}^{(1)}=\frac{1}{2(h_x^2+h_y^2)}[h_x^2(V_{i,j+1}^{(0)}+V_{i,j-1}^{(0)})+h_y^2(V_{i+1,j}^{(0)}+V_{i-1,j}^{(0)})]$$

将 $V_{i,j}^{(1)}$ 作为解的一次近似，右端四个值当中若涉及边界节点上的值，均用相应的已知值 $g(x_i^*，y_j^*)$代入。一般地，在已得到解的第 k 次近似 $\{V_{i,j}^{(k)}\}$ 后，由公式

$$V_{i,j}^{(k+1)}=\frac{1}{2(h_x^2+h_y^2)}[h_x^2(V_{i,j+1}^{(k)}+V_{i,j-1}^{(k)})+h_y^2(V_{i+1,j}^{(k)}+V_{i-1,j}^{(k)})] \tag{9.10}$$

得到解的第 $k+1$ 次近似。这样就得到一个近似解的序列 $\{V_{i,j}^{(k)}\}(k=0，1，2，\cdots)$。可以证明，不论零次近似 $\{V_{i,j}^{(0)}\}$ 如何选取，当 k 相当大时，$\{V_{i,j}^{(k)}\}$ 就给出所要求的近似值。通常，对充分大的 k，当相邻两次迭代解 $\{V_{i,j}^{(k-1)}\}$，$\{V_{i,j}^{(k)}\}$ 间的误差 $\max\limits_{i,j}|V_{i,j}^{(k)}-V_{i,j}^{(k-1)}|$ 小于某个预先给定的适当小的控制数 $\varepsilon>0$ 时，就结束迭代过程。

一般来说，同步迭代法的收敛速度是比较慢的。为了加快迭代程序的收敛性，常常采用异步迭代法。所谓的异步迭代法就是在计算第 $k+1$ 次近似值 $V_{i,j}^{(k+1)}$ 时，所涉及的四个相邻节点中有些节点处的第 $k+1$ 次近似值已经求得，就用这些值代替式(9.10)右端的第 k 次近似值。在使用异步迭代法时，必须将网格区域的节点按一定的顺序进行排列，并逐个进行迭代。通常是在每一横排上从左到右依次进行迭代，等这一排所有节点全部做完了之后，再紧接着对上一排的所有节点用同一顺序进行迭代。显然，在求节点$(x_i，y_j)$处的第 $k+1$ 次近似值 $V_{i,j}^{(k+1)}$ 时，其周围四个相邻节点中有两个节点$(x_{i+1}，y_j)$及$(x_i，$

y_{j+1})处还只有第 k 次近似值。因此异步迭代法的相应迭代公式为

$$V_{i,j}^{(k+1)} = \frac{1}{2(h_x^2+h_y^2)}[h_x^2(V_{i,j+1}^{(k)}+V_{i,j-1}^{(k+1)})+h_y^2(V_{i+1,j}^{(k)}+V_{i-1,j}^{(k+1)})] \tag{9.11}$$

与同步迭代法类似，当此式右端涉及边界节点上的值时，均用边界条件中所给的已知值代入。

由于异步迭代法中有一半是用了迭代的新值，所以异步迭代法的收敛速度比同步迭代法的收敛速度要快一倍左右。

这里用异步迭代法对前面的例子进行求解，取零阶近似 $V_1^{(0)}=V_2^{(0)}=V_3^{(0)}=V_4^{(0)}=0$。前三次以及第 10 次迭代结果如表 9.1 所示。可见第 10 次的迭代结果已经与直接求解的结果一致，事实上，第 9 次与第 10 次迭代结果仅在小数点后第 4 位存在差别。

表 9.1　各迭代步骤的结果

步骤 1	步骤 2	步骤 3	步骤 10
$V_1^{(1)}=0$	$V_1^{(2)}=6.25$	$V_1^{(3)}=10.9375$	$V_1^{(10)}=12.4999$
$V_2^{(1)}=0$	$V_2^{(2)}=9.375$	$V_2^{(3)}=11.7188$	$V_2^{(10)}=12.5$
$V_3^{(1)}=25$	$V_3^{(2)}=34.375$	$V_3^{(3)}=36.7188$	$V_3^{(10)}=37.5$
$V_4^{(1)}=31.25$	$V_4^{(2)}=35.9375$	$V_4^{(3)}=37.1094$	$V_4^{(10)}=37.5$

9.2 有限元法

有限元法(finite-element method，FEM)是近似求解边值问题的一种常用数值方法，它最先被结构工程师用来评估如桥梁、船舶等综合建筑的应力和应变。深入分析表明，许多微分方程边值型问题可以等价地表示成一个泛函的极小值问题，因此可以通过使泛函取得极小值得到问题的近似解。泛函的极值问题称为变分问题，而求泛函极值的方法就称为变分法。

9.2.1　泛函与变分

设 $\{y(x)\}$ 是一个函数集合(其中，x 泛指单元或多元变量)，如果对于集中任意给定一个函数 y，都有某一个确定的数值与之对应，记为 $J[y]$，则称 $J[y]$ 为定义于函数集合 $\{y(x)\}$ 上的一个泛函。或者通俗地讲，泛函是函数的函数。函数 $y(x)$与另一个与之相接近的函数 $\bar{y}(x)$之差 $\delta y=\bar{y}(x)-y(x)$称为函数$y(x)$的变分，显然，变分 δy 是 x 的函数。必须注意变分与函数增量 Δy 的差别：δy 反映的是整个函数的变化，而 Δy 反映的是同一函数因 x 取不同值而产生的函数值的差异。

如果 $y(x)$和 $\bar{y}(x)$都是可导的，则

$$(\delta y)' = [\bar{y}(x)-y(x)]' = \bar{y}'(x)-y'(x) = \delta(y') \tag{9.12}$$

可见函数的导数运算和变分运算可以交换顺序。

下面通过一个简单的泛函说明泛函变分的概念，考虑泛函

$$J[y] = \int_{x_0}^{x_1} F(x,y,y')\mathrm{d}x \tag{9.13}$$

其中，F 是 x、y、y'的函数，给函数 $y(x)$一个变分，则泛函的增量

$$\Delta J[y]=\int_{x_0}^{x_1}F(x,y+\delta y,y'+\delta y')\mathrm{d}x-\int_{x_0}^{x_1}F(x,y,y')\mathrm{d}x$$

如果 $F(x, y, y')$ 对 x、y、y' 的各阶偏导数都存在，则上式可展开为

$$\begin{aligned}\Delta J[y]=&\int_{x_0}^{x_1}\left(\frac{\partial F}{\partial y}\delta y+\frac{\partial F}{\partial y'}\delta y'\right)\mathrm{d}x\\&+\int_{x_0}^{x_1}\frac{1}{2!}\left[\frac{\partial^2 F}{\partial y^2}(\delta y)^2+2\frac{\partial^2 F}{\partial y\partial y'}\delta y\delta y'+\frac{\partial^2 F}{\partial y'^2}(\delta y')^2\right]\mathrm{d}x+\cdots\\=&\ \delta J+\delta^2 J+\cdots\end{aligned}$$

$$\delta J=\int_{x_0}^{x_1}\left(\frac{\partial F}{\partial y}\delta y+\frac{\partial F}{\partial y'}\delta y'\right)\mathrm{d}x \tag{9.14a}$$

$$\delta^2 J=\int_{x_0}^{x_1}\frac{1}{2!}\left[\frac{\partial^2 F}{\partial y^2}(\delta y)^2+2\frac{\partial^2 F}{\partial y\partial y'}\delta y\delta y'+\frac{\partial^2 F}{\partial y'^2}(\delta y')^2\right]\mathrm{d}x \tag{9.14b}$$

$$\vdots$$

δJ，$\delta^2 J$，… 分别为 δy、$\delta y'$ 的一次式，二次式，… 称为泛函 $J[y]$ 的一次变分，二次变分，… 通常将一次变分简称为变分。

设函数 y 使泛函取得极值，则当 $\delta y=0$ 时，$\bar{y}=y+\delta y=y$，泛函 $J[\bar{y}]=J[y]$ 取得极值，而此时

$$\delta J=\int_{x_0}^{x_1}\left(\frac{\partial F}{\partial y}\delta y+\frac{\partial F}{\partial y'}\delta y'\right)\mathrm{d}x=\frac{\partial F}{\partial y'}\delta y\bigg|_{x_0}^{x_1}+\int_{x_0}^{x_1}\left(\frac{\partial F}{\partial y}+\frac{\mathrm{d}}{\mathrm{d}x}\frac{\partial F}{\partial y'}\right)\delta y\mathrm{d}x=0$$

可见泛函取极小值的必要条件是一次变分等于 0。函数 $F(x, y, y')$ 可以看作 x 取固定值时依赖于函数 y 的一个泛函，当函数 y 有变分 δy 时，ΔF 关于 δy、$\delta y'$ 的一次式，即 F 的变分为 $\delta F=\frac{\partial F}{\partial y}\delta y+\frac{\partial F}{\partial y'}\delta y'$，因此，$\delta J=\int_{x_0}^{x_1}\delta F\mathrm{d}x$，这说明变分运算和积分运算也可以交换顺序。容易验证，泛函的和、差、积、商等的变分与函数的微分运算规律完全类似，如

$$\delta(J_1J_2)=J_1\delta J_2+J_2\delta J_1$$
$$\delta(J_1/J_2)=(J_2\delta J_1-J_1\delta J_2)/J_2^2$$

下面通过一些具体问题说明微分方程边值问题与变分问题的等价关系。首先考虑二维边值问题

$$\begin{cases}\dfrac{\partial^2 u}{\partial x^2}+\dfrac{\partial^2 u}{\partial y^2}=f(x,y) & (x,y)\in D\\ u\,|_G=u_0(x,y,z)\end{cases} \tag{9.15}$$

可以证明，它等价于下列变分问题

$$\begin{cases}J[u]=\dfrac{1}{2}\displaystyle\iint_D\left[\left(\frac{\partial u}{\partial x}\right)^2+\left(\frac{\partial u}{\partial y}\right)^2\right]\mathrm{d}S+\iint_D fu\mathrm{d}S=\min\\ u\,|_G=u_0(x,y,z)\end{cases} \tag{9.16}$$

其中，D 是问题的区域，G 是 D 的边界。泛函 $J[u]$ 的变分为

$$\delta J=\iint_D\left(\frac{\partial u}{\partial x}\frac{\partial\delta u}{\partial x}+\frac{\partial u}{\partial y}\frac{\partial\delta u}{\partial y}+f\delta u\right)\mathrm{d}S=\iint_D[\nabla u\cdot\nabla(\delta u)+f\delta u]\mathrm{d}S$$

利用矢量公式 $\nabla\cdot(\varphi\boldsymbol{A})=\nabla\varphi\cdot\boldsymbol{A}+\varphi\nabla\cdot\boldsymbol{A}$ 可得

$$\nabla u \cdot \nabla(\delta u) = \nabla\cdot(\delta u \nabla u) - \delta u \nabla^2 u$$

$$\begin{aligned}\delta J &= \iint_D \nabla\cdot(\delta u \nabla u)\mathrm{d}S + \iint_D [(-\nabla^2 u + f)\delta u]\mathrm{d}S \\ &= \int_G \delta u \nabla u \cdot \boldsymbol{n}\mathrm{d}l + \iint_D [(-\nabla^2 u + f)\delta u]\mathrm{d}S \\ &= \int_G \delta u \frac{\partial u}{\partial n}\mathrm{d}l + \iint_D [(-\nabla^2 u + f)\delta u]\mathrm{d}S \end{aligned} \tag{9.17}$$

其中，$\boldsymbol{n}$ 为边界 G 的外法向单位矢量，$\mathrm{d}l$ 为 G 上的线元。由于在边界上 u 取固定函数 u_0，所以 $\delta u|_G=0$，因而式(9.17)的第一项线积分为 0，由极值条件 $\delta J=0$ 可得

$$\iint_D [(-\nabla^2 u + f)\delta u]\mathrm{d}S = 0$$

由于 δu 在区域 D 内是任意的，所以得到原边值问题的微分方程

$$\nabla^2 u = \frac{\partial^2 u}{\partial x^2} + \frac{\partial^2 u}{\partial u^2} = f$$

因此，当满足 $u|_G=u_0(x, y, z)$时，泛函 $J[u]$的极小值问题就等价于原边值问题。

某些边界条件是泛函取得极值的自然要求，不必在变分问题中另行规定，称为自然边界条件。如第二类和第三类边界条件(第二类边界条件是第三类边界条件的特例)，它们之所以能自动满足，是因为已被吸收到对应的泛函中，如边值问题

$$\begin{cases} \dfrac{\partial^2 u}{\partial x^2} + \dfrac{\partial^2 u}{\partial y^2} + \dfrac{\partial^2 u}{\partial z^2} = 0 \quad (x,y,z) \in \Omega \\ u\,|_{G_1} = u_0(x,y,z) \\ \dfrac{\partial u}{\partial n} + h(x,y,z)u\Big|_{G2} = u_1(x,y,z) \end{cases} \tag{9.18}$$

可等价地表示为变分问题

$$\begin{cases} J[u] = \dfrac{1}{2}\iiint_\Omega |\nabla u|^2 \mathrm{d}V + \displaystyle\int_{G_2}\left(\frac{1}{2}hu^2 - u_1 u\right)\mathrm{d}G_2 = \min \\ u\,|_{G_1} = u_0 \end{cases} \tag{9.19}$$

这是因为

$$\begin{aligned}\delta J &= \frac{1}{2}\iiint_\Omega \delta\left[\left(\frac{\partial u}{\partial x}\right)^2 + \left(\frac{\partial u}{\partial x}\right)^2 + \left(\frac{\partial u}{\partial x}\right)^2\right]\mathrm{d}V + \int_{G_2}\delta\left(\frac{1}{2}hu^2 - u_1 u\right)\mathrm{d}G_2 \\ &= \iiint_\Omega \left(\frac{\partial u}{\partial x}\frac{\partial \delta u}{\partial x} + \frac{\partial u}{\partial y}\frac{\partial \delta u}{\partial y} + \frac{\partial u}{\partial z}\frac{\partial \delta u}{\partial z}\right)\mathrm{d}V + \int_{G_2}(hu\delta u - u_1\delta u)\mathrm{d}G_2 \\ &= \iiint_\Omega \nabla\cdot(\delta u \nabla u)\mathrm{d}V - \iiint_\Omega \nabla^2 u\delta u\mathrm{d}V + \int_{G_2}(hu\delta u - u_1\delta u)\mathrm{d}G_2 \\ &= \int_{G_1}(\delta u \nabla u)\cdot\boldsymbol{n}\mathrm{d}S + \int_{G_2}(\delta u \nabla u)\cdot\boldsymbol{n}\mathrm{d}S - \iiint_\Omega \nabla^2 u\delta u\mathrm{d}V + \int_{G_2}(hu\delta u - u_1\delta u)\mathrm{d}G_2 \\ &= \int_{G_1}\delta u\frac{\partial u}{\partial n}\mathrm{d}S - \iiint_\Omega \nabla^2 u\,\delta u\mathrm{d}V + \int_{G_2}\left(\frac{\partial u}{\partial n} + hu - u_1\right)\delta u\mathrm{d}G_2\end{aligned}$$

$$= \int_{G_1} \delta u \frac{\partial u}{\partial n} \mathrm{d}S - \iiint_{\Omega} \nabla^2 u \delta u \mathrm{d}V + \int_{G_2} \left(\frac{\partial u}{\partial n} + hu - u_1 \right) \delta u \mathrm{d}G_2$$

当 $u|_{G_1} = u_0$ 时，第一项积分为零，极值条件要求在区域 Ω 和边界 G 上任意的 δu 第二项和第三项积分都等于 0，因而必须在区域 Ω 内 $\nabla^2 u = 0$，在边界 G 上 $\frac{\partial u}{\partial n} + hu = u_1$，这样，就使得原边值问题微分方程得到满足，同时第三类边界条件自然满足，因此只需要强制满足 $u|_{G_1} = u_0$。

要把偏微分方程的边值问题化为变分问题来求解，需要解决两个问题。一是构造与所求解问题对应的泛函，二是研究相应的近似解法，即变分方法问题。电磁场中常用的一些偏微分方程相应的泛函都已找到，而有限元法就是求解变分问题的一种有效的数值方法。

9.2.2　有限元法基础

有限元法就是将待求区域分割成有限个称为元的子区域，然后把每个子区域的待求函数利用该子区域各节点处的值做线性插值，从而把泛函近似表示成区域内所有节点上待求量的多元函数，要使泛函取极值，它对各节点场量的偏导数均应等于 0，这样得到关于各节点处待求量的一个线性方程组，解此方程组就可得到各节点待求量的数值。

我们以二维区域静电场电位分布问题为例说明有限元法的思想和实施过程。在区域 D 内电位满足二维拉普拉斯方程，区域边界 G 上满足第一类边界条件，如图 9.8 所示。则微分方程对应的泛函为

$$W = \frac{1}{2} \iint_D \left[\left(\frac{\partial V}{\partial x} \right)^2 + \left(\frac{\partial V}{\partial y} \right)^2 \right] \mathrm{d}S \tag{9.20}$$

可见 $\varepsilon W = \frac{1}{2} \varepsilon \int_D E^2 \mathrm{d}S$ 就是区域 D 内包含的总能量，所以式(9.20)中的泛函称能量泛函，在下面的分析中，就将 W 称为能量。

在有限元法分析中，我们首先要将区域分成有限的 n 个三角形网格(三维问题为四面体)，每个网格对应的子区域称为一个元。当然也可以分成四边形网格，但由于三角形网格实施起来较为方便，同时能更好地逼近曲面边界，因此在有限元法中应用最为广泛，如图 9.9 所示。假设网格区域共有 m 个节点，这些节点上的电位是未知的待求量。

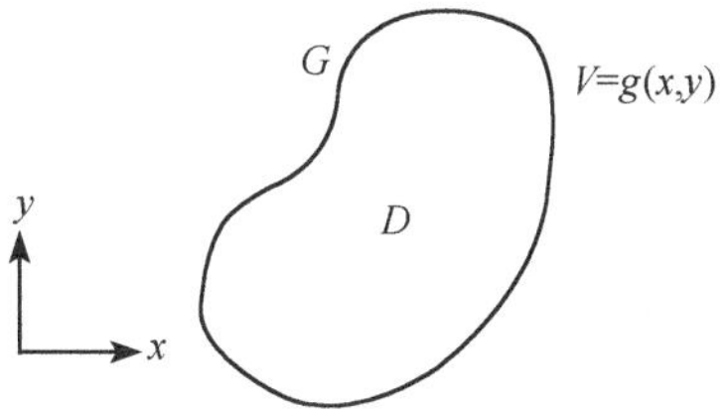

图 9.8　电位的边值问题

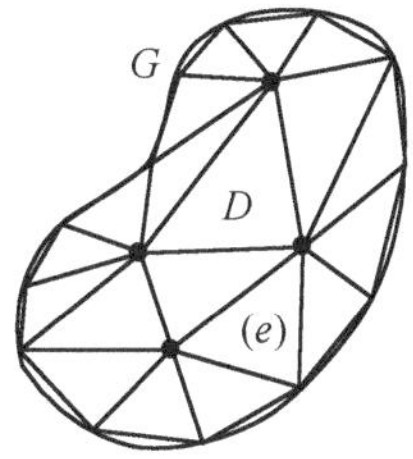

图 9.9　有限元网格

图 9.10 所示为放大了的图 9.8 中元 e，元中的电能为

$$W^{(e)} = \frac{1}{2} \int_{S^{(e)}} \left[\left(\frac{\partial V^{(e)}}{\partial x} \right)^2 + \left(\frac{\partial V^{(e)}}{\partial y} \right)^2 \right] \mathrm{d}S \tag{9.21}$$

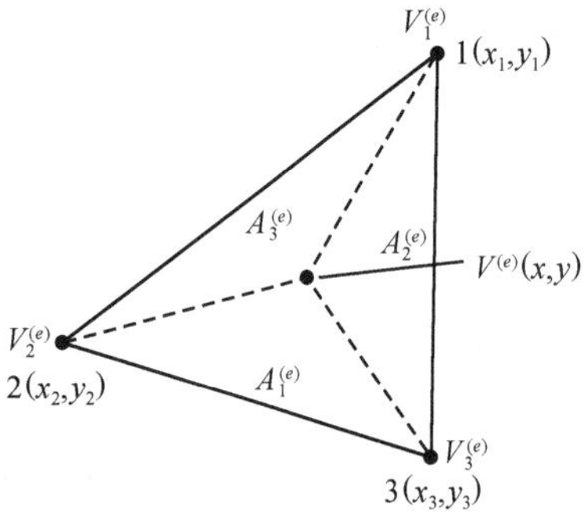

图 9.10 放大的元 e

这里 $V^{(e)}$ 为元 e 上的电位分布，而 $S^{(e)}$ 为元的面积。所以，我们可以得到整个区域的总能量

$$W = W^{(1)} + W^{(2)} + \cdots + W^{(n)} = \sum_{e=1}^{n} W^{(e)}$$

或

$$W = \sum_{e=1}^{n} \frac{1}{2} \int_{S^{(e)}} \boldsymbol{f}_e^{\mathrm{T}} \boldsymbol{f}_e \mathrm{d}S \tag{9.22}$$

这里

$$\boldsymbol{f}_e = \begin{bmatrix} \dfrac{\partial V^{(e)}}{\partial x} \\ \dfrac{\partial V^{(e)}}{\partial y} \end{bmatrix}$$

我们对元 e 的电位分布用三个节点上的电位做线性插值

$$V^{(e)}(x,y) = L_1^{(e)}(x,y)V_1^{(e)} + L_2^{(e)}(x,y)V_2^{(e)} + L_3^{(e)}(x,y)V_3^{(e)} \tag{9.23}$$

则有

$$L_1^{(e)}(x_1,y_1) = 1,\quad L_1^{(e)}(x_2,y_2) = 0,\quad L_1^{(e)}(x_3,y_3) = 0$$
$$L_2^{(e)}(x_1,y_1) = 0,\quad L_2^{(e)}(x_2,y_2) = 1,\quad L_2^{(e)}(x_3,y_3) = 0$$
$$L_3^{(e)}(x_1,y_1) = 0,\quad L_3^{(e)}(x_2,y_2) = 0,\quad L_3^{(e)}(x_3,y_3) = 1$$

假设它们都是(x, y)的线性函数，以 $L_1^{(e)}(x, y)$为例，$L_1^{(e)}(x, y)=a+bx+cy$。则

$$\begin{cases} a + bx_1 + cy_1 = 1 \\ a + bx_2 + cy_2 = 0 \\ a + bx_3 + cy_3 = 0 \end{cases}$$

解之得

$$a = \frac{\begin{vmatrix} 1 & x_1 & y_1 \\ 0 & x_2 & y_2 \\ 0 & x_3 & y_3 \end{vmatrix}}{\begin{vmatrix} 1 & x_1 & y_1 \\ 1 & x_2 & y_2 \\ 1 & x_3 & y_3 \end{vmatrix}},\quad b = \frac{\begin{vmatrix} 1 & 1 & y_1 \\ 1 & 0 & y_2 \\ 1 & 0 & y_3 \end{vmatrix}}{\begin{vmatrix} 1 & x_1 & y_1 \\ 1 & x_2 & y_2 \\ 1 & x_3 & y_3 \end{vmatrix}},\quad c = \frac{\begin{vmatrix} 1 & x_1 & 1 \\ 1 & x_2 & 0 \\ 1 & x_3 & 0 \end{vmatrix}}{\begin{vmatrix} 1 & x_1 & y_1 \\ 1 & x_2 & y_2 \\ 1 & x_3 & y_3 \end{vmatrix}}$$

$$L_1^{(e)}(x,y) = \frac{\begin{vmatrix} 1 & x_1 & y_1 \\ 0 & x_2 & y_2 \\ 0 & x_3 & y_3 \end{vmatrix} + \begin{vmatrix} 1 & x & y_1 \\ 1 & 0 & y_2 \\ 1 & 0 & y_3 \end{vmatrix} + \begin{vmatrix} 1 & x_1 & y \\ 1 & x_2 & 0 \\ 1 & x_3 & 0 \end{vmatrix}}{\begin{vmatrix} 1 & x_1 & y_1 \\ 1 & x_2 & y_2 \\ 1 & x_3 & y_3 \end{vmatrix}} = \frac{\begin{vmatrix} 1 & x & y \\ 1 & x_2 & y_2 \\ 1 & x_3 & y_3 \end{vmatrix}}{\begin{vmatrix} 1 & x_1 & y_1 \\ 1 & x_2 & y_2 \\ 1 & x_3 & y_3 \end{vmatrix}}$$

显然分母 $A^{(e)}=\dfrac{1}{2}\begin{vmatrix} 1 & x_1 & y_1 \\ 1 & x_2 & y_2 \\ 1 & x_3 & y_3 \end{vmatrix}$为元 e 的面积，而分子 $A_1^{(e)}=\dfrac{1}{2}\begin{vmatrix} 1 & x & y \\ 1 & x_2 & y_2 \\ 1 & x_3 & y_3 \end{vmatrix}$元 e 的节点 2、3 与(x, y)为顶点的三角形面积，如图 9.10 所示。同样可得$L_2^{(e)}(x, y)$和 $L_3^{(e)}(x,$

y)，统一地表示为

$$L_i^{(e)}(x,y)=\frac{A_i^{(e)}}{A^{(e)}},\quad i=1,2,3 \tag{9.24}$$

它是与元 e 及其各部分形状有关的函数，称为形状函数。其中，$A^{(e)}$ 和 $A_i^{(e)}$ 分别为

$$A_i^{(e)}=\frac{1}{2}\begin{vmatrix}1 & x & y\\ 1 & x_{i+1} & y_{i+1}\\ 1 & x_{i+2} & y_{i+2}\end{vmatrix},\quad i=1,2,3 \tag{9.25}$$

当下标 $i+k>3$ 时替换为 $i+k-3$。则 $\frac{\partial V^{(e)}}{\partial x}$ 和 $\frac{\partial V^{(e)}}{\partial y}$ 可表示为

$$\frac{\partial V^{(e)}}{\partial x}=\frac{\partial L_1(x,y)}{\partial x}V_1+\frac{\partial L_2(x,y)}{\partial x}V_2+\frac{\partial L_3(x,y)}{\partial x}V_3 \tag{9.26a}$$

$$\frac{\partial V^{(e)}}{\partial y}=\frac{\partial L_1(x,y)}{\partial y}V_1+\frac{\partial L_2(x,y)}{\partial y}V_2+\frac{\partial L_3(x,y)}{\partial y}V_3 \tag{9.26b}$$

$\boldsymbol{f}_e$ 可重新写为

$$\boldsymbol{f}_e=\boldsymbol{T}^{(e)}\mathbf{V}^{(e)} \tag{9.27}$$

这里

$$\boldsymbol{T}^{(e)}=\begin{bmatrix}\frac{\partial L_1^{(e)}(x,y)}{\partial x} & \frac{\partial L_2^{(e)}(x,y)}{\partial x} & \frac{\partial L_3^{(e)}(x,y)}{\partial x}\\ \frac{\partial L_1^{(e)}(x,y)}{\partial y} & \frac{\partial L_2^{(e)}(x,y)}{\partial y} & \frac{\partial L_3^{(e)}(x,y)}{\partial y}\end{bmatrix},\qquad \mathbf{V}^{(e)}=\begin{bmatrix}V_1^{(e)}\\ V_2^{(e)}\\ V_3^{(e)}\end{bmatrix}$$

利用式(9.27)，我们可将式(9.22)改写为

$$W=\frac{1}{2}\int_{S^{(e)}}\mathbf{V}^{(e)\mathrm{T}}\boldsymbol{T}^{(e)\mathrm{T}}\boldsymbol{T}^{(e)}\mathbf{V}^{(e)}\,\mathrm{d}S \tag{9.28}$$

W 对节点电位的偏导数为

$$\frac{\mathrm{d}W}{\mathrm{d}\mathbf{V}}=\sum_{e=1}^{n}\int_{S^{(e)}}\boldsymbol{T}^{(e)\mathrm{T}}\boldsymbol{T}^{(e)}\mathbf{V}^{(e)}\,\mathrm{d}S \tag{9.29}$$

根据泛函取极值的条件，由式(9.29)得

$$\sum_{e=1}^{n}\int_{S^{(e)}}\boldsymbol{T}^{(e)\mathrm{T}}\boldsymbol{T}^{(e)}\mathbf{V}^{(e)}\,\mathrm{d}S^{(e)}=0 \tag{9.30}$$

解此方程即可确定各节点电位。

在下面的例子中我们将详细说明计算过程。

例 9.1　边长为 2 的正方形区域上边电位为 100V，其他各边上得电位均为 0，用有限元法确定区域内的电位分布。

解　我们先为全部三角网格和节点编号，如图 9.11 所示。在图中有 8 个元和 9 个节点。我们用两种编号方法：将所示节点从 1 到 9 编号，称为总体编号；将单个元的节点也从 1 到 3 编号，称为局部编号。在这个问题中除了节点 5 所有节点电位

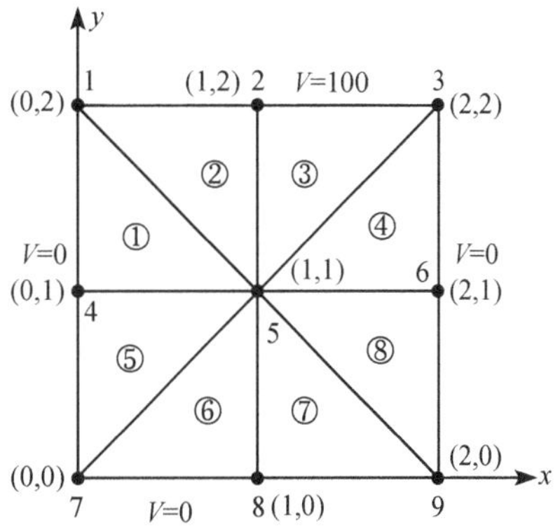

图 9.11　例 9.8 图

均已给出——这是要通过给出的网格结构来确定的唯一未知电位。我们将用式(9.30)解出节点5的未知电位。

首先对三角元的形状函数进行表达

$$L_1(x,y)=\frac{(x_2y_3-y_2x_3)+(y_2-y_3)x+(x_3-x_2)y}{2A^{(e)}} \tag{9.31}$$

$$L_2(x,y)=\frac{(x_3y_1-y_3x_1)+(y_3-y_1)x+(x_1-x_3)y}{2A^{(e)}} \tag{9.32}$$

$$L_3(x,y)=\frac{(x_1y_2-y_1x_2)+(y_1-y_2)x+(x_2-x_1)y}{2A^{(e)}} \tag{9.33}$$

这里

$$A^{(e)}=(y_2-y_3)x_1+(y_3-y_1)x_2+(y_1-y_2)x_3$$

式(9.31)到式(9.33)中的所有坐标都使用本地编号。

我们现在可以构建 $\boldsymbol{T}^{(e)}$ 以及各元的能量如下：

$$\boldsymbol{T}^{(e)}=\frac{1}{2A^{(e)}}\begin{bmatrix} y_2-y_3 & y_3-y_1 & y_1-y_2 \\ x_3-x_2 & x_1-x_3 & x_2-x_1 \end{bmatrix}$$

	局部编号	总体编号	x	y
元1	1	1	0	2
	2	4	0	1
	3	5	1	1

$$\boldsymbol{T}^{(1)}=\begin{bmatrix} 0 & -1 & 1 \\ 1 & -1 & 0 \end{bmatrix},\quad \boldsymbol{T}^{(1)\mathrm{T}}=\begin{bmatrix} 0 & 1 \\ -1 & -1 \\ 1 & 0 \end{bmatrix},\quad \boldsymbol{U}^{(1)}=\boldsymbol{T}^{(1)\mathrm{T}}\boldsymbol{T}^{(1)}=\begin{bmatrix} 1 & -1 & 0 \\ -1 & 2 & -1 \\ 0 & -1 & 1 \end{bmatrix}$$

$$\int_{S^{(1)}}\boldsymbol{U}^{(1)}\boldsymbol{V}^{(1)}\mathrm{d}S^{(1)}=A^{(1)}\boldsymbol{U}^{(1)}\boldsymbol{V}^{(1)}=\begin{bmatrix} 0.5 & -0.5 & 0 \\ -0.5 & 1 & -0.5 \\ 0 & -0.5 & 0.5 \end{bmatrix}\begin{bmatrix} V_1 \\ V_4 \\ V_5 \end{bmatrix} \tag{9.34}$$

	局部编号	总体编号	x	y
元2	1	1	0	2
	2	2	1	2
	3	5	1	1

$$\boldsymbol{T}^{(2)}=\begin{bmatrix} 1 & -1 & 0 \\ 0 & -1 & 1 \end{bmatrix},\quad \boldsymbol{T}^{(2)\mathrm{T}}=\begin{bmatrix} 1 & 0 \\ -1 & -1 \\ 0 & 1 \end{bmatrix},\quad \boldsymbol{U}^{(2)}=\boldsymbol{T}^{(2)\mathrm{T}}\boldsymbol{T}^{(2)}=\begin{bmatrix} 1 & -1 & 0 \\ -1 & 2 & -1 \\ 0 & -1 & 1 \end{bmatrix}$$

$$\int_{S^{(2)}}\boldsymbol{U}^{(2)}\boldsymbol{V}^{(2)}\mathrm{d}S^{(2)}=A^{(2)}\boldsymbol{U}^{(2)}\boldsymbol{V}^{(2)}=\begin{bmatrix} 0.5 & -0.5 & 0 \\ -0.5 & 1 & -0.5 \\ 0 & -0.5 & 0.5 \end{bmatrix}\begin{bmatrix} V_1 \\ V_2 \\ V_5 \end{bmatrix} \tag{9.35}$$

	局部编号	总体编号	x	y
元 3	1	2	1	2
	2	3	2	2
	3	5	1	1

$$\boldsymbol{T}^{(3)}=\begin{bmatrix}1 & -1 & 0\\ -1 & 0 & 1\end{bmatrix},\quad \boldsymbol{T}^{(3)\mathrm{T}}=\begin{bmatrix}1 & -1\\ -1 & 0\\ 0 & 1\end{bmatrix},\quad \boldsymbol{U}^{(3)}=\boldsymbol{T}^{(3)\mathrm{T}}\boldsymbol{T}^{(3)}=\begin{bmatrix}2 & -1 & -1\\ -1 & 1 & 0\\ 1 & 0 & 1\end{bmatrix}$$

$$\int_{S^{(3)}}\boldsymbol{U}^{(3)}\boldsymbol{V}^{(3)}\mathrm{d}S^{(3)}=A^{(3)}\boldsymbol{U}^{(3)}\boldsymbol{V}^{(3)}=\begin{bmatrix}1 & -0.5 & -0.5\\ -0.5 & 0.5 & 0\\ -0.5 & 0 & 0.5\end{bmatrix}\begin{bmatrix}V_2\\ V_3\\ V_5\end{bmatrix}\tag{9.36}$$

	局部编号	总体编号	x	y
元 4	1	3	2	2
	2	5	1	1
	3	6	2	1

$$\boldsymbol{T}^{(4)}=\begin{bmatrix}0 & -1 & 1\\ 1 & 0 & -1\end{bmatrix},\quad \boldsymbol{T}^{(4)\mathrm{T}}=\begin{bmatrix}0 & 1\\ -1 & 0\\ 1 & -1\end{bmatrix},\quad \boldsymbol{U}^{(4)}=\boldsymbol{T}^{(4)\mathrm{T}}\boldsymbol{T}^{(4)}=\begin{bmatrix}1 & 0 & -1\\ 0 & 1 & -1\\ -1 & -1 & 2\end{bmatrix}$$

$$\int_{S^{(4)}}\boldsymbol{U}^{(4)}\boldsymbol{V}^{(4)}\mathrm{d}S^{(4)}=A^{(4)}\boldsymbol{U}^{(4)}\boldsymbol{V}^{(4)}=\begin{bmatrix}0.5 & 0 & -0.5\\ 0 & 0.5 & -0.5\\ -0.5 & -0.5 & 1\end{bmatrix}\begin{bmatrix}V_3\\ V_5\\ V_6\end{bmatrix}\tag{9.37}$$

	局部编号	总体编号	x	y
元 5	1	4	0	1
	2	5	1	1
	3	7	0	0

$$\boldsymbol{T}^{(5)}=\begin{bmatrix}1 & -1 & 0\\ -1 & 0 & 1\end{bmatrix},\quad \boldsymbol{T}^{(5)\mathrm{T}}=\begin{bmatrix}1 & -1\\ -1 & 0\\ 0 & 1\end{bmatrix},\quad \boldsymbol{U}^{(5)}=\boldsymbol{T}^{(5)\mathrm{T}}\boldsymbol{T}^{(5)}=\begin{bmatrix}2 & -1 & -1\\ -1 & 1 & 0\\ -1 & 0 & 1\end{bmatrix}$$

$$\int_{S^{(5)}}\boldsymbol{U}^{(5)}\boldsymbol{V}^{(5)}\mathrm{d}S^{(5)}=A^{(5)}\boldsymbol{U}^{(5)}\boldsymbol{V}^{(5)}=\begin{bmatrix}1 & -0.5 & -0.5\\ -0.5 & 0.5 & 0\\ -0.5 & 0 & 0.5\end{bmatrix}\begin{bmatrix}V_4\\ V_5\\ V_7\end{bmatrix}\tag{9.38}$$

	局部编号	总体编号	x	y
元 6	1	5	1	1
	2	7	0	0
	3	8	1	0

$$\boldsymbol{T}^{(6)}=\begin{bmatrix}0 & -1 & 1\\ 1 & 0 & -1\end{bmatrix},\quad \boldsymbol{T}^{(6)\mathrm{T}}=\begin{bmatrix}0 & 1\\ -1 & 0\\ 1 & -1\end{bmatrix},\quad \boldsymbol{U}^{(6)}=\boldsymbol{T}^{(6)\mathrm{T}}\boldsymbol{T}^{(6)}=\begin{bmatrix}2 & -1 & -1\\ -1 & 1 & 0\\ -1 & 0 & 1\end{bmatrix}$$

$$\int_{S^{(6)}}\boldsymbol{U}^{(6)}\boldsymbol{V}^{(6)}\mathrm{d}S^{(6)}=A^{(6)}\boldsymbol{U}^{(6)}\boldsymbol{V}^{(6)}=\begin{bmatrix}1 & -0.5 & -0.5\\ -0.5 & 0.5 & 0\\ -0.5 & 0 & 0.5\end{bmatrix}\begin{bmatrix}V_5\\ V_7\\ V_8\end{bmatrix} \tag{9.39}$$

	局部编号	总体编号	x	y
元 7	1	5	1	1
	2	8	1	0
	3	9	2	0

$$\boldsymbol{T}^{(7)}=\begin{bmatrix}0 & -1 & 1\\ 1 & -1 & 0\end{bmatrix},\quad \boldsymbol{T}^{(7)\mathrm{T}}=\begin{bmatrix}0 & 1\\ -1 & -1\\ 1 & 0\end{bmatrix},\quad \boldsymbol{U}^{(7)}=\boldsymbol{T}^{(7)\mathrm{T}}\boldsymbol{T}^{(7)}=\begin{bmatrix}1 & -1 & 0\\ -1 & 2 & -1\\ 0 & -1 & 1\end{bmatrix}$$

$$\int_{S^{(7)}}\boldsymbol{U}^{(7)}\boldsymbol{V}^{(7)}\mathrm{d}S^{(7)}=A^{(7)}\boldsymbol{U}^{(7)}\boldsymbol{V}^{(7)}=\begin{bmatrix}0.5 & -0.5 & 0\\ -0.5 & 1 & -0.5\\ 0 & -0.5 & 0.5\end{bmatrix}\begin{bmatrix}V_5\\ V_8\\ V_9\end{bmatrix} \tag{9.40}$$

	局部编号	总体编号	x	y
元 8	1	5	1	1
	2	6	2	1
	3	9	2	0

$$\boldsymbol{T}^{(8)}=\begin{bmatrix}1 & -1 & 0\\ 0 & -1 & 1\end{bmatrix},\quad \boldsymbol{T}^{(8)\mathrm{T}}=\begin{bmatrix}1 & 0\\ -1 & -1\\ 0 & 1\end{bmatrix},\quad \boldsymbol{U}^{(8)}=\boldsymbol{T}^{(8)\mathrm{T}}\boldsymbol{T}^{(8)}=\begin{bmatrix}1 & -1 & 0\\ -1 & 2 & -1\\ 0 & -1 & 1\end{bmatrix}$$

$$\int_{S^{(8)}}\boldsymbol{U}^{(8)}\boldsymbol{V}^{(8)}\mathrm{d}S^{(8)}=A^{(8)}\boldsymbol{U}^{(8)}\boldsymbol{V}^{(8)}=\begin{bmatrix}0.5 & -0.5 & 0\\ -0.5 & 1 & -0.5\\ 0 & -0.5 & 0.5\end{bmatrix}\begin{bmatrix}V_5\\ V_6\\ V_9\end{bmatrix} \tag{9.41}$$

为了得到式(9.30)中的形式，我们必须将式(9.34)～式(9.41)中的矩阵纳入总体编号体系，具体如下：

元 1：

节点	1	2	3	4	5	6	7	8	9	
1	0.5	0.0	0.0	−0.5	0.0	0.0	0.0	0.0	0.0	V_1
2	0.0	0.0	0.0	0.0	0.0	0.0	0.0	0.0	0.0	V_2
3	0.0	0.0	0.0	0.0	0.0	0.0	0.0	0.0	0.0	V_3
4	−0.5	0.0	0.0	1.0	−0.5	0.0	0.0	0.0	0.0	V_4
5	0.0	0.0	0.0	−0.5	0.5	0.0	0.0	0.0	0.0	V_5
6	0.0	0.0	0.0	0.0	0.0	0.0	0.0	0.0	0.0	V_6
7	0.0	0.0	0.0	0.0	0.0	0.0	0.0	0.0	0.0	V_7
8	0.0	0.0	0.0	0.0	0.0	0.0	0.0	0.0	0.0	V_8
9	0.0	0.0	0.0	0.0	0.0	0.0	0.0	0.0	0.0	V_9

(9.42)

$$
\text{元 2：}\quad
\begin{array}{c|ccccccccc}
\text{节点} & 1 & 2 & 3 & 4 & 5 & 6 & 7 & 8 & 9 \\
\hline
1 & 0.5 & -0.5 & 0.0 & 0.0 & 0.0 & 0.0 & 0.0 & 0.0 & 0.0 \\
2 & -0.5 & 1.0 & 0.0 & 0.0 & -0.5 & 0.0 & 0.0 & 0.0 & 0.0 \\
3 & 0.0 & 0.0 & 0.0 & 0.0 & 0.0 & 0.0 & 0.0 & 0.0 & 0.0 \\
4 & 0.0 & 0.0 & 0.0 & 0.0 & 0.0 & 0.0 & 0.0 & 0.0 & 0.0 \\
5 & 0.0 & -0.5 & 0.0 & 0.0 & 0.5 & 0.0 & 0.0 & 0.0 & 0.0 \\
6 & 0.0 & 0.0 & 0.0 & 0.0 & 0.0 & 0.0 & 0.0 & 0.0 & 0.0 \\
7 & 0.0 & 0.0 & 0.0 & 0.0 & 0.0 & 0.0 & 0.0 & 0.0 & 0.0 \\
8 & 0.0 & 0.0 & 0.0 & 0.0 & 0.0 & 0.0 & 0.0 & 0.0 & 0.0 \\
9 & 0.0 & 0.0 & 0.0 & 0.0 & 0.0 & 0.0 & 0.0 & 0.0 & 0.0
\end{array}
\begin{bmatrix} V_1 \\ V_2 \\ V_3 \\ V_4 \\ V_5 \\ V_6 \\ V_7 \\ V_8 \\ V_9 \end{bmatrix}
\tag{9.43}
$$

$$
\text{元 3：}\quad
\begin{array}{c|ccccccccc}
\text{节点} & 1 & 2 & 3 & 4 & 5 & 6 & 7 & 8 & 9 \\
\hline
1 & 0.0 & 0.0 & 0.0 & 0.0 & 0.0 & 0.0 & 0.0 & 0.0 & 0.0 \\
2 & 0.0 & 1.0 & -0.5 & 0.0 & 0.5 & 0.0 & 0.0 & 0.0 & 0.0 \\
3 & 0.0 & -0.5 & 0.5 & 0.0 & 0.0 & 0.0 & 0.0 & 0.0 & 0.0 \\
4 & 0.0 & 0.0 & 0.0 & 0.0 & 0.0 & 0.0 & 0.0 & 0.0 & 0.0 \\
5 & 0.0 & -0.5 & 0.0 & 0.0 & 0.5 & 0.0 & 0.0 & 0.0 & 0.0 \\
6 & 0.0 & 0.0 & 0.0 & 0.0 & 0.0 & 0.0 & 0.0 & 0.0 & 0.0 \\
7 & 0.0 & 0.0 & 0.0 & 0.0 & 0.0 & 0.0 & 0.0 & 0.0 & 0.0 \\
8 & 0.0 & 0.0 & 0.0 & 0.0 & 0.0 & 0.0 & 0.0 & 0.0 & 0.0 \\
9 & 0.0 & 0.0 & 0.0 & 0.0 & 0.0 & 0.0 & 0.0 & 0.0 & 0.0
\end{array}
\begin{bmatrix} V_1 \\ V_2 \\ V_3 \\ V_4 \\ V_5 \\ V_6 \\ V_7 \\ V_8 \\ V_9 \end{bmatrix}
\tag{9.44}
$$

$$
\text{元 4：}\quad
\begin{array}{c|ccccccccc}
\text{节点} & 1 & 2 & 3 & 4 & 5 & 6 & 7 & 8 & 9 \\
\hline
1 & 0.0 & 0.0 & 0.0 & 0.0 & 0.0 & 0.0 & 0.0 & 0.0 & 0.0 \\
2 & 0.0 & 0.0 & 0.0 & 0.0 & 0.0 & 0.0 & 0.0 & 0.0 & 0.0 \\
3 & 0.0 & 0.0 & 0.5 & 0.0 & 0.0 & -0.5 & 0.0 & 0.0 & 0.0 \\
4 & 0.0 & 0.0 & 0.0 & 0.0 & 0.0 & 0.0 & 0.0 & 0.0 & 0.0 \\
5 & 0.0 & 0.0 & 0.0 & 0.0 & 0.5 & -0.5 & 0.0 & 0.0 & 0.0 \\
6 & 0.0 & 0.0 & -0.5 & 0.0 & -0.5 & 1.0 & 0.0 & 0.0 & 0.0 \\
7 & 0.0 & 0.0 & 0.0 & 0.0 & 0.0 & 0.0 & 0.0 & 0.0 & 0.0 \\
8 & 0.0 & 0.0 & 0.0 & 0.0 & 0.0 & 0.0 & 0.0 & 0.0 & 0.0 \\
9 & 0.0 & 0.0 & 0.0 & 0.0 & 0.0 & 0.0 & 0.0 & 0.0 & 0.0
\end{array}
\begin{bmatrix} V_1 \\ V_2 \\ V_3 \\ V_4 \\ V_5 \\ V_6 \\ V_7 \\ V_8 \\ V_9 \end{bmatrix}
\tag{9.45}
$$

$$
\text{元 5：}\quad
\begin{array}{c|ccccccccc}
\text{节点} & 1 & 2 & 3 & 4 & 5 & 6 & 7 & 8 & 9 \\
\hline
1 & 0.0 & 0.0 & 0.0 & 0.0 & 0.0 & 0.0 & 0.0 & 0.0 & 0.0 \\
2 & 0.0 & 0.0 & 0.0 & 0.0 & 0.0 & 0.0 & 0.0 & 0.0 & 0.0 \\
3 & 0.0 & 0.0 & 0.0 & 0.0 & 0.0 & 0.0 & 0.0 & 0.0 & 0.0 \\
4 & 0.0 & 0.0 & 0.0 & 1.0 & -0.5 & 0.0 & -0.5 & 0.0 & 0.0 \\
5 & 0.0 & 0.0 & 0.0 & -0.5 & 0.5 & 0.0 & 0.0 & 0.0 & 0.0 \\
6 & 0.0 & 0.0 & 0.0 & 0.0 & 0.0 & 0.0 & 0.0 & 0.0 & 0.0 \\
7 & 0.0 & 0.0 & 0.0 & -0.5 & 0.0 & 0.0 & 0.5 & 0.0 & 0.0 \\
8 & 0.0 & 0.0 & 0.0 & 0.0 & 0.0 & 0.0 & 0.0 & 0.0 & 0.0 \\
9 & 0.0 & 0.0 & 0.0 & 0.0 & 0.0 & 0.0 & 0.0 & 0.0 & 0.0
\end{array}
\begin{bmatrix} V_1 \\ V_2 \\ V_3 \\ V_4 \\ V_5 \\ V_6 \\ V_7 \\ V_8 \\ V_9 \end{bmatrix}
\tag{9.46}
$$

元 6：

$$\begin{array}{cc} \text{节点} & \begin{matrix} 1 & 2 & 3 & 4 & 5 & 6 & 7 & 8 & 9 \end{matrix} \\ \begin{matrix} 1\\2\\3\\4\\5\\6\\7\\8\\9 \end{matrix} & \begin{bmatrix} 0.0 & 0.0 & 0.0 & 0.0 & 0.0 & 0.0 & 0.0 & 0.0 & 0.0 \\ 0.0 & 0.0 & 0.0 & 0.0 & 0.0 & 0.0 & 0.0 & 0.0 & 0.0 \\ 0.0 & 0.0 & 0.0 & 0.0 & 0.0 & 0.0 & 0.0 & 0.0 & 0.0 \\ 0.0 & 0.0 & 0.0 & 0.0 & 0.0 & 0.0 & 0.0 & 0.0 & 0.0 \\ 0.0 & 0.0 & 0.0 & 0.0 & 0.5 & 0.0 & 0.0 & -0.5 & 0.0 \\ 0.0 & 0.0 & 0.0 & 0.0 & 0.0 & 0.0 & 0.0 & 0.0 & 0.0 \\ 0.0 & 0.0 & 0.0 & 0.0 & 0.0 & 0.0 & 0.5 & -0.5 & 0.0 \\ 0.0 & 0.0 & 0.0 & 0.0 & -0.5 & 0.0 & -0.5 & 1.0 & 0.0 \\ 0.0 & 0.0 & 0.0 & 0.0 & 0.0 & 0.0 & 0.0 & 0.0 & 0.0 \end{bmatrix} \begin{bmatrix} V_1\\V_2\\V_3\\V_4\\V_5\\V_6\\V_7\\V_8\\V_9 \end{bmatrix} \end{array} \tag{9.47}$$

元 7：

$$\begin{array}{cc} \text{节点} & \begin{matrix} 1 & 2 & 3 & 4 & 5 & 6 & 7 & 8 & 9 \end{matrix} \\ \begin{matrix} 1\\2\\3\\4\\5\\6\\7\\8\\9 \end{matrix} & \begin{bmatrix} 0.0 & 0.0 & 0.0 & 0.0 & 0.0 & 0.0 & 0.0 & 0.0 & 0.0 \\ 0.0 & 0.0 & 0.0 & 0.0 & 0.0 & 0.0 & 0.0 & 0.0 & 0.0 \\ 0.0 & 0.0 & 0.0 & 0.0 & 0.0 & 0.0 & 0.0 & 0.0 & 0.0 \\ 0.0 & 0.0 & 0.0 & 0.0 & 0.0 & 0.0 & 0.0 & 0.0 & 0.0 \\ 0.0 & 0.0 & 0.0 & 0.0 & 0.5 & 0.0 & 0.0 & -0.5 & 0.0 \\ 0.0 & 0.0 & 0.0 & 0.0 & 0.0 & 0.0 & 0.0 & 0.0 & 0.0 \\ 0.0 & 0.0 & 0.0 & 0.0 & 0.0 & 0.0 & 0.0 & 0.0 & 0.0 \\ 0.0 & 0.0 & 0.0 & 0.0 & -0.5 & 0.0 & 0.0 & 1.0 & -0.5 \\ 0.0 & 0.0 & 0.0 & 0.0 & 0.0 & 0.0 & 0.0 & -0.5 & 0.5 \end{bmatrix} \begin{bmatrix} V_1\\V_2\\V_3\\V_4\\V_5\\V_6\\V_7\\V_8\\V_9 \end{bmatrix} \end{array} \tag{9.48}$$

元 8：

$$\begin{array}{cc} \text{节点} & \begin{matrix} 1 & 2 & 3 & 4 & 5 & 6 & 7 & 8 & 9 \end{matrix} \\ \begin{matrix} 1\\2\\3\\4\\5\\6\\7\\8\\9 \end{matrix} & \begin{bmatrix} 0.0 & 0.0 & 0.0 & 0.0 & 0.0 & 0.0 & 0.0 & 0.0 & 0.0 \\ 0.0 & 0.0 & 0.0 & 0.0 & 0.0 & 0.0 & 0.0 & 0.0 & 0.0 \\ 0.0 & 0.0 & 0.0 & 0.0 & 0.0 & 0.0 & 0.0 & 0.0 & 0.0 \\ 0.0 & 0.0 & 0.0 & 0.0 & 0.0 & 0.0 & 0.0 & 0.0 & 0.0 \\ 0.0 & 0.0 & 0.0 & 0.0 & 0.5 & -0.5 & 0.0 & 0.0 & 0.0 \\ 0.0 & 0.0 & 0.0 & 0.0 & -0.5 & 1.0 & 0.0 & 0.0 & -0.5 \\ 0.0 & 0.0 & 0.0 & 0.0 & 0.0 & 0.0 & 0.0 & 0.0 & 0.0 \\ 0.0 & 0.0 & 0.0 & 0.0 & 0.0 & 0.0 & 0.0 & 0.0 & 0.0 \\ 0.0 & 0.0 & 0.0 & 0.0 & 0.0 & -0.5 & 0.0 & 0.0 & 0.5 \end{bmatrix} \begin{bmatrix} V_1\\V_2\\V_3\\V_4\\V_5\\V_6\\V_7\\V_8\\V_9 \end{bmatrix} \end{array} \tag{9.49}$$

由式(9.42)～式(9.49)相加，可以得到

$$\begin{array}{cc} \text{节点} & \begin{matrix} 1 & 2 & 3 & 4 & 5 & 6 & 7 & 8 & 9 \end{matrix} \\ \begin{matrix} 1\\2\\3\\4\\5\\6\\7\\8\\9 \end{matrix} & \begin{bmatrix} 1.0 & -0.5 & 0.0 & -0.5 & 0.0 & 0.0 & 0.0 & 0.0 & 0.0 \\ -0.5 & 2.0 & -0.5 & 0.0 & -1.0 & 0.0 & 0.0 & 0.0 & 0.0 \\ 0.0 & -0.5 & 1.0 & 0.0 & 0.0 & -0.5 & 0.0 & 0.0 & 0.0 \\ -0.5 & 0.0 & 0.0 & 2.0 & -1.0 & 0.0 & -0.5 & 0.0 & 0.0 \\ 0.0 & -1.0 & 0.0 & -1.0 & 4.0 & -1.0 & 0.0 & -1.0 & 0.0 \\ 0.0 & 0.0 & -0.5 & 0.0 & -1.0 & 2.0 & 0.0 & 0.0 & -0.5 \\ 0.0 & 0.0 & 0.0 & -0.5 & 0.0 & 0.0 & 1.0 & -0.5 & 0.0 \\ 0.0 & 0.0 & 0.0 & 0.0 & -1.0 & 0.0 & -0.5 & 2.0 & -0.5 \\ 0.0 & 0.0 & 0.0 & 0.0 & 0.0 & -0.5 & 0.0 & -0.5 & 1.0 \end{bmatrix} \begin{bmatrix} V_1\\V_2\\V_3\\V_4\\V_5\\V_6\\V_7\\V_8\\V_9 \end{bmatrix} \end{array} \tag{9.50}$$

由式(9.50)我们得出节点 5 的未知电位为

$$V_5 = 25\text{V}$$

9.3 时域有限差分法

时域有限差分法(finite difference time domain，FDTD)直接求解依赖时间的麦克斯

韦旋度方程，采用二阶精度的中心差分把旋度方程转化为一组差分方程，对电磁场分量在空间上和时间上采取交替抽样的离散方式，每个电场(或磁场)分量周围有四个磁场(或电场)分量环绕，并在时间轴上逐步推进地求解空间电磁场。

9.3.1　时域有限差分法基本原理

考察一个空间区域，设其介质参数不随时间变化且各向同性，则麦克斯韦旋度方程可以写为

$$\nabla\times\boldsymbol{H}=\frac{\partial\boldsymbol{D}}{\partial t}+\boldsymbol{J} \tag{9.51}$$

$$\nabla\times\boldsymbol{E}=-\frac{\partial\boldsymbol{B}}{\partial t}-\boldsymbol{J}_{\mathrm{m}} \tag{9.52}$$

在直角坐标系中，将上两式写成分量形式为

$$\frac{\partial H_z}{\partial y}-\frac{\partial H_y}{\partial z}=\varepsilon\frac{\partial E_x}{\partial t}+\sigma E_x \tag{9.53a}$$

$$\frac{\partial H_x}{\partial z}-\frac{\partial H_z}{\partial x}=\varepsilon\frac{\partial E_y}{\partial t}+\sigma E_y \tag{9.53b}$$

$$\frac{\partial H_y}{\partial x}-\frac{\partial H_x}{\partial y}=\varepsilon\frac{\partial E_z}{\partial t}+\sigma E_z \tag{9.53c}$$

$$\frac{\partial E_z}{\partial y}-\frac{\partial E_y}{\partial z}=-\mu\frac{\partial H_x}{\partial t}-\sigma_{\mathrm{m}}H_x \tag{9.54a}$$

$$\frac{\partial E_x}{\partial z}-\frac{\partial E_z}{\partial x}=-\mu\frac{\partial H_y}{\partial t}-\sigma_{\mathrm{m}}H_y \tag{9.54b}$$

$$\frac{\partial E_y}{\partial x}-\frac{\partial E_x}{\partial y}=-\mu\frac{\partial H_z}{\partial t}-\sigma_{\mathrm{m}}H_z \tag{9.54c}$$

下面对式(9.53)和式(9.54)进行 FDTD 差分离散，将各场分量按图 9.12 排列，这样安排各场分量的网格形式就是著名的 Yee 网格。

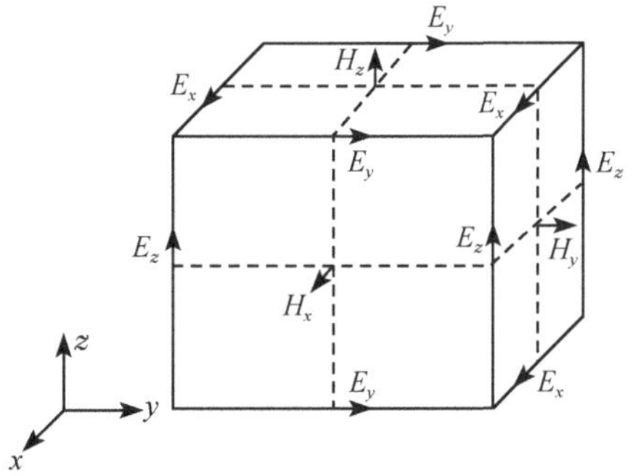

图 9.12　FDTD 离散中的 Yee 网格

由图可见每一个磁场分量由四个电场分量环绕；同样，每一个电场分量由四个磁场分量环绕。这种电磁场分量的空间取样方式不仅符合法拉第感应定律和安培环路定律的自然结构，而且这样安排电磁场各分量的相对位置也适合于麦克斯韦方程的差分计算，能够恰当地描述电磁场的传播特性。此外，电场和磁场在时间顺序上交替抽样，抽样时

间间隔彼此相差半个时间步，使麦克斯韦旋度方程离散后构成显式差分方程，从而可以在时间上迭代求解，而不需要进行矩阵求逆。因而，由给定相应电磁问题的初始值，FDTD 方法就可以逐步推进地求得以后各个时刻电磁场的空间分布。

在 FDTD 分析中，任一场分量在离散时间和空间点上的值用以下符号表示

$$f^n(i,j,k)=f(i\Delta x,j\Delta y,k\Delta z,n\Delta t) \tag{9.55}$$

其中，Δx、Δy、Δz 分别为 x、y、z 方向上的空间步长，Δt 为时间步长。

空间中任意一点在某一时刻的场关于时间和空间的一阶偏导数取中心差分近似，即

$$\left.\frac{\partial f(x,y,z,t)}{\partial x}\right|_{x=i\Delta x}\approx\frac{f^n\left(i+\frac{1}{2},j,k\right)-f^n\left(i-\frac{1}{2},j,k\right)}{\Delta x}$$

$$\left.\frac{\partial f(x,y,z,t)}{\partial y}\right|_{y=j\Delta y}\approx\frac{f^n\left(i,j+\frac{1}{2},k\right)-f^n\left(i,j-\frac{1}{2},k\right)}{\Delta y}$$

$$\left.\frac{\partial f(x,y,z,t)}{\partial z}\right|_{z=k\Delta z}\approx\frac{f^n\left(i,j,k+\frac{1}{2}\right)-f^n\left(i,j,k-\frac{1}{2}\right)}{\Delta z}$$

$$\left.\frac{\partial f(x,y,z,t)}{\partial t}\right|_{t=n\Delta t}\approx\frac{f^{n+\frac{1}{2}}(i,j,k)-f^{n-\frac{1}{2}}(i,j,k)}{\Delta t}$$

据此，即可将麦克斯韦旋度方程转化为 FDTD 差分方程。

9.3.2 直角坐标系中的 FDTD 方程

以二维问题为例加以具体讨论。设电磁场与 z 坐标无关，即 $\partial/\partial z=0$，于是麦克斯韦旋度方程可以在直角坐标系中离散为

$$\frac{\partial H_z}{\partial y}=\varepsilon\frac{\partial E_x}{\partial t}+\sigma E_x \tag{9.56a}$$

$$-\frac{\partial H_z}{\partial x}=\varepsilon\frac{\partial E_y}{\partial t}+\sigma E_y \tag{9.56b}$$

$$\frac{\partial E_y}{\partial x}-\frac{\partial E_x}{\partial y}=-\mu\frac{\partial H_z}{\partial t}-\sigma_{\mathrm{m}}H_z \tag{9.56c}$$

$$\frac{\partial E_z}{\partial y}=-\mu\frac{\partial H_x}{\partial t}-\sigma_{\mathrm{m}}H_x \tag{9.57a}$$

$$\frac{\partial E_z}{\partial x}=\mu\frac{\partial H_y}{\partial t}+\sigma_{\mathrm{m}}H_y \tag{9.57b}$$

$$\frac{\partial H_y}{\partial x}-\frac{\partial H_x}{\partial y}=\varepsilon\frac{\partial E_z}{\partial t}+\sigma E_z \tag{9.57c}$$

可见，电磁场的直角坐标分量可以划分为独立的两组，式(9.56)为一组，只涉及 E_x、E_y、H_z，电场没有 z 方向的分量，称为对于 z 的 TE 波；式(9.57)为一组，只涉及 H_x、H_y、E_z，磁场没有 z 方向的分量，称为对于 z 的 TM 波。二维的 Yee 网格如图 9.13 所示。

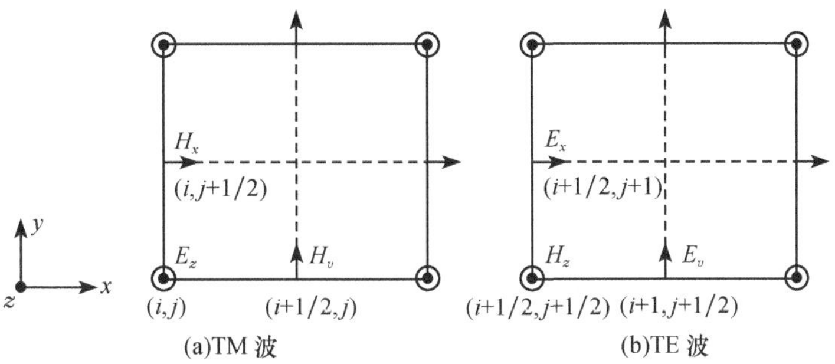

图 9.13 二维 Yee 网格

对于 TE 波，$H_x=H_y=E_z=0$，在 $t=(n+1/2)\Delta t$ 时刻考虑式(9.56a)、式(9.56b)，在 $t=n\Delta t$ 时刻考虑式(9.56c)，则公式(9.55)离散后的 FDTD 方程为

$$E_x^{n+1}(i+1/2,j)=C_1(m)\cdot E_x^n(i+1/2,j)+C_2(m)\cdot\frac{H_z^{n+1/2}(i+1/2,j+1/2)-H_z^{n+1/2}(i+1/2,j-1/2)}{\Delta y} \tag{9.58a}$$

$$E_y^{n+1}(i,j+1/2)=C_1(m)\cdot E_y^n(i,j+1/2)-C_2(m)\cdot\frac{H_z^{n+1/2}(i+1/2,j+1/2)-H_z^{n+1/2}(i-1/2,j+1/2)}{\Delta x} \tag{9.58b}$$

$$H_z^{n+1/2}(i+1/2,j+1/2)=C_3(m)\cdot H_z^{n-1/2}(i+1/2,j+1/2)-C_4(m)\cdot\left[\begin{array}{l}\dfrac{E_y^n(i+1,j+1/2)-E_y^n(i,j+1/2)}{\Delta x}\\ -\dfrac{E_x^n(i+1/2,j+1)-E_x^n(i+1/2,j)}{\Delta y}\end{array}\right] \tag{9.58c}$$

式中的各系数为

$$C_1(m)=\frac{\dfrac{\varepsilon(m)}{\Delta t}-\dfrac{\sigma(m)}{2}}{\dfrac{\varepsilon(m)}{\Delta(t)}+\dfrac{\sigma(m)}{2}},\quad C_2(m)=\frac{1}{\dfrac{\varepsilon(m)}{\Delta t}+\dfrac{\sigma(m)}{2}}$$

$$C_3(m)=\frac{\dfrac{\mu(m)}{\Delta t}-\dfrac{\sigma_{\mathrm{m}}(m)}{2}}{\dfrac{\mu(m)}{\Delta t}+\dfrac{\sigma_{\mathrm{m}}(m)}{2}},\quad C_4(m)=\frac{1}{\dfrac{\mu(m)}{\Delta t}+\dfrac{\sigma_{\mathrm{m}}(m)}{2}}$$

其中，式(9.58a)、式(9.58b)、式(9.58c)中节点标号 m 分别为$(i+1/2,\ j)$、$(i,\ j+1/2)$和$(i+1/2,\ j+1/2)$。

对于 TM 波，$E_x=E_y=H_z=0$，式(9.57)三式离散后的 FDTD 公式为

$$H_x^{n+1/2}(i,j+1/2)=C_3(m)\cdot H_x^{n-1/2}(i,j+1/2)-C_4(m)\cdot\frac{E_z^n(i,j+1)-E_z^n(i,j)}{\Delta y} \tag{9.59a}$$

$$H_y^{n+1/2}(i+1/2,j)=C_3(m)\cdot H_y^{n-1/2}(i+1/2,j)+C_4(m)\cdot\frac{E_z^n(i+1,j)-E_z^n(i,j)}{\Delta x}\tag{9.59b}$$

$$E_z^{n+1}(i,j)=C_1(m)\cdot E_z^n(i,j)+C_2(m)\cdot\left[\frac{H_y^{n+1/2}(i+1/2,j)-H_y^{n+1/2}(i-1/2,j)}{\Delta x}-\frac{H_x^{n+1/2}(i,j+1/2)-H_x^{n+1/2}(i,j-1/2)}{\Delta y}\right]\tag{9.59c}$$

式(9.59)中的系数表达式与 TE 波情况相同，但标号 m 在此三式中应分别取$(i,\ j+1/2)$、$(i+1/2,\ j)$和$(i,\ j)$。

对于三维问题，结合图 9.12，可以得到式(9.53)，式(9.54)对应得 FDTD 方程为

$$\begin{aligned}&E_x^{n+1}(i+1/2,j,k)\\&=C_1(m)\cdot E_x^n(i+1/2,j,k)\\&\quad+C_2(m)\cdot\left[\frac{H_z^{n+1/2}(i+1/2,j+1/2,k)-H_z^{n+1/2}(i+1/2,j-1/2,k)}{\Delta y}-\frac{H_y^{n+1/2}(i+1/2,j,k+1/2)-H_y^{n+1/2}(i+1/2,j,k-1/2)}{\Delta z}\right]\end{aligned}\tag{9.60a}$$

$$\begin{aligned}&E_y^{n+1}(i,j+1/2,k)\\&=C_1(m)\cdot E_y^n(i,j+1/2,k)\\&\quad-C_2(m)\cdot\left[\frac{H_x^{n+1/2}(i,j+1/2,k+1/2)-H_x^{n+1/2}(i,j+1/2,k-1/2)}{\Delta z}-\frac{H_z^{n+1/2}(i+1/2,j+1/2,k)-H_z^{n+1/2}(i-1/2,j+1/2,k)}{\Delta x}\right]\end{aligned}\tag{9.60b}$$

$$\begin{aligned}&E_z^{n+1}(i,j,k+1/2)\\&=C_1(m)\cdot E_z^n(i,j,k+1/2)\\&\quad+C_2(m)\cdot\left[\frac{H_y^{n+1/2}(i+1/2,j,k+1/2)-H_y^{n+1/2}(i-1/2,j,k+1/2)}{\Delta x}-\frac{H_x^{n+1/2}(i,j+1/2,k+1/2)-H_x^{n+1/2}(i,j-1/2,k+1/2)}{\Delta y}\right]\end{aligned}\tag{9.60c}$$

$$\begin{aligned}&H_x^{n+1/2}(i,j+1/2,k+1/2)\\&=C_3(m)\cdot H_x^{n-1/2}(i,j+1/2,k+1/2)\\&\quad-C_4(m)\cdot\left[\frac{E_z^n(i,j+1,k+1/2)-E_z^n(i,j,k+1/2)}{\Delta y}-\frac{E_y^n(i,j+1/2,k+1)-E_z^n(i,j+1/2,k)}{\Delta z}\right]\end{aligned}\tag{9.61a}$$

$$
\begin{aligned}
&H_y^{n+1/2}(i+1/2,j,k+1/2)\\
&=C_3(m)\cdot H_y^{n-1/2}(i+1/2,j,k+1/2)\\
&\quad+C_4(m)\cdot\left[\frac{E_x^n(i+1/2,j,k+1)-E_x^n(i+1/2,j,k)}{\Delta z}-\frac{E_z^n(i+1,j,k+1/2)-E_z^n(i,j,k+1/2)}{\Delta x}\right]
\end{aligned}
\tag{9.61b}
$$

$$
\begin{aligned}
&H_z^{n+1/2}(i+1/2,j+1/2,k)\\
&=C_3(m)\cdot H_z^{n-1/2}(i+1/2,j+1/2,k)\\
&\quad-C_4(m)\cdot\left[\frac{E_y^n\left(i+1,j+\frac{1}{2},k\right)-E_y^n(i,j+1/2,k)}{\Delta x}-\frac{E_x^n(i+1/2,j+1,k)-E_x^n(i+1/2,j,k)}{\Delta y}\right]
\end{aligned}
\tag{9.61c}
$$

其中，$C_1(m)$、$C_2(m)$、$C_3(m)$和$C_4(m)$的形式与二维问题完全相同，但此时m代表三维标号。在式(9.60a)、式(9.60b)、式(9.60c)中，取值分别为$(i+1/2,\ j,\ k)$、$(i,\ j+1/2,\ k)$和$(i,\ j,\ k+1/2)$；在式(9.61a)、式(9.61b)、式(9.61c)中，取值分别为$(i,\ j+1/2,\ k+1/2)$、$(i+1/2,\ j,\ k+1/2)$和$(i+1/2,\ j+1/2,\ k)$。

9.3.3　数值稳定性

由麦克斯韦旋度方程按 Yee 网格所导出的 FDTD 方程是一种显式差分格式，计算过程是按时间逐步推进计算电磁场在计算空间的变化规律。这种差分格式存在稳定性问题，表现为随着计算步数的增加，计算出的场量数值无限制地增大。其原因不同于误差的积累，而是由于离散导致电磁波传播的因果关系被破坏而引起的，为了保证上述差分格式稳定，必须合理地选择时间步长和空间步长之间的关系。

以二维 TM 波为例加以讨论，差分公式为

$$
\frac{H_x^{n+1/2}(i,j+1/2)-H_x^{n-1/2}(i,j+1/2)}{\Delta t}=-\frac{1}{\mu}\frac{E_z^n(i,j+1)-E_z^n(i,j)}{\Delta y}
\tag{9.62a}
$$

$$
\frac{H_y^{n+1/2}(i+1/2,j)-H_y^{n-1/2}(i+1/2,j)}{\Delta t}=\frac{1}{\mu}\frac{E_z^n(i+1,j)-E_z^n(i,j)}{\Delta x}
\tag{9.62b}
$$

$$
\frac{E_z^{n+1}(i,j)-E_z^n(i,j)}{\Delta t}=\frac{1}{\varepsilon}\left[\frac{H_y^{n+1/2}(i+1/2,j)-H_y^{n+1/2}(i-1/2,j)}{\Delta x}-\frac{H_x^{n+1/2}(i,j+1/2)-H_x^{n+1/2}(i,j-1/2)}{\Delta y}\right]
\tag{9.62c}
$$

1. 时间本征值问题

将上述各式左边的时间微商表示成本征值问题，可得

$$
\frac{H_x^{n+1/2}(i,j+1/2)-H_x^{n-1/2}(i,j+1/2)}{\Delta t}=\lambda H_x^n(i,j+1/2)
\tag{9.63a}
$$

$$
\frac{H_y^{n+1/2}(i+1/2,j)-H_y^{n-1/2}(i+1/2,j)}{\Delta t}=\lambda H_y^n(i+1/2,j)
\tag{9.63b}
$$

$$\frac{E_z^{n+1}(i,j)-E_z^n(i,j)}{\Delta t}=\lambda E_z^{n+1/2}(i,j) \tag{9.63c}$$

可写成一个统一的形式，即

$$(V^{n+1/2}-V^{n-1/2})/\Delta t=\lambda V^n$$

定义增长因子

$$q=V^{n+1/2}/V^n=V^n/V^{n-1/2}$$

$$q^2-\lambda\Delta t q-1=0 \tag{9.64}$$

其两个解为

$$q=\frac{\lambda\Delta t}{2}\pm\sqrt{\left(\frac{\lambda\Delta t}{2}\right)^2+1}$$

要使时间推进过程是稳定的，必须有 $|q|\leqslant 1$，这要求 $\mathrm{Re}(\lambda)=0$，$-1\leqslant\mathrm{Im}\left(\frac{\lambda\Delta t}{2}\right)\leqslant 1$，于是

$$-\frac{2}{\Delta t}\leqslant\mathrm{Im}(\lambda)\leqslant\frac{2}{\Delta t} \tag{9.65}$$

也就是说本征值必须为纯虚数，且其大小必须限制在式(9.65)范围内。

2. 空间本征值问题

为保证时间本征方程符合原差分方程组，必须保证式(9.62)构成如下本征值问题

$$-\frac{1}{\mu}\frac{E_z(i,j+1)-E_z(i,j)}{\Delta y}=\lambda H_x(i,j+1/2)$$

$$\frac{1}{\mu}\frac{E_z(i+1,j)-E_z(i,j)}{\Delta x}=\lambda H_y(i+1/2)$$

$$\frac{1}{\varepsilon}\frac{H_y(i+1/2,j)-H_y(i-1/2,j)}{\Delta x}-\frac{H_x(i,j+1/2)-H_x(i,j-1/2)}{\Delta y}=\lambda E_z(i,j)$$

由于任意波都可以展开为平面波谱，只要算法对平面波是稳定的，则对任意波也一定是稳定的，故只需讨论平面波的稳定性问题。

二维空间平面波各场分量均可表示成形式：$A(I,J)=A_0\exp[\mathrm{j}(k_xI\Delta x+k_yJ\Delta y)]$，代入上面的本征方程，得

$$H_{x0}=-\mathrm{j}\frac{2E_{z0}}{\lambda\mu\Delta y}\sin\left(\frac{k_y\Delta y}{2}\right),\quad H_{y0}=-\mathrm{j}\frac{2E_{z0}}{\lambda\mu\Delta x}\sin\left(\frac{k_x\Delta x}{2}\right)$$

$$E_{z0}=\mathrm{j}\frac{2}{\lambda\varepsilon}\left[\frac{H_{y0}}{\Delta x}\sin\left(\frac{k_x\Delta x}{2}\right)-\frac{H_{x0}}{\Delta y}\sin\left(\frac{k_y\Delta y}{2}\right)\right]$$

$$\lambda^2=-\frac{4}{\mu\varepsilon}\left[\frac{1}{(\Delta x)^2}\sin^2\left(\frac{k_x\Delta x}{2}\right)+\frac{1}{(\Delta y)^2}\sin^2\left(\frac{k_y\Delta y}{2}\right)\right]$$

可见，对于所有的 k_x 和 k_y，应该有 $\mathrm{Re}(\lambda)=0$，且

$$-2v\sqrt{\frac{1}{(\Delta x)^2}+\frac{1}{(\Delta y)^2}}\leqslant\mathrm{Im}(\lambda)\leqslant 2v\sqrt{\frac{1}{(\Delta x)^2}+\frac{1}{(\Delta y)^2}} \tag{9.66}$$

为了确保随着时间步数的增加算法是稳定的，式(9.65)必须满足，考虑到式(9.66)，可得

$$-\frac{2}{\Delta t}\leqslant -2v\sqrt{\frac{1}{(\Delta x)^2}+\frac{1}{(\Delta y)^2}}\leqslant \mathrm{Im}(\lambda)\leqslant 2v\sqrt{\frac{1}{(\Delta x)^2}+\frac{1}{(\Delta y)^2}}\leqslant \frac{2}{\Delta t}$$

于是

$$\Delta t\leqslant \frac{1}{v\sqrt{\frac{1}{(\Delta x)^2}+\frac{1}{(\Delta y)^2}}} \tag{9.67}$$

对二维 TE 波，可以得到相同的结论。类似的分析可以导出，三维问题的时间步长和空间步长须满足关系

$$\Delta t\leqslant \frac{1}{v\sqrt{\frac{1}{(\Delta x)^2}+\frac{1}{(\Delta y)^2}+\frac{1}{(\Delta z)^2}}} \tag{9.68}$$

以上各式中，$v=1/\sqrt{\mu\varepsilon}$ 为介质中的光速。式(9.67)和式(9.68)就分别是二维问题和三维问题的稳定条件。

9.3.4 数值色散

FDTD 法计算出的网格中波的相速不同于波在自由空间传播的真实相速，它是随波的波长、传播方向以及网格分辨率变化的。这种现象是由于网格离散出现的一种非物理结果，称为数值色散。

先考虑二维空间的单色 TM 波，在网格空间中的表达式为

$$H_x^n(I,J)=H_{x0}\exp[\mathrm{j}(\omega n\Delta t-k_xI\Delta x-k_yJ\Delta y)] \tag{9.69a}$$

$$H_y^n(I,J)=H_{y0}\exp[\mathrm{j}(\omega n\Delta t-k_xI\Delta x-k_yJ\Delta y)] \tag{9.69b}$$

$$E_z^n(I,J)=E_{z0}\exp[\mathrm{j}(\omega n\Delta t-k_xI\Delta x-k_yJ\Delta y)] \tag{9.69c}$$

代入麦克斯韦旋度方程的中心差分公式中，可得

$$H_{x0}=\frac{\Delta tE_{z0}}{\mu\Delta y}\,\frac{\sin(k_y\Delta y/2)}{\sin(\omega\Delta t/2)} \tag{9.70a}$$

$$H_{y0}=\frac{\Delta tE_{z0}}{\mu\Delta x}\,\frac{\sin(k_x\Delta x/2)}{\sin(\omega\Delta t/2)} \tag{9.70b}$$

$$E_{z0}=\frac{\Delta t}{\varepsilon}\left[\frac{H_{x0}}{\Delta y}\sin(k_y\Delta y/2)-\frac{H_{y0}}{\Delta x}\sin(k_x\Delta x/2)\right]\Big/\sin(\omega\Delta t/2) \tag{9.70c}$$

将式(9.70a)、式(9.70b)代入式(9.70c)得

$$\left(\frac{1}{v\Delta t}\right)^2\sin^2\left(\frac{\omega\Delta t}{2}\right)=\frac{1}{(\Delta x)^2}\sin^2\left(\frac{k_x\Delta x}{2}\right)+\frac{1}{(\Delta y)^2}\sin^2\left(\frac{k_y\Delta y}{2}\right) \tag{9.71}$$

其中，$v=1/\sqrt{\mu\varepsilon}$ 为介质中的光速。对于二维 TE 波，可得到完全相同的关系，式(9.71)就是二维空间的色散关系。

用类似的方法可得到三维情况的数值色散关系式

$$\left[\frac{1}{v\Delta t}\sin\left(\frac{\omega\Delta t}{2}\right)\right]^2=\left(\frac{1}{\Delta x}\sin\frac{k_x\Delta x}{2}\right)^2+\left(\frac{1}{\Delta y}\sin\frac{k_y\Delta y}{2}\right)^2+\left(\frac{1}{\Delta z}\sin\frac{k_z\Delta z}{2}\right)^2 \tag{9.72}$$

电磁场理论已经告诉我们，非离散情况下严格的色散关系为

$$\frac{\omega^2}{v^2}=k_x^2+k_y^2+k_z^2 \tag{9.73}$$

由式(9.72)得到的数值相速 $v_{\mathrm{p}}=\omega/\sqrt{k_x^2+k_y^2+k_z^2}$ 显然不同于由式(9.73)得到的严格解 $v_{\mathrm{p}}=v=1/\sqrt{\mu\varepsilon}$。只有当 Δt、Δx、Δy 以及 Δz 均趋近于 0 时，式(9.72)才等同于严格的色散关系(9.73)。这说明数值色散是由于空间和时间的离散并用差商代替导数而引起的。

下面通过二维 TM 波的情况加以定量说明。取正方形网格，即 $\Delta x=\Delta y=\Delta$，波以相对于 x 轴任意角度 α 的方向传播，于是，$k_x=k\cos\alpha$，$k_y=k\sin\alpha$，色散关系化为

$$\left(\frac{\Delta}{v\Delta t}\right)^2\sin^2\left(\frac{\omega\Delta t}{2}\right)=\sin^2\left(\frac{\Delta\cdot k\cos\alpha}{2}\right)+\sin^2\left(\frac{\Delta\cdot k\sin\alpha}{2}\right) \tag{9.74}$$

令

$$A=\frac{\Delta\cos\alpha}{2},\quad B=\frac{\Delta\sin\alpha}{2},\quad C=\left(\frac{\Delta}{v\Delta t}\right)^2\sin^2\frac{\omega\Delta t}{2}$$

则式(9.74)可表示为

$$\sin^2(Ak)+\sin^2(Bk)=C$$

利用牛顿法的迭代过程求解，得

$$f(k_{i+1})\approx f(k_i)+f'(k_i)(k_{i+1}-k_i)=C$$

$$k_{i+1}=k_i-\frac{\sin^2(Ak_i)+\sin^2(Bk_i)-C}{A\sin(2Ak_i)+B\sin(2Bk_i)}$$

则数值相速

$$\frac{v_{\mathrm{p}}}{v}=\frac{\omega}{k_{\mathrm{final}}v}$$

考虑到稳定条件 $v\Delta t=\Delta/2$，按上式计算的一些结果如图 9.14 所示。

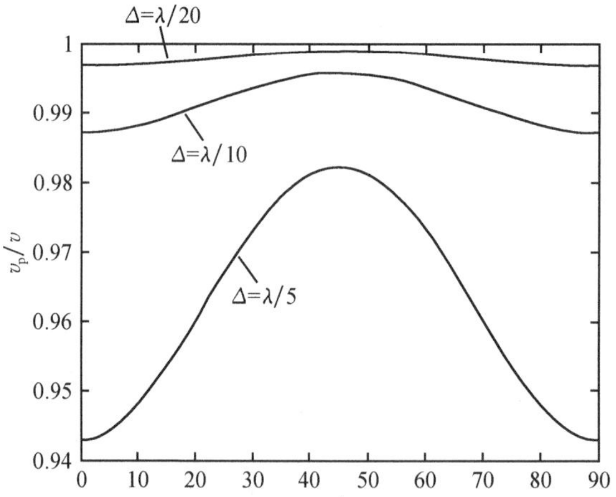

图 9.14 二维问题的数值相速

可以看出：①数值相速总是小于真实的相速；②不论网格尺寸取多大，在入射角为 45°时数值相速最大，入射角为 0°或 90°时数值相速最小；③随网格尺寸的减小，数值色散效应迅速减小，当 $\Delta=\lambda/10$ 时，相速最大偏离为 −1.3%，当 $\Delta=\lambda/20$ 时，相速最大偏离仅为 −0.31%。

数值相速随空间步长变化的情况如图 9.15 所示。

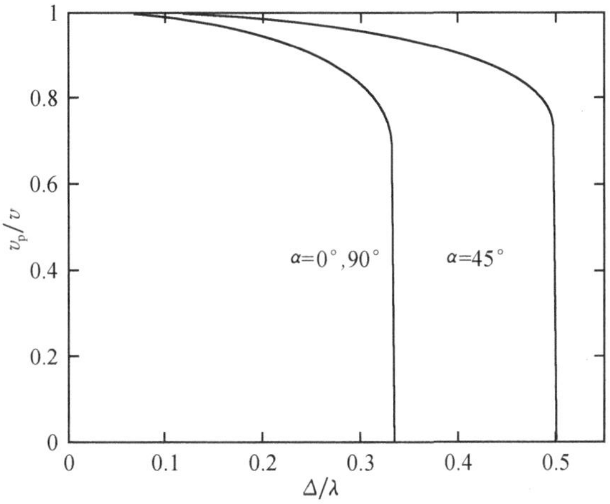

图 9.15　不同入射角时二维问题数值相速随空间步长的变化

可以看出：①不论以什么角度入射，随着空间步长的增加，相速都减小，而且增大到某一数值后迅速下降为 0(这一数值与入射角度有关)，说明对一定入射角度的平面波，存在空间步长的一个极限值，超过此值，平面波在 Yee 网格空间中不能传播，换言之，在网格尺寸确定后，能够在网格空间中传播(相速不为 0)的电磁波频率是受到限制的，存在一个截止频率，高于这一频率的波不能传播，即 FDTD 算法具有数值低通滤波特性，这一现象的存在给计算具有很宽频谱的脉冲电磁场问题带来一定困难。②数值色散现象的存在，使得高频分量的相速低于低频分量的相速，甚至有部分高频分量被截止，造成脉冲电磁波的波形严重畸变，因此要慎重选择网格尺寸，使主要频谱分量远离截止频率。

9.3.5　吸收边界条件

由于计算机容量有限，FDTD 计算只能在有限区域进行。在分析开域的电磁辐射或散射问题时，必须将无限大空间截断。为了能够模仿波在无限大空间无反射传播的真实情况，在截断边界处必须强加吸收边界条件。在 FDTD 方法的发展过程中，曾经使用过多种吸收边界条件，这里仅介绍目前使用最为广泛、效果最为理想的理想匹配层(perfectly matched layer，PML)吸收边界条件。

理想匹配层首先由 Berenger 于 1994 年提出。通过在 FDTD 区域截断边界处设置一种特殊介质层，该介质层的波阻抗与相邻介质波阻抗完全匹配，因而入射波将无反射地穿过分界面而进入 PML 层。并且，由于 PML 层为有耗介质，进入 PML 层的透射波将迅速衰减，即使 PML 为有限厚度，当电磁波到达另一侧的界面时，幅度已经很小，经反射再传播到计算区域与 PML 的界面时，反射波的幅度相对于入射波已经十分微弱，所以它有很好的吸收效果。

以二维 TE 波为例。TE 波只有 H_z、E_x、E_y 分量，直角坐标系中自由空间的麦克斯韦方程为

$$\left.\begin{aligned}\varepsilon_0\frac{\partial E_x}{\partial t}&=\frac{\partial H_z}{\partial y}\\ \varepsilon_0\frac{\partial E_y}{\partial t}&=-\frac{\partial H_z}{\partial x}\\ \frac{\partial E_y}{\partial x}-\frac{\partial E_x}{\partial y}&=-\mu_0\frac{\partial H_z}{\partial t}\end{aligned}\right\}\tag{9.75}$$

在 PML 层中，假设将磁场分量 H_z 分裂为两个分量 H_{zx} 和 H_{zy}，且 $H_z=H_{zx}+H_{zy}$。进而，将麦克斯韦方程改写为以下形式

$$\left.\begin{aligned}\varepsilon_0\frac{\partial E_x}{\partial t}+\sigma_y E_x&=\frac{\partial(H_{zx}+H_{zy})}{\partial y}\\ \varepsilon_0\frac{\partial E_y}{\partial t}+\sigma_x E_y&=-\frac{\partial(H_{zx}+H_{zy})}{\partial x}\\ \mu_0\frac{\partial H_{zx}}{\partial t}+\sigma_{mx}H_{zx}&=-\frac{\partial E_y}{\partial x}\\ \mu_0\frac{\partial H_{zy}}{\partial t}+\sigma_{my}H_{zy}&=\frac{\partial E_x}{\partial y}\end{aligned}\right\}\tag{9.76}$$

其中，σ_x、σ_{mx}、σ_y、σ_{my} 为介质的电导率和磁导率，描述了 PML 介质的各向异性。可以看出，当 $\sigma_x=\sigma_{mx}=\sigma_y=\sigma_{my}=0$ 时，式(9.76)退化为自由空间的麦可斯韦方程(9.75)。因而可以认为式(9.76)描述了一种普遍的情况，自由空间是其中的一个特例。如果式(9.76)中 $\sigma_x=\sigma_y=\sigma$，$\sigma_{mx}=\sigma_{my}=\sigma_m$，则 PML 介质退化为普通有耗介质。

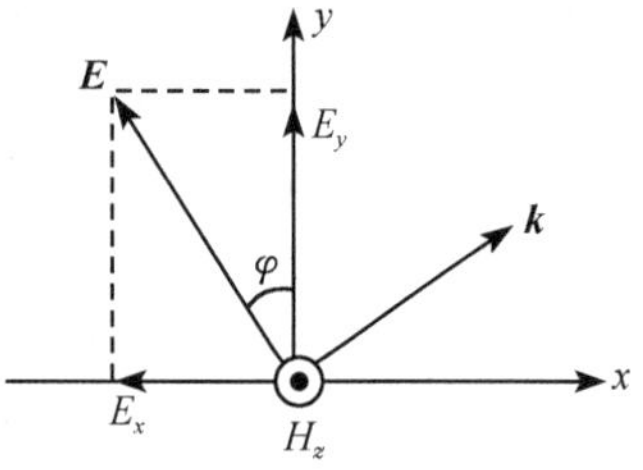

图 9.16 PML 介质中的 TE 平面波

考虑如图 9.16 所示 TE 波，其电场幅值为 E_0，电场与 y 轴的夹角为 φ。

用 H_{zx0} 和 H_{zy0} 分别表示磁场子分量 H_{zx} 和 H_{zy} 的振幅。设平面波在 PML 介质中传播，4 个场分量可以表示为

$$\left.\begin{aligned}E_x&=-E_0\sin\varphi\exp[\mathrm{j}\omega(t-\alpha x-\beta y)]\\ E_y&=E_0\cos\varphi\exp[\mathrm{j}\omega(t-\alpha x-\beta y)]\\ H_{zx}&=H_{zx0}\exp[\mathrm{j}\omega(t-\alpha x-\beta y)]\\ H_{zy}&=H_{zy0}\exp[\mathrm{j}\omega(t-\alpha x-\beta y)]\end{aligned}\right\}\tag{9.77}$$

其中，α 和 β 为复常数。将 E_x、E_y、H_{zx}、H_{zy} 代入方程(9.76)，得到

$$\left.\begin{aligned}\varepsilon_0 E_0\sin\varphi-\mathrm{j}\frac{\sigma_y}{\omega}E_0\sin\varphi&=\beta(H_{zx0}+H_{zy0})\\ \varepsilon_0 E_0\cos\varphi-\mathrm{j}\frac{\sigma_x}{\omega}E_0\cos\varphi&=\alpha(H_{zx0}+H_{zy0})\\ \varphi_0 H_{zx0}-\frac{\sigma_{mx}}{\omega}H_{zx0}&=\alpha E_0\cos\varphi\\ \varphi_0 H_{zy0}-\mathrm{j}\frac{\sigma_{my}}{\omega}H_{zy0}&=\beta E_0\sin\varphi\end{aligned}\right\}\tag{9.78}$$

由式(9.78)中后两式解得 H_{zx0} 和 H_{zy0} 并代入前两式可得

$$\left.\begin{aligned}\varepsilon_0\mu_0\left(1-\mathrm{j}\frac{\sigma_y}{\varepsilon_0\omega}\right)\sin\varphi=\beta\left[\frac{\alpha\cos\varphi}{1-\mathrm{j}\frac{\sigma_{\mathrm{m}x}}{\mu_0\omega}}+\frac{\beta\sin\varphi}{1-\mathrm{j}\frac{\sigma_{\mathrm{m}y}}{\mu_0\omega}}\right]\\ \varepsilon_0\mu_0\left(1-\mathrm{j}\frac{\sigma_x}{\varepsilon_0\omega}\right)\cos\varphi=\beta\left[\frac{\alpha\cos\varphi}{1-\mathrm{j}\frac{\sigma_{\mathrm{m}x}}{\mu_0\omega}}+\frac{\beta\sin\varphi}{1-\mathrm{j}\frac{\sigma_{\mathrm{m}y}}{\mu_0\omega}}\right]\end{aligned}\right\}\tag{9.79}$$

其中只含有 α 和 β。将两式相除得

$$\frac{\beta}{\alpha}=\frac{\sin\varphi}{\cos\varphi}\frac{1-\mathrm{j}\frac{\sigma_y}{\varepsilon_0\omega}}{1-\mathrm{j}\frac{\sigma_x}{\varepsilon_0\omega}}\tag{9.80}$$

由式(9.79)和式(9.80)可解得

$$\left.\begin{aligned}\alpha=\frac{\sqrt{\varepsilon_0\mu_0}}{G}\left(1-\mathrm{j}\frac{\sigma_x}{\varepsilon_0\omega}\right)\cos\varphi\\ \beta=\frac{\sqrt{\varepsilon_0\mu_0}}{G}\left(1-\mathrm{j}\frac{\sigma_y}{\varepsilon_0\omega}\right)\sin\varphi\end{aligned}\right\}\tag{9.81}$$

其中

$$G=\sqrt{\omega_x\cos^2\varphi+\omega_y\sin^2\varphi}\tag{9.82}$$

$$\omega_x=\frac{1-\mathrm{j}\frac{\sigma_x}{\varepsilon_0\omega}}{1-\mathrm{j}\frac{\sigma_{\mathrm{m}x}}{\mu_0\omega}},\quad\omega_y=\frac{1-\mathrm{j}\frac{\sigma_y}{\varepsilon_0\omega}}{1-\mathrm{j}\frac{\sigma_{\mathrm{m}y}}{\mu_0\omega}}\tag{9.83}$$

若用 ψ 表示任意场分量，ψ_0 表示振幅，c 代表光速，则由式(9.77)和式(9.81)，各场分量可以统一写为

$$\psi=\psi_0\exp\left[\mathrm{j}\omega\left(t-\frac{x\cos\varphi+y\sin\varphi}{cG}\right)\right]\exp\left(-\frac{\sigma_x\cos\varphi}{\varepsilon_0cG}x\right)\exp\left(-\frac{\sigma_y\sin\varphi}{\varepsilon_0cG}y\right)\tag{9.84}$$

另外，由式(9.78)将 H_{zx0} 和 H_{zy0} 分别表示为 α 和 β 的函数，然后将式(9.81)代入可得

$$\left.\begin{aligned}H_{zx0}=E_0\sqrt{\frac{\varepsilon_0}{\mu_0}}\frac{1}{G}\omega_x\cos^2\varphi\\ H_{zy0}=E_0\sqrt{\frac{\varepsilon_0}{\mu_0}}\frac{1}{G}\omega_y\sin^2\varphi\end{aligned}\right.\tag{9.85}$$

考虑式(9.82)和式(9.83)，H_{zx0} 和 H_{zy0} 相加可得磁场分量的振幅

$$H_0=H_{zx0}+H_{zy0}=E_0\sqrt{\frac{\varepsilon_0}{\mu_0}}G\tag{9.86}$$

定义介质的波阻抗为电场和磁场之比，则有

$$Z=\frac{E_0}{H_0}=\sqrt{\frac{\varepsilon_0}{\mu_0}}\frac{1}{G}\tag{9.87}$$

当(σ_x，$\sigma_{\mathrm{m}x}$)和(σ_y，$\sigma_{\mathrm{m}y}$)满足以下关系时

$$\frac{\sigma_x}{\varepsilon_0}=\frac{\sigma_{mx}}{\mu_0},\quad \frac{\sigma_y}{\varepsilon_0}=\frac{\sigma_{my}}{\mu_0} \tag{9.88}$$

由式(9.82)和式(9.83)，ω_x、ω_y 和 G 对任意频率 ω 均等于 1。于是场分量和介质波阻抗变为

$$\psi=\psi_0\exp\left[\mathrm{j}\omega\left(t-\frac{x\cos\varphi+y\sin\varphi}{c}\right)\right]\exp\left(-\frac{\sigma_x\cos\varphi}{\varepsilon_0 c}x\right)\exp\left(-\frac{\sigma_y\sin\varphi}{\varepsilon_0 c}y\right) \tag{9.89}$$

$$Z=\sqrt{\frac{\varepsilon_0}{\mu_0}}=Z_0 \tag{9.90}$$

式(9.89)的第一个指数项表明在 PML 介质中平面波的相位传播方向与电场方向垂直，相速度就等于光速 c，后两个指数项表明波振幅沿 x 轴和 y 轴呈指数衰减，衰减的快慢与介质的电导率直接相关。式(9.90)表明，PML 介质波阻抗与真空波阻抗 Z_0 完全相同。因而，式(9.88)称为阻抗匹配条件，也可将两个分量式合并为

$$\frac{\sigma}{\varepsilon_0}=\frac{\sigma_m}{\mu_0} \tag{9.91}$$

这是 PML 介质的重要基本条件—阻抗匹配条件。

下面讨论平面波由一种 PML 介质进入另一种 PML 介质时的传播过程。我们将发现，当两种 PML 介质层的参数 σ_x、σ_{mx}、σ_y、σ_{my} 满足一定的条件时，在分界面处对任意频率任意角度的入射波都可以完全无反射地由分界面的一侧进入另一侧。这种特殊情况是理想匹配层作为吸收边界应用于 FDTD 方法的理论基础。以下分两种情况讨论：

1. 分界面垂直于 x 轴情况

首先考虑两种 PML 介质的分界面垂直于 x 轴的情况，如图 9.17 所示。θ_1 和 θ_2 分别表示入射角和折射角，即入射波和透射波波矢量与界面法线的夹角，同时 θ_1 和 θ_2 也是入射波电场 $\boldsymbol{E}_i$ 和透射波电场 $\boldsymbol{E}_t$ 与介质分界面的夹角。对照图 9.16中定义的 φ 角，在图 9.17 中对两种介质应有 $\varphi=0$。

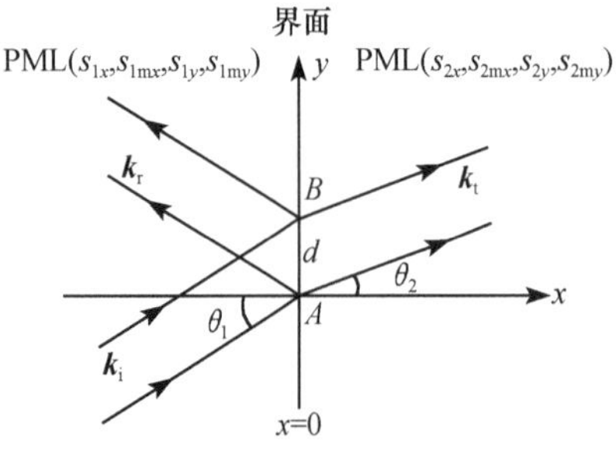

图 9.17 两种 PML 的分界面

入射波、反射波和透射波都是平面波，因而透射波和入射波之比不随分界面上观察点的位置而变化。因此，对于任意入射波和透射波的场分量，在分界面上任意两点 A 和 B 应有

$$\frac{\psi_t(B)}{\psi_i(B)}=\frac{\psi_t(A)}{\psi_i(A)} \tag{9.92}$$

设 d 为 A，B 两点之间的距离，由式(9.82)，G_1、G_2 分别对应两种介质的参数，根据式(9.83)可以写出

$$\left.\begin{aligned}\psi_i(B)&=\psi_i(A)\exp\left[-\frac{\mathrm{j}\omega d\sin\theta_1}{cG_1}-\frac{d\sigma_{1y}\sin\theta_1}{\varepsilon_0 cG_1}\right]\\ \psi_t(B)&=\psi_t(A)\exp\left[-\frac{\mathrm{j}\omega d\sin\theta_2}{cG_2}-\frac{d\sigma_{2y}\sin\theta_2}{\varepsilon_0 cG_2}\right]\end{aligned}\right\} \tag{9.93}$$

由于式(9.92)对于任意距离 d 均成立，所以式(9.93)中的指数因子必然相等，则有以下关系成立：

$$\left(1-\mathrm{j}\,\frac{\sigma_{1y}}{\varepsilon_0\omega}\right)\frac{\sin\theta_1}{G_1}=\left(1-\mathrm{j}\,\frac{\sigma_{2y}}{\varepsilon_0\omega}\right)\frac{\sin\theta_2}{G_2} \tag{9.94}$$

其中

$$G_k=\sqrt{\omega_{xk}\cos^2\theta_k+\omega_{yk}\sin^2\theta_k},\quad k=1,2 \tag{9.95}$$

关系式(9.94)实际上就是两种 PML 分界面垂直 x 轴时关于透射波传播方向的斯涅耳定律。同样，我们也可以建立入射波和反射波之间的类似关系，并导出反射角等于入射角。

设入射波、反射波和透射波的电场和磁场分量分别为 E_{i}、E_{r}、E_{t}、H_{i}、H_{r}、H_{t}，由于电场和磁场的切向连续性，对于 TE 波，在分界面上应有

$$\left.\begin{aligned}&E_{\mathrm{i}}\cos\theta_1-E_{\mathrm{r}}\cos\theta_1=E_{\mathrm{t}}\cos\theta_2\\&H_{\mathrm{i}}+H_{\mathrm{r}}=H_{\mathrm{t}}\end{aligned}\right\} \tag{9.96}$$

用 E_{i0}、E_{r0}、E_{t0} 表示 E_{i}、E_{r}、E_{t} 的振幅，设分界面在 $x=0$ 处，根据式(9.83)可写出

$$\left.\begin{aligned}E_{\mathrm{i}}&=E_{\mathrm{i0}}\exp\left[-\frac{\mathrm{j}\omega y\sin\theta_1}{cG_1}\left(1-\frac{\mathrm{j}\sigma_{1y}}{\varepsilon_0\omega}\right)\right]\\E_{\mathrm{r}}&=E_{\mathrm{r0}}\exp\left[-\frac{\mathrm{j}\omega y\sin\theta_1}{cG_1}\left(1-\frac{\mathrm{j}\sigma_{1y}}{\varepsilon_0\omega}\right)\right]\\E_{\mathrm{t}}&=E_{\mathrm{t0}}\exp\left[-\frac{\mathrm{j}\omega y\sin\theta_2}{cG_2}\left(1-\frac{\mathrm{j}\sigma_{2y}}{\varepsilon_0\omega}\right)\right]\end{aligned}\right\} \tag{9.97}$$

以及

$$\left.\begin{aligned}H_{\mathrm{i}}&=\frac{E_{\mathrm{i}}}{Z_1}\\H_{\mathrm{r}}&=\frac{E_{\mathrm{r}}}{Z_1}\\H_{\mathrm{t}}&=\frac{E_{\mathrm{t}}}{Z_2}\end{aligned}\right\} \tag{9.98}$$

根据式(9.94)，式(9.97)中的指数项均相等，于是将式(9.97)和式(9.98)代入式(9.96)，可得

$$\left.\begin{aligned}&E_{\mathrm{i0}}\cos\theta_1-E_{\mathrm{r0}}\cos\theta_1=E_{\mathrm{t0}}\cos\theta_2\\&\frac{E_{\mathrm{i0}}}{Z_1}+\frac{E_{\mathrm{r0}}}{Z_1}=\frac{E_{\mathrm{t0}}}{Z_2}\end{aligned}\right\} \tag{9.99}$$

定义反射系数为界面处反射波和入射波电场之比，即 $-E_{\mathrm{r0}}\cos\theta_1/E_{\mathrm{i0}}\cos\theta_1$。由式(9.99)可解得 TE 波情况下的反射系数 r_{p} 为

$$r_{\mathrm{p}}=\frac{Z_2\cos\theta_2-Z_1\cos\theta_1}{Z_2\cos\theta_2+Z_1\cos\theta_1} \tag{9.100}$$

应用式(9.87)，式(9.100)可改写为

$$r_p = \frac{G_2\cos\theta_2 - G_1\cos\theta_1}{G_2\cos\theta_2 + G_1\cos\theta_1} \tag{9.101}$$

下面我们讨论一种特殊的情况：两种 PML 介质具有相同横向电导率，即 $\sigma_{1y}=\sigma_{2y}=\sigma_y$，相同横向磁导率，即 $\sigma_{1my}=\sigma_{2my}=\sigma_{my}$，也就是两种介质参数分别为($\sigma_{1x}$，$\sigma_{1mx}$，$\sigma_y$，$\sigma_{my}$)和($\sigma_{2x}$，$\sigma_{2mx}$，$\sigma_y$，$\sigma_{my}$)。此时，斯涅耳关系式(9.94)变为

$$\frac{\sin\theta_1}{G_1} = \frac{\sin\theta_2}{G_2} \tag{9.102}$$

此外，如果这两种介质是匹配的，即(σ_{1x}，σ_{1mx})、(σ_{2x}，σ_{2mx})和(σ_y，σ_{my})均满足阻抗匹配条件$\frac{\sigma_{2x}}{\varepsilon_0}=\frac{\sigma_{2mx}}{\mu_0}$，$\frac{\sigma_y}{\varepsilon_0}=\frac{\sigma_{my}}{\mu_0}$，那么 $G_1=G_2=1$。代入式(9.83)可见入射波、反射波和透射波的传播速度均为真空中的光速 c，于是，由式(9.102)可得

$$\theta_1 = \theta_2 \tag{9.103}$$

反射系数(9.101)式变为

$$r_p = 0 \tag{9.104}$$

由此可见对于两种匹配的 PML 介质，当分界面垂直于 x 轴时，若具有相同的横向电导率和磁导率(σ_y，σ_{my})，则任意入射角和任意频率的平面波均可以完全无反射的通过分界面传播。若两种介质之一是真空，上述结论也成立。因为真空可看作是参数为(0，0，0，0)的介质，这时另一种介质的参数应为(σ_x，σ_{mx}，0，0)。这是一个非常重要的结论，因为在 FDTD 方法中与吸收边界相连的散射场(或辐射场)区通常就是真空。

2. 分界面垂直于 y 轴情况

当两种 PML 介质的分界面垂直于 y 轴时，通过类似的讨论同样可以得到相对于垂直 y 轴界面的斯涅尔关系式

$$\left(1-\mathrm{j}\frac{\sigma_{1x}}{\varepsilon_0\omega}\right)\frac{\sin\theta_1}{G_1} = \left(1-\mathrm{j}\frac{\sigma_{2x}}{\varepsilon_0\omega}\right)\frac{\sin\theta_2}{G_2} \tag{9.105}$$

其中

$$G_k = \sqrt{\omega_{xk}\cos^2\theta_k + \omega_{yk}\sin^2\theta_k}, \qquad k=1,2$$

若界面两侧的介质具有相同的横向电导率和磁导率(σ_x，σ_{mx})，由式(9.105)仍得式(9.102)。此外，如果(σ_{1y}，σ_{1my})、(σ_{2y}，σ_{2my})和(σ_x，σ_{mx})均满足阻抗匹配条件式(9.91)，则 $G_1=G_2$，那么，式(9.105)变为式(9.103)。式(9.104)此时仍然成立，所以，对于分界面垂直于 y 轴的两种 PML 介质，只要具有相同的(σ_x，σ_{mx})，且满足阻抗匹配条件，反射系数亦为零。

根据以上讨论，两种 PML 介质界面反射系数为零的条件可以归纳如下：

(1)若分界面垂直于 x 轴，要求二者具有相同的横向电导率和磁导率(σ_y，σ_{my})，且横向和纵向电导率、磁导率均满足阻抗匹配条件式(9.91)。

对于其中一种介质是真空，上述结论依然成立，因为真空可以看作是电导率和磁导率参数为(0，0，0，0)的介质。界面另一侧匹配介质参数为(σ_x，σ_{mx}，0，0)，且 σ_x、σ_{mx}满足式(9.88)。

(2)若分界面垂直于 y 轴，要求二者具有相同的(σ_x，σ_{mx})，且横向和纵向电导率，

磁导率均满足式(9.91)。

若其中一种介质是真空，其电导率和磁导率参数为(0, 0, 0, 0)，则界面另一侧匹配介质参数为(0, 0, σ_y, σ_{my})，且σ_y、σ_{my}满足式(9.88)。

二维情况下PML的设置如图9.18所示。在计算区域中，用常规的FDTD方法求解，在计算区域四周是PML层。计算区域中的外行波穿过与PML层的分界面，在PML层中被吸收。

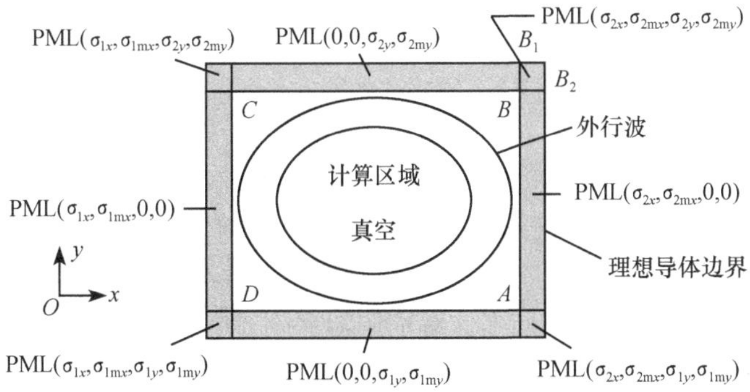

图9.18 PML边界参数设置

PML吸收层区在直边和顶角处有所不同，设计算区域为真空，则AB和CD的PML界面垂直于x轴，其参数应为PML(σ_x, σ_{mx}, 0, 0)。同样，BC和DA的PML界面垂直于y轴，其参数应为PML(0, 0, σ_y, σ_{my})。这样，满足阻抗匹配条件式(9.91)时外行波在四边的PML界面上是无反射的。

在四个顶角区域，介质参数为PML(σ_x, σ_{mx}, σ_y, σ_{my})，而与之相邻的边上的参数为PML(σ_x, σ_{mx}, 0, 0)和PML(0, 0, σ_y, σ_{my})。根据上面的讨论，满足阻抗匹配条件时在顶角和侧边的界面上，如图9.18中的BB_1和BB_2，平面波同样可以无反射地传播。

因此，当PML采用以上参数时，通过PML层的平面波以光速传播，且穿过边界和角顶区域PML的分界面时均无反射。

在实际计算中，PML层的外侧通常采用理想导体截断。透入PML层的波传播到理想导体边界处会反射回来，重新回到FDTD区域。这样，PML层的反射系数不再等于零。在介质层中波振幅的衰减由式(9.89)中的后两个指数项确定，侧边上的介质层参数为(σ_x, σ_{mx}, 0, 0)和(0, 0, σ_y, σ_{my})，上述两个指数衰减因子有一个等于1。于是在距离内侧界面ρ处，外行波的振幅为

$$\psi(\rho) = \psi_0 \exp\left(-\frac{\sigma\cos\theta}{\varepsilon_0 c}\rho\right) \tag{9.106}$$

其中，θ为外行波相对于分界面的入射角；σ表示σ_x或σ_y。对于被理想导体边界反射回到计算域的电磁波，相当于两次穿越介质层，以d表示介质层的厚度，显然其反射系数应为

$$R(\theta) = \exp\left(-\frac{2\sigma\cos\theta}{\varepsilon_0 c}d\right) \tag{9.107}$$

可见反射系数是σ和d乘积的函数。

计算中 PML 层电导率变化通常采用以下函数形式

$$\sigma(\rho)=\sigma_{\max}\left(\frac{\rho}{d}\right)^n,\quad n=1\text{ 或 }2 \tag{9.108}$$

电导率在内边界处为零，在外边界处为最大值 $\sigma_{\max}$。当 $n=1$ 时，σ 为线形变换；当 $n=2$ 时，σ 以抛物线形式增大。对于上述电导率为非均匀 PML 层，其反射系数为

$$R(\theta)=\exp\left[-\frac{2\cos\theta}{\varepsilon_0 c}\int_0^{\rho}\sigma(\rho')\mathrm{d}\rho'\right] \tag{9.109}$$

当 $\theta=0$ 时，$R(0)$为垂直反射系数。

9.3.6 场区划分与激励的加入

在计算电磁散射问题时，吸收边界条件一般只能保证对外向波的吸收，因此应设法使吸收边界处只有入射到其上的外向波，这可以通过将计算区域划分为总场区和散射场区来实现，如图 9.19 所示。散射问题的空间场可以写为入射场和散射场之和，即

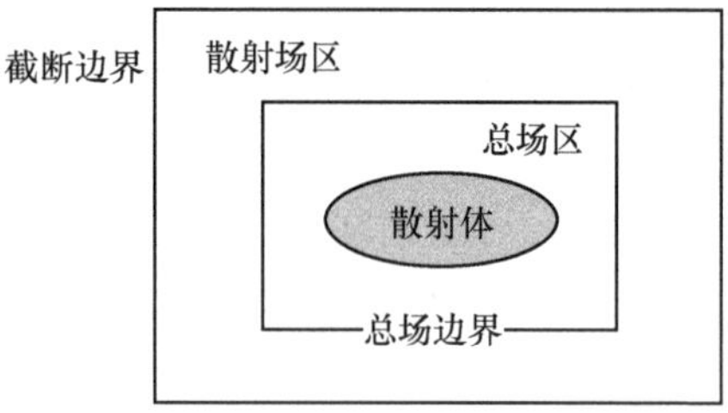

图 9.19 总场区和散射场区的划分

$$\left.\begin{aligned}E&=E_i+E_s\\H&=H_i+H_s\end{aligned}\right\} \tag{9.110}$$

下面讨论如何保证入射波只限制在总场区范围，以二维 TM 波情况为例进一步说明。无论在总场区或散射场区内部，FDTD 计算公式仍如 9.3.2 节所述。需要特殊处理的是总场—散射场边界处场的计算式。

如图 9.20 所示，总场区范围为 $i_0\leqslant i\leqslant i_1$，$j_0\leqslant j\leqslant j_1$。$E_z$ 在总场边界上划归总场区(也可划归散射场区)。以 $y=j_0\Delta y$ 总场边界为例，①计算 $H_y^{n+1/2}(i+1/2, j_0)$时涉及的 E_z 节点均为总场，因此计算公式不变；②$H_x^{n+1/2}(i, j_0-1/2)$属散射场，但计算时涉及的两个 E_z 节点分别为总场和散射场，应在总场节点扣除入射波值；③$E_z^{n+1/2}(i, j_0)$属于

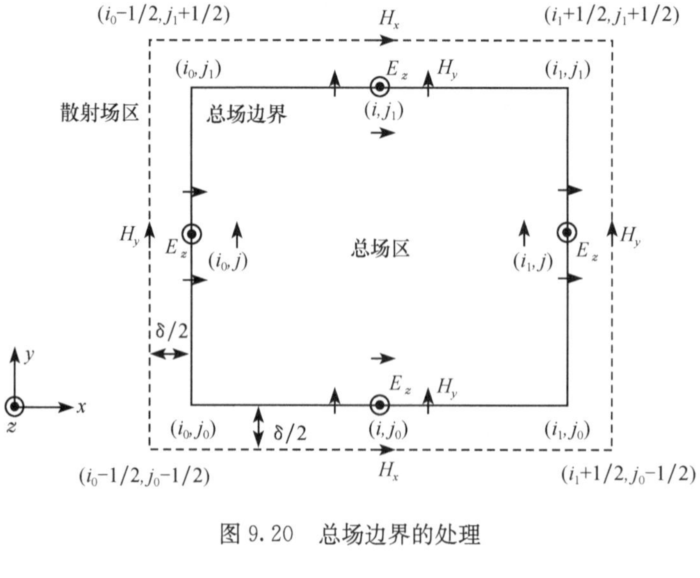

图 9.20 总场边界的处理

总场，计算时涉及的两个 H_z 节点分别为总场及散射场，应在散射场节点加上入射波值，另外两个 H_y 节点均属于总场。

所以 FDTD 公式需改写如下

$$H_x^{n+1/2}(i,j_0-1/2)=C_3(m)\cdot H_x^{n-1/2}(i,j_0-1/2)-C_4(m)\cdot\frac{E_z^n(i,j_0)-E_z^n(i,j_0-1)}{\Delta y}+C_4(m)\cdot\frac{E_z^{(i)n}(i,j_0)}{\Delta y} \tag{9.111a}$$

$$H_y^{n+1/2}(i+1/2,j_0)=C_3(m)\cdot H_y^{n-1/2}(i+1/2,j_0)+C_4(m)\cdot\frac{E_z^n(i+1,j_0)-E_z^n(i,j_0)}{\Delta x} \tag{9.111b}$$

$$E_z^{n+1}(i,j_0)=C_1(m)\cdot E_z^n(i,j_0)+C_2(m)\cdot\left[\frac{H_y^{n+1/2}(i+1/2,j_0)-H_y^{n+1/2}(i-1/2,j_0)}{\Delta x}-\frac{H_x^{n+1/2}(i,j_0+1/2)-H_x^{n+1/2}(i,j_0-1/2)}{\Delta y}\right]+C_2(m)\cdot\frac{H_x^{(i)n+1/2}(i,j_0-1/2)}{\Delta y} \tag{9.111c}$$

其他边界处和二维 TE 波以及三维问题均应做类似处理。

在用 FDTD 分析电磁场问题时，为了在一次计算中获得感兴趣的整个频段内的结果，激励源通常采用具有足够带宽的脉冲函数，如高斯脉冲函数

$$g(t)=\exp\left[-\frac{4\pi(t-t_0)^2}{\tau^2}\right] \tag{9.112a}$$

其中，τ 为常数，决定脉冲的宽度；t_0 也为常数，决定脉冲峰值出现的时刻。式(9.112a)的傅里叶变换为

$$G(f)=\frac{\tau}{2}\exp\left(-\mathrm{j}2\pi f t_0-\frac{\pi f^2\tau^2}{4}\right) \tag{9.112b}$$

高斯脉冲的时域图形和频谱如图 9.21 所示。

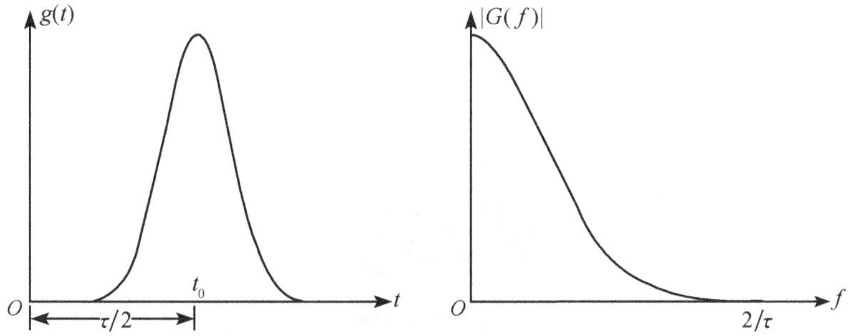

(a) 时域图形　(b) 频谱

图 9.21　高斯脉冲及其频谱

可见高斯脉冲的能量集中在直流附近，如果希望激励信号的能量集中在某一非零频率的附近，则可采用调制高斯脉冲函数

$$g(t) = \cos(2\pi f_0 t)\exp\left[-\frac{4\pi(t-t_0)^2}{\tau^2}\right] \tag{9.113a}$$

它的傅里叶变换为

$$G(f)= \frac{\tau}{4}\exp\left[-\mathrm{j}2\pi(f-f_0)t_0-\frac{\pi(f-f_0)^2\tau^2}{4}\right] + \frac{\tau}{4}\exp\left[-\mathrm{j}2\pi(f+f_0)t_0-\frac{\pi(f+f_0)^2\tau^2}{4}\right] \tag{9.113b}$$

调制高斯脉冲的时域波形和频谱如图 9.22 所示。

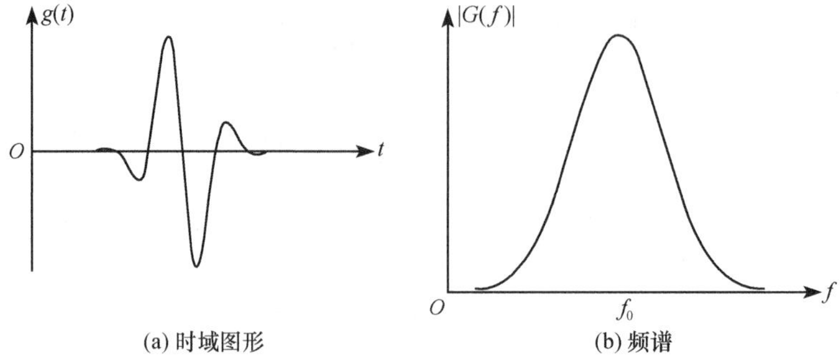

图 9.22 调制高斯脉冲及其频谱

9.3.7 算例

下面以二维导体方柱的电磁散射问题为例，说明 FDTD 方法的实际应用。如图 9.23 所示，入射平面波为单频正弦波，从左向右传播。取 $\Delta x=\Delta y=\Delta=\lambda/100$，总场区、散射场区，以及 PML 层的厚度均取 10Δ。当入射波为 TM 极化时，边长为一个波长的柱体表面的电流密度幅度和相位分别如图 9.24(a)、(b)所示；当入射波为 TE 极化时，边长为一个波长的柱体表面的电流密度幅度和相位分别如图 9.24(c)、(d)所示。

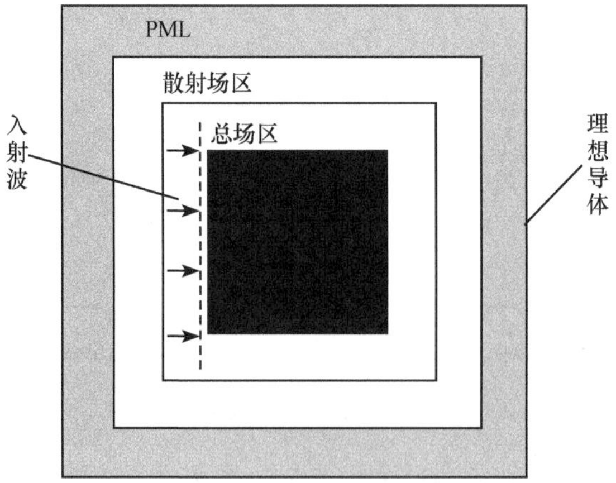

图 9.23 二维导体方柱的散射

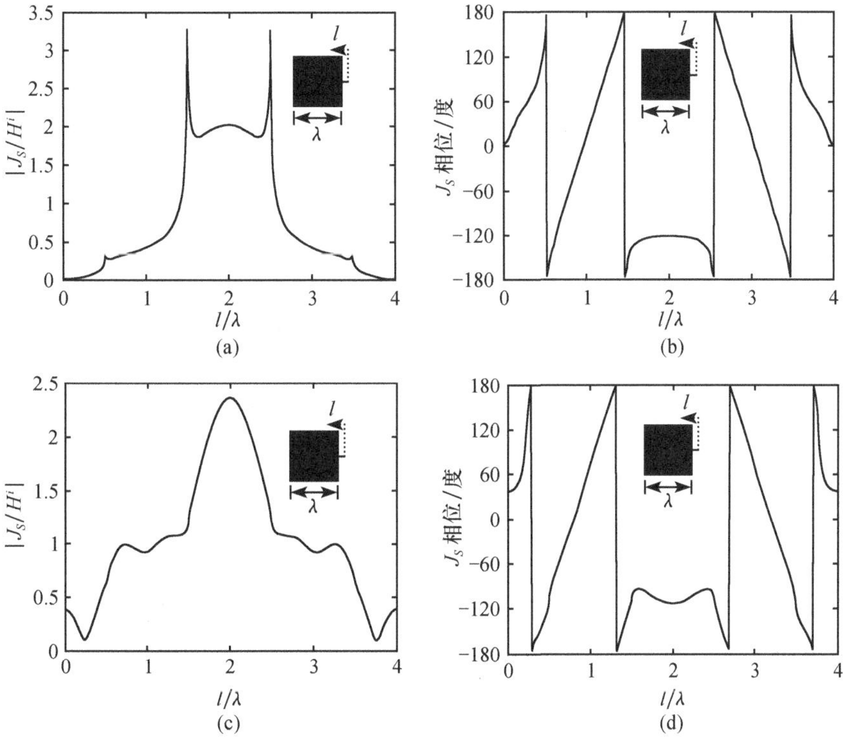

图 9.24　柱体表面的电流分布

9.4 矩 量 法

矩量法(method of moment，MoM)是解决电磁场问题最为常用的数值方法之一，本节介绍这一方法的基本知识。考虑非齐次方程

$$L(f) = g \tag{9.114}$$

其中，L 是线性算子，g 为已知函数，f 为未知函数。算子为线性意味着 $L(\alpha f_1+\beta f_2)=\alpha L(f_1)+\beta L(f_2)$。令 f 在 L 的定义域中被展开为 f_1，f_2，f_3，…的组合，如

$$f = \sum_n \alpha_n f_n \tag{9.115}$$

其中，α_n 是展开系数，f_n 被称为展开函数或基函数。要得到精确解，式(9.115)通常是无穷项之和，而 f_n 形成一个基函数的完备集。对于近似解，式(9.115)通常是有限项之和。将式(9.115)代入式(9.114)，在应用算子 L 的线性性质便可以得到

$$\sum_n \alpha_n L(f_n) = g \tag{9.116}$$

对此问题若已经规定了一个适当的内积 $\langle f, g\rangle$，那么，在 L 值域内选取一个权函数或检验函数 w_1，w_2，w_3，…的集合，并对每个 w_m 取式(9.116)的内积，则

$$\sum_n \alpha_n \langle w_m, \; Lf_n\rangle = \langle w_m, g\rangle \tag{9.117}$$

其中，$m=1$，2，3，…此方程组可以写成如下的矩阵形式

$$[l_{mn}][\alpha_n] = [g_m] \tag{9.118}$$

其中

$$[l_{mn}] = \begin{bmatrix} < w_1, Lf_1 > & < w_1, Lf_2 > & \cdots \\ < w_2, Lf_1 > & < w_2, Lf_2 > & \cdots \\ \vdots & \vdots & \vdots \end{bmatrix} \tag{9.119}$$

$$[\alpha_n] = \begin{bmatrix} \alpha_1 \\ \alpha_2 \\ \vdots \end{bmatrix} \quad [g_m] = \begin{bmatrix} < w_1, g > \\ < w_2, g > \\ \vdots \end{bmatrix} \tag{9.120}$$

其中，$[l_{mn}]$ 是非奇异的，即其逆矩阵 $[l_{mn}]^{-1}$存在，则 α_n 便由下式给出

$$[\alpha_n] = [l_{mn}]^{-1} \cdot [g_m] \tag{9.121}$$

f 的解由式(9.115)得出，为了简明地表示此结果，规定基函数向量为

$$[\tilde{f}_n] = [f_1 \ f_2 \ f_3 \ \cdots] \tag{9.122}$$

于是，可将 f 写成

$$f = [\tilde{f}_n] \cdot [\alpha_n] = [\tilde{f}_n] \cdot [l_{mn}]^{-1} \cdot [g_m] \tag{9.123}$$

利用式(9.114)～式(9.122)求解方程(9.114)的方法就是矩量法。在一个特定的问题中，主要任务是选择 f_n 和 w_n。f_n 必须是线性无关的，并且使得它们的叠加式(9.115)能够很好地逼近 f，同时要使每一个 f_n 都符合问题的边界条件，以保证叠加后的 f 能满足边界条件。w_n 也应该是线性无关的，如果选择 $w_n = f_n$ 这种特殊情况时，称为伽略金法。

下面用一个例子来说明问题。在区间 $0 \leqslant x \leqslant 1$ 内，求满足

$$\begin{cases} -\dfrac{d^2 f}{dx^2} = 1 + 4x^2 \\ f(0) = f(1) = 0 \end{cases} \tag{9.124}$$

这是一个简单的常微分方程边值问题，其精确解为

$$f(x) = \frac{5}{6}x - \frac{1}{2}x^2 - \frac{1}{3}x^4 \tag{9.125}$$

下面考虑用伽略金法对其加以求解。选择

$$f_n(x) = x - x^{n+1} \tag{9.126}$$

其中，$n=1$，2，…，N。则

$$f = \sum_{n=1}^{N} \alpha^n (x - x^{n+1}) \tag{9.127}$$

注意，f_n 必须在 L 的定义域中，即满足边界条件。对于检验函数，取

$$w_n(x) = f_n(x) = x - x^{n+1} \tag{9.128}$$

适用于此问题的内积是

$$< f, g > = \int_0^1 f(x) g(x) dx \tag{9.129}$$

再利用 $L = -d^2/dx^2$ 很容易得出

$$l_{mn} = < w_m, Lf_n > = \frac{mn}{m+n+1} \tag{9.130}$$

$$g_m = < w_m, g > = \frac{m(3m+8)}{2(m+2)(m+4)} \tag{9.131}$$

对于任何固定的值 N(展开函数的数目)，α_n 由式(9.122)给出，并且由式(9.127)逼近 f。

当 $N=2$ 时，矩阵方程(9.118)变为

$$\begin{bmatrix}\frac{1}{3} & \frac{1}{2}\\ \frac{1}{2} & \frac{4}{5}\end{bmatrix}\begin{bmatrix}\alpha_1\\ \alpha_2\end{bmatrix}=\begin{bmatrix}\frac{11}{30}\\ \frac{7}{12}\end{bmatrix}$$

由上式求得

$$\begin{bmatrix}\alpha_1\\ \alpha_2\end{bmatrix}=\begin{bmatrix}\frac{1}{10}\\ \frac{2}{3}\end{bmatrix}$$

代入式(9.127)得 f 的近似解为

$$\tilde{f}=\frac{23}{30}x-\frac{1}{10}x^2-\frac{2}{3}x^3 \tag{9.132}$$

当 $N=3$ 时，矩阵方程(9.118)变为

$$\begin{bmatrix}\frac{1}{3} & \frac{1}{2} & \frac{3}{5}\\ \frac{1}{2} & \frac{4}{5} & 1\\ \frac{3}{5} & 1 & \frac{9}{7}\end{bmatrix}\begin{bmatrix}\alpha_1\\ \alpha_2\\ \alpha_3\end{bmatrix}=\begin{bmatrix}\frac{11}{30}\\ \frac{7}{12}\\ \frac{51}{70}\end{bmatrix}$$

由上式求得

$$\begin{bmatrix}\alpha_1\\ \alpha_2\\ \alpha_3\end{bmatrix}=\begin{bmatrix}\frac{1}{2}\\ 0\\ \frac{1}{3}\end{bmatrix}$$

此时 f 的近似解为

$$\tilde{f}=\frac{5}{6}x-\frac{1}{2}x^2-\frac{1}{3}x^4 \tag{9.133}$$

显然 $N=3$ 时的近似解就是精确解。当 $N=4$ 或更高的值时，仍可求得精确解。结果如图 9.25 所示。

由严格解(9.125)可以看出，f_n 的有限组合就能精确的表示这个解，而且用任意 N 个线性无关的检验便可正确地确定其系数，因此这个问题可以得到精确解。如果所求的解不能表示为 f_n 的有限级数和，除非 N 取无穷大，一般不能求得精确解，只能求得近似解。

在实际问题中，式(9.119)的 $l_{mn}=\langle w_m, Lf_n\rangle$ 中的积分计算通常是很困难的。下面介绍一种简单而实用的近似方法——点选配法。

在所关心的区域内，要求在一些离散点上满足式(9.116)，这种方法叫作点选配法。就矩量法而言，这相当于用狄拉克 δ 函数作为检验函数。下面用一维的例子说明。

重新讨论上面的例子。仍然选择式(9.126)作为展开函数，则式(9.116)变为

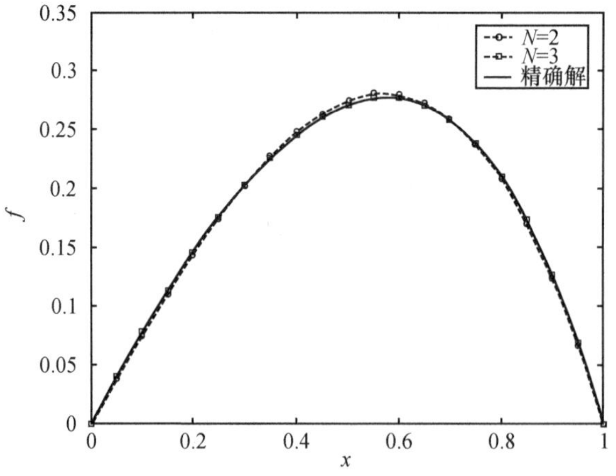

图 9.25　$f_n=x-x^{n+1}$的伽略金法结果

$$\sum_{n=1}^{N}\alpha_n\left[-\frac{d^2}{dx^2}(x-x^{n+1})\right]=1+4x^2 \tag{9.134}$$

为得到点选配解，我们在区间 $0\leqslant x\leqslant 1$ 中，等间隔地选择下面的点

$$x_m=\frac{m}{N+1},\quad m=1,2,\cdots,N \tag{9.135}$$

要求每一个 α_n 使上述各点上式(9.134)得到满足，即得 m 个方程，可写成矩阵形式(9.118)，其中

$$l_{mn}=n(n+1)\left(\frac{m}{N+1}\right)^{n-1} \tag{9.136}$$

$$g_m=1+4\left(\frac{m}{N+1}\right)^2 \tag{9.137}$$

显然，该结果等于将检验函数选择为

$$w_m=\delta(x-x_m) \tag{9.138}$$

并将它应用于式(9.129)定义的内积的矩量法中。其中，$\delta(x)$为狄拉克函数。

用点选配法得到的某些数值结果如下：当 $N=2$ 时，有

$$\begin{bmatrix}2 & 2\\ 2 & 4\end{bmatrix}\cdot\begin{bmatrix}\alpha_1\\ \alpha_2\end{bmatrix}=\begin{bmatrix}\frac{19}{3}\\ \frac{25}{9}\end{bmatrix},\quad \begin{bmatrix}\alpha_1\\ \alpha_2\end{bmatrix}=\begin{bmatrix}\frac{1}{18}\\ \frac{2}{3}\end{bmatrix}$$

当 $N=3$ 时，必然再次得到精确解式(9.125)，因为精确解是 f_1、f_2、f_3 的线性组合，而且采用的是 N 个互相独立的检验；当 N 大于 3 时，根据同样的理由可继续得出精确解，所得近似解如图 9.26 所示。通常，点选配解比相应的伽略金法近似解精度要差些，不过对于低阶解，不同的选配点，结果差异较大；对于高阶解，通常采用等间距的选配点也可得到很好的结果。

另一种近似方法是分域基法。它采用的各个基函数只在整个定义域的各个子域上才存在，于是展开式(9.115)中的每个 α_n 只是在区域的各个子域上影响 f 的近似。这种方

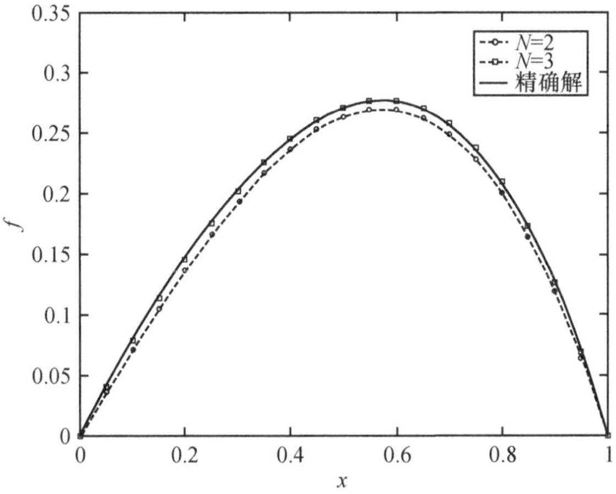

图 9.26 $f_n=x-x^{n+1}$的点选配法结果

法通常可以简化计算，有时更为简便的方法是将点选配法与分域基法结合使用。常用的一种分域基函数是定义在各子域上的脉冲函数。如区间 $0\leqslant x\leqslant 1$ 上 N 个等间隔的点由式(9.135)给定，每个子区间的长度为 $1/(N+1)$，子区间的中心为 x_m。图 9.27 给出了 $N=5$ 的情形。存在于各子域上的脉冲函数的形式为

$$P(x)=\begin{cases}1, & |x|<\dfrac{1}{2(N+1)}\\ 0, & |x|>\dfrac{1}{2(N+1)}\end{cases} \tag{9.139}$$

函数$P(x-x_2)$的图形示于图 9.27(b)中。取 $f_n=P(x-x_n)$，则它们的线性组合将给出待求函数 f 的阶梯近似，如图 9.27(c)所示。

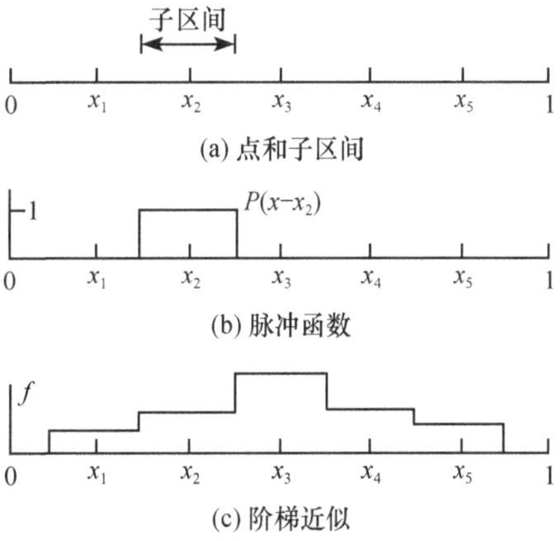

图 9.27 脉冲函数及阶梯近似

需要指出的是，对于前面的例子，算子为 $L=-\mathrm{d}^2/\mathrm{d}x^2$，显然 $LP(x-x_i)$是不存在的，因此用脉冲函数作为展开函数是不合适的。但是，如果问题的算子是积分算子，则用脉冲函数展开可以使计算大为简化。而很多电磁场问题都可以表示成积分方程的形式，即算子是积分算子，而待求函数出现在积分号内，如天线问题。因此脉冲函数展开在实际问题中应用非常广泛。

另一个常用的展开函数是三角形函数，其定义为

$$T(x)=\begin{cases}1-|x|\cdot(N+1), & |x|<\dfrac{1}{N+1}\\ 0, & |x|>\dfrac{1}{N+1}\end{cases} \tag{9.140}$$

函数 $T(x-x_2)$的图形示于图 9.28(a)中。若取 $f_n=T(x-x_n)$，则它们的线性组合将给出待求函数 f 的阶梯近似，如图 9.28(b)所示。

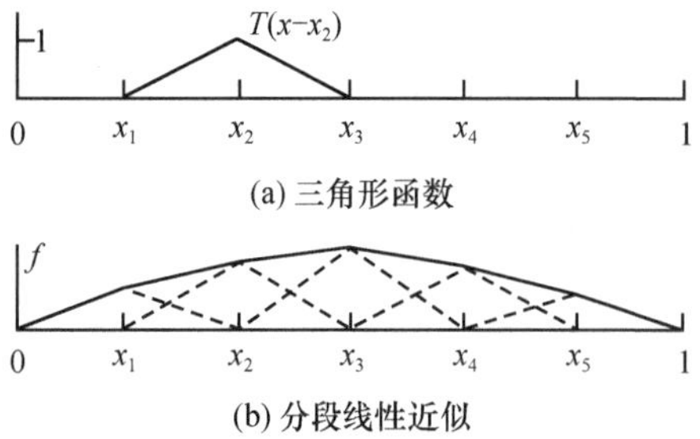

(a) 三角形函数
(b) 分段线性近似

图 9.28 三角形函数及分段线性近似

下面我们利用三角形函数作为展开函数再次研究前面的例子。在区间 $0\leqslant x\leqslant 1$ 上，N 个等间隔点仍由式(9.135)确定，子区间的长度为 $2/N+1$，子区间中心为 x_m。用三角形函数将待求函数展开

$$f=\sum_{n=1}^{N}\alpha_n T(x-x_n) \tag{9.141}$$

对于 $L=-\mathrm{d}^2/\mathrm{d}x^2$，有

$$LT(x-x_n)=(N+1)[-\delta(x-x_{n-1})+2\delta(x-x_n)-\delta(x-x_{n+1})] \tag{9.142}$$

其中，$\delta(x)$是狄拉克函数。此时不能再采用点选配法，选择 $w_m=P(x-x_m)$为检验函数，对于内积式(9.129)，容易算出

$$l_{mn}=\begin{cases}2(N+1), & m=n\\-(N+1), & |m-n|=1\\0, & |m-n|>1\end{cases} \tag{9.143}$$

$$g_m=\frac{1}{N+1}\left[1+\frac{4m^2+1/3}{(N+1)^2}\right] \tag{9.144}$$

可见，l 的形式特别简单，是一个条带矩阵。当 $N=2$ 时，有

$$\begin{bmatrix}6 & -3\\-3 & 6\end{bmatrix}\cdot\begin{bmatrix}\alpha_1\\\alpha_2\end{bmatrix}=\begin{bmatrix}\frac{40}{81}\\\frac{76}{81}\end{bmatrix},\quad \begin{bmatrix}\alpha_1\\\alpha_2\end{bmatrix}=\begin{bmatrix}\frac{468}{2187}\\\frac{576}{2187}\end{bmatrix}$$

当 $N=3$ 时，有

$$\begin{bmatrix}8 & -4 & 0\\-4 & 8 & -4\\0 & -4 & 8\end{bmatrix}\cdot\begin{bmatrix}\alpha_1\\\alpha_2\\\alpha_3\end{bmatrix}=\begin{bmatrix}\frac{61}{192}\\\frac{97}{192}\\\frac{157}{192}\end{bmatrix},\quad \begin{bmatrix}\alpha_1\\\alpha_2\\\alpha_3\end{bmatrix}=\begin{bmatrix}\frac{267}{1536}\\\frac{412}{1536}\\\frac{363}{1536}\end{bmatrix}$$

采用三角形函数展开，脉冲函数检验的结果如图 9.29 所示。

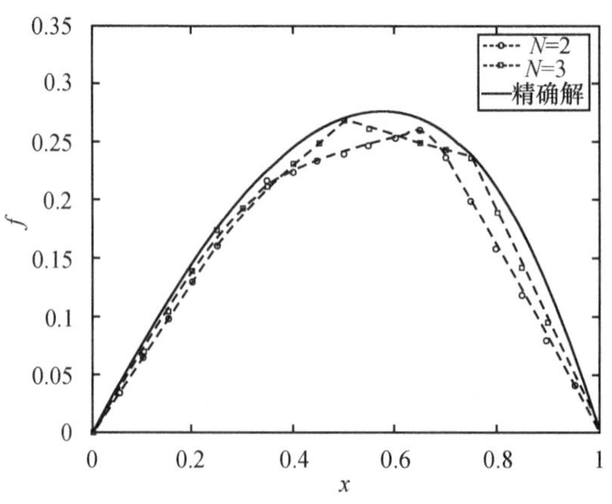

图 9.29 三角形基函数、脉冲函数检验的结果

下面通过一个简单的例子说明矩量法在电磁场问题中的应用。讨论一个边长为 $2a$、厚度为 0 的正方形导体板，位于 $z=0$ 平面上，中心在坐标原点，如图 9.30 所示。设 $\sigma(x, y)$表示导体板上的电荷密度，则空间任意一点的静电位是

$$\varphi(x,y,z)=\int_{-a}^{a}\int_{-a}^{a}\frac{\sigma(x',y')}{4\pi\varepsilon R}\mathrm{d}x'\mathrm{d}y' \tag{9.145}$$

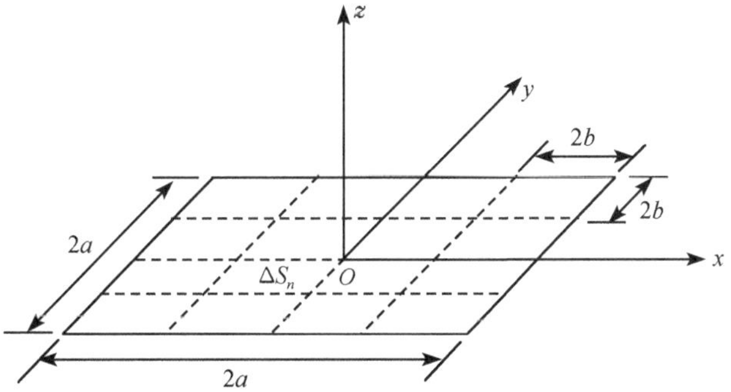

图 9.30　正方形导体板及其剖分

其中，$R=\sqrt{(x-x')^2+(y-y')^2+z^2}$，板上的电位满足边界条件 $\varphi=V$(常数)，则有积分方程

$$\int_{-a}^{a}\int_{-a}^{a}\frac{\sigma(x',y')}{4\pi\varepsilon\sqrt{(x-x')^2+(y-y')^2}}\mathrm{d}x'\mathrm{d}y'=V \tag{9.146}$$

其中，$|x|<a$，$|y|<a$，待求的未知函数是板上的电荷密度 $\sigma(x, y)$。

一个有意义的参数是导体板的电容

$$C=q/V=\frac{1}{V}\int_{-a}^{a}\mathrm{d}x\int_{-a}^{a}\sigma(x,y)\mathrm{d}y \tag{9.147}$$

将导体板剖分成 N 个正方形小块，每块边长为 $2b$，显然 $b=a/\sqrt{N}$。采用脉冲函数

$$f_n(x,y)=\begin{cases}1, & (x,y)\in\Delta s_n\\ 0, & (x,y)\notin\Delta s_n\end{cases} \tag{9.148}$$

作为分域基函数，将待求电荷密度函数展开，有

$$\sigma(x,y)\approx\sum_{n=1}^{N}\alpha_n f_n(x,y) \tag{9.149}$$

定义适合于此问题的内积为

$$<f,g>=\int_{-a}^{a}\mathrm{d}x\int_{-a}^{a}f(x,y)g(x,y)\mathrm{d}y \tag{9.150}$$

将式(9.149)代入式(9.146)，并且取检验函数为

$$w_m=\delta(x-x_m)\delta(y-y_m) \tag{9.151}$$

其中，(x_m, y_m)为每个 Δs_m 的中点，则得

$$[l_{mn}][\alpha_n]=[g_m] \tag{9.152}$$

其中

$$l_{mn}=\int_{-a}^{a}\mathrm{d}x\int_{-a}^{a}\mathrm{d}y\delta(x-x_m)\delta(y-y_m)\left[\int_{x_n-b}^{x_n+b}\mathrm{d}x'\int_{x_n-b}^{x_n+b}\frac{1}{4\pi\varepsilon\sqrt{(x-x')^2+(y-y')^2}}\mathrm{d}y'\right]$$

即

$$l_{mn}=\int_{x_n-b}^{x_n+b}\mathrm{d}x'\int_{x_n-b}^{x_n+b}\frac{1}{4\pi\varepsilon\sqrt{(x_m-x')^2+(y_m-y')^2}}\mathrm{d}y' \tag{9.153}$$

$$g_m=\int_{-a}^{a}\mathrm{d}x\int_{-a}^{a}V\delta(x-x_m)\delta(y-y_m)\mathrm{d}y=V \tag{9.154}$$

由式(9.153)和式(9.154)可见，选 $\delta(x-x_m)\delta(y-y_m)$ 为检验函数就相当于在点(x_m，y_m)进行点选配。

当 $m=n$ 时

$$l_{mn}=\int_{-b}^{b}\mathrm{d}x''\int_{-b}^{b}\frac{1}{4\pi\varepsilon\sqrt{x''^2+y''^2}}\mathrm{d}y''=\frac{2b}{\pi\varepsilon}\ln(1+\sqrt{2}) \tag{9.155}$$

其中，$x''=x_n-x'$，$y''=y_n-y'$。

当 $m\neq n$ 时，若 Δs_n 很小(N 足够大)，则式(9.153)中的被积函数可近似认为在 Δs_n 上处处相等且都等于中心(x_n，y_n)处的值，则

$$\begin{aligned}l_{mn}&\approx\frac{1}{4\pi\varepsilon\sqrt{(x_m-x_n)^2+(y_m-y_n)^2}}\Delta s_n\\&=\frac{b^2}{\pi\varepsilon\sqrt{(x_m-x_n)^2+(y_m-y_n)^2}}\end{aligned} \tag{9.156}$$

可以验证，式(9.156)的近似对相邻分块的误差仅为 3.8%，对非相邻分块，误差更小。

将式(9.154)～式(9.156)代入式(9.152)，解出 $[\alpha_n]$，再代入式(9.149)即得电荷密度的近似值。进而，由式(9.147)可得电容的近似解为

$$C\approx\frac{1}{V}\sum_{n=1}^{N}\alpha_n\Delta s_n \tag{9.157}$$

图 9.31 给出了 $N=400$，导体板电位 $V=1\mathrm{V}$ 时导体板中线 $y=0$ 上的电荷密度随 x

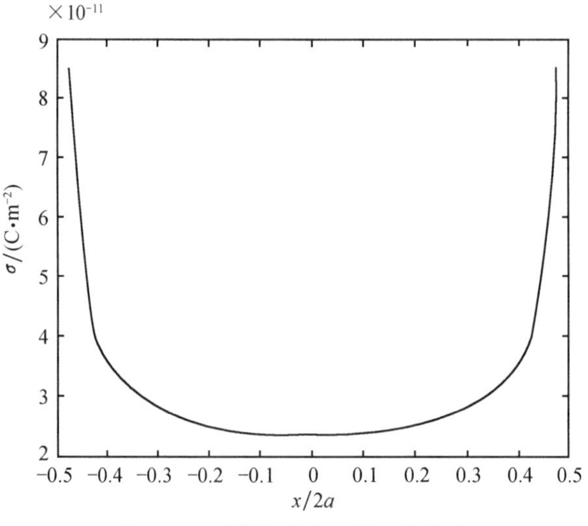

图 9.31　导体板中线上的电荷密度

的变化。可见，越靠近导体板边缘，电荷密度最大。事实上，对无限薄的导体板，边缘处的电荷密度应为无限大。

分块数目不同时导体板电容的计算结果如表 9.2 所示。

表 9.2　正方形导体板的电容(pF)

分块数	$C/2a$
16	38.187
36	39.070
64	39.513
100	39.778
400	40.299

根据现有的结果，电容的一个良好的估计值是 40pF，可见当分块数大于 64 时，矩量法可以得到很好的结果。

小　　结

(1)由于大多数的实际电磁场问题的解析解很难找到，必须借助于数值方法加以解决。

(2)有限差分法(FDM)把连续的电磁场问题变换为有限离散点的问题来求解：用各离散点上函数的差商来近似替代该点的偏导数，把需求解的边值问题转化为一组相应的差分方程问题，根据差分方程组解出位于各离散点上的待求函数值，便得所求边值问题的数值解。

(3)有限元法(FEM)是一种基于变分原理求解泛函在特定边界条件下极值的方法。首先将电磁场微分方程的边值问题表示为等价变分问题，然后将计算区域离散并将泛函近似地用各离散点上的待求量表示，根据泛函取得极值的条件得到待求函数在各离散点上的值。有限元法最大的优点是能够很容易地处理复杂的边界条件，第二类或第三类边界条件常常能够作为自然边界条件在泛函取得极值的同时自动地得到满足，不必强制加入。

(4)时域有限差分法(FDTD)是迄今为止最为活跃的一种数值方法，它直接求解依赖时间的麦克斯韦旋度方程，采用二阶精度的中心差分把旋度方程转化为一组差分方程，对电磁场分量在空间上和时间上采取交替抽样的离散方式，并在时间轴上逐步推进地求解空间电磁场。其特点是非常适合于非均匀介质填充问题，另外不同于有限差分、有限元等频域方法，FDTD 方法可以通过一次计算获得很宽频带内的结果。

(5)矩量法(MoM)是解决电磁场积分方程问题的常用方法，将待求区域离散并将待求函数(通常是电荷或电流的分布)展开为算子定义域内的已知基函数的线性组合，定义合适的内积并选取合适的检验函数使方程两边与各检验函数的内积相等，得到一组线性方程，解之即可求得待求函数在各离散点上的值。在开放边界中求电磁场(如天线问题)，在上述各种方法中，矩量法是常用的选择。

(6)前三种方法都是求解微分方程问题的方法，为微分方程法；矩量法则更常用于求解积分方程问题，为积分方程法。微分方程法通常需要将整个区域离散并计算，未知量数目较多，但得到的矩阵方程(FDTD 是迭代方法，不表示为矩阵方程的形式)系数矩阵是高度稀疏的，可利用稀疏矩阵求解技术减小存储量和计算时间；积分方程法则只需将区域边界进行离散，未知量数目较少，但系数矩阵通常是非稀疏的。

(7)各种数值方法都是近似方法，都需对计算区域(或边界)进行离散化处理，离散的网格尺寸大小是求解精确性的关键，一般而言网格越小越精确。但由于减小网格尺寸势必造成未知量数目的增加，使得存储量和计算量大幅增加，因此对网格尺寸需要折中考虑。

习 题

9.1 用有限差分法写出习题 9.1 图所给出问题的电位分布的系数矩阵 **A**。

9.2 用有限差分的异步迭代法给出 9.1 题中各节点电位的前两次迭代解。

9.3 设区域为边长为 1，中心在原点的正方形，用有限差分法求解电位的边值问题。

$$\begin{cases}\dfrac{\partial^2 u}{\partial x^2}+\dfrac{\partial^2 u}{\partial y^2}=0\\ u\,|_{x=\pm\frac{1}{2}}=-1,\quad u\,|_{y=\pm\frac{1}{2}}=1\end{cases}$$

9.4 习题 9.4 图为矩形导体的同轴结构。编制有限元法计算机程序求两导体之间的电位函数分布。

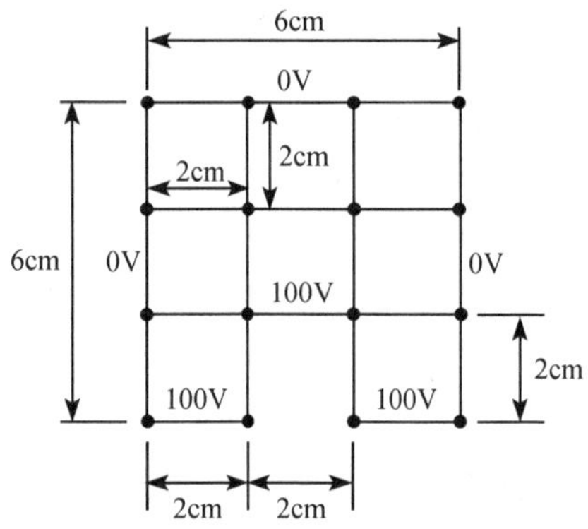

习题 9.1 图

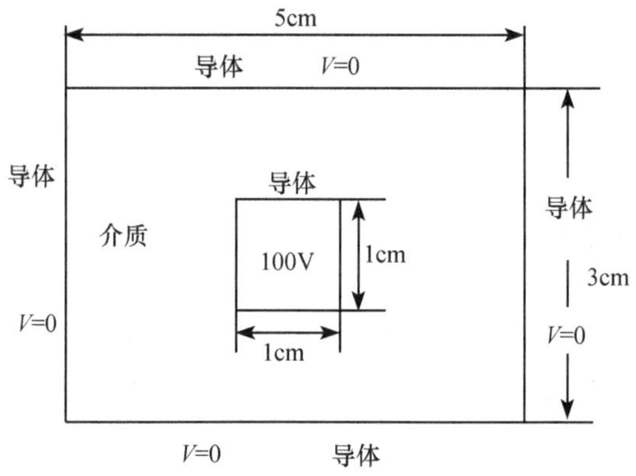

习题 9.4 图

9.5 利用有限元法求习题 9.5 图所示三角形区域内电位分布。采用与区域形状相似的等腰三角形单元，分别取直角边的尺寸为(a)10mm 和(b)5mm，比较两种情况的结果。

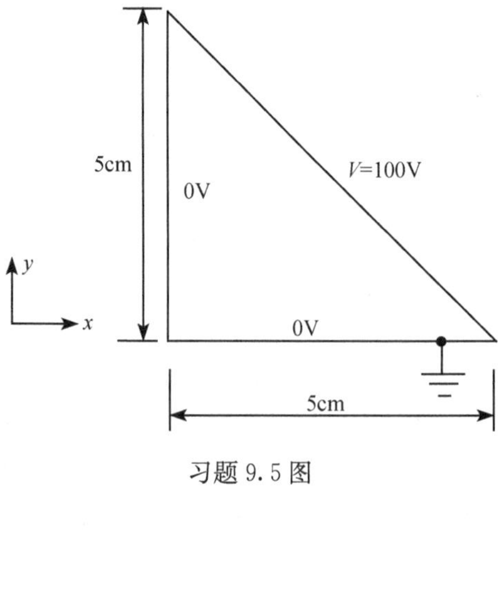

习题 9.5 图

9.6　推导三维情况的FDTD方程式(9.60)～式(9.61)。

9.7　利用FDTD法编程计算二维介质柱在TE和TM单色平面波沿垂直于轴线方向入射时，介质柱内部的总场分布。

9.8　编写9.4节正方形平板电容的矩量法计算程序，改变尺寸观察电容量的变化。

9.9　习题9.9图所示为无限长空气微带线的横截面，导体带厚度忽略不计，接地板为无限大，根据镜像法写出该问题的积分方程，并用矩量法确定微带线上的电荷分布并给出两导体之间的电位分布。

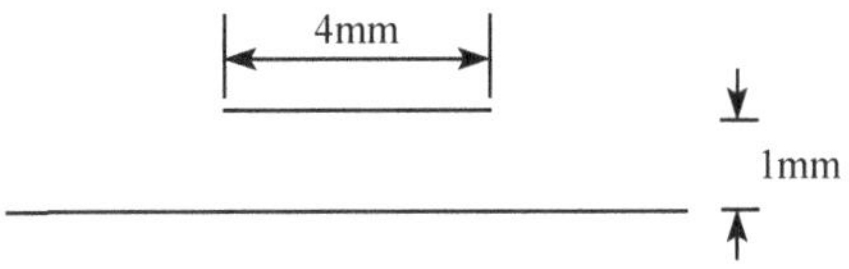

习题9.9图

综合性拓展练习题

9.1　有一无限长矩形截面的金属长槽，其顶板与两侧绝缘，宽度为$4h$，高度为$3h$。顶板电位为100V，其余的电位为0V，采用有限差分法，求槽内各点的电位分布。

9.2　应用基于有限元法的专业电磁软件，仿真分析某一工程问题。

9.3　应用基于时域有限差分法的专业电磁软件，分析某一具体工程问题。

9.4　应用基于矩量法的专业电磁软件，分析车载鞭状天线的辐射特性。

参考文献

毕德显，1985. 电磁场理论. 北京：电子工业出版社.

波扎，2006. 微波工程. 3 版. 张肇仪，周乐柱，吴德明，等译. 北京：电子工业出版社.

冯恩信，2016. 电磁场与电磁波. 4 版. 西安：西安交通大学出版社.

克劳斯，马赫夫克，2017. 天线. 3 版. 章文勋，译. 北京：电子工业出版社.

林为干，符果行，邬琳若，等，1996. 电磁场理论(修订本). 北京：人民邮电出版社.

路宏敏，赵晓凡，余志勇，等，2019. 工程电磁兼容. 3 版. 西安：西安电子科技大学出版社.

马哈夫扎，2016. 雷达系统分析与设计(MATLAB 版). 3 版. 周万幸，胡明春，吴鸣亚，等译. 北京：电子工业出版社.

马西奎，2018. 电磁场理论及应用. 2 版. 西安：西安交通大学出版社.

蒙哥马利，朗格尔，于贝尔，2014. 工程统计学. 5 版. 张波，金婷婷，李玥，译. 北京：中国人民大学出版社.

尚卡尔，2018. 耶鲁大学开放课程：基础物理Ⅱ(电磁学、光学和量子力学). 刘兆龙，吴晓丽，胡海云，译. 北京：机械工业出版社.

斯塔兹曼，蒂尔，2006. 天线理论与设计. 2 版. 朱守正，安同一，译. 北京：人民邮电出版社.

王家礼，朱满座，路宏敏，2021. 电磁场与电磁波. 5 版. 西安：西安电子科技大学出版社.

吴万春，1985. 电磁场理论. 北京：电子工业出版社.

谢处方，饶克谨，杨显清，等，2019. 电磁场与电磁波. 5 版. 北京：高等教育出版社.

杨儒贵，刘运林，2019. 电磁场与电磁波. 3 版. 北京：高等教育出版社.

钟顺时，2015. 电磁场与波. 2 版. 北京：清华大学出版社.

邹澎，马力，周晓萍，等，2020. 电磁场与电磁波. 3 版. 北京：清华大学出版社.

CHENG D K, 2007. Field and wave electromagnetics(影印版). 2nd ed. 北京：清华大学出版社.

DEMAREST K R ,2003. Engineering electromagnetics(影印版). 北京：科学出版社.

GURU B S, HIZIROGLU H R, 2002. Electromagnetic field theory fundamentals(影印版). 北京：机械工业出版社.

HAYT W H, BUCK J A, 2009. Engineering electromagnetics(影印版). 7th ed. 北京：清华大学出版社.

Johnson H, Graham M, 2004. High-speed digital design: a handbook of black magic. 北京：电子工业出版社.

KRAUS J D, FLEISC D A, 2001. Electromagnetics with applications(影印版). 5th ed. 北京：清华大学出版社.

LUDWIG R, BRETCHIO P, 2002. RF circuit design theory and applications(影印版). 北京：科学出版社.

RAMO S, WHINNERY J R, 1984. Fields and waves in communication electronics. 2nd ed. New Jersey: John Wiley & Sons. Inc.

SHEN L C, HUANG F C, 1987. Solutions manual for applied electromagnetism. 2nd ed. Boston: PWS-KENT Publishing Company.

ULABY F T, 2002. Fundamentals of applied electromagnetics(影印版). 北京：科学出版社.

附录 A　重要的矢量公式

1. 矢量恒等式

$$\boldsymbol{A}\cdot(\boldsymbol{B}\times\boldsymbol{C})=\boldsymbol{B}\cdot(\boldsymbol{C}\times\boldsymbol{A})=\boldsymbol{C}\cdot(\boldsymbol{A}\times\boldsymbol{B}) \tag{A.1}$$

$$\boldsymbol{A}\times(\boldsymbol{B}\times\boldsymbol{C})=(\boldsymbol{A}\cdot\boldsymbol{C})\boldsymbol{B}-(\boldsymbol{A}\cdot\boldsymbol{B})\boldsymbol{C} \tag{A.2}$$

$$\nabla(\varphi\psi)=\varphi\nabla\psi+\psi\nabla\varphi \tag{A.3}$$

$$\nabla\cdot(\psi\boldsymbol{A})=\boldsymbol{A}\cdot\nabla\psi+\psi\nabla\cdot\boldsymbol{A} \tag{A.4}$$

$$\nabla\times(\psi\boldsymbol{A})=\nabla\psi\times\boldsymbol{A}+\psi\nabla\times\boldsymbol{A} \tag{A.5}$$

$$\nabla(\boldsymbol{A}\times\boldsymbol{B})=(\boldsymbol{A}\cdot\nabla)\boldsymbol{B}+(\boldsymbol{B}\cdot\nabla)\boldsymbol{A}+\boldsymbol{A}\times(\nabla\times\boldsymbol{B})+\boldsymbol{B}\times(\nabla\times\boldsymbol{A}) \tag{A.6}$$

$$\nabla\cdot(\boldsymbol{A}\times\boldsymbol{B})=\boldsymbol{B}\cdot\nabla\times\boldsymbol{A}-\boldsymbol{A}\cdot\nabla\times\boldsymbol{B} \tag{A.7}$$

$$\nabla\times(\boldsymbol{A}\times\boldsymbol{B})=\boldsymbol{A}\nabla\cdot\boldsymbol{B}-\boldsymbol{B}\nabla\cdot\boldsymbol{A}+(\boldsymbol{B}\cdot\nabla)\boldsymbol{A}-(\boldsymbol{A}\cdot\nabla)\boldsymbol{B} \tag{A.8}$$

$$\nabla\cdot\nabla\psi=\nabla^2\psi \tag{A.9}$$

$$\nabla\times\nabla\psi=0 \tag{A.10}$$

$$\nabla\cdot\nabla\times\boldsymbol{A}=0 \tag{A.11}$$

$$\nabla\times\nabla\times\boldsymbol{A}=\nabla(\nabla\cdot\boldsymbol{A})-\nabla^2\boldsymbol{A} \tag{A.12}$$

$$\int_V\nabla\cdot\boldsymbol{A}\mathrm{d}V=\oint_S\boldsymbol{A}\cdot\mathrm{d}\boldsymbol{S} \tag{A.13}$$

$$\int_S\nabla\times\boldsymbol{A}\cdot\mathrm{d}\boldsymbol{S}=\oint_l\boldsymbol{A}\cdot\mathrm{d}\boldsymbol{l} \tag{A.14}$$

$$\int_V\nabla\times\boldsymbol{A}\mathrm{d}V=\oint_S(\boldsymbol{n}\times\boldsymbol{A})\mathrm{d}S \tag{A.15}$$

$$\int_V\nabla\psi\mathrm{d}V=\oint_S\psi\boldsymbol{n}\mathrm{d}S \tag{A.16}$$

$$\int_S\boldsymbol{n}\times\nabla\psi\mathrm{d}\boldsymbol{S}=\oint_l\psi\mathrm{d}\boldsymbol{l} \tag{A.17}$$

2. 三种坐标系内梯度、散度、旋度和拉普拉斯运算

1) 直角坐标

$$\nabla\psi=\boldsymbol{a}_x\frac{\partial\psi}{\partial x}+\boldsymbol{a}_y\frac{\partial\psi}{\partial y}+\boldsymbol{a}_z\frac{\partial\psi}{\partial z} \tag{A.18}$$

$$\nabla\cdot\boldsymbol{A}=\frac{\partial\boldsymbol{A}_x}{\partial x}+\frac{\partial\boldsymbol{A}_y}{\partial y}+\frac{\partial\boldsymbol{A}_z}{\partial z} \tag{A.19}$$

$$\nabla\times\boldsymbol{A}=\begin{vmatrix}\boldsymbol{a}_x & \boldsymbol{a}_y & \boldsymbol{a}_z\\ \dfrac{\partial}{\partial x} & \dfrac{\partial}{\partial y} & \dfrac{\partial}{\partial z}\\ \boldsymbol{A}_x & \boldsymbol{A}_y & \boldsymbol{A}_z\end{vmatrix} \tag{A.20}$$

$$\nabla^2\psi=\frac{\partial^2\psi}{\partial x^2}+\frac{\partial^2\psi}{\partial y^2}+\frac{\partial^2\psi}{\partial z^2} \tag{A.21}$$

2）圆柱坐标

$$\nabla\psi=\boldsymbol{a}_r\frac{\partial\psi}{\partial r}+\boldsymbol{a}_\phi\frac{1}{r}\left(\frac{\partial\psi}{\partial\phi}\right)+\boldsymbol{a}_z\frac{\partial\psi}{\partial z} \tag{A.22}$$

$$\nabla\cdot\boldsymbol{A}=\frac{1}{r}\frac{\partial}{\partial r}(rA_r)+\frac{1}{r}\left(\frac{\partial A_\phi}{\partial\phi}\right)+\frac{\partial A_z}{\partial z} \tag{A.23}$$

$$\nabla\times\boldsymbol{A}=\begin{vmatrix}\dfrac{\boldsymbol{a}_r}{r} & \boldsymbol{a}_\phi & \dfrac{\boldsymbol{a}_z}{r}\\ \dfrac{\partial}{\partial r} & \dfrac{\partial}{\partial\phi} & \dfrac{\partial}{\partial z}\\ A_r & rA_\phi & A_z\end{vmatrix} \tag{A.24}$$

$$\nabla^2\psi=\frac{1}{r}\frac{\partial}{\partial r}\left(r\frac{\partial\psi}{\partial r}\right)+\frac{1}{r^2}\left(\frac{\partial^2\psi}{\partial\phi^2}\right)+\frac{\partial^2\psi}{\partial z^2} \tag{A.25}$$

3）球坐标

$$\nabla\psi=\boldsymbol{a}_r\frac{\partial\psi}{\partial r}+\boldsymbol{a}_\theta\frac{1}{r}\left(\frac{\partial\psi}{\partial\theta}\right)+\boldsymbol{a}_\phi\frac{1}{r\sin\theta}\left(\frac{\partial\psi}{\partial\phi}\right) \tag{A.26}$$

$$\nabla\cdot\boldsymbol{A}=\frac{1}{r^2}\frac{\partial}{\partial r}(r^2A_r)+\frac{1}{r\sin\theta}\frac{\partial}{\partial\theta}(\sin\theta A_\theta)+\frac{1}{r\sin\theta}\frac{\partial A_\phi}{\partial\phi} \tag{A.27}$$

$$\nabla\times\boldsymbol{A}=\begin{vmatrix}\dfrac{\boldsymbol{a}_r}{r^2\sin\theta} & \dfrac{\boldsymbol{a}_\theta}{r\sin\theta} & \dfrac{\boldsymbol{a}_\phi}{r}\\ \dfrac{\partial}{\partial r} & \dfrac{\partial}{\partial\theta} & \dfrac{\partial}{\partial\phi}\\ A_r & rA_\theta & r\sin\theta A_\phi\end{vmatrix} \tag{A.28}$$

$$\nabla^2\psi=\frac{1}{r^2}\frac{\partial}{\partial r}\left(r^2\frac{\partial\psi}{\partial r}\right)+\frac{1}{r^2\sin\theta}\frac{\partial}{\partial\theta}\left(\sin\theta\frac{\partial\psi}{\partial\theta}\right)+\frac{1}{r^2\sin^2\theta}\frac{\partial^2\psi}{\partial\phi^2} \tag{A.29}$$

3. 格林定理

1）格林第一定理

$$\int_V(\varphi\,\nabla^2\psi+\nabla\psi\cdot\nabla\varphi)\mathrm{d}V=\oint_S(\varphi\,\nabla\psi)\cdot\mathrm{d}\boldsymbol{S}=\oint_S\varphi\frac{\partial\psi}{\partial n}\mathrm{d}S$$

其中，S是包围体积V的封闭曲面，d$\boldsymbol{S}$的方向是封闭曲面外法线方向。此式对于在体积V内具有连续二阶偏导数的标量函数φ和ψ都成立。

2）格林第二定理

$$\int_V(\varphi\,\nabla^2\psi-\psi\,\nabla^2\varphi)\mathrm{d}V=\oint_S(\varphi\,\nabla\psi-\psi\,\nabla\varphi)\cdot\mathrm{d}\boldsymbol{S}=\oint_S\left(\varphi\frac{\partial\psi}{\partial n}-\psi\frac{\partial\varphi}{\partial n}\right)\mathrm{d}S$$

其中，S、d$\boldsymbol{S}$以及φ、ψ的含义与格林第一定理相同。

附录 B　常用数学公式

1. 三角函数

1)和差

$\sin(\alpha \pm \beta) = \sin\alpha\cos\beta \pm \cos\alpha\sin\beta$

$\cos(\alpha \pm \beta) = \cos\alpha\cos\beta \mp \sin\alpha\sin\beta$

$\tan(\alpha \pm \beta) = \dfrac{\tan\alpha \pm \tan\beta}{1 \mp \tan\alpha\tan\beta}$

$1 + \tan^2\alpha = \sec^2\alpha$

$1 + \cot^2\alpha = \csc^2\alpha$

$\sin^2\alpha + \cos^2\alpha = 1$

$e^{\pm j\alpha} = \cos\alpha \pm j\sin\alpha$

$(\cos\alpha \pm j\sin\alpha)^n = \cos n\alpha \pm j\sin n\alpha$

2) 和差化积

$\sin\alpha \pm \sin\beta = 2\sin\dfrac{\alpha \pm \beta}{2}\cos\dfrac{\alpha \mp \beta}{2}$

$\cos\alpha + \cos\beta = 2\cos\dfrac{\alpha + \beta}{2}\cos\dfrac{\alpha - \beta}{2}$

$\cos\alpha - \cos\beta = -2\sin\dfrac{\alpha + \beta}{2}\sin\dfrac{\alpha - \beta}{2}$

3) 积化和差

$2\sin\alpha\cos\beta = \sin(\alpha + \beta) + \sin(\alpha - \beta)$

$2\cos\alpha\sin\beta = \sin(\alpha + \beta) - \sin(\alpha - \beta)$

$2\cos\alpha\cos\beta = \cos(\alpha + \beta) + \cos(\alpha - \beta)$

$2\sin\alpha\sin\beta = -\cos(\alpha + \beta) + \cos(\alpha - \beta)$

4) 倍角

$\sin 2\alpha = 2\sin\alpha\cos\alpha$

$\cos 2\alpha = \cos^2\alpha - \sin^2\alpha = 2\cos^2\alpha - 1 = 1 - 2\sin^2\alpha$

$\tan 2\alpha = \dfrac{2\tan\alpha}{1 - \tan^2\alpha}$

$\sin 3\alpha = 3\sin\alpha - 4\sin^3\alpha$

$\cos 3\alpha = 4\cos^3\alpha - 3\cos\alpha$

$$\cos n\alpha = \cos^n\alpha - \frac{n(n-1)}{2!}\cos^{n-2}\alpha\sin^2\alpha + \frac{n(n-1)(n-2)(n-3)}{4!}\cos^{n-4}\alpha\sin^4\alpha + \cdots$$

5）半角

$$\sin\frac{\alpha}{2}=\pm\sqrt{\frac{1-\cos\alpha}{2}}$$

$$\cos\frac{\alpha}{2}=\pm\sqrt{\frac{1+\cos\alpha}{2}}$$

$$\tan\frac{\alpha}{2}=\pm\sqrt{\frac{1-\cos\alpha}{1+\cos\alpha}}=\frac{\sin\alpha}{1+\cos\alpha}=\frac{1-\cos\alpha}{\sin\alpha}$$

$$\tan\frac{\alpha+\beta}{2}=\frac{\sin\alpha+\sin\beta}{\cos\alpha+\cos\beta}$$

6）级数

$$\sin\alpha=\frac{e^{j\alpha}-e^{-j\alpha}}{2j}=\alpha-\frac{\alpha^3}{3!}+\frac{\alpha^5}{5!}-\frac{\alpha^7}{7!}+\cdots$$

$$\cos\alpha=\frac{e^{j\alpha}+e^{-j\alpha}}{2}=1-\frac{\alpha^2}{2!}+\frac{\alpha^4}{4!}-\frac{\alpha^6}{6!}+\cdots$$

$$\tan\alpha=\frac{e^{j\alpha}-e^{-j\alpha}}{j(e^{j\alpha}+e^{-j\alpha})}=\alpha+\frac{\alpha^3}{3}+\frac{2\alpha^5}{15}+\frac{17\alpha^7}{315}+\frac{62\alpha^9}{2835}+\cdots$$

7）反三角函数

$$\arccos x=\frac{\pi}{2}-\arcsin x$$

$$\arctan x=\arcsin\frac{x}{\sqrt{1+x^2}}=\arccos\frac{1}{\sqrt{1+x^2}}$$

$$\arcsin(-x)=-\arcsin x$$

$$\arccos(-x)=\pi-\arccos x$$

$$\arctan(-x)=-\arctan x$$

2. 双曲函数

1）和差

$$\mathrm{sh}(\alpha\pm\beta)=\mathrm{sh}\alpha\,\mathrm{ch}\beta\pm\mathrm{ch}\alpha\,\mathrm{sh}\beta$$

$$\mathrm{ch}(\alpha\pm\beta)=\mathrm{ch}\alpha\,\mathrm{ch}\beta\mp\mathrm{sh}\alpha\,\mathrm{sh}\beta$$

$$\mathrm{th}(\alpha\pm\beta)=\frac{\mathrm{th}\alpha\pm\mathrm{th}\beta}{1\mp\mathrm{th}\alpha\mathrm{th}\beta}$$

$$\mathrm{sh}(\alpha\pm j\beta)=\mathrm{sh}\alpha\cos\beta\pm j\mathrm{ch}\alpha\sin\beta$$

$$\mathrm{ch}(\alpha\pm j\beta)=\mathrm{ch}\alpha\cos\beta\pm j\mathrm{sh}\alpha\sin\beta$$

$$\mathrm{th}(\alpha\pm j\beta)=\frac{\mathrm{sh}2\alpha\pm j\sin2\beta}{\mathrm{ch}2\alpha+\cos2\beta}$$

$$\mathrm{ch}^2\alpha-\mathrm{sh}^2\alpha=1$$

$$\mathrm{th}^2\alpha+\mathrm{sech}^2\alpha=1$$

$$(\mathrm{ch}\alpha\pm\mathrm{sh}\alpha)^n=\mathrm{ch}n\alpha\pm\mathrm{sh}n\alpha$$

2）倍角

$$\mathrm{sh}2\alpha=2\mathrm{sh}\alpha\,\mathrm{ch}\alpha$$

$$\mathrm{ch}2\alpha = \mathrm{ch}^2\alpha + \mathrm{sh}^2\alpha = 2\mathrm{ch}^2\alpha - 1 = 1 + 2\mathrm{sh}^2\alpha$$

$$\mathrm{th}2\alpha = \frac{2\mathrm{th}\alpha}{1 + \mathrm{th}^2\alpha}$$

$$\mathrm{sh}3\alpha = 4\mathrm{sh}^3\alpha + 3\mathrm{sh}\alpha$$

$$\mathrm{ch}3\alpha = 4\mathrm{ch}^3\alpha - 3\mathrm{ch}\alpha$$

3) 半角

$$\mathrm{sh}\frac{\alpha}{2} = \pm\sqrt{\frac{\mathrm{ch}\alpha - 1}{2}} \quad (\alpha > 0 \text{ 取} +, \alpha < 0 \text{ 取} -)$$

$$\mathrm{ch}\frac{\alpha}{2} = \sqrt{\frac{\mathrm{ch}\alpha + 1}{2}}$$

$$\mathrm{th}\frac{\alpha}{2} = \frac{\mathrm{sh}\alpha}{\mathrm{ch}\alpha + 1} = \frac{\mathrm{ch}\alpha - 1}{\mathrm{sh}\alpha}$$

4) 用三角函数表示

$$\mathrm{shj}\alpha = \mathrm{j}\sin\alpha$$

$$\mathrm{chj}\alpha = \cos\alpha$$

$$\mathrm{thj}\alpha = \mathrm{j}\tan\alpha$$

$$\sin\mathrm{j}\alpha = \mathrm{jsh}\alpha$$

$$\cos\mathrm{j}\alpha = \mathrm{ch}\alpha$$

$$\tan\mathrm{j}\alpha = \mathrm{jth}\alpha$$

5) 级数

$$\mathrm{sh}\alpha = \frac{\mathrm{e}^\alpha - \mathrm{e}^{-\alpha}}{2} = \alpha + \frac{\alpha^3}{3!} + \frac{\alpha^5}{5!} + \frac{\alpha^7}{7!} + \cdots$$

$$\mathrm{ch}\alpha = \frac{\mathrm{e}^\alpha + \mathrm{e}^{-\alpha}}{2} = 1 + \frac{\alpha^2}{2!} + \frac{\alpha^4}{4!} + \frac{\alpha^6}{6!} + \cdots$$

$$\mathrm{th}\alpha = \frac{\mathrm{e}^\alpha - \mathrm{e}^{-\alpha}}{\mathrm{e}^\alpha + \mathrm{e}^{-\alpha}} = \alpha - \frac{\alpha^3}{3} + \frac{2\alpha^5}{15} - \frac{17\alpha^7}{315} + \frac{62\alpha^9}{2835} - \cdots$$

$$\mathrm{e}^{\pm\alpha} = \mathrm{ch}\alpha \pm \mathrm{sh}\alpha = 1 \pm \alpha + \frac{\alpha^2}{2!} \pm \frac{\alpha^3}{3!} + \frac{\alpha^4}{4!} \pm \frac{\alpha^5}{5!} + \cdots$$

6) 反三角函数

$$\mathrm{arch}x = \mathrm{arsh}(\mathrm{j}x) - \mathrm{j}\frac{\pi}{2}$$

$$\mathrm{arsh}(\mathrm{j}x) = \mathrm{j}\arcsin x$$

$$\mathrm{arsh}x = \ln(x + \sqrt{x^2 + 1})$$

$$\mathrm{arch}x = \ln(x - \sqrt{x^2 - 1}) \quad (|x| \geqslant 1)$$

$$\mathrm{arch}x = \frac{1}{2}\mathrm{Ln}\frac{1 + x}{1 - x} \quad (|x| < 1)$$

3. 对数

$$\lg x = \log_{10}x = (\log_a x)\log_{10}\mathrm{e} = 0.434294\ln x$$

$$\ln x = \log_a x = (\log_{10}x)\log_a 10 = 2.302585\lg x$$

$$\mathrm{dB}(\text{分贝}) = 10\lg\frac{P_2}{P_1} = 20\lg\frac{E_2}{E_1}$$

$$x(\mathrm{dB}) = 0.115x(\mathrm{Np})$$

$$\mathrm{Np}(\text{奈比}) = 10\ln\frac{E_2}{E_1}$$

$$y(\mathrm{Np}) = 8.686y(\mathrm{dB})$$

4. 级数

1) 等差级数

$$a_1 + (a_1 + d) + (a_1 + 2d) + \cdots + [a_1 + (n-1)d] = na_1 + \frac{n(n-1)}{2}d$$

2) 等比级数

$$a_1 + a_1 q + a_1 q^2 + \cdots + a_1 q^{n-1} = \frac{a_1 - a_n q}{1-q}$$

3) 幂级数

$$(1 \pm x)^n = 1 \pm nx \pm \frac{n(n-1)}{2!}x^2 \pm \frac{n(n-1)(n-2)}{3!}x^3 + \cdots + (\pm 1)^i \frac{n(n-1)(n-2)\cdots(n-i+1)}{i!}x^i + \cdots \quad (x \leqslant 1)$$

$$\frac{1}{1 \pm x} = 1 \mp x + x^2 \mp x^3 + x^4 \mp \cdots \quad (|x| \leqslant 1)$$

$$(1 \pm x)^{\frac{1}{2}} = 1 \pm \frac{1}{2}x - \frac{1}{2 \cdot 4}x^2 \pm \frac{1 \cdot 3}{2 \cdot 4 \cdot 6}x^3 - \frac{1 \cdot 3 \cdot 5}{2 \cdot 4 \cdot 6 \cdot 8}x^4 \pm \cdots \quad (|x| \leqslant 1)$$

$$(1 \pm x)^{-\frac{1}{2}} = 1 \mp \frac{1}{2}x + \frac{1 \cdot 3}{2 \cdot 4}x^2 \mp \frac{1 \cdot 3 \cdot 5}{2 \cdot 4 \cdot 6}x^3 + \frac{1 \cdot 3 \cdot 5 \cdot 7}{2 \cdot 4 \cdot 6 \cdot 8}x^4 \mp \cdots \quad (|x| < 1)$$

4) 泰勒级数

$$f(x) = f(x_0) + f'(x_0)(x - x_0) + \frac{f''(x_0)}{2!}(x - x_0)^2 + \cdots + \frac{f^{(n)}(x_0)}{n!} + \cdots$$

$$f(z) = \sum_{n=0}^{\infty} C_n (z - z_0)^n$$

上式中

$$C_n = \frac{f^{(n)}(z_0)}{n!} = \frac{1}{2\pi \mathrm{j}}\int_{|z-z_0|=\rho} \frac{f(t)}{(t - z_0)^{n+1}}\mathrm{d}t, \quad \rho < R$$

5) 罗朗级数

$$f(z) = \sum_{n=-\infty}^{\infty} C_n (z - z_0)^n$$

上式中

$$C_n = \frac{1}{2\pi \mathrm{j}}\int_{|z-z_0|=\rho} \frac{f(t)}{(t - z_0)^{n+1}}\mathrm{d}t, \quad r < \rho < R$$

附录C　点电荷密度的$\boldsymbol{\delta}$函数表示

为了讨论如何应用格林函数法求解泊松方程，理论上需要弄清楚一个点电荷的密度如何表示。显然，它不能用通常定义电荷密度的方法来定义，因为它的体积是零，而电荷量却是一个有限值，即它为零的体积与密度的乘积是一个不为零的有限值。但是要找到点电荷密度的表示也并不困难，因为根据库仑定律，真空中点电荷电位的表达式为

$$\varphi=\frac{q}{4\pi\varepsilon_0 R}$$

将其代入真空中的泊松方程$\nabla^2\varphi=-\rho/\varepsilon_0$，可得

$$\nabla^2\left(\frac{q}{4\pi\varepsilon_0 R}\right)=\frac{q}{\varepsilon_0}\nabla^2\left(\frac{1}{4\pi R}\right)=-\frac{\rho}{\varepsilon_0}$$

如果能求出$\nabla^2\left(\frac{1}{4\pi R}\right)$的表达式，就可以给点电荷的密度一个定义式。为此，下面介绍广义狄拉克δ函数。

1. $\boldsymbol{\delta}$函数

δ函数的定义是

$$\delta(\boldsymbol{r}-\boldsymbol{r}')=\begin{cases}0 & (\boldsymbol{r}\neq\boldsymbol{r}')\\ \infty & (\boldsymbol{r}=\boldsymbol{r}')\end{cases} \tag{C.1}$$

$$\int_V\delta(\boldsymbol{r}-\boldsymbol{r}')\mathrm{d}v=\begin{cases}1 & (\boldsymbol{r}'\text{在}V\text{内})\\ 0 & (\boldsymbol{r}'\text{在}V\text{外})\end{cases} \tag{C.2}$$

δ函数是一个偶函数，即

$$\delta(\boldsymbol{r}-\boldsymbol{r}')=\delta(\boldsymbol{r}'-\boldsymbol{r}) \tag{C.3}$$

它具有一个重要性质：抽样特性。若$\mathrm{f}(\boldsymbol{r})$是一个连续函数，则有

$$\int_V f(\boldsymbol{r})\delta(\boldsymbol{r}-\boldsymbol{r}')\mathrm{d}v=f(\boldsymbol{r}')\quad(\boldsymbol{r}'\text{在}V\text{内})$$

此性质说明δ函数具有抽样特性，可以把连续函数$f(\boldsymbol{r})$在$\boldsymbol{r}=\boldsymbol{r}'$点上的$f(\boldsymbol{r}')$抽选出来。

在式(C.1)中δ函数的空间坐标是用位置矢量来表示的，常用正交曲线坐标系中它的表达式如下：

直角坐标系

$$\delta(\boldsymbol{r}-\boldsymbol{r}')=\delta(x-x')\delta(y-y')\delta(z-z') \tag{C.4}$$

圆柱坐标系

$$\delta(\boldsymbol{r}-\boldsymbol{r}')=\frac{1}{\rho}\delta(\rho-\rho')\delta(\varphi-\varphi')\delta(z-z') \tag{C.5}$$

球坐标系

$$\delta(\boldsymbol{r}-\boldsymbol{r}')=\frac{1}{r^2\sin\theta}\delta(r-r')\delta(\theta-\theta')\delta(\varphi-\varphi') \tag{C.6}$$

2. 点电荷的 $\boldsymbol{\delta}$ 函数表示

上面已经指出，为找出点电荷密度的定义式，可以从分析点电荷电位的 $\nabla^2\left(\frac{1}{4\pi R}\right)$ 入手。根据微分运算，可得

$$\nabla^2\left(\frac{1}{4\pi R}\right)=\begin{cases}0 & (R\neq 0,\boldsymbol{r}\neq\boldsymbol{r}')\\ \infty & (R=0,\boldsymbol{r}=\boldsymbol{r}')\end{cases}\tag{C.7}$$

若取积分，则有

$$\begin{aligned}\int_V\nabla^2\left(\frac{1}{4\pi R}\right)\mathrm{d}v&=\int_V\frac{1}{4\pi}\left[\nabla\cdot\nabla\left(\frac{1}{R}\right)\right]\mathrm{d}v\\&=-\frac{1}{4\pi}\int_V\nabla\cdot\left(\frac{\hat{R}}{R^2}\right)\mathrm{d}v=-\frac{1}{4\pi}\oint_S\frac{\hat{R}\cdot\mathrm{d}\boldsymbol{S}}{R^2}\end{aligned}$$

对于封闭面 S 限定的体积 V 而言，其内外任意点的立体角为

$$\oint_S\frac{\hat{R}\cdot\mathrm{d}\boldsymbol{S}}{R^2}=\begin{cases}4\pi & (\boldsymbol{r}'\text{ 在体积 }V\text{ 内})\\ 0 & (\boldsymbol{r}'\text{ 在体积 }V\text{ 外})\end{cases}$$

所以

$$-\int_V\nabla^2\left(\frac{1}{4\pi R}\right)\mathrm{d}v=\begin{cases}1 & (\boldsymbol{r}'\text{ 在体积 }V\text{ 内})\\ 0 & (\boldsymbol{r}'\text{ 在体积 }V\text{ 外})\end{cases}\tag{C.8}$$

对比式($C.1$)和式($C.7$)，以及式($C.2$)和式($C.8$)可知

$$\nabla^2\left(\frac{1}{4\pi R}\right)=-\delta(\boldsymbol{r}-\boldsymbol{r}')\tag{C.9}$$

将其代回点电荷电位的表达式中，即有

$$\nabla^2\left(\frac{q}{4\pi\varepsilon_0 R}\right)=\frac{q}{\varepsilon_0}\nabla^2\left(\frac{1}{4\pi R}\right)=-\frac{q}{\varepsilon_0}\delta(\boldsymbol{r}-\boldsymbol{r}')\tag{C.10}$$

泊松方程为

$$\nabla^2\varphi=-\frac{\rho}{\varepsilon_0}\tag{C.11}$$

比较式($C.10$)和式($C.11$)可知点电荷的电荷密度可定义为

$$\rho=q\delta(\boldsymbol{r}-\boldsymbol{r}')\tag{C.12}$$

点电荷的 δ 函数表示在电磁场理论中有着广泛应用。

附录D　量 和 单 位

1. 国际单位制(SI)的基本单位

量的名称	单位名称	单位符号
长度	米	m
质量	千克	kg
时间	秒	s
电流	安［培］	A
热力学温度	开［尔文］	K
物质的量	摩［尔］	mol
发光强度	坎［德拉］	cd

2. 量的符号和单位

量的名称	量的符号	单位名称	单位符号
力	F	牛［顿］	N
力矩	T	牛［顿］米	N・m
方向性系数	D	(无量纲)	—
功、能［量］	W	焦［耳］	J
功率	P	瓦［特］	W
电动势	$\mathscr{E}$	伏［特］	V
电压	U	伏［特］	V
电位	φ	伏［特］	V
电通［量］密度，电位移	D	库(仑)每平方米	C/m^2
电感	L	亨［利］	H
电导	G	西［门子］	S
电导率	σ	西［门子］每米	S/m
电纳	B	西［门子］	S
电阻	R	欧［姆］	Ω
电抗	X	欧［姆］	Ω
电场强度	E	伏［特］每米	V/m
磁通(量)	Φ	韦［伯］	Wb
磁场强度	H	安［培］每米	A/m
磁感应强度，磁通［量］密度	B	特斯拉	T
磁偶极矩	p_m	安［培］平方米	$A \cdot m^2$
频率	f	赫［兹］	Hz